U0226884

灵丘觉山寺塔
修缮工程报告

上　册

山西省古建筑集团有限公司　编著

文物出版社

图书在版编目（CIP）数据

灵丘觉山寺塔修缮工程报告 / 山西省古建筑集团有限公司编著 . —北京：文物出版社，2021.12

ISBN 978-7-5010-7413-6

Ⅰ. ①灵… Ⅱ. ①山… Ⅲ. ①古塔—修缮加固—研究报告—灵丘县 Ⅳ. ① TU746.3

中国版本图书馆 CIP 数据核字（2022）第 006558 号

灵丘觉山寺塔修缮工程报告

编　　著：山西省古建筑集团有限公司

责任编辑：冯冬梅　陈　峰
封面设计：王文娴
责任印制：苏　林

出版发行：文物出版社
社　　址：北京市东城区东直门内北小街 2 号楼
邮　　编：100007
网　　址：http://www.wenwu.com
经　　销：新华书店
印　　刷：宝蕾元仁浩（天津）印刷有限公司
开　　本：635mm × 965mm　1/8
印　　张：82
版　　次：2021 年 12 月第 1 版
印　　次：2021 年 12 月第 1 次印刷
书　　号：ISBN 978-7-5010-7413-6
定　　价：1080.00 元（全两册）

《灵丘觉山寺塔修缮工程报告》
编辑委员会

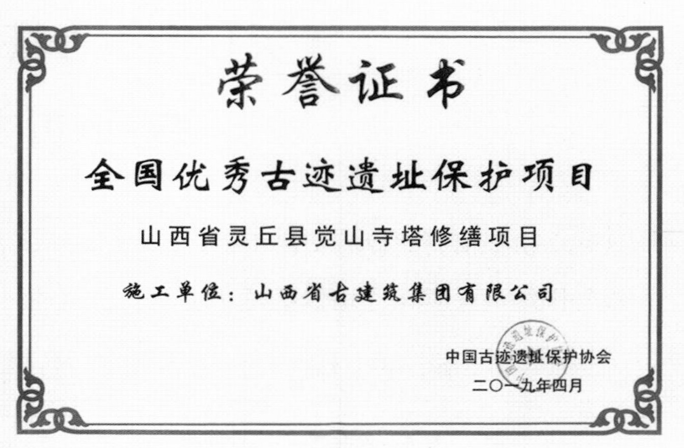

2019年4月18日，山西省灵丘县觉山寺塔修缮工程荣获由中国古迹遗址保护协会颁发的“全国优秀古迹遗址保护项目”奖项。

获奖评价：

该工程受到了政府和管理部门的高度重视，建立了六方参与的管理体系进行严格管理。工程始终坚持文物保护原则，工作方向、重点、目标明确。研究工作贯穿于文物保护工作全过程是其最大亮点，前期的研究工作深入到了相关细节，工程过程中根据现场发现及时对原设计方案进行完善与调整，为保护与修复提供了坚实的基础。文物的结构部分得到了良好的加固与修缮，质量良好。工程的不足是修复性干预内容较多，文物的沧桑风貌受到一定影响；风铎的恢复不但要防范其特殊气象环境下的摆动对塔体构造稳定性的影响，还要注意采取对感应雷的预防措施。但是瑕不掩瑜，这仍然是一个较好的文物保护工程。

序　言

这是一份很值得研读的文物工程修缮报告。

报告围绕灵丘觉山寺塔修缮这个主题，分概述、研究篇、修缮篇及工程修缮所涉及的若干不可或缺的部分，依据史料记载、实例、实物及研究，将这一全国重点文物保护单位修缮工程的信息尽可能全面地进行了收集、整理、研究和解读，或详或略，娓娓道来，尽现踏实之感、严谨之风，尽现保护的担当、研究的自觉。

文物的价值有多种多样的表述，其关键在于以实物的形态承载着的人类创造的有用信息。人类传承当然也包括本能遗传，但更为重要的是文化传承。过往的一切有价值的东西以文字、艺术、习俗及实物等载体得以保存传承。由此可见保护文物的独特重要性。

山西省作为文物大省，不可移动文物登记在册的就有五万八千多处。其中最抢眼的是木结构古建筑，尤其是元代以前的木结构古建筑。山西的文物不仅种类很全，而且各种各类都有重量级的代表。比如砖石塔，肇始于北魏、兴建于辽大安五年（1089年）的觉山寺塔就是一典型范例。就时间而言，辽代这一中华民族历史的特殊朝代就像紧随其后的金元一样，在北方，特别在山西理应得到更多的关注；就空间而言，处于华北平原与黄土高原、农耕文化与游牧文化交界，又位于古时战略重地灵丘道锁钥处的觉山寺及砖塔，当年的显赫身影及信息确应给予妥善保存和扎实研究；就实物形制而言，作为砖石塔中密檐式塔传承了近九百五十年的实物范例，觉山寺塔理该得到自己应有的尊严。

有幸参与了文物保护六年多的时间，使我对文物，特别是古建筑，从虽多有接触但几乎熟视无睹的状态，逐渐经历了由被动到主动、由责任到情感的转变。文物保护确是一份值得费钱费力费脑的事业。正由于此，对于用心保护文物的一切人和事，我们都应致以敬意。也正由于此，关心文物的同行都可来读读这份报告。

王建武

2021年8月

目　录

上　册

下 册

修缮篇

附 录

第一章　概述

第一节　辽代历史与佛教塔寺概述

一　辽代历史概述

契丹源于东胡鲜卑，耶律阿保机统一本族八部后，于907年即可汗位。916年，称帝（辽太祖），建立契丹国，建元“神册”，定都上京临潢府（今内蒙古巴林左旗）。随后开始南征北掠，开疆拓土。首先，东并渤海，消除后方隐患。辽太宗以后晋皇帝石敬瑭所献燕云十六州为基地，于会同九年（946年）一度南下中原，攻占后晋都城开封府，并在此登基，改国号为大辽，但由于引起中原民众激烈反抗，被迫撤军北归。辽圣宗统和元年（983年），又改辽为契丹。统和二十二年（1004年），契丹大军南下攻宋，虽未获胜，却迫使北宋缔结澶渊之盟，结束了两朝长期对峙局面，和平安定百余年。辽兴宗重熙十三年（1044年），与西夏的战事促成了西京大同府的行政建构，至此五京皆备。辽道宗咸雍二年（1066年），复改契丹为辽。保大五年（1125年），天祚帝被金人所俘，辽朝灭亡。

辽朝雄霸中国北方二百余年，强盛时期幅员万里，并对当时中亚、西亚、东欧等地区具有较大影响力，是在政治、军事、文化、艺术等方面均卓有建树的大帝国。

二　辽代佛教概述

契丹族的原始宗教信仰为萨满教，但自新中国成立之初就表现出对佛教的积极了解与吸取。国初，契丹势力范围不断扩张，统治者一边新建城市安置大量迁入的汉族人口，一边利用佛教安抚汉民，调和民族矛盾，主要出于政治目的推崇佛教，而非真正的信仰。天显十二年（937年），以辽太宗在契丹发祥地木叶山建观音堂为标志，契丹开始正式接受佛教。燕云十六州经过北魏、隋唐的经营，佛教盛行，入辽后，燕云地区成为辽地佛教文化发展的中心，促进了辽国佛教的蓬勃发展。景宗时政局基本稳定，开始真正的崇拜佛教，是辽朝佛教大发展时期。圣宗、兴宗、道宗三朝佛教达到极盛时期，《契丹藏》的刻印和房山石经的续刻完成于此间，幸寺饭僧、修寺建塔、礼敬名僧等佛事活动频繁。澶渊之盟使宋辽之间百年无战事，辽朝佛教进入兴盛时期。圣宗对佛教信而不佞，一方面进行崇佛活动，另一方面限制私度等行为。兴宗则开始佞佛，尤重浮屠法，确立了佛教的正统地位。道宗本人佛学造诣极高，精于华严学，著有《大方广佛华严经随品赞》等，能够亲自讲经，甚至通晓梵语，对佛教极其热崇，大规模饭僧、祝发和修寺建塔，有辽一代当中佞佛最甚。辽末帝天祚帝延续了道宗时期佛教的繁荣局面。

辽朝是以契丹族为统治民族、汉族为主体的多民族国家，主张“众生平等”的佛教能够顺应多民族国家发展的需要，改善胡汉关系，促进民族融合。辽朝历代统治者均实行崇佛政策，佛教迅速兴盛，发展超越以往，道宗时期达到顶峰。佛教在辽政权建立与巩固过程中发挥了积极作用，圣宗以后过度的崇佛给社会带来沉重的负担，成为辽朝灭亡的重要原因之一。

三　辽代佛寺与佛塔

辽代佛教的蓬勃发展，必然带动佛教寺院的兴建。唐天复二年（902年），太祖耶律阿保机在上京龙化州始建开教寺，是为辽代营建佛寺的开端，此后至辽末均有佛寺修建。辽代前期，仅有少量佛寺陆续建设，如：后梁开平三年（909年），于龙化州建大广寺；辽天显二年（927年），上京城内造天雄寺等。辽代中后期，崇佛佞佛日盛，大批佛寺在此时新建或重修，遗存至今的有天津蓟县独乐寺（统和二年，984年）、辽宁义县奉国寺（开泰九年，1020年）、山西大同华严寺（重熙七年，1038年）、应县佛宫寺（清宁二年，1056年）等，还有近百座砖石塔。辽代建设的佛寺主要集中分布于辽五京等城市，尤以人口密集、经济发达的南京地区数量最多，并且又多处于地理形胜的山区、河流边和交通路线等处。

有辽一代兴建的佛寺数以千计，故形成塔庙相望、第当形胜、举尽庄严的景象。但辽亡后，大部分佛寺毁于兵燹，遗存至今者寥寥。

砖石建筑相对木构建筑能够较为长久地保存，故仍有数量可观的辽代砖石塔遗存至今，主要分布于辽宁、北京、天津北部、河北北部、山西北部、内蒙古等地区。现存辽代砖石塔几乎全部建造于辽代中晚期，建筑材料多为砖，仅有几座为石制。建筑类型一般可划分为楼阁式、密檐式、单檐塔、华塔、复合式，复合式主要为楼阁式和密檐式的组合，以及楼阁式、密檐式、单檐塔分别和覆钵式塔的组合。辽塔中绝大部分为密檐式塔，其平面有方形、六角形、八角形，以八角形平面最为普遍，密檐层级基本皆为单数，九层、十一层、十三层者居多，以十三层者最为典型。辽代密檐塔通常包括塔台、基座、一层塔身、密檐、塔刹等部分。塔台因年久失修，多有残毁；基座较为高大，雕饰繁丽，常分作须弥座、平座钩阑、莲台等部分；一层塔身多仿出倚柱、阑普、门窗等，多有于外壁雕塑佛教造像；密檐部分不同程度地具有仿木构特征，如铺作、椽飞、角梁甚至瓦面等，越到晚期，仿木构特征越全面、逼真，塔体内部已探明者多存在空筒或小室；塔刹多见金属制者，下部常有较高的砖砌刹座，上部金属刹件尖耸云天，整体呈锥形。

辽代密檐塔的典型样式为八角十三层密檐塔，多建于兴宗朝以后，建筑造型与技术皆成熟，为辽地特有的创新风格。

第二节　灵丘县概况

灵丘县，隶属于山西省大同市，位于山西省东北部，大同市东南角，地理坐标为东经113°53′～114°33′，北纬39°31′～39°38′。东与河北涞源、蔚县接壤，西与繁峙、浑源毗邻，南与河北阜平交界，北与广灵相连。地势南北高，中间低。全县南北长84公里，东西宽66公里，总面积2732平方公里。灵丘县下辖3镇9乡，总人口约24万人[1]。

一 建置沿革

灵丘西周时属燕，春秋时属晋。战国时，赵武灵王置云中、雁门、代郡，灵丘属代郡。

西汉高祖十一年（前196年）置灵丘县，因有赵武灵王墓而得名，属代郡。灵帝光和元年（178年）灵丘改属中山国。北魏复置灵丘郡（治灵丘），属司州。东魏孝静帝天平二年（535年）灵丘郡改北灵丘郡（治灵丘），北周置蔚州（治灵丘），北灵丘郡属之。隋灵丘郡废，属蔚州。此后，灵丘县基本长期属蔚州。清雍正六年（1728年）蔚州改属直隶宣化府，灵丘由历属蔚州改归山西大同府。民国属雁门道。1945年，灵丘县属晋察冀边区，后属察哈尔省，1952年，察哈尔省撤销，灵丘重归山西省。

二 地质 水文 气候

灵丘县位于五台山、太行山、恒山三大山脉余脉的交接处，由于各大山脉所处造山构造阶段不同，因而境内地质非常复杂。境内群山林立，素有“九分山水一分田”之说。

灵丘为云中最高地，故水系多上脉而少末流。全县主要河流有10条，均属海河水系。按出县境流向又分为两个支系：一系以唐河为主要干流，另一系以冉庄河为主干。

灵丘属温带半干旱大陆性气候。主要气候特征为四季分明，冬长夏短，寒冷期长，雨热同季，季风强盛。春季干旱多风沙；夏季无炎热，雨量较集中；秋季短暂，天气多晴朗；冬季较长，寒冷少雪。历年平均气温7℃，年平均降水量433.3毫米，年主导风向为西北偏北风，主要灾害性气候是干旱，“十年九旱”。

三 交通要冲

灵丘地势险要，当三关门户，古有“燕云扼要”之称。它南临内长城，北望外长城，自古是晋冀交通要冲。古有灵丘道、蒲阴陉、太白驿，境内昼夜邮传不绝。今天京原铁路（北京—原平）和大涞、天走、京原三条公路干线在这里交汇，荣乌高速公路横贯东西。

灵丘既位于内蒙古草原与华北平原之间，为交通要冲，自古兵家必争，历史上战乱不断，有赵武灵王、北魏文成帝、孝文帝、五代李存孝、辽萧太后等一大批历史人物在这里谱写了雄壮的历史篇章，也遗留下灿烂的人文景观和厚重的历史积淀。

第三节 觉山寺及塔概况

一 觉山寺概况

觉山寺，又名普照寺，位于灵丘县城东南约15公里的翅儿崖下台地，寺院依山就势，东倚连绵起伏的轿顶崖、磨石窑梁诸峰，西恃老虎尖，北靠翅儿崖，南望层层山峦，四周群峰环抱，整体形似莲台，其间东侧有唐河及201省道蜿蜒曲回，山水形胜，环境清幽。因寺内密檐大塔与凤凰台小塔约同高，其高度又与寺内古井深度略同，构成“塔井山齐”的奇景，为古代灵丘九景之一。

寺院创建于北魏太和七年（483年），传为孝文帝为报母恩而敕建，初创时即规模宏大，后世辽、金、元、明、清多次重修。辽金时期寺院发展达到顶峰，此时四至范围广阔：东至唐河大峡谷、南至白沙口村、西至车河、北至刁望村，整体沿唐河大峡谷南北纵长，东西狭窄。清光绪十一年（1885年），觉山寺进行了史上最后一次大规模重建，形成一个寺院主体、多个从属庙宇的格局，即寺后西北有悬钟岩舍利洞观音殿、罗汉殿，东北不远处有龙王庙，与寺院上下相连；隘门关前东建文昌阁、西筑关帝庙，夹滱对峙，遥相呼应寺院主体。

寺院坐北朝南，东西90、南北80米，面积6700平方米，寺内现存八角密檐塔为辽代遗构，其余皆为清末光绪时期建筑。寺东为僧居区，有文昌宫上下院，包括客堂、寮舍、斋堂、仓廪、文昌宫等建筑。西侧为佛殿区，南北三进院，东西五院相连，可分作东、中、西三条主轴线，其间夹两条副轴线，规制严谨，错落有序。中轴线自南至北依次建置：山门、牌楼（已毁）、钟鼓楼、天王殿、韦驮殿、大雄宝殿，又韦驮殿前分列东西配殿，大雄宝殿前对置伽蓝殿、祖师殿。东轴线上前后依次排列奎星楼、泮池（已毁）、碑亭、金刚殿、弥勒殿，金刚殿其前置东西配房，两山对立梆楼、点楼，弥勒殿前分列东西廊房。西轴线由前至后顺列文昌阁、月山禅师舍利发塔（已毁）、密檐塔、罗汉殿、贵真殿，又罗汉殿两山对峙藏经楼，贵真殿前分置东西廊房。东副轴线在弥勒殿与大雄宝殿间辟禅堂院（原建筑已毁），西副轴线有戒堂院，南北对置引礼寮、戒室。寺内还散置井房（原建筑已毁）、字纸楼（已毁）等小型建筑。另寺西南凤凰台上遗存小塔一座，周围农田中散布历代圆寂僧人墓塔（已毁）。

1965年，觉山寺被公布为山西省重点文物保护单位。2001年，觉山寺塔被国务院公布为第五批全国重点文物保护单位。

二　觉山寺塔概况

觉山寺塔位于寺院西轴线前部，坐北朝南，建于辽大安五年（1089年），为辽道宗对觉山寺颁帑敕修期间建立，工艺精湛，造型精美。约元代至元二年（1265年），对塔体进行了较为全面的修缮。明天启六年（1626年）灵丘发生七级地震，觉山寺塔出现一定程度损伤，但仍巍然屹立。清康熙时期，寺院发生火灾，塔体受到牵连，一层塔檐北面局部木构件烧损。后世明清主要对一层塔檐及以下塔体有所修补，未有全面整修。

形制

觉山寺塔为典型的辽代八角形十三级密檐式砖塔，总高45.64米，塔体自下至上包含塔台、基座、一层塔身、密檐部分、塔刹五个部分。塔台为上下两层，上层为八边形小塔台，下层为四边形大塔台，边长约19.21米。基座包含须弥座、平座钩阑、莲台，是砖雕最集中、最多、最华丽的部分。一层塔身在正南、正北面辟木质真门，可进入心室，正东、正西面设格子门假门，门洞皆起券，四隅面设破子棂假窗。转角处置圆形倚柱，旁设槫柱，倚柱间下设地栿，上设阑额、普柏枋。壁面主要由腰串、心柱划分。心室中央砌筑心柱，形成八角环形空间，壁面满绘壁画。密檐部分内部为空筒，外设十三层塔檐，逐层收退，檐下施铺作、椽飞挑檐，椽头、角梁头皆挂风铎，每面正中悬置铜镜，檐上覆瓦面。塔刹下部为砖砌莲台形刹座，上部为穿套在刹杆的铁件覆钵、大宝盖、相轮、火焰宝珠、固定塔链小圆盘、小宝盖、仰月、宝珠，各铁刹件间间隔套筒。

基本情况

觉山寺塔之名是从寺而名，又因塔体通刷白灰浆，俗称白塔，塔之真正名称尚不清楚，仅根据塔体密檐部位发现的题记MY120501“南存无□亅光舍利宝□亅先心不用水□”（推测元代），粗略推测塔之真正名称为“无垢净光舍利宝塔”，这类佛塔名称在辽代十分常见。

关于觉山寺塔的创建时间，目前发现最早记其创建时间的碑铭史料为《四至山林各庄地土》碑（元），明确记述觉山寺塔建立于辽大安五年（1089年），而后世明末、清代相关史料记为辽大安六年（1090年）。概因四至碑中“大安五年”之“五”形似“六”，后世讹误为“六”，因此觉山寺塔的创建时间应以目前发现最早的史料为准，即大安五年。

塔的具体方位为约南偏东18°，寺院同塔。

塔之总高自四边形大塔台前踏步燕窝石处起算为45.64米。

塔体现状微向东南方向倾斜，目前有两组测量数据，分别是1994年测量塔体向东倾斜17.8厘米，向南倾斜57.3厘米，或向东偏南72°44′34″方向倾斜60厘米[2]；2012年本次工程勘察时测量，在塔基的平座层斗栱与塔身第十三层斗栱26.70米的高度之间，觉山寺塔整体向南倾斜值最大达42厘米，即0.893°，倾斜率为1.57%[3]。

塔体整体为空筒结构，抗震性能良好，经历过数次较大的地震，整体状况比较完好。尤其是明天启六年（1626年）灵丘县发生了七级地震，县城及觉山寺建筑塌毁众多，而八角密檐塔仍巍然屹立。另自明万历晚期，灵丘县开始大力采矿，每年常有有感地震二三次不等[4]，至今这种有感小震仍不断。

关于觉山寺塔所采用的辽尺长度，经分析其数值介于294～295毫米，更接近295毫米，本书中谨按1辽尺=295毫米。

三　觉山寺地理形势简述

灵丘县位于五台山、太行山、恒山三大山脉余脉的交接处，境内群山林立，又为云中最高地，故水系多上脉而少末流。全县水势总体向南流出，可分为唐河、冉庄河两大支系。唐河为本县最大河流，发源浑源翠屏山，经城南，汇众水，由东南隘门峪口进入唐河大峡谷，至笔架山（又名隘门山）处，水流蜿蜒曲回，觉山寺正坐落于此盘曲处。即觉山寺位于灵丘县东南水口处，为水口寺院，其选址与邻县浑源悬空寺有相似之处。

觉山寺在北魏、辽代时期，因位于军事要塞古灵丘道隘门关（又名天门关、石门关）附近，其战略作用十分突出，但根本上来看，其对于灵丘也有非常重要的风水意义。尤其至清代，灵丘不再是边陲，隘门关的军事意义逐渐淡化，觉山寺对于灵丘一邑的风水作用更加突显。这在清光绪十五年（1889年）刊立的《建修觉山寺记》碑中有明确表述，“夫灵邑扃钥在隘门山峡，滱水自浑郡发源，蜿蜒百余里，汇邑全溜，由城东南直注隘门峪口，波长而迅，势去若箭。觉山当隘门之孔道，砥滱水之下流，峰回澜曲，水作之玄形。若是乎，觉山胜境，足以塞全邑水口也”。并且“觉山胜境可以扶一邑文风也”，清代大力重修觉山寺的重要意义在于“是役之兴，意在厚人心，培风水，将有大造于灵也”。所以，觉山寺对于灵丘具有厚人心、培风水、兴文运的重要作用。

觉山寺周围群峰环抱，崇岩邃谷，山水形胜，为比较典型的理想风水环境。整体形势为凤凰双展翅之格局，凤凰台即凤首，其上小塔宛若凤冠，翅儿崖若凤背及两翼。寺院及寺僧祖茔分布于凤凰台东西两侧，即凤之左翼拥寺院区，右翼抱墓冢区，全寺若乘凤翱翔。清康熙版《灵丘县志》中对此有所描述“峰回岫起，恍如凤翥鸾骞；湍激泉飞，奚啻堆琼漱玉”。“七峰鼓其翼，群岫张其前，寺门一望，全山蔚若凤起，而诸峦俨同螺髻，信为幽胜”（图1–3–2）。寺院北面以翅儿崖为主山，上部若“悬钟”，内有舍利洞。东侧连绵起伏的轿顶崖、磨石窑梁诸峰为青龙，山下有唐河蜿蜒谷底，南部东坡又似象形（图1–3–3）。西侧老虎尖（又称老虎背）诸峦为白虎，整体伏卧状，虎首位于凤之右翼处（图1–3–4）。白虎山下有一沟壑，仅夏季有水流，汇入唐河。青龙山势较白虎高大，因寺院较靠近白虎，所以在寺院处并不感到二者山势差别很大。南面以白虎尾部为案山，其南“和尚头”为第一重朝山，后部又有多重（图1–3–5）。唐河自寺后东北而来，于寺南绕过东坡、瓦窑台后从东南方流出，水口处“狮象把门”，东侧一山岩名“转向虎”，西侧白虎尾端为象山（图1–3–6）。唐河流出后，折西而又东南奔去。据当地村民介绍，觉山寺整体环境之风水缺陷在于白虎尾部外撇，即象不回顾，不够护寺。

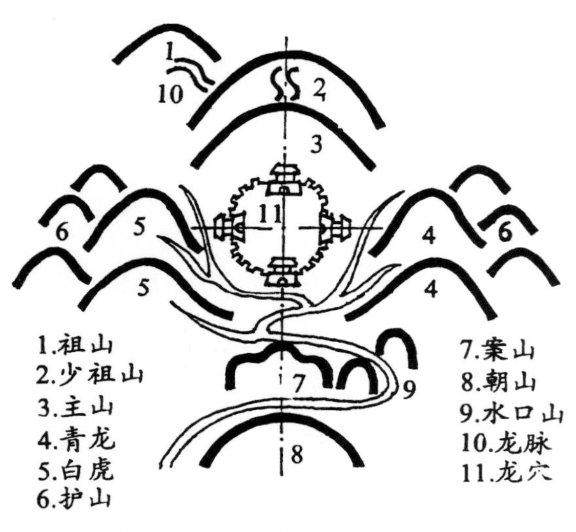

图1–3–1　理想的风水格局

（图片来源　王其亨：《风水理论研究》，天津大学出版社，1992年）

图1–3–2　凤凰双展翅格局

图1–3–3　轿顶崖、磨石窑梁诸峰

图1-3-4　白虎山全景

图1-3-5　觉山寺南部诸山

觉山寺周围从属建筑，在整体环境中也发挥着良好的风水作用，例：凤凰台小塔若整体环境中的点睛之笔，朝向为东偏北，有回护寺院之意，且大致对向东面磨石窑梁（山坳）。另凤凰台处存在多处人工凿石痕迹，山体可能经过人工修整。寺院东北笔架山前文昌阁、关帝庙（均已毁）为觉山寺东侧唐河水来处的水口建筑，既遥引觉山佳胜，又辉映邑城。

觉山寺既当交通、军事要塞，又为灵丘县水口寺院，并非“深山藏古刹”，而是作为重要的地标建筑，当沿唐河峡谷由南向北行进，绕过“狮象把门”处不远，就可看到秀插云霄的觉山寺塔、高耸山岩上的凤凰台小塔和翅儿崖处的观音殿、罗汉殿等建筑。气势雄浑的山水环境，加之古建筑的点缀，愈显灵秀幽胜。

图1-3-6　狮象把门

四　学术界对觉山寺及塔的关注

觉山寺于1965年被公布为第一批山西省重点文物保护单位，其重要性不言而喻，较早引起了学界关注。

新中国成立初期，在文物普查时发现了觉山寺及塔，之后觉山寺塔作为保存较完好、建筑质量精粹的辽代密檐塔佳作编写进中国建筑史，使觉山寺塔得到较多关注，获得一些初步认识。

20世纪80～90年代，对觉山寺及塔的关注与探究成果颇多，尤其山西及灵丘本土学者做了大量基础性工作，对觉山寺寺史、寺内辽代密檐塔与清末木构建筑均有全面调查。2000年之前的这些调查，时至今日，已经具有史料价值，那些调查的文字、照片、测绘图不同程度地记录到觉山寺已经损毁或改制的建筑、附属文物等。

2000～2010年，主要完成了对觉山寺寺史较为深入、全面的梳理，关于觉山寺塔等其他方面的研究并无较大进展。

2010年至今，辽塔群体的研究越来越得到重视，觉山寺塔受到学界更广泛的关注，从建筑史、美术史、宗教文化等多角度、多专业的研究多有论及觉山寺塔。

觉山寺作为创建于北魏、辽代大规模重修的佛寺实例，也是现今山西雁门关以北规模较大的佛寺，在关于北魏灵丘道、辽西京佛寺和佛教等方面的研究中不可忽视。

1.觉山寺

由曹安吉、赵达编著，于1992年4月出版的《雁北古建筑》一书，对当时雁北地区现存古代建筑做了一次系统全面的介绍和尝试性研究。此书较早对觉山寺塔及寺院殿堂建筑形制均做了简要介绍，也记述了部分在“文化大革命”中损毁的塑像等文物，其中觉山寺塔的老照片拍摄于20世纪80年代，为珍贵的拍摄时间较早的彩色图像资料。

崔正森发表于《五台山研究》（1994年第2期）的文章《塞外古刹觉山寺》对觉山寺寺史的梳理较为翔实，并从宗教文化的角度解读寺院建筑布局，对寺院主要殿堂、密檐塔等建筑均有记述，其中包括现已不存或不易引起人们注意的木牌楼、觉山书院、魁星楼与碑亭内的清代壁画、金刚殿内八大金刚塑像、凤凰台小塔内原供奉的释迦牟尼佛彩塑等。

灵丘县本土学者高凤山主编的《大同文史资料〈灵丘县专辑〉》（第25辑）与《灵丘名胜古迹》几乎同时出版，《灵丘名胜古迹》（1995年1月出版）对灵丘县内的自然景观、革命纪念地、历史文物古迹等全部进行了整理，关于觉山寺重点介绍了觉山寺塔，对寺院其他木构建筑与寺后悬钟岩舍利洞、寺西南凤凰台小塔均有提及。《大同文史资料〈灵丘县专辑〉》（第25辑）是一部全面介绍灵丘县自然环境、历史特点、发展状况、资源优势、名人志士的重要资料，具有县志的特点，关于觉山寺的介绍基本与《灵丘名胜古迹》中的内容相同。之后，2000年出版的《灵丘县志》对觉山寺也有一些简介。

张驭寰先生所著《中国佛教寺院建筑讲座》一书中，将觉山寺作为山西省有代表性的寺院实例，并附有觉山寺总平面图布局示意图，该书于2007年6月成稿，但寺院平面图中仍有较多现今已经不存的内容，如：泮池、字纸楼、牌楼等，以及几处平面规制与现今不同的建筑，其至迟绘制于20世纪90年代，或可能更早。

2007年11月，里表所著大同历史文化丛书（第七辑）《觉山寺史话》是对觉山寺历史文化的一次深入挖掘与整理，涉及寺院创建背景、发展脉络、寺院经济、寺内主要建筑等多方面内容，最后附有清末光绪时期重建觉山寺的龙诚法师的诸多传奇故事。此书是基于全面研读觉山寺相关碑铭、县志等史料和收集当地村民口传的寺史、故事的书籍，是对此前觉山寺相关研究的总结和提升。

此外，关于古灵丘道和辽代佛寺等方面的研究多有引述觉山寺。

觉山寺位于古灵丘道锁钥隘门关旁，与隘门关遥相呼应，相关研究者均将觉山寺作为灵丘道上的重要节点论述。如：靳生禾、赵成玉发表于《山西大学学报》（1991年第3期）的《灵丘道钩沉》一文从历史角度和地理角度全面地钩沉了北魏时代的灵丘道。高凤山发表于《文史月刊》（2003年第8期）的《灵丘县隘门峪北魏文化群遗址考》，主要截取了灵丘道中灵丘县隘门峪峡谷内的一段着重介绍。

觉山寺在辽时大规模重修，并遗存有辽代密檐塔，清华大学李若水的博士论文《辽代佛教寺院的营建与空间布局》（2015年6月）与吉林大学王欣欣的博士论文《辽代寺院研究》（2015年6月）均将觉山寺作为辽西京道内的重要佛寺论及。

2. 觉山寺塔

1959年，建筑科学研究院建筑理论及历史研究室组织了中国建筑史编写委员会，开始编写《中国古代建筑史》，由刘敦桢先生主持编写工作，梁思成先生是编委会的领导之一，也是第六次稿本的主编之一，该书成稿于1966年以前。书中将觉山寺塔作为宋辽金时期重要的佛塔实例收录其中，已确认觉山寺塔是一座保存较完好的辽代密檐塔，建造时间为辽大安五年（1089年），对觉山寺塔各部分形制做出简要论述，并附有觉山寺塔的平面测绘图一张，两张插图照片皆为“文化大革命”之前拍摄，平座钩阑及莲台的局部照片可以看到砖雕造像的头部保存完整，未经过“文化大革命”时期的砸毁，这些图片已经具有史料价值。

由潘谷西先生主编的高校建筑专业教材《中国建筑史》成书于1979年7月，该书更是将觉山寺塔与嵩岳寺塔、荐福寺小雁塔作为仅举的中国建筑史中三座密檐塔实例，同样对觉山寺塔建筑形制做了简要介绍。

张驭寰先生也是较早关注觉山寺塔的研究者之一，其所著《中国塔》一书成稿于1982年，对我国的古塔从历史分类、建筑结构、社会文化、艺术造诣等方面予以阐述，特别是对塔的分类及内部构造具有独到见解，是研究中国塔的集大成之作。书中将觉山寺塔作为辽西京地区佛塔以及密檐塔的重要实例，并在论述砖塔构造基座和心室空间部分加以引证，附有4张拍摄于“文化大革命”之后的照片。另在其所著《古建筑勘查与探究》（1988年6月出版）一书中再次将觉山寺塔作为辽代密檐塔的重要实例进行列举，并附有3张照片。

柴泽俊先生从事山西古建筑及附属文物的调查研究与修缮保护数十年，对山西全省重要的文物建筑均有考察与研究。他于1983年撰写了《山西古塔精粹略述》一文，后收录于《柴泽俊古建筑文集》（1999年6月出版），文章对古塔文化与包括觉山寺塔在内的山西省十几座重要古塔实例均做出简要论述，认为觉山寺塔乃我国塔式建筑中少见的珍品。

1994年8月，山西省古建筑保护研究所的王春波、肖迎九、乔云飞等采用近景摄影测量技术对觉山寺塔进行了全面的科学勘测，其成果主要有发表于《文物》（1996年第2期）的《山西灵丘觉山寺辽代砖塔》一文。文中对塔体各部分形制均有记录，并加以简要分析，附有数张照片和测绘图，应为首次对觉山寺塔全面的勘察和测绘。此后，与觉山寺塔相关的研究多有引述该文章内容。

赤峰博物馆项春松先生编写的《辽代历史与考古》一书（1996年8月出版），对辽代历史、社会文化等研究领域具有总结与开创意义。书中第七章《宗教与建筑》论述了辽代佛教、佛寺、佛塔等，是国内较早关注辽塔群体者，列举了觉山寺塔在内的二十余座辽塔。

1999年，两部汇集山西全省古塔的专著《三晋古塔》与《山西古塔文化》相继出版，其皆按市县地域、年代先后对山西古塔进行汇总，是认识山西省古塔的科普著作。李安保、崔正森主编的《三晋古塔》（1999年3月）内容较为简略，对觉山寺塔与凤凰台小塔均有简介。王大斌、张国栋编著的《山西古塔文化》（1999年9月出版）一书，以中国传统文化为宏观背景，对山西全省古塔做了梳理、汇总，将觉山寺塔作为山西省辽代密檐塔的代表收录其中，同时也收录了凤凰台小塔，对两座塔从传统文化的角度做出一些解读。

2000～2010年，主要有几篇硕士论文从建筑学的不同角度对某一地域（山西、山西北部）古建筑或佛塔（辽塔）群体的解读、系统整理与挖掘，将觉山寺塔作为重要实例进行引证论述。

山西大学王建成的论文《建筑艺术中的科学技术——以雁北辽金佛教四塔为例的研究》（2004年6月）着

重对山西雁北地区的应县木塔、觉山寺塔、禅房寺塔、圆觉寺塔四座辽金古塔从构造技术、抗震、防雷、测风等科技角度，揭示佛塔中蕴含的科技文化，并给予了觉山寺塔较多的解读和研究。内蒙古工业大学彭菲撰写的《论中国辽代佛塔的建筑艺术成就》（2007年5月）关注了辽塔群体，系统地分析了辽代密檐塔的形制特点、美学特征以及技术成就，并阐明了民族文化及背景因素。太原理工大学张华鹛《山西早期佛塔营造理念与形态分析》（2008年5月）一文梳理了山西元代以前的佛塔在各个朝代的发展概况，总结其在构思、设计、选址、结构、装饰、使用等各方面的特点。太原理工大学刘娟的《中国传统建筑营造技术中砖瓦材料的应用探析——以山西为例》（2009年4月）分析了山西地区古建筑中砖瓦材料的规格、质感、力学性能、人文属性、营造技术等，并引出如何保护修缮。太原理工大学吴晓舒的《山西北部辽金建筑地域特征分析——大同、朔州辽金佛教建筑文化和布局形态为例》（2010年5月）通过对晋北地区辽金时代的佛寺建筑的整体构造、院落布局、殿堂空间以及艺术特征等进行分析，来探讨这一地域的佛教寺院的总体风格和特征。

2010年以后，辽塔群体得到了学界更多关注和进一步重视，吉林大学张晓东的博士论文《辽代砖塔建筑形制初步研究》（2011年12月），是对此前辽塔相关研究的总结，并且将辽塔的研究推向一个新高度。论文对辽代砖塔的类型、分区和区域特征、分期、辽代砖塔个体的年代四个主要问题进行了深入分析和系统总结。将辽代密檐塔划分为广胜寺式、广济寺式、天宁寺式、崇寿寺式四个样式，觉山寺塔是天宁寺式的重要代表。陈伯超等著、于2018年7月出版的《辽代砖塔》一书从建筑艺术和营造技术的角度，系统地介绍和解析了辽代砖塔的建筑特点及发展演变过程，是对此前辽塔建筑研究更为全面的总结，书中将觉山寺塔作为重要的实例进行列举。

觉山寺塔的壁画、砖雕具有很高的历史、艺术价值，已有学者对此做了专题性分析研究。1973年以来，山西省古建筑保护研究所陆续调查了山西元代以前的寺观壁画和部分明清壁画，其成果主要由柴泽俊先生编写为《山西寺观壁画》一书（1997年12月出版），此书系统地记录山西古代寺观壁画现状、历史脉络、制作方法等。觉山寺塔壁画作为辽代佛寺壁画的佳品予以收录，对其画面内容、依据经典、绘制技法等均做了简要分析。

此后主要有内蒙古大学刘晓婷的硕士论文《山西觉山寺舍利塔壁画研究》（2018年10月）和山西大同大学美术学院杨俊芳发表于《山西大同大学学报》（2019年2月）的文章《灵丘觉山寺舍利塔壁画》均对觉山寺塔壁画内容、艺术特征等进行了分析。

灵丘本土学者刘益应最早对觉山寺塔基座砖雕进行了专题性研究，其所撰《灵丘觉山寺辽塔须弥座砖雕造像》一文于约20世纪80年代末发表于《雁北古今》，从造像形象、造型艺术、乐舞文化等方面对觉山寺塔基座砖雕进行探讨。此后，关于辽代乐舞文化的研究多有涉及觉山寺塔基座砖雕。

2000年出版的《中国音乐文物大系・山西卷》将觉山寺塔基座伎乐砖雕收录其中。沈阳音乐学院陈秉义、杨娜妮的文章《契丹（辽）音乐文化考查研究报告》（发表于《沈阳音乐学报》2011年第3期）和河北师范大学张伟彬的硕士论文《契丹辽国音乐图像研究》（2012年3月）都是对契丹音乐文化的考察和探究，引述了觉山寺塔伎乐砖雕。苏州大学程雅娟的博士论文《宋辽金乐舞服饰艺术研究》（2013年9月）分析研究宋辽金时代的乐舞服饰及其精神内涵与艺术特征，对觉山寺塔砖雕伎乐服饰、乐器等进行专门论述。

觉山寺塔作为保存甚完整的典型辽代密檐塔，也有学者对觉山寺塔的构图比例、抗震等方面有专门关注。

傅熹年先生的专著《中国古代城市规划、建筑群布局及建筑设计方法研究》（2001年9月出版）探索了我国古代城市、建筑群及单体建筑规划、设计的原则、方法、规律，其中第三章单体建筑设计第四节密檐塔，对觉山寺塔的设计方法进行了分析。

王南发表于《中国建筑史论汇刊》（第16辑）的文章《规矩方圆　浮图万千——中国古代佛塔构图比例探析》探讨了中国古代佛塔的构图比例，从方圆作图比例关系的角度对觉山寺塔的平、立面构图进行分析。

第三届全国地震工程会议于1990年召开，太原工业大学张宗升、李学武、李世温的学术文章《灵丘觉山寺辽塔的抗震能力估计》收录于会议论文集中。该文对觉山寺塔的动力特性及一些影响因素做出分析，对其抗震能力做出合理估计。但当时认为觉山寺塔为实心塔，现今发现为空心，文章的分析或欠妥。

另外，也有对辽代佛教文化、大同地域佛教发展的相关问题研究和美术史视角对辽塔的研究，有引证觉山寺塔。

杜仙洲先生1989年发表于《佛教文化》的《辽代佛教文化小议》一文，从刊刻石经、校印经藏和兴建寺院佛塔等方面对辽代佛教文化的发展进行论述，并介绍了觉山寺塔在内的多座辽代建筑实例。

山西大同大学李珍梅、李杲、王宇超的《从大同辽金时期的建筑遗存看佛教的特征》一文（发表于《山西大同大学学报》2013年第2期），从大同地区遗存辽金佛教建筑的寺院格局、佛塔类型、佛像供奉等方面，探究其反映出的佛教本土化的特征。

中央美术学院谷赟的博士论文《辽塔研究》（2013年第5期）和金维诺先生发表于《美术研究》（2015年第1期）的文章《史籍载辽金时期美术》都是从美术史的视角对辽代砖塔进行关注，论及觉山寺塔。

学术界对觉山寺塔的关注，首先是从中国建筑史的宏观视野下，发现这一典型、完整的重要辽代密檐塔实例。此后，对山西地域古塔和辽代砖塔群体的研究中，更加突显觉山寺塔的价值。也有很多学者从建筑学、美术学、宗教学、历史学等不同角度、不同专业背景研究某一地域（山西北部）或某一时代（辽金）的古建筑，多有引述觉山寺塔，此类涉及觉山寺塔的研究颇多，不胜枚举。觉山寺塔核心价值的重要组成部分壁画、砖雕，以及其设计方法等均有一些专门的论述，但仍缺乏对这一中国建筑史中重要密檐塔实例个案的深入分析和解读。

第四节　觉山寺塔价值评估

我国现存辽塔约百座，山西省遗存的辽代木塔、砖塔共有六座，皆位于雁门关以北地区，其中一座为木结构塔——应县佛宫寺释迦塔，其他五座皆为砖塔，分别为灵丘觉山寺塔（八角十三级密檐塔）及凤凰台小塔（方形三级密檐塔）、大同禅房寺塔（八角六级密檐塔）、怀仁清凉山华严寺塔（八角七级密檐塔）、阳高杨塔村塔（六角五级密檐塔）。应县木塔是山西省乃至我国木结构塔的代表，而觉山寺塔是我国现存辽代八角十三级密檐塔中的典型，也是山西省现存辽代砖塔的代表，具有很高的历史、艺术、科学、社会文化价值，同时因其建造年代明确，是一把鉴别辽代砖塔的年代标尺。刘敦桢先生曾评价“此塔保存完整，建筑质量精粹，是佛塔中不可多得的作品”[5]。柴泽俊先生评价其为“我国塔式建筑中少见的珍品”[6]。

觉山寺塔自创建后，经后世数次修缮。元代对塔体各部（主要是塔檐瓦面）均有整修，这次整修较为仓促，干预范围和程度均很小。明天启六年灵丘七级地震对塔体造成一定损伤，但仍巍然屹立，此后明清对塔体的整修主要集中于一层塔檐及以下部位，未有全面整修，干预很小。觉山寺塔现状残损较严重的部位主要为塔刹、塔顶、11和12层塔檐、01层塔檐、基座须弥座等，整体仍可见辽时风貌，塔体绝大部分构件皆为辽代原物，包括基座原版砖雕、心室内壁画、铁质塔刹，甚至塔檐部分瓦作，真实性、完整性较高。

一　历史价值

觉山寺由北魏孝文帝于太和七年（483年）敕建，是在诏修灵丘道期间创建，后世辽、金、元、明、清多次重修。北魏与辽王朝皆十分重视灵丘道的军事战略作用，因而对当其锁钥处的觉山寺亦重视建设，辽大安五年（1089年），道宗皇帝对寺院大规模敕修扩建。元代，世祖赐当寺住持“扶宗弘教大师”，成宗加赐其“普济”之号，并赐寺额“大灵光普照”，此时觉山寺全称为“大灵光普照觉山寺”。觉山寺主要在北魏、辽、金、元等王朝有较大发展，在研究这些朝代历史、文化方面价值突出，是中华民族多元一体格局发展形成的实物见证。

曾经雄霸北方草原的契丹族早已消逝在历史长河中，而有关辽代的历史文献遗留下来的很少，其中重要的《辽史》为元人所作，成书时间至正四年（1344年）距辽亡（1125年）已二百余年，时间久远且多有纰漏。建筑是凝固的史书，我国现存的近百座辽塔，每一座均带有时代印记，觉山寺塔作为其中之一，除塔体保存的辽代墨题、铭文外，相关早期碑铭史料较多，历史价值较高。通过解读觉山寺塔及其他辽塔所蕴含的历史、文化信息，可以丰富现有辽史史料，促进对辽代历史、社会文化的研究。

建筑史价值

觉山寺塔具有上承北魏、沿袭唐风、与宋交融、下启金元、兼具辽地风格的建筑特点，这也折射出辽代文化的特点，是山西省辽代密檐塔的典型代表，是研究密檐塔发展的重要实例。

契丹为鲜卑族的一支，辽国在诸多方面师承北魏。辽时觉山寺以塔为寺院中心建筑，整体布局与北魏时期佛寺相似，区别于同时期的宋地佛寺布局。就觉山寺塔而言，塔体内部空筒结构（不可登临）与嵩岳寺塔（北魏）等北朝密檐塔相似；塔心室整体空间意趣与日本法隆寺五重塔（具有我国南北朝建筑风格）一层内部空间相似；塔刹覆钵“桃形”三叶忍冬纹，在北魏云冈石窟中已出现；基座平座钩阑东北面兽面立砖与北魏当沟兽面造型相似，应具有渊源关系。

觉山寺塔整体建筑风格仍具有雄浑的唐风，局部也有沿袭唐代式样，如基座须弥座壶门版柱兽面与河南修定寺塔（唐）檐下和刹座兽面造型相似、基座莲台饱满圆润与唐代佛菩萨塑像莲座风格相同；塔檐大角梁梁头造型与五台县佛光寺东大殿（唐）大角梁相似；心室壁画西方广目天王画面与佛光寺东大殿佛座束腰毗沙门天王降魔镇妖图画面内容、人物姿态相似；塔檐瓦面瓦件迦楼罗造型贴面兽与日本正仓院收藏唐朝迦楼罗伎乐面具具有部分相同特征；翘头瓦件在唐代高等级建筑屋面流行使用，觉山寺塔上仍保留这种瓦件，为我国现存古建筑仍在使用的早期翘头瓦件的珍贵实物。

辽与宋长期共存，基本处于同一时代，两地建筑皆表现出繁丽的风格。灵丘县初期处于辽宋对峙的前沿，澶渊之盟后，又处于两地经济往来、文化交流的前沿，加之灵丘汉文化氛围浓厚，与宋的文化交流非常融洽自然。觉山寺塔多处构造做法能够与宋《营造法式》内容相互印证，部分特征或早于宋《法式》，或是《法式》中所未载述，对其有补充作用。另有基座平座钩阑砖雕头戴展翅幞头的文官形象与宋地文官穿戴相似，其他砖雕人物及心室壁画人物服饰也多有与宋地服饰相似特征。

辽代国力强盛，文化繁荣，诸多方面对后世金元两朝产生重要影响。在建筑上与觉山寺塔相关的表现有：朔州崇福寺弥陀殿（金）屋面贴面兽与觉山寺塔贴面兽（样式TMZ0103）造型、风格相似，殿内壁画部分菩萨形象与觉山寺塔塔心室壁画菩萨形象类似；应县木塔南门门道两壁壁画天王像（金）与觉山寺塔壁画四大天王画面内容、风格相似；应县净土寺原山门前石狮（金）与觉山寺塔基座须弥座伏狮皆披头散发，而辽作伏狮毛发涡卷流转，更具神韵；天津蓟县独乐寺观音阁壁画明王（元）与觉山寺塔壁画明王造型相似。以上几点反映出后世金元时期在建筑及艺术上承袭辽，而又多不及辽。

辽代处于中国古代封建社会中期，具有承前启后的特点。觉山寺塔也兼具古老的传统和新时代的特征。例：一层塔身火焰券、基座蟠龙柱的束莲柱特征，皆是源自古印度的古老传统；密檐外轮廓卷杀仍具有以嵩岳寺塔为代表的早期密檐塔外轮廓的遗意；密檐铺作中斜45°华栱在辽代建筑中极为流行，直至后世明清山西地方建筑中仍大量使用。

佛教及佛教建筑皆源于古印度，传入中国后，中国化程度日益加深，发展出很多的中国特色。佛塔是佛寺的标志性建筑，宋辽金时期是我国佛塔发展的高峰，流行形势由木结构转向砖石结构，遗存实例较多，建筑风格繁丽、技艺精湛。现存辽代砖塔绝大部分为密檐塔，密檐塔最初亦为外来，进入我国后，不断融入我国传统的木结构建筑元素，以我国的建筑语汇表现出来，成为具有中国特色的一种建筑类型。觉山寺塔就是其中高度中国化密檐塔的代表，各部分均尽力模仿木结构，但也体现出原始密檐塔的部分特征，具有承前启后的特点，是研究密檐塔发展的重要实例。而关于密檐塔是怎样逐步中国化，中国元素如何在其中运用，这对于今天的中国风建筑设计也很有参考价值。

宗教史价值

觉山寺塔作为一座佛塔，按照佛教义理进行设计，将辽代显密圆通的华严思想以密檐塔的形式展现出来，达到佛教艺术与建筑艺术的统一融合，表现出壮观的佛教建筑艺术，对研究辽代佛教思想及佛教发展史有重要价值。

二　艺术价值

觉山寺塔塔心室内壁画是我国现存辽代佛寺壁画的罕有实物，画面经营得体，绘制生动传神，技法高超，达到极高的艺术成就。

基座束腰砖雕伎乐、胁侍、力士、兽面、行龙等形象，造型生动，刀法洗练，是辽代砖雕中的精品，是研究中国古代雕塑史、美术史、服饰史、乐舞文化等的珍贵实物资料。

三　科学价值

觉山寺周围群峰环抱，山水形胜，为比较典型的理想风水环境，反映了创建之初北魏时期科学的择址理念。

觉山寺塔建造于辽代晚期，社会经济富足，且由辽道宗敕建，建筑技术与艺术均高超成熟。塔体整体为空筒结构，并在砖砌体内构建木骨构架，具有一定的抗震性，尤其是经历明天启六年（1626年）震中位于灵丘的七级地震，未对塔体造成严重破坏，不得不说塔体结构科学、建造技艺精湛。

四　社会文化价值

“塔井山齐觉山寺”是灵丘县古代九景之一，也是能够较完整遗留至今的九景中的少数几个之一。“塔井山齐”即寺院内八角密檐大塔高度、古井井深、寺外西南凤凰台密檐小塔高度三者大致相同，这一古代人文与自然融合的奇景，具有较高的景观价值。是今天灵丘县发展旅游业不可或缺的资源，与觉山寺附近众多的历史遗迹、景观可形成旅游片区。

佛教至迟在北魏时期已传入灵丘，后世佛教文化氛围保持浓厚。以八角十三级密檐塔为标志的觉山寺在当地具有广泛的知名度和社会影响力，是信众进行宗教活动的重要场所。农历四月初四传为贵佛诞辰，是日寺院举行庙会，善男信女，络绎不绝，商贩云集，人头攒动，法事斋会，盛况空前，这既是传统民俗活动，同样也是非物质文化遗产。

第五节　保护范围与建控地带

保护范围：北距100米处至翅儿崖山，东南距250米处至天走公路（天镇—走马驿），西距350米处至老虎尖山，面积约30公顷[7]。

建设控制地带：建设控制地带在现行保护范围的基础上，调整为北至翅儿崖，西至老虎尖，东、东南方向至唐河东岸笔架山山脚，南至站在寺西南小山上的南向视域所及范围。

注　释

1. 本节内容主要来源于山西省县志编纂委员会：《灵丘县志》，山西古籍出版社，2000年。
2. 王春波：《山西灵丘觉山寺辽代砖塔》，《文物》1996年第2期。
3. 山西省古建筑保护研究所编制《山西省灵丘县觉山寺修缮工程设计方案》，2014年3月。
4. 参见清康熙二十三年（1684年）刊《灵丘县志》卷之二《武备志》“灾祥”条。
5. 刘敦桢：《中国古代建筑简史》，转引自杜仙洲：《辽代佛教文化小议》，《佛教文化》1989年。
6. 柴泽俊：《柴泽俊古建筑文集》，文物出版社，1999年。
7. 山西省古建筑保护研究所编制《山西省灵丘县觉山寺修缮工程设计方案》，2014年3月。

研 究 篇

第二章　寺史沿革

第一节　四至碑、题记砖辨析

一　《四至山林各庄地土》碑辨析

目前发现最早记载觉山寺北魏、辽代时期寺史的史料是收藏于寺院碑亭的《四至山林各庄地土》碑（下文简称“四至碑”），后世相关史料、碑刻在叙述觉山寺北魏、辽代时期寺史时皆沿用此碑内容，或略有出入。现今分析觉山寺寺史时也多引证该碑内容，而经多位学者不断研究发现，该碑应为一通刊于约元代至元年间的伪碑。

清代《山西通志》引述《灵丘县志》中所录四至碑碑文时，已经发现碑末署重熙七年，碑文却记有大安五年以后时事，但只是认为《县志》记载错误，未加考证。

汕头大学隗芾教授应为最早发现《四至山林各庄地土》碑实物的学者，撰有《觉山寺辽碑的发现和初步研究》一文，记述了1984年发现该碑的过程，并进行初步研究。文章从北魏建寺、初创规模、辽代重修、山林庄产、立碑时间等方面对碑文进行分析，概当时并未发现其他相关碑铭史料，最终认为四至碑是辽天祚时期所立，记道宗重修事迹的补碑。

灵丘学者刘益在四至碑实物发现后，也较早关注到该碑存在真伪问题，发表有《灵丘觉山寺辽代四至山林各庄地土碑真伪考》（《雁北古今》，1988年）一文，文章认为四至碑并非辽代当时的碑刻，而是后代伪托，但碑上记载的史料仍是较为翔实可靠的，并提出后人伪托该碑的原因可能是寺院与乡民的土地纠纷。

灵丘学者里表在其所著《觉山寺史话》（2007年）一书中，亦提出四至碑有作伪之嫌，其观点基本与刘益相同，并进一步指出该碑是在元代至元或元贞年间，由普济和尚所为，作为当时土地争讼的凭证。

高凤山主编的《三晋石刻大全·大同市灵丘县卷》（2010年出版）基本收录了灵丘县全部的石刻碑铭史料，四至碑也不例外，并且能够佐证该碑伪造的《觉山寺殁故行公监寺墓志》和《普济大师塔铭》均收录其中。编者在对这些历史资料全部掌握后，指出四至碑落款时间显系伪造，碑文有参照金代《觉山寺殁故行公监寺墓志》内容，并且此碑极有可能在元代觉山寺住持普济大师与周边乡民的土地争讼中应需而生，时间为元代至元年间。

下面在总结前人研究的基础上，结合新材料进行补充和进一步探讨。

1. 时序问题

碑文中记述了辽道宗于大安五年（1089年）敕修觉山寺，碑文末落款时间却为重熙七年（1038年），时序有误。并且“道宗”庙号为乾统元年（1101年）六月庚子所谥，立碑时间应晚于此（图2-1-1）。

2. 碑文记述北魏时期寺史的部分多摘取自《魏书》，但断章取义，甚至歪曲原意。

（1）碑文“高祖孝文皇帝，神光照室，和气充庭，仁孝绰然，岐嶷显著”。

《魏书·高祖纪》原文“高祖孝文皇帝……生于平城紫宫，神光照于室内，天地氛氲，和气充塞。帝生而洁白，有异姿，襁褓岐嶷，长而渊欲仁孝，绰然有君人之表”。

图2-1-1 《四至山林各庄地土》碑拓片

“神光照室，和气充庭”指孝文皇帝降生时情景，撰碑人理解为一般称颂之辞。“渊欲仁孝，绰然有君人之表”撰碑人摘为“仁孝绰然”。

（2）碑文“听览政事，从善如流。哀矜百姓，恒思济益”。

《魏书·高祖纪》原文：“听览政事，莫不从善如流。哀矜百姓，恒思所以济益。”

（3）碑文“以太后忌日哭于陵左，绝膳三日，哭不辍声”。

《魏书·高祖纪》原文：“以文明太皇太后再周忌日，哭于陵左，绝膳二日，哭不辍声。”

《魏书》此段原文是说祭太皇太后（冯氏）的，撰碑人未加细考，将太后（思皇后李氏）与太皇太后（冯氏）误为一人，从情理上看，也不妥。

（4）碑文中“太和七年二月二十八日”这个日期，既不是当时太皇太后（冯氏）的忌日，也不是太后（思皇后李氏）的忌日，只能是统领下文，为建寺日期[1]。

3. 碑文多参照金代泰和七年（1207年）刊《觉山寺殁故行公监寺墓志》（下文简称“墓志”）内容，首先可知，四至碑立碑时间应晚于金泰和七年（图2-1-2）。

（1）碑文“窃闻肇自摩腾入汉，大教东流。明帝创立于僧居，魏唐广修于塔寺，

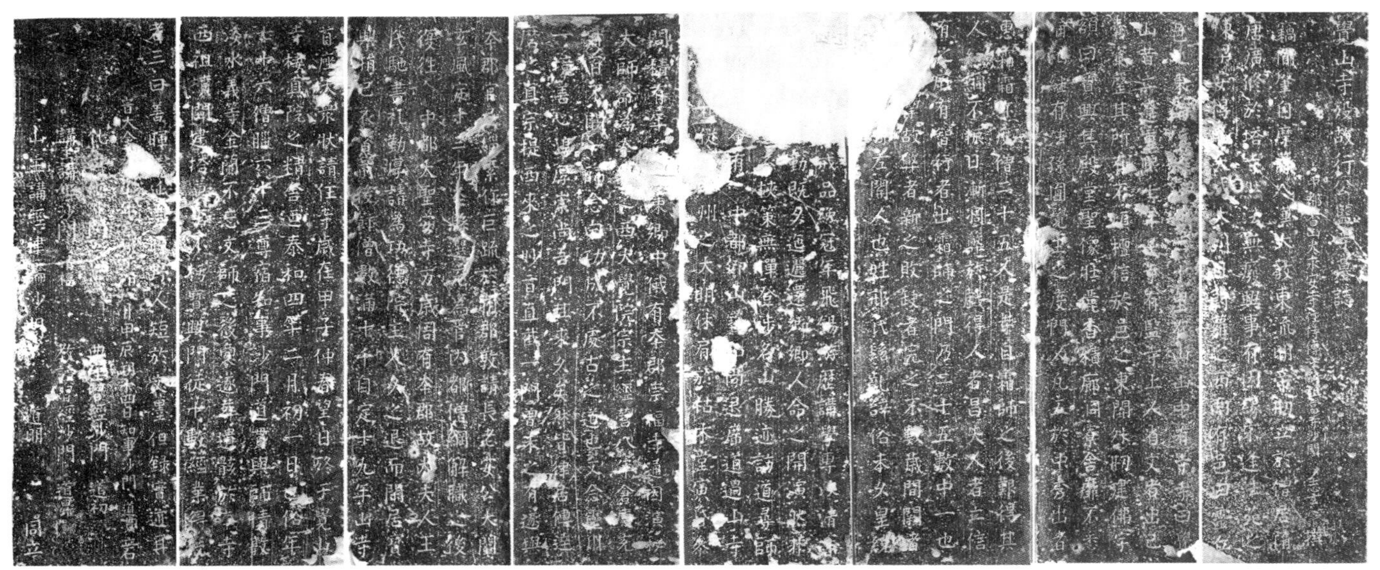

图2-1-2 《觉山寺殁故行公监寺墓志》拓片

普度于僧尼，[然]法无废兴，事在因缘，不逢法苑之栋梁，安得人天成大利”。

墓志原文“窃闻肇自摩腾入汉，大教东流。明帝创立于僧居，隋唐广修于塔寺，然法无废兴，事有因缘，不逢法苑之栋梁，安得□天成大□□”。

（2）碑文“蔚萝之西南有邑曰[灵丘，邑之东南]溪行环曲二十里有山，山曰觉山”。

墓志原文“蔚萝之西南有邑曰灵丘，邑之东南□□□□二十里有山，山中有寺，寺曰觉山”。

这里碑文将山名为“觉山”，实则应为寺名，将觉山寺周围的山峰笼统误称为觉山，概自此始，而一直沿用至今（实际今天觉山寺周围的山峰皆有名称，并无名觉山者）。

（3）碑文中落款时间“重熙七年”、立石人“文省”、碑阴“智行”“道贯”，皆在《觉山寺殁故行公监寺墓志》中出现。碑文末借用了“重熙七年”这一时间，却不知与前文大安五年的时序关系，因而出现时序问题。碑文末将墓志中的监寺上人“省文”颠倒为“文省”，而碑阴仍称其为“文公”（若是法名为“文省”，应称为“省公”）。另据整理的觉山寺僧人谱系（详见附录），寺僧省文在辽重熙七年（1038年）时任监寺上人，“道”字辈僧人为金代初期出现，碑中所刊这九名寺僧生活时代时间跨度较大，基本不可能为同一时代人。

4. 碑文中的其他疑问

（1）碑文“六宫侍女皆持年长月六斋，其精进诵经者，并度出家”。《魏书·释老志》中无帝建寺度僧及令宫女为尼事[2]。

（2）“掷国大王”应为“郑国大王”的误写，此处郑国大王较可能为耶律淳，而耶律淳是在乾统元年（1101年）天祚帝即位后进封郑王，与前文大安五年（1089年）时间有出入。

综上，四至碑为一通后世刊立的伪碑，碑文多有拼凑，造成谬误众多，但其编撰确有所本。没有找到出处的内容也应有依据的材料，记录的寺史值得深入考证。其中记述辽道宗于大安五年（1089年）敕修觉山寺，寺内现存八角密檐塔符合这一时期建筑风格，并且本次修缮塔体时发现天庆七年（1117年）风铎铭文和天庆八年（1118年）墨书，可说明觉山寺塔的建立时间不晚于天庆七年，四至碑中记述大安五年重修寺院是较为确信的。

那么，四至碑是因何产生的呢？

首先，该碑具有“账记”的性质，重点在于记录清楚觉山寺的四至范围和约140顷的山林田产。前面记述觉山寺由北魏孝文帝敕建和辽道宗敕修的部分，也应是为了后面寺产做护符的[3]。

结合寺史分析，元代初期觉山寺原有田产历时尤久，半隶编民，住持普济大师为此与周边侵占田地的乡民发生争讼，通过不懈努力，极力申理，最终赢得诉讼，地产复万余亩。四至碑极有可能在争讼期间作为地产凭证出现。

四至碑本身制作粗糙，似在比较仓促的情况下刊刻，碑面存在较多点线錾刻痕迹，寺内现存金元时期同为砂石材质的墓幢志铭表面皆精细平整，无这般粗糙者，并且该碑有用旧碑改刻的可能[4]。粗糙的碑面较为斑驳漫漶，像是“做旧”的辽碑效果。碑文多为拼凑，断章取义，亦似有意混淆，让人难以查辨。所以，该碑很有可能是作为土地争讼急需的证据而产生，出现时间为元代至元初期。

二 题记砖辨析

本次修缮觉山寺塔时，在第九层塔檐下正北面发现一块沟纹砖，其上墨书（MY090501）“大辽国道宗皇帝」敕赐□□□□□」头□漫散□□□」庄背泉□□□□」山林四至东□□□」南至白岔口西□」车□水心北至□」窝口泰和□年」□寺善行　记”，题记内容记述辽道宗敕赐庄产及寺院四至范围，与四至碑性质相同，该题记砖应为与四至碑同时产生的伪造物（图2-1-3）。

题记砖墨书开头为“大辽国道宗皇帝”，而末尾落款“泰和□年”，泰和为金代年号，题记砖不可能为辽代安放；若为金代记述前朝事情，末尾泰和年号前一般应加本朝国号“大金”，也不会称前朝为“大辽国”。因此，较可能为后世伪造辽代题记砖，但年号使用错误；泰和年号亦出现在《觉山寺殁故行公监寺墓志》中，四至碑碑文多有参照该墓志。题记砖落款年号为泰和，概避免与四至碑落款重熙年号相同。

若确为金代书写安放，通常是伴随着对觉山寺塔的整修而安放到塔檐下。修缮塔体时比较容易在塔体留下此时期的题记，而实际未发现明确金代纪年的题记（塔体密檐部位的题记年代多为辽代和元代）。

图2-1-3　题记砖

其次，题记砖墨书文字粗拙，且不注意格式，似乎书写也是比较仓促的，概重点在于记录清楚寺院四至和庄产。另根据题记砖斑驳不清处文字的字形，参照四至碑对其内容进行推测，题记内容能够通顺起来：“大辽国道宗皇帝」敕赐庄产□□：门」头庄、漫散庄、下寨」庄、背泉庄□□□」。山林四至东至乾河，」南至白岔口，西至」车□水心，北至雕」窝口。泰和□年」□寺善行　记。”所以，题记砖性质与四至碑相同，所记觉山寺四至、庄产内容一致。高度的一致性，说明二者很有可能为同时期产物，皆是作为元初普济法师争讼地产的凭证。

再结合寺史分析，约元代至元初期，住持普济大师对寺院进行全面整修[5]，觉山寺塔亦有涉及，本次修缮在塔体密檐处发现至元二年（1265年）和至元六年（1269年）的墨书题记（详见附录 题记），题记砖极有可能在至元初期安放到塔檐下。并且发现的元代题记皆位于塔体正北面和西北面（靠北侧），可推测修缮塔体的脚手架斜道搭设在正北面[6]，也比较利于题记砖安放到正北面塔檐下。

小　结

四至碑和题记砖应皆是在元代至元初期，作为觉山寺住持普济大师争讼地产急需的凭证而产生的，其重点在于记录清楚寺院四至和庄产[7]。四至碑记录内容较多，碑文虽多有拼凑，断章取义，但确有所本，或依据墓塔志铭，或依据寺僧口传寺史，其上记录的内容是较为可信的，是研究觉山寺北魏、辽代、元代时期寺史、寺院经济和发展的重要史料。部分碑文内容又可与题记砖相互印证，其史料价值进一步提高。

第二节　寺院创建及沿革

一　北魏

觉山寺创建背景

觉山寺的创建依托于一条北魏重要的国道——灵丘道。修建觉山寺前北魏的统治者多次对灵丘道诏修，或经此道往返于平城与河北诸州，或在迁都洛阳后，经华北平原过灵丘道往返于洛阳与平城二都。

天兴元年（398年）春正月“车架（由中山）将北还，发卒万人治直道，自望都（今河北望都西北）铁关凿横岭至代（平城，今山西大同）五百余里”。（《魏书·太祖纪》）

太延二年（436年）“诏广平公张黎发定州七郡一万二千人，通莎泉道（即灵丘道的一段）”。（《魏书·世祖纪》）

兴安二年（453年）“冬十有一月，辛酉，行幸信都（今河北冀州市）、中山（今河北定县），观察风俗”。（《魏书·高宗纪》）

和平二年（461年）“二月辛卯，行幸中山。丙午，至于邺（今河北临漳），遂幸信都。三月……灵丘南有山，高四百余丈。乃诏群官仰射山峰，无能逾者。帝弯弧发矢，出山三十余丈，过山南二百二十步，遂刊石勒铭……辛巳，舆驾还宫”。（《魏书·高宗纪》）

太和五年（481年）二月“丁酉，车驾幸信都，存问如中山。癸卯，还中山。己酉，讲武于唐水之阳。庚戌，车驾还都”。（《魏书·高祖纪》）

太和六年（482年）“秋七月，发州郡五万人治灵丘道”。（《魏书·高祖纪》）

兴光元年（545年）“冬十有一月，戊戌，行幸中山，遂幸信都。十有二月，丙子，还幸灵丘，至温泉宫（位于今山西浑源汤头村）。庚辰，车驾还宫”（《魏书·高宗纪》）。

其实，灵丘道在北魏诏修前，就早已是通畅的，只是没有灵丘道之名。北魏初期，登国十年（395年），后燕主慕容垂遣子慕容宝由都城中山向五原进攻，道武帝即遣略阳公元遵以七万骑断其“中山之路”（即灵丘道），大破燕军[8]。北魏统治者充分认识到灵丘道的重要性，天兴元年（398年），迁都平城前，先诏修灵丘道，定都平城时期，通过此道，连接平城与华北平原。太和十七年（493年），由平城迁都洛阳时，仍经灵丘道至河北，南下洛阳。此次迁洛前，于太和六年（482年）对灵丘道进行了最大规模的一次整修，是为迁都的交通准备。定都洛阳后，往返于洛阳与平城时，仍多次经灵丘道。

所以，灵丘道在北魏初期向中原腹地开疆拓土、都平城时管控和发展中原、迁洛后连接洛阳和平城二都，均具有重大作用（图2–2–1）。

灵丘道北起平城（今山西大同），越桑干河，翻石铭陉（今山西浑源县戗风岭），经温泉宫（位于今山西浑源县汤头村），过灵丘，抵恒山（时为河北曲阳县），达信都（今河北冀州）、及邺（今河北临漳县），南至中山（今河北定州）。其中最艰险的路段为灵丘县东南隘门峪内20余公里的这段[9]，而此段道路又以隘门关（灵丘东南进入唐河大峡谷约3公里处）为其锁钥。北魏在此处设隘于峡，以讥禁行旅，并置义仓[10]。文成帝、孝文帝等多位帝王巡经此处时，在今笔架山北的台地（后名御射台）竞射、讲武，可见此处为要塞[11]（图2–2–2）。

觉山寺就建在御射台西南不远的翅儿崖下台地，二者遥相呼应，所以觉山寺的兴建具有重要的战略意义。兴建觉山寺前，太和六年（482年）“秋七月，发州郡五万人治灵丘道”，这是史载北魏最后一次也是最大规模一次整修灵丘道，并且在“（太和）六年春正月甲戌，大赦天下。二月辛卯，诏曰：‘灵丘郡土既褊 脊，又诸州路冲，官私所经，供费非一。往年巡行，见其劳瘁，可复民租调十五年。’”（《魏书·高祖纪》）翌年（483年），即开始兴建觉山寺。觉山寺的创建是在大规模修治灵丘道时进行的，而觉山寺反过来也能对灵丘道进行有效巩固，其选址、建设目的与邻县浑源悬空寺有较多相似，并且战略意义突出。灵丘道上还建设有繁峙宫、温泉宫等行宫，从觉山寺的规模、地位来看，也很可能具有行宫的性质（图2–2–3）。

图2–2–1　灵丘道栈道遗迹

图2–2–2　御射台（左）与笔架山（右）

另觉山寺的兴建是在太武帝真君七年（446年）法难后，所以其建设也是当时复兴佛教的需要。

觉山寺不见于早期史书记载，目前发现最早记其创建概况的史料仅有寺内一通刊于元代至元初期的《四至山林各庄地土》伪碑，碑文之编撰确有所本，并且觉山寺附近众多的北魏文化遗迹[12]和建寺历史背景，可从侧面反映其创建于北魏太和七年（483年），是较为确信的。

建寺缘起

关于北魏创建觉山寺的具体缘起，从目前已发现的相关碑刻史料来看，主要有两种说法：

一说是孝文帝为报母恩而敕建寺院，主要依据史料是寺内《四至山林各庄地土》碑载“以太后忌日，哭于陵左。绝膳三日，哭不辍声，想报母恩，仍于蔚萝之西南，有邑曰［灵丘，邑之东南］溪行环曲二十里有山，山曰觉山，希奇之境造寺一所，特赐额曰觉山寺”。北魏沿用汉代“子贵母死”的旧制，即所立太子的生母须赐死。孝文帝生母李夫人（献文帝思皇后李氏），就是在孝文帝被立为太子时赐死的，孝文帝报母恩，修建觉山寺，似是合乎情理的。但碑文“以太后忌日，哭于陵左。绝膳三日，哭不辍声”摘自《魏书·高祖纪》中“太和十六年九月辛未，帝以文明太皇太后再周忌日，哭于陵左，绝膳二日，哭不辍声”。撰碑人未加细考，将太后与太皇太后误为一人，从情理上也不通，使所述内容有疑[13]。另一依据材料是民国五年（1916年）刊立的《知县李炽题赠龙诚文》碑[14]载“觉山旧寺在县东南廿里，北魏文帝为太子时，代［母祈］福，敕建宝塔，为禅林名寺……文帝建塔造寺……”孝文帝为太子时在皇兴元年至四年（467～470年），与建寺时间太和七年（483年）不相符。这二则材料均未加仔细考证，其记述魏孝文帝为报母恩而敕建觉山寺是存在疑问的。

图2-2-3 《皇帝南巡之颂》碑（北魏，御射台出土）

另一说是因觉山寺周围地理形胜，而创建寺院。主要史料是清康熙《灵丘县志》载录，刊于明崇祯三年（1630年）的《重修觉山寺碑记》云“考诸往帙创自北魏，孝文帝太和七年，帝都平城，广建寺塔。时巡行方外，经灵丘抵觉山，揽其形胜，遂创立梵宇”。从客观来看，觉山寺周围地理环境确实“形胜”，并且觉山寺位于灵丘道锁钥处，碑文说因此建寺，是充分可信的。但史书中并无孝文帝于太和七年巡经灵丘的记载，这一点存疑。另在清康熙二十七年刊《重修觉山寺碑记》中曰“自北魏崇佛…诸山寺院百有余处，惟觉山一寺乃敕建宝刹，为诸山之首寺也。以其山河风景迥异寻常，规模壮丽，别是……”亦略提到觉山寺的创立与周围山川形势存在关联。

综上，觉山寺的创立客观是因其所处地理位置和风水形势，由孝文帝敕建。而关于是否为孝文帝报母恩而敕建，因相关碑刻史料本身有疑误，而使其所记内容存疑。但这一说法在后世流传广泛，至今仍影响较大。

北魏时期觉山寺概况

关于北魏时觉山寺的状况，《四至山林各庄地土》碑中记录较多“硕德高僧四方［云集，禅］教高流五百余名安止于寺，衣粮供给丰足不［缺］，六宫侍女皆持年长月六［斋］，其精进诵［经者，并］度出家，事无大小，务于周给者矣”。大致反映出觉山寺在北魏统治者的支持与关照下，规模建设宏大，佛教发展繁荣。

后世其他碑刻或县志记载中，仅有只言片语略提及。

清康熙二十三年（1684年）刊印《灵丘县志》卷之三《艺文志》载《再修觉山寺记》碑文（明崇祯三年刊）云“飞楼回出，危塔凭陵，四方缁流鳞集至五百余”。

清康熙《灵丘县志》卷之一《景物》“塔井三奇”条载“觉山寺，建于北魏孝文帝太和七年，层楼阿阁，连亘山麓，饭僧日至数百人。”

清康熙二十七年（1688年）刊《重修觉山寺碑记》曰“自北魏崇佛……诸山寺院百有余处，惟觉山一寺乃敕建宝刹，为诸山之首寺也。以其山河风景迥异寻常，规模壮丽别是…于是掌教僧官印信与大衙堂役使俱设于此，而后世无毁也”。

清光绪十五年（1889年）刊《建修觉山寺记》碑载“塔旁古井深三十余丈，北魏建塔时所凿”。

民国五年（1916年）刊《知县李炽题赠龙诚文》碑云“北魏文帝为太子时，代［母祈］福，敕建宝塔，为禅林名寺……文帝建塔造寺……”

后代碑记的相关记载大致描绘出觉山寺楼阁林立，规模壮丽的轮廓。“四方缁流鳞集至五百余”基本沿用《四至山林各庄地土》碑中的记录；清康熙二十七年刊《重修觉山寺碑记》中“掌教僧官印信与大衙堂役使俱设于此”概将四至碑中记述辽代“衙门提点”的部分混为一谈；寺内危塔凭陵可能根据“四至碑”中记述辽代重修寺院的部分“有大辽镇国大王因猎到此［山，见］寺宝塔殿宇崔坏”，推测北魏时寺内建有高塔。

根据现有文史资料，仅能粗略了解北魏时觉山寺的轮廓，本次修缮工程中，未发现北魏时期寺院建筑遗址或砖瓦残块等构件。所以，此时期觉山寺的面貌仍是非常模糊的。

二　北魏至辽代期间

觉山寺自北魏创建后至辽代期间，基本无任何史料记载，在这段约四百五十年的时间内，朝代更迭，灵丘数次陷入战乱，并且其间发生了大地震和灭佛运动，对觉山寺来说是毁灭性的打击。

北魏创建觉山寺后不久，延昌元年（512年），并朔地区发生7.5级大地震，震中在今山西原平、代县间，烈度10，余震年余不止，当时京师及并、朔、相、冀、定、瀛六州受影响较大，灵丘亦在其中[15]。

此后，觉山寺又遭遇北周武帝和唐武宗时期的二次法难。

兵火战乱亦多次在灵丘上演，隋时，全国各地起义不断，大业十二年（616年）正月，翟松柏在灵丘领导农民起义。唐高宗弘道元年（683年），东突厥汗国进攻蔚州，杀掠吏民。德宗贞元五年（789年），义武节度使张效忠出军袭击蔚州，大肆掳掠百姓及家畜。昭宗天佑十三年（916年），契丹率十万入塞，破，蔚属悉为所有[16]。

觉山寺在北魏至辽代期间饱经战乱、法难、地震，命途艰难，毁坏湮灭也未可知。

三　辽代

后唐清泰三年（936年），河东节度使石敬瑭割让幽云十六州献契丹，灵丘县时属蔚州，随入契丹。宋太平兴国四年（979年），宋太宗灭北汉后，进而欲北伐契丹，收复幽云十六州。随即挥师幽州，与辽发生高梁河之战，大败。后于雍熙三年（986年），太宗兵分三路北伐，东路曹彬军出雄州攻取涿州、新城；中路田重进军收复飞狐、灵丘等城；西路潘美、杨业军出雁门关，占据云、应、寰、朔等州。但最终兵败，刚攻占的失地复陷于契丹[17]。景德元年（1004年），北宋与辽缔结澶渊之盟，宋辽关系整体进入和平稳定时期，长达120年之久。

辽重熙七年（1038年），李元昊称帝，建立大夏国，多次侵扰辽国西南疆界，发生战争冲突，尤其在重熙十三年（1044年）河曲之战中，击败携十万精锐御驾亲征的辽兴宗。兴宗班师四日后便升云州为西京大同府，添置营寨，屯兵积粮，加强西京道的边防守备，可南遏北宋，西制西夏。与此同时，广修佛寺，有助维护西南国土的安定，著名的山西应县佛宫寺释迦塔即兴建于此间。辽道宗时期，国家崇佛发展为佞佛，全国修寺造塔之风更盛。大安五年（1089年），道宗敕修觉山寺，进行大规模的重修扩建，并赐大量庄产、钱财，立衙门提点。

辽中期的觉山寺

辽兴宗时期，全国大量兴建寺塔，崇佛旺盛。金泰和七年（1207年）刊《觉山寺殁故行公监寺墓志》中记有这样一件事："昔亡辽重熙七年，是寺有监寺上人省文者，出己囊资，罄其所有，不顷檀信，于邑之东关外创建佛宇，额曰：宝兴。其殿堂圣像壮丽，香积、廊洞、寮舍靡不悉备。"这段材料说明重熙七年（1038年），觉山寺的经济状况较好，创建了具有一定规模的下院宝兴寺。

本次修缮工程期间，在寺院内及周围发现较多约辽代中期的砖瓦构件，与觉山寺塔所用砖瓦构件（辽后期）不同，制作比较粗糙，风格粗犷，概在辽中期觉山寺也有一些建设活动。另在觉山寺东北不远的御射台亦发现约辽中后期的砖瓦残块，与觉山寺发现的辽中期、后期砖瓦构件相似。大致说明觉山寺和御射台在辽代仍是息息相关的，二者往往同时有所修建，其对于辽国具有重要的军事战略意义。

辽道宗敕修觉山寺

《四至山林各庄地土》碑中载辽道宗重修觉山寺缘起为："于辽大安五年八月二十八日，有大辽掷国大王因猎到此［山，见］寺宝塔殿宇崔坏，还朝内奏讫奉，皇帝道宗圣旨敕赐重修。"重熙七年（1038年）时，觉山寺经济基础较好，51年后竟然到了宝塔、殿宇毁坏的地步，或碑文所述有所夸大，为道宗敕修寺院提供一个适合的"借口"；或这段时间内发生较大的天灾，造成寺院毁坏。这期间今山西北部、北京等地发生数次地震，可能波及灵丘，对觉山寺造成影响。

大安五年（1089年）敕修觉山寺的具体情况为："皇帝道宗圣旨敕赐重修，革古鼎新，赐金十万缗，于本县开解库所得利息以充常［用］，开演三［学静讲］以充僧费，又立衙门提点，［所］赐朱印一颗，尚府平牒行移特赐。庄产五处四至山林开［列于后］……”（《四至山林各庄地土》碑）由此可见敕修觉山寺资金充足，并且经济上用本县开解库所得利息以充常用，开演三学静讲以充僧费（此时的觉山寺应具有三学寺的性质），又赐大量庄产，使觉山寺经济基础雄厚，能够保证长远发展。政治上“立衙门提点，［所］赐朱印一颗，尚府平牒行移”，即使寺院本身具有基层政权的性质，而且可以与府一级平行往来[18]。这对觉山寺在经济、政治上均提供了有力的保障。有了以上保障，必定会促使寺院的佛教文化繁荣发展，遗存至今的八角密檐塔将佛教义理与建筑形式完美融合，是当时佛教文化与艺术高度繁荣的实物见证。

图2-2-4 题记MY110301

这次敕修为觉山寺史上最大规模的一次重修扩建，寺院达到鼎盛期。现存八角十三层密檐式砖塔即于此时建造，另寺内地面下遗存大量辽代建筑基址，其砌筑用的粗绳纹砖，通过对比，大多与觉山寺塔用砖相似，应为同一时期烧制，反映出建造砖塔的同时也在兴建其他殿宇。另寺院周围田地地表散落很多辽金时期砖瓦残块、瓷器碎片，尤以寺西侧田地中居多，凤凰台山腰东侧、南侧亦有较多辽金碎砖瓦块。这些分布广泛的遗物，是辽时觉山寺规模宏大的有力佐证[19]。

天庆七年修缮觉山寺塔

辽末，女真起兵反辽，天祚皇帝希望通过广修塔庙保佑帝国江山，在全国或新建佛塔（例：河北蔚县南安寺塔、北京天宁寺塔），或包砌旧有佛塔（例：辽宁朝阳八棱观塔、阜新东塔山塔），或修缮塔寺，觉山寺塔在此时期亦得到维修。

本次修缮工程中，在觉山寺塔上发现二处明确有辽代纪年的文字，一处为密檐11层正东面檐下墨书题记MY110301“天庆八年三月廿三日，因风吹［得］塔上□□不正无［处］觅，」有当寺僧智随、智［政］、智清、善禅四人，发菩萨心，［缚］独脚棚从东面」上来，［拣］四人中［优］，世上无比，寰中第一。因上［来］看觑题此　属」智谞、智甫二人　属”，另一处为风铎J020102内壁铭文“天庆」七年八月」八日记」［文］［音］昌”（图2-2-4）（图2-2-5）。

这两处文字应共同记录了天庆七年至八年（1117～1118年），寺内僧人对觉山寺塔进行的修缮活动（也可说明觉山寺塔的建成年代不晚于天庆七年）。根据风铎铭文基本可知，天庆七年八月八日，准备开始对觉山寺塔进行修缮，“［文］［音］昌”大概是当时制作风铎的作坊号。墨书MY110301内容具有日记性质，并且整体

图2-2-5　风铎J020102内壁铭文

从左向右竖行书写，开头“天庆八年三月廿三日”非开始修缮觉山寺塔的时间，而是智谞、智甫二僧在这一天登塔观看修缮情况，题记记录这次修缮的原因是“风吹［得］塔上□□不正无［处］觅”，可能为塔刹铁件被风吹落，参与修缮的主要人员是“智随、智［政］、智清、善禅”四僧，修缮前“［缚］独脚棚”，即搭设单排脚手架，“从东面上来”说明架体斜道在正东面。由于僧人从东面上下脚手架，因而在密檐塔体东面留下几处“智”字辈僧人题记，其中刻画题记MY110302中有“四月八日”，推测这次修缮至少持续到天庆八年四月八日。

此次对觉山寺塔的修缮距离建塔时的大安五年（1089年）过去了28年，是一次小规模保养性的修缮活动。修缮时搭设单排脚手架（应搭到了塔顶），修缮内容至少包括修补塔刹构件、补配风铎，可能有补配少量瓦件。与此同时，也可能有对寺内其他建筑保养补修。

四　金代

辽衰金兴，发起于白山黑水间的女真族统一各部后，于辽天庆四年（1114年）开始伐辽。随着战事的发展，辽军不断溃败。金天辅六年（1122年），金西路军攻下辽西京大同府，后又攻下辽南京，至此，辽五京均被金军攻占。其间，北宋一直努力收复幽云十六州等失地，天辅七年（1123年），北宋招降朔、应、蔚三州。天会二年（1124年），金军攻取北宋控制下的蔚州，并改灵丘为成州。翌年（1125年），辽天祚帝被金俘虏，辽朝灭亡。随即，金军开始南下攻宋。

金攻占辽西京后，因袭辽制，仍定大同府为西京，不久，战争中损毁的佛寺开始得到复兴建设，由大同府逐步向西京路其他州县辐射。金代时期的觉山寺基本沿袭辽时格局，在宋金战争中，略受影响。金世宗、章宗统治时期，政治稳固，军事强大，经济和文化均有所恢复和发展，显现盛世。约大定五年（1165年）后（至大定二十四年间），觉山寺在大经法师贞公的主持下，“补故于佛宇、洞堂，修完于库庄、邸舍。运栰营购……”[20]进行恢复建设，修补完善。此时期觉山寺已知的下院有（灵丘县）城西大觉院、县东关外宝兴寺、门头建福寺等多处，经济状况较为可观。

补修殿宇、洞堂的同时，觉山寺的佛事活动也很快发展繁荣。大定十三年（1173年）监寺行公被本县选为管内都僧纲。大定二十四年（1184年），大经法师贞公施己资，命门人道昞、道明在禅坊院聚众筵讲，作预修斋七，饭僧济贫。同年，觉山寺用本寺常供钱十万文，逐岁化日作华严斋会。

觉山寺与周边地区佛事交流主要在西京大同府、中都析津府、五台县清凉山等地。大经法师贞公先后在灵丘建福院长讲三载，浑源、蔚州等地聚学传演。大定五年（1165年），受忠顺军节度使大银青荣禄邀请，提点蔚州三学寺。后赴清凉山大华严寺真容院讲经开法，日筵万众。监寺行公尝与本县官民作巨疏于朔郡（今山西朔州），敦请长老安公来灵丘讲经阐玄。大定十三年（1173年）后，曾往中都（今北京）大圣安寺。宁公禅师于皇统二年（1142年）后，先直造弘州（今河北阳原县），游华严海，后负钵挑囊云中，仿道西京（今山西大同）永宁阁。

有金一代，觉山寺基本延续了辽时的繁荣，其间硕德高僧辈出，佛学造诣深厚，在北中国佛教界有较大影响。

五　元代

13世纪初，蒙古帝国从草原上崛起，南下扩张时，先出兵西夏，迫使其臣服，后开始进攻金朝。于金大安三年（1211年）野狐岭一役，大破金军，使其几乎丧失所有精锐，此后，金军连连溃退，注定了最终败北的结局。时金西京（今山西大同）留守胡沙虎闻蒙古军至，弃城逃入中都（今北京）。此后的两年，蒙古军又分别围攻和攻克西京。其间，蒙古大将木华黎于灵丘县城东60里处（后世称此处为大胜甸），大破金将胡沙虎，后取云、朔诸郡[21]。

觉山寺在蒙元与金的战争中损毁较大，寺貌凋敝，后在元朝统治者的支持下再次复兴。约中统到至元初期，普济大师住持觉山寺后，建立为务，荡敝为实，对寺院进行了较大规模的修整建设，“六师之殿设增新净光之佛塔，尤美阁以慈氏，楼以巨钟，祖堂、庖廪[间]比以三丈，室云居楹北以七，壮林泉之致，为幽栖之胜”。整修寺院的同时，普济法师也在争讼历时尤久、半隶编民的护寺田产、山林，经过不懈努力、极力申理，最终田产复万余亩，寺仍旧贯[22]。元代中期，又有法师演惠对本寺兴襄补敝，修缮益完[23]。

元时，觉山寺的四至范围、地产、山林等，在《四至山林各庄地土》碑中有详细记录，“觉山寺四至：东至乾河[24]，南至白岔口（今白沙口村），西至车[河]（今车河村），北至雕窝（应为今刁望村）”，四至范围大致以觉山寺为中心，沿唐河大峡谷，南北纵长，东西狭窄。地产山林总共约140顷，分布于门头庄、故城东、白岔庄、漫散庄、下寨庄、背泉庄、城西、东关、灵园庄等处。下寺有（门头）建福寺、故城东寺、（漫散）宝峰寺、（下寨）观音院、（城西）大觉寺、（东关）宝兴寺、（灵园）开福寺等。可见，觉山寺经过长期发展，此时四至广阔，下院和地产众多，经济非常雄厚。

雄厚的经济基础促进了佛教文化的发展，觉山寺从辽至元，皆以华严宗为主，辽时融合密教，显密圆通，元时增添禅宗。元代觉山寺硕德高僧普济大师，三岁出家，住持觉山寺后竭尽全力复兴寺院。至元二十二年（1285年），元世祖赐其“扶宗弘教大师”，贞元二年（1296年），元成宗加赐其“普济”之号，并赐寺额“大灵光普照”，觉山寺全称为“大灵光普照觉山寺”。大德十一年（1307年），普济大师圆寂，前来送丧的缁素僧众达一千余人[25]。法师惠公，法名演惠，佛学修养深厚，且有办事之勋，常拯困扶危，广舍衣钵，供佛饭僧，亦为是寺高僧[26]。

元朝统治者对佛教的支持，使觉山寺经济发展更加雄厚，并得到统治者赐予的殊荣，继续维持了繁荣局面。

六　明代

元代晚期，全国各地起义不断。其中，朱元璋领导的农民起义军逐渐壮大，在取得长江中下游的广阔地域后，朱元璋在南京称帝，国号大明。随后开始北伐南征，驱除胡虏，恢复中华。洪武元年（1368年），明军攻克元大都，二年，副将军常遇春取大同，收回丧失已久的燕云十六州。

明朝前期，天下基本平定后，相继出现了洪武之治、永乐盛世、仁宣之治等盛世。在佛教政策上，朱元璋采取既利用，又整顿，着重控制的方针，尊崇与控制并举。朱元璋以后的明代诸帝，基本沿用该方针。此时期觉山寺的规模应有所缩减，原有的衙门提点很可能被裁撤。寺内永乐二十一年（1423年）建立的月山禅师舍利发塔，塔铭中刊刻月山禅师的弟子僧众仍较多，但这似乎已经是觉山寺繁荣的尾声了。外部环境方面，虽偶有来自蒙古高原的游牧民族掳掠[27]，但未对觉山寺造成较大影响。

明朝中后期，天灾和北方鞑靼、瓦剌诸部南下掳掠增多，觉山寺规制开始变迁。“一至明季嘉靖末年，贼寇猖獗，掳掠过此，钱……甚，觉山之规制始有变迁矣”[28]，仅清康熙《灵丘县志》记载的嘉靖时期灵丘遭到的掳掠就达五次之多。并且大疫、蝗灾、水旱等天灾时有发生[29]，尤其是天启六年闰六月初五（1626年6月28日），灵丘县发生了七级地震（山西历史上有名的大地震），震中位于灵丘西北[30]，距离觉山寺不足40里，地震时“有声如雷，（县城）全城尽塌，官民庐舍无一存者，压死多人，枯井中涌水皆黑”[31]，持续月余。觉山寺在这次地震中亦遭受重创，“地震而后，饥馑频仍，兵火连绵，护寺之地荒芜不耕，守寺之［僧］……无赖壮者散之于四方，老者乱丧于沟壑，以致佛殿摧残，佛像剥落，空悬钟磬断绝香火，极胜之地几成极尘之境也。”[32]地震后，饥荒、战乱接连发生，寺内僧人或死或散，殿宇、佛像塌毁严重，香火基本断绝。此时，觉山寺的如禄和尚幸遇邑侯黄公、大同令王公、守戎谢公，得其捐金资助，修整寺院。“……上台开钱粮，垦荒亩，布资粟，给牛犋，不三……寺少生色矣”[33]。此次觉山寺的震后恢复“土木毕兴，勉成漏因，兼开护寺地粮，不数月而工竣，佛舍、僧居无一不饬”[34]。约三个月的时间内，寺内建筑全部修整完善，亦可说明地震未对寺院建筑造成彻底毁坏，或整修后的觉山寺规模可能减小很多，修完相对快速，能够使觉山寺渡过难关。

觉山寺在明代虽未像在前朝得到统治者的直接关照，但其命运与大明王朝的盛衰息息相关。明朝前期，国家繁盛，觉山寺维持了良好局面；自明朝中后期，觉山寺与大明皆饱经天灾、掳掠、战乱，寺院虽最终度过这些灾难，得以延续，但很快因改朝换代，再陷窘境。

七　清代

明末崇祯十七年（1644年），李自成领导的农民起义军攻下太原后，北上兵临大同，时大同总兵姜瓖率部投降。起义军很快东进攻下北京，明朝灭亡。翌年，当满清率军攻打大同时，姜瓖又降清。清顺治五年（1648年），大同总兵姜瓖降而复叛，起兵反清，次年，兵败，大同遭清军屠城。此后，有清一代大同府未有较大战乱发生。

清朝版图辽阔，灵丘县不再是边陲之地，没有“外患”侵扰，相对安定。但觉山寺却由于“内忧”，陷入长期的衰败。

清初的觉山寺在朝代更迭的社会动荡中，陷入短期衰微窘境。顺治年间，灵丘县令宋起凤游览觉山寺，见到“是寺三层，佛像古朴，栋宇半荒废不治。果树时花夹以茂草，与石幢寝钟，委杂墙荫下，不辨何代”，“僧椎鲁不事呗诵，斫苓采橡，间治宿食，以供朝夕而已”[35]。另清康熙《灵丘县志》卷之一《方舆志·山川》“觉山”条云“后魏建有广刹，至今尽废，仅存佛舍，经堂数楹而已”。

康熙时期，觉山寺不断修建完备，再度复兴。康熙二十年（1681年），先枝李公重修翅儿崖观音殿，李海创修出山老像一楹，并有金塑二工，喜舍己财，外妆绝顶法身[36]。至康熙二十七年（1688年），经过住持海印和尚四处募化，不断建设，“塔后□佛殿一处，千佛殿一处，山门一座，殿后禅堂五间，东西……四间，大井一员，寺崖观音殿三处，上下相连，一概重修，彩画金妆，焕然一新”[37]。康熙三十七年（1698年），邑士李邓诸公修翠峰洞（翅儿崖西洞）[38]。

在寺院殿宇不断完善的同时，寺内僧众也在逐渐增加。但海印和尚身后，僧众弟子不守清规，沾染嗜好，终日淫荡，无法无规，开始拦路抢劫，强霸民女，使得周边百姓怨声载道，终于一日，觉山寺在不明原因的大火中化为灰烬[39]。火灾后，寺内剩余的僧人自发收拾残局，对部分烧损轻微的建筑简略修补，勉强生活[40]。翅儿崖观音洞建筑因远离寺院火灾区域而幸存下来。

清代中期，灵丘县境内修庙建寺盛行。不仅古记遗迹兴隆，几乎大村大寨皆有寺庙，唯觉山寺不事砖瓦[41]。此时觉山寺内应仍有守寺僧，在清晚期龙诚法师大规模重建觉山寺前，偶有佛门信徒对寺院略作补修。这些信心弟子有于约嘉庆十六年（1811年）补画觉山寺塔心室心柱正南面壁画佛像；咸丰九年（1859年），再次对该壁画略作补画。又于光绪元年（1875年），重修觉山寺各庙神像[42]。这说明此时觉山寺内还有少量建筑和塑像，应为火灾中未完全烧毁者。

光绪十一年（1885年），龙诚祝发议修寺院，吏民翕然从之，本县和邻县民众踊跃争输。时刑曹郎王遵文捐廉开功，对建修觉山寺工程的实施具有关键作用[43]。工程前期和中期，分别于光绪十年（1884年）在翅儿崖西峰开路（可通县城）和光绪二十年（1894年）寺南河西修路三十里（可通上寨等南乡村镇），便于材料运输和各地联络[44]。工程实施后三逾年后，工半竣，现有的资金已用完[45]。于是，龙诚法师及其弟子赤脚摇铃，游历于湘、楚、蜀、苏、京师，甚至绥远等地，托钵化缘，备尝艰辛，募化到工程后续资金，经过前后二十年的苦心孤诣，终于使觉山寺能够建设得整齐完固，端庄宏敞[46]。

整修完备的觉山寺殿宇巍崇，房舍比鳞，接连五院落，建筑有“大雄宝殿、弥勒佛殿、贵真佛殿、韦驮殿、天王殿、金刚殿、罗汉殿、奎星楼、文昌阁、藏经楼、梆点楼、钟鼓楼、方丈院、禅堂院、戒堂院、十方堂、司房、斋堂、祖师堂，暨各寮舍、宫厅、客堂、碑亭、山门、棋子崖观音殿、后洞罗汉殿、东北隅龙王山神土地庙和周寺房舍，约共三百余间”[47]，与现存建筑、格局大体相同。此时，山门寺额从原寺院全称“大灵光普照觉山寺”改为“普照寺”。另有在隘门山前东建文昌阁，西筑关帝庙，夹滱对峙，遥引觉山佳胜，辉映邑城[48]。

在寺院建设整齐完备、美轮美奂的同时，龙诚法师着重加强对寺院的治理。

龙诚法师，贵佛附体，超凡脱俗，不仅济世救人，教化百姓[49]，而且在佛学上亦有造诣，著述有《禅宗慧镜》一书传世（图2–2–6）。觉山寺在龙诚法师住持下，僧众皆恪守清规，朝夕奉佛。弟子翔敬、翔明文墨枯嗜，武技娴习，尤为少年英品[50]。

清光绪时期觉山寺虽再度复兴，但与往日的辉煌已相去甚远。下院有双峰寺、（凤凰山）恒山庙、（隘门口）关帝庙、文昌阁、（雁翅村恶石）龙王庙，护寺田地约10顷[51]。

清代觉山寺的命运大起大落，跌宕起伏，让人感慨万千。清初，寺院陷入短期衰微窘境；康熙时，佛殿再次修建完备，但僧众却不守清规，以致寺院被焚毁，写下了觉山寺史上最黑暗的一页。光绪时期，贵佛现世，附体龙诚，竭力复兴觉山寺，寺院建设殿宇巍崇，并且戒律森严。惜龙诚法师圆寂后，人心散乱，佛事未能再兴。但觉山寺特有的贵佛文化流传广泛，影响深远，众多佛门僧众、信士仍虔诚信奉，这又是觉山寺史上无上荣光的一页。

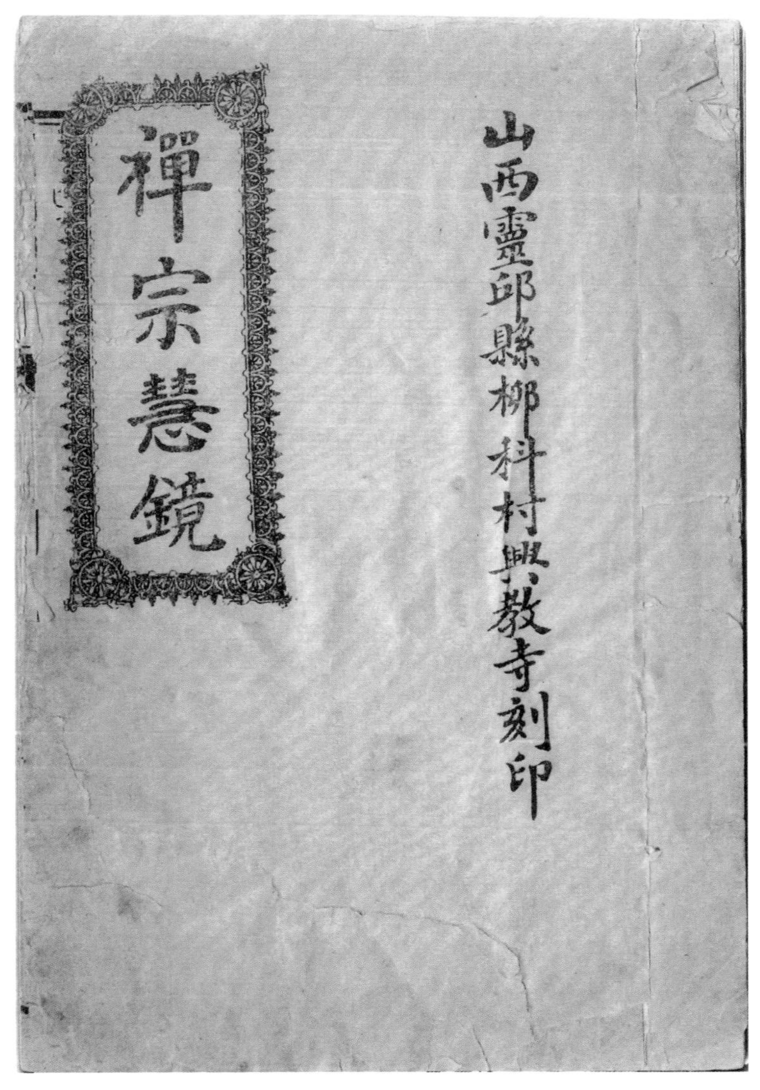

图2–2–6 《禅宗慧镜》书影

八　民国至新中国成立后（1912～2012年）

清末觉山寺的辉煌一直延续至民国十六年（1927年），龙诚法师在这一年圆寂后，弟子失和，人心浮动，离散过半[52]。寺院还未重新整合，又逢国土沦丧，抗日战争爆发，灵丘被日军侵占。抗战中，灵丘县发展为重要的抗日根据地，在此创造了中国军队全面抗战后的第一个胜仗——平型关大捷。至抗战结束，觉山寺仅剩三名僧人，寺院建筑略受战火影响。

新中国成立后20世纪50年代，开展土地改革运动。陆续从邻近村庄（宽河、青草洼、沙涧等村）把村民迁到觉山寺，分得寺院房产、田地。初期少量村民在寺院外建房[53]，而后迁来的村民大多住进寺院殿宇中，在寺内日常生活，烧火做饭，圈养牲口，改拆房屋，对寺院破坏严重，大雄宝殿、弥勒殿、贵真殿等大殿主要用来堆放粮食、柴草，觉山村由此逐渐形成。原本所剩无几的寺僧遭受严重打击，仅余续常一人，长期与村民集体劳作。随着开垦土地增多，觉山寺周围历代僧人墓地亦遭破坏，僧人墓塔、塔幢皆被夷为平地。

1965年5月24日，山西省人民委员会公布觉山寺为山西省文物保护单位。惜不久后，1966年“文化大革命”爆发，造反派以破四旧为名，将寺院建筑的吻兽、砖雕、木雕大量砸毁；修路民工进驻寺院，砸毁全部塑像，并针对觉山寺塔基座砖雕造像头部进行打砸，寺内石碑大多被推倒砸断，建筑墙壁（甚至壁画上）写了很多“革命”标语。后期，公社、大队两级组织人员将翅儿崖观音洞和罗汉洞的明清建筑拆毁，砖瓦木构件运到村后建学校，部分石碑砸碎用作压沿石。

至20世纪80年代初，被占用的寺院建筑，由于排水不畅，大雄宝殿墙体倾倒，梁架倾斜；天王殿梁柱塌陷足有40厘米；由于年久失修，瓦件大量脱落，椽飞糟朽；由于无人看管，各殿各楼的门窗不翼而飞，更有甚者，贵真殿的檩柱被锯走少半；由于烧火做饭，部分壁画被熏黑，木构屋架局部被烧损（图2–2–7）。

图2–2–7　20世纪80年代的续常与觉山寺

1982年11月19日，第五届全国人民代表大会常务委员会，通过了《中华人民共和国文物保护法》，觉山寺出现了转机。1985年，灵丘县成立文物管理所，动员清退出寺内的居民，这部分村民或住进寺东僧房院区域，或在寺外重新盖房。1990年，县文物管理所又专门组建了觉山寺文物保管所。同年，觉山寺古建筑维修工程，列入了山西省文物局古建维修的“八五”计划，并立即维修大雄宝殿、天王殿。至1996年，按照“先难后易、抢救第一”的原则，除弥勒殿、碑亭、井房外，其余建筑全部得到大修。同时，赎买回土改时分给个人的藏经楼等房产，征购了寺前广场土地。并请山西省古建筑研究所完成了密檐塔的技术测量，做好了维修的技术准备。同时，寺僧集资为各殿堂全部塑像和彩绘，塑像内容均按照原有塑像。寺院极大改观，并开始接待游客。1997年，县旅游公司接管觉山寺，以企业集资为主，维修了弥勒殿、碑亭、井亭，补修了围墙，硬化了寺前广场和上下山便道[54]。约2000年，寺僧重建翅儿崖观音殿、罗汉殿等建筑。经过数年努力，觉山寺维修工程基本告竣。20世纪90年代这次大修觉山寺，对建筑改动较多，尤其是装修、屋瓦、彩画、地面等，但仍按照当地传统形式、工艺做法，较好的保持了地方风格。2001年6月25日，觉山寺塔被国务院公布为第五批全国重点文物保护单位[55]。

觉山寺在新中国成立后的经历，折射出新中国对待文物古迹方针的转变。初期拆毁很多寺院建筑，能够保存下来的显得尤为珍贵。自20世纪80年代末开始，对濒危的寺院建筑进行整修，经过约十年努力，觉山寺重新焕发光彩。但对觉山寺的保护不会一蹴而就，还需后人不断投入其中，将这一珍贵的文化遗产不断传承给后世子孙。相较寺院建筑，觉山寺佛事活动至今不兴，对佛教文化甚至传统文化的复兴仍然任重道远。

另外，当觉山寺迁来村民后，村民长期与寺院共生共存，相互间已经难以割舍。初期，村民迁入寺院，造成建筑损坏，"文化大革命"期间却因居住或其他使用而免遭拆毁，20世纪80年代迁出寺院主要区域后，因建房需要对寺东僧房院造成较大毁坏。时至今日，村民们虽不再生活在寺院中，却仍然与寺院同存。此间，觉山村村民无意间获得并保留了很多觉山寺的历史记忆，尤其是关于龙诚法师的传奇和"文化大革命"前觉山寺的面貌，他们成为觉山寺活的历史保存者，很多寺史在村民的口耳相传中流传。近年，发生数次由寺院西院墙外向觉山寺塔下打洞的盗掘事件，均是由村民及时发现并上报，保护了觉山寺塔的文物安全。另一方面，随着对觉山寺的保护建设和旅游开发，游客逐渐增多，也给村民们带来了一些经济收入。

总　结

灵丘县位于内蒙古草原与华北平原之间，臂联云朔，吭扼雁门，据紫荆关、倒马关诸隘。历史上较长时间处于北方民族政权的控制下，在其重点发展的中心区域内；当属于中原王朝疆域时，其为边陲。但对于这两种政权，其军事战略意义皆突出，因而灵丘历史上兵灾战乱较多，直到清代，这种情况得以改变。觉山寺创自北魏，绵延至今千五百年。当受北方游牧民族统治时，是其发展的黄金时期，如辽、金、元三朝，保持长盛繁荣；在中原王朝控制时，仅能够维持，难以有所发展。

觉山寺自创建后，因朝代更迭、战乱、天灾等原因，多次衰败，但总能得以复兴。即便在最萧条的时期，也仍有守寺僧坚守荒寺，这或许就是信仰的力量所致。寺史上较大的重修建设活动有五次，时间为辽代大安五年（1089年）、元代至元初期、明末天启六年（1626年）后、清代康熙二十七年（1688年）、光绪十一年（1885年），主要是在北方民族政权下建设较多，并且得到四位帝王的直接关照，分别是北魏孝文帝、辽道宗、元世祖、元成宗，这种殊荣是觉山寺史上的光辉篇章[56]。

另觉山寺自创建之初，就具有重要的军事战略意义，其盛衰与灵丘道、隘门关息息相关。北魏、辽代时灵丘道对于国家发展具有重要的战略意义，觉山寺与灵丘道、隘门关皆得到高度重视，大力发展，并且觉山寺与隘门关遥相呼应，往往同时有所建设。自明清以后，这种战略意义逐渐淡化，觉山寺规模缩减，不再有较大发展。清代光绪时期，重建觉山寺，除了复兴佛法，重点考虑的是其对灵丘一邑风水的培养作用。

表2-2-1 觉山寺修建沿革表

<table>
<tr><th colspan="2">时代</th><th>修建内容</th><th>依据文献、史料</th></tr>
<tr><td rowspan="2">北魏</td><td rowspan="2">太和七年
（483年）</td><td>“太和七年二月二十八日，元魏高祖孝文皇帝神光照室，和气充庭，仁孝绰然，歧嶷显著，听览政事，从善如流，［哀矜百姓，横思济益］。以太后忌日哭于陵左，绝膳三日，哭不辍声，想报母恩，仍于蔚萝之西南，有邑曰［灵丘，邑之东南］溪行环曲二十里有山，山曰觉山，希奇之境造寺一所，特赐额曰觉山寺，硕德高僧四方［云集，禅］教高流五百余名安止于寺，衣粮供给丰足不［缺］，六宫侍女皆持年长月六［斋］，其精进诵［经者并］度出家，事无大小务于周给者矣”。

“惟兹寺基于元魏”

“考诸往帙，创自北魏孝文帝，太和七年，帝都平城，广建寺塔。时巡行方外，经灵，抵觉山，揽其形胜，遂创立梵宇，飞楼迥出，危塔凭陵，四方缁流鳞集至五百余”。</td><td>《四至山林各庄地土》碑（元至元初期刊）

《普济大师塔铭》（元代至治元年刊）

清康熙二十三年《灵丘县志》载《再修觉山寺碑记》（明崇祯三年刊）</td></tr>
<tr><td>“觉山寺，建于北魏孝文帝太和七年，层楼阿阁，连亘山麓，饭僧日至数百人”。

“自北魏崇佛…诸山寺院百有余处，惟觉山一寺乃敕建宝刹，为诸山之首寺也。以其山河风景迥异寻常，规模壮丽，别是……于是掌教僧官印信与大衙堂役使俱设于此，而后世无毁也”。

“考诸往帙，创自北魏孝文帝……塔旁古井深三十余丈，北魏建塔时所凿，汲而尝之盎然有翰墨香”。

“觉山旧寺在县东南廿里，北魏文帝为太子时，代［母祈］福，敕建宝塔，为禅林名寺……文帝建塔造寺……”</td><td>清康熙《灵丘县志》卷之一《景物》“塔井三奇”条

《重修觉山寺碑记》（清康熙二十七年刊）

《建修觉山寺记》（清光绪十五年刊）

《知县李炽题赠龙诚文》碑（清光绪三十三年刊）</td></tr>
<tr><td rowspan="3">辽</td><td>重熙七年
（1038年）</td><td>“昔亡辽重熙七年，是寺有监寺上人省文者，出己囊资，罄其所有，不顷檀信，于邑之东关外创建佛宇，额曰：宝兴。其殿堂圣像壮丽，香积、廊洞、寮舍靡不悉备”。</td><td>《觉山寺殁故行公监寺墓志》（金泰和七年刊）</td></tr>
<tr><td rowspan="2">大安五年
（1089年）</td><td>“于大安五年八月二十八日，有大辽掷国大王因猎到此［山，见］寺宝塔殿宇崔坏，还朝内奏讫奉，皇帝道宗圣旨敕赐重修，革古鼎新，赐金十万缗，于本县开解库所得利息以充常［用］，开演三［学静讲］以充僧费，又立衙门提点，［所］赐朱印一颗，尚府平牒，行移特赐。庄产五处、四至山林开［列于后］……”</td><td>《四至山林各庄地土》碑（元至元初期刊）</td></tr>
<tr><td>“传及辽大安六年，镇国大王因射猎过此，遂请之上发内帑，敕立提点，重辉梵刹，大异旧时，巍峨踞一方之胜”。

“至辽大安六年，镇国大王请帑重修”。</td><td>清康熙《灵丘县志》载《再修觉山寺碑记》（明崇祯三年刊）
《建修觉山寺记》碑（清光绪十五年刊）</td></tr>
</table>

续表

时代		修建内容	依据文献、史料
辽	天庆七年至八年（1117～1118年）	“天庆」七年八月」八日记」[文][音]昌” “天庆八年三月廿三日，因风吹[得]塔上□□不正无[处]觅，」有当寺僧智随、智[政]、智清、善禅四人发菩萨心，[缚]独脚棚，从东面」上来，[拣]四人中[优]，世上无比，寰中第一。因上[来]看觑题此 属。」智谞、智甫二人 属”	觉山寺塔风铎J020102内壁铭文 觉山寺塔墨书题记MY110301
金	大定五年后至二十四年间（1165年后至1184年）	“补故于佛宇、洞堂，修完于库庄、邸舍。运栰营贿……”	《觉山寺大经法师贞公塔铭并序》墓幢（金大定二十五年刊）
元	约至元二年（1265年）	“建立为务，积功荡弊为实。六师之殿设增新净光之佛塔，尤美阁以慈氏，楼以巨钟，祖堂、庖廪[间]比以三丈，室云居楹北以七，壮林泉之致，为幽栖之胜……寺仍[旧]贯，地□复万余亩……”	《普济大师塔铭》（元至治元年刊）
	至元二十二年（1285年）	“至元二十二年，功[德]主荣禄大夫平章政事御史中丞领事仪司事崔公嘉乃□□奏，旨赐‘扶宗弘教大师’”。	同上
	元贞二年（1296年）	“元贞二年，又奉旨敕寺额名‘大[灵]光普照’，及加赐公‘普济’之号”。	同上
	约元代中期（1294～1314年间）	“……本寺兴襄补弊……”	《蔚州灵丘县大灵光普照觉山寺惠公塔记》墓幢（元至正十六年刊）
明	嘉靖末年	“一至明季嘉靖末年，贼寇猖獗，掳掠过此，钱……甚，觉山之规制始有变迁矣”。	《重修觉山寺碑记》（清康熙二十七年刊）
	天启六年至崇祯三年（1626～1630年）	“延至明，千有余岁，适值地震，庙貌摧残，钟簴寝废，遗址故墟，杳莫可寻……土木毕兴，勉成漏因，兼开护寺地粮，不数月而工竣，佛舍、僧居无一不饬”。 “延及天启年间，地震而后，饥馑频仍，兵火连绵，护寺之地荒芜不耕，守寺之[僧]……无赖壮者散之于四方，老者乱丧于沟壑，以致佛殿摧残，佛像剥落，空悬钟磬断绝香火，极胜之地几成极尘之境也。……上台开钱粮，垦荒亩，布资粟，给牛犋，不三……寺少生色矣”。 “明季邑侯黄公、守戌谢公、阳和大中丞王公，捐金再修”。	清康熙《灵丘县志》载《再修觉山寺碑记》（明崇祯三年刊） 《重修觉山寺碑记》（清康熙二十七年刊） 《建修觉山寺记》碑（清光绪十五年刊）
清	康熙二十年（1681年）	“奋力重修，佛像殿宇辉煌……创修出山老像一楹……是以感得金塑二工，喜舍己资，外妆绝顶法身……”	《重修大士铭》碑（清康熙二十七年刊）
	约康熙二十七年（1688年）	“塔后□佛殿一处，千佛殿一处，山门一座，殿后禅堂五间，东西…四间，大井一员，寺崖观音殿三处，上下相连，一概重修，彩画金妆，焕然一新”。	《重修觉山寺碑记》（清康熙二十七年刊）
	康熙三十七年（1698年）	“康熙戊寅邑士李邓诸公修翠峰洞”。	《建修觉山寺记》碑（清光绪十五年刊）

续表

时代		修建内容	依据文献、史料
	光绪元年 （1875年）	“大清光绪元年，信心弟子丁治孝」张　溱」丁玉衡子」远辰叩，」重修各庙神像”。	觉山寺塔心室题记XSZ0105
	光绪十五年 （1889年）	“光绪乙酉龙诚祝发议修，吏民翕然从之，培胜境也……凡三逾年，工半竣……于隘门西峰建关圣祠，隘门东峰筑文昌阁，夹滱对峙，遥引觉山佳胜”。	《建修觉山寺记》碑 （清光绪十五年刊）
	光绪十一年至 三十三年 （1885～1907年）	“……［集］金建庙重修觉山……于是鸠工庀材，重修觉山寺。殿宇巍崇，房舍比鳞接连五院落，凡客堂、斋房、寮舍、戒室、钟楼、门桥莫不整齐完固，端庄宏敞，各宝殿神像［金］碧辉煌，森严肃静，鸟革翚飞，美奂美轮……” “大雄宝殿、弥勒佛殿、贵真佛殿、韦驮殿、天王殿、金刚殿、罗汉殿、奎星楼、文昌［阁］、藏经楼、梆点楼、钟鼓楼、方丈院、禅堂院、戒堂院、十方堂、司房、斋堂、祖堂院、暨各寮舍、官厅、客堂、碑亭、山门、棋子崖观音殿、后洞罗汉殿、东北隅［龙］王山神土地庙及周寺房舍约共三百余间。下院双峰寺、凤凰山恒山庙、隘门口关帝庙、文昌阁，雁翅村恶石龙王庙，至于原有施舍地亩照契列□……”	《知县李炽题赠龙诚文》碑 （清光绪三十三年刊） 《知县李炽题赠龙诚文》碑碑阴 《觉山寺殿宇地亩碑记》 （清光绪三十三年刊）
现代	1995年	“觉山寺佛像于浙江省苍」南县沪山镇塘下村」黄德厚、德欣雕塑。」1995年7月完工」住持续常”	觉山寺塔心室题记XSN0512
	1997年	“工程于一九九七年农历三月动工……四月初见成效……九月竣工……院内正殿、配殿和前台东、西阁楼全部装修翻新，陋旧的碑亭拆除新建，失散和断缺的石碑重新组合，集中立放亭内，四周驳剥的围墙用水泥加涂料照面，砖瓦盖顶，围墙沿台用花岗石砌边，院前广场垫平拓方，并将沿台和广场全部用水泥方砖铺垫，广场下边开拓出一块停车场地，入寺的山路拓宽后，用水泥硬化。春季全县机关干部义务在广场的外沿和周围的山上植满了风景树，觉山寺再次增色添辉，重展新容”。	《重修觉山寺记》碑 （1998年刊）

表2-2-2　觉山寺塔建修沿革表

年代		修缮内容	详细情况
辽代	大安五年 （1089年）	建立觉山寺塔	由辽道宗皇帝敕建八角十三级密檐式砖塔。
	天庆七年至八年 （1117～1118年）	（保养性）维修塔体 补配风铎J020102等少量风铎；可能补配少量瓦件和修整塔刹。	风铎J020102内壁铭文“天庆」七年八月」八日记」［文］［音］昌”； 墨书题记MY110301“天庆八年三月廿三日，因风吹［得］塔上□□不正无［处］觅，」有当寺僧智随、智［政］、智清、善禅四人发菩萨心，［缚］独脚棚，从东面」上来，［拣］四人中［优］，世上无比，寰中第一，因上［来］看觑题此　属。」智谞、智甫二人　属” 概先搭设单排脚手架（斜道在东面），补配风铎J020102及其他少量风铎，可能补配少量瓦件和修整塔刹。华头筒瓦020217可能在此时补配，因华头筒瓦020217长度较长，而将其后一块筒瓦修斫减短

续表

年代		修缮内容	详细情况
金代	约大定五年（1165年）后	可能对塔体略有补修	/
元代	约至元二年（1265年）	塔檐瓦面前半部进行勾抿（或局部揭瓦）、更换残损檐头瓦件和修补瓦面残破筒瓦	对塔檐瓦面前半部局部揭瓦或勾抿（包括瓦条脊前部），捉节夹垄麻刀灰麻刀含量很小、麻纤维很短； 塔檐正北面瓦面檐头瓦件多有用素白灰黏结，其他瓦面偶有发现（例：1301、1302瓦面），并且檐头补配较多大规格φ160毫米、φ180毫米的筒瓦（数量约有70枚，部分残破，应是当时从寺院中找到的辽代旧瓦），前端多堵抹白灰，大规格筒瓦常长度不够，后部瓦节多补白灰。也有把破损的重唇板瓦更换为板瓦。相邻的东北面、西北面偶有大规格筒瓦。（可能将原正北面部分完好的华头筒瓦挪用补配到其他面） （据题记、寺史、修补痕迹综合分析得出）
明代	约崇祯元年（1628年）	一层塔身外壁修补	主要用麻刀灰补抹一层塔身外壁残损部位
		心室壁画全部重描	心室壁画全部重描，画面边缘和颜料变黑处少量内容未重描
	明天启六年（1626年）后或清康熙二十七（1688年）年前	补砌须弥座束腰以下部分表砖	补砌须弥座束腰以下部分表砖，修斫束腰下影响补砌的砖，外侧平砖顺砌条砖，内侧碎砖瓦块背里，并灌白灰浆
清代	康熙十四年（1675年）	Z05壁画、门洞壁画重描	Z05壁画重描时，先在原画面上贴一张宣纸，按原画面内容重描，设色带有藏传佛像绘画特点（据心室题记XSN0503和Z05画面）
	康熙十四年（1675年）之后	重描心室门洞壁画	门洞壁面重描流云、流花图案，其他各画面有少量重描
	康熙三十七年（1698年）以后（寺院火灾后）	一层塔身外壁修补	主要用纸筋灰补抹一层塔身外壁残损部位
		0105塔檐及相邻的0104、0106塔檐局部修补椽飞和角梁	首先对瓦面、飞子以上反叠涩砖解体；沿塔檐中部向下至椽子将砖砌体凿断（欲找出完整椽飞长度），将残损椽飞锯断，对接松木椽飞；其他残损飞子多用斜搭掌榫补接，少量椽头残缺部分用灰泥、纸筋灰补塑外形；子角梁010402斜搭掌榫榫接，010502直接对接，（大角梁010501未修补）；然后重砌反叠涩砖；重宽面、垒瓦条脊
	约嘉庆十六年（1811年）	重描心室Z01壁画	基本按原画面内容全部重描，边缘内容未描遮盖。（据心室题记XSZ0105和Z01壁画）
	咸丰九年（1859年）	心室Z01壁画略有补画	仅补画很少的内容，其他画面可能也略有涉及。 （据心室题记XSZ0109和Z01壁画）
	同治四年（1865年）后	补砌心室内心柱窟窿	补砌心柱正南面、正东面凿挖的窟窿，先补砌砖砌体，然后抹一层滑秸泥、一层棉花细泥。（后又被凿挖开）
	约清光绪时期	心室内增塑木雕塑像	南面为卧佛（西向南睡），北面千手观音
现代	20世纪90年代	补配一层塔身南北版门	版门松散，工艺简陋，质量拙劣
		补墁心室地面	用条砖补墁心室地面残损部位（条砖下为杂土，混有啤酒玻璃瓶碎片、烟头等物）

续表

年代		修缮内容	详细情况
现代	20世纪90年代	踏步、花栏墙	塔台南侧砌筑砂石踏步，周围垒砌蓝机砖花栏墙，保持了地方风格
	1995年	补塑心室内泥塑塑像	泥塑南面卧佛，北面千手观音
	近年	基座须弥座伏狮0601重砌	（伏狮0601残损严重，可能已脱落，因而重砌）其后方孔内填充有杏核、桃核、黍子，其余伏狮内均未发现
	近年	基座平座钩阑束腰力士0401位置立置兽面砖	（应原力士0401残缺，可能被盗窃，用兽面砖补砌。）其后塞有塑料袋包裹的杏核、桃核、黍子穗、红豆等物
	近年	八角形小塔台	概用散砖摆砌八边形小塔台
约为古代	时间不明	补配瓦面翘头1102	翘头1101（翘头样式2）为唯一一个样式不同的翘头，应为后世使用辽代旧瓦件补配
		加固塔檐套兽0606	套兽0606套口处残损，前倾欲坠，后世有用铁条辅助固定
		补配风铎及配件	0805塔檐下现有37个风铎配件撞针，应为后世对风铎修补剩余配件 几个掉落在塔檐的塔链风铎，直接挂到塔檐下
		修补一层塔身版门	现存南门松木门簪（圆形起瓣）为后世补配，并有红色油饰，固定较松
		基座须弥座伏狮0501	伏狮0501左前肢开裂处用白灰黏结
		塔台南侧垒砌毛石台帮	原条砖台帮已残缺，在原条砖台帮里皮位置垒砌毛石

注　释

1. 隗芾：《觉山寺辽碑的发现和初步研究》，《汕头大学学报》1990年第1期。

2.〔清〕黄任恒《辽代金石录》，卷四。转引自隗芾：《觉山寺辽碑的发现和初步研究》，《汕头大学学报》1990年第1期。

3. 隗芾：《觉山寺辽碑的发现和初步研究》，《汕头大学学报》1990年第1期。

4. 隗芾：《觉山寺辽碑的发现和初步研究》，《汕头大学学报》1990年第1期。

5. 据元代至治元年（1321年）刊《普济大师塔铭》，现存于觉山寺碑亭，详见《附录·碑铭》。

6. 参见第九章 第四节 脚手架体系。

7. 据《普济大师塔铭》，四至碑和题记砖出现时间又不晚于元代至元二十二年（1285年），并且塔铭中应有提及，“□寺城南之宝兴，西之大觉，创为权有，公十及恒产古记方志甚广”。

8. 靳生禾、赵成玉：《灵丘道钩沉》，《山西大学学报》1991年第3期。

9. 高凤山：《灵丘县隘门峪北魏文化群遗址考》，《文史月刊》2003年第8期。

10. 参见清康熙《灵丘县志》卷之一《山川》“隘门山”条。

11. 后世宋置戍守于此，明洪武二年设巡检司。参见〔清〕顾祖禹所撰《读史方舆纪要》卷四十四和清光绪版《蔚州志》卷五。

12. 觉山寺附近的北魏文化遗迹有隘门关、义仓、御射台及《皇帝南巡之颂》碑、灵丘道（觉山寺南不远处河谷绝壁凿有栈道方孔）等。

13. 隗芾：《觉山寺辽碑的发现和初步研究》，《汕头大学学报》1990年第1期。

14. 民国五年（1916年）刊《知县李炽题赠龙诚文》，现存觉山寺碑亭，详见《附录・碑铭》，其碑文内容亦载于龙诚法师著《禅宗慧镜》一书。

15. 马秀芳：《山西省历史地震类型研究》，《山西建筑》2015年第24期。

16. 清康熙《灵丘县志》卷之二《武备志》"边警"条。

17. 孙斌、李宁：《北宋对辽、金和战疆界变迁》，《黑龙江史志》2013年第23期。

18. 隗芾：《觉山寺辽碑的发现和初步研究》，《汕头大学学报》1990年第1期。

19. 现寺院西侧邻近田地辽时为寺内范围，本次因消防工程的实施，田地后部地面下的辽代建筑基址已经暴露较多，若能进行细致的建筑遗址考古，可有利于解读辽代时的寺院格局，也有可能发现北魏时期的建筑构件和基址，则这会是觉山寺创建于北魏，实物资料上获得的重要突破。

20. 金大定二十五年（1185年）刊《觉山寺大经法师贞公塔铭并序》，现存于觉山寺碑亭，详见《附录・碑铭》。

21. 清康熙《灵丘县志》卷之一《方舆志・沿革》："嘉定三年，元木华黎败金留守胡沙虎，遂取云、朔诸郡。"卷之一《方舆志・古迹》："大胜甸，县东六十里。元兵胜金人于此，名之。"

22. 据元代至治元年（1321年）刊《普济大师塔铭》，现存于觉山寺碑亭，详见《附录・碑铭》。

23. 据元代至正十六年（1356年）刊《大灵光普照觉山寺惠公塔记》，现存觉山寺碑亭，详见《附录・碑铭》。

24. "乾河"之繁体"乾"可作"乾（qian）"或"干（gan）"，若作"干"解，其是否与"桑干河"之"干"字同义，有待进一步研究。

25. 据元代至治元年（1321年）刊《普济大师塔铭》，现存于觉山寺碑亭，详见《附录・碑铭》。

26. 据元代至正十六年（1356年）刊《大灵光普照觉山寺惠公塔记》，现存觉山寺碑亭，详见《附录・碑铭》。

27. 参见清康熙《灵丘县志》卷之二《武备志》"边警"条。

28. 清康熙二十七年（1688年）刊《重修觉山寺碑记》，现存觉山寺碑亭内，详见《附录・碑铭》。

29. 参见清康熙《灵丘县志》卷之二《武备志》"边警"和"灾祥"条。

30. 马秀芳：《山西省历史地震类型研究》，《山西建筑》2015年第24期。

31. 清康熙《灵丘县志》卷之二《武备志》"灾祥"条。

32. 清康熙二十七年（1688年）刊《重修觉山寺碑记》，现存于觉山寺碑亭，详见《附录・碑铭》。

33. 同32。

34. 清康熙《灵丘县志》载明崇祯三年（1630年）刊《再修觉山寺记》碑文。

35. 清康熙《灵丘县志》卷之二《艺文志》收录的《游觉山寺记》，详见《附录・诗文》。

36. 据清康熙二十七年（1688年）刊《重修大士铭》，现存觉山寺翅儿崖观音殿前，详见《附录・碑铭》。

37. 清康熙二十七年（1688年）刊《重修觉山寺碑记》，现存觉山寺碑亭，详见《附录・碑铭》。

38. 据清光绪十五年（1889年）刊立《建修觉山寺记》碑，现存于觉山寺碑亭，详见《附录・碑铭》。另今翅儿崖西洞处镌刻有“翠峰洞”三字。

39. 参见里表：《觉山寺史话》，太原：山西人民出版社，2007年。另经觉山村村民介绍，凤凰台南侧小山洞，名霸花洞，即当时僧人奸淫妇女处。20世纪90年代，铺设寺前广场平整土地时，于东北角挖出火烧过的椽子等木构件。本次修缮觉山寺塔时，发现一层塔檐正北面残损的椽飞、角梁等木构件带有火烧碳化痕迹，并且寺内地面下也常出土烧红的残砖瓦块。另外还发现，寺院碑亭内清康熙二十七年刊立的《重修觉山寺碑记》（该碑记录了海印和尚在康熙年间重修觉山寺的经过），碑文末刊列海印和尚法徒、法孙、重法孙处，存在较大面积錾掉原有文字而重刻碑文的痕迹（重刻文字尽量避开錾凿较深处），这些被錾掉的文字很可能是那些沾染恶习的僧众法名。以上均能印证觉山寺这段黑暗的历史。

40. 据本次工程发现觉山寺塔一层塔檐正北面烧毁处的修补工艺推断，应为僧人自发进行的维修，非匠人所做。详见第七章第四节。

41. 里表：《觉山寺史话》，山西人民出版社，2007年。

42. 据觉山寺塔心室内题记XSZ0106、XSZ0109和XSZ0105，详见《附录・题记》。

43. 参见清光绪二十一年（1895年）刊立《王遵文捐廉开功碑》，现存觉山寺碑亭，详见《附录・碑铭》。

44. 参见清光绪二十三年（1897年）刊《重镌西峰开路碑记》，现存觉山寺碑亭内，详见《附录・碑铭》。翅儿崖西峰山路沿山沟西行可到车河村，向北可达县城。在20世纪80年代天走公路修成前，长期作为觉山寺及以南乡镇通行县城的重要道路。光绪时期修建觉山寺所用木材多为小叶杨木，来源于上寨镇周围山峦，寺南河西道路的重修，极大改观了材料运输条件，也便于南乡各村镇通向觉山寺或经觉山寺去往县城。

45. 造成工半竣的原因，可能与工程中首先修建了隘门关前东西对峙的文昌阁、关帝庙有关，此二者应不在原修建计划中。参见清光绪十五年（1889年）刊立《建修觉山寺记》，现存觉山寺碑亭，详见《附录・碑铭》。

46. 现存寺院西轴线、中轴线建筑很少使用造价较高的压沿石和石踏跺，多用虎头砖压沿和砖砌踏跺，而东轴线（除奎星楼）和寺东僧房院建筑全部使用压沿石和石踏跺（弥勒殿为砖砌踏跺）。一般认为这次重建寺院，整体施工从西向东进行，从寺院建筑压沿石和石踏跺的使用情况，可管窥工程前期，资金较紧张，后期宽裕。

47. 民国五年（1916年）刊《知县李炽题赠龙诚文》碑，现存觉山寺碑亭，详见《附录・碑铭》。

48. 清光绪十五年（1889年）刊《建修觉山寺记》，现存觉山寺碑亭，详见《附录・碑铭》。

49. 觉山寺重建前，龙诚法师暂居于翅儿崖观音洞，即开始济世救人，远近闻名。

50. 清光绪二十六年（1900年）八国联军侵华，期间一小股洋鬼，掠夺易县、涞源，逼近灵丘，觉山寺僧众与本县民团一同抵御，击退敌人。关于龙诚法师的传说故事，很多收录于里表编著《觉山寺史话》的《龙诚和尚传奇》部分，仍有一部分在当地百姓的口耳相传中。

51. 参见民国五年（1916年）刊立《知县李炽题赠龙诚文》碑碑阴《觉山寺殿宇地亩碑记》，现存觉山寺碑亭内，详见《附录・碑铭》。

52. 里表：《觉山寺史话》，山西人民出版社，2007年。

53. 现居觉山村的觉山寺文保员贾姓老人的父亲为第一批迁到觉山寺的村民，其旧房建在原寺院僧房院东侧。

54. 参见1998年4月刊立的《重修觉山寺记》碑，现存觉山寺碑亭，详见《附录・碑铭》。

55. 本节民国至新中国成立后的寺史，多有引用里表编著《觉山寺史话》（山西人民出版社，2007年）一书相关内容，略作补充。

56. 参见里表:《觉山寺史话》，山西人民出版社，2007年。

第三章　寺院格局变迁

第一节　概述

觉山寺创建于北魏，辽时大规模重修扩建，金代基本延续辽时格局，元时再次修整建设。自明朝中后期，觉山寺规制始有变迁。入清以后，历经二度废兴，光绪时期，觉山寺进行了史上最后一次全面重建，形成现今格局（表3-1-1）。

北魏时觉山寺的格局基本没有相关史料记载，目前寺内也未发现北魏时期建筑遗址和构件，仅部分县志和寺内碑刻只言片语略有提及，据此，大致可知当时寺院飞楼回出，危塔凭陵，层楼阿阁，连亘山麓，禅教高流五百余名安止于寺，规模宏大，佛教繁荣。北魏佛寺多在寺院中心建塔，周围环绕廊庑。若确有危塔，则佛塔当位于寺院中心，周匝廊庑。据寺院现状地形、基址推测，北魏时寺内佛塔应接近现存辽代密檐塔位置，据载凿于北魏时的古井也会位于寺院中心区域内，即僧众集中的区域内。

北魏至辽代期间的寺院状况，亦无史料记录，但其间发生了多次战乱、法难、地震，寺院毁坏湮灭的可能性较大。

辽代中期，觉山寺具有一定规模，经济状况良好。据重熙七年（1038年）本寺创建的下院宝兴寺的规制，具有殿堂、香积、廊洞、寮舍等建筑[1]，推测当时觉山寺也大致应有这些功能建筑。另据寺内《四至山林各庄地土》碑载，大安五年（1089年）辽道宗敕修觉山寺前“寺宝塔、殿宇崔坏”，可知寺内大安五年前已有佛塔，应位于寺院中心。辽道宗敕修寺院后，新建立八角密檐塔，屹立至今，为当时寺院中轴线上的重要建筑，周围应环绕廊洞。综上可推测，辽代中后期，觉山寺皆是以佛塔为寺院中心建筑。

金代，寺院仅进行了补故修完，基本延续了辽时格局。据相关石刻资料[2]可知，当时寺内包括佛宇、洞堂、库庄、邸舍、枯木堂、禅坊院、栖真院等建筑和院落，而这些应至迟在辽大安五年重修寺院时建置，禅坊院、栖真院应为中轴线区域旁侧的院落。

蒙元时期，住持普济法师对寺院进行了修整建设，据《普济大师塔铭》载：“六师之殿设增新净光之佛塔，尤美阁以慈氏，楼以巨钟，祖堂、庖廪间比以三丈，室云居楹北以七，壮林泉之致，为幽栖之胜”，说明六师殿在这次修建前已存在，至迟金代已有，而金沿袭辽，更有可能为辽时建设。元时，在六师殿内增设净光佛塔，并建设有慈氏阁、钟楼、祖堂、庖廪等建筑。

明朝对佛教尊崇与控制并举，觉山寺难以有较大发展。明中期，觉山寺遭受贼寇掳掠，规制始有变迁。天启六年（1626年），寺院在本县发生的七级地震中损毁摧残严重，但不久后，得到修整，免成漏因，而规模可能缩减。

清初，觉山寺受朝代更迭影响再次衰微。顺治年间，灵丘县令宋起凤尝游觉山寺，所作《游觉山寺记》[3]中对此时寺院的格局有所描述："寺门右腋一白浮屠……其前百步许，古井一……西峰山岩上，复一小塔……是寺三层……（翅儿崖观音洞）中构精舍数椽……"，这段材料反映出寺院错落三层，为三进院落，中轴线已经从八角密檐塔处东移，密檐塔位于西轴线，与现今寺院格局相似。清初的寺院格局最晚是在明天启六年地震后形成的，地震后对寺院的整修大致持续三个月，如此短的时间内难以有较大规模建设，而更可能是就残毁的现状进行补修，整体格局可能缩减。

康熙时，住持海印和尚加强对寺院的复兴建设。康熙二十七年（1688年）刊《重修觉山寺碑记》曰"塔后□佛殿一处，千佛殿一处，山门一座，殿后禅堂五间，东西……四间，大井一员，寺崖观音殿三处，上下相连，一概重修彩画金妆，焕然一新"，其中山门、千佛殿应位于寺院中轴线上，密檐塔位于西轴线，其后亦有佛殿，禅堂应位于中轴线旁侧院落。碑记中记述这几处建筑应为重点建设或大修，其余修整继用原有建筑。

光绪时期，觉山寺迎来了史上最后一次全面复兴建设，成为一处建置齐全、端庄宏敞的禅宗寺院。寺院主体区域分为僧居区、佛殿区，寺后东北建有龙王山神土地庙，西北翅儿崖构观音殿、罗汉殿，另在隘门关前东建文昌阁，西筑关帝庙，夹滤对峙，遥相呼应寺院主区。此时寺院整体共有房屋三百余间，为山西雁门关以北佛寺规格较高者。

表3-1-1　觉山寺各时期寺院建筑

时期	寺院建筑概况	所据文献、资料
北魏	飞楼回出，危塔凭陵。 层楼阿阁，连亘山麓。	清康熙《灵丘县志》及其载《再修觉山寺碑记》（刊于明崇祯三年）
辽 大安五年 （1089年）	殿宇、宝塔 （八角十三级密檐式砖塔）	《四至山林各庄地土》碑 （刊于元代至元初期）
金	佛宇、洞堂、库庄、邸舍、禅坊院 枯木堂、栖真院 （寺西南祖茔）	《觉山寺大经法师贞公塔铭并序》 （刊于金大定二十五年） 《觉山寺殁故行公监寺墓志》 （刊于金泰和七年）
元	六师殿（殿内有净光佛塔）、慈氏阁、钟楼、祖堂、庖廪	《普济大师塔铭》 （刊于元至治元年）
明	佛舍、僧居	清康熙《灵丘县志》载《再修觉山寺碑记》（刊于明崇祯三年）
明末清初	（是寺三层）、（寺门右腋）白浮屠、（西峰山岩）小塔、（翅儿崖）精舍数椽	清康熙《灵丘县志》载宋起凤《游觉山寺记》（清顺治时期作）
清 康熙二十七年	□佛殿、千佛殿、山门、禅堂、 （翅儿崖）观音殿	《重修觉山寺碑记》 （清康熙二十七年刊）

续表

时期	寺院建筑概况	所据文献、资料
清 光绪时期	（隘门西峰）关圣祠、（东峰）文昌阁 殿宇巍崇，房舍比鳞，接连五院落。客堂、斋房、寮舍、戒室、钟楼、门桥 大雄宝殿、弥勒佛殿、贵真佛殿、韦驮殿、天王殿、金刚殿、罗汉殿、奎星楼、文昌阁、藏经楼、梆点楼、钟鼓楼、方丈院、禅堂院、戒堂院、十方堂、司房、斋堂、祖堂院、寮舍、官厅、客堂、碑亭、山门、（翅儿崖）观音殿、罗汉殿、（东北隅）龙王山神土地庙（约共三百余间） （隘门口）关帝庙、文昌阁	《建修觉山寺记》碑 （清光绪十五年刊） 《知县李炽题赠龙诚文》碑 （清光绪三十三年刊） 《觉山寺殿宇地亩碑记》 （《知县李炽题赠龙诚文》碑　碑阴）

小　结

佛教传入中国后，佛寺（除石窟寺）布局与中国传统庭院形式相结合，表现出中轴对称的特点，庄重有序。觉山寺自北魏创建后，后世格局有所变化，既体现出当时时代的流行趋势，也具有其自身特点。各时期格局变化，主要受佛教思想主导，并被经济条件所影响。

北魏时觉山寺格局不够明确，可能在寺院中心建立佛塔，廊庑周匝，为廊院制。辽有师承北魏，仍有较多塔寺采用廊院制布局，与当时中原汉地的流行趋势不同，承袭了更古老的传统。辽金元时期的觉山寺皆以华严宗为主，辽代中后期应皆是以佛塔为寺院中心建筑，周围环绕廊洞，仍为廊院制。金袭辽制，一脉相承，寺院格局基本相同。元时受到禅宗影响较大，寺院格局可能有所改变。明清两朝，禅宗和净土宗较为活跃。明朝中后期，觉山寺规模、布局变化较大。至迟在天启六年地震后，中轴线移到密檐塔东侧，以佛殿为中轴线上的重要建筑，寺院整体前后错落三进院落，此后清代基本延续此格局。清代觉山寺二度废兴，但总体格局相似。光绪时期，觉山寺以禅宗为主，寺院布局功能关系、义理逻辑主要受禅宗思想主导，净土宗也有较多体现，另三教合流的时代特点亦对寺院布局有重要影响。

通过对觉山寺历史格局的分析，不仅可以了解寺院历代的建置情况，更重要的是挖掘由此反映出的当时的佛教思想、文化内涵。尤其是辽晚期、清末时的寺院布局，因建筑遗存、遗址、史料较多，可对当时寺院布局深入探究。

第二节　辽代大安五年寺院格局

觉山寺寺院格局在辽代以后多次变迁，但现今格局的形成仍受到辽代基址的影响。目前寺内辽代建筑仅存一座密檐塔，该塔为辽时寺院的中心建筑。通过重点分析密檐塔与现寺院西轴线其他建筑的关系，主要从竖向视角、水平视角、空间构图等方面入手，进而探知辽时寺院中轴线区域的建筑和布局。

现寺院西轴线区域分作前后二进院落，遗存有文昌阁、密檐塔、罗汉殿、贵真殿等主要建筑，罗汉殿东西两山对峙藏经楼，贵真殿前分列东、西廊房。除密檐塔外，其余皆为清末光绪时期建筑。辽时，这里为寺院中轴线区域范围。

一　竖向视角分析

前面发现的疑问

在对觉山寺塔心室壁画勘察时发现，塔心柱正南面壁画（编号：Z01）释迦佛像比正北面（编号：Z05）释迦像绘制得小一些，Z01释迦像根据现存部分推知完整的结跏趺形象应高970毫米，Z05释迦像高1.19米（这两幅释迦像虽经后世重描，但整体仍按原画），两幅释迦像为何绘制得大小不同且北面较大存在一些疑问。又Z01释迦像比Z05释迦像略低（壁面总高2.95米），Z01佛像之上画面高600毫米，佛像下画面高1.38米；Z05佛像上部画面高350毫米，佛像下部高1.41米；Z01佛像比Z05佛像低250毫米[4]。

竖向视角分析

经过仔细观察，发现一个值得注意的现象：当站在文昌阁北侧门洞口处，刚好可以看到（略仰视）觉山寺塔心柱南面Z01释迦佛像（木质版门打开）。北面Z05释迦像现被泥塑千手观音遮挡，无法直接观察，可能存在与南面相似的竖向视线设计[5]。觉山寺塔北侧看向心柱Z05释迦佛像较合适的位置为罗汉殿前檐隔扇门前，罗汉殿踏道前至砖塔的范围几乎看不到Z05壁画。通过作图法对觉山寺塔南北两面竖向视角进行详细分析（视点距地面1.55米）（图3–2–1）。

a. 当从文昌阁北侧门洞口处看向塔内Z01壁画时，视线仰角为21°～24°，可看到的Z01画面范围高1.45米，该范围以上画面高440毫米，以下画面高1.06米（图3–2–2）。

b. 从罗汉殿前檐隔扇门处看向塔内Z05壁画时，视线仰角为18°～24°，可看到的Z05画面范围高1.61米，该范围以上画面高440毫米，以下画面高900米。

图3–2–1　从文昌阁北门洞口看到的Z01释迦佛像

由作图分析可知，塔心柱南面Z01释迦佛像恰好处于从文昌阁北门洞口处看过来的穿过一层塔身南面版门门口视线范围的中部，实际看到的视域上端恰为Z01释迦佛像头光上缘。北面从罗汉殿前檐隔扇门处看向Z05释迦像的情况与南面相似，但Z05释迦佛像上部90毫米被版门上槛遮挡不可见。概因罗汉殿处台基在辽代以后不断被抬高，在距离较近时，对罗汉殿看向Z05壁画的视线分析影响较大。谨推测辽时从罗汉殿前檐隔扇门位置看向Z05壁画可看到完整的释迦佛像，由作图分析反推看到完整的Z05释迦佛像时罗汉殿台基高度需降低480毫米（2016年寺院安防、消防工程实施，在罗汉殿与贵真殿之间的院落挖管道沟埋设管线时，发现多层院面铺地砖，较靠下的砖层距现院面约500毫米）。所以，可推测辽时罗汉殿处台基应比现状低约500毫米，从罗汉殿前檐隔扇门处可看到完整的Z05释迦佛，此时视线仰角为20°～26°，可看到的Z05画面范围高1.57米，该范围以上画面高350毫米，以下画面高1.03米。

由上进一步分析，从北侧看到的塔心柱Z05画面范围较大，该范围上缘较南侧看到的Z01画面范围高90毫米，下缘基本与南侧同高。这些特点与Z01、Z05壁画释迦佛像绘制经营特征相同，Z05释迦像绘制得较大，较靠上；Z01释迦像绘制得较小，较靠下，并且释迦佛以上较大的空间，增加覆莲形华盖补充画面。辽时Z01、Z05释迦像均恰好处在从南面文昌阁北门洞口、北面罗汉殿前檐隔扇门处观看时可看到的画面范围内，并且根据画面构图需要调整佛像高低位置和体量大小。

以上基本说明，觉山寺塔心室Z01、Z05壁画释迦佛像的绘制放到寺院整体空间中去经营。将释迦佛像的位置、大小精心布陈，使在文昌阁、罗汉殿处恰好看到。重点表现密檐塔的核心释迦佛，让人感受到佛的崇高和对众生的关照。而觉山寺塔壁画初创于辽代，前文对竖向视角的分析也可说明，辽时现文昌阁、罗汉殿位置应布置有建筑。

反过来，从觉山寺塔下分别看向文昌阁、罗汉殿时，亦有较好的竖向视角，均能看到其建筑屋脊。

a. 从塔下基座南面中间位置看向文昌阁屋面正脊时仰角为18°，为较好的仰观视线。

b. 从塔下基座北面中间位置看向罗汉殿屋面正脊，仰视角为33°，此时视点与屋面檐头、正脊基本连为一线。

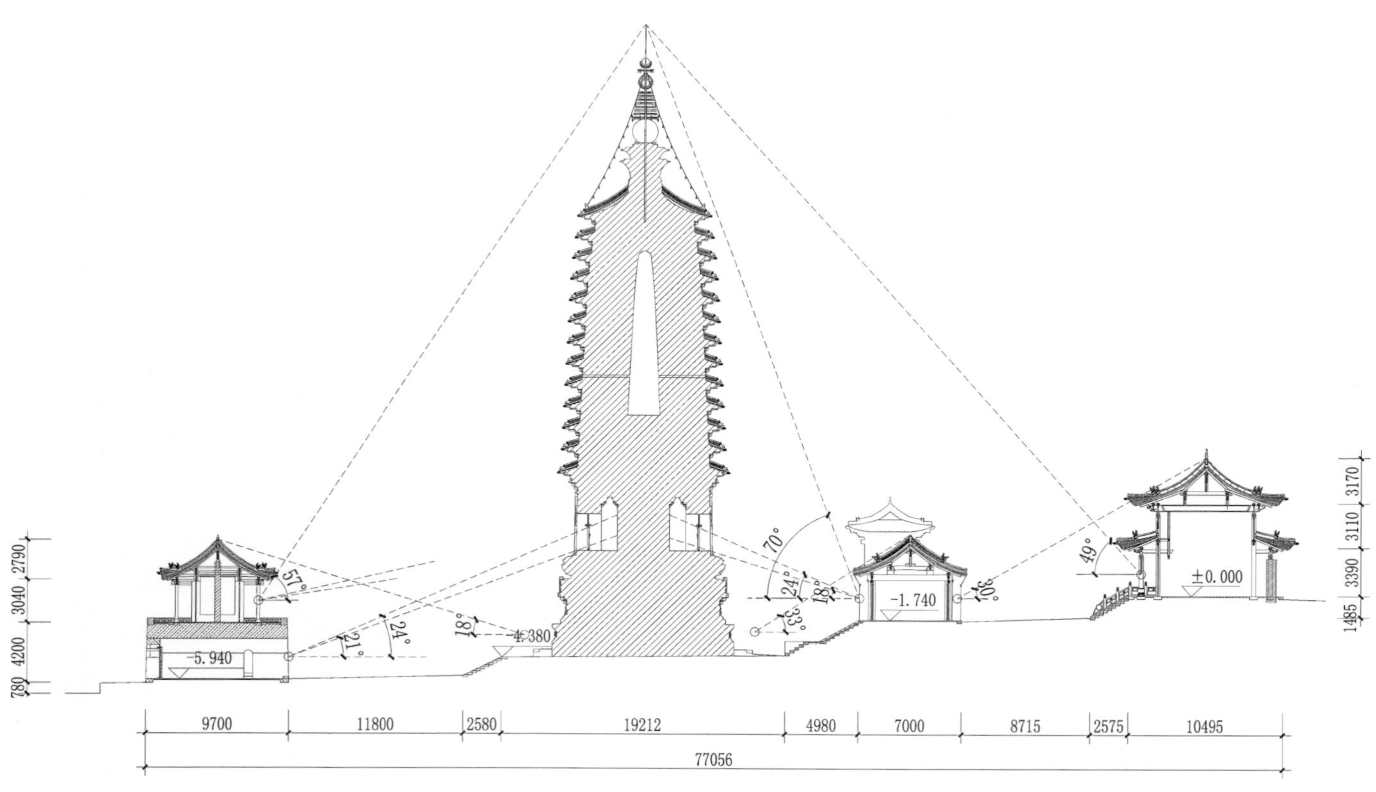

图3-2-2　西轴线建筑竖向视角分析

小　结

觉山寺塔前后空间竖向视角设计非常高超，将心室壁画释迦佛像放到整体空间中去经营。人正常平视时，竖向视角范围为120°，当站在文昌阁北门洞口、罗汉殿前檐隔扇门处向前平视，不需刻意观察，塔心室内Z01、Z05壁画释迦佛像就出现在视域中，似乎让人心理上感受到佛的无处不在。当注意到后望向佛像，仰视角接近最佳竖向仰视角27°。在观者的视线与佛低垂的视线交汇时，让人感受到佛的崇高与对众生的关照，产生膜拜和信仰的心理反应。并且反过来从塔前看向文昌阁、罗汉殿也有很好的竖向视角，是一种优秀的双向视线设计。以上分析又可说明，辽时现寺院文昌阁、罗汉殿处应存在建筑。

其他视点的竖向视角

a. 西轴线二进院贵真殿前檐明间廊柱中间位置亦是观看觉山寺塔较好的视点，塔体密檐和塔刹部分可被看到（塔刹各部分基本能全部看到），并且这部分塔体恰好从东西藏经楼间较低的罗汉殿上耸出，构成很好的透视视角。望向塔刹尖时仰角为49°，接近最大仰角。辽时贵真殿处也应有建筑，并且应为寺院最重要大殿的位置（一般为大雄宝殿）。

b. 从罗汉殿后檐隔扇门处看向贵真殿屋面正脊时仰角为30°，正脊全部可见，视点与屋面檐头、正脊也几乎连成一线（图3–2–3）。

c. 在文昌阁北门洞口处仰视整座塔体，塔刹部分几乎看不到刹座，覆钵中部及以上刹件可看到。这时仰角很大，看到的塔刹和密檐上部塔檐堆叠到一起。

d. 若登上文昌阁高台上，站在北侧明间廊柱中间位置仰视整座塔，塔刹刹座略可见，仰望刹尖时仰角为57°，超过最大仰视角，看到的景物变形较大。

e. 罗汉殿前檐隔扇门处仰望整座塔时，视点、塔顶檐口、塔刹尖基本连成一线，塔刹几乎全部看不到，仰视角为70°，看到的密檐部分变形很大。

从文昌阁看整座密檐塔时，仰视角略超过正常最大仰角；从罗汉殿仰望整座塔，仰视角超出正常最大

a. 从贵真殿看向觉山寺塔

b. 从罗汉殿看向贵真殿

图3–2–3　西轴线建筑其他竖向视角实际情况

仰角较多，所看到的塔体变形较大。所以，从文昌阁、罗汉殿处观看觉山寺塔最佳的竖向视角正是看向塔心室Z01、Z05壁画释迦佛像时的视角。或者说在文昌阁、罗汉殿处观看密檐塔，想要重点表现的是心室Z01、Z05壁画中的释迦佛。

经以上分析也可推知，现文昌阁、罗汉殿、贵真殿处辽时皆布置有建筑，建筑地面较现状应有所抬高。

二　水平视角分析

一般认为，正常情况下，人双眼同时看景物，能见视野范围为120°，在视线周围60°的视环境可以看得比较清楚，而更清楚的范围则是30°视野[6]。

现文昌阁北门洞口、罗汉殿前檐隔扇门处均为观看觉山寺塔较好的位置（图3-2-4）。

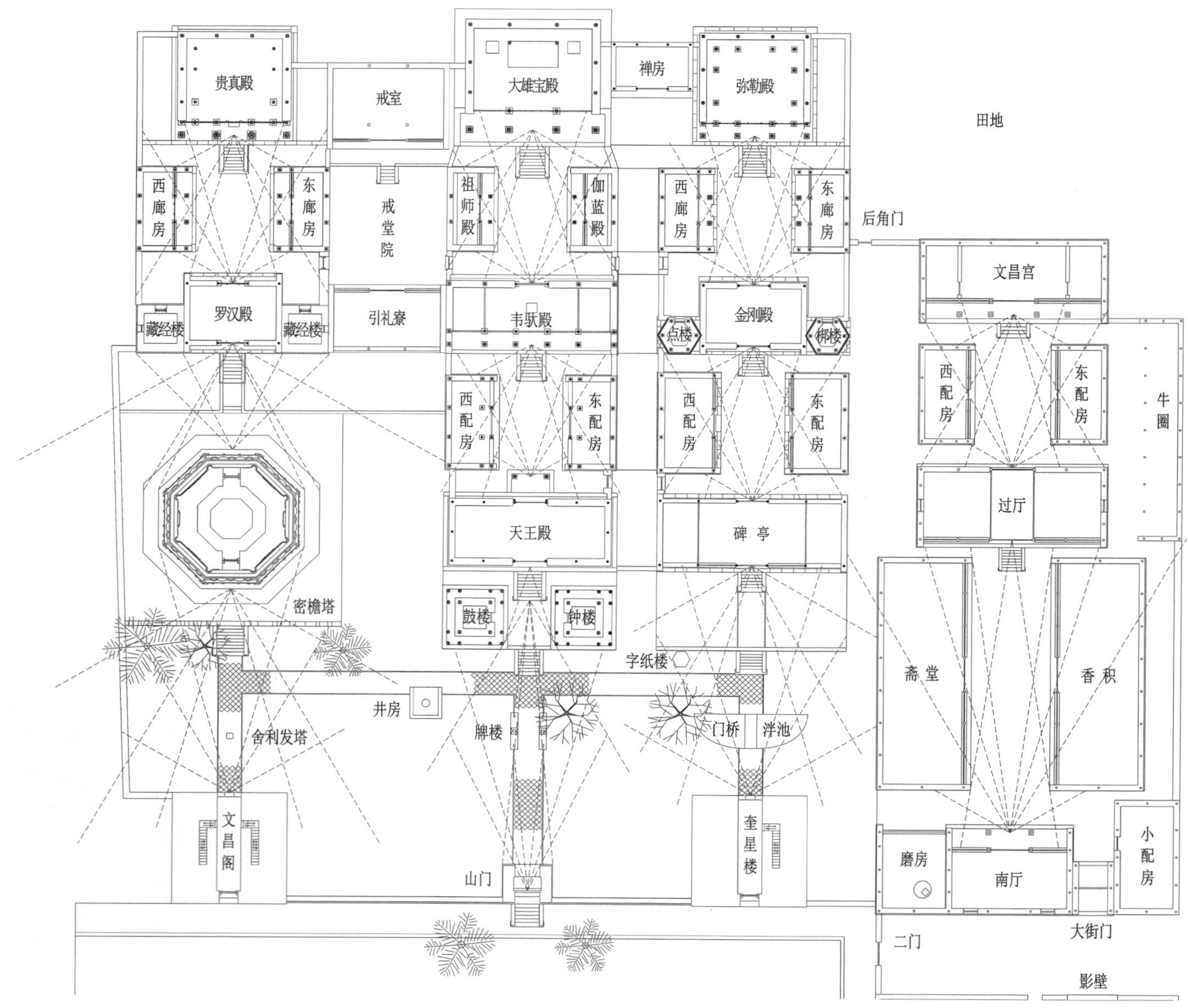

图3-2-4　寺院建筑水平视角分析

a. 在文昌阁北门洞口看密檐塔时，塔体正好出现在水平视角30°范围，水平视角60°范围包含塔台。

b. 罗汉殿前檐隔扇门处看密檐塔塔台以上塔体，在50°水平视角范围；60°视角范围包含八边形小塔台，120°视角范围包含四边形大塔台。

c. 反过来，从密檐塔下基座南面正中位置看向文昌阁，文昌阁也正好出现在30°水平视角范围内。

d. 从塔基座北面正中看罗汉殿，罗汉殿在50°水平视角范围内。

e. 在罗汉殿后檐隔扇门处看向贵真殿，30°水平视角刚好被东、西廊房夹住，贵真殿也基本在此视角范围内，但该殿台基较高，建筑大部仍不会被东、西廊房遮挡，60°视角可包含贵真殿整个台基，120°视角基本可看到东西廊房全部。

f. 从贵真殿明间廊柱中间看向罗汉殿，罗汉殿刚好在30°水平视角范围内，该视角亦被东、西廊房夹住；60°视角包含东、西藏经楼，由于视点较高，藏经楼一层被东、西廊房遮挡较多，而上层大部可见；120°视角基本可看到东、西廊房全部。

对现西轴线区域建筑空间的水平视角进行分析后，更加确定现文昌阁、罗汉殿、贵真殿位置辽时应有建筑。另从文昌阁北门洞口看向觉山寺塔的60°角视线与罗汉殿前平台东端、现中轴线建筑西侧墙体一线存在共同交点，其他位置视线，例：从塔基座北侧看向罗汉殿的60°角视线、贵真殿前檐看向罗汉殿的120°角视线、罗汉殿前看向觉山寺塔的120°角视线，多与现中轴线建筑西侧墙体和辽时建筑布局使用的3丈平格网（详见下文）存在共同交点。由此可大概推测现中轴线西墙一线，辽时应存在建筑。辽代寺院中心的佛塔周围多环绕廊庑、廊洞等，例：内蒙古巴林右旗庆州白塔、北京天宁寺塔，现推测觉山寺塔周围沿现中轴线建筑西墙一线环绕廊洞（西侧对称），此时古井（一般认为始凿于北魏）亦位于寺院中心区域内。

三 平面构图分析

辽代塔寺较多以佛塔位于寺院中心，例：山西应县佛宫寺及释迦塔、内蒙古巴林右旗庆州白塔寺及白塔、辽宁锦州广济寺及塔。辽时，觉山寺塔为寺院中轴线上的重要建筑。在寺院总平面图上作图分析发现，觉山寺塔位于文昌阁至贵真殿前范围的几何中心。这个范围又可分作三个小区域，觉山寺塔塔台范围为中间区域，文昌阁至觉山寺塔为前部区域，觉山寺塔至贵真殿前为后部区域，其几何中心在罗汉殿后檐隔扇门处。

平格网是中国古代建筑群规划、布局的基本方法，以觉山寺塔为中心对辽时寺院布局使用的平格网进行分析，按辽尺1丈=2.95米计。因觉山寺塔所在现寺院西轴线区域规模不是很大，可先作最基本的方1丈的网格进行分析，各建筑边界位置非常贴合该网格。然后扩大分析发现，3丈网格也是现建筑边界位置较贴合的。此时南北纵长约9格，即27丈；东西宽至少4格，即至少12丈。塔台约方2格，6丈；塔后区域长4格，12丈；塔前区域长3格，约9丈。基本可认为辽时觉山寺总平面使用方3丈的平格网为基准进行布置（图3-2-5）。

另在现觉山寺平面辽时平格网分析图上不难发现，清光绪时期的寺院建筑仍较贴合辽尺平格网，说明清光绪时期寺院布局受辽代基址影响较大。

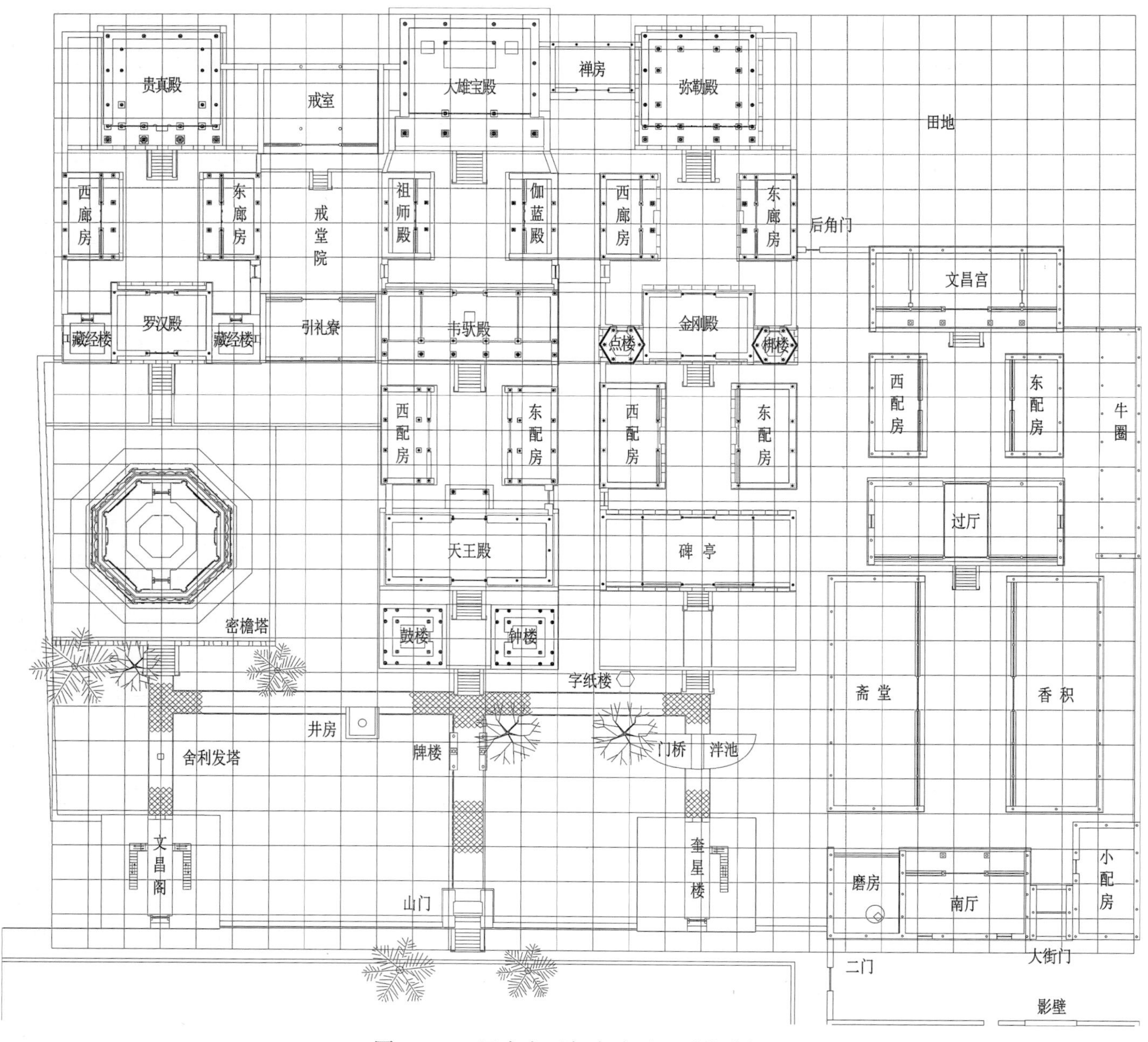

图3-2-5　辽大安五年寺院平面平格分析

四　小结

密檐塔与文昌阁、罗汉殿、贵真殿之间的距离、高低位置关系的经营，既考虑到平格网又兼顾良好的水平视角、垂直视角，甚至透视视角，将这几者同时完美处理，形成优秀的空间构图。

密檐塔与文昌阁的距离、高低位置关系，主要根据塔的高度、在文昌阁北门洞口看向塔的视线角度、视野确定。

密檐塔与罗汉殿间空间局促，却也经过精心经营，获得双向良好的视觉效果。罗汉殿与密檐塔距离近，水平视角虽较大，但相互各部分依然能看得很清楚。从密檐塔下看向罗汉殿的竖向视角，因罗汉殿高度控制得当，使视点与罗汉殿屋面檐头、正脊连为一线。

从贵真殿前檐明间廊柱中间位置看向密檐塔，具有良好的透视视角，密檐塔与罗汉殿、东西藏经楼形成很好的透视构图，贵真殿的高低与密檐塔和罗汉殿的距离十分得当。

为了使在文昌阁北门洞口、罗汉殿前檐隔扇门处恰好看到密檐塔心室Z01、Z05释迦佛像，除了控制好密檐塔与文昌阁、罗汉殿的位置关系，还需要使Z01、Z05释迦佛像处在看过来的视线范围内。

Z01壁画释迦佛像，正是处在从文昌阁北门洞口处看过来的视线可见范围内（主要受一层塔身版门门口的限定），释迦佛像略小于这个范围的高度，其上增加一覆莲形华盖（视线可见范围之上），使画面构图完整。

Z05壁画释迦佛像位置已达到最高，即辽时罗汉殿处台基也达到最低高度。若台基继续降低，Z05释迦佛像高度也会随之（向上）减低，则整幅壁画的主题释迦佛像变得较小，主题不够突出，画面构图也不够好。另Z01、Z05壁画佛像以下画面的高度基本相同，应是同时考虑视线和画面构图来确定的。

综上，密檐塔、文昌阁、罗汉殿、贵真殿之间的关系是经过复杂而又高级的空间处理，有机而又统一的规划布局。另清光绪时期形成的寺院格局，是以西轴线区域为基础，将整个寺院按照当时的追求重新布局，传统优秀的空间处理手法继续延续。

五　综合分析

现寺院西轴线区域在辽时寺院的中轴线区域范围内，密檐塔为中心建筑，从前面的分析得知：现文昌阁、罗汉殿、贵真殿位置辽时皆有建筑，觉山寺塔周围应围绕廊洞。根据辽代佛寺中常见建筑类型，辽时罗汉殿位置佛殿应为中殿，贵真殿处佛殿应为后殿，一般为大雄宝殿。据寺内现存金代石刻资料可知，辽时觉山寺应存在佛殿、洞堂、库庄、邸舍、香积、枯木堂、禅坊院、栖真院等建筑和院落，禅坊院、栖真院为中轴线区域旁侧院落[7]。

觉山寺塔周围环绕的廊洞东侧沿现寺院中轴线院落西墙一线，大致可推测其前端接现文昌阁位置建筑，中部可能接现罗汉殿位置佛殿，后部接现贵真殿位置佛殿，廊洞至少应围绕起觉山寺塔，罗汉殿后部是否存在廊洞仍不明确。廊洞进深应约同现寺内廊房，则中轴线区域范围基本确定。经作图分析，发现其存在总宽 : 总深≈$\sqrt{2}$: $\sqrt{2}$ +1的构图比例[8]。辽时，觉山寺中轴线区域可能是这种规模和布局。

现文昌阁前区域辽时是否存在建筑？现文昌阁前区域为寺院前较开敞的平地，空间宽阔。觉山寺虽位于县级行政单位灵丘，但辽大安五年受到道宗皇帝敕修，敕修后的规模可能较大。现今寺院格局在辽代以后经过变迁，规模减小。另从竖向视角方面考虑，文昌阁前是否存在某个建筑位置（如：山门位置），类似贵真殿明间前檐廊柱中间位置，可看到觉山寺塔的密檐和塔刹，尤其塔刹各部分应均可见。若如此，则寺院中轴线区域纵长约百米，仍符合县级寺院规模。但这种规模恐与周围地理环境不够协调，可能性较小。

现寺前空地也有后世向南拓展的可能，则辽时寺院中轴线区域纵长至少同现寺院西轴线区域，辽代中轴线区域这种平面布局又与北魏时期塔寺布局相似。则现文昌阁位置辽时建筑应为山门，进入山门就可看到觉山寺塔及其心柱Z01壁画释迦佛像，突出表现主题。

本节谨从觉山寺现存辽代密檐塔入手，对其与现存周围建筑关系进行分析，主要探究了辽时寺院中轴线区域规模和布局，若确要弄清辽时觉山寺完整布局，有待更多建筑遗址的发现和考古调查。

第三节　清代光绪时期寺院格局

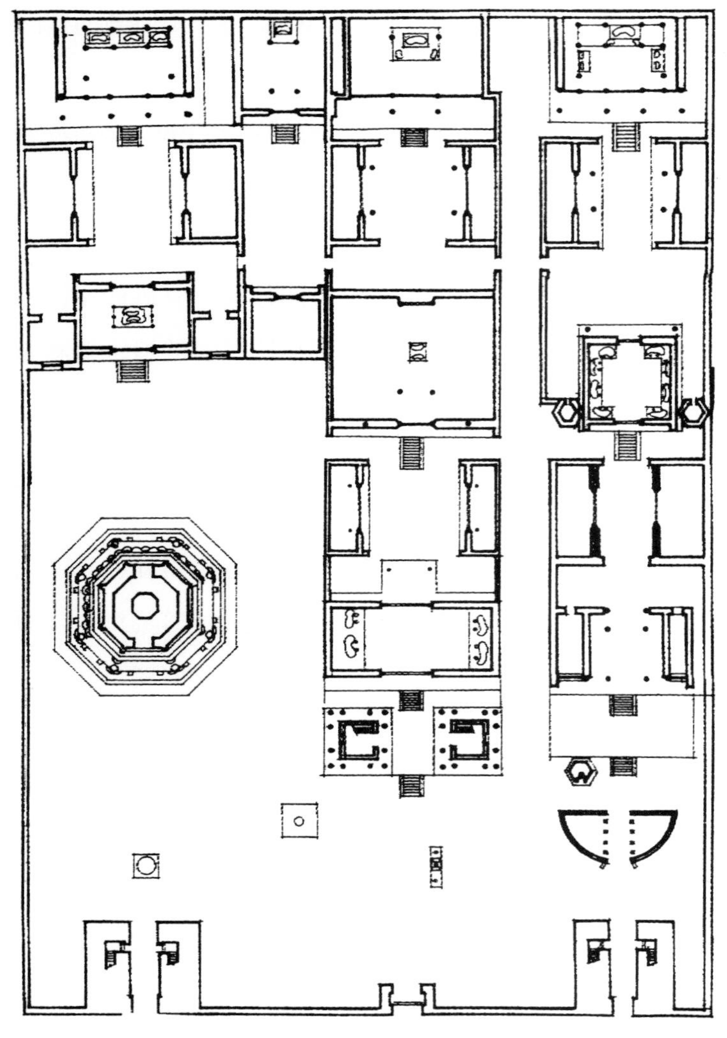

图3-3-1　20世纪80年代觉山寺总平示意图

（图片来源　张驭寰:《中国佛教寺院建筑讲座》，当代中国出版社，2008年）

清光绪时期寺院主体区域东侧为僧居区，西侧佛殿区。僧居区前后二进院落（僧房院），具有祖堂、客堂、寮舍、斋堂、仓廪等功能建筑。佛殿区五院相连，可分作东、中、西三条主轴线，其间夹二条副轴线，前后三进院落，错落有序。中轴线自前至后依次建置山门、牌楼、钟鼓楼、天王殿、韦驮殿、大雄宝殿，又韦驮殿前分列东西配房，大雄宝殿前对置伽蓝殿、祖师殿。东轴线上前后依次排列奎星楼、泮池（上设门桥）、碑亭、金刚殿、弥勒殿，金刚殿其前置东西配房，两山对立梆点楼，弥勒殿前分列东西廊房。西轴线由前至后顺列文昌阁、月山禅师舍利发塔、密檐塔、罗汉殿、贵真殿，又罗汉殿两山对峙藏经楼，贵真殿前分置东西廊房。东副轴线在弥勒殿与大雄宝殿间辟禅堂院，西副轴线有戒堂院，南北对置引礼寮、戒室。寺内还散置井房、字纸楼等小型建筑。寺外西南凤凰台上遗存小塔一座，寺后东北有龙王庙，西北翅儿崖建构观音殿、罗汉殿二处，与寺院主区上下相连。东北不远处隘门关前东建文昌阁，西筑关帝庙，夹滱对峙，作为觉山寺的一部分，遥相呼应寺院主体区域。下面重点对寺院主体区域的布局进行分析（图3-3-1）。

一　水平视角

1. 佛殿区

佛殿区中轴线、东轴线的二、三进院和僧房院的二进院水平视角设计相同，即一院之内南北主要建筑从对面观看时，三开间建筑（或五开间建筑中间三间）在30°视角范围，并且30°视角刚好被东西配殿（配房）夹住；五开间建筑（或三开间建筑及两侧空间）在60°视角范围。以下仅举一例，不再一一赘述。

例：东轴线碑亭后檐隔扇门处看向金刚殿，金刚殿恰好处在30°水平视角范围内，梆点楼位于60°视角范围。从金刚殿前檐隔扇门处看向碑亭，碑亭中间三间基本在30°视角范围，整体五间恰好在60°水平视角内。

2. 佛殿区中轴线、东轴线和僧房院一进院的水平视角设计各有特点，详述如下：

（1）中轴线一进院

a. 从山门板门中间位置看向寺内时，视线被两侧山墙夹住，最大水平视角约为50°。牌楼约出现在11°视角范围，钟鼓楼恰好在30°视角范围，牌楼起到障景作用，亦为此时的主景。进入山门后才会豁然看到寺院开阔的前院。

b. 从天王殿前踏步燕窝石处看向山门，视线被钟鼓楼夹住，最大水平视角为60°，牌楼在15°视角范围，山门在11°视角范围。

（2）东轴线一进院

a. 从奎星楼北门洞口看向碑亭，泮池大致在60°视角范围，碑亭基本在30°水平视角范围，其前平台在60°视角范围。

b. 在碑亭踏步前看向奎星楼，奎星楼恰好在30°水平视角范围，泮池在60°视角范围。

（3）僧房院一进院

a. 从南厅前檐明间廊柱中间位置看向过厅，过厅恰好位于30°水平视角范围，但视线被七开间的东西配房夹住，仅有16°视角可看到过厅中间三间大部。

b. 从过厅前檐明间隔扇门处看向南厅，视线被东西配房夹为18°视角，可看到南厅大部。

二　竖向视角

1. 中轴线

（1）一进院

a. 进入山门，从山门北门洞口看向天王殿，天王殿位于钟鼓楼后，仅露出中间一部分，这部分基本被牌楼遮挡住，牌楼为眼前的第一层景，钟鼓楼为第二层景，其后还有天王殿，构成良好的景深感和层次感。现在（牌楼已毁）直接看向天王殿屋面正脊，竖向视角为15°。

b. 在（推测的）牌楼中间位置看向天王殿正脊，竖向视角为23°，看向钟鼓楼上层屋面约为40°视角，视线、屋面檐头、正脊基本连为一线。从牌楼回看山门屋面正脊，竖向视角14°（图3–3–2）。

c. 当在钟鼓楼所在高台前踏步燕窝石中间看向天王殿正脊，竖向视角为30°，屋面基本不可见，恰好露出正脊。

（2）二进院

a. 从天王殿北侧抱厦檐柱中间位置看向韦驮殿屋面正脊，竖向视角为22°，屋面可见较多。

b. 从韦驮殿前檐明间廊柱中间位置看向天王殿，视线刚好可以穿过（天王殿）抱厦卷棚顶看到后部屋面正脊，竖向仰视视角为12°，俯视视角为16°[9]。

（3）三进院

a. 从韦驮殿后檐隔扇门中间看向大雄宝殿，其屋面显得较扁，并刚好出现在伽蓝殿、祖师殿屋脊之上，重檐撒头屋面如鸟翼，翚飞欲起，竖向视角为27°。

b. 从大雄宝殿前檐明间廊柱中间位置看向韦驮殿，竖向仰视视角为10°，俯视视角为14°，（韦驮殿）建筑整体比例基本未变，其屋面与伽蓝殿、祖师殿屋面“交圈”，连成一片。

2. 东轴线

（1）一进院

a. 在奎星楼北门洞口看向碑亭屋面正脊，竖向视角为16°（图3-3-3）。

b. 若登上奎星楼高台，从上层北侧明间廊柱中间位置向北看，视线刚好通过碑亭和金刚殿屋面正脊，

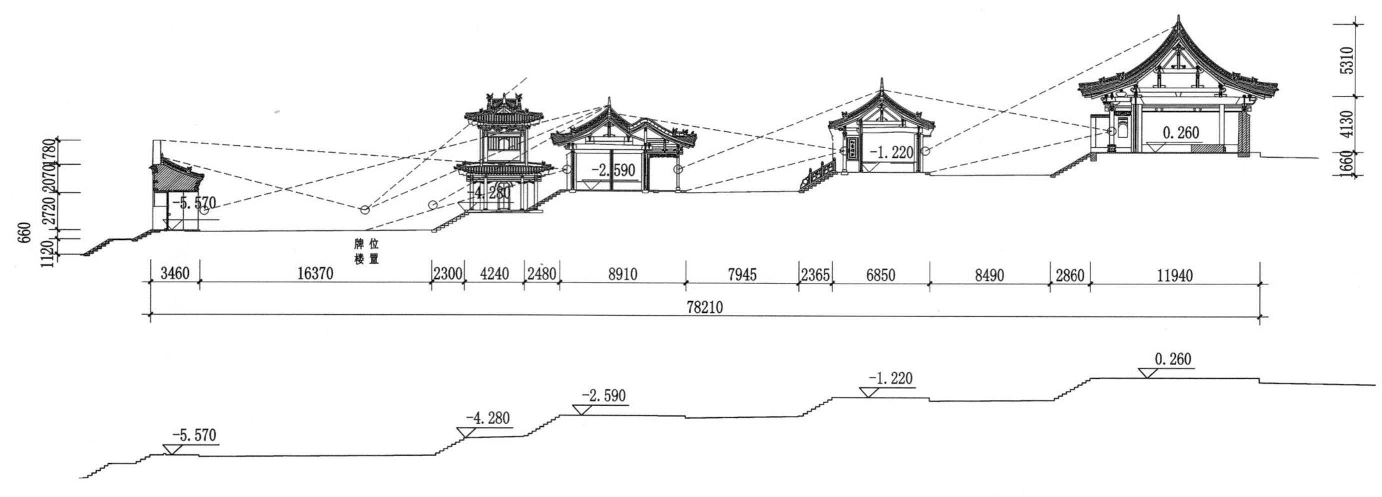

图3-3-2　中轴线建筑竖向视角分析

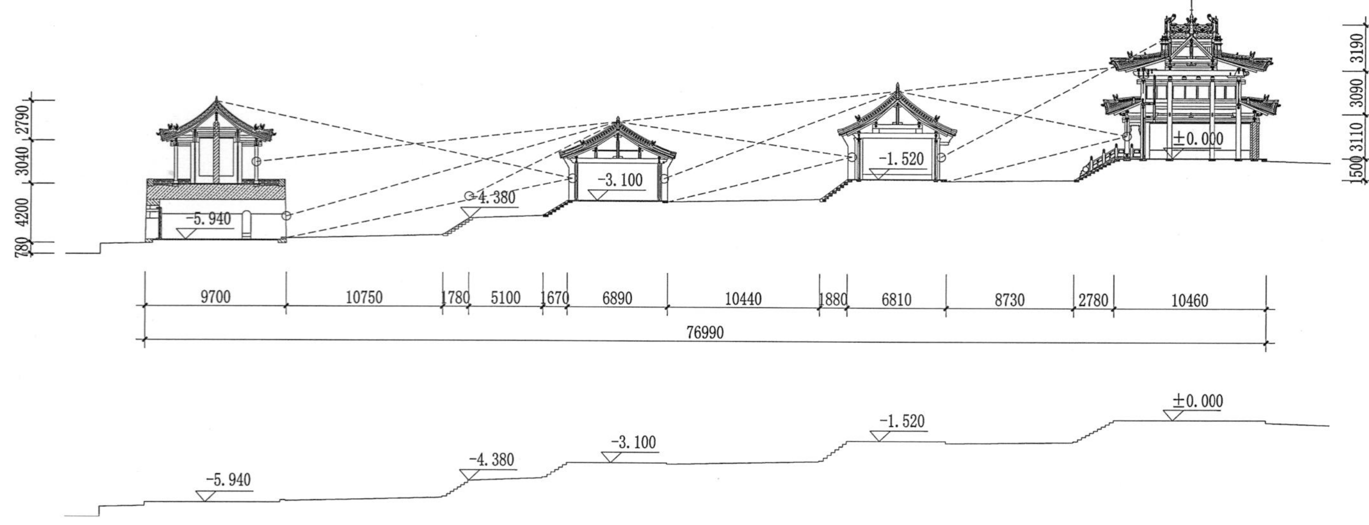

图3-3-3　东轴线建筑竖向视角分析

看到弥勒殿上层十字歇山顶，竖向视角为7°。

c. 在碑亭前平台南缘中间看向碑亭，视点与屋面檐头、正脊连为一线，此时为最佳竖向视角27°。

d. 从碑亭前檐明间隔扇门处看向奎星楼，竖向仰视视角为13°，俯视视角12°。

e. 当站在（推测的）泮池石桥北端位置看向奎星楼，视点与屋面檐头、正脊连为一线，竖向视角33°。

（2）二进院

a. 当从碑亭后檐隔扇门看向金刚殿屋面正脊时，竖向视角为22°，此时，金刚殿、梆点楼屋面刚好出现在东西配房屋面之上。东西配房屋面由于角度原因被看成一条线，与前檐压沿石成为所见画面中有力的透视线，使画面具有较强的纵深感，这四条透视线灭点在金刚殿前檐隔扇门门槛中间位置。另金刚殿垂脊成为画面中具有向上延伸感的二条透视线，使金刚殿具有挺拔之感，形成非常优秀的透视构图（图3-3-4）。

b. 从金刚殿前檐隔扇门处看向碑亭，竖向仰视视角9°，俯视视角14°。

a. 从山门看向天王殿

b. 从韦驮殿看向大雄宝殿

c. 从奎星楼上层向北看

d. 从碑亭看向金刚殿

图3-3-4　寺内部分建筑竖向视角实际情况

（3）三进院

a. 从金刚殿后檐隔扇门处看向弥勒殿，视点与其上层屋面檐头、正脊连为一线，此时为最佳竖向视角27°。

b. 从弥勒殿前檐明间廊柱中间位置看向金刚殿，竖向仰视视角12°，俯视视角14°。

小　结

佛殿区中轴线、东轴线、僧房院的一进院空间较开阔，视距较长，水平视角为11°～18°；由山门或奎星楼向北看时，竖向视角皆较小为14°～16°。

佛殿区中轴线、东轴线竖向视角由南面看向北面建筑，竖向视角多为22°～30°，比较接近竖向最佳视角27°。看向重要建筑时则刚好为27°，例：由韦驮殿看向大雄宝殿、由金刚殿看向弥勒殿。

佛殿区中、东、西轴线视线处理多处使视点与屋面檐头、正脊连为一线，并恰好露出雕饰美丽的正脊，仰视视角略有不同。例：中轴线钟鼓楼高台前踏步处看向天王殿，东轴线碑亭前平台南缘看向碑亭，金刚殿看向弥勒殿，西轴线罗汉殿看向贵真殿等。

当由低处看向高处建筑，竖向视角为22°～30°时，使原本体量不是很大的（高处）建筑显得挺拔，增添几分气势，例：由碑亭看向金刚殿。当从高处建筑看向低处建筑，竖向仰视角度为10°～14°，俯视角度12°～16°，低处建筑变形较小，各部分比例基本不变。视平线一般与（单层建筑）屋面檐口（或稍偏低位置）齐平，仰视视角、俯视视角的大小与低处建筑屋面与屋面以下（在视平线以上、以下）部分的比例关联，应是经过这种精细的处理，才使所看低处建筑各部分比例不变。从建筑等级角度来看，这种处理使相对高处建筑显得崇高，突显建筑等级较高；使相对低处建筑可平视全貌，而不贬小，为建筑等级较低，体现尊卑有序。寺院整体由南至北逐渐升高，当（沿轴线）由南至北行进时，皆是由低处看向高处建筑，建筑等级、重要性逐步升高，最终呈现最华丽、高大（高度骤增）的三座大殿。整个过程循序渐进，一殿更比一殿高，最终走到三大殿前，视觉、心理皆达到高潮，强调整座寺院的主题，表现神佛的崇高与伟大。

三　平面平格分析

清光绪时期建造的佛殿等房屋体量较小，对寺院总体平面分析时，可尝试用1丈网格。根据现存建筑，推测当时用尺约为1丈=3.3米。寺院中轴线在山门、大雄宝殿一线，以此为基准作一丈网格，寺院整体平面似乎比较贴合该网格。

但中轴线区域外东西两侧建筑似乎与1丈3.3米的网格貌合神离，前面分析辽时寺院平面设计平格时，1丈=2.95米网格更加贴合现寺院平面。这反映出清光绪时期对寺院进行规划、布局时，受辽代基址影响很大，可能根据当时尺丈，分区域布局设计，例中轴线区域、东轴线区域、西轴线区域，僧居区域，这几个区域平面采用1丈网格，之间空余部分另作布置（图3–3–5）。

综上，清光绪时期寺院平面布局大致使用1丈网格，但受辽代基址影响很大，更贴合辽时1丈=2.95米网格。

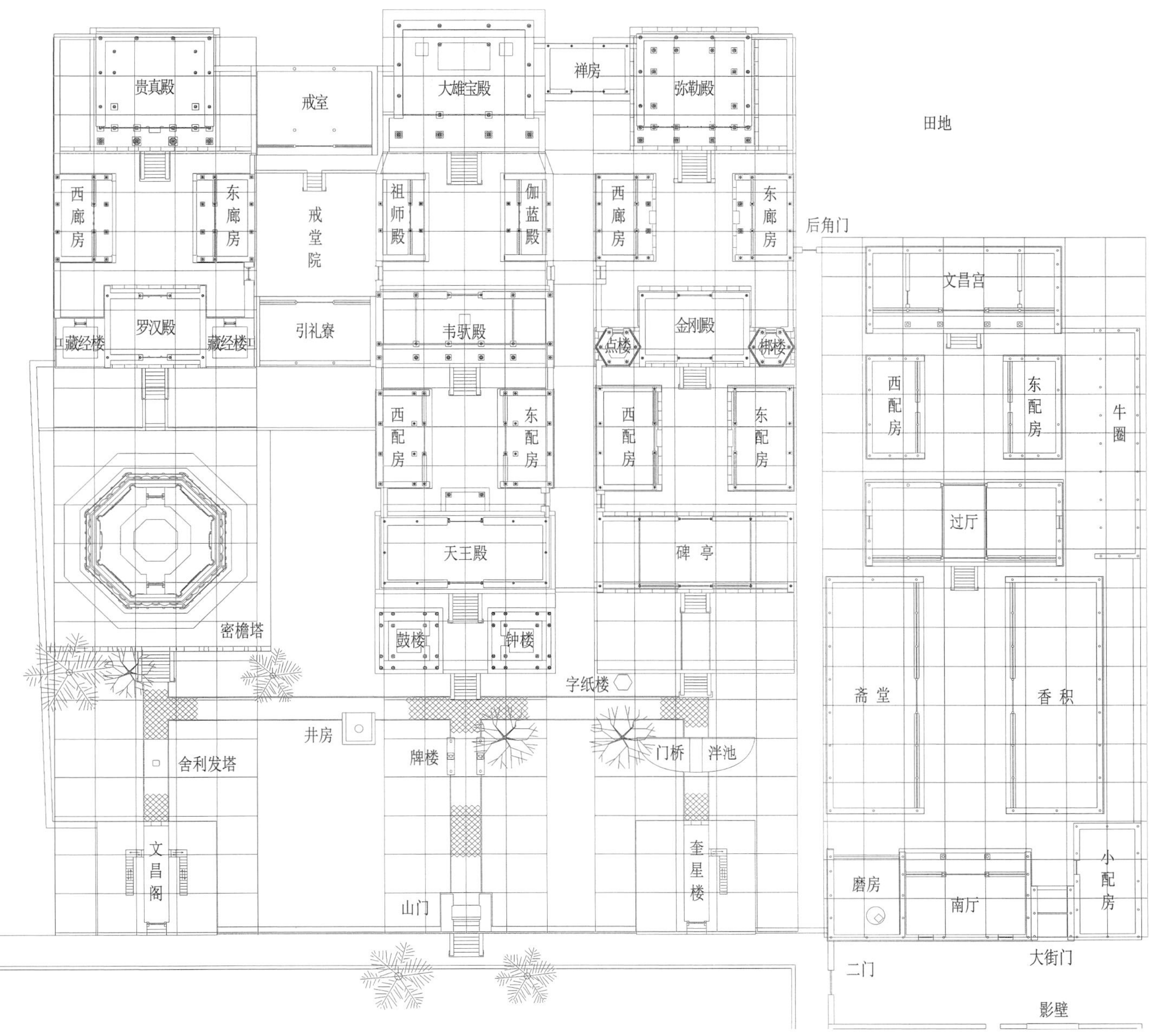

图3-3-5 清光绪时期寺院平面平格分析

经作图分析知，中轴线区域天王殿至大雄宝殿间几何中心在韦驮殿中心塑像位置，东轴线区域碑亭至弥勒殿间中心在金刚殿处，西轴线区域仍以密檐塔为中心，僧房院中心在过厅前踏道处。

四 平面构图比例

方圆作图比例关系是我国古代单体建筑设计或建筑群体规划的常用设计手法，现在觉山寺平面图上尝试作图分析，亦发现这种构图比例，主要存在$\sqrt{2}$和$\sqrt{2}+1$的相关比例，吻合度很高（图3-3-6）。

1. 僧居区

一进院总宽（22.65米）：总进深（后部至过厅台基南缘）（31.87米）=0.711 ≈ 1：$\sqrt{2}$（吻合度99.4%）

二进院总宽（15.98米）：总进深（27.13米）=0.589 ≈ $\sqrt{2}$：$\sqrt{2}$+1（吻合度99.5%）

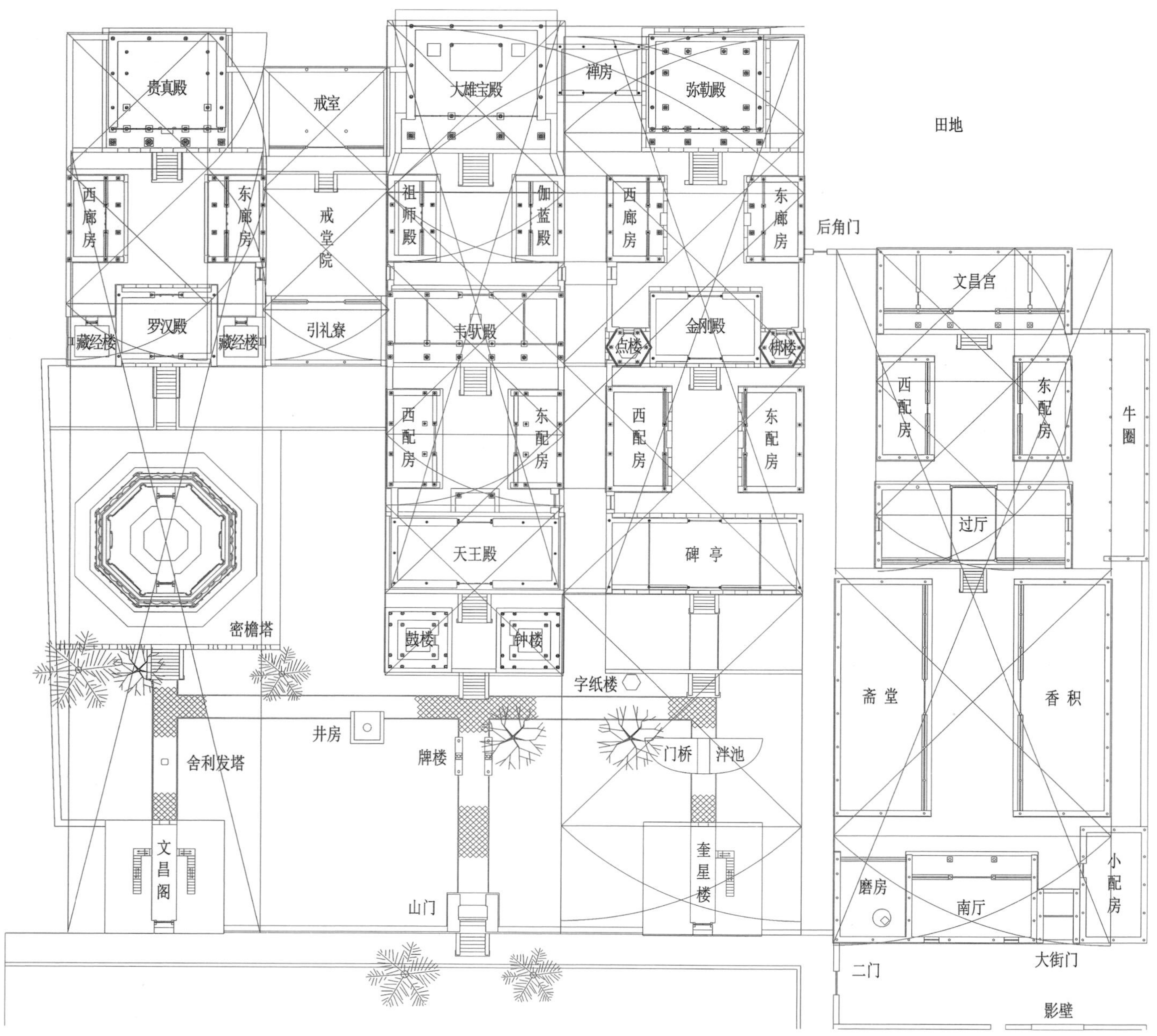

图3-3-6　寺院平面构图比例分析

2. 中轴线区域与东轴线区域距离较近，与西轴线区域间距较大。中、东轴线的天王殿、碑亭到大雄宝殿、弥勒殿局部区域若看作一片整体，则有：

中轴线、东轴线、东副轴线区域中后部（天王殿、碑亭至大雄宝殿、弥勒殿范围）总宽（34.07米）：总进深（48.62米）=0.701 ≈ $1:\sqrt{2}$（吻合度99.2%）

3. 东轴线区域

碑亭至弥勒殿范围（后部计至大雄宝殿后檐墙位置）总宽（16.19米）：总深（48.57米）=0.333=1∶3（吻合度100%）

4. 东轴线与东副轴线区域

奎星楼至弥勒殿后檐墙总宽（19.59米）：总深（76.44米）=0.256 ≈ $1:2\sqrt{2}+1$（吻合度98.1%）

（其中，前部奎星楼至碑亭区域宽∶深 $=1:\sqrt{2}$；后部碑亭至弥勒殿区域宽：深 $=1:\sqrt{2}+1$）

5. 中轴线区域

钟鼓楼至大雄宝殿总宽（14.52米）∶总深（55.34米）$=0.262\approx 1:2\sqrt{2}+1$（吻合度99.6%）

6. 西副轴线戒堂院（因戒堂进深近年向后扩展，本次分析进深仍计至原后檐墙位置）

总宽（10.30米）∶总深（25.50米）$=0.404\approx 1:\sqrt{2}+1$（吻合度97.6%）

7. 西轴线后部罗汉殿至贵真殿区域

总宽（16.30米）∶总深（28.80米）$=0.566\approx\sqrt{2}:\sqrt{2}+1$（吻合度96.6%）

五　平面布局特点

1. 寺院前部（钟鼓楼前）区域开敞相通，无分隔，并且东侧原无院墙，可与僧居区相通，便于东侧居住的僧众生活取水或直接到佛殿区等。

2. 中轴线区域较东、西轴线区域略窄，东、西轴线区域应主要受金刚殿和梆点楼、罗汉殿和藏经楼处的宽度限制而较宽。由水平视线设计分析可知，东、中、西轴线二、三进院落轴线建筑的主要部分（多为中间三间）均在从对面建筑看过来的30°水平视角范围内。东、西轴线区域较宽，院落纵深与中轴线区域相同，东轴线东西配房、东西廊房和西轴线东西廊房保持其东西配殿（或配房）之间间距同中轴线东西配殿（或配房）之间间距（三条主轴线区域二、三进院落进深基本相同，又使其东西配房、配殿之间间距相同，因而获得相同的30°水平视角。例：韦驮殿与大雄宝殿、金刚殿与弥勒殿、罗汉殿与贵真殿之间的水平视角）。

3. 碑亭、天王殿、罗汉殿前皆有一平台，概因其自身建筑台基较高，避免踏步台阶较多，将前部高度分作二段处理。

六　建筑特点

1. 三教合流甚至多教合流的宗教特点

清光绪时期的觉山寺总体以佛教禅宗为主，净土宗也有较多体现。韦驮殿正中塑有阿弥陀佛，为净土宗教主；祖师殿壁画绘有净土宗历代祖师。

寺院前部东西对立奎星楼、文昌阁，属儒道建筑范畴，其内南面分别塑有魁星、文昌帝君，北面分别塑送子观音、月光菩萨，这两座建筑分别具有三教合流的宗教特征。

东轴线前部区域建筑有奎星楼、泮池（其上架单孔石桥）、字纸楼、碑亭、文武书房（东西配房），即金刚殿之前俨然一组儒教建筑。中轴线建筑韦驮殿脊刹正中题刻有“天地君清司（天地君亲师）”的儒家内容。另僧居区二进院正房原名为文昌宫，亦属儒教建筑。

道教内容主要表现在寺内现存壁画中。大雄宝殿内壁画绘有“三官大帝”“十殿阎王”“上八神仙”“三皇”“天王”等，几乎全部为道教神众和民间俗神。弥勒殿中的弥勒佛传壁画中有“元始赐食”“老君赐水”的情节，元始天尊、太上老君皆为道教神。另在贵真殿脊刹正中书“天地三界”“十方万灵”等道教内容。

伽蓝殿佛本生故事壁画中出现了“耶输应梦”的情节，有基督教的体现。所以，在觉山寺中已不仅表现有三教合流，而是更多宗教文化的融合。

2. 贵佛文化

寺院三大殿贵真殿、大雄宝殿、弥勒佛殿以“三世佛”为主题，贵真殿为西轴线主殿，殿内供奉“过去佛”——贵佛。贵佛为觉山寺独有的佛，其塑像形象为一银发白须髯的老翁，类似道教神。结跏趺坐于莲台，额有一朱印，手印交叉，食指对顶曲回，面目清瘦，精神矍铄。其左右胁侍为文殊菩萨、普贤菩萨。据说贵佛为北魏人，祖籍浙江，孝文帝创寺时即住持于此，为觉山寺第一代开山大和尚。现觉山寺每年庙会的日子——农历四月初四，即贵佛诞辰[10]。清光绪时期，贵佛现世，附体龙诚法师，使觉山寺再度复兴，具有活佛转世的意味。这给觉山寺带来的无上荣光，传颂至今，在当地信众心中具有崇高的地位[11]。

3. 梆点楼

梆楼、点楼的主要作用应为报时，寺庙中一般不会出现梆点楼这种建筑类型，应为觉山寺特有。

4. 三大殿建筑形制灵活奇巧

弥勒殿为重檐十字歇山顶，贵真殿为重檐歇山顶，大雄宝殿为撒头重檐的歇山顶建筑，虽皆为歇山，但形制各不相同。尤其是大雄宝殿建筑形制具有独特的地方手法，弥勒殿、贵真殿外观似二层楼阁，内部上下相通，为一整体空间。三座大殿建筑形制奇巧，地方特征鲜明。

5. 夹峙手法的重复运用

山门两侧对立魁星楼、文昌阁，金刚殿两山对峙梆点楼，罗汉殿两山对立藏经楼，皆为二楼夹一殿（或山门）的形式。而三座大殿似乎也体现出这种手法，东西两侧的弥勒殿、贵真殿外观为楼阁形制，虽建筑高度基本同大雄宝殿（非楼阁），但建筑形式上似乎也是夹峙大雄宝殿。

小　结

觉山寺由辽至清格局的变迁，反映出佛教思想以华严宗为主转向以禅宗为主，并且清末多教合流的宗教特点，在寺内建筑上也有深刻体现。清代光绪时期，觉山寺中轴线已从辽时的密檐塔处东移至今山门—大雄宝殿一线，大雄宝殿成为寺院核心建筑。清光绪时营造尺较辽尺增大，但寺院平面设计平格网仍贴合辽尺一丈网格，反映出寺院平面规划受辽代基址影响较大，尤其是西轴线上的主体建筑基本仍按辽时布局。辽时寺院受到道宗皇帝敕修，规模较宏大，清光绪时寺院规模已有所缩减，但规格仍较高，不失为山西雁门关以北地区的一方大寺（附表3–3–1）。

注　释

1. 据金代泰和七年（1207年）刊《觉山寺殁故行公监寺墓志》，现存于觉山寺碑亭，详见《附录・碑铭》。

2. 据金代大定五年（1185年）刊《觉山寺大经法师贞公塔铭并序》和泰和七年（1207年）刊《觉山寺殁故行公监寺墓志》，现分别存于觉山寺奎星楼东侧和碑亭，详见《附录・碑铭》。

3.〔清〕宋起凤:《游觉山寺记》，载于清康熙二十三年（1684年）刊《灵丘县志》。

4. 壁画编号，详见第六章第二节。

5. 这一现象早在1997年之前就已被柴泽俊先生所注意到，其主编的《山西寺观壁画》（1997年出版）一书中，对觉山寺塔壁画的论述中有“（塔心）柱上佛像与门洞相对应，人们从塔下仰望就可见到”。

6. 张杰:《中国古代建筑组合空间透视构图探析》,《建筑学报》1998年第4期。

7. 由于本次消防工程的实施，（地面下）在现寺院西侧田地后部、天王殿东北角、现斋堂东北角等位置发现辽砖砌体，说明辽代中轴线区域东侧、西侧皆有院落。

8. 据寺院西侧田地后部发现辽砖砌体沿现大雄宝殿后檐墙一线推测，辽时寺院中轴线区域范围北缘在现大雄宝殿后檐墙一线。

9. 仰视视角为竖向视角视平线以上的部分，视平线以下为俯视视角。如未加特殊说明，文中竖向视角皆指竖向仰视视角。

10. 参见里表:《觉山寺史话》,《大同历史文化丛书》（第七辑），山西人民出版社，2007年。《觉山寺史话》中记述的贵佛形象与现今重塑的形象略有不同，应为“文化大革命”砸毁前原塑像的形象。

11. 翅儿崖西峰路旁原刊于清光绪十年（1884年）的《西峰开路碑记》残碑中镌有“贵佛衔位”，说明觉山寺贵佛信仰由来已久。

第四章　觉山寺塔总体性研究

第一节　觉山寺塔之设计分析

以往学者在觉山寺塔的设计方法和构图比例问题上已进行了诸多探究[1]。

1994年8月，山西省古建筑保护研究所的王春波等用近景摄影测量技术首次对觉山寺塔进行了全面的科学勘测，其成果主要发表在《山西灵丘觉山寺辽代砖塔》(《文物》1996年第2期）一文中[2]。关于觉山寺塔的造型比例问题，文中对塔的“胖瘦”、全塔总高与围径比例等进行探讨，指出首层塔身高为全塔总高的1∶3.44，全塔总高与基座须弥座边长比例为8.67∶1（此比例决定塔的胖瘦），塔体外轮廓线较为平直等。

傅熹年先生在专著《中国古代城市规划、建筑群布局及建筑设计方法研究》(2001)[3]中提出中国古代楼阁塔和密檐塔的设计中运用一层柱高H_1和中间层每面之宽A为扩大模数控制塔的总高和高宽比。在觉山寺塔的设计中亦以一层塔身柱高和中间层（7层）每面之宽作为控制高度的模数，且一层塔身柱高与密檐部分三层檐通高相同，得出自一层塔身下地坪至塔顶檐口间之高差恰为7A，自一层塔身下地坪至塔顶围脊高差恰为$6H_1$。

王南在《规矩方圆　浮屠万千——中国古代佛塔构图比例探析》(2017)[4]一文中重点从基于方圆作图的$\sqrt{2}$构图比例的角度对古代主要类型佛塔设计中$\sqrt{2}$比例的运用与诸多简洁构图比例进行梳理归纳。在觉山寺塔的设计构图中，分析了立面总高与塔基总宽、塔身边长与首层檐口以上高度的比例关系，平面中运用基于方圆作图比例的方圆相套的设计构图。

综上，前人的研究已经发现觉山寺塔的设计中运用简洁构图比例和模数来控制全塔总高和高宽比，为今后的研究提供了良好的思路导向（前人关于对古代塔式建筑设计方法探究的成果较多，在此不一一列举）。

本节在前人研究的基础上，采用几何作图与实测数据分析相结合的方法，多角度挖掘觉山寺塔从整体到局部所采用的设计方法与构图比例。八角形平面的大塔设计中运用八角形与圆形作图比例关系（塔刹部位体现得更为明确）、平面中使用九宫格构图和基本模数是本次探究的重要发现。

关于觉山寺大塔及其塔刹在整体和局部的设计中均运用八角形与圆形的作图比例关系，基本作图方法是在八角形中作内切圆，再在圆内作内接八角形，或先从圆形开始，在其内作内接八角形，再作内切圆，这样连续重复（形成层层相套的八角形与圆形），得到某一部位尺度的八角形或圆形。

基本尺寸：

觉山寺塔总高自方形大塔台前踏步燕窝石处起算为45.64米，按1辽尺=295毫米计，塔总高为15.5丈[5]。

方形大塔台边长19.21米，现高1.26米；八角形小塔台（已残毁）推测边长6.078米，高0.56米；基座高约6.6米，须弥座边长5.1米；一层塔身边长（柱脚中心）3.72米，高4.45米，塔心柱边长1.47米，高2.96米；密檐部分高21.12米，07层檐下围脊边长3.4米，13层檐下围脊边长2.801米；塔刹高11.65米。

一　平面

1. 觉山寺塔平面设计的基本构图是，从塔台至塔心柱按照八角形与圆形作图比例关系。以测得数据相对精确的基座须弥座八角形为基准分别向内、向外连续作内切圆及其内接八角形或外接圆及其外切八角形，发现平面各部分多贴合所作八角形（图4–1–1 a）。

① 由须弥座边长5.1米的八角形向内连续作内切圆及其内接八角形：

a. 第1次作内切圆的内接八角形（边长4.712米），贴合基座平座钩阑八角形（实测边长4.7米）。

b. 第2次作内切圆的内接八角形（边长4.353米），贴合基座莲台上部内缘八角形（实测边长4.34米）。

c. 第3次作内切圆的内接八角形（边长4.022米），贴合基座莲台上部最上一层反叠涩砖八角形（实测边长4.01米）。

d. 第4次作内切圆的内接八角形（边长3.716米），贴合一层塔身（柱脚中心）八角形（实测边长3.72米）。

e. 第10次作内切圆的内接八角形（边长2.311米），贴合一层塔身心室内壁八角形（实测边长2.37米）。

f. 第16次作内切圆的内接八角形（边长1.437米），贴合塔心柱八角形（实测边长1.47米）。

② 由须弥座边长5.1米的八角形向外连续作外接圆及其外切八角形：

a. 第2次作外接圆的外切八角形（边长5.975米），贴合小塔台八角形（推测边长6.078米）。

b. 第5次作外接圆的外切八角形（对边径19.8米），大致贴合现状大塔台方形（实测边长19.21米）[6]。

综上，觉山寺塔之平面各部分可自方形大塔台向内连续作内切圆及其内接八角形依次得到，第21次所作八角形，即塔心柱八角形。

2. 大塔平面以辽尺5尺1.475米（亦即塔心柱边长、一层塔身南北门洞宽度）为基本模数，一层塔身（柱脚）八角形（对边径8.981米，约3丈）、一层塔身内壁八角形（对边径5.727米，约2丈），基座平座钩阑八角形（对边径11.347米，约4丈），小塔台八角形（对边径14.461米，约5丈）均比较贴合5尺模数网格（图4–1–1 b）。

3. 平面中一层塔身处基本存在以八角形塔心柱对边径（3.55米）为边长的小方格组成的九宫格构图（九宫格外缘在莲台位置），这一设计手法在凤凰台小塔平面中体现得更为精确（图4–1–1 c）。

4. 局部

① 01层檐下转角铺作栌斗中心连线的八角形（边长3.677米），其内连续作内切圆及其内接八角形，可依次得到07层檐下围脊八角形（作图边长3.397米，实测3.4米），11层檐下围脊八角形（作图边长3.139米，

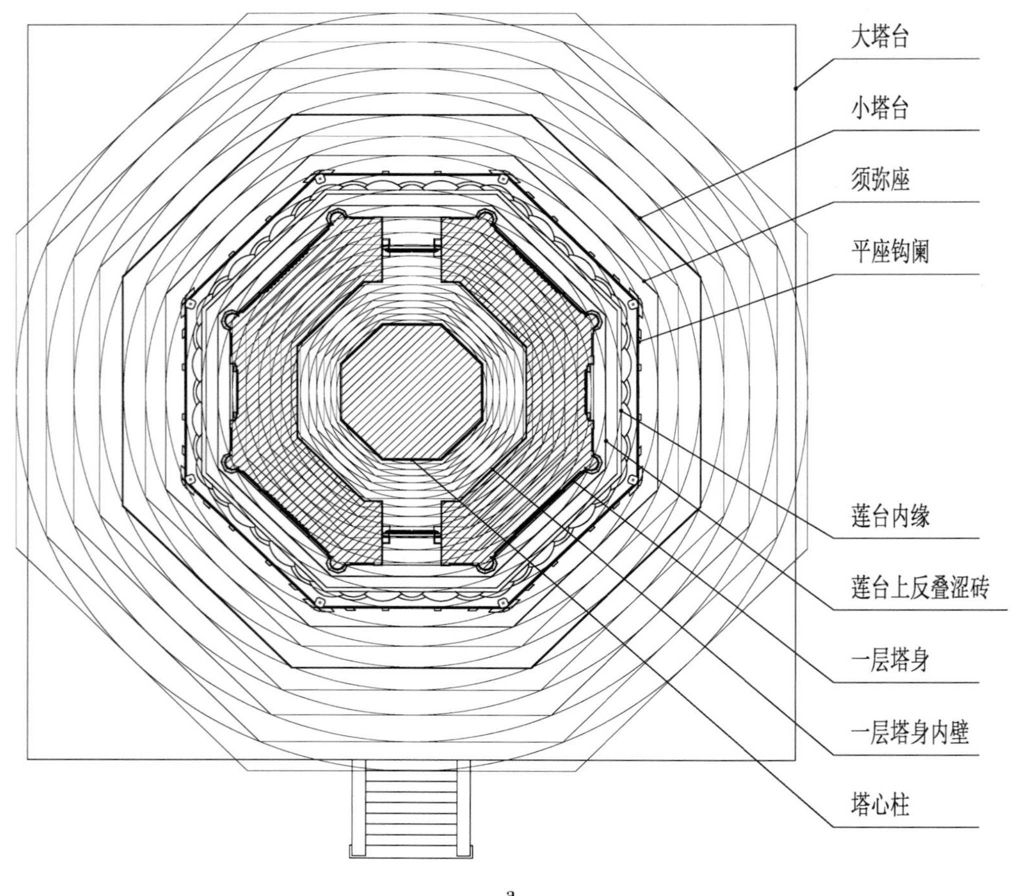

a

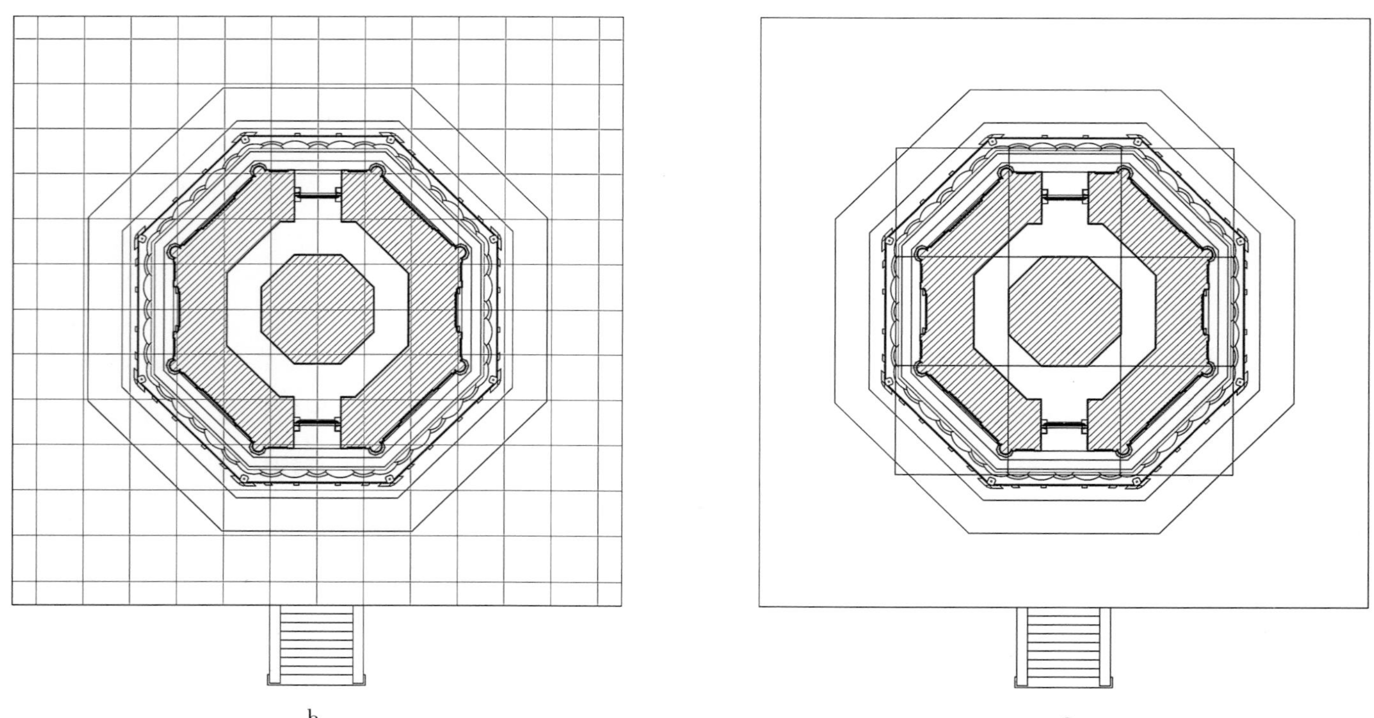

b　　c

图4-1-1　觉山寺塔平面设计分析图

实测3.116米），13层檐下围脊八角形（作图边长2.9米，实测2.801米）。

② 01层檐下转角铺作栌斗中心连线的八角形（边长3.677米），向外连续作其外接圆及其外切八角形3次，得到01层塔檐檐口八角形（作图边长4.663米，实测4.65米）；13层檐下围脊八角形（边长2.801米）向外连续作其外接圆及其外切八角形3次，得到13层塔檐檐口八角形（作图边长3.552米，实测3.56米）。

二 立面

1. 塔立面设计以辽尺5尺为基本模数，总高约15.5丈，02至12层塔檐层高皆为5尺，塔台和基座高约3丈，一层塔身高1.5丈，密檐部分高约7丈，塔刹高约4丈。

2. 设密檐中间层第7层檐下围脊边长3.4米为A，则塔总高为13.42A ≈ 13.5A，塔刹和塔顶部分高为4A，密檐（不含塔顶）和一层塔身部分高7A，基座和塔台部分高2.5A，方形塔台以上塔体高约为13A（图4–1–2 a）。

3. 设一层塔身倚柱高4.33米为H，则塔总高为10.5H，塔台和基座高约为2H，一层塔身和密檐部分高约为6 H，塔刹高约为2.5H[7]。

4. 塔总高（45.64米）：一层塔檐以上部分高（31.43米）=1.452 ≈ $\sqrt{2}$（吻合度97.4%）[8]（图4–1–2 b）。

5. 塔体各部分与全塔总高之间的简洁比例关系（图4–1–2 c）：

① 塔刹高（11.65米）：塔总高（45.64米）=0.26 ≈ 1：4

② 密檐部分高（21.12米）：塔总高（45.64米）=0.46 ≈ 1：2

③ 一层塔身高（4.45米）：塔总高（45.64米）=0.10=1：10

④ 基座高（6.6米）：塔总高（45.64米）=0.15 ≈ 1：7

⑤ 塔台高（1.82米）：塔总高（45.64米）=0.04=1：25

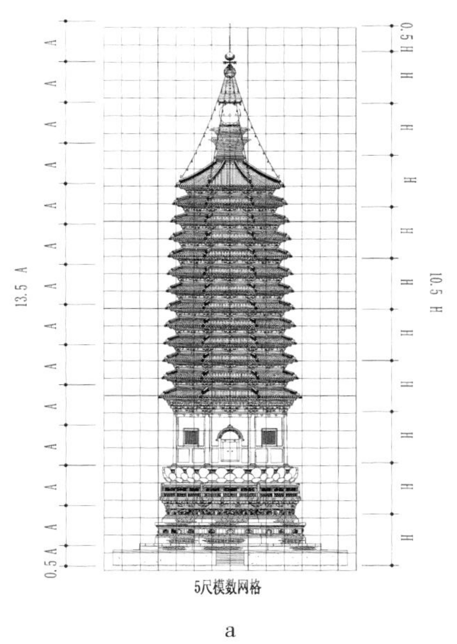

a

b

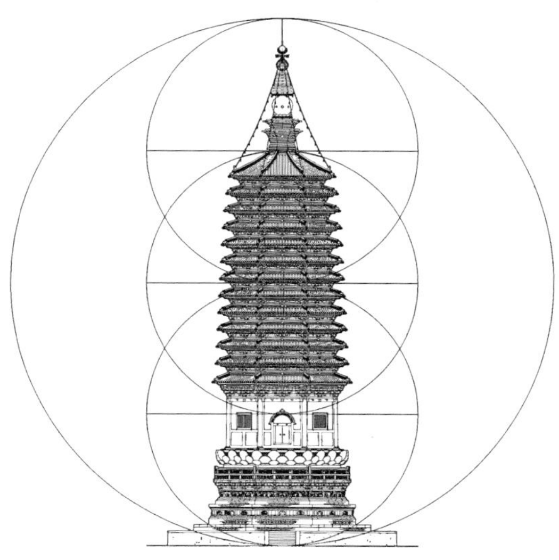
c

图4–1–2 觉山寺塔立面设计分析图

6. 塔刹高∶密檐部分高∶塔台至一层塔身高=1∶2∶1，且塔总高的1/2位于第7层塔檐处。

7. 一层塔身和一层塔檐高（6.42米）∶一层塔身高（4.45米）=1.442 ≈ $\sqrt{2}$（吻合度98.1%）。

8. 塔体密檐02～09层轮廓斜线向上延长，形成的夹角为6°，约为正八角形每边中心角的1/8[9]。

三　平面与立面的设计关系

1. 觉山寺塔平面与立面设计之间存在较多的比例关系，最基本的为从立面总高到平面各部分按照八角形与圆形作图比例关系达到整体设计的统一。

以现测得全塔总高45.64米为对边径作一八角形，向内连续作内切圆及其内接八角形，第17次所作八角形（边长4.921米），比较贴合基座须弥座八角形（边长5.1米）。若以大塔台以上塔体高度44.38米为对边径作一八角形，第16次所作内接八角形（边长5.179米），基本贴合基座须弥座八角形（边长5.1米）。因现在所测塔总高与最初设计总高有差距，根据前面的分析，可尝试自基座须弥座八角形向外连续作外接圆及其外切八角形，反推该塔最初的设计总高。由须弥座八角形向外第16次作外切八角形对边径43.702米，接近现测得大塔台以上塔体高度（二者差值0.68米，概接近原小塔台高度）。第17次作外切八角形，对边径47.303米，合辽尺16.03丈，概为该塔最初按八角形与圆形作图比例关系设计的总高（含塔台）。而实际在兼顾其他方面的设计关系后，可能并非完全按照八角形与圆形作图比例关系确定总高。

以上分析基本说明觉山寺塔的平面、立面尺度设计是完美统一的，其实，以全塔总高为对边径的八角形向内连续作内切圆及其内接八角形得到平面须弥座八角形，也即可得前述分析平面各部位八角形，最内层为塔心柱，即立面、平面、局部尺度设计均统一。这种从整体到局部通过八角形与圆形作图比例关系将立面、平面、局部进行统一设计的手法在塔刹总高与各刹件比例关系上有更明确的体现。

2. 全塔总高与围径

① 方形大塔台边长（19.21米）∶塔总高（45∶64米）=0.42 ≈ 1∶2.5，又约为1∶1+$\sqrt{2}$（吻合度98.6%）。

② 大塔台周长（76.84米）∶塔总高（45.64米）=5∶3

③ 八角形小塔台对边径（14.461米）∶塔总高（45.64米）=0.32 ≈ 1∶3

④ 基座须弥座边长（5.1米）∶塔总高（45.64米）=1∶9

⑤ 基座平座钩阑边长（4.7米）∶塔总高（45.64米）=1∶10

⑥ 基座平座钩阑对边径（11.347米）∶塔总高（45.64米）=1∶4

⑦ 基座平座钩阑对角径（12.282米）∶塔总高（45.64米）=1∶2+$\sqrt{3}$

⑧ 一层塔身通面阔（8.982米）∶塔总高（45.64米）=1∶5

⑨ 一层塔身（柱脚中心）八角形外接圆周长（30.52米）∶塔总高（45.64米）=2∶3

⑩ 一层塔身内壁八角形对边径（5.727米）∶塔总高（45.64米）=1∶8

⑪ 一层塔身内壁八角形周长（18.976米）∶塔总高（45.64米）=1∶1+$\sqrt{2}$

⑫ 密檐07层檐下围脊周长（27.2米）∶塔总高（45.64米）=3∶5

⑬ 塔刹覆钵直径（1.76米）∶塔总高（45.64米）=1∶26

四　小结

觉山寺塔的设计中从整体到局部非常多地运用八角形与圆形（连续相套）作图比例，并且也具有同时代塔式建筑常用的设计构图与简洁比例关系。平面中运用八角形与圆形作图比例关系，又符合辽尺5尺模数网格，并基本存在九宫格构图。立面以辽尺5尺为基本模数，一层塔身倚柱高、中间层（07层）塔身边长为扩大模数，各部分比例简洁，控制得当，整体和局部尺度也有$\sqrt{2}$比例的运用。在平面、立面设计的统一上，除了使用相同的基本模数，全塔总高可通过八角形与圆形作图比例关系得到平面各部分，打通了平、立面的尺度设计，且塔体不同部位边长、对边径、对角径、塔围周长等与立面总高存在较多简洁比例，是控制全塔高宽比的有效手段。

通常佛教建筑是根据佛教义理进行设计和布局的，觉山寺塔作为一座佛塔，把辽代显密圆融的华严思想以密檐塔的形式展现出来，使佛教艺术与建筑艺术统一融合，表现出壮观的佛教建筑艺术，其自身就是一座立体的曼荼罗。

曼荼罗本义有“圆圈”的含义，包含了一切事物起源的根本模式，亦即“含藏宇宙本体”。曼荼罗起源于那个图形中仅为一点的中心，意为“种子”“水滴”或者“精华”，并且无论个人还是宇宙都因为曼荼罗而相互沟通，其产生源自点引出的线，相互交叉形成许多几何图案[10]。觉山寺塔的设计，平面中运用八角形与圆形作图比例关系，形成具有同一中心的多层连续相套的八角形与圆形，内层塔心室部分即众神的居所，在这里布置（壁画描绘）释迦佛、菩萨、明王、天王等，最内层的八角形即塔心柱位置，象征本尊神的居所，释迦佛的形象也正是绘制于心柱壁画。塔平面设计中的圆形符合曼荼罗本义，并且使层层八角形联系、相通，象征六道众生、宇宙万物相互沟通。塔心室至基座须弥座间（整体平面中部）的圆形概象征坚不可摧的法器，具有护法作用，须弥座外围（整体平面外部）的圆形大概象征轮回中的“六道”。

关于八角形的宗教意义，它的出现是密宗在唐玄宗特别是天宝以后，直至肃、代两朝大受尊崇，广建曼荼罗（坛城）有关。密宗曼荼罗中有五方佛，以大日如来（毗卢遮那佛）为中心，呈九宫式对称分隔，间隔为五方，周边即为八方，在此格局内配置八大菩萨、八大明王、八大供养等[11]。觉山寺塔平面设计中基本存在九宫式布局，心室壁画绘有八大明王、八大菩萨，八角形的运用符合宗教含义。另有根据心室空间、佛理配置护法四大天王及其他形象。

以上对觉山寺塔之设计中运用的八角形与圆形作图比例关系的宗教内涵略作探讨，另一方面其与更古早的方圆作图比例关系建筑设计方法应具有传承演变关系，在佛塔中的运用是伴随佛教思想的发展而出现。其是否起源于古印度或犍陀罗地区，随佛教及其建筑形式的传播传入我国，还有待进一步研究。

第二节　木结构密檐塔

密檐塔是佛塔中的一个重要种类，最初伴随佛教传入我国，为外来建筑形式。在我国北朝时基本成型，隋唐流布广泛。辽金时期大量出现具有仿木构特征、高度中国化的砖石密檐塔，其发展达到顶峰。此后快速衰微，元明清时期，仅有少量密檐塔兴建，无甚发展。

我国现存最早的密檐塔为嵩岳寺塔（一般认为创建于北魏），以嵩岳寺塔为代表的早期密檐塔融合了犍陀罗希诃罗和中亚塔庙等外来元素[12]。唐代，兴建了大量方形密檐塔，现存大中型密檐塔多为砖构，内部空筒结构，原设楼板，可登临。辽代是密檐塔发展的黄金时期，建造形式与技术既承袭前朝，又加以大力发展，现存辽塔绝大部分都是密檐塔。平面多为八角形，不可登临，不同程度地具有仿木构特征。这种仿木构八角密檐塔以江苏南京栖霞寺舍利塔（五代）为我国现存最早实例。

按照一般逻辑，砖石塔仿木结构，应先出现对应形制的木结构塔，然后再被砖石结构模仿。类比于砖石楼阁式塔，即先出现木构楼阁塔，然后才有砖石结构对其进行模仿，并且随着砖石仿木构技术的进步，砖石塔的木构特征越来越准确到位。那么，我国仿木构砖石密檐塔的发展是否如此呢？

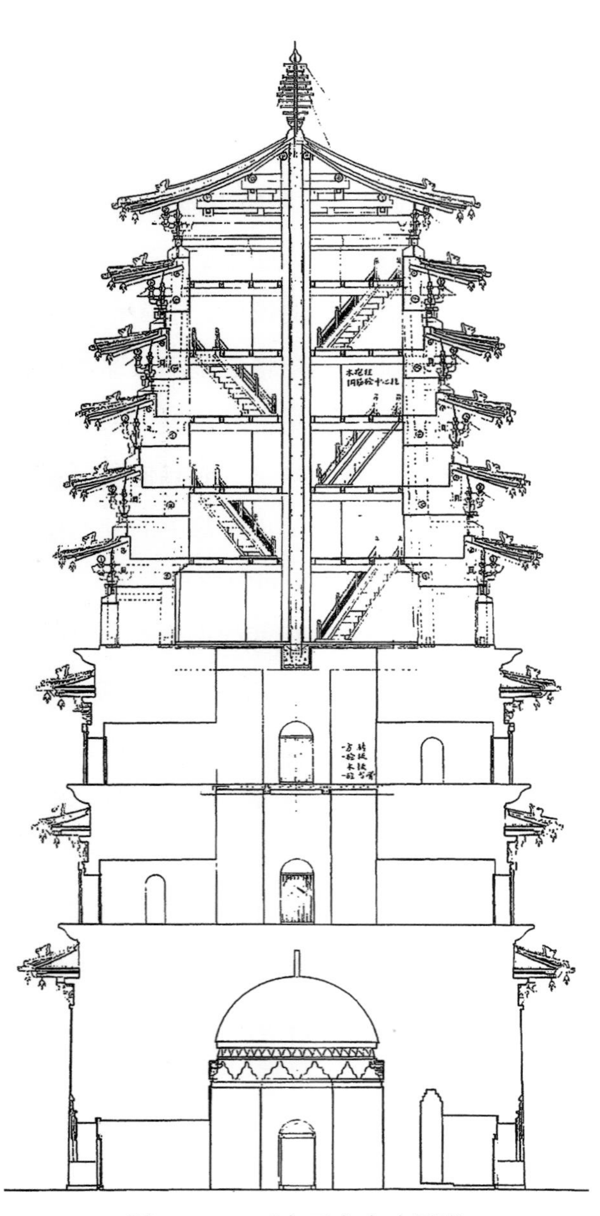

图4-2-1　正定天宁寺凌霄塔

（图片来源　郭黛姮:《中国古代建筑史·第三卷》(第二版)，中国建筑工业出版社，2009年）

河北正定天宁寺凌霄塔（宋金）是一座把密檐与楼阁形式相结合的佛塔，在我国现存古塔中形制独特。该塔平面八角形，共有九层，下面四层为砖构楼阁形式，上部五层为木构密檐形式。楼阁、密檐部分层高、面宽皆按规律逐层递减，密檐部分外观只有塔檐层层累叠，檐下开窗。若把楼阁部分第四层看作密檐塔之一层塔身，上部六层可看作一座比较完整的木结构密檐塔（图4-2-1）。

该塔上部可反映出当时木构密檐塔的结构形式，塔心柱对于塔体具有重要的结构意义。即便当时木构楼阁塔已经可以不使用心柱或演变为很短的刹柱，但对于木构密檐塔，心柱仍具有结构方面的优势。

无独有偶，辽宁喀左大城子塔（辽）亦是一座砖构密檐与楼阁形式相结合的佛塔，形制与凌霄塔极相似。该塔八角九层，下部两层为楼阁形式，上部七层为密檐[13]。内部为空心结构，未仿出塔心柱，为砖构密檐仿木构的变通之处。辽代砖石密檐塔内部多为空筒，通常不供人进入塔内，亦无需仿出心柱。

根据凌霄塔推断，应当存在大城子塔所模仿至少上部为木构密檐的佛塔形式，甚至此形制的整座木构佛塔也是极有可能存在的。这种形制的木塔将楼阁与密檐形式结合，上部密檐部分和与之相接的一层楼阁塔身可看作一座密檐式塔。

河南郑州新密法海寺石塔（北宋咸平四年，1001年，已毁）亦是一座结合了密檐与楼阁形式的佛塔，该塔平面方形，外檐九级，下部四层塔身较高，为楼阁形式，上部五层塔身高度骤降低矮，为密檐形式。楼阁、密檐两部分的面宽、层高分别按某一规律逐层收减，楼阁部分递减缓慢，密檐部分递减快速，两部分呈现不同特征，塔体整体模仿木构（图4–2–2）。

以上所列三座佛塔分布地域广泛，平面形状、建造材料虽不同，但相同特征很多，应为同一种塔形。

甘肃瓜州榆林窟33窟前室南壁壁画中绘有一座七层楼阁式木塔（五代），平面方形。该塔一至六层为楼阁形式，第七层是一座窣堵坡式小塔。一至三层层高较高，面宽、层高按规律逐层递减，四至六层骤然缩小，亦按规律逐层减小。该塔整体意象和新密法海寺石塔相似，可大致推测法海寺石塔模仿了与其形制相似的木结构佛塔，即应存在与法海寺石塔所模仿的整体木结构佛塔（图4–2–3）。

图4–2–2　新密法海寺石塔

（图片来源　张驭寰：《古塔实录》，华中科技大学出版社，2011年）

继续追溯发现，河南巩县石窟第5窟洞口左上侧雕刻有一座方形九层佛塔（年代不晚于唐代）（图4–2–4），下部三层为楼阁形式，上部六层骤缩为密檐。根据前面的分析推断，这座九层小塔应是当时与其形制相似的木结构塔形象的雕刻再现。

综上，应至迟在唐代出现了一种下部楼阁、上部密檐形式的木结构佛塔，楼阁部分与密檐部分皆分别按规律逐层递减，密檐部分相对下部楼阁骤然缩减，呈现不同特征。这种塔形概是楼阁式木塔心柱向上缩短过程中产生的，木构心柱对于密檐部分仍具有结构优势，并且在后世继续得到发展，此类型佛塔至迟宋辽时期出现平面八角形者。现存者层级多为九层，建筑材料多为砖石，亦有砖木混合结构。

以上探析仅发现存在半楼阁半密檐形式的塔形，若要说明全木结构密檐塔的存在，仍然缺少直接证实材料。

放眼国外，在直接或间接受到北印度、犍陀罗塔庙建筑影响的国家或地区，存在较多整体木结构且具

图4-2-3　瓜州榆林窟七层楼阁式木塔

（图片来源　孙毅华、孙儒僩：《解读敦煌：中世纪建筑画》，华东师范大学出版社，2010年）

图4-2-4　巩县石窟浮雕方形九层塔

（图片来源　徐永利：《外来密檐塔：形态转译及其本土化研究》，同济大学出版社，2012年）

有密檐特征的塔式建筑。

公元6世纪左右，佛教及佛教建筑从我国经朝鲜半岛传入日本。日本遗存有较多早期木结构佛塔，其多受到我国南北朝、唐宋建筑文化影响，具有一些渊源关系。现存最古木构佛塔——法隆寺五重塔（7世纪），基本可反映佛教初传日本时的佛塔样式，并能够体现我国南北朝时期的建筑风格（图4-2-5）。

一般认为法隆寺五重塔为楼阁式塔，但不容忽视其具有密檐特征。密檐塔的重要判定依据有密檐部分塔身面宽与高度的比例、塔檐高与塔身高的比例，二者通常皆应大于等于1∶1[14]。法隆寺五重塔一层塔身较高，二至五层塔身骤降低矮，仅开窗户，外围钩阑，外观看似楼阁，但其檐高、塔身高和宽之间的比例是符合密檐特征的。另日本一般将木塔分类为多重塔与多宝塔，像法隆寺五重塔这类佛塔强调层级，而未区分楼阁或密檐，以我国对塔的分类方式，难以套用到其他国家的塔式建筑上，法隆寺五重塔并不能完全看作楼阁式塔。

以法隆寺五重塔为代表的塔形在此后日本的各个历史时期均有兴建，成为日本主要塔形之一。例：奈良法起寺三重塔（706年）、当麻寺东塔（645～780年）、室生寺五重塔（824年）、当麻寺西塔（781～1183年）、京都醍醐寺五重塔（951年）、一乘寺三重塔（1171年）、海住山寺五重塔（1214年）、福山明王院五重塔（1348年）、奈良兴福寺五重塔（1426年）、山口琉璃光寺五重塔（1442年）、千叶法华经寺五重塔（17世纪）等。这些木塔形制具有传承的相似性，平面方形，层数为三重或五重，一层塔身较高，二层及以上塔身骤降低矮，仅开窗，外设钩阑，多无平座，整体层高、面宽均按规律逐层递减。塔内多在一层供佛，一层以上不设楼板，不能登临，皆保留有心柱结构，体现出心柱对于木构密檐塔式建筑的重要结构意义。我国自宋辽以后，楼阁式木塔心柱基本不再使用或演变为很短的刹柱，但其在密檐木塔中却具有较多优势，得到长期的沿用，这一点可在上举日本诸多木塔中得到印证（图4-2-6）。

图4-2-5　日本奈良法隆寺五重塔

（图片来源 ［日］关野贞著、路秉杰译：《日本建筑史精要》，同济大学出版社，2012年）

另日本还遗存有平面八角形和层数十三层的具有密檐特征的木塔，例：长野安乐寺八角三重塔（1288年），是日本现存唯一八角形平面佛塔，一层周匝副阶，形成重檐，二、三层塔身低矮，无钩阑围绕。奈良谈山神社十三重木塔（1532年），作为日本唯一十三层木塔，将其划分为密檐塔，应是没有争议的。其一层塔檐挑出极大，二至十三层塔身极低，几乎只有塔檐层层相叠，逐层递收。

类似谈山神社十三层木塔形制的石塔在13世纪的日本已经出现，如：奈良般若寺十三重石塔（1253年），该塔由我国南宋石工建造，据此可反观我国至迟宋代应存在此类形制的石塔，甚至此形制木塔也极有可能存在。

若说上举以法隆寺五重塔为代表的诸多日本木塔具有一定的楼阁特征，而与其具有渊源关系、形制类似的韩国忠南扶余定林寺五层石塔（百济末期）则更具有密檐特征。定林寺石塔方形五层，一层塔身较高，二至五层呈现密檐形制，无钩阑，一般应将其作为密檐塔。所以，日本以法隆寺五重塔为代表的这类木塔根本上是更具有密檐特征的。

图4-2-6　日本奈良兴福寺五重塔

（图片来源 ［日］关野贞著、路秉杰译：《日本建筑史精要》，同济大学出版社，2012年）

类似定林寺五层石塔的砖石塔在韩国遗存较多，例：庆北庆州佛国寺三层石塔（约756年）、庆北月城罗原里五层石塔（8世纪）、庆北安东法兴寺址七层砖塔（8世纪）、京畿开城南溪院址

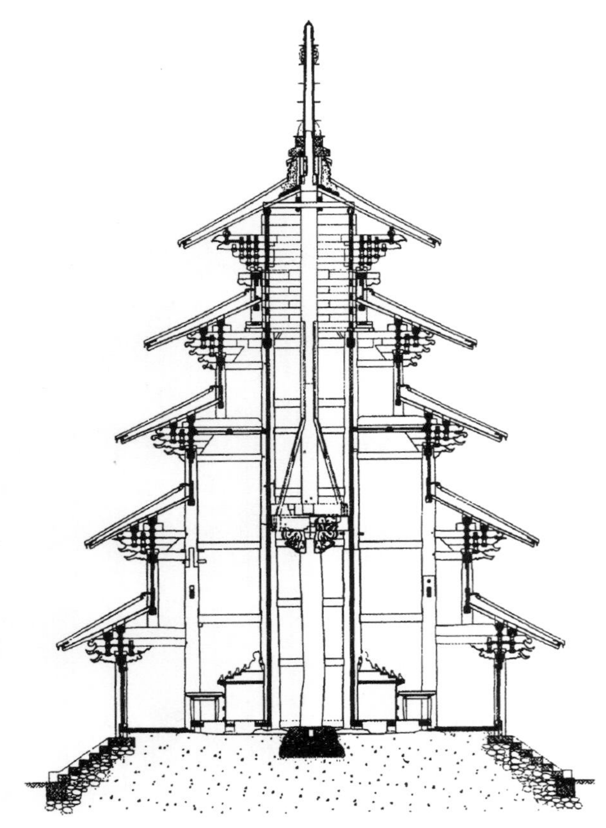

图4–2–7　韩国忠北法住寺八相殿

（图片来源　李华东：《中日韩三国的木塔》，《建筑史论文集》，2001年）

七层石塔（11世纪）等，其中有江原平昌月精寺八角九层石塔（高丽时期）为平面八角形者。

另韩国也遗存有具有密檐特征的木构塔式建筑，例：忠北报恩郡法住寺八相殿（1626年）（图4–2–7）、全南和顺郡双峰寺大雄殿（1690年）。这二座建筑皆平面方形，层数为五层和三层，一层塔身较高，一层以上塔身骤降低矮，面宽、层高按规律逐层递减，呈现密檐特征，无钩阑，八相殿仍保留心柱结构。

以法隆寺五重塔为代表的日本木塔和以定林寺五层石塔为代表的韩国砖石塔，皆为具有密檐特征的塔式建筑。法隆寺五重塔受到我国南北朝建筑文化影响，可推测我国南北朝时期很可能存在此形制木塔。定林寺石塔等韩国砖石塔皆是在模仿当时的木结构佛塔，受当时砖石仿木构技术的限制，表现出的木构特征并不多，也不到位。

我国现存砖石塔中也确有与日本法隆寺五重塔和韩国定林寺五层石塔意趣相同者，例：甘肃永昌圣容寺大塔（唐，方形七层）、吉林长白灵光塔（渤海，方形五层）、内蒙古巴林左旗辽上京北塔（辽，六角五层）、河南新密法海寺三彩舍利塔（北宋咸平四年，1001年，方形七层）、湖北黄梅乱石塔（北宋天禧四年，1020年，八角十三层）、山西潞城原起寺青龙宝塔（北宋元祐二年，1087年，八角七层）、四川井研三江白塔（宋，方形十三层）、陕西富县柏山寺塔（宋，八角十一层）。这几例塔平面方形和八角形者较多，层级少者五层，最多十三层。基座多无或较低，一层塔身较高，二层塔身骤降，仍有一定高度，高者约为一层塔身高1/2，整体密檐各层塔身、面宽均逐层递减，外轮廓多呈弧线。其中，陕西富县柏山寺塔密檐部分塔身围绕钩阑，但无平座，仅有象征性，这一点与上述日本木塔设置的钩阑相似；四川井研三江白塔整体表现出木构特征，展现出木结构的构造方式，如此精确地模仿木构，本身就是说明其模仿对象相同形制的木构塔存在的佐证。

根据前文分析韩国砖石塔是在模仿同时期的木塔，以上所举中国砖石塔也应是模仿木结构塔。由于各时期砖石仿木构技术的差异，不同程度地具有木构特征。这种塔形应区别于以嵩岳寺塔（北魏）为代表的一层塔身尤为高大者和以云南昆明东寺塔（南诏）为代表的密檐塔体轮廓上下皆收呈梭形者，这两类密檐塔。这种区别在最初是比较明显的，而随着外来密檐塔不断本土化，区别越来越小。

在信仰佛教或印度教的南亚、东南亚等国家也存在众多具有密檐特征的木构塔式建筑，佛教和印度教关系密切，较早发展起来的佛教建筑形式对于公元6世纪以后的印度教塔庙产生了影响，二者建筑形态并无大的差异[15]。

南亚的尼泊尔是一个多种宗教和谐共生的国家，主要宗教有印度教、佛教、伊斯兰教。帕坦坎贝士瓦寺（1392年，方形五层）、加德满都塔莱珠女神庙（1549年，方形三层）、黑天神庙（17世纪，八角三层）、尼亚塔波拉神庙（1702年，方形五层）等印度教神庙，外观直观看上去具有多层叠加的屋檐，为具有密檐特征的塔式建筑。这种建筑为砖木混合结构，平面多为方形，少量为矩形、八角形、圆形，层数多为三层或五层，一层塔身较高，一层以上各层基本无塔身，檐宽、层高逐层递减，多在斜撑撑起的檐下空间开窗。内部空间具有楼阁特点，建筑中心无心柱。建筑形式非常具有尼泊尔传统风格，作为塔庙和宫殿中的重要建筑类型（图4–2–8）。

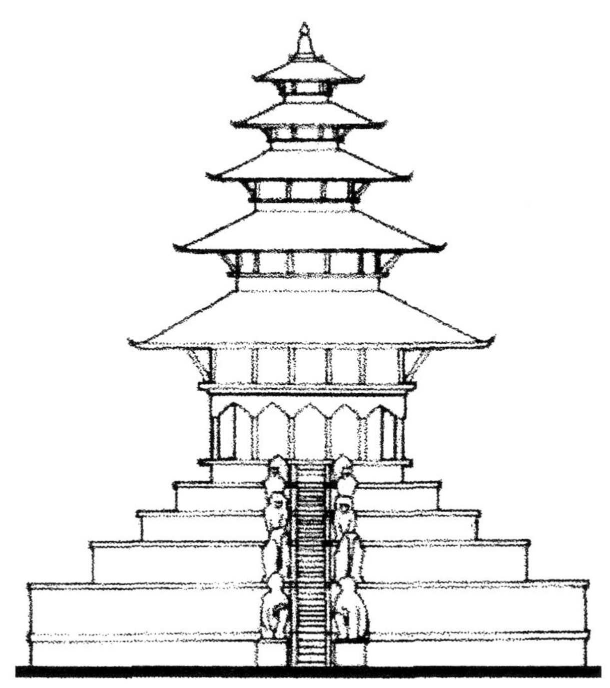

图4–2–8 尼泊尔加德满都尼亚塔波拉神庙

（图片来源 王加鑫：《加德满都谷地传统建筑探究》，硕士学位论文，南京工业大学，2015年6月）

东南亚“千佛之国”缅甸，把佛教作为国教，其境内分布众多佛教建筑。著名的仰光大金塔、瑞希光大金塔周围分布众多小塔，其中有一类为具有密檐特征的木结构塔式建筑，平面多为方形，层数五层、七层、九层者较多，层级密集，面宽、层高均逐层递减，整体比较尖耸，塔檐檐口装饰繁丽，与上举尼泊尔塔式建筑风格差别较大。这种塔式建筑除了作为佛塔，也使用在宫殿建筑中，例：曼德勒皇宫中的木结构方形七层殿堂（1996年复建），这一点与尼泊尔相同。另也存在同形制的砖石结构者，例：曼德勒马哈木尼佛塔。

印度尼西亚巴厘岛是印尼唯一信仰印度教的地方，主要供奉印度教三大天神和佛教的释迦牟尼，有“千寺之岛”的美称。著名的神庙有岛东部的百沙基母庙（14世纪）、布拉坦湖畔的水神庙（1663年）等，神庙中把一种具有密檐特征的木结构塔式建筑作为重要建筑，平面多为方形，层数有一、二、三、五、七、九、十一层，层数愈多，重要性愈高。密檐各层几乎无塔身，整体檐宽、层高均逐层递减，塔檐使用棕榈叶覆盖，也多见一层塔檐特别宽大者。建筑形式虽简易，却也反映出其具有密檐特征，整体多纤巧，偶有粗壮者，并存在同形制的石结构塔式建筑，雕饰繁缛。

由以上分析可知，这种具有密檐特征的木结构塔式建筑在亚洲多地分布广泛，具有很多相同的特征，可看作同类型建筑。除了各地木结构建造技术的相似性，更深层次应当是赋予其上的宗教内涵的相似性，才使这种宗教建筑在不同的地域具有很多相似性，各地的这类建筑很可能来自相同的源头。在流布到不同地域后，融合当地的建筑语汇，形成统一又各异的具有民族风格的建筑形式。这种建筑在东亚地区传入我国后，很可能融入我国木构楼阁的建筑元素，再传向朝鲜半岛、日本等地时便具有了楼阁特征。

我国现存宋辽时代以后的木结构建筑中，也可发现具有密檐特征的塔式建筑。例：陕西三原文峰木塔（明万历三十四年，1594年），六角四层，内部空间可登临；福建莆田凤山寺木塔（南明弘光元年，1644年，已毁），八角五层，中央有四根主干木柱，从地下直通四层，柱下端固定在地下石基础中；甘肃临夏榆巴巴寺金顶（1982年重建），八角三层，是伊斯兰教纪念性暮冢建筑，似是仍保留了一点“塔”的本意。侗族鼓楼分布于我国西南广大地域，数量众多，建筑形式千姿百态。平面四角、六角、八角者皆多，层檐多且密集，有多达二十五层者，具有村寨标志、集中议事、击鼓报信等作用。其中贵州黎平县述洞村独柱鼓楼（1922年重建），方形七层，中心保留心柱结构，被视为具有“鼓楼雏形”。贵州从江县增冲鼓楼（清康熙十一年，1672年），八角十三层，是现存最古老的鼓楼。

总　结

密檐塔是我国古塔中极为重要的一种建筑形式，现存历代密檐塔种类丰富，千姿百态，可再加以细分建筑类型。辽代大量出现仿木构的砖石密檐塔，是否存在其所仿对象木结构密檐塔？通过探析，发现具有密檐特征的木结构塔式建筑，在东亚、南亚、东南亚等信仰佛教或印度教的地域分布广泛。建筑形式既具有很多相同特征，又表现出各地不同的建造技术和风格。这些共同的特征，反映出其很可能来自共同的源头，概为北印度或犍陀罗地区。根据亚洲各地这类建筑的材料和形式推测，其产生之初应有木结构者，几乎同时伴随砖石结构者。至迟在我国南北朝时期，向东传入我国，传入之初即融入我国楼阁建筑元素，高度中国化，现存日本法隆寺五重塔基本可反映当时的建筑样式，这种源流关系类似于古印度的木构“雀离浮图”和我国北魏洛阳永宁寺塔。唐代，砖石塔建造增多，其中一部分砖石塔即在模仿这种木结构密檐塔式建筑，受当时砖石仿木构技术的制约，多无明显而全面的木结构特征。宋辽时期，木结构塔的建造逐渐衰微，砖石塔大量兴起，并且此时砖石仿木构技术发展成熟，大量出现仿木构的砖石密檐塔。概此后这种仿木构的砖石密檐塔成为一种固定塔形，后世元明清建造的规模较大的密檐塔多具有仿木构特征。另后世也建造有少量具有密檐特征的木结构塔式建筑，建造技术改进，心柱基本不再使用，建筑形式仍具有木构密檐塔式建筑意韵。

以上主要在于提出对觉山寺塔研究过程中产生的这一疑问，粗略地进行了探析，以上推论是否准确和诸多细节问题，如：这种具有密檐特征的木结构塔式建筑产生的具体时间、地点，具体传入我国的时间，传入日本时是否在朝鲜半岛经过一次转译，在我国其与以嵩岳寺塔为代表的塔型的发展关系等，还有待材料的充实和进一步研究。

觉山寺塔与木结构密檐塔

觉山寺塔整体仿木构十分到位，如此精细、全面的表现木构，本身也可佐证曾经存在与觉山寺塔形制相似的木构密檐塔式建筑，觉山寺塔对其进行模仿时，根据砖结构和建筑特点，局部有所变通。

木构塔和前文所举的甘肃永昌圣容寺大塔等砖石密檐塔建筑下部多无基座，或有简易的须弥座形式的基座。觉山寺塔由须弥座、平座钩阑、莲台组成的高大基座，在辽金密檐塔中十分流行，应为砖石构密檐塔所特有。

一层塔身外壁面表现出的木构特点十分全面，转角设倚柱，倚柱旁辅以榑柱，倚柱间上部用阑额、普柏枋，下部用地栿拉结，形成主要框架。在四正面辟门，四隅面设破子棂假窗，又以腰串、心柱划分壁面，连系木构架。四面辟门的做法应是根据佛教义理而来，但在同时期木塔中多开前后二门或只开前门，例：应县木塔、觉山寺塔真正使用的也是南北二门，东西二面的砖雕格子门更具有象征性，也使一层塔身表现更丰富。

心室内空间的整体意趣与日本法隆寺五重塔一层内部空间相似，区别较大处是平面形状。法隆寺五重塔第一层内东西南北四面安置称作“塔本四面具”的塑造像群，塑像环绕包围直通上下的心柱，一层顶部用平綦与上部空间隔断，不能登临。觉山寺塔心室中央有一段粗壮的砖砌心柱，无疑是在表现木构心柱，由于砖结构特点，砖砌心柱和塔壁皆粗、厚，心室内空间狭促，原本类似法隆寺五重塔的木塔一层内部的塑像以壁画形式展现，根据心室空间和表现的佛教主题，心柱壁面和塔壁内壁面皆满绘壁画。心室顶部叠涩出内檐铺作和山花蕉叶，最上模仿平綦收顶，隔断上部空间。这种空间意趣，国内砖石古塔中类似者有山东历城神通寺四门塔（隋）。

密檐一层塔檐突出于上部各层，挑檐较大，檐下施双杪五铺作。二至十二层层高相同，这一点与前面分析的木构密檐塔式建筑层高逐层递减的特点不同，概为砖构仿木构的变通之处。由于木材较易加工，即使木构各层塔檐同类构件规格不同，也相对容易做到，但砖构密檐铺作、飞子等由砖块组砌而成，应尽量使各层同类砖构件规格相同，并应根据砖模数确定构件规格，使需要的砖块规格尽量统一，有利于提高砖构件加工效率，进而提高建塔效率和精确度。所以，砖仿木构密檐部分同类构件用砖规格宜相同，在各层构件相同（用砖层数相同）时，层高也随之相同。

密檐内部为空筒结构，为辽代砖构密檐式塔中多见，未仿出一层心室以上部分的心柱。觉山寺塔密檐部分模仿的木结构构造情况，可根据河北正定天宁寺凌霄塔上部木构密檐部分推断，密檐各层应具有放射形横梁拉结木构心柱和外檐角柱。另凌霄塔密檐每朵铺作下均有短柱，觉山寺塔由于层高、瓦面围脊等原因未仿出，但有北京门头沟戒台寺法均大师衣钵塔（八角五层）和墓塔（八角七层）（辽大康元年，1075年）在密檐每朵铺作下仿出短柱。基本反映出，辽代砖石密檐塔所仿木构密檐塔构造应与正定天宁寺凌霄塔木构密檐相似。

塔刹部位在木塔中亦应是如此形制，无甚区别，例：应县木塔塔刹。

以上通过对觉山寺塔各部分所仿木构特征进行分析，基本能够还原出其所仿整体木结构的密檐塔，由此也可知当时极有可能存在与觉山寺塔形制相似的木结构密檐塔，总体结构类似正定天宁寺凌霄塔上部密檐，当时的木结构建造技术也完全可以实现。

注　释

1. 本书中关于觉山寺塔及其塔刹、凤凰台小塔设计方法探析的内容，笔者已有专门文章，张宝虎：《灵丘觉山寺二座辽代密檐砖塔之设计方法探析》投稿到《古建园林技术》期刊，收稿日期2020年4月27日，暂未见刊。

2. 王春波：《山西灵丘觉山寺辽代砖塔》，《文物》1996年第2期。

3. 傅熹年：《中国古代城市规划、建筑群布局及建筑设计方法研究》，中国建筑工业出版社，2001年。

4. 王南:《规矩方圆　浮图万千——中国古代佛塔构图比例探析(上)》,《中国建筑史论汇刊》2017年第2期。

5. 现觉山寺塔周围院面标高、大塔台台面标高较原始标高均有变化，对全塔总高的确定略有影响。现测得方形大塔台以上塔体高44.38米(数据来源：山西省古建筑保护研究所编制《山西省灵丘县觉山寺塔修缮工程设计方案》,2014年3月),方形大塔台自其前踏步燕窝石量起高1.26米，现状全塔总高为45.64米。

6. 大塔台现状较原状缩减，现状东西窄，南北长(19.21米)。塔台西南角残存一小段东西向辽砖砌体，平砖顺砌，位于现毛石台帮外侧320毫米，大致推测南面台帮约缩减320毫米，其余面情况未知。大塔台原状应基本呈方形，原状比现状边长更接近19.8米。20世纪90年代以前，大塔台未有较大改动，较早发表的文章皆记述大塔台边长19.6米，如崔正森发表于《五台山研究》1994年第2期的文章《塞外古刹觉山寺》。

7. 傅熹年所著《中国古代城市规划、建筑群布局及建筑设计方法研究》(2001年)一书中已明确提出：觉山寺塔设计中使用07层塔身边长和一层塔身倚柱高为扩大模数，在这里用比较精确的数据得以验证。

8. 参见王南:《规矩方圆　浮图万千——中国古代佛塔构图比例探析(上)》,《中国建筑史论汇刊》2017年第2期。

9. 觉山寺塔密檐部分外轮廓：01层檐明显突出于上部各层，02～09层檐外轮廓呈一斜线，10～13层檐外轮廓为递收的折线。

10.《曼荼罗——神圣的几何图形和象征艺术》,《佛教文化》2005年第5期，总第79期。

11. 王世仁:《北京天宁寺塔三题》,《大壮之行——王世仁说古建》,北京出版集团公司、北京美术摄影出版社，2011年。

12. 徐永利:《外来密檐塔形态转译及其本土化研究》,同济大学出版社，2012年。

13. 参见张晓东、马雪峰:《辽宁喀左县大城子塔》,《文物建筑》2012年第001期。

14. 参见徐永利:《外来密檐塔形态转译及其本土化研究》,同济大学出版社，2012年。

15. 同12。

第五章　塔台 基座

第一节　塔台

一般认为辽代规模较大的塔下往往有高大的塔台，塔体直接建于塔台上，以塔台为基台。塔台内部多为夯土，外包砖石，这种高台夯土地基，塔体浅埋基础的结构做法，反映了传统的高台夯筑建筑技术在辽代的继承和发扬。夯土台作为塔的持力层，土层经压缩而有高密度和低渗透性，土体骨架的强度极高，此类塔基经过千百年受压后沉降，相对而论会更加稳定牢固[1]。现存辽塔的塔台大多残坏，已非原貌，多不易引起人们注意，仍保留有原塔台的辽塔有山西应县木塔、内蒙古呼和浩特万部华严经塔、赤峰巴林右旗庆州白塔、北京西城区天宁寺塔、辽宁沈阳无垢净光舍利塔等，这些塔台多由上层八边形小塔台和下层方形大塔台组成，由此结合觉山寺塔周围情况推测觉山寺塔也存在塔台，并且发现觉山寺塔塔体并非坐于塔台上（图5–1–1）。

图5–1–1　觉山寺塔基座及周围情况（正北面）

一 八边形小塔台

本次修缮工程，在开挖补砌八边形小塔台基槽时发现塔基座周围存在一些砖砌体及夯实灰土痕迹（图5-1-2）：

a. 正东面夯实灰土

b. 正北面垒砌的单层条砖

c. 正西面发现的一趟砖

图5-1-2 基座周围砖砌体及夯实灰土

① 正东面、东北面发现夯实灰土，下部明显呈带状，上部具体高度不明显但应较高，基槽外侧为杂土。

② 正北面距基座1.18米位置，基本在近年铺墁的蓝机砖散水外侧一线，发现东西向顺砖垒砌的单层条砖，上部露出现地面，砖规多为450毫米×230毫米×75毫米。上部条砖松散，之间基本无黏结，砌筑白灰不明显，由下至上、由内至外呈叠涩状；下部条砖保存较好，没有移位，砌筑白灰明显可见，但基本无黏结作用。

③ 西北面距基座约1.1米位置，距现地面约200毫米下，发现一趟规格不同的砖（多层）。

④ 正西面距基座1.1米，距现地面约350毫米下，发现一趟规格不同的砖（多层）。

⑤ 西南面距基座约1米，距现地面约250毫米下，发现一排半砖（多层）。

⑥ 另有一些不同种类的砖块发现。

以上发现③④⑤项应为后世摆砌散砖，通过①②项基本可以确定觉山寺塔基座周围原有一八边形小塔台，内部夯实灰土，外侧包砌450毫米×230毫米×75毫米条砖。

二 方形大塔台

觉山寺塔周围现为一方形小塔院平台，四边情况为（图5-1-3）：

① 塔院正南面有石砌踏步，距塔基座3.45米，台帮包砌毛石，在西南角处发现一小段东西向辽砖砌体，平砖顺砌，位于毛石砌体外侧320毫米，向西延伸至院墙下面，其砌筑早于院墙；

② 塔院正东面为一片土地，距塔基座约3.1米，和塔院之间间隔近年新砌的花栏墙，这片土地是由近年修缮寺院产生的建筑垃圾、渣土垫起，原从鼓楼下地面至罗汉殿南侧为一段坡路可通行，塔院东侧台帮立面包砌条砖[2]；

③ 北侧为罗汉殿前一高于塔院的小平台，边缘垒砌毛石，西侧延伸至院墙下面，距塔基座3.3米；

a. 塔院南面

b. 塔院东面

c. 塔院北面

d. 塔院西面

图5–1–3　小塔院平台周围情况

④ 塔院西侧为寺院西院墙，距塔基座2.96米，院墙南端向内收，与塔体西侧面不平行，院墙外为农田，比塔院地面稍低。

由上可知，现塔院平台四周皆有界限，自身是一个相对独立的空间，并且东、南、西三面比周围地面要高，综上分析，基本可以认为现塔院平台实为觉山寺塔的方形大塔台，各边长度不同，经后世干预略有变化，整体南北长，东西略窄，谨以南北长19.21米暂为大塔台边长（实际较原始塔台边长仍较短）。

在塔院西北角，因刨除树根，现地面以下约450毫米处，发现多层铺地辽砖，既有方砖也有条砖，其中方砖规格370毫米 × 370毫米 × 75毫米，与塔心室地面所铺方砖规格相同。这些砖铺墁杂乱，层数较多，暂不能确定原始地面准确标高，即塔台高度。现塔台地面相对塔台前院面（踏跺燕窝石处）高1.26米，谨以此为四边形大塔台高度（图5–1–4）。

所以，觉山寺塔是存在塔台的，上层为八边形小塔台，下层方形大塔台。其实，在一些较早研究觉山寺塔或涉及觉山寺塔的学术著作、文章中，对觉山寺塔塔台上层为八边形小塔台，下层方形大塔台的形制有明确描述，例：刘敦桢先生主编的《中国古代建筑史》（第二版，1984年6月）中对觉山寺塔形制描述的

图5-1-4　塔院西北角地面下多层辽砖

部分有“塔下有方形及八角形两层基座，上置须弥座两层”，塔台形制十分清晰。只是近年塔台形制改变较大，难以辨识。

2012年，本次工程设计单位勘查塔体南侧下部塔基时，沿基座下挖约1.7米，仍为塔基砌体。另2015年初春，有从西院墙外侧打向塔下深数米的盗洞（打到塔基砖砌体停止），仍可见塔基砖砌体。由此可知，塔基向下延伸很深，上部塔体并不是坐于塔台上，而是深入塔台中甚至以下，利于提高觉山寺塔整体稳定性[3]。

第二节　基座概况

现存辽代砖塔的基座根据其构成可分为五种形式，由简至繁分别为须弥座式、须弥座+莲台式、须弥座+平座式（无钩阑）、平座钩阑+莲台式、须弥座+平座钩阑+莲台式。

① 须弥座+莲台式基座的数量最多，约占现存辽塔总数的40%，主要分布在今北京、天津和辽宁地区，以辽宁地区最多，例：北京房山区刘师民塔、辽宁朝阳南塔、天津蓟州区天成寺塔；

② 其次，数量较多的是平座钩阑+莲台式、须弥座+平座钩阑+莲台式，分别约占现存辽塔总数的20%，平座钩阑+莲台式主要分布于今河北北部、天津、辽宁局部，例：河北易县双塔庵双塔、天津蓟州区白塔、辽宁辽阳白塔；

③ 须弥座+平座钩阑+莲台式，造型最复杂，层次最多，主要分布在今河北北部、北京、辽宁、山西北部和内蒙古局部地区，以北京地区最多，例：内蒙古呼和浩特万部华严经塔、山西大同灵丘觉山寺塔、北京门头沟区戒台寺法均和尚墓塔、西城区天宁寺塔、通州区燃灯佛舍利塔、河北保定涞水庆化寺华塔、易县圣塔院塔、唐山丰润药师灵塔、辽宁阜新塔营子塔、锦州古塔区广济寺塔、锦州北镇崇兴寺双塔、葫芦岛绥中前卫歪塔等，其中辽南京、西京地区者占现存辽塔数量的比重较大，中京、东京地区者所占比重小，可见这种形式的基座在辽西京、南京地区较流行，向辽中京、东京地区逐渐较少使用；

④ 须弥座式基座主要分布于今山西北部、河北北部和辽宁地区局部，主要用于小型砖塔，为最简单的基座形式，例：山西朔州怀仁华严寺砖塔、河北保定涞源兴文塔、辽宁锦州义县八塔子塔；

⑤ 须弥座+平座式基座，主要分布在今北京地区，例：北京房山区云居寺北塔。

一　现状概况

基座自上至下包含：莲台、平座钩阑、须弥座及以下至塔台的部分。其中须弥座及以下至塔台部分残损最严重，表砖及砖雕大多残缺；平座钩阑残损主要为束腰部位砖雕的残损，其头部或其他局部或整体残缺；平座铺作及钩阑部分保存较好，局部轻微残缺或缺棱掉角，望柱柱头全部残缺；莲台保存较完好。

二　形制

基座整体高约6.66米，约占全塔总高1/7，自上至下可分作三段：莲台、平座钩阑、须弥座及以下至塔台的部分，层次分明，逻辑条理。每段下部均有一定层数的砖砌体（须弥座下至塔台段、平座钩阑下部、莲台下部），这部分砌体将上部重点表现的部分托高，尤其是平座钩阑、莲台部位，这种效果较明显，使下段不遮挡上段重点表现的部分，具有烘托作用，突显重点部位。

基座整体雕饰繁丽，平座钩阑束腰和须弥座束腰为全塔雕饰最密集的部位，应受到“印度好繁”传统的影响，概经中亚地区间接影响。且基座位于全塔下部靠近地面，当人们绕塔礼拜时，可获得丰富的观赏内容。砖雕大多为窑前雕，接近圆雕手法塑造，现存辽代砖塔这部分砖雕多为浮雕或高浮雕，很少有圆雕。平座钩阑与须弥座束腰部位砖雕构成相似，但上下之间具有等级差别，主要体现在以下三个地方：

① 须弥座壶门内为伏狮，平座钩阑束腰壶门内为乐舞菩萨，下部为狮子护法，上部有乐舞菩萨常作天乐供养，布置合理。

② 托座力士，须弥座托座力士仅在转角处设置，共有8身，袒胸露腹、蹲坐扛重、面目狰狞，肌肉极鼓凸，可见其荷重极大（据历史照片知其形象，现全部无存）；平座钩阑托座力士在每朵平座铺作下均使用，平均每面3身，共有24身，皆站姿托座，荷重较小，服饰、配饰较多且华丽，转角铺作处荷载比补间铺作处大，其下力士皆身着甲胄，华美威武，荷重应比中间力士较大，地位更高。这三种托座力士因位置、荷重不同，最能体现地位、等级差别。

③ 蟠龙柱，须弥座蟠龙柱，蟠龙较细，造型较简洁，平座钩阑束腰蟠龙柱，蟠龙粗硕、姿态变化极多，造型复杂。

平座钩阑束腰处于人们观览时的良好视线范围，雕饰更加精丽，其所表现形象地位较须弥座同类形象较高，布局合理。

三　砌筑特点

基座为塔台以上塔体最宽的部位，自上至下包含较多层段。各层段出收重复运用叠涩与反叠涩结构，出收尺度多为整数尺寸。基座整体逐段向内收退，须弥座及以下部位最宽，平座钩阑、莲台均向内收退，利于整体结构稳固。且使全部砖雕只承受其对应本层段上部的重量，不承受上部层段的重量，受到的压力较小，对砖雕起到了较好的保护作用。另塔体表面通刷白灰浆，使砖雕避免风雨侵蚀，但也使原本雕塑精美的砖雕诸如服饰之类的很多细节不清晰。须弥座、平座钩阑部位的砖雕大多立置贴砌在表面，其之上、之下砖层与内部砌体拉结，利于砖雕造型表现，结构也比较合理；莲台似浑然一体雕成，其砌筑较为复杂。

第三节　须弥座

一　现状及残损原因

基座须弥座及以下部分为全塔残损最严重的部位之一，其中又以东北面、西北面残损最为严重。须弥座束腰之上仰莲砖残缺较少，其他层砖均残缺较多，并存在一定酥碱现象，局部砌体松动，易继续脱落；最上层压面砖仅正南面、东南面残存较多，其余面全无。束腰部位砖雕残缺较多，所剩寥寥，露出内部填馅砖，个别砖雕酥碱；另由于人为在束腰部位烧香烛，局部被熏黑，主要表现在正南面，其余面偶见。束腰下部第二、三层砖前端全部残断，下部表层砖砌体全部残断或残缺，暴露出内部填馅砖。填馅砖也有一定程度残损，东北面、西北面内部填馅砖残损较多，形成凹洞，部分填馅砖已经松散或断裂。

须弥座整体残缺较多砖构件，现存的表层砖砌体结构松散、不稳定，易继续发生残坏（图 5–3–1；附表5–3–1、5–3–2）。

a. 须弥座西北面

b.（西北面）部分填馅砖断裂

图5–3–1　须弥座残损现状

须弥座的残损原因可分为自然原因和人为原因。

自然原因

① 须弥座基本位于塔体最下部，直接与塔台地面接触，在毛细水的作用下，易潮湿风化。

② 塔顶坠物砸损。明天启六年地震对塔刹、塔顶造成了严重破坏，塔刹座倒塌后，砖块散落塔顶，大量砖块从塔顶滑落，砸向下部塔檐和基座。须弥座为塔体最宽处，部分掉落的砖块及砸落塔檐的瓦片，很容易落到须弥座处，主要造成须弥座束腰以上砖层断裂、残缺。

③ 风雨侵蚀。须弥座上部有宽570毫米的一圈平面，下雨时，须弥座上表面接受到较多雨水，塔体上部接受到的雨水也向下流，部分雨水或流到须弥座或继续向下流到塔台。经年累月，主要造成束腰之上两层罨涩砖和束腰之下罨涩砖酥碱，这些砖层容易滞留雨水，酥碱最严重。其余砖层，雨水只是流过，未造

成明显酥碱。束腰砖雕保留了烧制后的火烧面，比经过砍磨的砖更耐风雨侵蚀，因而酥碱很少。

人为原因

① 后世对须弥座的补砌及之后的再破坏。现在须弥座各面束腰以下几层断砖表面均发现有白灰浆痕迹，局部黏结小砖瓦块，说明后世对束腰以下表砖进行过补砌，表砖后用碎砖瓦块背里，灌白灰浆。补砌前应当对须弥座束腰下第二、三层砖表面断楂及未全断的前端叠涩部分进行修斫整齐，利于补砌。所以现今这部分砖前端全部断裂，且比较整齐。

图5-3-2　束腰下砖断楂及表面白灰浆

另据当地村民回忆，“文化大革命”之前，须弥座束腰以下部分已成现状，表明后世补砌后再次遭到较大破坏，使表砖残缺（图5-3-2）。

②“文化大革命”时期的人为打砸。据当地村民回忆，“文化大革命”时期，主要针对基座须弥座束腰、平座钩阑束腰砖雕造像的头部进行打砸，现须弥座束腰砖雕大多不存，平座钩阑束腰造像的头部几乎全部残缺。

③ 近年的人为偷盗。“文化大革命”时期的破坏主要针对砖雕造像的头部，大多砖雕整体仍保存。从20世纪90年代拍摄到的须弥座照片中，可以看到束腰部位砖雕保存较完整，至2012年进行本次修缮工程勘察时，已是所剩无几。此间，人为偷盗较为严重。束腰现存砖雕侧面有被撬动痕迹，撬点处被撬碎。现存砖雕有的是残毁严重，品相很差；有的是安装牢固，撬动盗取，很可能将砖雕撬断，不易完整盗取，才保留下来。另平座钩阑束腰砖雕位置较高，不易被盗，整体较完好地保留下来。

二　各构成部分

基座须弥座现存部分从上至下分别为方涩平砖（上方）、仰莲砖（上枭）、罨涩砖二层、束腰、罨涩砖一层，下部两层厚115毫米残砖，前端全部断残，样式不明。从现状看，须弥座上下部分是不对称的。

方涩平砖　残缺较多，根据正南面、东南面现存较完整的部位可知，方涩平砖共有3层，最上层为570毫米 ×285毫米 ×75毫米的压面砖，前端厚60～65毫米，稍薄，上表面形成泛水坡度，其长度即须弥座上部宽度。

束腰部位　根据现状和分析可知，其组成与平座钩阑束腰相似。每面分布三个壸门，壸门内探出伏狮，壸门两侧为胁侍，三个壸门之间使用兽面砖（版柱）间隔。束腰转角部位现仅存一个蟠龙柱0501，根据须弥座历史照片（详见《附录·历史照片》）可以看到转角部位原有一直身蹲坐、肩背扛重的托座力士，与平座钩阑束腰转角处组成相同，即转角中间为托座力士，两侧立置蟠龙柱。

现有觉山寺文管所收藏的残损伏狮、胁侍砖雕各一，又在砖塔周围发现蟠龙柱一个，寺院西藏经楼一层西侧窗户发现残存1/3的兽面砖。残损伏狮造型为向右转头，只能位于束腰每面的右侧，通过比对确定其位置为正南面0103。胁侍砖雕身形短矮，类似平座钩阑束腰童子类形象，但造型部分规格较大，布满整个砖面，虽其规格与须弥座现存胁侍相同，可能位于须弥座正南或正北面（将胁侍塑造较大突出表现），但仍不能完全确定其是否为须弥座胁侍，更不能确定其具体位置。新发现的蟠龙柱造型基本同现存蟠龙柱0501，具体位置不明确。残存的1/3个兽面也不能确定其具体位置（图5-3-3）。

a. 文管所收藏的伏狮

b. 文管所收藏的胁侍砖雕

c. 新发现的蟠龙柱

d. 残存1/3的兽面

e. 文管所藏伏狮与伏狮0201对比

f. 新发现蟠龙柱（右）与蟠龙柱0501（左）对比

图5-3-3　须弥座散落的砖雕

束腰下第二、三层砖 均厚115毫米，与束腰上部不对称，根据前面的残损原因分析可知，该部分至少在清康熙二十七年时已经全部断残。

束腰下第三层砖以下的部分

① 根据一般规律，束腰下第三层砖以下部分的外皮应与须弥座上部方涩平砖外皮在同一位置。从须弥座上部方涩平砖外皮向下吊线坠，测得距离下部暴露出的填馅砖约200～210毫米，与砖塔周围散落的数量较多的400毫米×200毫米×75毫米条砖宽度相同；另这部分砌体砌筑时应为一层表砖对应一层填馅砖，塔周围400毫米×200毫米×75毫米条砖厚度亦符合该位置。根据以上两点，基本可以确定周围散落的400毫米×200毫米×75毫米条砖就是须弥座束腰下第三层砖以下部分的原有表砖。

② 本次工程实施中清理砖塔下部散砖时，在须弥座束腰下第13层砖及以下部分均清理出残存的外侧表砖，砖规400毫米×200毫米×75毫米，印证了上面的推断。

③ 清理过程中发现，须弥座正北面、西北面下部存在超出对应须弥座上部方涩平砖外皮的一段砌体，由散砖摆砌，无黏结灰浆，继续向下清理，下部砌体外皮基本对应须弥座上部方涩平砖外皮，这部分砌体应是原表砖砌体，上部由散砖摆砌的砌体为后来堆砌。

④ 另须弥座束腰下第8层砖现均为断砖，断面430毫米 × 75毫米，从东北面残缺严重处可测得，其相对于周围其他层填馅砖外皮，以内部分深220毫米，则其以外部分应有210毫米，所以，这层砖为方砖，砖规430毫米 × 430毫米 × 75毫米，为须弥座以下的一层拉结方砖。

下方 根据一般规律，须弥座下部应该有下方，而觉山寺塔须弥座似乎没有下方。假设觉山寺塔须弥座存在下方，与上方对称也由三层砖组砌，则其厚240毫米，此时须弥座总高1.5米，约为辽尺五尺。辽尺五尺在觉山寺塔的整体高度设计上，为一基本模数，综合分析，觉山寺塔须弥座的总高应为1.5米，其下方即束腰以下第四、五、六这三层砖，与上方对称。

三 须弥座形制

我国现存最早的须弥座见于山西省大同北魏云冈石窟中，上下出方涩，中为束腰，直到隋唐，须弥座皆是这种比较简单的形式。五代时，始有枭、混、莲瓣等，造型变得复杂，装饰感增强，例：江苏南京栖霞寺舍利塔须弥座。宋辽金时期的须弥座已十分成熟，造型更复杂，装饰繁多，灵活多变无定式。辽式须弥座与宋式须弥座在整体构成、各部分比例、砖雕造型上都有差别，风格不同。明清时期，须弥座形式固定，上下基本对称，无较多变化。

觉山寺塔须弥座各部分形制、比例与宋《营造法式》中规定有别，束腰部位较高，各层砖叠涩长度均约同砖厚，总叠涩尺寸约为辽尺一尺，上部平面宽570毫米，约为辽尺二尺，可见其各部分尺度设计根据砖材料的特点和整数尺寸灵活确定。

与觉山寺塔须弥座形制接近的辽塔须弥座数量很少，例：北京通州区燃灯佛舍利塔、辽宁锦州北镇崇兴寺双塔、鞍山海城金塔，可见，觉山寺塔须弥座在辽塔须弥座中属造型较复杂、雕饰精丽的，价值较高。

四 束腰

束腰每面分作三个壸门，壸门内探出伏狮，伏狮两侧为胁侍，壸门之间设兽面砖（版柱）间隔支撑，转角部位置一托座力士，力士两侧为蟠龙柱。

1. 伏狮

（1）残损现状

伏狮共应有24个，现存16个，其中5个残损严重，残缺殆尽或仅余身体；每面束腰中间壸门内的伏狮仅存2个，残损亦严重。伏狮面部全部存在残损，前肢、颈下坠铃状物大多残缺，无一完整。伏狮0303、0703整体酥碱，尤其头部酥碱严重，主要由须弥座上部流下的雨水所致；伏狮0302、0401下部的方形底座开裂，伏狮0303身体与底座粘接处开裂，均为烧制时已造成，目前未发展严重（附表5-3-3）。

（2）造型

须弥座束腰每面安置三只伏狮，从壸门内探出，仅露出头部、胸部、两前肢。三只伏狮中两侧伏狮转头望向中间，中间伏狮或正视前方或稍向左右转头，形式比较对称。伏狮均两前肢用力撑抓，肘部外转，直颈昂首的（须弥座01～05面5个面的伏狮）头、颈紧贴须弥座上部，伏身低首的（须弥座06～08面3个面伏狮）头部用力向外扭转，肌肉鼓凸。伏狮钻出壶门不多的部分，塑造匠师将其想要从壶门中挣脱出来的状态表现得淋漓尽致。

伏狮形态皆较相似，头顶两短圆小耳，耳后毛发披散，毛端卷曲，以伏狮0603毛发卷曲流转，最富静动感；一双粗眉多紧蹙而上扬，怒目圆瞪，嘴、鼻处多残缺，残存部分可见厚舌、舌尖上翘，口大张，怒吼状；腮侧多有卷毛，个别为蹼状尖角；颈间系丝带下坠铃形物；两前爪表现出三爪，实际可能共有四爪，肘部卷毛；身体上部从壶门钻出处，披覆锦帛；腮、颈、胸、前肢肌肉多呈圆块状，鼓凸明显。伏狮造型较为特殊的是伏狮0101，头顶有独角，弯向脑后，嘴角、腮部为两圈蹼状物，前胸两侧缠绕带状火焰，其他伏狮无（图5-3-4）。

a. 伏狮0803

b. 伏狮0603

c. 伏狮0101

图5-3-4　伏狮

这些伏狮形象面部较长，并不很像现实中的狮子，而辽宁、内蒙古地区辽塔的伏狮，面部较宽，更像狮子。觉山寺塔伏狮与山西应县净土寺原山门前金代石狮较为相似，1933年，梁思成先生考察了净土寺，认为山门前金代石狮"披头散发"造型独特，可与应县木塔、净土寺大雄宝殿内天宫楼阁藻井并称为"应县三宝"。觉山寺塔须弥座伏狮不仅"披头散发"，而且毛发卷曲明显，发端涡卷流转，非常具有西域胡人卷发的特点，艺术处理手法高超，反映了灵丘县、应县地区地域性手法由辽至金的传承。

（3）塑造、制作、安装

伏狮身体后均有高130毫米、宽110毫米、深150毫米的大致方形孔，方孔的设置利于伏狮坯胎的均匀干燥和烧制。部分头部残断的伏狮0403、0501、0801，残断面发现直径10～20毫米的长圆小孔，应为制作时工匠有意为之。这些小孔可能是制作时在头颈部坯胎内插入小木棍之类，作为头颈部的支撑物；另外，头颈部坯胎较厚，这些小圆孔为伏狮坯胎干燥和烧制提供了收缩空间（图5-3-5）。

伏狮安装时，其后方孔内塞灰泥（伏狮0301方孔也塞碎砖块），使伏狮重心尽量后移，利于稳固，灰泥与后部砖砌体也有一定黏结作用。伏狮后侧立置方砖，一方面作为壶门的背里砖，遮挡内部填馅砖不外露；另一方面，方砖下部随伏狮身体的形状剔凿孔洞，伏狮安装时，将身体插入其中，卡住固定，防止向外倾翻。又伏狮下部有方形底座直接落到束腰下罨涩砖，这些措施为伏狮的稳固提供了保障。另伏狮造型上尽量不使其前探较多，尤其直颈昂首的，均紧贴须弥座，伏身低首的仅伸出头颈，利于重心的后移。

a. 伏狮后部

b. 伏狮颈部圆孔

图5-3-5　伏狮制作痕迹

制作时存在的问题：伏狮0302制作时，在方孔内满塞一整块泥块，然后入窑烧制，烧造时，填塞的泥块使伏狮身体后部失去收缩的空间，较厚的泥块收缩较小，导致较薄的方形底座中间撑开5毫米裂缝。

（4）近年维修痕迹

本次修缮工程中将伏狮0601解体拆下后，发现其后方孔内填充有杏核、桃核、黍子等物，其余伏狮中均未发现，平座钩阑束腰力士0401位置（现状为立置兽面）维修时，其后发现塞有塑料袋包裹的杏核、桃核、黍子、红豆等五谷杂粮，这两处做法相似，应为近几十年内同时进行的维护修补[4]（图5-3-6）。

伏狮0501左前肢已开裂，开裂处发现有白灰黏结，修补时间不明。

（5）辽塔伏狮

辽代时，古早的双狮座形式已有了较大变化，狮子多伏趴身体作“伏狮”状，从壶门内探出头部和身体前部，形态凶猛、造型更丰富，数量多用一只或三只。觉山寺塔基座须弥座每面置伏狮三只，于束腰壶门内探出；又有辽宁朝阳青峰塔（辽）基座每面设三只位于壶门内的小伏狮，朝阳喀左县大城子塔（辽金），基座每面设置三只较大的伏狮，从壶门内探出；辽宁锦州义县广胜寺塔（辽）、鞍山海城金塔（辽）、内蒙古赤峰宁城小塔（金），塔基座每面均用一只较大的伏狮，探出壶门。以上所举五例辽金砖塔均位于辽宁省及其周边地区，基座伏狮皆位于莲台之下，与觉山寺塔不同，地域性特征明显。在现存辽代佛像下须弥座中间也可见一只从壶门中钻出的伏狮，例如：辽宁锦州义县奉国寺大雄殿佛像须弥座。另外，觉山寺内现存的辽金时期石雕小塔幢基座也可看到每面一只从壶门内钻出的伏狮。这时期的佛座狮子保留了护法的根本功能，但变化较大，其造型皆为“伏狮”，而塑造手法、表现形式、使用部位更加变化丰富。

图5-3-6　伏狮0601内的杏核等物

2. 兽面版柱

（1）残损现状

须弥座束腰现存6个兽面，分别为兽面0301、0302、0401、0402、0501、0801，其中0301、0401、0801保存较完好，另在寺院西藏经楼一层西侧窗户口发现残断的1/3个兽面，原位置不明。从须弥座历史照片中发现的兽面有：0201、0202、0601、0602和完整的兽面0302、嘴鼻较完整的兽面0401，须弥座历史照片X米Z10中的兽面位置不明确，历史照片X米Z11中的兽面基本可以确定为兽面0202，只是照片冲印反。所以，目前有实物或影像资料的兽面版柱共有12个（附表5-3-4）。

（2）造型、形象

兽面头顶独角或双角，独角的有（0302）、0401、0501、（0602）、0801、西藏经楼残兽面，共6个，双角的有（0201）、（0202）、0301、0402、（0601）、（历史照片X米Z10兽面），共6个；角下端点窝状物，两侧尖耳，双眉或呈"八"字形或眉心蹙起、眉尾上翘，双目多看向须弥座中间，部分兽面不同；鼻翼宽阔，鼻孔粗圆，嘴部或微张或露獠牙或衔环，衔环的至少有3个：兽面（0602）、0801、历史照片X米Z10中兽面，兽面0301也可能衔环，环残缺；下颌多有"八"字形胡须，又或分作三束；腮后或卷腮须或呈蹼状，面部肌肉皆高凸，表情多凝肃，表现最凶猛的为兽面0602；兽面上下两端皆塑莲花瓣，多为三瓣，少数五瓣，莲瓣间多均匀划线，表现莲蕊，又或莲瓣间又增一层莲瓣，为前后两层莲瓣[5]（图5-3-7）。

a. 兽面0301

b. 兽面0401

c. 兽面0801

图5-3-7　兽面

兽面形象怪异，由于空间限定，并仅表现面部，使得兽面整体比较扁平，形象上具有狮面和人面的一些特点，或者说按照人面的比例，各部分使用狮兽的造型去表现，不能确定其对应佛教中的何种神兽，但却与唐代建筑屋面使用的兽面脊头砖风格相似。

须弥座壶门之间版柱位置使用兽面比较少见，实例多为浅浮雕，例：河北保定涞水庆化寺华塔（辽）须弥座壶门之间版柱浮雕兽面。觉山寺塔须弥座兽面中有多个衔环兽面，兽衔环题材多用于铺首，须弥座中少见。基座使用此类兽面的另一辽塔实例是河北蔚县南安寺塔，基座东西南北四正面每面中心安置一兽面，其基座莲台以下虽经后世包砌，但兽面仍为辽物，与觉山寺塔须弥座兽面风格一致，很可能原本用于与觉山寺塔兽面相同的位置，即须弥座壶门之间版柱位置，则南安寺塔原基座也应存在须弥座、平座钩阑等部分。

唐塔中，河南安阳修定寺塔塔身上部、刹座束腰部位安置与觉山寺塔风格相同的兽面砖，其兽面造型可分为张口怒吼状和闭口衔环状。塔身上部与刹座处的张口兽面与托重力士间隔使用，可推知其应具有负重作用；衔环者其所衔环下吊挂宝结，由修定寺塔实例可知这两种造型兽面的部分原意。觉山寺塔与修定寺塔兽面存在一定渊源，也可推测觉山寺塔兽面除明显张口者，其余应皆为衔环者，只是所衔环残缺。

（3）兽面制作

须弥座现存兽面保留有较多制作痕迹，可以通过这些痕迹分析兽面的制作过程。兽面制作时，先用泥坯制作一块上表面呈圆弧面的底托400毫米 × 300毫米（烧制后规格，两侧边缘厚40毫米，中间厚75毫米），然后在底托上再加泥塑出兽面形象，这种做法使兽面更鼓凸、立体，也便于塑形。在底托上加泥捏塑兽面时，上部塑形部分和后部底托之间会形成一个黏结界面，即便烧制后，这个界面依然存在。兽面上下两端为坯胎较厚的部位，其后均尽量向内、向下凹进，以利于坯胎均匀干燥和烧制（寺院西藏经楼残存的兽面额头后面也是空凹的）。安砌时，在这些凹进的部位填塞白灰，有利黏结坚固。

兽面0501残损严重，暴露出的制作痕迹较多。从背面看其坯胎，中心部位为一整块泥坯，四周边缘皆为填充部分；从正面看，中心兽面基本是一块泥坯，上下莲花瓣为另外加泥。由此可知，兽面制作时首先在长方形模具中塞泥做底托。中心兽面上层的塑形部分全部残缺，露出与后部黏结的界面，凹凸不平，比较光滑。下部莲花瓣表面残损，露出内部划痕，可见这部分底部较厚，塑形的莲花瓣只是表面的薄层。塑莲花瓣之前，在底部泥坯加一层薄泥，均匀划线表现莲蕊，然后再加泥塑莲瓣，这种手法使莲蕊更像从莲花中长出，自然生动。但兽面0501制作质量较差，内部裂纹、酥碱，不能代表兽面制作的较高水平（图5-3-8）。

（4）束莲柱

须弥座束腰每面设置两个兽面，位于壶门之间，具有间隔壶门的作用，实为壶门之间的版柱。兽面上下皆出莲花瓣，这一点与须弥座束腰蟠龙柱、平座钩阑束腰蟠龙柱相同，暗示其“柱子”的根本属性，这种柱子即印度式束莲柱。在须弥座束腰使用束莲短柱还见于河北正定隆兴寺大悲阁佛座（北宋），壶门之间的版柱具有多层造型不同的束莲；明清北京故宫建筑台基石雕须弥座，束腰端头玛瑙柱上下两端或有雕出莲花瓣，柱子的属性弱化，装饰性增强。早期建筑使用束莲柱的实例有：山西忻州五台佛光寺祖师塔（北魏）上层束莲柱、河北邯郸响堂山石窟（北齐）、山西晋城泽州青莲寺慧峰禅师塔塔身束莲柱（唐）、甘肃敦煌莫高窟第427窟和431窟窟檐柱子存在束莲彩画痕迹。束莲柱原为佛教建筑的一种柱子形式，后来建筑上逐渐不用，多用于须弥座等其他部位，规格减小，装饰性增强。

3. 胁侍

束腰胁侍仅存三身，分别为：030102、070302、080201，头部多残缺，头部以下保存较完好。这三

a. 后部与前部圆弧界面

b. 兽面上端空凹、莲瓣后划线

c. 兽面0501局部

d. 西藏经楼残兽面额头内空凹

图5-3-8　兽面制作痕迹

身胁侍形象比较相似，双手多捧物，恭敬站立，应皆为侍女形象。服饰基本相同，上着宽袖上襦，下着长裙，裙前蔽膝，披帛身前环绕至腿部，后端搭于两肩飘飞身后。其中胁侍030102上襦袖口极长，胁侍070302头戴冠帽或包髻，所系长带飘于身后，为其各自特点（图5-3-9）（附表5-3-5）。

4. 托座力士

须弥座束腰转角位置皆置一托座力士，原共有8身，现全部残缺，于历史照片中发现3身：力士01、03、07，皆袒胸露腹，蹲坐扛重，面目狰狞，臂腿粗壮，双手撑按股腿，肌肉鼓凸至极，胸部肌肉呈三瓣瓜棱状，荷重很大，手臂、肩处有一点饰物，与河北正定隆兴寺大悲阁佛座力士风格迥异，其肩后似露出莲花瓣，暗示束莲柱的根本属性。

5. 蟠龙柱

现存2个，造型基本相同，蟠龙缠绕柱子一周，昂首挺立，头后鬣毛一束，脖颈细长，身披鳞甲，四肢粗壮，右前后肢抬起，左前后肢撑于柱上，肘部卷毛，四肢内侧似有长条火焰，脊鬣锯齿状，尾部较细，柱子上下端出莲瓣。

a. 胁侍 030102

b. 胁侍 070302

c. 胁侍 080201

图5-3-9　胁侍

五　叠涩砖

仰莲砖：每面用11块，每块雕出3个莲瓣，每个莲瓣雕作前后两层，内层莲瓣大、外层小，两层莲瓣上端外翻一点出尖；莲瓣间露出莲蕊，上端圆粒状，花丝弯曲；莲瓣下花萼在莲瓣间鼓凸出尖。仰莲砖莲瓣造型并不十分写实，更加追求艺术效果，造型肥硕、简洁，表现内容却很丰富，整体形状类似枭砖（图5-3-10）。

a. 仰莲砖局部

b. 仰莲砖局部

图5-3-10　仰莲瓣

混肚砖：并不是完全的圆形混，而是一些部分超出标准的圆形，造型饱满，也没有圆形“规矩”的特点，制作时剔磨较少的砖料，也较省工。

枭砖：造型简洁，弯曲的线条尽量鼓突，无尖角，饱满圆润。

第四节 平座钩阑

一 现状残损

基座平座钩阑现状相对下部须弥座完好很多，束腰部位砖雕残损较严重。残损情况主要有（图5–4–1）：

a. 钩阑望柱头残缺

b. 束腰局部向外倾闪

c. 平座铺作局部残缺

图5–4–1 平座钩阑局部残损

（1）钩阑砖雕等构件残损轻微，局部缺棱掉角，望柱柱头全部残缺，露出固定望柱头的卯口；

（2）平座铺作较钩阑残损稍严重，主要表现为铺作上部出头木残断较多，下部普柏枋受压较大，残损稍严重，多处外棱稍翘起，后部下压，表现最明显的为东北面，普柏枋外侧断裂，下部束腰砖雕向外倾闪，这同时也是导致二龙戏珠砖雕整体或局部从后侧粘接面脱落的内在原因之一；

（3）束腰是平座钩阑砖雕最集中、最精彩的部分，也是现状基座最引人注目的部位。残损主要表现为：

① 各砖雕大多局部残缺，少量整体残缺。人物砖雕头部、手部、脚部残缺严重，也有整体脱落残缺者，其他砖雕多局部残缺，少量整体残缺。究其原因，主要有：

a.“文化大革命”期间，重点针对人物砖雕头部进行打砸，现状托座力士头部全无，乐舞菩萨、胁侍头部个别残存。

b. 其自身制作存在的弱点，这些砖雕制作时雕饰部分均以后部素面砖为依托，黏结到一起，黏结不良者容易脱落，即便黏结很好的，在受到外力打击时也易局部或整体从黏结面脱落。

c. 所有托座力士头部位于普柏枋处，艺术效果很好，但为砖雕薄弱处，一敲即掉。

d. 从砖雕残损面的断楂来看，可分为两类：新断楂和旧断楂，新断楂露出青砖色，应为近年或近几十年内造成；旧断楂多经后世修缮刷白灰浆（例：胁侍0802），或者青砖色已经不明显。由此来看，断楂几乎全部为新断楂，所以大多数砖雕的残损主要是“文化大革命”期间人为打砸造成的。

② 束腰砖雕整体不同程度向外倾闪，砖雕之间组砌有一点变形，主要表现在正东面和东北面，尤以东

北面最为严重，局部向外倾闪30毫米。形成原因是：

a. 束腰部位自身砌体结构问题，所有砖雕均贴砌在表面，与内部填馅砖无良好拉结，二龙戏珠砖雕后部素砖也仅深100毫米；另从东北面倾闪严重处来看，贴砌砖雕与后部填馅砖之间几乎没有黏结灰浆。

b. 受上部压力较大，上部平座铺作的压力均传向普柏枋，部分普柏枋砖（应为方砖435毫米×435毫米×115毫米）的前部被压断，前部断砖被下部束腰支撑，外棱变形上翘，后部被继续下压，上部的压力通过普柏枋砖全部向下传递到束腰砖雕，又因其自身组砌结构问题，于是出现整体向外倾闪。

③束腰组砌砖雕间的砌筑白灰脱落较多，主要原因应是砖雕构件之间的挤压、变形。

（4）束腰下部反叠涩砖，局部轻微残损，缺棱掉角，砖缝白灰残缺较多（附表5-4-1、5-4-2）。

二　形制

基座平座钩阑整体模仿木构，自上而下由钩阑、平座铺作、束腰及以下反叠涩砖部分组成。钩阑、束腰砖雕的分位应由平座铺作的分位决定，束腰部位三个壸门的大小是相同的，两边比中间多出的一段空间填充蟠龙柱；钩阑两边部分比中间宽，两边华版图案延续加长，上部三组卷草形栱大小相同，两侧的空余处补充素面砖。束腰与钩阑虽据平座铺作分位的三段长度不同而略有巧妙处理，但这种处理并不突兀，整体观感合理协调。或可反推确定平座铺作分位时，也应考虑到钩阑和束腰。平座钩阑束腰砖雕分位与下部须弥座类似，运用重复手法，雕饰题材有别，体现出上下等级差别和层次（图5-4-2）。

图5-4-2　平座钩阑

辽代砖塔基座平座铺作下多作砖雕束腰，这部分仿木构平座下露出的下部柱头及周围构件，木构此处基本平素无装饰，辽代砖塔在这里多有雕饰。束腰通常对应平座铺作分作数段，每段中置壸门，壸门内外雕饰人物、花草、龙兽等，常使壸门布满每段分位空间，上部不再雕饰像觉山寺塔的二龙戏珠之类，壸门之间以短柱间隔，短柱实际模仿木构平座下露出的柱头部分，或雕饰柱头形或托座力士或其他图案。觉山寺塔平座下束腰砖雕划分较多、造型细腻、内容丰富，愈加精丽华美。

三 钩阑

早期木构建筑木钩阑留存极少，砖石塔中的砖石钩阑遗存极多，使了解早期木构钩阑形制、样式有了可资借鉴的众多实例。辽代木构钩阑实例有山西应县木塔钩阑、天津蓟州区独乐寺观音阁钩阑，皆为平座钩阑，造型简洁，基本无雕饰。辽代砖石塔中钩阑多雕饰华丽，觉山寺塔砖构钩阑卷草形栱、华版部分皆雕饰精美，并且这种下设华版、上置卷草形栱（或人字栱）的单钩阑形制在唐代时已经出现，辽代砖石塔中雕饰华丽的钩阑反映了当时木钩阑的情况，且承唐古制。现存木钩阑实物不及砖石钩阑精美，砖石钩阑对探究当时木钩阑的状况具有补充作用。

1. 形制

钩阑盆唇与地栿之间仅用一层华版，为单钩阑形式。每面分作三段，与下部平座铺作的分位对应。平座之上施通长地栿，转角处用方形抹楞望柱，立于地栿之上；望柱之间，上施方形抹楞寻杖，中施盆唇；地栿端头绞角造，盆唇端头合角造，寻杖端头交榫于望柱内[6]；盆唇之上斗子蜀柱之间置卷草形栱，下部间柱分隔华版，钩阑各构件比例与宋《营造法式》规定有一定差别（表5-4-1）。

卷草形栱由人字栱演变而来，保留了很多人字栱的特点。其中间置一小斗，小斗下为花朵荷花、牡丹之类，下部卷草枝叶肥硕向两边卷蔓，概有四种卷蔓形式，但在同一卷草形栱中，约有半数左右不对称，却并不突兀，极富变化，虽有相似，无一雷同，图案构成千变万化、极尽能事，造型富有表现张力和流云之感。

华版共有6种样式，西北面与正南面、西南面与东南面华版样式分别相同。东南面、正北面华版为较传统的“万字造”和“勾片造”，正南面为对称式万字，在传统样式上进行了变化；从正南面看，东南面和西南面华版样式相同，两面对称；在正北面使用了最传统的“勾片造”；正东面、东北面、正西面华版样式为辽地特有；东北面、正西面华版图案基本构成元素相同，但大小不同，呈现出不同风格。这些华版样式与大同华严寺下寺薄伽教藏殿壁藏钩阑三十多种华版样式很相似，但不同，皆为辽代流行样式（表5-4-2）。

望柱顶部皆有一35毫米 ×35毫米 ×75毫米卯口，说明原有望柱头，与柱身用砖榫卯连接，现全部残缺。宋《营造法式》中，钩阑望柱柱头造型有像生、狮子、海石榴头等，样式丰富，较为华丽。现存辽代木构钩阑望柱头造型皆简洁，例：山西大同华严寺薄伽教藏殿小木作壁藏钩阑、天津蓟州区独乐寺观音阁钩阑，觉山寺塔望柱头应与之类似，造型亦简洁。另与觉山寺塔邻近的应县木塔钩阑现无望柱头，与觉山寺塔望柱现状相似，概亦为残缺。

表5-4-1 钩阑构件规格与宋《营造法式》规定比较

钩阑构件		实测值（毫米）	与钩阑高度比值（钩阑高1030毫米）	《营造法式》比值	备注
望柱	高	1130	1.10	1.2	（望柱高+地栿广）:钩阑高=1.21
	径	230	0.22	0.18	望柱径:（望柱高+地栿广）=0.18
斗子蜀柱	广	320	0.31	0.2	
	厚	210	0.20	0.1	
寻杖	广	115	0.11	0.1	
盆唇	广	115	0.11	0.18	
地栿	广	120	0.12	0.17	

表5-4-2 钩阑华版规格与宋《营造法式》规定比较

华版	条桱实测值（毫米）	与华版广360毫米比值	营造法式比值	子桯实测值（毫米）	与华版广360毫米比值	营造法式比值
万字造	40	0.11	0.15	40	0.11	0.125
勾片造	55	0.15	0.2	40	0.11	0.15

2. 组砌

钩阑各部分砖构件的组砌，雕饰精美的华版、卷草形栱皆由两块陡板立砖组成，砌置表面；地栿、盆唇、寻杖皆为435毫米 ×435毫米 ×115毫米的卧砖，与内部砖砌体有良好拉结，整体结构合理。望柱为二立砖对拼，上部出头部分较独立，下部状况不明，可能与内部有拉结。

四 平座铺作

1. 形制

平座铺作每面4朵，2朵补间，出双杪为五铺作，计心造，坐于普柏枋上。铺作栌斗口上设柱头枋两层，下层柱头枋隐刻泥道栱，上层柱头枋交隐慢栱，一跳华栱上置瓜子栱，二跳华栱上承出头木、素方。泥道栱比瓜子栱长，与宋《法式》不同，所有栱头均作四瓣卷杀。转角铺作出角华栱两跳，正身一层柱头枋与角华栱相交后另一面出头一跳斜华栱，正身二层柱头枋与角华栱相交后另一面出头二跳斜华栱，上下两跳斜华栱栱头均随塔身平面加斜，正身瓜子栱与二跳角华栱相交后不出头[7]，二跳角华栱上承出头木非外侧素方相交出头（素方没有出头），该做法与应县木塔同位置构造不同，为砖构仿木构的变通之处。觉山寺塔平座铺作形制基本对应木构应县木塔第五层平座铺作，可以此例深入探究砖构与木构平座铺作之间相互转化的方法（图5-4-3）。

2. 材栔

平座铺作用材高、厚皆为160毫米，高 : 厚 = 1 : 1，用材断面呈方形，栔高80毫米，材高 : 栔高 = 2 : 1，用材皆为单材。按其材厚十分°来推算，其分°值为16毫米，折合辽尺（按1辽尺=295毫米）5.4寸，接近宋《法式》中二等材；若按材高十五分°来推算，其分°值为11毫米，折合辽尺3.7寸，接近宋《法式》七

a 平座补间铺作

b 平座转角铺作

图5-4-3　平座铺作

等材。根据该塔规模和辽代建筑用材较大的特点，用材为二等材更符合该塔用材。再者栱长，平座铺作泥道栱长900毫米，合56.25分°，瓜子栱长740毫米，合46.25分°，慢栱全长1.3米，合81.25分°，与宋《法式》规定差别较大。宋辽建筑从材栔角度看属两套建筑系统，辽地建筑比宋地建筑用材较大，各构件规格规定也不同，不能进行绝对的比较和对应，以上折算分析，仅作参考，不可深究。

3. 组砌

平座铺作用砖厚度有两种：120、80毫米（含灰缝厚），上述分析的材栔、栱长等大多尺度皆由砖厚决定。栌斗平、欹部分由120毫米厚的砖制作，斗耳用120毫米 × 80毫米 × 30毫米小砖块贴砌；全部栱、柱头枋、素枋、出头木等使用两层厚80毫米的砖叠加，栱头四瓣卷杀在下层砖做出，卷杀部分长度同砖厚；散斗由厚80毫米的砖制作，未表现斗耳，交互斗平、欹部分由厚80毫米砖制作，白灰塑出斗耳。华栱出跳，一跳自栌斗外皮挑出160毫米，二跳自交互斗外皮挑出160毫米，挑出尺寸为华栱材高，由砖材特点决定。瓜子栱的栱头长至隐刻泥道栱头中线，瓜子栱自华栱侧面至栱头的长度是290毫米，约为辽尺一尺，隐刻慢栱自瓜子栱头（至其栱头）侧出280毫米，很接近290毫米，由此可知，平座铺作各横向栱栱长的确定，先确定瓜子栱自华栱侧面侧出尺寸——辽尺一尺，即可确定其他栱栱长[8]。另泥道栱、瓜子栱横向自下部栌斗或交互斗挑出皆为250毫米，慢栱自下部散斗挑出160毫米。平座铺作各构件（交互斗除外）进深方向的长度为砖长或砖宽，具体尺寸未知。转角铺作角华栱砖构件按转角角度中线方向深入，斜华栱砖构件与角华栱砖构件交接时，增大后部宽度及内部叠压长度，随角华栱向内深入。另平座补间铺作与转角铺作二层柱头枋隐刻慢栱相交时，因空间有限，两端隐刻慢栱均缩短，使上部散斗处于中间（图5-4-4）。

小结

砖构平座铺作的各部分规格、尺寸的确定，主要根据砖厚和辽尺整数尺、寸，与材、栔、分°的木构模数体系关系不大，只是尽量模仿木构，用砖厚体现材栔；其各构件栱长等尽量使规格统一或相互之间有简便的尺度关系，使组砌方式有规律，制作加工的砖料规格趋向统一，来简化砖料加工和组砌砌筑，能够批量化制作所用砖构件，最终呈现出良好的仿木构效果。

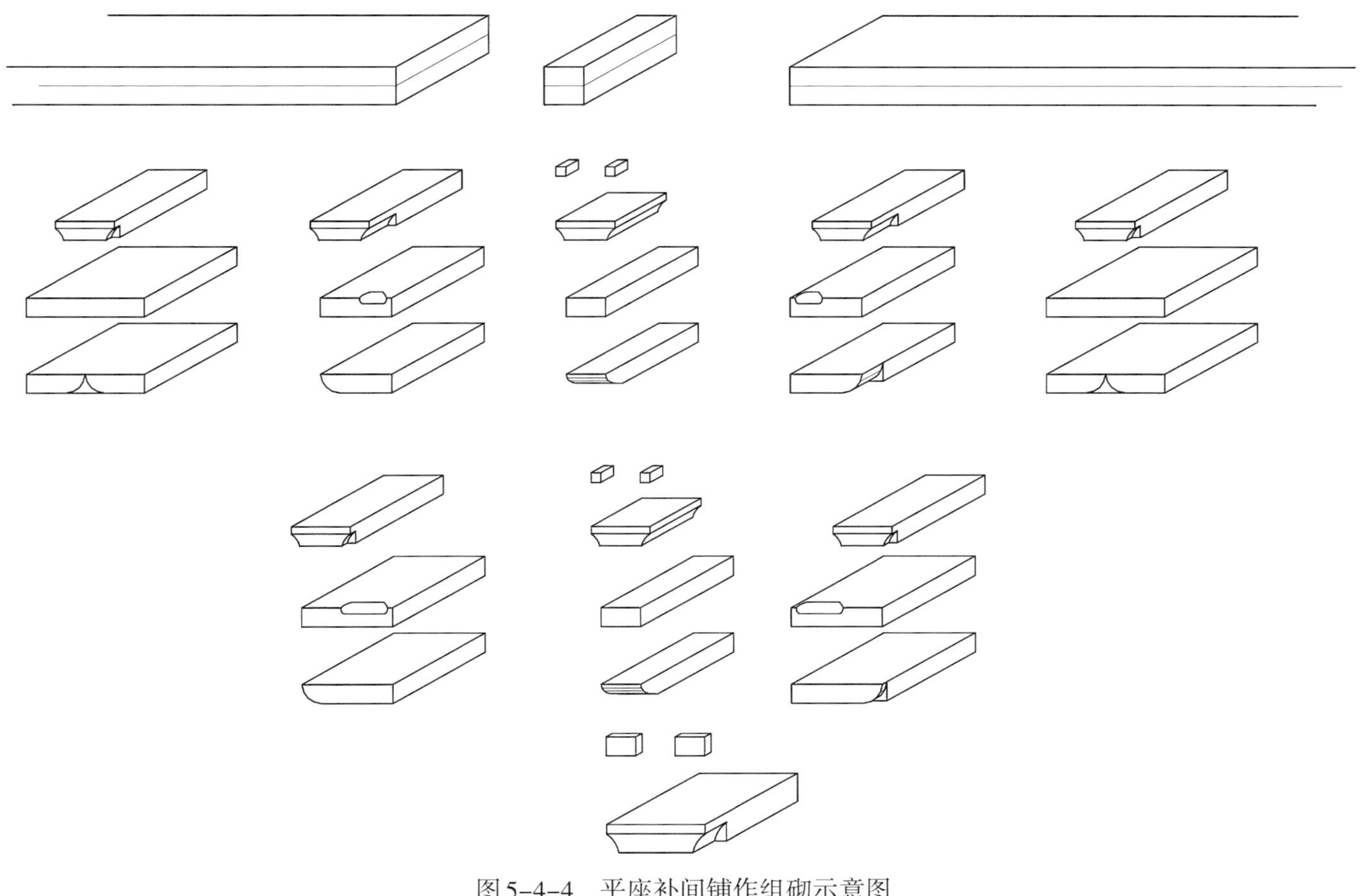

图5-4-4 平座补间铺作组砌示意图

五 束腰

平座钩阑束腰部位每面分作三段，分隔点对应上部平座铺作，每朵铺作下均有力士支撑。每段中设壶门，壶门内为乐舞菩萨，壶门两侧为胁侍，壶门上为二行龙抢火珠，转角部位力士两侧为蟠龙柱，蟠龙或升或降，缠绕在上下两端雕饰莲瓣的柱子上。

1. 乐舞菩萨

壶门内乐舞菩萨，均有头光，残存头部较完整的有3身，均面庞圆润，细目低鼻，眉心白毫，头戴菩萨冠。菩萨所着服饰多为右袒式僧祇支，外披天衣、披帛，颈戴瓔珞，下着裙，少数着袈裟、偏袒、上襦、胸甲、四合如意形圆领云肩，菩萨着甲胄或披云肩在辽代甚为流行，并且发展为二者同时穿着，这使菩萨所具有的军事力量得以展现[9]。

壶门内乐舞菩萨仅有两身为舞伎菩萨，其余均为结跏趺的乐伎菩萨（因其乐器多残缺，其中也可能有乐舞指挥者）。现存乐伎菩萨所演奏乐器共有6种，分别是琵琶（正东面）、筝（东北面）、笙（西北面）、龙首箜篌（正西面）、腰鼓（西南面）、六板拍板（西南面），残缺处可能存在的乐器是横笛（正北面）、排箫（东南面），这些乐器皆为辽代流行乐器，也常见于其他辽塔实例（图5-4-5）。

壶门内和壶门两侧的舞伎共有8身，皆两两一组，可分为4组，舞姿基本相同，均手执巾带，出胯，所跳舞蹈为双人彩带舞，敦煌莫高窟唐代壁画中多有彩带舞舞伎形象，可见这种舞蹈为当时流行舞蹈。这

a. 排箫　b. 琵琶　c. 筝　d. 横笛

e. 笙　f. 龙首箜篌　g. 腰鼓　h. 六板拍板

图5-4-5　乐伎菩萨及演奏乐器

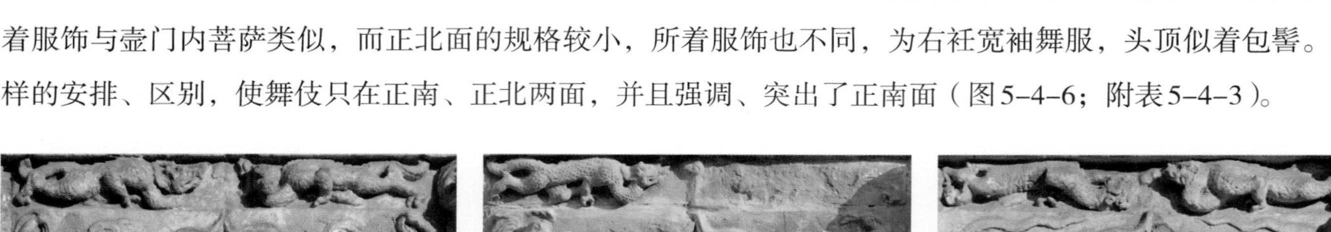

4组舞伎中，正南面有3组，分别是：左右壶门内舞伎菩萨，中间及右侧壶门两侧胁侍各为一组，正北面中间壶门两侧胁侍为一组，所以，正南、正北面中间壶门两侧皆为彩带舞舞伎，正南面塑造得规格较大，所着服饰与壶门内菩萨类似，而正北面的规格较小，所着服饰也不同，为右衽宽袖舞服，头顶似着包髻。这样的安排、区别，使舞伎只在正南、正北两面，并且强调、突出了正南面（图5-4-6；附表5-4-3）。

a. 正南面正中舞伎胁侍

b. 正北面舞伎胁侍

c. 正南面右侧舞伎菩萨及胁侍

图5-4-6　彩带舞舞伎

2. 胁侍

壶门两侧胁侍共有48身，现存36身，大致可分为五大类：侍女13身、类似文官形象5身、舞伎6身、身材短矮坦露上身下着裙和裤的形象10身（多似童子形象，下面暂称童子）、身形短矮的表演者形象2身。其中，侍女和童子形象数量最多，再加上已残缺的部分，可能为侍女的5身，可能为童子的7身，则侍女共有18身，童子有17身，约占胁侍总数的3/4。

胁侍侍女形象基本相同，形态、姿势稍有不同，皆恭立，手中捧物，身体稍向左或右侧转。头部从残存部分看，有的垂下长带，有的挽结发髻。身着服饰几乎完全相同，均为宽袖上襦，下长裙的襦裙装，裙前蔽膝较宽，蔽膝下有一长裙带压裙面，披帛前绕至腿部，搭于两肩飘扬身后。部分侍女衣带飘飞，仿若风来，神韵若仙（图5-4-7）。

似童子形象的胁侍，皆身形短矮，双手抱拳或合十。头部多见挽结发髻，手脚多戴钏环。服饰基本相

图5-4-7　胁侍侍女

图5-4-8　似童子的胁侍

同，均坦露上身，下着缚裤，外系短裙，披帛环绕手臂、身后。其中胁侍020301根据面部特征，确定为西域胡人形象（图5-4-8）。

侍女与童子皆着披帛，但穿着环绕方式不同。侍女所着披帛两端搭于肩飘飞身后，中部环绕至身前腿部，当时社会生活中也可见这种穿着方式，例：山西太原晋祠圣母殿宋代侍女彩塑；童子披帛环绕方式相反，两端环绕手臂，垂于身前，中部搭于肩环绕身后，似更具仙韵，现实生活中也多为女性这般穿着。披帛的这两种穿着方式，皆为当时风尚。

文官形象胁侍，或着圆领窄袖长袍或着宽袖长袍，皆右衽，手中多托宝物，概为文官献宝题材（图5-4-9）。

表演者形象的两身胁侍060201、060202，身着宽袖长袍，前摆捋束腰间，其动作幅度较大，似乎正在进行某种表演，或某种舞蹈，其中一个头戴曲翅幞头，幞头脚呈如意状，造型活泼，令人悦目（图5-4-10）。

图5-4-9　文官形象胁侍

图5-4-10　表演者形象胁侍

3. 中间力士

束腰力士平均每面三身，二身位于中间，一身位于转角部位，因二者造型不同，将其区分为中间力士与转角力士。

中间力士头部全部残缺，手脚大多残缺，力士0302几乎全部残缺，残缺断面呈圆弧形。

中间力士每面有2身，共有16身，除东北面2身外，其余造型基本相似。这14身金刚力士皆袒胸露腹，着披帛，腰系战裙，垂长结带，颈戴项圈，或坠饰骷髅，或垂璎珞，手、臂、脚处或钏或环。其体格健硕，筋骨奇强，肌肉鼓凸，胸部肌肉呈三瓣瓜棱状，肘部、膝部肌肉多呈圆形。力士或托座或撑腰，有两身手执金刚杵于身后。每面二身力士身体多略向外侧转，呈外张之势，打破呆板，更具动感。在塑造时，身后有圆弧形底托，使力士造型更加丰满外突，表现力增强。并且上身部分比脚部要外倾一些，使人们在塔下观看力士更立体全面，也使力士看上去更加魁梧挺拔。有三处力士的残断手臂处可见小圆孔，应是在塑造时内部加了小木棍作支撑物，烧造完成后，小木棍炭末化（图5-4-11）。

图5-4-11　中间力士

东北面2身力士与其他面中间力士不同。力士0401位置现为一横向兽面砖立置，其规格也与所在位置不太相符，且本次修缮时发现其后有塑料袋包裹的杏核、桃核、黍子穗、红豆等五谷杂粮，应为近年整修过，兽面砖很可能并非该位置原物。该兽面风格与塔檐华头筒瓦020217兽面类似，应为辽金物，其造型与北朝当沟瓦兽面纹相似，应具有渊源关系，后世有金代山西浑源圆觉寺塔基座兽面传承下来。力士0402整体造型似转角力士0303，细部较多不同，身披裲裆甲，非坦露胸腹；转角力士多正立少稍侧转，中间力士多略侧转，而0402力士身体向左侧转幅度较大，很贴合现在位置，其很可能原本就是中间力士，塑造之初，工匠即计划将该力士安置于此，非后来的弥补，但该力士为何身披铠甲，与其他中间力士不同，仍存疑（图5-4-12、5-4-13；附表5-4-4）。

图5-4-12　觉山寺塔兽面砖横置（中）与北朝兽面纹当沟（左）、浑源圆觉寺塔兽面砖（右）比较

（北朝兽面纹当沟（左）图片来源　大同北朝艺术研究院编著《北朝艺术研究院藏品图录——砖瓦 瓦当》，文物出版社，2016年）

图5-4-13　中间力士0402（左）与转角力士0303（右）比较

4. 转角力士

平座钩阑束腰转角力士共有8身，头部全部残缺，手脚多残缺。转角力士和中间力士头部皆高出束腰，位于普柏枋前，艺术效果很好。转角力士双手或撑腰或托座，皆身着裲裆甲，搭配护膊、甲裙、鹘尾、护腰等，外着披帛，内衬宽袖战袍，又多有兽面护脐、护臂，下着宽口缚裤、吊腿、云头履。所着裲裆甲构造基本相同，甲片有山文甲、条状甲片两种；甲裙皆为左右两片式，多长至大腿，有2身长至脚部；个别护膊表现出兽头吞口；兽面护脐在整身铠甲中所占比例较大，兽面固定于下部涡卷形革片，革片上部延伸至胸下束住，中部由腰带和胸甲的纵向甲带固定，下部涡卷垂尖，整体造型生动，引人注目；脚部多着云头履，仅有1身着革带联结的战鞋。8身力士从残存现状仅见有两身佩戴兵器，皆位于正北面，东侧力士佩刀，西侧似背箭，这两身力士又皆着长甲裙，有较多相似之处，与其他力士稍有不同，似乎地位略高。

转角力士虽皆着裲裆甲，但身姿、铠甲配件和诸多细节均富于变化，让人感到无一雷同，并且皆透露出力拔山河、威武雄浑的气势，辽国的大国威严可从中窥见一斑，充分展示出辽国塑造工匠的高超技艺（图5-4-14）。

5. 二龙戏珠

束腰二龙戏珠砖雕共有24组，48条行龙，现存41条，残存的多保存完整，局部小残缺，残缺的7条皆整体残缺，究其原因，二龙戏珠砖雕制作时，塑造的行龙粘接到后部的素面砖，行龙受到外力时，易从粘接处脱开，这种外力主要来源于上部普柏枋的挤压和人为打砸。

行龙的身体姿势全部相同，皆为外侧前后肢向后蹬踏，内侧前后肢前伸，内侧前肢多作抢珠状，宝珠外侧缠绕火焰。行龙头部姿势变化很多，也主要是通过对头部动作、造型的塑造使行龙无雷同感，活灵活

a. 转角力士0403

b. 转角力士0503

c. 转角力士0703

图5-4-14　转角力士

现。其头部或昂或俯，面向火珠，或转向外侧正对塔前，或向后回首，或向上仰头，或张嘴或闭嘴，呈现出千姿百态。

行龙各部位塑造造型大多相似，头部扁长，少数头顶塑出双角，多不明显，仅鼓凸；头后长鬣毛一束，少数张嘴，嘴下短须；颈部细长弯曲，身形矫健，四肢粗壮健硕，蹬踏有力，肘部卷毛，肩、腿内侧缠绕长带状火焰，背部锯齿状脊鬣，腹部多横向条纹，尾部较细，或垂或翘。

行龙因全部手工塑造，非模制，所以没有完全相同的两条，各部位造型稍有差别，却表现出千姿百态，充满生命力，久观之，若活现游走（图5-4-15）。

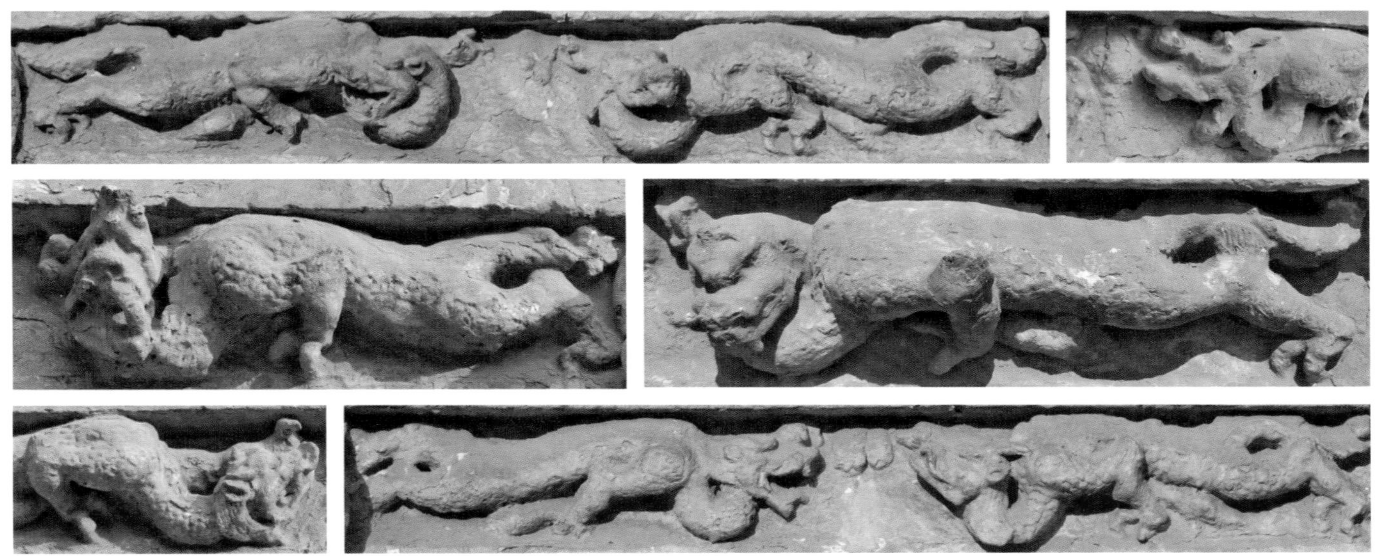

图5-4-15　二龙戏珠

6. 蟠龙柱

蟠龙是中国汉族民间传说中，蛰伏在地而未升天之龙，龙的形状作盘曲环绕[10]。

平座钩阑束腰蟠龙柱，大多保存完整，局部小残缺。整体较须弥座蟠龙柱粗硕，造型表现更丰满，造型空间较二龙戏珠砖雕行龙更大，蟠龙身体变化也更多，刻划亦精细。蟠龙面情凶猛，头顶双角多塑出，身体鳞甲片片清晰，四肢几乎与身体同粗，肌肉凸起，多表现三爪。蟠龙缠绕柱子一周，几乎看不到缠绕的柱子，仅露出柱子上下两端的莲花瓣。其头部或位于柱子上端或中间或下端或柱子两侧，尾部有缠绕后腿者有藏于柱后者，让人感到难觅首尾，“神龙见首不见尾”（图5-4-16）。

蟠龙柱在木结构古建筑中留存较少，现存者皆在高等级建筑中使用，典型实例有：山西太原晋祠圣母殿蟠龙柱、辽宁沈阳故宫大政殿蟠龙柱、山东曲阜孔庙大成殿石雕蟠龙柱。砖石塔建筑中保存的蟠龙柱较多，在辽塔中多见于基座部位的砖雕中，少数在塔身倚柱部位雕塑，例：内蒙古呼和浩特万部华严经塔一二层倚柱、河北唐山丰润区天宫寺塔一层塔身倚柱、北京西城区天宁寺塔一层塔身倚柱。

7. 组砌设计

束腰部位砖雕皆贴砌于表面，束腰上部普柏枋、下部罨涩砖为卧砖与内部砌体拉结。平座铺作每面转角铺作与补间铺作之间的中线距离比两朵补间铺作之间中线距离较大，而每段壶门的长度是相等的，均为1

a. 0202

b. 0501

c. 0802

图5-4-16 蟠龙柱

米，转角部位的蟠龙柱正好填补空余，与须弥座束腰的处理方法相同。壶门之上二龙戏珠依托于500毫米×110毫米×100毫米规格的长条砖，与内部无拉结。转角部位蟠龙柱和力士突出于其他砖雕，利于支撑上部砖砌体。木构建筑中通常不会出现转角铺作下用二柱的情况，可见这是砖石建筑中的灵活变化。壶门左右二半各为一块方砖雕成，表面塑胁侍，壶门内菩萨后为一方砖，将内部填馅砖遮挡住。

六 束腰以下部分

束腰下反叠涩砖样式、组砌与须弥座下部类似，各层分别为罨涩砖、抹棱砖、枭砖、方涩平砖，这几层皆为方砖。其造型简练、砌筑精细，追求浑然一体的效果，尤其方涩平砖部分砌筑接近干摆砖，缺点是上下层砖错缝距离很小，砌体结构还可改善。

第五节 莲台

一 现状

莲台位于基座最上部，整体为八角形，上承一层塔身，保存较完好，局部莲瓣边缘缺棱掉角，以正北面正对一层塔身北门洞部位磨损稍严重。在觉山寺塔近年有铁梯可从下爬上进入心室之前，正北面门洞处拴有绳子供人们攀爬进入心室，这对下部莲台的莲蕊、莲瓣造成了磨损，痕迹较为明显，应是长时间形成的（图5-5-1）。

图5-5-1　正北面磨损

二　形制

莲台从下至上分作四层，最下层为花萼，上三层为莲瓣，每层每面皆为三瓣，上下层莲瓣互相错开，尽量展现出每个莲瓣。下部花萼稍向外翻卷出尖，形状与莲瓣不同。三层莲瓣均呈圆弧形，莲瓣向上逐层增大，最上层莲瓣间雕出莲蕊，蕊头呈圆形，下部花丝弯曲流畅。这些莲瓣饱满圆润，仍具唐风，并且莲台整体给人以圆形的错觉。莲台下为束腰，把莲台托高，上部覆压反叠涩砖逐层收退（图5-5-2）。

a. 局部

b. 花萼

c. 莲蕊

图5-5-2　莲台局部

此样式莲台的其他辽代砖塔实例仅有少数几例，如：河北张家口蔚县南安寺塔、保定涞水西岗塔、保定易县双塔庵双塔、北京通州区燃灯佛舍利塔、天津蓟州区天成寺舍利塔等，分布于河北北部、北京、天津地区，辽宁地区莲台样式不同。觉山寺塔莲台规格较大、造型精美，是同类辽塔莲台中之上乘。

三　组砌

觉山寺塔各部分具有造型的砖构件均为预制砍磨加工，安装时进行组砌，莲台也应当是预先加工好砖料再组砌安装。莲台通过勘察知其用砖规格较多为435毫米×435毫米×75毫米，各层砖厚均为75毫米，由于莲瓣从下至上各层砖弧度不同，且莲瓣和花萼共有6种形状，莲蕊有2种规格，由4层砖组砌，各层形状不相同，则组砌莲台所需砍磨加工砖的形状极多，制作比较复杂，难度较大，这应是辽代砖塔中此类莲台数量较少的直接原因。莲台砖料加工时，可能以一个莲瓣为一个基本组砌单元来制作，这样可以使每个莲瓣的砖之间组砌良好，无明显凹凸，但实际莲瓣之间砖料是横向拉结在一起的，似乎是整体同时制作。莲台砌筑时，不需镂划砖缝，砌筑完成后，在砌体表面进行打磨，使莲台具有浑然一体的效果。当光线从侧面照向莲台时，可见每个莲瓣中间有一条不明显的棱线，这应当是其打磨的中线，最终使莲瓣呈现鼓凸饱满的效果。

注　释

1. 傅岩:《宋代砖塔研究》，博士学位论文，同济大学，2004年。

2. 通过向觉山村村民调查得知，另有历史照片稍微拍到此处。

3. 关于觉山寺塔构件编号详见后附“觉山寺塔构件编号方法 说明”。

4. 本次工程寺院建筑韦驮殿等几个建筑修缮时，发现正脊吻兽内部有残破的塑料袋和核桃等物。

5. 括号内的兽面为实物不存或残损严重，在历史照片中发现其形象。

6. 望柱落于地栿上，寻杖、盆唇、地栿的端头做法均与应县木塔钩阑相同，并非砖构做法的变化，完全模仿了当时木构钩阑做法。

7. 在辽代木构建筑中转角铺作瓜子栱与二跳角华栱相交后也多不出头。

8. 虽然平座铺作已知横向三种栱之间栱长关系，确定其中一种栱长，即可确定其他两种栱栱长，但这里以瓜子栱自华栱侧面至栱头的长度辽尺一尺为基准，来确定其他两种栱栱长较为便易。

9. 刘翔宇:《大同华严寺及薄伽教藏殿建筑研究》，博士学位论文，天津大学，2015年。

10. 百度百科，蟠龙。

第六章　一层塔身

第一节　外壁面

辽代密檐砖塔一层塔身外壁面根据组成元素不同，主要可分为以下三种形式。

① 壁面组成元素主要有门窗、倚柱、佛教造像，主要分布于辽东京、中京和上京地区，西京、南京地区很少，是现存辽代密檐塔一层塔身形式数量最多的一种，东京、中京和上京地区密檐塔一层塔身基本只设门（或假门），不表现窗，西京、南京地区会表现出窗。例：辽宁锦州北镇崇兴寺双塔、朝阳北塔、北京西城区天宁寺塔，另西京楼阁式砖塔——内蒙古万部华严经塔一、二层塔身也属此形式。

② 壁面组成主要有门窗和倚柱，主要分布于辽南京和西京地区，东京、中京和上京地区很少，其现存数量较第一种形式稍少，例：山西大同灵丘觉山寺塔、北京通州区燃灯佛舍利塔、天津蓟州区天成寺塔、辽宁阜新东塔山塔。

③ 壁面表现门窗，转角处无倚柱，而设小塔，即八大灵塔，壁面上部通常在阑额部位垂下如意头。主要分布于辽西京和南京地区，为现存辽塔中数量最少的形式，实例很少。例：河北涞水西岗塔、蔚县南安寺塔、北京门头沟区戒台寺法均和尚衣钵塔。

觉山寺塔一层塔身共八面，转角处置圆形倚柱，旁槫柱，壁面主要由腰串、心柱划分，下部两柱间设地栿，上设阑额、普柏枋。正南、正北面辟木质真门，可进入心室，正东、正西面设格子门假门，门洞皆起券，四隅面设破子棂假窗，整体仿木构建筑屋身正立面形象。

一　残损现状

一层塔身为全塔结构较薄弱部位，其上为空筒结构的密檐部分，其下应为实心砌体的基座，处于节点位置，外壁面残损情况较为明显（图6–1–1）。

① 壁面竖向细小裂纹较多，尤以正南、正北面较明显、严重，未封堵的脚手架方孔处也是易产生细小裂纹的部位，西南面壁面上部存在一横向裂纹，其余面裂纹极细小，不明显；

② 壁面局部略有鼓凸、变形，东北面破子棂窗右上角鼓凸最严重；

③ 倚柱多柱头、柱身中段裂纹，局部崩裂破碎，以正南面二根倚柱残损严重；

④ 槫柱多局部或整体破碎残缺，为残损最多的部位；

⑤ 东北面、西北面心柱上部、腰串中部残破；

a. 壁面竖向裂纹

b. 东北面壁面鼓凸

c. 倚柱08中部崩碎

d. 槫柱残缺

e. 心柱、腰串残损

f. 正北面二龙戏珠砖雕残缺、版门近年新制

g. 正东面格子门上部碎裂面积较大

图6-1-1　一层塔身残损情况

⑥ 门券洞处多种残损情况，正南、正北面拱券壁面下部抹灰局部脱落，其他处多有细小裂纹，正北面二龙戏珠砖雕整体残缺，木质版门残损严重，原版门已不存，近年补配板门粗陋，正东面砖雕格子门上部残破面积较大，门额及以上多有隐残，正西面砖雕格子门局部轻微残缺，正南、正东面二龙戏珠砖雕存在不同程度向外倾闪；

⑦ 四隅面破子棂窗外侧窗套多有残损，其他部位轻微残损和裂纹。

一层塔身外壁面8个面残损情况可分为两大类：裂纹和局部受挤压变形崩碎残缺，残损部位多集中在砖雕部位和开门洞的正南、正北面，四隅面比四正面砖雕少，保存情况相对较好，正南、正东、正北面是残损最严重的三个面，另一些部位存在难以发现的开裂隐残（详见附表6–1–1）。

残损原因

造成一层塔身残损的首要原因是明天启六年灵丘县发生的七级地震，其次是一层塔身砖砌体砌筑存在的工艺缺陷。壁面无雕饰部分多用条砖顺砌和方砖卧砌，与内部填馅砖拉结很弱，并且上下层砖错缝距离很小，造成地震后产生很多竖向细小裂纹和局部鼓凸；每个面各部分的砖雕相对比较独立，与周围表砖砌体拉结很少，且多贴砌表面，结构整体性较差，地震时易造成砖雕局部崩坏和脱落；正南、正北面因开门洞，成为地震后残损严重的两个面。另外有少量人为干预造成的破坏，例：原木质版门及版门附件的缺失、塔体表面局部游人刻划等。

二　外壁面各构成部分

1. 倚柱

一层塔身转角部位为八根圆形倚柱，经测量分析，柱径380毫米，柱高4.17米，柱径 : 柱高 = 1 : 11，01层铺作高 : 柱高 = 1 : 4.8。倚柱阑额以下部分有54皮砖，与阑额交接部分为一整块砖做出柱头卷杀，倚柱总高相当于57皮砖（每皮砖厚75毫米）。

倚柱下用2层砖（砖规520毫米 × 260毫米 × 75毫米）表现柱础，高160毫米，每层由2块条砖拼砌，上下错缝垒砌，砍掉方角（砍掉长度为组砌条砖宽度的1/2），所以完整的柱础应为八边形，对边直径520毫米。上层鼓凸，下层素平，整体造型略有櫍形柱础的特点（图6–1–2）。

图6–1–2　柱础

侧脚

倚柱侧脚的测量，在倚柱外侧（一层塔身八边形转角中线位置）吊线坠，然后测倚柱各段至线坠的距离。根据倚柱的特点，从下向上每10皮砖为一个测点，卷杀明显的柱头部位，单独测量。测得数据如下表（表6-1-1、6-1-2）。

表6-1-1　倚柱侧脚测量数据表

单位：毫米

砖皮数＼倚柱	01	02	03	04	05	06	07	08	横向 每10皮砖平均值
1	125	175	160	60	100	55	140	100	/
10	120	175	165	70	110	62	140	100	4.6
20	115	185	175	85	120	75	140	85	8.5
30	130	200	195	115	140	90	150	85	15.6
40	145	210	215	140	170	115	165	100	19.4
50	160	220	215	170	200	140	185	100	16.3
54	165	220	220	185	215	150	185	100	6.3
56	170	230	230	195	240	165	190	110	/
顶部	235	300	310	270	300	230	265	190	/
竖向 每10皮砖平均值	9	9	11	22	20	17	9	9	左侧数值平均值13.3

表6-1-2　倚柱侧脚测量数据初步分析表

（倚柱下第1皮砖至不同阶段收分表）

单位：毫米

砖皮数＼倚柱	01	02	03	04	05	06	07	08	横向 每10皮砖平均值
1至20	−10	10	15	25	20	20	0	−15	8.1
1至30	5	25	35	55	35	35	10	−15	23.8
1至40	20	35	55	80	60	60	25	0	43.1
1至50	35	45	55	110	95	95	45	0	60.6
1至54	40	45	60	65	95	95	45	0	58.1
30至54	35	20	25	70	65	60	35	15	40.6

说明：负值表示倚柱未内收，外倾。

数据分析：

① 8根倚柱每10皮砖为一段的侧脚数值，其平均值分别为：4.6、8.5、15.6、19.4、16.3、6.3毫米（50～54皮砖），这些数值相加得出倚柱1～54皮砖侧脚值71毫米，则倚柱（按总高57皮砖）总侧脚值为75毫米；

② 每根倚柱每10皮砖（至50皮砖）的侧脚值平均分别为9、9、11、22、20、17、9、9毫米，这些值再平均为13.3毫米，则倚柱（按总高57皮砖）总侧脚值为76毫米；

③ 每根倚柱1～54皮砖侧脚值分别为40、45、60、65、95、95、45、0毫米，其平均值为58.1毫米，由此得出的倚柱整体侧脚值为61毫米（表6-1-2数据作为参考数据）。

验证：

通过作图法，分别找出柱头、柱脚中心，可知柱脚中心距离3.72米，柱头中心距离3.678米。由此得出倚柱侧脚值55毫米，以上第3项分析数值与之接近。

影响因素分析：

① 从上面第1项数据分析中，可知倚柱各段侧脚值不相同，1～20皮砖侧脚值较小，20皮砖以上侧脚值较大。宋《营造法式》载："凡杀梭柱之法：随柱之长，分为三分，上一分又分为三分，如栱卷杀，渐收至上径比栌斗底四周各出四分°；又量柱头四分°，紧杀如覆盆样，令柱头与栌斗底相副。其柱身下一分，杀令径围与中一分同。"那么，觉山寺塔倚柱是否有类似宋《法式》中的梭柱做法，在柱的上段1/3或更多开始卷杀，从而使侧脚的测量数值偏大？从第1种分析中，可以看到倚柱每10皮砖一段的侧脚值，1～20皮砖侧脚值较小，20～40皮砖侧脚值增大，40～50皮砖侧脚值稍减小，不符合宋《法式》中梭柱收杀的特点，倚柱的整体造型似乎在20皮砖以上向内折收；一层塔身壁面地栿至腰串、腰串至阑额两段的收分也不同，下段收分小1.875毫米，上段收分大43.75毫米，似是在腰串位置折了一下，而腰串位置对应倚柱第20皮砖位置，所以，倚柱、壁面均在这个位置向内折收，为施作砌筑的处理方法，并不是倚柱自20皮砖开始向上收杀；

② 施工砌筑的误差。觉山寺塔整体砌筑工艺做法仍带有一点粗犷的风格，塔体各面相同部位尺寸不尽统一，稍有差别；

③ 明天启六年灵丘地震带来的破坏，或使倚柱略有变形，例：倚柱柱头、柱身崩裂或局部裂纹，使测量数据有偏差；

④ 手工测量产生的误差。

综合以上，应以第3项倚柱侧脚数据分析和作图法得出的侧脚值为重点数值，折中确定倚柱侧脚值约60毫米。第1、2项侧脚分析中，有把倚柱各段侧脚值相加，倚柱自20皮砖以上向内折，相加得到的整体侧脚值偏大，应是不准确的。

倚柱侧脚值与宋《法式》规定比较。宋《法式》载："凡立柱，并令柱首微收向内，柱脚微出向外，谓之侧脚。每屋正面，随柱之长，每一尺即侧脚一分；若侧面，每一尺即侧脚八厘。至角柱，其柱首相向各依本法。"即建筑面宽方向柱侧脚1/100柱高，侧面柱侧脚8/1000柱高。觉山寺塔倚柱高4.17米，按《法式》规定侧脚值应为45毫米，实际60毫米比《法式》规定较大。

柱头卷杀

倚柱仅在柱头上部与阑额交接段做出卷杀，高240毫米，下部2/3收杀11.25毫米，较和缓，上部1/3紧杀68.75毫米，共杀80毫米。这块砖表面仍存留有制作时的划线，在中部竖向划线一条、上部1/3处划横线一条，表明其卷杀制作均按一定规制。上部卷杀覆盆状，柱头整体卷杀与宋《法式》中柱头造型相似（图6-1-3）。

图6-1-3　倚柱柱头

2. 壁面

壁面划分

壁面主要由横向构件地栿、腰串、阑额，竖向构件榑柱、心柱等划分，横向构件三者宽度相同为240毫米，心柱宽250毫米，榑柱宽150毫米。这些构件皆隐出壁面40毫米，腰串至阑额壁面高2.45米，地栿至腰串壁面高1.16米，上下段壁面之比约为2∶1（图6–1–4）。

图6–1–4　东北面壁面

收分

壁面收分的测量，在每个面吊线坠，测量壁面各段至线坠的距离。根据壁面的特点，每面选取3个测量点，分别位于地栿之上、腰串之上、阑额之下的壁面。测量分析数据如下表（表6–1–3）。

表6–1–3　壁面收分测量数据表　　**单位：毫米**

倚柱 / 测点	01	02	03	04	05	06	07	08	每段收分平均值
阑额下	310	325	140	215	350	210	220	250	43.8
腰串上	280	285	115	140	300	125	195	210	1.9
地栿上	300	330	130	120	290	110	190	195	每段收分相加45.6
每面整体收分值	10	–5	10	95	60	100	30	55	左侧数值平均44.4

收分数值分析

① 壁面每个面整体收分值，测得数据“阑额下”至“地栿上”，得出数值再平均为44.4毫米。

② 壁面8个面每段（共分2段）收分值相加。8个面“地栿上”至“腰串下”收分值平均为1.9毫米，“腰串上”至“阑额下”收分值平均为43.8毫米，两值相加得总收分值45.6毫米。

以上两种分析得出的壁面收分值很接近，基本可确定一层塔身外壁面地栿至阑额之间收分值约为45毫米。从第2种分析也可知：壁面地栿至腰串段收分很小，腰串至阑额段收分明显，似是在腰串位置折了一下，与倚柱具有相同的特点，但收分值比倚柱侧脚值较小。

3. 门券

门券洞高2.58、宽1.48、深1.68米，上部发半圆形券，从正北面二龙戏珠砖雕券脸残缺处可以看到半圆券构造（图6-1-5）。半圆券采用一券一伏的单层砖券发券，糙砌，券砖不露明，外侧贴砌二龙戏珠砖雕券脸，其上伏砖伸出壁面露明，下棱与券脸平面齐平。券砖（400毫米×200毫米×75毫米）皆未经砍磨，通过上宽下窄的灰缝进行调整，使券呈半圆形；不讲究使用砖块数量，施工时从两边垒砌券砖，垒砌至中间剩余宽度不足一砖厚时，用薄砖堵砌，砖缝间砌筑灰泥亦不饱满，未经灌浆。伏砖厚120、宽210毫米，皆经精细砍磨加工，前端伸出壁面，伸出部分断面大致为直角梯形，内侧面略带弧度。顶部增砌两层砖出尖角，两端下脚雕出涡卷，整体造型具有印度式火焰券的特点，但已是一种弱化表现。其砌筑浑然一体，不划砖缝，当然也不需考虑砖块数量。我国现存古建筑中使用印度式火焰券的较早实例有：河南登封嵩岳寺塔、山西五台佛光寺祖师塔等，唐代时仍很流行，辽宋时逐渐不用。前两例火焰券皆用灰塑出，觉山寺塔火焰券为砖砌，造型简化，为火焰券弱化过程中的实例，由此也可看到火焰券日后的演变趋势。

a. 券尖

b. 单层砖券

c. 下脚涡卷

图6-1-5　门券局部

二龙戏珠砖雕券脸现存三组，正东、正西面的二组由四块分件拼砌，正南面的一组由三块组成，其中间一块已从中间断裂，中间留缝的组砌方式较合理。

砖雕由素平的底托部分和上面高凸的造型部分组成，制作时，将泥塑雕饰部分粘接到底托上。底托部分厚90毫米，实心，砖雕部分最高凸处也达90毫米，已是圆雕手法，仿若两条真龙摆放其上，表现力极强。龙身并不是完全的侧面对外，而是整体稍向下扭转，使塔下观者获得更为丰富立体的观感。并且人们从塔下可以看到的砖雕外侧面及下面皆雕饰精细，每片鳞甲均清晰，而朝上的一面为光滑的素面。

现存三组二龙戏珠砖雕造型基本相同，也与平座钩阑束腰处的二龙戏珠造型相似。其根据门券半圆形空间灵活调整龙的造型，合理处理空余空间，表现空间较大，因而比平座钩阑束腰二龙戏珠表现更为丰富、立体逼真。行龙头部扁长，头顶双角，两侧尖耳，腮侧卷须，嘴微张，头后鬣毛一束；颈部细长弯曲呈“S”形，身体拱曲，披覆鳞甲，背部锯齿状脊鬣，蜃腹；四肢粗壮，几与身体同粗，披绕细长火焰，肘部卷毛，肌肉鼓凸，外侧前后肢向后蹬踏，内侧前肢抓向火珠，后肢亦向前，隐约露出肘部；尾部细长卷曲，与身体同长；龙后空余处填充祥云一朵。

火珠中心鼓凸呈圆形，边缘一圈联珠纹，外侧升腾起火焰，整体造型呈水滴形，塔刹部位的铁制火焰宝珠为其另一种表现形式。火珠两侧有云气烘托，似从龙口中吐出（图6–1–6）。

图6–1–6　二龙戏珠局部

4. 版门

现状

一层塔身南北二门，木质门砧、门限、立颊、门额、门头板等柏木构件为辽代原物，南门松木门簪为后世维修更换，其余松木门扇及附件是20世纪90年代觉山寺大修时，由觉山村村民所做补修，为撒带门做法，制作简陋粗糙，结构松散。版门背面部分木楅直接用钉子钉于门板，伏兔、门栓基本残缺殆尽，门簪大小不等，与鸡栖木结合松散，门肘版与门砧海窝对接不良，开闭不便。版门只有铁件钌锅可供锁门，门钹仅北门中部余一，另北门下部存在人为砍劈破坏痕迹。20世纪90年代新制的版门构件未做油饰，其余木构件均残存有红色油饰。现南门背面已钉木条封死，仅有北门可开闭使用，整体残损较严重（图6–1–7）。

图6–1–7　版门现状

现存木构件

版门现存木门砧、门限、立颊、门额、门头板等均为辽物，门砧样式与宋《法式》中所绘图样及同时代木、石门砧相同，也与正东、正西面格子门处砖雕门砧样式相同。门砧仅露出地面30毫米，下部埋于砖地面下，埋深应有一砖厚，约80毫米，则总厚110毫米；门限亦有埋深，其总高应200毫米。该部位建造施工时，先安装好门砧、门限等版门构件，再铺墁门内外地面，使门砧、门限埋于地面中，非常牢固，后世虽有人为破坏，均未造成将版门木构件全部拆除的彻底破坏，版门整体框架保存下来。立颊（160毫米×80毫米）与门额（220毫米×80毫米）叉瓣造榫接，表面内侧一圈简洁线脚；门口净高1.52米，净宽1.14米。门簪均非辽物，其对应门额处卯口110毫米×35毫米，后世补配门簪后部榫头较薄、较窄，因而与鸡栖木结合十分松散；南门两门簪为古代补配，整体圆形，表面出14瓣。半圆形门头板由4块木板堆叠拼成，厚同门额。版门木构件规格尺寸均与塔体用砖厚度相关联（图6-1-8）。

a. 北门门钹

b. 南门门簪

c. 鸡栖木

图6-1-8 版门局部

版门原貌

一层塔身木构版门残损严重，但从残存的一些痕迹仍可推测版门部分原貌（图6-1-9）。

a. 立颊旁壁面宽40～60毫米未刷白灰浆

b. 门砧前端圆凹孔

c. 北门立颊与门额对接处

图6-1-9 版门部分原有构件残缺痕迹

① 现存木门砧仍为辽物，内侧海窝φ70毫米，由此可知原版门厚约60毫米，由两门砧海窝间距离可知，原两扇版门共宽约1.3米，单扇宽约650毫米；

② 门限、门额之间净高1.52米，门额处门簪卯口下皮至门砧距离1.72米，可知门高1.52～1.72米；

③ 立颊外侧、门额上侧皆存在成排的小钉孔，且立颊旁券洞壁面有宽40～60毫米未刷白灰浆，上达

门额，下至门砧（正北面版门处较明显），这里应因原有构件遮挡住，所以未刷到白灰浆。结合相关实例分析可知，这里缺失的木构件应为门套[1]，其作用是遮盖立颊与墙壁之间的缝隙，作用类似宋《法式》中的“难子”、现代建筑中的“压缝条”，也使建筑入口突出，一层塔身正东、正西面格子门外侧皆有砖雕门套，现存宋金木构建筑版门处较为多见。由此也可理解一层塔身版门立颊外侧与券洞壁之间缝隙较大，尤其正北面左侧立颊与塔壁缝隙很大，露出较粗糙的砖砌体槎口，并且该立颊外侧呈未经加工的自然形状，所以这里应当有门套遮挡这些问题；

④ 木门砧前端有深15毫米、φ40毫米的圆凹孔（正北面版门处明显），门额下部也有成排的小钉孔，另正北面左侧立颊与门额对接处，与其他三处对接叉瓣造不同，门额处内凹，对接粗糙且不美观。所以，立颊、门额内侧应当有一圈木构件，下部固定于门砧，上部至门额下侧，可遮盖正北面版门左侧立颊与门额粗糙的对接，具体样式形状不详，也未找到可参考的类似实例；

⑤ 门头板中部存在2个φ10毫米透空小圆孔（二小孔间距50毫米），这里原应固定某种构件。现存可参考的辽塔实例，多在此处固定铜镜，觉山寺塔密檐、塔刹部位的铜镜其后用长铁条穿过镜纽，插入砖砌体或环绕塔刹铁件固定，门头板处小圆孔应可穿入长铁条环绕固定铜镜，所以，这里原或设铜镜，规格不明确，形制概类似塔刹覆钵处双纽铜镜（二镜纽间距60毫米），镜背有二细长乳突，支撑镜体与门头板不能接触，因而未留下磨损痕迹。

一层塔身原构版门虽仅余框架，但保留了较多可推测原状的痕迹，通过细心观察发现与分析，仍可使版门原状逐渐清晰，对认识了解辽代版门形制大有裨益。

辽代版门形制

现存辽代建筑中遗存的木质版门原构很少，一方面辽代木构建筑遗存数量较少，另一方面，现存辽代佛寺主要殿宇多用格子门，较少使用版门，风尚发生转变。辽塔虽数量众多，且众多砖塔多有木质真门，但基本不存原构，现存辽代木构版门实例有山西应县木塔、内蒙古赤峰巴林右旗庆州白塔等，砖塔砖构版门有河北丰润天宫寺塔、辽宁阜新塔山塔、喀左大城子塔、内蒙古赤峰巴林右旗庆州白塔等。这些版门多具有高凸的门钉，每扇门3排或4排，每排4枚，规模较大的版门门钉更多，版门中部设铺首，门簪多为方形的2枚，立颊、门额外侧设遮挡墙缝的门套。根据这些实例和觉山寺塔版门规模，可较好地还原觉山寺塔原有辽代版门形制。

5. 格子门

一层塔身正东、正西面设砖雕格子门，两面格子门形式、构造均相同，区别在于格子门各部位规格比例及格眼图案。格子门位于券门洞内，下部设门限、门砧，两侧立颊，上部为门额，门额处两枚方形门簪，门额、立颊外侧凸起门套。门额之上为半圆形门头板（图6-1-10）。

正东、正西面格子门总高、总宽均相同，但由于格眼图案不同，为排出完整的格眼图案，各部分尺寸随宜加减，略有不同。

格子门每面2扇，单腰串造，由格眼、腰串、障水版、边程构成。总高1.52、总宽1.14米，高宽比约为1.3∶1。东面格子门格眼高950毫米，障水版高370毫米，两者之比为2.6∶1。西面格子门格眼高905毫

a. 正东面格子门

b. 正西面格子门

c. 东面格眼

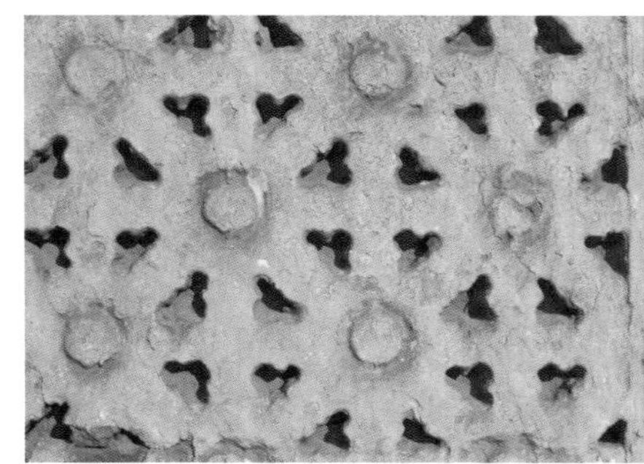
d. 西面格眼

e. 腰串、障水版、边桯局部

f. 门簪

g. 门砧

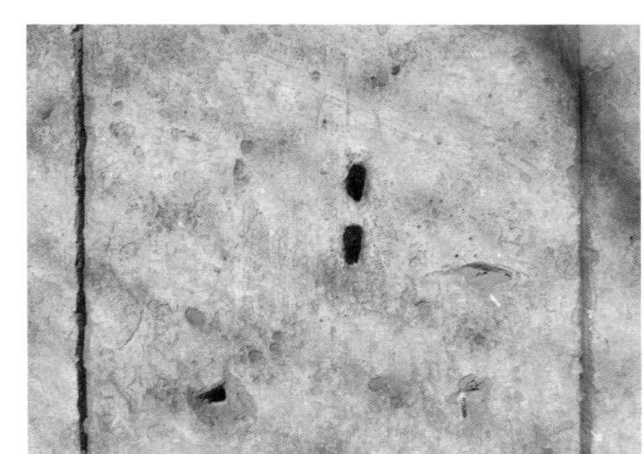
h. 门头板小孔

图6-1-10　格子门整体及局部

米，障水版高445毫米，二者之比2∶1，与宋《法式》规定相同。

东面格眼图案为四直挑白毬文内交斜，宋《法式》中未记载此图案，由于条桱较粗30毫米，格眼图案给人第一视觉印象便是交斜的条桱，呈现出古老的传统风格；再细观察，可发现圆径160毫米的毬文，毬文桱10毫米，上下左右两两相交，相交形成的毬文瓣挑白，但（相交的）四个毬文无共同的交点。斜向条桱两侧凹凸的边缘与毬文相交出格眼图案，整体装饰性很强。

毬文为宋《法式》中常见的格眼图案元素，而此处不是重点表现的内容，呈现出不同的风格。东面格眼图案将更古老的交斜条桱与毬文元素结合，形成的格眼非常精美，创造出美轮美奂的整体效果。

西面格眼图案为四交八斜“方米字格”，基本构成元素方170毫米，其他辽代砖塔中也可见该图案，山西朔州崇福寺弥陀殿（金）格子门处也存有这种图案，但部分特征不如辽格子门清晰。"方米字格"由斜向和横竖向两种形状的条桱拼成，之间的格眼形成似三叶叶片形图案，斜向条桱在交点隐出φ30毫米圆形浮沤。

障水版采用护缝造，无牙头、牙脚，与宋《法式》中格子门障水版不同，这种做法在大同地区的辽金木构格子门中常见。护缝宽42.5毫米，共用5根，凸出版面10毫米，表面分作三份，中一份平直，左右两份为弧面。护缝之间的部分与护缝同宽，表面稍凸起呈弧面，为"素通混"做法。

腰串宽92毫米，左右两端各雕一如意头，中间直线连接，似清式"金线如意"。图案之外的"落地"部分略呈弧面。由于腰串较宽又雕饰图案，装饰作用较强，概四桯格子门的华版、双腰串部分由此演变而来。

边桯宽50毫米，表面分作2份，外一份素平，内侧弧面，其规格较木构格子门偏小。

格子门整体在由方砖拼砌成的平面上雕成，格眼、腰串、障水版、边桯全部在同一平面，为突显立体效果，在各部分交接处，内部构件边缘作弧状下凹，与其他部分区别开，视觉上产生略有凹凸感的立体效果，较明显的部位为格眼与边桯的交接处。

门簪

门额处2枚方形门簪，150毫米 ×120毫米，伸出100毫米，四侧面出瓣，每瓣皆宽30毫米，四棱出尖，为该时代门簪的典型样式。

门头板小孔痕迹

正东、正西面格子门门头板中间均有几个小孔，东面5个小孔，竖向排列3个，下部横向2个，φ10～20毫米，深30～60毫米；西面有4个小孔，上部竖向2个，较大者15毫米 ×30毫米，深80毫米，下部横向2个φ15毫米，深35毫米。这两处小孔形式类似，存在磨损痕迹，其所在砖规格720毫米 ×360毫米 ×75毫米，应是在该砖上钻透孔，固定某种构件。

辽代砖塔有在该部位安置铜镜或佛教造像，觉山寺塔此处这两种可能皆有。正南、正北面木版门门头板的小孔较可能原固定铜镜，正东、正西面小孔原安装铜镜的可能性较大，小孔内部未残存固定铁条，其固定方式与塔身其他部位铜镜固定方式不同。

6. 破子棂窗

一层塔身四隅面设破子棂假窗，立于腰串之上，整体高1.49米，占壁面高度1/3，宽1.78米，占壁面宽1/2，高宽比约为1∶1.2。其构造较宋《营造法式》规定简洁，破子棂上下入子桯，子桯外侧上、左、右三面设窗套，子桯与壁面在同一平面，窗套凸起，木构中此处窗套钉于子桯上，遮挡子桯与墙面之间的缝隙。破子棂棂条长1.13、宽0.75、厚0.3米，宽厚比为1∶2，数量为单数11根，断面三角形，但两侧面有10毫米宽的平面，与木作稍有不同，为砖制作的变化处；棂条间空档宽50毫米，比宋《法式》规定稍宽，棂条宽与空档宽之比为3∶2。上下子桯宽210毫米，左右子桯宽180毫米，两者交接处直接对接。窗套宽为一砖厚60毫米，厚50毫米，内侧表面圆弧，交接处合角斜叉，其下脚位于腰串表面，长95毫米，用白灰塑出，增加了整体立体感（图6-1-11）。

破子棂窗在南北朝时期已出现，唐时很流行，现存辽代木构建筑中基本不见，而砖塔中常见，保留了这一传统元素，现存宋金木构建筑中也有较多遗存。

图6-1-11　破子棂窗局部

觉山寺塔破子棂窗各部分构造、尺寸仍袭唐风，与宋《法式》规定差别较大。宋《法式》规定破子棂棂条数量“如间广一丈，用一十七棂。若广增一尺，即更加二棂。相去空一寸。”按此，觉山寺塔破子棂窗棂条数量应约有17根，实际只有11根，以此来看，宋式破子棂窗较唐辽更宽，开窗面积更大。宋《法式》中破子棂窗构造，上有窗额，两侧立颊，觉山寺塔破子棂窗无此类构件，构造较简单，现存部分早期直棂窗实物与觉山寺塔同。觉山寺塔破子棂窗砌筑所用砖规共有4种，其厚度分别为75、60、50、120毫米，之所以采用多种砖规，应是为了更准确的模仿木构，可知觉山寺塔破子棂窗较准确、真实的模仿木构，对了解当时的破子棂窗有较高的参考研究价值。

7. 华带牌

一层塔身正南面壁面上部、一层塔檐下发现以下痕迹：

① 壁面上部存在三处较明显的凹陷，上部一处呈横向，左侧凹深35毫米，右侧仅表面灰皮带状残缺，其下左右两边各一竖向凹陷，向内倾斜，这两处凹陷分别连续3个较深的凹点，最深处50毫米。壁面上的这些凹陷，是砖砌体表面磨损，不断向下发展形成的，凹面光滑，非人为剔凿（图6-1-12）；

② 门洞火焰券上部尖角最上一块三角形砖，人为将其剔凿，仅留下后部厚20毫米的三角形薄片，其表面遗留剔凿痕迹；

③ 一层塔檐下补间铺作栌斗两侧存在4个环形铁件（通常称作屈戌），后尾埋压在砖缝中，内侧2个（φ25毫米，8毫米粗）规格较小，外侧2个（φ43毫米，12毫米粗）规格较大，钉于方形柏木块（断面195毫米×75毫米），柏木块埋压在砖砌体中，其下部对应普柏枋局部存在缺口；

④ 一层塔檐下补间铺作正中的昂形耍头，前端中间呈圆弧形，两端棱角残缺；

⑤ 一层塔檐木椽010106与010107、010113与010114之间各存一长200、粗10毫米的铁杆。铁杆两端插入木椽侧面钻出的小圆孔，木椽010106与010107之间的铁杆上残存一小铁环。

通过对以上五处痕迹综合分析，同时参考现存辽塔实例，可以确定正南面一层塔檐下至门洞火焰券位置，原存在牌匾一块。

一层塔檐木椽之间的铁杆及补间铺作栌斗两侧的四个屈戌均为固定牌匾的构件，同时代牌匾通常在其

图6-1-12　01层檐下遗存原挂牌匾痕迹

后用铁链钩挂固定。其中内侧二个较小屈戌由于普柏枋挡住下方，应固定向上拉拽的铁链，外侧二个较大屈戌下部对应普柏枋的局部凿出缺口，可钩挂向下拉拽的铁链，也可固定其他方向的铁链。牌匾的钩挂固定方式，会使下部贴于壁面，壁面成为牌匾的一个支撑点。壁面上部的凹陷，应为被牌匾下部磨损导致，磨凹处对应匾心华版下棱，两侧凹陷对应牌带下脚。由于当地每年大风天气较多，牌匾会产生轻微晃动，与壁面发生摩擦，经年累月，将壁面砖块磨凹，由此可见，牌匾重量较大，并且材质较坚硬。门洞火焰券尖角与牌舌冲突，因而被凿掉。一层塔檐下补间铺作昂形耍头抵住牌匾背面，在牌匾的晃动下，前端两侧棱角直接被破坏，中间部分磨成圆弧状。

牌匾规格

壁面磨凹痕迹的上面一处，对应牌匾华版下边，左端凹陷明显处至壁面中线距离550毫米，可知牌匾华版宽度约为1.1米。牌舌中部宽至火焰券尖角。因一层檐下补间铺作昂形耍头位于牌匾华版背面才被磨损，所以华版上边应高于该昂形耍头，又一层塔檐椽头下挂风铎，牌匾不应与风铎矛盾，其牌首应位于风铎之下，或牌首部位不挂风铎。所以，牌匾华版长度约为1.8米。另牌带向外撇，应能遮挡住后部固定屈戌。

另正北面一层檐下补间铺作栌斗两侧也有二个较小的屈戌，同正南面，但无其他原来可能挂有牌匾痕迹。概建塔时，在砖砌体中固定好这二个屈戌，以备挂牌匾，而实际塔建成后未挂。

三　外壁面组砌

1. 倚柱

柱础整体呈八边形，上段覆盆状，下段素平，使用520毫米 ×260毫米 ×75毫米条砖上下层交错砌筑。

倚柱柱础至阑额以下部分全部用厚75毫米砖层层垒砌，每层均由一整块砖制作，与榑柱砌体相交的部分亦为圆弧面，内部形状不明。倚柱在受到地震破坏后，表面有局部崩碎，未出现整体鼓闪等问题，其后部与内部砖砌体应有拉结。与阑额交接的柱头部分为一整块立砖，雕出柱头卷杀，与后部砌体无拉结（图6–1–13）。

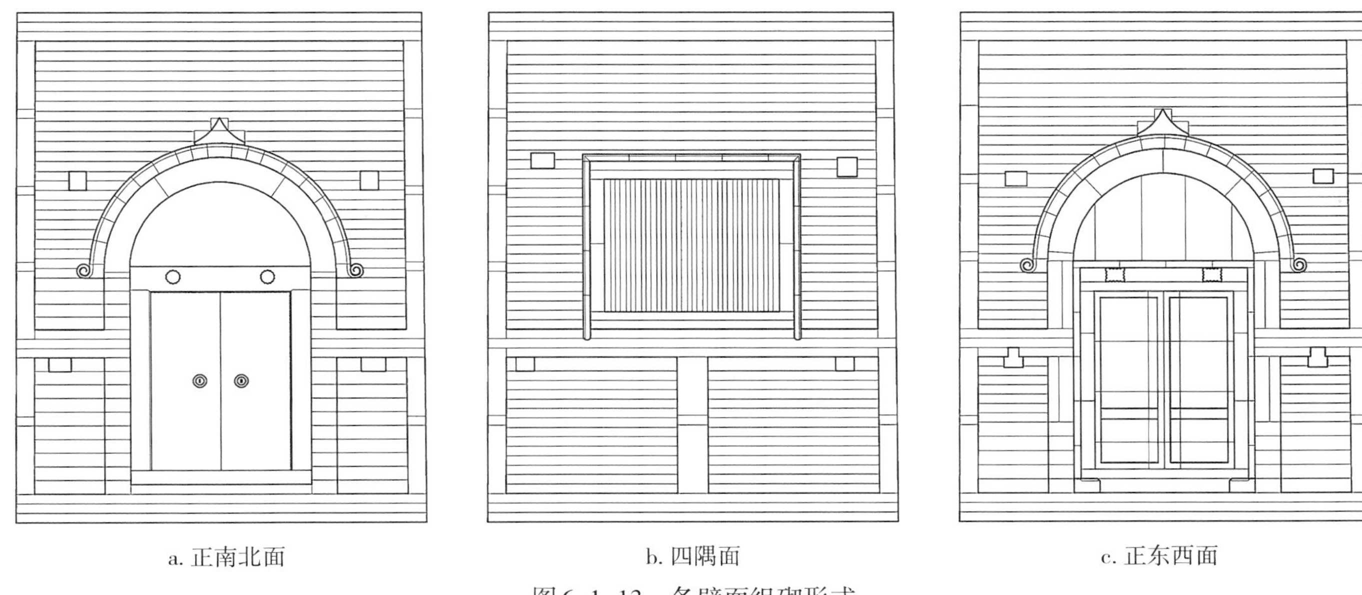

a. 正南北面　　b. 四隅面　　c. 正东西面

图6–1–13　各壁面组砌形式

2. 槫柱

槫柱自下向上使用580毫米 ×150毫米与75毫米 ×150毫米的砖交替砌筑，长580毫米的砖断面接近直角梯形，长边140毫米，短边120毫米，深120毫米，斜边贴靠倚柱为弧面，与内部砌体无拉结。75毫米 ×150毫米的砖为拉结内部砌体的丁砖，长度不明。槫柱与腰串交接部位，腰串的一或二层砖插入槫柱，取代原应75毫米 ×150毫米的砖。当受到地震破坏后，槫柱为一层塔身残损最多的部位，丁砖多有残断，其自身组砌存在较大问题。

3. 地栿、腰串、阑额

地栿、腰串、阑额凸出壁面40毫米，皆由三层厚75毫米砖叠砌，既有方砖层也有条砖层，方砖层作为拉结层，其露明面均为435毫米 ×75毫米，砖规应为435毫米 ×75毫米 ×435毫米和435毫米 ×75毫米 ×230毫米。

4. 心柱

心柱组砌与槫柱相似，宽250毫米，中间一层厚75毫米拉结丁砖，上段砖长500毫米，下段砖长580毫米（砖规580毫米 ×250毫米 ×120毫米）。

5. 普柏枋

普柏枋由一层厚120毫米的方砖组砌，外缘凸出阑额45毫米。阑额、普柏枋出头随一层塔身垂直截断。由出头可知阑额、普柏枋断面分别为145毫米 ×240毫米、240毫米 ×120毫米。

6. 壁面

壁面由厚75毫米和115毫米的两种砖组砌，正南和正北面、正东和正西面组砌方式分别相同，四隅面组砌方式相同。

（1）四正面

地栿至腰串段：正南、正北面使用一层厚75毫米的砖，其余皆为厚115毫米的砖；正东、正西面使用5层厚115毫米砖，7层厚75毫米砖。

腰串至阑额段：正南、正北面下部使用几层厚115毫米砖，上部基本全部用厚75毫米砖；正东、正西面中部架孔处和最上层砖各用一层厚115毫米砖，其余皆为厚75毫米砖。

（2）四隅面

地栿至腰串段：使用13层厚75毫米砖，1层厚115毫米砖；

腰串至阑额段：使用1层厚115毫米砖，其余皆为厚75毫米砖，各面区别在于这一层厚115毫米砖的使用位置。

壁面组砌用砖，从脚手架孔处可见其宽度，得知应多为条砖，但不能排除某几层使用方砖。概每隔几层条砖使用一层方砖做拉结，砌筑缺点是上下层砖不注意错缝，错缝距离很小，遇到地震破坏后，出现许多竖向裂纹；四正面地栿至腰串段壁面，由于宽度较小（580毫米）和用砖砖规因素，每层2块砖，上下层错缝距离较大，现状较完好。

7. 门洞

正南、正北面槏柱各层砖厚皆与其旁壁面对应，对应门洞内侧面砖规为430毫米 ×115毫米和430毫米 ×75毫米，砖缝错开较大，其与腰串交接处，腰串三层砖插入槏柱，能够加强联结。

正东、正西面槏柱仅下部5层厚120毫米砖与壁面对应，与腰串相交处同正南、正北面，剩余段皆用580毫米 ×90毫米和580×120毫米两种砖立置交错砌筑。

8. 格子门

格子门的格眼、腰串、障水版、边桯各部分在由430毫米 ×430毫米 ×115毫米方砖拼砌成的平面上进行雕刻（中间不足整砖部分宽250毫米），贴砌在塔壁表面，与内部无拉结。格眼下凹部分雕入深20毫米。门限、门额皆由厚75毫米与115毫米的二层砖叠砌，于120毫米厚砖层安设门砧、门簪，门砧外露部分规格210毫米 ×120毫米 ×90毫米，组砌门限、门额的这两层砖应为方砖，与内部砖砌体拉结。立颊由3块宽120毫米砖组砌，长度分别为580、580和360毫米，深入长度不明；门套为380毫米 ×60毫米砖嵌砌，应为条砖；格子门之上门头板由720毫米 ×360毫米 ×75毫米条砖立置贴砌。

格子门的组砌较复杂，用砖砖规很多，各部分主要根据木构特点单独制作，之间联系拉结较差。

9. 破子棂窗

四隅面破子棂窗组砌方式相同，棂条由2块560毫米 ×75毫米砖立置砌筑，应为条砖；棂条空档由380毫米 ×50毫米砖立置砌筑，应为条砖；窗额由2层435毫米 ×75毫米 ×230毫米条砖叠砌；立颊由2块宽115毫米砖组砌，上段长540毫米，下段长580毫米；窗套由380毫米 ×190毫米 ×55毫米条砖嵌砌，下脚插入腰串上层砖，下缘抹塑白灰作弧形。

破子棂窗整体组砌主要以立砌形式贴于塔身表面，各部分均单独砌筑，与周围砌体联系较弱，砌体结构还应改进。

四　后世修补

一层塔身外壁面存在较多后世修补痕迹，重点针对明天启六年灵丘县地震造成的破坏，所以，修补的时间应在明天启六年地震之后。修补方法多为在残损部位抹灰，主要为满足外表观感，未进行剔补，干预很小，虽未解决残损部位的根本问题，却也未造成新的破坏（图6-1-14；附表6-1-2）。

a. 倚柱01下部抹灰

b. 正南面左侧榑柱补抹（内部滑秸泥、外部抹纸筋灰）

c. 东北面腰串、心柱抹纸筋灰修补

图6-1-14　一层塔身后世修补部位及做法

壁面修补最多的部位为榑柱，其次是腰串、心柱、门洞壁面以及其他零星部位。修补材料有麻刀灰、发灰、纸筋灰、滑秸泥。正南面门洞西壁壁面明崇祯十五年题记YCTS0103下为后世修补的麻刀灰，以此处的麻刀灰来对比其他部位修补的麻刀灰，麻刀含量基本相同，粗略判断：一层塔身用麻刀灰修补的地方，时间应在明天启六年至崇祯十五年（1626～1642年）之间，再结合寺史分析，这次修补约在明末崇祯元年的寺院整体大修中进行的。修补的滑秸泥仅出现在正南面壁面左侧榑柱，该榑柱整体残缺，修补时在内部用滑秸泥填充，外表面用纸筋灰抹塑出榑柱形状。纸筋灰在一层塔檐正北面烧损椽头处也有应用，该处纸筋灰为清康熙二十七年（1688年）之后，寺院火灾后补修时使用，所以，一层塔身用纸筋灰修补时间应与一层塔檐正北面修缮时间相同。修补的纸筋灰使用较多，修补面积较大，补抹却很粗糙。一层塔身用发灰修补的部位较多，灰中纤维似为头发和麻刀，头发纤维极短、细小，不甚明显，全塔其他部位未发现该材料，修补使用时间不明。

明天启六年地震后，一层塔身较明显的残损应当在之后不久就用麻刀灰补抹，而至清代仍有较大面积抹灰修补，应是地震后塔身残损未全部暴露，存在隐残，至清代又暴露出一部分残损，再次进行修补。至2014年本次修缮时，又发现较多砖砌体残缺破损处，应是上次抹灰补修时未暴露出的。凡是现今可见残缺破损部位又便于抹灰补修者，应是上次补修时未暴露出的隐残。现在一层塔身应仍存在一些隐残，或在日后一段时间才能暴露出。

第二节　塔心室

一层塔身内辟心室，可通过南北面木质版门进入，为全塔唯一可供人为活动的内部空间。心室整体为八角环形空间，宽1.09米，最高处高3.75米，中心砌筑八角形塔心柱，地面铺墁方砖，顶部叠涩铺作、山花蕉叶，其上平铺大条砖收顶。心室塔壁内壁和心柱壁面皆满绘壁画，创绘自建塔之时，虽经后世重描，而辽风尚存，为我国存世稀少的辽代寺观壁画中的珍品（图6–2–1）。

图6–2–1　塔心室内部

一　地面

1. 现状

塔心室地面整体保存较好，局部方砖破损。东北面、西南面地面方砖局部破碎，西南面残损处已更换为320毫米 × 160毫米 × 70毫米条砖，条砖铺墁松散随意，应不是匠人所做，条砖下铺滑秸泥和杂土，杂土间存在烟头和啤酒瓶碎玻璃片，可知该处是近年补墁。铺墁方砖下为东北—西南方向铺砌的填馅砖。由于塔体整体微向东南倾斜，心室地面也整体倾斜，东南面最低，西北面最高，高差75毫米，人在其上行走时可以发觉。

2. 铺墁用砖

心室地面铺墁方砖370毫米 ×370毫米 ×75毫米，合辽尺方1.25尺，厚2.5寸，接近宋《营造法式》用砖之制：殿阁、厅堂、亭榭等用砖。地面边缘的方砖面仍可看到磨砖痕迹；砖肋砍斫，下棱向内收5毫米，靠塔壁一侧收15毫米，无转头肋做法；砖底面粗绳纹11条，未砍斫。方砖砍磨基本吻合宋《营造法式》卷第十五《砖作制度》“铺地面”条“铺砌殿堂等地面砖之制：用方砖，先以两砖面相合，磨令平；次斫四边，以曲尺较令方正；其四侧斫令下棱收入一分……”

3. 铺墁工艺

地面方砖下垫层为5～10毫米厚白灰和5～10毫米厚灰泥，由于下部为填馅砖，所以垫层较薄。铺墁时，应先铺抹一层5～10毫米厚灰泥，再铺抹一层5～10毫米厚白灰，方砖侧面满挂白灰，然后安放。安放时，方砖之间砖缝挤密，不留白灰缝。铺墁后，整体通磨光平（图6–2–2）。

4. 铺墁形式

心室地面正南面、西南面、正西面、西北面、正北面五个面铺墁形式相同，每个面顺各面方向找中铺墁三趟砖，十字错缝，转角处顺转角中线方向铺一趟方砖，间隔各面方砖，整体呈放射状。东南面、正东面、东北面三个面铺墁较随意，基本是一个方向铺墁，十字错缝亦不严格。由此推测，当时心室地面由两名工匠同时铺墁，因而形成二种不同的铺墁形式。门洞地面与心室地面铺墁形式无甚联系，为单独铺墁，门内地面铺两排方砖，十字错缝，门外顺铺570毫米 ×285毫米 ×75毫米大条砖。

小结

心室地面铺墁质量极佳，无严重损坏，表面平滑、光亮，似一层薄釉，整体类似现代细水泥铺抹地面效果，概因方砖质地细腻，加之人们在上面走动时，有细细打磨的作用，使得方砖表面出光、出亮，平整光滑。方砖表面的磨砖痕迹被磨掉，仅边缘处留存，也侧面反映出古代心室内人们活动较多（图6–2–3）。

图6–2–2　砖下垫层及砖肋砍斫

图6–2–3　心室地面平整光滑

二　塔心柱

1. 现状

心柱正南面、正东面存在两个大的窟窿，且至少两次被人为凿挖，不仅破坏心柱结构，进而影响塔体整体结构，也失去了大面积的辽代壁画和一些题记。正南面窟窿最宽处1.03米，高820毫米，最深处410毫米，窟窿面积约0.8平方米，破坏失去的壁画面积约1.2平方米，正东面窟窿最宽处620毫米，高1.15米，最深处700毫米，窟窿面积0.6平方米，失去的壁画面积1.3平方米。最后一次破坏凿挖范围基本在上次凿挖范围之内，但深度似乎有所增加。破坏形成的窟窿边缘抹有3～8毫米厚棉花细泥，其下为一层滑秸灰泥，与壁面原滑秸泥不同，应皆为上次补砌后所抹，最后一次凿挖未超出棉花细泥范围。在心柱正东面左侧棉花泥面存有墨书题记XSZ0310“慇山寺宝塔一座［一］/井一□十三丈正”，与东北面墨题XSZ0407“慇山照□禅［不］住”为同一人书写，虽未题时间，根据其书写方式、与其他题记的关系和寺史基本可判断为清代同治四年以后题记，说明使用棉花泥抹面补修的时间约在清同治四年（1865年）后，这次修补之后的凿挖破坏即现在看到的状态。上次补砌塔心柱时，通常会在凿挖面遗留黏结材料灰泥或白灰，但现状未发现，很可能是最后一次凿挖范围、深度稍有扩大（图6-2-4）。

a. 塔心柱南面窟窿

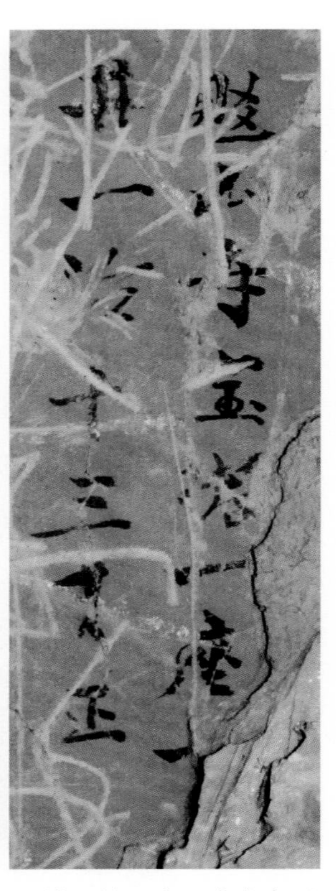

b. 塔心柱正东面窟窿旁后世修补抹泥及其表面题记

图6-2-4　塔心柱凿挖窟窿

2. 组砌

心柱表砖使用400毫米×200毫米×75毫米粗绳纹砖（绳纹7条），未经砍磨，糙砌。砌筑时隔数层顺砖拉结一层丁砖，丁砖使用较多，局部达到一层顺砖一层丁砖。内部填馅砖规格较表砖稍小，厚60毫米，无绳纹，各层交错铺砌。表砖、填馅砖黏结材料皆为灰泥（白灰∶黄土约为7∶3）。

3. 形制及演变

心柱为古代高层木构建筑的关键构件，周围主要结构构件攀附于此，心柱为刚性构件，对建筑整体结构起稳固作用，为高层木构建筑的核心技术。塔心柱最迟在南北朝时期已出现，之后其发展逐渐向上减短。日本现存8～12世纪建造的木塔，其刹柱形制可分为三种："掘立柱"式、础上立柱式、平衡锤式[2]。据此可反观我国楼阁及佛塔木构心柱的演变历程，宋代以后，随着建筑技术的改进和砖石塔兴起，木构心柱逐渐不再使用。我国现存佛塔的木构心柱或刹柱形制几乎全部为平衡锤式，河北正定天宁寺凌霄塔（宋金）木构心柱为我国现存木构塔心柱的最典型实例，其他例：江苏苏州瑞光塔（宋）、常熟崇教兴福寺塔（宋/风水塔）、上海龙华塔（宋）、浙江杭州六和塔（宋）、湖州飞英塔（宋）等，江浙地区实例较多，塔刹柱已经很短。山东临清舍利塔（明）原有金丝楠木心柱，上通塔刹，下达地宫，心柱形制应为"掘立柱"式，福建泉州开元寺仁寿塔（宋）内设直通上下的石构心柱。

觉山寺塔心柱平面八角形，边长1.47米（约辽尺5尺），高2.955米（约辽尺1丈），表现出自心室地面至内檐铺作之间的一段，较木构心柱粗壮很多。此形制心柱在古代砖塔（尤其密檐塔）中极为罕见，辽代砖塔中，有辽宁阜新东塔山塔心柱属此形制，河北涿州云居寺塔（楼阁式塔）也有一段心柱，形制不同。此塔心柱形制与山东济南历城四门塔（隋）石构心柱有一定相似性，具有砖石构心柱仿木构心柱的部分共性特点。

三　塔心室顶部

心室顶部由铺作、山花蕉叶逐步叠涩收聚，最上平铺大条砖收顶。铺作皆出双杪为五铺作，其下为一层凸出壁面的普柏枋，其上承一道素方与山花蕉叶。山花蕉叶与顶部条砖间隔一层砖（内退），既能增显空间感，又能防止顶部条砖直接压到山花蕉叶前端造成破坏（图6-2-5）。

图6-2-5　塔心室顶部

1. 铺作

心室铺作包括心柱铺作和塔壁内壁铺作，二者用材相同，根据空间灵活设计，形成四种铺作形式。

现状

铺作及顶部条砖皆存在较多细小裂纹，较多燕窝，局部偶有残缺（详见附表6–2–1）。

形制

心柱铺作每面3朵，补间1朵，出双杪为五铺作。铺作栌斗口上应为柱头枋二层，下层柱头枋交隐泥道栱（仅西南面表现出交隐栱头，其余处为素枋）。一跳华栱上承瓜子栱，亦为补间与转角铺作交隐，交隐位置皆为补间华栱与转角铺作斜华栱之间空档中线，二跳华栱上承素方。转角铺作于角部出角华栱二跳，正身一层柱头枋与角华栱相交后另一面出头一跳斜华栱，正身二层柱头枋与角华栱相交后另一面出头二跳斜华栱，斜华栱头均随正身加斜。

塔壁内壁铺作样式与心柱铺作相呼应，每面3朵，1朵补间，出双杪为五铺作，因位置、空间不同而具体形制不同。铺作未表现出一层柱头枋，之间空档形成栱眼壁。补间铺作泥道栱上承鸳鸯交首慢栱，一跳华栱上承瓜子栱，二跳华栱亦承素方。转角铺作为∠135°凹角铺作，角部出二跳角华栱，横向栱与补间铺作同（图6–2–6）。

a. 塔心柱铺作

b. 塔内壁铺作

图6–2–6　心室铺作

材栔

心室铺作用材皆为单材，是全塔铺作用材最小处，材高80毫米，厚100毫米，高∶厚=4∶5。按材厚十分°来推算，其分°值为10毫米，折合辽尺0.34寸（按1辽尺=295毫米），接近宋《法式》中七等材，该铺作用材比《法式》中殿内藻井或小亭榭铺作用八等材要大。若根据其他处铺作栱高等于厚，则心室铺作栱高应为100毫米，而该塔并无厚100毫米的砖，根据实际用厚80毫米的砖。结合其他处铺作用材宽160毫米分析，可说明该塔砖构铺作用材的材宽仿木构用材，材高受砖厚控制。

组砌

心柱铺作和塔壁内壁铺作各部分构件皆由厚80毫米的砖制作，栌斗平、欹由一整块厚80毫米砖制作，斗耳由90毫米 × 80毫米 × 40毫米小砖块贴砌，高至泥道栱上皮，其他斗未表现斗耳。心柱铺作华栱自其下斗外缘挑出基本为100毫米，为一材宽；塔壁内壁铺作整体略有前移，一跳华栱挑出约140毫米，一跳斜华栱后部加宽。各种栱头皆为三瓣卷杀，上留30毫米，下杀50毫米。

泥道栱自栌斗边缘、瓜子栱自二跳华栱边缘侧出皆为250毫米，若计至其上散斗外缘侧出皆为290毫米（约辽尺一尺），此时瓜子栱上散斗外缘恰在泥道栱中线位置。慢栱在补间与转角铺作空档中线位置鸳鸯交首，自泥道栱外缘侧出亦为250毫米。凹角铺作栌斗随转角向外移约37毫米，使符合观感要求。铺作之间砖砌体叠涩挑出较大，却很稳固。

心柱铺作和塔壁内壁铺作形式呼应，心柱铺作空间较有限，表现简洁，补间铺作和转角铺作的泥道栱、瓜子栱鸳鸯交首。塔壁内壁铺作空间较大，组砌较复杂，整体挑出较心柱铺作稍大。补间铺作有表现出鸳鸯交首慢栱，各构件纵深方向外挑叠涩较大。铺作整体砌筑不规整，并不严格对称，高度方向、水平方向均错位较大。

视觉效果

铺作材高减小后，各种栱高减小，栱面显得扁长，各种斗平和欹部分仍为一砖厚，同栱高。若平视铺作，栱和斗比例不当，而实际人们站在心室地面观望时，由于心室空间狭窄，仰视角很大，不易觉察到栱高降低、斗和栱比例不当。而且除华栱外，其他栱或贴壁或挑出较小。另当人们看到高度较低的栱时，会增加一种高深感。各种斗比例正常，外挑的斗欹和卷杀的栱头，增加真实感，在亦虚亦实的氛围里，使人们难辨栱高降低，达到很好的艺术效果。

2. 山花蕉叶

心室铺作之上为如意头形砖雕装饰，层层叠涩外挑，呈斜45°面。铺作、如意头形砖雕与宋《营造法式・小木作制度・佛道帐》载山花蕉叶佛道帐或牙脚帐帐头非常相似，如意头形砖雕应为山花蕉叶，山花蕉叶与铺作之间无方形装饰板，山西现存较早的同类实物也多无此，例：山西长子县崇庆寺千佛殿倒座佛龛、绛县太阴寺正殿佛龛（明）。若将铺作、山花蕉叶与壁面整体看作山花蕉叶佛道帐（未表现帐身、帐座构件），原本佛道帐中的塑像以壁画形式表现，则通道两侧可整体看作八角环形山花蕉叶佛道帐。佛塔中类似实例有：河北正定天宁寺凌霄塔（宋金）、易县双塔庵北塔（辽），其心室塔壁内壁上部皆为铺作、山花蕉叶组合。由此也可将较粗的砖砌心柱理解为木构心柱及其周围塑像组合的整体，类似木构实例日本法隆寺五重塔一层心柱及周围塑像。

四　塑像

通过向觉山村村内老人调查得知，觉山寺塔心室中南北两面原分别安置木雕卧佛和千手观音塑像各一尊，毁于“文化大革命”时期。现在心柱正南面壁面发现与之相关的两条题记XSZ0107、XSZ0108（详见《附录・题记》），据这两条题记可知，心柱南面原有西向南睡、身长约十尺的卧佛，基本印证了村内老人的口述内容。另在壁画N01画面普贤菩萨下部、N08画面广目天王右小腿处，皆存在人为长期活动摩擦画面导致的颜料脱落现象，应为人们绕过卧佛雕像时贴靠壁画摩擦到画面，从侧面反映了木雕卧佛的存在（图6–2–7、6–2–8）。

a. 题记XSZ0107

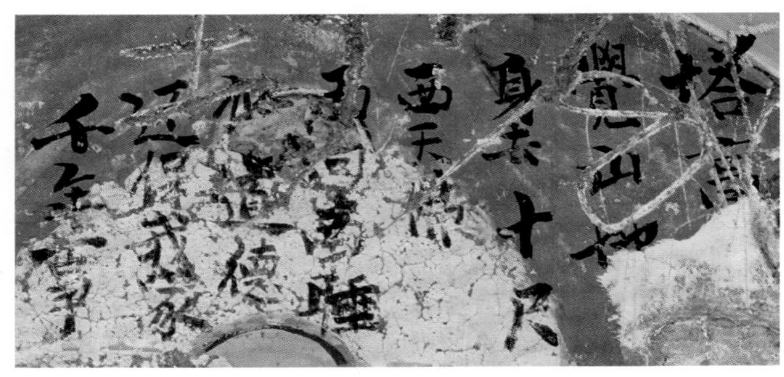

b. 题记XSZ0108

图6-2-7　塑像相关题记

图6-2-8　N08画面左下方磨损

那么木雕卧佛和千手观音塑像是何时开始存在的呢？题记XSZ0107题写时间为清光绪二十六年（1900年），题记XSZ0108时间不早于清咸丰九年（1859年），皆为清晚期，可知木雕卧佛出现时间不晚于清光绪二十六年（1900年）。心柱正北面壁面释迦佛像重绘于康熙十四年（1675年），则木雕千手观音的存在不会早于此时。结合寺史分析，清康熙二十七年（1688年）时，寺院建设较多，惜不久多毁于人为打砸火烧，觉山寺塔亦有所殃及，一层塔檐正北面木椽飞、角梁仍存火烧痕迹，如果这时木雕卧佛和千手观音已存在，则很可能会毁于这次破坏，所以，木雕卧佛、千手观音存在时间应不早于清康熙二十七年（1688年）。寺院经过这次破坏之后陷入长期萧条中，至清光绪时期，寺院开始大规模复兴。心柱正南面题记XSZ0109与XSZ0105记载，信士丁治孝于清咸丰九年（1859年）补画心柱正南壁面佛像（可能南面木雕卧佛此时还未存在），又于光绪元年（1875年）“重修各庙神像”，不能确定重修的塑像中是否包括木雕卧佛和千手观音。光绪十一年（1885年），龙诚法师对觉山寺进行了全面大规模的复兴建设，寺院现存建筑（除砖塔）基本兴建于此时。综上分析，首先一般应认为木雕卧佛和千手观音为同时雕塑，塑造时间应在康熙二十七年（1688年）至光绪二十六年（1900年）之间（更可能在1859～1900年间），很可能为1885年左右的清代光绪时期。

“文化大革命”时期，两尊木雕塑像均被毁坏，之后在心柱正南、正北壁面（包括原塑像遮挡的部位）留下了较多刻划杂乱的20世纪八九十年代的游客题记。1995年，在寺院住持续常师傅的主持下，重新泥塑寺院内所有塑像，包括觉山寺塔内的卧佛和千手观音。这次重塑全部按照原塑像内容和样式，塑造技法虽有不及，但各殿宇内供奉尊像的情况清晰明确，传承了下来。

现塔心室内的泥塑卧佛和千手观音即为1995年的重塑之作，由浙江省苍南县黄德厚、黄德欣二塑匠制作。卧佛身长2.3米，总高距地1.2米，仍为西向南睡的涅槃相，安详静卧。千手观音总高3.3米，总宽2.4米，共30臂，打开北侧版门从塔下可直接仰望到（图6-2-9）。

图6-2-9　泥塑卧佛和千手观音

五　壁画

1. 壁画编号

壁画编号由字母“N”或“Z”和数字“01、02……08”组成。塔壁内壁壁画编号前用字母“N”，心柱壁画编号前用字母“Z”。以正南面为“01”，按现代人靠右行走的习惯，向东南方向逆时针旋转，八个方向的八个壁面分别编为“01、02……08”。则塔壁内壁壁画编号为：（正南面）N01、（东南面）N02……（西南面）N08；心柱壁画编号为：（正南面）Z01、（东南面）Z02……（西南面）Z08（图6-2-10）。

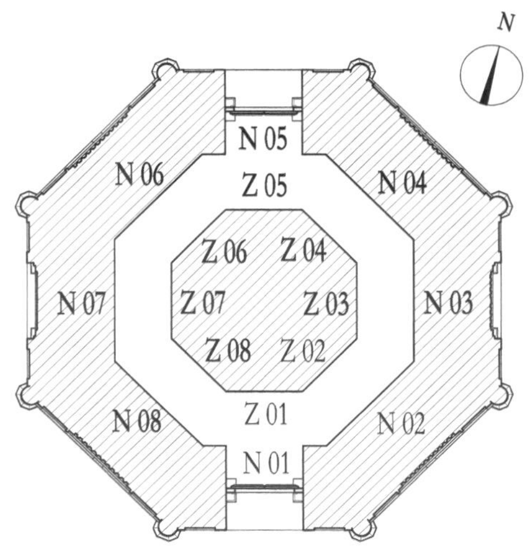

图6-2-10　壁画编号示意图

画面各形象编号：

因画面同类形象较多，为对其进行区分，将画面各形象按照由主到次、由下到上的顺序全部进行编号。编号构成，在各幅壁画编号的基础上后加“01、02……”，即同幅壁画中某种同类形象的数量，例：鬼卒N0205，指N02壁面（塔壁内壁东南面壁面）第05个鬼卒。

2. 概况

塔心室内壁画初创于建塔之时，辽大安五年（1089年），经后世明清重描，而辽风尚存，可以看到辽代绘画继承唐风的同时，发展得更加精细华美，也有融入北方游牧民族文化。

塔心室为八角环形空间，门洞壁面、塔壁内壁面、心柱壁面皆满绘壁画，各画面随壁体转折自成一幅，画面下部皆有高约335毫米的“踢脚”，无绘画内容，用一层莲瓣界限上部画面。壁面面积共计93.350平方米，（除去踢脚）绘画面积84.047平方米，保存较完好仍可见画面内容的有70.498平方米。画面残损主要为地仗残损和颜料脱落，另外壁画也存在其他多种病害，现发展缓慢，整体残损较严重，比较脆弱（表6-2-1、6-2-2，附表6-2-2）。

画面绘制内容为释迦牟尼佛、文殊菩萨、普贤菩萨、观世音菩萨、大势至菩萨、四大天王、八大金刚明王，从配飞天、天女、托塔天王、迦楼罗、鬼子母、阎罗、鬼卒、胡人、妇人、童子等，还表现有恶龙等诸多动物形象，在较为局限的心室空间内按照佛教仪轨把这些形象灵活合理的置陈布势，构成立体的曼陀罗。在正南、正北面壁面绘制释迦牟尼佛、四位菩萨和飞天，分别构成“一佛二菩萨二飞天”的格局，塔壁内壁四隅面分置四大天王及其部众，其余八个壁面绘制八大金刚明王等众。

表6-2-1　觉山寺塔壁画画面面积统计表　　单位：米/平方米

壁面	宽	高	面积	壁面	宽	高	面积
N01	2.400	2.940	3.585	Z01	1.480	2.960	4.381
N02	2.360	2.960	6.986	Z02	1.460	2.980	4.351
N03	2.310	2.930	6.768	Z03	1.490	2.970	4.425
N04	2.370	2.910	6.897	Z04	1.450	2.970	4.307
N05	2.410	2.920	3.523	Z05	1.460	2.940	4.292
N06	2.390	2.890	6.907	Z06	1.470	2.950	4.337
N07	2.340	2.910	6.809	Z07	1.510	2.930	4.424
N08	2.340	2.930	6.856	Z08	1.430	2.940	4.204
小计			48.331	小计			34.721
N01门洞壁面			5.250	心室壁面面积　合计			93.350
N05门洞壁面			5.048	壁面下部踢脚面积			9.303
内壁面积（含门洞壁）			58.629	壁面画面面积			84.047

说明：1. 壁面宽度测量位置，壁面底部；高度测量位置，壁面中间。

2. 由于壁面形状尺寸不是很规整，表格数值尽量精确，但仍存在误差。

3. 表中N01、N05壁面面积已扣除门洞口面积。

4. 因部分画面下部踢脚线位置已模糊不清，不能测其高度，踢脚高度统一按335毫米计。

表6-2-2　壁画地仗、画面残损面积统计表　　单位：平方米

壁面	残损面积		壁面	残损面积	
	地仗	画面		地仗	画面
N01	0.056	0.286	Z01	1.222	2.345
N01门洞	0.251	0.251	Z02	0.238	1.460
N02	0.392	0.100	Z03	1.200	2.027
N03	0.290	0.250	Z04	0.145	1.624
N04	0.432	0	Z05	1.022	0.684
N05	0.261	0	Z06	0.074	1.499
N05门洞	0	0	Z07	0.116	1.601
N06	0.120	0	Z08	0.197	1.344
N07	0.374	0.030	小 计	4.214	12.584
N08	0.048	0.048	地仗残损总面积		6.438
小计	2.224	0.965	画面残损总面积		13.549

壁画现存可见画面70.498平方米

说明：1. 画面残损为画面内容已不可见的部分，包含踢脚以上的地仗残损。

2. 壁面地仗残损面积包含下部踢脚部位的残损，但画面残损未计入踢脚部分。

注　释

1. 宋《营造法式》中未记录该构件，但宋辽金建筑实物中多存在此构件，其作用类似《法式》中的难子。根据李百进编著《唐风建筑营造》，中国建筑工业出版社，2005年，第416页门套“是安装在门框与墙壁之间的缝隙外，遮盖墙缝的带状木饰线，也称贴脸或门头线，实例有山西定襄县金代关王庙大殿殿门”。此处谨将该构件暂称为“门套”，破子棂窗处的对应构件暂称“窗套”。

2. 张毅捷：《日本古代楼阁式木塔的类型学研究》，《中国文物科学研究》2013年第1期。

第七章　密檐部分

第一节　概述与现状

一　概述

密檐部分由13层塔檐垒叠而成，各层塔檐紧贴，犹如木构应县木塔副阶屋檐与一层屋檐的关系，为密檐塔的重要特征。塔檐完全模仿木构，包括普柏枋、铺作、椽飞、角梁、瓦面等。通常辽代密檐塔仿木构塔檐最下部为普柏枋，少数在普柏枋下表现出一段短柱，例：北京戒台寺双塔，反映出所仿木构的塔体结构。其中01层塔檐最宽大，明显突出于上部塔檐，01层以上塔檐逐层递收，至13层收顶。各层檐下椽头、角梁头均挂铁质风铎，围脊正中安设铜镜。

关于各层塔檐之间的划分，从仿木构外观造型角度应以普柏枋下皮为分界线，各层塔檐始自普柏枋下皮；塔体砌体结构角度应以围脊砖下皮为分界线，即从结构角度将形式上属于下层的围脊看作属于上层塔檐，因围脊处对于控制塔檐收退、出挑具有重要作用。另铜镜虽设于围脊处，但应视作位于各层檐下，非檐上。

二　残损概况

密檐部分残损情况主要表现为塔体裂缝、砖砌体局部断裂或缺棱掉角轻微残损、椽飞和角梁等木构件糟朽残短、塔檐瓦面残损、风铎和铜镜的残缺掉落。密檐残损整体以01、10～13层最为严重（图7–1–1）。

塔体裂缝为10～13层檐最严重，裂缝较多且宽，尤以正东面和正西面严重，正东面有裂缝从10层通至12层，最宽处35毫米，其余层多为细小裂缝，布满整个密檐部分，另13层檐下灰缝白灰脱落严重。

局部砖砌体断裂以10～12层檐口局部砖飞头、望砖被坠物砸断，表现最为严重，其余层塔檐零星存在砖飞头断裂，橑檐枋局部（铺作间）方身砖块断裂下沉、方头残断；铺作缺棱掉角、细小裂纹，个别出挑栱头断裂；椽上望砖大多断裂；另有塔檐0205、0206、0207檐下塔体表面由于人为抛掷砖石打砸布满小凹坑，个别处存在枪弹射击痕迹（详见附表7–1–1）。

椽飞、角梁等木构件残损以01层塔檐椽飞、望板、角梁等残损较严重，望板仅正东面保存，其余面全无；飞头处失去上部瓦面遮护而外露残短；角梁头多干裂；正北面部分椽飞、角梁头被火烧损。13层塔檐角梁、椽子糟朽较多，檐口下栽，正西面、西北面最为严重。其他层多存在子角梁头略糟朽残短。

a. 正东面塔体裂缝

b. 塔檐断砖飞、望砖

c. 橑檐枋局部断裂

d. 塔身砖砌体缺棱掉角

e. 01层塔檐木构件残损

f. 塔顶1307檐口局部下栽

g. 瓦面0104残损情况

图7-1-1　密檐部分残损情况

塔檐瓦面残损主要表现为：檐头瓦件的残缺，瓦件的破损，瓦面松散、松动、捉节夹垄灰脱落、宽瓦泥酥松，瓦面整体下滑，瓦条脊散落、残缺，瓦面堆积砖石、风铎等物，局部积土生长杂草、檐头瓦件生长苔藓。以下部01～03层、上部10～13层损坏最严重，中部04～09层瓦面保存较好。

全塔风铎原共应有2278个（含塔刹部分），残缺913个，现存风铎较多掉落下层塔檐瓦面，大多风铎残缺吊环、挂钩、撞针、小圆环、风摆等配件。密檐每层檐下均悬铜镜，现残缺29枚，这些残缺的铜镜，几乎都是人为原因造成。

密檐部分残损的主要原因是：明天启六年灵丘县发生的七级地震，造成塔体裂缝，塔刹刹座塌毁，刹座砖块散落塔顶或向下滑落砸到下部塔檐。其次是人为造成的破坏（表7-1-1）。

表7-1-1　密檐各部分变化规律表　　**单位：毫米**

<table>
<tr><th>内容
塔檐</th><th>塔体递收数值</th><th>瓦面坡长</th><th>瓦垄数（每面）</th><th>瓦条脊瓦条层数</th><th>贴面兽样式</th><th>套兽样式</th><th>椽/飞数（每面）</th><th>铺作</th><th>檐面风铎形制</th><th>檐角风铎形制</th><th>铜镜</th></tr>
<tr><td>01层</td><td>/</td><td>1320</td><td rowspan="2">18</td><td>8</td><td rowspan="2">第一大类</td><td rowspan="3">第一大类</td><td rowspan="4">19</td><td>双杪五铺作</td><td rowspan="4">形制1为主</td><td rowspan="3">第一大类</td><td>每面3枚
一大二小</td></tr>
<tr><td>02层</td><td>225</td><td rowspan="6">1130</td><td rowspan="6">7</td><td rowspan="7">斗口跳
补间铺作与转角铺作间柱头枋置散斗一枚，09层以上无</td><td>一大一小间隔</td></tr>
<tr><td>03层</td><td rowspan="7">72</td><td rowspan="5">17</td><td rowspan="7">第二大类</td><td>多φ130毫米</td></tr>
<tr><td>04层</td><td rowspan="7">第二大类</td><td rowspan="10">大角梁：第一大类
子角梁：第二大类</td><td rowspan="10">02～13层皆每面1枚。
04～13层铜镜规格φ185毫米</td></tr>
<tr><td>05层</td><td rowspan="4">18</td><td rowspan="6">形制3为主</td></tr>
<tr><td>06层</td></tr>
<tr><td>07层</td></tr>
<tr><td>08层</td><td>1140</td><td rowspan="2">16</td><td rowspan="5">5</td></tr>
<tr><td>09层</td><td>1180</td><td rowspan="3">17</td><td rowspan="5">斗口跳
（13层补间铺作与转角铺作间紧挨无空隙）</td></tr>
<tr><td>10层</td><td>85</td><td>1210</td><td rowspan="2">15</td><td rowspan="4">第一大类</td></tr>
<tr><td>11层</td><td>114</td><td>1300</td><td rowspan="3">第一大类</td><td rowspan="3">形制4为主</td></tr>
<tr><td>12层</td><td>170</td><td>1320</td><td rowspan="2">14</td><td>16</td></tr>
<tr><td>13层</td><td>210</td><td>3800</td><td>（8）</td><td>15</td></tr>
</table>

说明：密檐塔体轮廓、瓦面坡长、瓦垄数、贴面兽4项在第10层塔檐处变化；套兽样式、椽飞数、铺作、檐面风铎形制在第10层左右的09、11层处有变化。

第二节　密檐塔体轮廓

密檐部分各层塔檐向上逐层递收，观察塔体轮廓可大致发现，01层塔檐明显宽于上部各层，01层以上中部塔檐呈斜线向内递收，上部几层塔檐逐层递收增大，外轮廓呈弧线。若要确切地弄清密檐塔体轮廓如何递收，还需进行科学的数据分析。即通过对密檐各层围脊边长、塔檐边长、出挑尺寸、退进尺寸等多组实测数据的分析，得出几种数据的理论值，进而确定密檐各层具体递收方式，详见下表（表7–2–1 ~ 6）。

表7–2–1　各层檐下围脊边长、八边形对边径

（工程设计图纸尺寸）　　单位：毫米

围脊/层	边长	八边形对边径	退进
01	3710	8989	/
02	3690	8909	40
03	3630	8764	73
04	3585	8655	55
05	3520	8498	79
06	3450	8329	85
07	3400	8208	61
08	3340	8063	73
09	3280	7919	72
10	3200	7725	97
11	3110	7508	109
12	2970	7170	169
13	2800	6760	205

数据来源：觉山寺塔修缮工程设计图纸

表7–2–2　塔檐边长、八边形对边径

（工程设计图纸尺寸）　　单位：毫米

塔檐/层	边长	八边形对边径	退进
01	4708	11366	/
02	4460	10769	299
03	4400	10624	73
04	4356	10515	55
05	4290	10358	79
06	4220	10189	85
07	4170	10068	61
08	4110	9923	73
09	4050	9779	72
10	3970	9585	97
11	3880	9368	109
12	3740	9030	169
13	3570	8620	205

数据来源：觉山寺塔修缮工程设计图纸

表7-2-3　各层檐下围脊边长、八边形对边径

（工程施工期间测量尺寸）　　单位：毫米

围脊/层	边长	八边形对边径	退进
01	3765	9090	/
02	3703	8940	75
03	3628	8759	91
04	3580	8643	58
05	3523	8505	69
06	3453	8336	85
07	3400	8208	64
08	3346	8078	65
09	3291	7945	66
10	3211	7752	97
11	3116	7523	115
12	2975	7182	171
13	2801	6762	210

数据来源：工程施工期间测量

说明：01层檐下无围脊，表中01层数据为01层檐下转角铺作栌斗处边长。

表7-2-4　各层塔檐退进尺寸统计表

（工程施工期间测量尺寸）　　单位：毫米

层＼面	01	02	03	04	05	06	07	08	平均值	去掉最高/低值平均
02	245	250	265	290	280	280	290	270	271.3	272.5
03	80	50	50	55	70	100	105	105	76.9	76.7
04	45	70	85	105	100	95	100	55	81.9	84.2
05	65	70	65	80	95	90	80	75	77.5	76.7
06	80	70	75	85	105	95	75	75	82.5	80.8
07	55	50	70	85	75	70	80	75	70	70.8
08	40	20	60	65	90	60	70	55	57.5	58.3
09	15	30	60	95	100	105	105	40	68.8	71.7
10	90	100	90	95	125	110	110	100	102.5	102.5
11	100	80	105	110	115	105	85	80	97.5	97.5
12	185	170	190	175	205	220	190	180	189.4	187.5
13	175	225	220	210	220	220	205	190	208.1	210.8

数据来源：工程施工期间测量

注：1. 测量方法：直接从上层塔檐向下层檐吊线坠。

2. 03～09层塔檐退进尺寸平均值74毫米。

由以上整理理论值：

表7-2-5　各层檐下围脊边长、八边形对边径（理论值）　　单位：毫米

围脊/层	边长	八边形对边径	退进
01	3677	8877	/
02	3698	8928	-25
03	3639	8784	72
04	3579	8640	72
05	3519	8496	72
06	3460	8352	72
07	3400	8208	72
08	3340	8064	72
09	3281	7920	72
10	3210	7750	85
11	3116	7522	114
12	2975	7182	170
13	2801	6762	210

表7-2-6　塔檐边长、八边形对边径（理论值）　　单位：毫米

塔檐/层	边长	八边形对边径	退进
01	4638	11197	/
02	4452	10748	225
03	4392	10604	72
04	4333	10460	72
05	4273	10316	72
06	4213	10172	72
07	4154	10028	72
08	4094	9884	72
09	4034	9740	72
10	3964	9570	85
11	3870	9342	114
12	3729	9002	170
13	3555	8582	210

原始测量数据分析：

1. 02～09层各层递收尺寸变化，应由建塔施工时的误差造成，理论上应为同一数值。

2. 直接测得的塔檐上层相对下层退进尺寸，02层退进尺寸最大，约为270毫米；02～09层退进尺寸较接近，10～13层退进逐层增大。10层递收数值实际测得较理论值变化明显，应是在建塔期间注意到该层开

始变化，有意这样做的结果。

3. 二组数据中07层檐下围脊边长相同，应是在施工时该部位施工较精细，尺寸误差小。

4. 12层檐下围脊边长为辽尺一丈，应为有意设计。

根据理论值得出：

1. 01层塔檐出挑最大1170毫米（自铺作栌斗至飞子头，约辽尺四尺），02层塔檐比01层退进225毫米；

2. 02～09层塔檐递收数值均为72毫米（约一砖厚、1/4辽尺），外轮廓呈一斜线，通过作图知，该斜线与垂线夹角为3°，并且01层铺作栌斗与02～09层围脊在同一斜线上。

3. 10～13层塔檐递收数值逐层增加，分别为85、114、170、210，外轮廓呈向上递收的折线。

4. 02～13层各层檐下围脊的变化规律同塔檐，即02～13层塔檐挑檐尺寸相同，均为910毫米（约辽尺三尺，自围脊砖至飞上望砖外皮，挑檐尺寸主要由塔檐结构决定），可以说密檐塔体轮廓实测由塔体围脊部位决定。

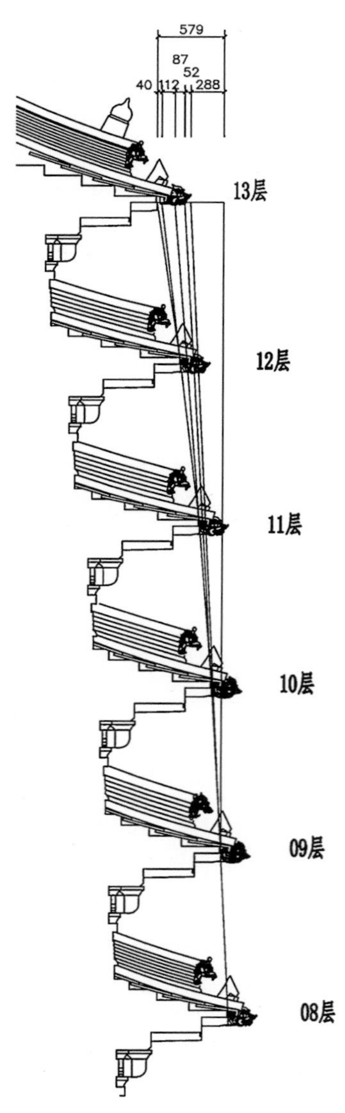

图7–2–1 密檐10~13层卷杀方法

5. 10～13层檐挑檐尺寸相同，收檐尺寸逐层增大。收檐开始增大后，引起上一层檐下围脊收退增大和塔檐收退增大，逐层形成递收的折线。

6. 12层塔檐递收170毫米，相对11层增加56毫米，递收率最大，应是施工时为达到12层檐下围脊设计尺寸边长一丈有意这样施作。13层概受檐下铺作限制（铺作间已无空间），不能递收太多，虽递收值最大，但递收率较小。

7. 根据以上可大致得出，07、12层塔檐为关键的二层塔檐，施工中对檐下围脊尺寸有意加强控制，对达到设计要求、保证施工质量和塔体外形控制有着重要作用。

10～13层塔檐卷杀方法

通过作图法可知，09～13层塔檐共递收579毫米，约辽尺二尺，10～13层共递收494毫米。把09～13层相邻塔檐连线，得到由四条斜线组成的折线，把四条斜线上端均延长至13层檐（08～09层递收斜线也延长），最内、最外两斜线端点距离291毫米，约为10～13层檐总递收尺寸的1/2，四条斜线端点间平均距离73毫米，约为一砖厚，1/4辽尺。概10～13层塔檐卷杀根据砖厚模数，与02～09层递收尺寸具有相似性。另09～12层塔檐退进尺寸差值分别为13、29、56毫米，简化比例为1∶2∶4，即差值按2^n递增，第13层檐受实际施工情况影响（檐下铺作间已无空隙），未能按以上规律继续收退（图7–2–1）。

因手工测量数据、分析数据均有误差，与该塔最初设计的尺寸可能存在偏差，对塔体轮廓卷杀探析影响较大，以上探究或不够准确。

密檐塔塔檐卷杀

密檐式塔在魏、唐直至辽皆收杀严格，一般是下半部密檐外轮廓基本可连成直线，或微内倾，或垂直；上半部密檐为弧线内收，呈优美的收势卷杀曲线[1]。这种整体上收的造型，在建筑结构方面应是考虑到砖砌体的对外胀力。

觉山寺塔密檐部分仅上部4层卷杀，约占塔檐总数的1/3，同时期宋《营造法式》中梭柱上部的卷杀亦是1/3柱高；唐时梭柱约卷杀上部1/2柱高，而唐代前后的砖构密檐塔塔檐多卷杀上部1/2；另当时也存在双向梭柱，少量密檐塔檐亦上下皆卷杀。概砖构密檐塔塔体卷杀之制与同时代梭柱具有相似性，具体卷杀方法应不同。其中应存在这样一个问题，柱头卷杀折线交点竖向间距并不相等，而很多密檐塔塔檐层高是相同的，即塔檐连线所得折线交点竖向等距，并且若密檐塔檐按梭柱方式卷杀，很有可能其中2～3层檐在同一段折线上，递收值相同，实际可能并非如此，密檐塔檐卷杀是否与梭柱卷杀方法相同或更精细，仍有待进一步研究。

第三节 塔檐瓦面

唐代砖石密檐塔塔檐上不覆瓦面，至五代、辽时，多覆瓦面，中国化程度加深。辽代大中型砖石密檐塔塔檐多覆瓦面，实例有河北蔚县南安寺塔、北京天宁寺塔、辽宁朝阳南塔、锦州广济寺塔、义县广胜寺塔、吉林长春农安塔、内蒙古赤峰巴林右旗庆州白塔等。塔檐不覆瓦面的密檐塔有山西怀仁清凉山华严塔、北京门头沟戒台寺双塔、房山云居寺老虎塔、天津蓟县盘山天成寺舍利塔、河北唐山丰润天宫寺塔、易县圣塔院塔、辽宁阜新东塔山塔等，今北京地区较多。有的辽塔很可能原有瓦面，后来脱落残缺。辽代密檐塔塔檐上部为反叠涩砖结构，即使不覆瓦面，也可较长久保持稳定，但覆盖瓦面确实能够很好地保护塔檐，也使塔檐具有更完整的仿木构屋面效果。

一 总述

觉山寺塔密檐部分各层塔檐皆覆筒板瓦瓦面，檐头置华头筒瓦、重唇板瓦，翼角设瓦条角脊，前设贴面兽、翘头，子角梁头安装套兽。瓦面后部用四层砖砌体模仿围脊，最下层为1/4圆混砖，仿瓦条脊最下筒瓦瓦条层，瓦面需伸入这层砖下面；中间二层围脊砖，仿板瓦瓦条，每层砖中间凹折，似二层板瓦瓦条，整体为四层板瓦瓦条；最上一层为条砖，仿合脊筒瓦，只是不便做出圆弧形。08～12层处理良好的瓦条脊角脊能够与围脊交圈，但多不严格。01层塔檐最宽，向上逐层递收，瓦垄数随之减少，瓦条脊瓦条层数亦有类似的变化规律。瓦面坡长、瓦条脊长度二者变化类似，详见下表（表7–3–1）。

表7–3–1 各层塔檐瓦面变化情况 单位：毫米

塔檐瓦面	瓦垄数	瓦面坡长	瓦条脊	
			瓦条层数	长度
01	18	1320	8	（1200）
02	18	1130	7	1000
03	17	1130	7	1000
04	17	1130	7	1000
05	17	1130	7	1000

续表

塔檐瓦面	瓦垄数	瓦面坡长	瓦条脊	
			瓦条层数	长度
06	17	1130	7	1000
07	17	1130	7	1000
08	16	1140	5	1000
09	16	1180	5	1000
10	15	1210	5	（1080）
11	15	1300	5	（1170）
12	14	1320	5	（1190）
13	14	3800	（8）	（3450）

说明：1. 瓦条脊瓦条层数包含筒瓦瓦条、板瓦瓦条；

2. 括号内内容为实物残损不存，根据推测而得。

二　瓦面残损情况

密檐塔檐瓦面以下部01～03层、上部10～13层损坏最为严重，中部04～09层瓦面保存较好。

瓦面残损主要表现为：檐头瓦件残缺，瓦件破损，瓦面松散、松动、捉节夹垄灰脱落、宽瓦泥酥松，瓦面整体下滑，瓦条脊散落、残缺，瓦面堆积砖石、风铎等物，局部积土生长杂草、檐头瓦件生长苔藓（图7-3-1）。

a. 檐头瓦件残缺及瓦件破损

b. 瓦面松散

c. 瓦面整体下滑并有风铎、砖块、杂草

d. 瓦面下空洞

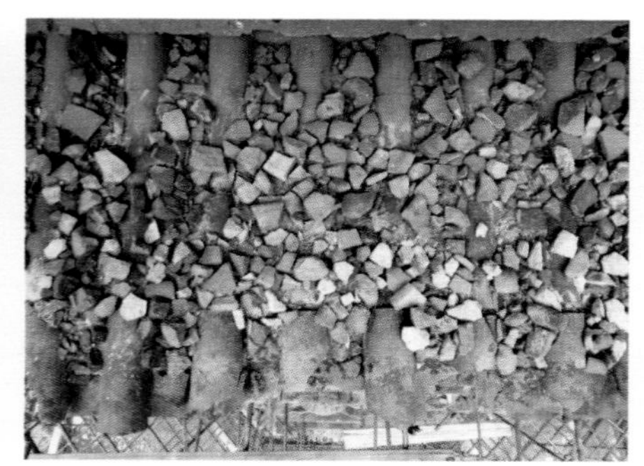

e. 瓦面堆积砖石块

f. 瓦面积土生长杂草

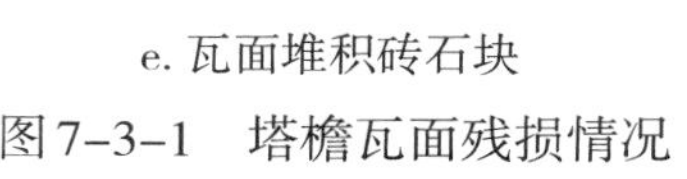

图7-3-1　塔檐瓦面残损情况

檐头瓦件残缺，包括华头筒瓦、重唇板瓦、贴面兽、翘头、套兽等瓦件。01、10～13层檐头瓦件几乎全部残缺。另其他瓦件筒瓦、板瓦、瓦条等也各有一定数量残缺（表7-3-2）。

表7-3-2　觉山寺塔瓦件数量统计表　　单位：个

瓦件＼数量		应有数量	现存数量	比例/%	残缺数量	比例/%
筒瓦		5296	3472	65.6%	1824	34.4%
板瓦		5016	4299	85.7%	717	14.3%
华头筒瓦		1688	658	39.0%	1030	61.0%
重唇板瓦		1792	958	53.5%	834	46.5%
翘头		104	57	54.8%	47	45.2%
贴面兽		104	62	59.6%	42	40.4%
套兽		104	30	28.8%	74	71.2%
瓦条脊	筒瓦瓦条	928	593	63.9%	335	36.1%
	板瓦瓦条	4864	2478	50.9%	2386	49.1%
	合脊筒瓦	364	163	44.8%	201	55.2%

瓦件破损主要为檐头及其后瓦件残破或开裂、隐残，最严重处为正北面下部数层瓦面。残损原因主要是人为向塔檐抛掷砖石块砸破瓦件，也有部分上层塔檐坠物（残断的砖构件、掉落的风铎）砸损。

瓦件的松散、松动表现为板瓦下空洞、宽瓦泥酥松、夹垄灰脱落，瓦件黏结较差，存在不同程度位移，严重者瓦面整体下滑、瓦条脊散落。残损严重的10～12层瓦面整体下滑，脱开后部围脊砖10～120毫米不等。其余瓦面在前半部存在不同程度的松动，后部多宽瓦泥仍坚固但不黏结，灰泥与筒板瓦脱开（之间存在一层尘土状细土）。形成原因：01、10～12层上部坠物砸到檐头瓦件，檐头瓦件的震动连带后部瓦件松动，其他层砸毁程度较轻；10～12层瓦面出现的整体下滑，主要由明天启六年灵丘地震造成，塔体上部在地震中晃动最为剧烈。自然风雨侵蚀，导致宽瓦瓦泥酥松，中部02～09层瓦面前部不同程度松动，宽瓦泥酥松，夹垄灰脱落。瓦面下的空洞（多在板瓦下）主要是因宽瓦泥酥松后，鸟类胡燕的活动，在内部做窝，数量很多。

瓦面积土长草以0905瓦面最甚，杂草盘根错节、生长旺盛，位于瓦面前部，积土较多，且能接受到雨水。08、10、11层瓦面各面也存在少量分布，杂草种类较多，其种子传播到塔檐应由风和鸟类完成。另檐头部位接受雨水最多，瓦件上面多长苔藓（详见附表7-3-1～3）。

造成瓦面残损的主要原因

1. 地震

对瓦面破坏最大的地震为明天启六年灵丘县发生的七级地震，造成塔刹座塌毁，砖块散落塔顶或向下掉落，砸到塔檐。塔顶瓦面整体毁坏，01、10、11、12层塔檐相对上层伸出较多，被砸毁严重，10层向下逐渐减弱。上部10～13层塔檐在地震中晃动较剧烈，使原本已松动的瓦面整体下滑，瓦条脊散落，檐头瓦件几乎不存。

2. 空气对瓦面的作用

现存较完好的瓦面大致为02～09层瓦面后部1/2，较少受雨水侵蚀，并且胡燕少有做窝。夹垄灰、宽瓦泥仍坚固。但揭开瓦面发现，瓦件与灰泥基本不黏结，之间存在很细的尘土层，夹垄灰仍具有黏结作用，这种情况应为空气的作用导致。05层塔檐上四正面围脊砖处各有一方孔，与塔体内空筒相通，具有通风作用，空气流通较快。方孔前对应（瓦面）的几垄瓦，其宽瓦灰泥较旁边瓦垄更酥松，是空气作用较明显的地方。空气的作用，主要使宽瓦灰泥变得酥松，在无其他因素（雨水）共同作用时，空气对瓦面的影响较轻微（若加之雨水的共同作用，会加速宽瓦泥酥松，瓦面松散）。

3. 人为抛掷砖石

约20世纪80年代之前较长的一段时间内，觉山寺塔周围生活的人们（主要是小孩），经常向塔檐抛掷（或用弹弓弹射）砖石，主要目的是打风铎，而这些砖石块多掉落塔檐瓦面，较大的砖石块和掉落的风铎砸到瓦面，导致瓦件破裂，过程中也可能直接打碎檐头瓦件。长期的瓦石块堆积，增加了塔檐负担，瓦面排水不畅，积聚了很多杂土。01～13层塔檐均有砖石块分布，正北面瓦面最多，相邻的东北面、西北面次之。01～03层北面瓦面均堆满砖石块，向上逐层减少。

4. 自身造型、塔体轮廓

密檐塔檐向上逐层递收，01、10、11、12层塔檐相对上层伸出较大85～210毫米，上部塔檐滴落的雨水更易砸到华头筒瓦后部瓦节处，使檐头瓦件在风雨侵蚀作用下松动，加之其他因素共同作用，瓦面逐渐整体松动。其余层塔檐瓦面的约前部1/2，亦有松动。

三　瓦件

觉山寺塔初建时使用的筒瓦、板瓦、华头筒瓦、重唇板瓦带有明显的搌磨痕迹，现少量瓦件仍黝黑光亮，为青掍瓦，贴面兽、套兽、翘头亦为掍造，瓦件很多特征与宋《营造法式》记载相符（参见表7-3-3）。

1. 筒瓦

规格主要有φ140毫米长300、厚20毫米，φ160毫米长320、厚25毫米，φ170毫米长350、厚25毫米，φ180毫米长350、厚30毫米。

φ140毫米筒瓦为全塔数量最多的一类，制作精细。其凸面极光滑，如有一层釉质，具有很多竖向打磨痕迹，有的筒瓦表面存在细小规律的鳞片状痕迹（例：瓦面0708发现的一枚筒瓦），应是在瓦坯掍研时产生的。靠近瓦舌端常见一道凹痕或几个凹点，也有很多竖向按捺、拍光瓦坯时的褶痕。凹面布纹清晰，很多在布纹面分布2～3道横向褶线，反映其由3～4片泥片卷贴到瓦模子上制作瓦坯，泥片之间虽严密，但接缝处仍易留下褶线痕迹。布筒（瓦布）缝合接缝痕迹多在凹面通长出现，有的与瓦舌相对端存在一道横向凹痕，应为布筒边缘锁边印痕（大多被砍斫掉）。筒瓦边棱皆修斫，瓦舌两端也略斫。直接测得的筒瓦直径为135毫米，而将二块筒瓦拼对到一起并不是一个完整圆筒，因修斫去掉一部分边棱，所以，完整筒瓦直径为140毫米。因完瓦时，筒板瓦间皆紧靠，令瓦缝严密，所以瓦舌短小，内撇，（瓦舌）凹面有的保留布纹，可知其与瓦身一同制作，有的（瓦舌）抹光抹掉布纹，应在制作瓦坯取走札圈、布筒后，对瓦舌有修抹，个别筒瓦无瓦舌（图7–3–2）。

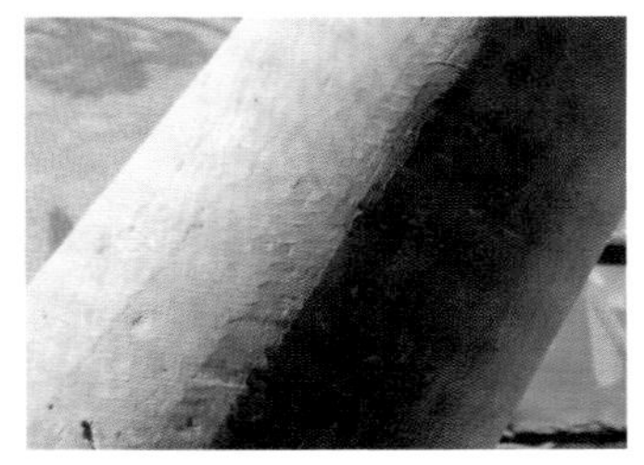

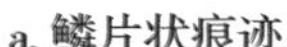

a. 鳞片状痕迹

b. 瓦舌端纵向褶痕和横向凹痕

c. 布筒缝合接缝、泥片间褶线痕迹

d. 横向凹痕和布筒边缘锁边痕迹

图7–3–2　筒瓦制作痕迹

φ120、φ160、φ170、φ180毫米筒瓦多在塔檐正北面瓦面发现，各有数枚，一般用素白灰结瓦，为后世修缮补配。

大多φ160毫米筒瓦特征与φ140毫米筒瓦相同，应为同时代物。典型者如瓦面0104、0105的φ160毫米筒瓦，部分筒瓦边棱皆斫，部分未斫。比较特殊的为0705瓦面发现的一枚，无瓦舌，另一端残断，边棱有削割，可能原为一华头筒瓦。0105瓦面发现的φ160毫米筒瓦凹面带有炭黑痕迹。

φ170毫米筒瓦边棱多未砍斫，比较完整典型的为寺前广场发现的一枚，长375毫米，厚25毫米，制作规整，凸面非常光滑，边棱未砍斫，瓦舌凹面保留布纹。1005瓦面发现的一φ175毫米、长370毫米筒瓦，制作粗糙不规整，无拍光、磨光痕迹。

φ180毫米筒瓦典型者为0605瓦面发现的一枚，残长300、厚30毫米。凸面黝黑光滑，存在一些竖向划痕、胎质灰褐，凹面布纹清晰，具有泥片卷筑痕迹，边棱修斫。

φ120毫米筒瓦，仅在1005瓦面发现一枚，发现时浮搁于瓦面上。长270、厚20毫米，制作规整，凸面光滑，有制坯时竖向拍光痕迹和横向抹光痕迹，非青掍瓦。靠近瓦舌端有几个小圆点，分布较规律。凹面布纹明显，存有泥片卷筑留下的褶线，瓦舌短小，背面布纹、有用泥修抹过，侧棱削切最深处达壁厚1/2凸面遗存元代墨书题记“大元国……」无□□□……」里也□……」受［如］［来］……”，字迹较多但不清晰。这块筒瓦本身，应为元物。

φ160、φ170、φ180毫米筒瓦虽为后世补配，但基本仍为辽物，说明补配时使用了寺内辽代旧瓦件。

上述筒瓦凸面（靠近瓦舌端）多有凹点，辽时有进行抹压，形成一圈凹痕，至元时（φ120毫米筒瓦）概用小泥珠粘补、压平。筒瓦上存留诸多清晰的制作痕迹，可解读其制作过程。

2. 板瓦

不同规格、特征的板瓦主要有2种，可分作2种样式，样式1数量最多，样式2偶有发现。

样式1

规格：长370、大头230、小头210、厚25毫米（小头凹40、大头凹55毫米）

典型板瓦：1007瓦面的一枚板瓦，凹面布纹明显，有布筒接缝痕迹，中部布纹被磨光，颜色较黑，四角略有砍斫，每边侧棱两端各有一凹点（个别每边三个凹点），应为瓦模子主要连接点痕迹，侧棱劈划较浅。凸面表面较为光滑，具有较多竖向按捺泥片的褶痕和拍光痕迹，少量横向抹光痕迹。大头断面多见切割痕迹，小头多抹光，两头均较薄略向外撇，晾瓦坯时，多大头在下，小头朝上，两头干缩速度均比中间部分快，略有变形外撇，而小头干缩又比大头稍快（且小头经修抹更薄一些），所以变形较大头略大（图7-3-3）。

a. 布纹磨光痕迹、布筒接缝痕迹

b. 侧棱削割痕迹、两头较薄略外撇

c. 凹面中部黝黑

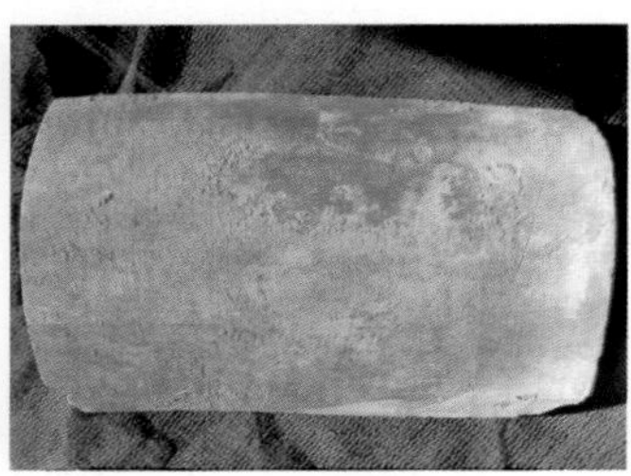
d. 凸面光滑

图7-3-3　板瓦制作痕迹

四块同规格板瓦可围合形成一圆桶，侧棱凹点可对应到一起，上口径300（含板瓦壁厚）、下口径350毫米。

样式2

规格：长330、大头210、小头190、厚20毫米

凹面布纹明显，无磨光，每边侧棱有3个凹点，劈划较浅，四角未砍斫。凸面光滑，有较多横向抹光痕迹。

另在寺院中发现二种时代接近的板瓦，续编为样式3、样式4。

样式3

规格：长450、大头280、小头330、厚30毫米

凹面布纹，中间磨光，距大头75毫米处一道细凹痕，距90毫米处2个凹点，3个角砍斫，侧棱划切，最宽5毫米，凸面存在划痕，大小头变形较大，不够规整。

样式4（寺院内出土）

规格：长300、大头190、小头150、厚20毫米

瓦件弧度很小，其瓦坯制作概一圆桶削切六片板瓦，凹面布纹，侧棱靠近大头端二凹点，质地颜色偏红，似被火烧过，黏结很多白灰、灰泥。

板瓦样式1～样式3基本为辽时物，制作时间略有差距，样式4大致为后世板瓦。

3. 华头筒瓦

根据华头不同的图案，可分作三种样式（图7-3-4）。

样式1

华头图案：兽衔三股金刚杵，主要规格φ140毫米长340、厚20毫米。

兽面整体造型较为凶猛，肌肉鼓凸，二小尖耳上竖，怒目，阔鼻，口中衔三股金刚杵，其（金刚杵）两端位于腮部，尖牙显露，嘴下胡须呈八字形外撇略卷，腮侧卷腮须至耳（腮须很细，可见其模具亦精

图7-3-4　华头样式

细）。兽面边缘一圈联珠纹，边轮较宽25毫米。瓦当为这种图案的华头筒瓦为全塔数量最多的一种。

关于三股金刚杵形象，与其旁兽面胡须、腮须对比，明显不同于胡须，虽形似火焰，但亦不可能是。兽面上唇、腮部的状态为口咬某物而特别鼓凸，从该物三叉的形状基本可判断出兽口中所咬为三股金刚杵。另近年大同市也有出土类似的辽代瓦当，兽面风格更为粗犷凶猛，略早于觉山寺塔华头，其口中三股金刚杵形象刻画得更加清晰明确。

样式2

华头图案：兽衔环，主要规格：φ140毫米长360、厚20毫米。

兽面两小圆耳上竖，怒目，阔鼻，面部肌肉略鼓凸，龇牙，口中衔环，造型类似铺首。兽面边缘一圈联珠纹，边轮较窄。瓦当制作比较粗糙，兽面较模糊、不够突显，比较扁平，瓦身很多制作手法与样式1华头筒瓦相同，概为辽末（或之后不久的金代）补配，且基座须弥座束腰也有砖雕衔环兽面。现存共有6枚（编号：080213、080214、080603、090806、090808、100603），分布在8～10层塔檐。这种兽衔环瓦当唐代时已出现，五代、辽、宋、金皆有沿承[2]。

样式3

华头图案：兽面，规格：φ145毫米长380、厚20毫米。

整体造型似将样式1兽面按平了，瓦当表面为一圆弧面，兽面并未突出弧面，各部分图案似被压平的状态，嘴边部分造型仍有三股金刚杵的意味，兽面边缘无联珠纹痕迹。现仅存1枚，编号020217，应为后补配（补配时，因长度较长，而将其后一块筒瓦修斫减短）。

小结

2015年3月，本次工程塔顶瓦面解体时，在苫背中发现样式1瓦当残块，综合多方面因素能够确定样式1华头筒瓦为辽代初建该塔时的原物。样式2、样式3华头筒瓦制作手法与样式1相似，瓦当制作略逊，其规格与样式1主要规格略不同，概为辽末（或后世金代）补配。

华头筒瓦瓦身部分特征基本同筒瓦，凹面布纹，有的可见布筒接缝痕迹，靠近瓦当端二道横向凹痕，应为布筒边缘锁边留下的痕迹。侧棱和瓦舌两端削切，瓦舌背面也可见褶皱布纹。凸面规整、光滑。

其他瓦当

本次工程施工修缮期间，在觉山寺塔及周围也发现其他样式的瓦当残块，依次向下计作样式4、样式5、样式6。

样式4

华头图案：兽面　规格：φ140毫米

本次修缮期间，0105瓦面解体时，底瓦泥中发现一兽面瓦当，暂编为样式4。

兽面造型较粗犷，非常凶猛，颦眉怒目，阔鼻，龇牙，嘴下胡须呈八字形向两侧卷曲，腮侧亦有卷须。兽面非常鼓凸，边缘一圈联珠纹，边轮较窄。其制作时代应为辽代，但早于样式1。

样式5（觉山寺塔周围发现）

华头图案：兽衔环　规格：φ160毫米

兽面粗眉圆目，两小耳上竖，宽口衔环，露出部分獠牙，嘴下三撮胡须，腮侧、额头处皆刻划鬣毛，兽面边缘一圈弦纹。制作较粗糙，年代大致为金代。

样式6（觉山寺塔周围发现）

华头图案：兽衔环　规格：φ160毫米

兽面眉目上吊，尖耳上竖，阔鼻，两腮、额头略凸，宽嘴衔环。边缘一圈联珠纹，边轮较宽。制作粗糙，形象简陋，似人面。其制作年代约为元代。

小结

觉山寺塔及周围发现的这6种华头筒瓦（后3种仅有瓦当），年代均为明代之前，以样式1制作最为精细，为辽晚期的精品之作，其他样式均略逊。其中样式2、样式5、样式6华头均为兽衔环图案，由辽至元一脉相承。这些华头同时反映出觉山寺在辽金元三朝均有建筑活动。

4. 重唇板瓦

主要规格：长370、大头240、小头210、厚20、重唇宽45毫米。

重唇板瓦重唇图案基本元素皆是弦纹，拨制不同而呈现不同图案。根据重唇中间有一道弦纹还是二道弦纹，分为二种样式（主要按这种划分方法划分重唇样式）（图7-3-5）。

样式1

重唇中间一道弦纹，两侧弦纹拨断呈柳叶状，外缘按压绳纹，内缘多有一道弦纹。根据制作手法不同，可分为2个小类型：a型重唇图案顺时针旋转，约占3/4；b型重唇图案逆时针旋转，约占1/4。

图7-3-5　重唇板瓦样式

样式2

重唇中间二道弦纹，两侧亦拨出柳叶状，内侧或有一道弦纹或无，基本都为顺时针拨制，外缘绳纹多与相邻柳叶粘连到一起。这种样式多位于密檐中下部。

其他重唇

2015年5月，修缮工程中对0105瓦面解体时，板瓦下灰泥中发现3块重唇残块。

第一块（图7-3-6 a）属重唇板瓦样式2，特征：制作时先在唇面划出6道弦纹，拨断的弦纹每段很短，很规整，外缘按压绳纹疏朗、流畅。质地坚固细腻，凹面布纹中间磨光，颜色仍很黑。

第二块（图7-3-6 b）基本属重唇样式1，特征：重唇内缘未保留弦纹，拨制重唇只是将弦纹断开，外缘绳纹压印亦粗糙。重唇拨制粗糙、稚拙，应为新手工匠制作。凸面具有竖向拍光痕迹，凹面布纹磨光轻微，仍可见。

第三块（图7-3-6 c）属重唇样式1，特征：重唇部分与瓦身黏结良好，重唇制作先拨开6道弦纹，保留3道，中间一道弦纹，两侧弦纹拨断，外缘绳纹内多一条弦纹，拨断的弦纹呈不同的风格特点。

另有制作手法不同，呈现不同风格的重唇板瓦。少量重唇拨制疏朗粗犷，个别重唇拨断的二条弦纹同向，非柳叶状。

重唇板瓦根据规格不同，可分为三种样式：

图7-3-6　其他重唇样式

样式1

规格：长370、大头230、小头210、厚20、重唇宽45毫米，为数量最多的一种。

样式2

规格：长420、大头220、小头210、厚20、重唇宽40毫米，例：12层瓦面发现的一块，重唇图案逆时针旋转，拨制流畅，外缘按压绳纹细腻清晰，重唇外侧制作时为后黏结，侧棱一边斫，一边未斫（带有划切痕迹），侧棱距重唇85毫米处二凹点，凹面布纹，凸面存在竖向拍光痕迹（应因规格较大，斫去一边侧棱）。

样式3

规格：长280、大头220、小头210、厚15、重唇宽50毫米，在1205瓦面发现2枚。其中一枚形状扭曲，凹面布纹清晰，未磨光，有布筒接缝痕迹，两侧棱劈划，靠近重唇端二凹点，重唇宽厚粗糙，内侧部分后黏附，外缘按压绳纹极宽。其应为后世补配（图7–3–7）。

图7–3–7　1205瓦面长280毫米重唇

5. 斜当沟

觉山寺塔使用的当沟瓦均为斜当沟，主要在塔顶发现，无正当沟。斜当沟由筒瓦修斫而成，其形状与后世清代斜当沟仍有很多差别，为较原始的当沟形态。

规格长度基本同筒瓦，长度有300、345毫米等，宽145、厚20毫米。

凹面布纹清晰，边棱修斫，因皆为手工斫造，各个形状略有差异。从凸面残留的灰泥来看，露明部分较少，且无磨光痕迹，应由专门制作的筒瓦（非青掍瓦）进行斫造。

宋《营造法式》卷第二十六《料例・瓦作》中记载的当沟瓦，分作大当沟、小当沟。“大当沟，以筒瓦一口造”“小当沟，每板瓦一口造，二枚”。即一口筒瓦斫造一枚大当沟，一口板瓦可斫造二枚小当沟。并且大当沟用于筒瓦屋面，小当沟用于仰合瓦屋面。又卷第十三《瓦作制度・垒屋脊》“若筒板瓦结瓦，其当沟瓦所压筒瓦头，并勘缝刻项子，深三分，令与当沟瓦相衔。”觉山寺塔的当沟皆为筒瓦斫造，属大当沟，使用与宋《法式》载述不同，筒瓦垄头处无“刻项子”。

斜当沟的作用：a. 联系起相邻两垄筒瓦，加强其整体结构；b. 处理好瓦条脊下的基座，使其更加稳固；c. 遮蔽内部填充的灰泥，防止雨水渗入。

6. 瓦条

觉山寺塔瓦条角脊使用的瓦条有两种，根据其由筒瓦筒坯或板瓦桶坯制作可分作筒瓦瓦条、板瓦瓦条，两种瓦条皆为专门制作。筒瓦瓦条弧度较大，基本按照制作筒瓦的方式进行，板瓦瓦条弧度小，无大小头区分。瓦条脊最下用一层筒瓦瓦条，其上垒叠4～7层板瓦瓦条，最上为合脊筒瓦。

筒瓦瓦条

规格：长约270、宽约80～110、厚20毫米。

筒瓦瓦条的制作，前面大部分过程同筒瓦，长度比筒瓦短，无瓦舌。圆筒瓦坯制作完成后，割掉多余泥片，放置晾干场地，收取札圈、布筒。稍曝晒后，沿其内面用刀对划4道，瓦坯干后拍击开即成筒瓦瓦条，即相当于一口筒瓦可做两片筒瓦瓦条。

筒瓦瓦条烧制完成后，需砍斫一条侧棱和两头端棱，使用时，砍斫的侧棱朝外，概这样使筒瓦瓦条层外缘与下部筒瓦间缝隙尽量减小，并且坡度较大，利于排泄上部流下的雨水，防止渗进瓦面。

板瓦瓦条

规格：长260～310、宽约100、厚15毫米。

板瓦瓦条前部制作过程同板瓦，圆桶瓦坯制作完成后，割掉多余泥片，长度短于板瓦。按板瓦围圆上口径300毫米，则每个圆桶瓦坯内应用刀剺划约10道，制作出10片板瓦瓦条。因其只在侧棱有剺划痕迹，所以不同于宋《法式》"条子十字剺画"。

筒瓦瓦条、板瓦瓦条制作时均无磨光，概因几乎无露明面，没有磨光的必要，未采用青掍瓦工艺。筒瓦瓦条弧度较大，从现存瓦条规格和形状判断，其制作可使用制作筒瓦的瓦模。板瓦瓦条无大小头区分，仅根据现存瓦条实物，不能确定其是否使用板瓦瓦模制作，可能使用上下口径相同的专门模具。

7. 翘头

根据傅熹年先生所著《中国古代建筑史·第二卷》（第二版）第638页"角脊端头饰脊头瓦，其前又顺列翘头或折腰筒瓦，是唐代建筑中常用的做法"。暂将觉山寺塔瓦面角脊前翘起的圆筒状瓦件命名为"翘头"。觉山寺塔翘头共有2种样式，规格、瓦头兽面图案皆不同。另2016年10月，寺前广场南侧修整护坡时，发现一枚残破翘头，保留完整的瓦头，瓦身多残缺，将这枚翘头计为样式3（图7–3–8）。

a. 样式1　b. 样式2　c. 样式3

图7–3–8　翘头样式

样式1

规格：φ140毫米长310、壁厚20毫米，兽面瓦头整体长170、宽150毫米。

整体呈圆筒状，瓦头为一斜面，呈水滴形，中部饰兽面。兽面造型同华头筒瓦样式1兽面，为兽衔三股金刚杵，边缘一圈联珠纹。瓦头下缘圆弧状，上缘逐渐升高向上出尖，前面中间凸起一棱，两边棱波浪状卷曲，有流动感。瓦身前部中间向下出尖，两侧向上凹进，边棱削切呈弧状渐收至尾部，后尾中部多略有砍斫，圆筒内面存有布纹和黏结瓦头痕迹。

样式2

规格：φ155毫米长330、壁厚25毫米，兽面瓦头长180、宽160毫米。

仅在11层瓦面发现一枚，编号为QT1101。整体造型与样式1大致相同，瓦头兽面图案不同，且规格较大，制作粗糙。瓦头形状接近水滴形，上部前面中间一凸棱，凸棱两侧略呈内凹弧面。中部饰一兽面，粗眉圆目，眉间一圆点，蒜头形阔鼻，嘴上部略凹，腮部略鼓凸，龇牙张口，二长獠牙外撇，兽面整体略似人面，边缘一圈联珠纹。瓦身前部垂尖与后尾同长，两侧向上内凹，边棱皆经修斫。胎质和制作皆粗糙，较多制作痕迹暴露出来。这枚翘头可能为后世补配，但其自身应为辽物。

样式3（寺前广场发现）

规格：瓦头长205、宽160毫米，兽面图案φ80毫米，边轮宽35毫米，筒身φ160毫米，残长90、壁厚20毫米。

翘头整体形状与样式1相似，瓦头比较圆滑，略为水滴形，制作更加简洁。中心一兽面，兽面与华头筒瓦样式6相同，为兽衔环造型。圆筒内面带有布纹和黏结瓦头痕迹。这枚翘头应为后世元物。

觉山寺塔及附近发现的这三种翘头样式、特征各不相同，制作时间有差距，反映了唐以后，辽至元的一段时期内翘头瓦件的发展演变，且为同一地点发现，传承演变有序，愈显珍贵。

8. 贴面兽

觉山寺塔塔檐瓦面角脊脊头置贴面兽，共应有104枚，现残存63枚，约占总数3/5。01、11、12、13层塔檐贴面兽多有残缺，多因上部坠物砸毁、角脊瓦条散落，其他原因有固定铁钩前端锈蚀，也有贴面兽不用铁钩不能稳定安放、易前倾的自身原因。残存的贴面兽多有耳、冠、角、鬣毛等部位局部残缺，个别贴面兽残缺将达整体1/2，也存在酥碱等残损状况（详见附表7–3–4、7–3–5）。

样式划分

贴面兽样式众多，但有这样一个基本规律：将塔体沿东西向轴线剖开分作南北两半，南半部贴面兽（对应07、08、01、02四个方向瓦面翼角），全部为张嘴兽，北半部贴面兽（对应03、04、05、06四个方向瓦面翼角），全部为闭嘴兽，无一例外，是早期建筑中明显区分张嘴兽、闭嘴兽非常典型的实例。其中道理应暗合中国传统文化，南方为生发、发散之方，北方主收敛、收藏。所以，贴面兽表现为南半张口怒吼，北半闭嘴收敛。后世山西明清民居建筑屋面吻兽也有张嘴兽、闭嘴兽的区别，通常是房屋主人有功名的官宅，吻兽允许使用张嘴兽，而未做官者最多使用闭嘴兽，其内涵多为封建礼制等级和民俗文化[3]。

贴面兽根据胎质、造型风格可分作两大类，每一类中再根据张嘴兽、闭嘴兽分作两种类型，最后再根据造型的不同，详细划分为各种样式（样式编号组成："T米"+"Z/B"+数字"01/02"+数字"01、02、03…"。开头"T米"为贴面兽字母缩写，"Z/B"表示张嘴兽/闭嘴兽，数字"01/02"表示第一/二大类，数字"01、02、03…"表示第几种样式。例：T米Z0102表示贴面兽张嘴兽第一大类中的第二种样式。套兽样式编号方法同贴面兽）。

第一大类：胎质稍粗、浅青偏土灰色，造型浑厚古朴。现存者主要分布于02、10、11（存1个）、13层（存2个）塔檐，03、04、05层各有1～2个分布，01、12层现无存贴面兽，但可推断为第一大类，11、13层现各存1、2个，整体亦应为第一大类。所以，第一大类主要分布在01、02、10～13层塔檐，03、04、05层各有2、2、1个分布。

第二大类：胎质细腻密实，青黑色，表面很光滑，造型风格较第一类稍纤秀。分布于03～09层塔檐。

第一大类贴面兽可细分为7种样式，张嘴兽3种：T米Z0101、T米Z0102、T米Z0103，闭嘴兽4种：T米B0101、T米B0102、T米B0103、T米B0104；第二大类可细分为5种样式，张嘴兽3种：T米Z0201、T米Z0202、T米Z0203，闭嘴兽2种：T米B0201、T米B0202，贴面兽共12种样式（详见表7–3–4、附表7–3–6）。

较多贴面兽张嘴兽和闭嘴兽各部分造型相同，仅嘴部有张嘴、闭嘴的区别，具有对应关系，张嘴兽与闭嘴兽的对应样式有T米Z0101对应T米B0103，T米Z0102对应T米B0102，T米Z0103对应T米B0104，T米Z0202对应T米B0202。第一大类贴面兽几乎全部存在对应关系，样式T米B0101仅存1个，具有独特性，与样式T米B0102很相似，仅上颚不同。第二大类仅有一组对应关系，但样式T米Z0201、T米Z0203与T米Z0202较相似。T米Z0101和T米Z0102很多特点相同，主要区别是嘴、喙、颚、角部位。T米B0102与T米B0104较相似，区别在于头顶双角或双耳，头顶和腮侧的鬣毛。

与套兽的对应关系

贴面兽与套兽造型有很多相似之处，仅根据前半部造型部分难以确定是套兽还是贴面兽。因套兽造型有其自身特点，不像贴面兽那样宽、高，大致对应关系为T米B0102对应TSZ0101，T米B0103对应TSB0101，T米Z0202对应TSZ0201，T米B0201对应TSB0202，T米B0202对应TSB0201，5种套兽全部可以找到对应的贴面兽。通过这些对应关系也可辅助确定贴面兽、套兽均为建塔时的辽代原物。

贴面兽简史

汉代建筑屋面有使用板瓦叠脊，脊头或垒数枚勾头或直接露出板瓦端头。东晋十六国时，脊头出现板状瓦件（脊头瓦），表面模印瓦当图案，侧缘锯齿状，为脊边缘形状。至北魏时的脊头瓦，多为兽面，上部多有小孔，可穿铁钩固定，铁钩后端插入脊中。唐代，兽面脊头瓦从平面浮雕发展经过高浮雕，出现初期的兽头，整体并未十分突出。五代、辽宋时期，兽头更加突出变长，为圆雕兽头。宋金时期，兽头进一步增长，出现颈部，甚至躯干，整体造型与瓦条脊融为一体。后世元明清，进一步发展出成熟的垂兽样式，更高更长，包括头颈、身体前半段、两前肢，也有的在脊前放置一条完整的龙的形象。

贴面兽近源为兽面脊头瓦，其发展由浮雕经高浮雕至圆雕，不断向前突出，变得更加立体，后世发展成垂兽。与贴面兽一同发展的为屋脊的结构和垒砌工艺，最初为板瓦叠脊，用铁钩固定的兽面脊头瓦出现时，板瓦叠脊也逐渐转变为瓦条垒脊。贴面兽亦需铁钩固定，屋脊为瓦条脊结构，可使铁钩钩进瓦条之间灰泥。最后出现垂兽样式，能单独稳定放置在脊前，不需铁钩固定，脊部为脊筒子结构。使用位置：兽面脊头瓦可使用在正脊、垂脊、岔脊等大多脊头，贴面兽多不用于正脊，宋《法式》中记述兽头可使用在正脊，样式应与贴面兽有别。宋代以后垂兽样式在大式建筑中一般不用于正脊。

图7-3-9　文管所藏贴面兽

图7-3-10　出土贴面兽残块

其他贴面兽

觉山寺文管所收藏一贴面兽，为样式T米Z0202，规格稍大，残损严重，仍保留有固定铁钩，较可能因塔檐瓦条脊散落而脱落坠下，原来可能的位置为：0508、0607、0808、0902（图7-3-9）。

2015年10月，寺东村内修通上下水时，出土一残破的贴面兽，仅余嘴部下半，残高230、宽200、前后长120毫米，大致属第二大类张嘴兽样式，为辽物。其显著特征为后部弧面表面非常黝黑，似存在布纹和一些制作痕迹，可能在制作时与圆弧形瓦托之间间隔一层瓦布，现状布纹不清晰，应经过掍磨工艺处理。根据其工艺特征判断制作时间应早于觉山寺塔贴面兽，若按贴面兽0501样式和比例，则其完整规格为高370、宽260、长270毫米，比贴面兽0501大很多，但仅约合宋《法式》中载最小兽头规格（图7-3-10）。

小结

觉山寺塔贴面兽应为佛教中的护法神兽，皆是现实中不存在的形象，工匠根据佛教经意及流传样式加以想象创作出来。贴面兽中比较罕见的为T米Z0101、T米B0103、T米B0201这三种具有鸟类特征的样式，现存共有13个（套兽中亦有类似样式）。其造型半兽半鸟，具有冠、喙等鸟类特征，耳、角为兽的元素，喙尖衔一颗圆珠，总体来看应为佛教中迦楼罗的形象，鸟喙、兽耳等特征与塔心室内壁画迦楼罗形象存在相似之处。日本正仓院收藏有迦楼罗形象的伎乐面具（唐），整体造型简洁，具有鸟冠、鸟喙衔珠等特征，觉山寺塔迦楼罗贴面兽与之具有相似性和渊源关系。迦楼罗形象用于佛教建筑屋面，在山西大同北魏云冈石窟中已出现，觉山寺塔上用贴面兽表现，而藏式佛教建筑屋面设置迦楼罗的传统沿袭至今。

觉山寺塔二大类贴面兽皆是自唐已有的两种流行样式、风格。第一大类贴面兽与魏唐脊头瓦兽面风格较相似，后世金代有山西朔州崇福寺弥陀殿贴面兽风格与之相同。第二大类贴面兽在其他辽塔中亦有几个类似实例：内蒙古巴林右旗庆州白塔、宁城辽中京大明塔、辽宁朝阳云接寺塔、绥中妙峰寺双塔（大塔）等，其应为有辽一代遍布地域广泛的贴面兽样式，另在宋地亦有相同风格的贴面兽出土。

9. 套兽

现状

套兽应共有104个，现残存30个，残损严重。01、11～13层塔檐残缺最多，概这几层塔檐相对上层檐挑出较大，被坠物砸毁的风险增大。套兽残缺具有纵向连续性，以东北面0804～1304残缺6个为最多，其他处有正南面0301～0701残缺5个，东南面0102～0502残缺5个，东南面0702～1102残缺5个，东北面0104～0504残缺5个，正东面1003～1303残缺4个，西南面1008～1308残缺4个等，这种残缺特征应有上部套兽残断坠落又砸毁下部套兽的原因（详见附表7-3-7、7-3-8）。

现存30个套兽的残损情况如下。

① 少量几个掉落下层瓦面；

② 局部残损，主要包括头顶、双角、嘴部，下部塔檐套兽嘴部残缺多因人为向塔檐抛掷砖石打砸；

③ 后部套口左或右一片残缺，多为自身薄弱部位；

④ 固定铁钉残缺或松动，不牢固，使套兽前倾。

残损原因：

① 套兽位于塔檐最前端，易被上部坠物砸到；

② 遭受风雨侵蚀较多，子角梁头亦有糟朽，影响套兽固定；

③ 人为向塔檐抛掷砖石打砸；

④ 套兽自身器形及固定存在较多不足：

a. 后部套口仅有上、左、右3片，无下部一片，并且上面一片形状内凹，自身不靠钉子固定不能稳定安放于子角梁头，另套口片较薄，易残断；

b. 套兽自身前重后轻，易向前倾倒；

c. 套兽头部内为空腔，安装时多用灰泥填满，上部堆抹素白灰至翘头下，表面覆瓦片，增加了前部重量，更易前倾；

d. 钉子固定不牢固，套兽一般在后部套口上、左、右三面钉三钉，柏木子角梁头木质坚硬，钉子钉入很浅；套口上面一片内凹，钉子钉时靠前，多钉至子角梁头前面，固定欠妥。

样式划分

套兽中存在明显的张嘴兽造型（例：TS0408），若将塔体沿东西向轴线剖开为南北二半，皆位于南半，亦有龇牙微张嘴的（例：TS0307），大多位于南半，可把这两种套兽皆看作张嘴兽，其余皆为闭嘴兽，则套兽亦可大致分为张嘴兽、闭嘴兽。

套兽样式划分基本按照贴面兽样式划分的思路和方法，首先根据胎质、造型风格分为二大类，每一大类中再根据张嘴兽、闭嘴兽分作两种类型，最后根据造型的不同，详细划分出各种样式。

第一大类：胎质稍粗、浅青偏土灰色，造型浑厚古朴。现存者主要分布于02、03、04、12层塔檐，05、06、07、08层各有1个分布。

第二大类：胎质细腻密实，青黑色，表面很光滑，造型风格较第一类稍纤秀。现存者分布在03、04、06、07、09、10层塔檐。

第一大类划分出2种样式：TSZ0101、TSB0101，第二大类划分为3种样式：TSZ0201、TSB0201、TSB0202，现存套兽共有5种样式（详见表7-3-5、附表7-3-9）。

套兽样式TSZ0101共有11个，其中3个位于密檐北半；样式TSB0201共有5个，2个位于密檐南半，其他均按张嘴兽及嘴微张者位于密檐南半，闭嘴者位于北半。所以，套兽现状大致符合张嘴兽位于密檐南半，闭嘴兽位于密檐北半。套兽张嘴兽、闭嘴兽存在的一组对应关系是样式TSZ0201与TSB0201对应。

套兽位置未像贴面兽那样第一大类和第二大类、张嘴兽和闭嘴兽有明显区分，而是相互穿插交汇在一起。其中概有因自身特征不像贴面兽那样张嘴明显，而有较多的嘴微张造型，不易将其明确归属于张嘴兽或闭嘴兽。

套兽应在原计划和制作时考虑到样式、数量、分布有进行区分，实际施工时安装混乱，尤其样式TSZ0101未明显张嘴，易当作闭嘴兽，有在下部塔檐北半使用几个，后来上部数量不够挪用样式TSB0201补充。

造型

套兽各部分造型与贴面兽相同，造型与贴面兽存在对应关系，为同种造型语言在不同载体上略有变化的不同表现。样式TSZ0101对应T米Z0102、T米B0102，TSB0101对应T米B0103，TSZ0201对应T米Z0202，TSB0201对应T米B0202，TSB0202对应T米B0201。

套兽整体造型向长度方向发展，贴面兽偏高、宽，前后长度与套兽套口之前部分相同。相同造型语言在贴面兽、套兽上的不同表现，在第一大类的几种样式上区分较明显，第一大类贴面兽较高宽，而套兽在高宽方向收敛，角、耳、鬣毛未向周围张开，整体顺向后面。第二大类的贴面兽和套兽套口之前主要造型部分完全相同，仅看这部分不能区分开套兽或贴面兽。

套兽较贴面兽造型上主要的变化是：a.张嘴兽口张开角度减小或微张。b.两侧鬣毛不像贴面兽那样多分作两部分，一部分上扬、一部分下卷，长度较短。套兽两侧鬣毛各成一束向上飘扬，长度较长，贴合套口。

套兽和贴面兽造型存在诸多对应关系，现残存很少，反过来思考，现贴面兽中的其他样式是否存在与之对应的套兽样式？答案应是否定的，贴面兽第一大类样式T米Z0101、T米Z0103、T米B0104中的独角、竖起的双耳不适合在套兽中表现，样式T米B0101仅1个，具有独特性；套兽嘴部不宜张开太大，样式TSZ0101可看作对应贴面兽样式T米Z0102、T米B0102，套兽样式TSB0101对应贴面兽T米B0103。同理，第二大类贴面兽T米Z0201、T米Z0203朝前的双耳不宜在套兽中表现；套兽TSZ0201口张开较小，对应贴面兽T米Z0202样式；套兽TSB0201样式对应贴面兽T米B0202；套兽TSB0202对应贴面兽T米B0201，基本能够具有对应关系的皆有对应，所以，套兽基本无其他样式。现存套兽数量、样式均比较具有代表性。

套兽各样式原有数量、分布

现02、12层各残存的3枚套兽皆为第一大类，09、10层残存的套兽及残片皆为第二大类，有与贴面兽相似的分布特点。可大致推测01～03层、11～13层套兽全部为第一大类或以第一大类为主。04～10层套兽全部为第二大类或以第二大类为主。

根据现存各套兽样式在现存套兽数量中的比例得出其原有数量，因01、11、13层套兽全部残缺，上面大致推测为第一大类，即应为TSZ0101、TSB0101样式，各有12个。剩余10层中，五种套兽样式的数量分别为TSZ0101有29个，TSB0101有8个，TSZ0201有13个，TSB0201有14个，TSB0202有16个。套兽TSZ0101、TSB0101再加上前面的各12个，则TSZ0101有41个，TSB0101有20个。第一大类共有61个，第二大类共有43个，以上推测套兽各样式原有数量应与实际原状仍有一定差距。

表7-3-3 觉山寺塔瓦件类型勘察表

（筒瓦、板瓦、斜当沟、华头筒瓦、重唇板瓦、翘头、瓦条）

筒瓦

瓦件来源	规格（毫米）	特征	照片			
觉山寺塔	φ135 长300 厚20	瓦舌短小，凸面竖向捏磨痕迹，靠近瓦舌端有几个凹点，凹面布纹，泥片贴筑褶线，侧棱皆斫，后部略翘。	 I米G_2810	 I米G_2815	 I米G_2819	 I米G_2820
0708瓦面	φ135 长300 厚20	凸面竖向制作和鳞片状痕迹，瓦舌端一横向凹痕，似釉面，边棱砍斫，瓦舌很小，凹面布纹。	 I米G_8329	 I米G_8331	 I米G_8339	 I米G_8338
0708瓦面	φ135 长300 厚20	瓦坯似由四片泥片卷筑，边棱砍斫两端稍翘，凸面竖向捏磨痕迹，瓦舌端一横向凹痕。	 I米G_8361	 I米G_8352	 I米G_8357	 I米G_8363
0104瓦面	φ155 长350 厚25	边棱皆砍斫，凹面与瓦舌相对端存在一道凹痕。	 I米G_8996	 I米G_9000	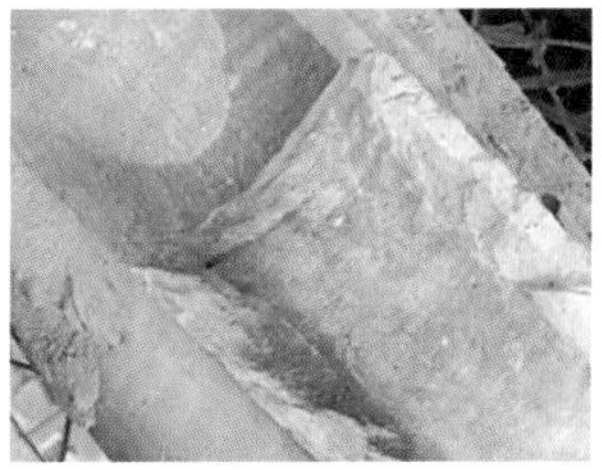 I米G_9004	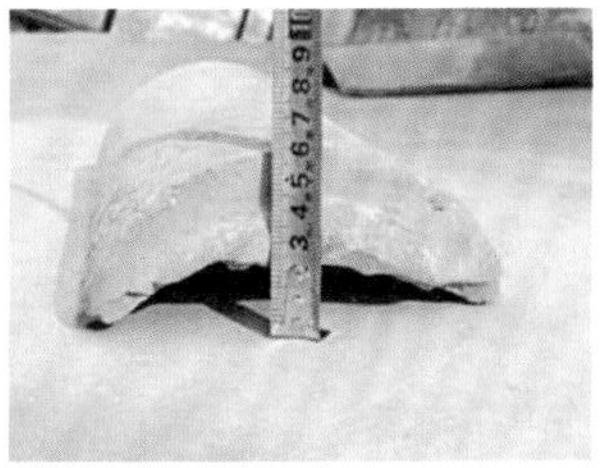 I米G_9009

续表

瓦件来源	规格（毫米）	特征	照片			
010509	φ160 长350 厚30	凸面表面竖向拍光痕迹，瓦舌很短。边棱皆砍斫，凹面与瓦舌相对端有一道凹痕，凹面带有炭黑痕迹。	 I米G_4237	 I米G_4239	 I米G_4238	
070515	φ160 长320 厚25	无瓦舌，一端砍斫，侧棱削切，用白灰结瓦。	 I米G_7857	 I米G_7862	 I米G_7860	 I米G_7859
090513	φ160 厚25	有小瓦舌，凹面布纹，瓦舌背面布纹褶皱，边棱未斫，凸面竖向磨光痕迹，应为辽物。	 I米G_7526	 I米G_7525	 I米G_7524	
寺前广场护坡	φ170长375 瓦舌长25 （厚15，瓦舌内径80、外径110） 总长400 厚25	非常规整，凸面竖向磨光痕迹，凹面布纹，边棱未修斫。	 I米G_0733	 I米G_0749	 I米G_0751	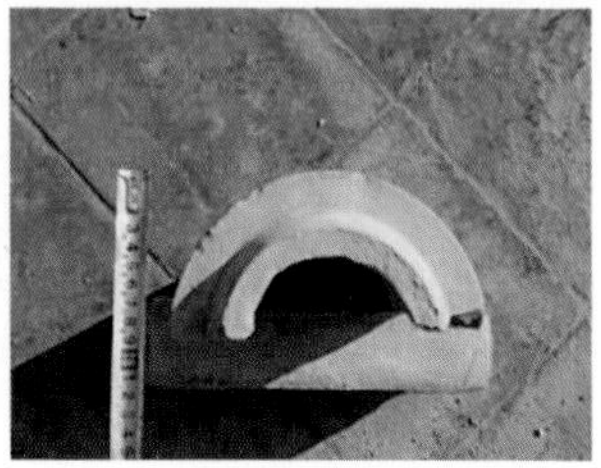 I米G_0748

续表

瓦件来源	规格（毫米）	特征	照片			
1005瓦面	φ175 身长370 总厚25 瓦舌长20	制作粗糙，不规整，未有捉磨、抹光，下端轮割痕迹，凹面布纹，尾端一横向凹痕。	 I米G_6802	 I米G_6808	 I米G_6812	 I米G_1808 030517
060514	φ180 残长300 厚30 原长至少350	由凹面布纹可知瓦坯由3片泥片卷贴，边缘皆砍斫，胎质灰褐，用白灰结瓦。	 I米G_8497	 I米G_8492	 I米G_8498	 I米G_4125
1005瓦面	φ120 身长264 瓦舌长10 厚20	凸面有纵横向制作痕迹，应先纵拍后横抹光，很光滑，墨书题记，瓦身瓦舌端小圆点，凹面布纹明显。	 I米G_6815	 I米G_6821	 I米G_6835	

板瓦

瓦件来源	规格（毫米）	特征	照片			
1007瓦面（样式1）	长370 大头220 小头200 厚20	凹面中部光滑颜色很黑，仍可见布纹，布筒连接痕迹，大小头端各两凹点，凸面多竖向拍光痕迹，少量横向抹光痕迹。	 I米G_6500	 I米G_6502	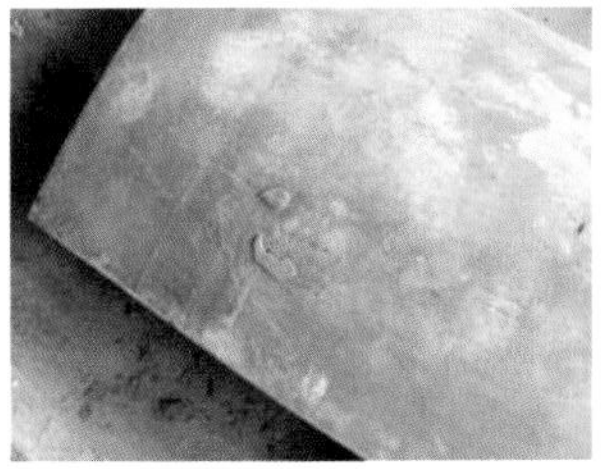 I米G_6503	 I米G_6504

续表

瓦件来源	规格（毫米）	特征	照片			
觉山寺塔（样式2）	长330 大头200 小头165 厚17	布纹面未打磨，侧棱削切，各有3个凹点，凹面生长苔藓，应长期不在正常使用中。	 I米G_3676	 I米G_3686	 I米G_3684	 I米G_3685
灵丘县文管所（样式3）	长450 大头280 小头230 厚30 两头边缘厚20	凹面布纹，中部磨光，距大头75毫米一道细凹痕，90毫米处二凹点，3个角修斫，侧棱划切，最宽5毫米，凸面有划痕，整体不够规整。	 I米G_1116	 I米G_1119	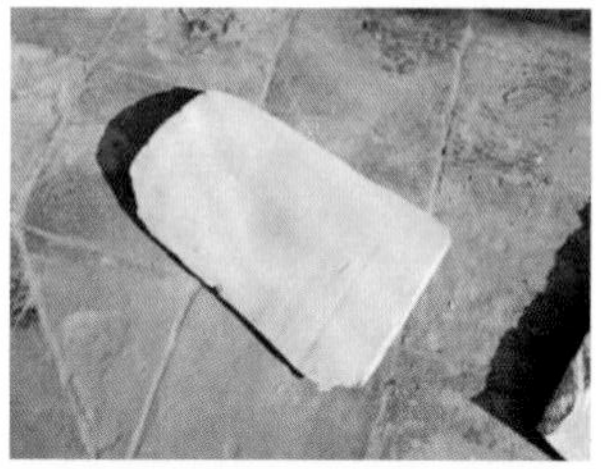 I米G_1112	 I米G_1123
寺院出土（样式4）	长300 大头190 小头150	弧度很小，凹面布纹，侧棱靠近大头端二凹点，质地颜色偏红。	 I米G_1847	 I米G_1848	 I米G_1849	 I米G_1850
板瓦围合圆桶	上口径300 下口径350	四片板瓦围合成圆桶状，侧棱凹点可对应到一起。	 I米G_4323	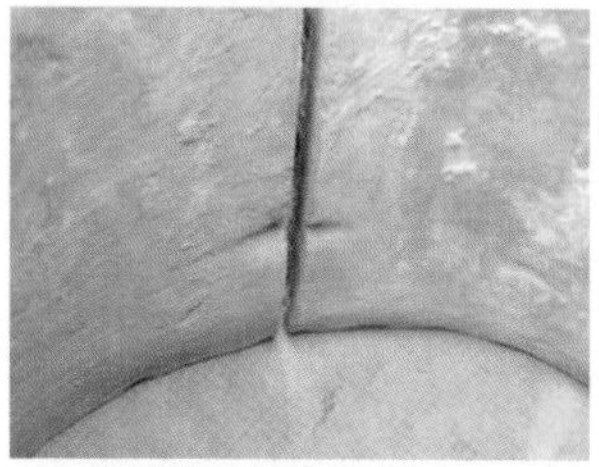 I米G_4330 凹点	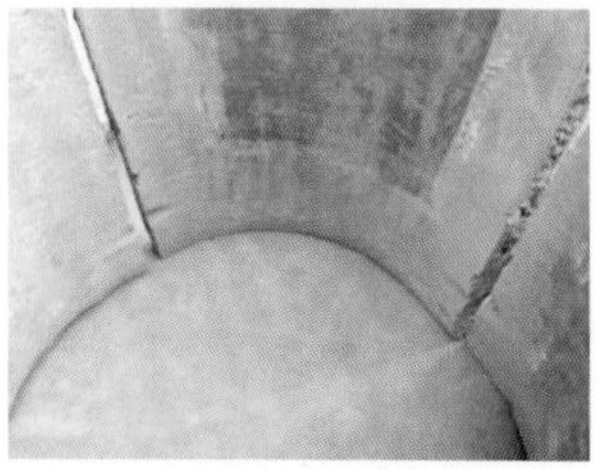 I米G_4331	 I米G_4333

斜当沟

瓦件来源	规格（毫米）	特征	照片			
塔顶	长300 宽145 左段长130 右段长170 高60 厚20	由筒瓦砍斫而成，边缘皆砍斫，上表面残留灰泥、白灰痕迹。	 I米G_7856	 I米G_7858	 I米G_7859	 I米G_7861
塔顶	长345 宽145 厚20	边缘砍斫，残留灰泥，凹面布纹，凸面竖向褶皱痕迹。	 I米G_2951	 I米G_2954	 I米G_2956	 I米G_2952

华头筒瓦

瓦件来源	规格（毫米）	特征	照片			
0905瓦面（样式1）	φ140长360 厚20	一侧棱有砍斫，侧棱削割，前厚后薄	 I米G_7592	 I米G_7590	 I米G_7595	 I米G_7594
1006瓦面（样式2）	φ140长360 厚20	凸面生长苔藓，一侧棱前端砍斫，凹面瓦当端一道凹痕，侧棱切削，瓦舌旁切削。	 I米G_7069	 I米G_7070	 I米G_7078	 I米G_7083

续表

瓦件来源	规格（毫米）	特征	照片			
020217（样式3）	φ145长380 厚20 瓦当中心厚25 边缘厚7 瓦舌长10 宽90	瓦当兽面图案，凸面纵横向拍抹痕迹，凹面布纹褶皱，凹面前端30毫米横线痕迹，侧棱削割。	 I米G_8851	 I米G_1339	 I米G_1336	 I米G_1344
觉山寺塔	φ140长360 厚20	（残破华头筒瓦）华头中间厚，边缘薄；瓦舌处削割，修斫；华头黏结痕迹；瓦身前部划线。	 I米G_1855	 I米G_1856	 I米G_1868	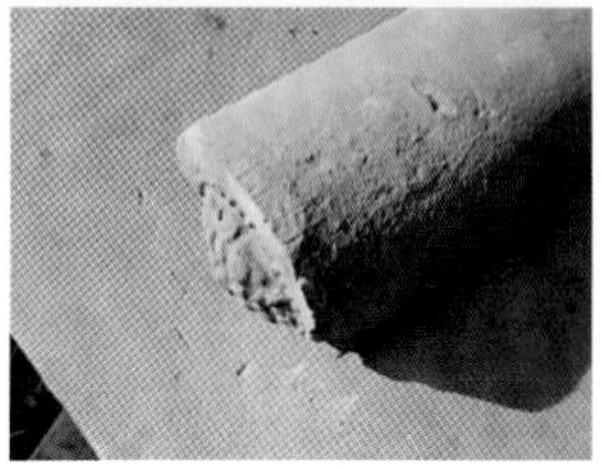 I米G_4391瓦身前部划线

重唇板瓦

瓦件来源	规格（毫米）	特征	照片			
觉山寺塔（样式1）	长370 厚20 大头210 小头200 重唇宽45	重唇粘接，瓦身三片泥片贴筑，凹面布筒接缝痕迹，侧棱各2凹点，中部磨光，颜色较深。	 I米G_0041	 I米G_0040	 I米G_0043	 I米G_0054
0105瓦面苫背中发现（02）（样式1）	前端残宽230 重唇宽45 厚20 瓦身厚28	重唇拨制粗糙、稚拙，应为新手工匠制作；凸面竖向拍光痕迹，凹面绳纹磨光轻微，仍可见。	 I米G_8748	 I米G_8750	 I米G_8751	 I米G_8752

续表

瓦件来源	规格（毫米）	特征	照片			
0105瓦面苫背中发现（03）（样式1）	重唇宽55 厚20 瓦身厚20	重唇与瓦身黏结良好，重唇制作先拨开6道弦纹，后拨断二道弦纹。	 I米G_8756	 I米G_8757	 I米G_8761	
0105瓦面苫背中发现（01）（样式2）	前端残宽240 重唇宽55 厚30 瓦身厚30	重唇制作先拨开6道弦纹，拨断二道弦纹，边缘按压绳纹流畅自然。凹面中部磨光颜色很黑，两侧有布纹，残留宼瓦灰泥。	 I米G_8741	 I米G_8743	 I米G_8745	 I米G_8747
1205瓦面	长280 厚15 大头220 小头210 重唇宽50	形状扭曲，重唇宽厚，凹面布纹，带有布筒连接痕迹，前端侧棱二凹点，侧棱削切很少。	 I米G_5091	 I米G_5090	 I米G_5093	
1205瓦面（样式1）	长270 宽270 厚20 重唇宽40	凹面布纹带有布筒连接痕迹，侧棱二凹点。重唇图案顺时针柳叶状。	 I米G_5095	 I米G_5098	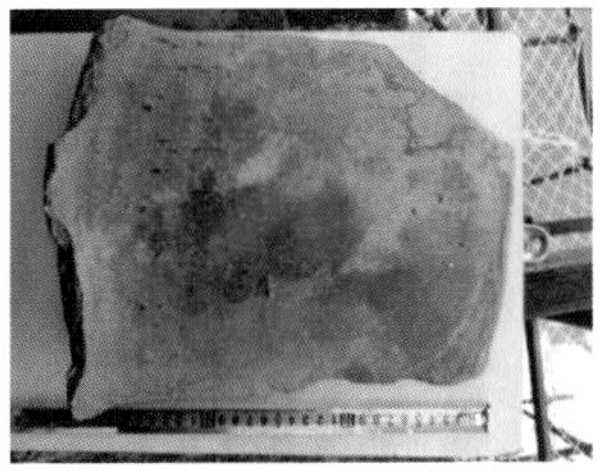 I米G_5097	

续表

瓦件来源	规格（毫米）	特征	照片			
觉山寺塔（样式1）	长420 大头220 小头210 厚20 重唇宽40	重唇图案逆时针，侧棱削切，一边砍斫，一边未砍，凹面布纹，距重唇85毫米处侧棱二凹点，凸面竖向拍光痕迹。	 I米G_2826	 I米G_2825	 I米G_2827	 I米G_2830
觉山寺塔	重唇板瓦 其他痕迹	重唇拨制手法不同而风格不同；凹面磨掉布纹，凸面褶痕。	 I米G_0527 拨制粗糙	 I米G_1201 拨制流畅	 I米G_4755磨掉布纹痕迹	 I米G_4766 凸面褶痕

翘头

瓦件来源	规格（毫米）	特征	照片			
0404瓦面（样式1）	φ140长300 壁厚20 兽面整体 长170 宽150 前端三角 垂尖长100	兽面不清晰，瓦筒内面布纹，边棱削割。	 I米G_5202	 I米G_5193	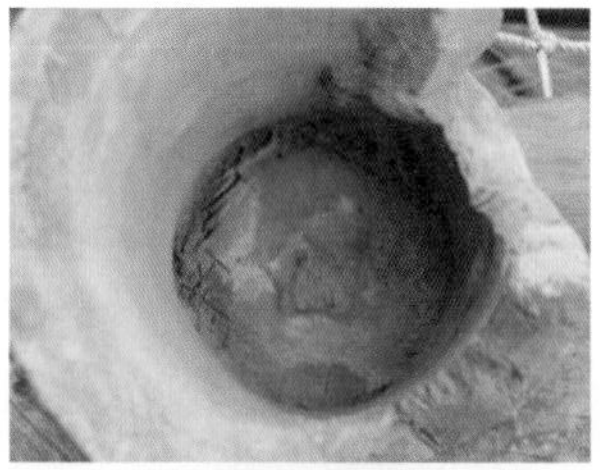 I米G_5198	 I米G_5199
0607瓦面（样式1）	φ140长300 壁厚20 兽面整体 长170 宽150 前端三角 垂尖长90	后尾略砍斫，内部填充碎砖瓦、泥，后部表面较多竖向抹光痕迹。	 I米G_8505	 I米G_8508	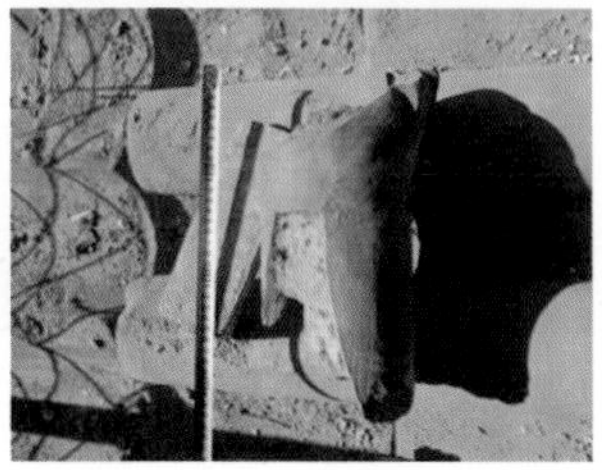 I米G_8511	 I米G_8515

续表

瓦件来源	规格（毫米）	特征	照片			
1101瓦面（样式2）	φ155长330 前长200 厚25 兽面高180 宽160	兽面似人面，制作粗糙，暴露较多制作痕迹，边棱皆砍斫，前部垂尖与后尾平齐。	I米G_5645	I米G_5654	I米G_5646	I米G_5647
文管所（样式3）	瓦头高205 宽160 兽面图案 φ80 筒身φ160 壁厚20	瓦头较圆滑，略呈水滴形，中心兽面与华头筒瓦样式6相同，兽衔环图案。	I米G_0783	I米G_0784	I米G_0790	I米G_0791

瓦条

瓦件来源	规格（毫米）	特征	照片			
觉山寺塔筒瓦瓦条	长265 宽90 厚18	凹面有两道泥片卷筑褶线，凸面竖向制作痕迹，三边棱砍斫，一棱未斫，存削切痕迹。	I米G_8522	I米G_8524	I米G_8526	
0701瓦面筒瓦瓦条	长265 宽80 厚15	三边棱砍斫，一棱未斫，存削切痕迹。	I米G_8470	I米G_8468	I米G_8469	

续表

瓦件来源	规格（毫米）	特征	照片			
觉山寺塔 筒瓦瓦条	长270 宽100 厚20	三边棱砍斫，一棱未砍斫存削切痕迹。凹面布纹、2道凹痕，凸面竖向褶痕和横向抹光痕迹。	I米G_3123	I米G_3124	I米G_3128	I米G_3129
塔顶 板瓦瓦条	长260 宽100 厚10	凹面布纹，一端竖向痕迹，侧棱削切，规格略有差别。	I米G_6239	I米G_6240	I米G_6247 布筒接缝痕迹	I米G_6249 削切痕迹

表 7-3-4　贴面兽样式划分表

第一大类 / 张嘴兽：

样式（毫米）	照片				样式特点	贴面兽
T米Z 0101 例：T米S0407 长210 宽200 高250	 I米G_6371	 I米G_6367	I米G_6370	I米G_6377	头顶独角，角两侧鬣毛交叉向后，侧有双耳，眉间圆珠，眉心卷曲，双目圆硕前视，鸟喙状尖嘴大张，喙上鼻孔，嘴内尖牙，舌后绷，腮侧蹼状须毛。	0202、0407 （2个）

续表

样式（毫米）	照片				样式特点	贴面兽
T米Z 0102 例：T米S0208 长210 宽210 高250	I米G_5710	I米G_5716	I米G_5713	I米G_5711	头顶双角向后外撇，角旁双耳，眉作两段上扬，双目圆硕，鼻孔粗大，长颚翻翘，口内獠牙、舌尽现，心形咽喉口，腮侧蹼状物，嘴下两撮小须侧卷。	0208、1101 （2个）
T米Z 0103 例：T米S1007 长190 宽230 高280	I米G_7427	I米G_4857	I米G_1440	I米G_7439	头顶双耳向前竖起，头顶无角，耳后鬃发，粗眉圆目，阔鼻，二獠牙外翻，舌向后绷紧，嘴下须向两侧上卷，卷腮须，肌肉鼓凸。	1001、1007 1008 （3个）

第一大类 / 闭嘴兽：

样式（毫米）	照片				样式特点	贴面兽
T米B 0101 例：T米S0203 长200 宽200 高230	I米G_5673	I米G_5751	I米G_5669	I米G_5750	头顶双角撇向两侧，角后双耳，眉作两段上扬，眉心圆珠，双目圆硕前视，长颚上卷连鼻，闭嘴，獠牙外露，嘴下两撮小须，腮侧鬣毛，肌肉鼓凸。	0203 （1个）

续表

样式（毫米）	照片				样式特点	贴面兽
T米B 0102 例：T米S1305 长230 宽230 高260	 I米G_6122	 I米G_6697	 I米G_6700	 I米G_6687	头顶双角，角后双耳，头顶毛发向后，眉呈两段略扬，圆目前视，眉间圆珠，阔鼻，上颚上翘，獠牙外翻，嘴下八字形小须，鬣毛半上扬半下卷，肌肉鼓凸。	0204、0205 0306、1003 1005、1305 （6个）
T米B 0103 例：T米S0305 长190 宽200 高230	 I米G_5788	 I米G_5780	 I米G_5784	 I米G_5785	头顶无角，毛发上扬，眉心卷曲，眉尾上扬，眉侧双耳，双目间圆珠，鸟喙衔珠，腮须细密多曲，腮后鬣毛半上扬半下卷，喙下小须，刻划羽毛状。	0305、0406 （2个）
T米B 0104 例：T米S0506 长180 宽220 高260	 I米G_3751	 I米G_6348	 I米G_6345	 I米G_6347	头顶双耳向前竖起，头顶无角，头后鬣毛披散，粗眉怒目，眉间圆点，阔鼻，闭嘴，獠牙外现，嘴下小须，腮部鼓凸，卷腮须。	0506、1004 1306 （3个）

第二大类 / 张嘴兽：

样式（毫米）	照片				样式特点	贴面兽
T米Z 0201 例：T米S0301 长 200 宽 170 高 250	 I米G_5912	 I米G_5911	 I米G_5914	 I米G_5916	头顶无角，双耳朝前竖起，耳后鬣毛上扬，粗眉怒目，眉间圆珠，嘴大张，獠牙尽现，舌尖上翘，咽喉口塑小舌，腮须三卷，嘴下小须侧扬。	0301、0401 0802、0807 （4个）
T米Z 0202 例：T米S0501 长 190 宽 180 高 260	 I米G_5206	 I米G_6397	 I米G_6396	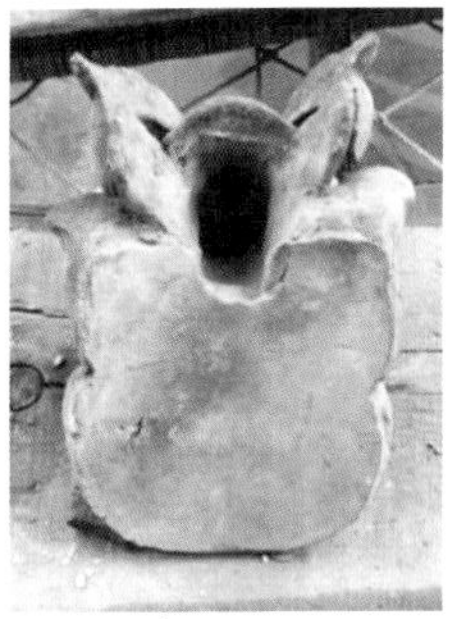 I米G_5220	头顶双角向后弯曲，角前鼓凸，角后双耳，怒目圆瞪，嘴大张，上颚翻翘，獠牙尽现，翘舌，腮部肌肉褶皱，腮侧二撮鬣毛上扬。	0302、0307 0308、0402 0408、0501 0502、0507 0601、0602 0608、0707 0708、0801 （14个）
T米Z 0203 例：T米S0701 长 220 宽 170 高 230	 I米G_6521	 I米G_6516	 I米G_6515	 I米G_6866	头顶双耳朝前，耳后鬣毛，上颚翻翘，颚上阔鼻，双目圆硕前视，眉间鼓凸，獠牙尽现，翘舌，腮侧鬣毛分作两撮或上扬或卷曲。	0701、0702 0901、0907 0908 （5个）

第二大类 / 闭嘴兽：

样式（毫米）	照片				样式特点	贴面兽
T米B 0201 例：T米S0404 长190 宽160 高210	 I米G_5974	 I米G_5979	 I米G_5976	 I米G_5492	头顶一小冠，两侧毛发卷曲向前，两耳向后，双目圆突前视，眉间突出，鸟喙衔珠，喙上二小鼻孔，喙下小须，腮侧鬣毛部分上扬部分下卷。	0304、0404 0405、0603 0606、0703 0705、0706 0905 （9个）
T米B 0202 例：T米S0605 长220 宽170 高230	 I米G_8474	 I米G_8479	 I米G_6436	 I米G_8480	头顶二长角向后，角后双耳，角根粗眉，双目圆突前视，眉间鼓凸，上颚翻翘，上部鼻孔，獠牙外翻，上齿啮下颚，嘴下前部小须，腮须分作两束，上扬或下卷。	0403、0503 0504、0505 0604、0605 0704、0803 0804、0805 0806、0903 0904 （13个）

表7-3-5　套兽样式划分表

第一大类 / 张嘴兽：

样式（毫米）	照片				样式特点	套兽
TSZ 0101 例：TS0801 长300 宽210 高200	 I米G_4365	 I米G_8101	 I米G_8121	 I米G_8109	头顶双角向后，角后双耳，眉呈两段略扬，双目鼓凸，阔鼻，上颚翻翘，唇张牙闭，吐出小舌，腮后短须多曲，嘴下前部小须，后鳞片状，头后两侧鬣毛一束。	0201、0203 0208、0307 0308、0505 0604、0801 1201、1202 1207 （11个）

第一大类 / 闭嘴兽：

样式（毫米）	照片				样式特点	套兽
TSB 0101 例：TS0406 长 270 宽 220 高 190	 I米G_6003	 I米G_3421	 I米G_6005	 I米G_6011	头顶鬣毛，两侧小耳向后，眉心卷曲，眉间一小冠朝前，冠下一圆珠，双目硕圆，鸟喙衔珠，喙上小鼻孔，喙下小须，腮侧短须，两侧鬣毛后扬。	0405、0406 0706 （3个）

第二大类 / 张嘴兽：

样式（毫米）	照片				样式特点	套兽
TSZ 0201 例：TS0901 长 310 宽 200 高 200	 I米G_8064	 I米G_8045	 I米G_8053	 I米G_8057	头顶双角，角缘齿状，角后双耳，扬眉，圆目前视，上颚翻翘，鼻孔左右通透，嘴张开约 30° 角，獠牙翘舌，腮侧短须，嘴下三撮小须，两侧鬃毛一束。	0408、0602 0707、0901 0908 （5个）

第二大类 / 闭嘴兽：

样式（毫米）	照片				样式特点	套兽
TSB 0201 例：TS1001 长 300 宽 200 高 200	I米G_5496	I米G_5483	I米G_5497	I米G_5481	头顶双角，角后双耳，眉略扬，双目圆鼓前视，上颚翻翘，鼻孔左右通透，闭嘴，上齿啮下唇，长牙露出，嘴下二小须，须后多划弧线，腮后蹼状，两侧鬣毛。	0403、0605 0606、0907 1001 （5个）
TSB 0202 例：TS0903 长 290 宽 225 高 170	I米G_6995	I米G_6992	I米G_6994	I米G_6997	头顶小冠，毛发翻卷，粗眉圆目，眉后两耳向后，鸟喙衔珠，喙上小鼻孔，喙下两撇小须，腮后、喙下短须相连，头后两侧鬣毛向上飘扬。	共6个 0306、0704 0903、0905 1005、1006

安装

套兽套口大多有5个钉孔，实际用钉数多为3枚。宋《营造法式》卷第二十八《诸作用钉料例》对套兽用钉有详细规定“套兽长一尺者，钉长四寸；如长六寸以上者，钉长三寸；若长四寸以上者，钉长二寸。”又“用钉数”云“套兽，每一只，三枚。”觉山寺塔套兽用钉基本与宋《法式》吻合，长度稍短。用钉类型，即今所谓镊头钉，长约100毫米，断面长方形4毫米×7毫米，比断面方形者易钉入坚硬的柏木。因套兽套口制作略有变形，与子角梁头不够贴合，套口上面一片内凹，钉孔靠前，所以，上部钉入的钉子常钉在子角梁头前面，多未钉牢，多靠两侧铁钉发挥作用，又因套兽前部较重，久之，套兽向前倾转。套兽钉好后，常用泥将套兽头后空腔填满，然后上面多堆抹素白灰至翘头下，表面安放瓦片，防止雨水从该处渗入子角梁头。却增加了前部重量，更易前倾。

子角梁虽平直，而套兽前重后轻，套口又无下面一片，自身不能稳定地放置于子角梁头，尤需靠钉子固定，而上部铁钉多钉不牢，两侧铁钉因柏木坚硬多钉不深，固定有问题，发挥作用的主要是两侧铁钉，套兽前倾后，两侧鬣毛前端位置受力较大，但此处厚度较薄，易断裂，所以很多套兽残片皆是在这个位置断开。

小结

套兽自产生之初至发展成熟，整体形态基本固定，未有较大变化，而在构造、结构方面存在的不足不断发展日臻完善。觉山寺塔套兽为套兽发展演变过程中的实物，其不足之处较多，对我们研究早期套兽和认识后世明清套兽大有裨益。套兽通常形态都是闭嘴的，觉山寺塔套兽却可大致区分出张嘴兽、闭嘴兽，造型、分布特征与贴面兽相似。觉山寺塔套兽的一些不足之处（例：套口仅有三片并且较薄），也反映出辽代工匠在工艺上的大胆和追求，并且捏塑造型生动（例：捏塑套兽双眼尽力做到向前看，聚神；非后世套兽双眼向两侧转，神散），艺术造诣很高。

四　瓦件的制作

1. 瓦坯的制作

宋《营造法式》卷第十五《窑作制度》载：“造瓦坯：用胶土不夹砂者，前一日和泥造坯。[鸱、兽事件同。] 先于轮上安定札圈，次套布筒，以水搭泥拨圈，打搭收光，取札并布筒曒曝。[鸱、兽事件捏造、火珠之类用轮床收托]。”“凡造瓦坯之制：候曝微干，用刀剺画，每桶作四片。[筒瓦作二片；线道瓦于每片中心画一道，条子十字剺画] 线道条子瓦，仍以水饰露明处一边。”

《法式》中瓦坯制作的记载主要以板瓦制作为主线，穿插其他瓦件的制作。通过分析觉山寺塔瓦件上现存的制作痕迹并参考宋《法式》记述，还原出较合理的觉山寺塔瓦件瓦坯制作流程。大致为以下几个步骤（以筒瓦、板瓦为例）：

① 选泥、练泥

古代烧造砖瓦一般就地取土，觉山寺周围黄土土质较细，并且下临唐河，可拾取河流中冲刷的淤泥来制作砖瓦。在一些现存残断的瓦件断面，可以看到胎质细密，有很小的气孔，无砂粒等杂质，可见经过了严格的选泥、练泥环节。

② 瓦坯制作

瓦坯制作采用“桶模法”。

a. 板瓦。在制瓦轮上安放固定札圈（瓦模子），外套布筒，然后以水搭泥把数片泥片卷贴到札圈上，接头处按捺紧实，用抹子拍抹光滑，打搭收光，使瓦坯表面光滑规整。板瓦札圈主要分作四大片，每片之间靠近端头处各有一个连接点（个别有三个连接点），连接点有连缀物会凸起，在制作的瓦坯上留下凹点，板瓦坯桶㔾划（成四片）时就沿着这些凹点划切。

b. 筒瓦。筒瓦实物布纹面比较明确存在2～3道凹褶线，反映其制作时由3～4片泥片卷贴到札圈上制成瓦坯。筒瓦札圈基本为上下同粗的圆筒状，上端稍内收，便于制作瓦舌。瓦舌很短小，转动制瓦轮，抹制成型。很多在取下札圈、布筒后，瓦舌边缘会稍抹光滑。

筒瓦、板瓦瓦坯制作时，凸面较多竖向拍光痕迹，而横向抹光痕迹很少。

③ 瓦坯晾晒

瓦坯表面抹光后，沿下缘割掉多余的泥，然后提起札圈，把瓦坯放到晾晒场地，收取札圈和布筒。瓦坯稍晾干，用刀沿其里面㔾划，筒瓦坯筒对剖制作成二个筒瓦，板瓦坯桶四剖为四片板瓦，均不完全切开。待瓦坯晾晒完成后，敲击划切处即自然分开。板瓦坯桶㔾划沿布纹面凹点痕迹进行，最终成型的板瓦侧棱带有两个凹点。

2. 华头筒瓦的制作

华头筒瓦瓦身比筒瓦长，瓦身瓦坯在制瓦轮上拍抹光滑后，将其直接切割为两个筒瓦，然后一般应有半圆形瓦托托住筒瓦坯，再把模制压印的瓦当粘接到筒瓦的端头。粘贴时在瓦当背面粘接处划多道线，然后抹少量泥粘接。一般只在瓦当背面划线，使粘接面变糙，但也有在筒瓦头凸面划线，然后把粘接的瓦当周围抹泥加固。最后把瓦身侧棱削割掉一部分（应从瓦当端向瓦舌端进行），瓦舌两端也削割掉。完成后进入晾晒阶段（图7-3-11）。

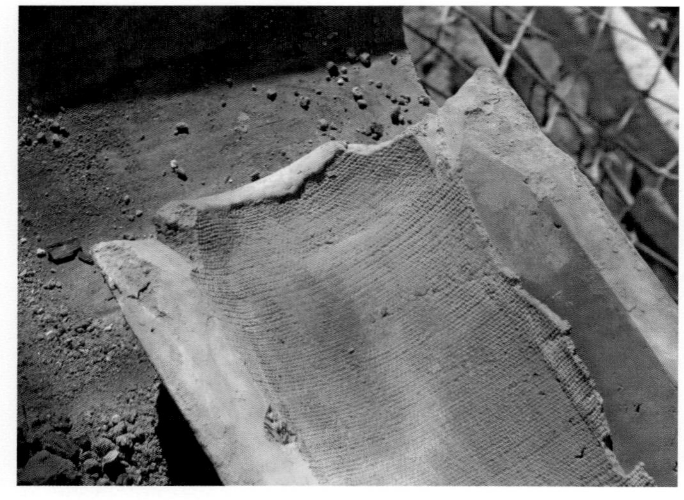

a. 削割侧棱

b. 粘接华头

图7-3-11　华头制作痕迹

3. 重唇板瓦的制作

瓦身长度同板瓦，瓦身部分在制瓦轮上制作完成后，沿下缘割掉多余部分，取下札圈、布筒，把桶坯倒转，大头朝上，然后加泥粘塑重唇部分。用重唇宽度的泥片压粘到桶坯大头，在粘接处内外抹少量泥加固，转动制瓦轮抹光滑。个别直接在桶坯大头外侧加粘泥条（宽度为重唇总宽减去桶坯厚），桶坯粘接面划很多细线，增强黏结力（图7–3–12）。宋《营造法式》卷第二十五《诸作功限二·窑作》载："拨重唇板瓦，长一尺六寸，八十口……"可知，重唇应为用小铁/木棍之类拨制。重唇基本形状塑造好后，开始拨重唇，先将唇面分作4～6道弦纹（多为4道），由于各条弦纹之间非常"平行"，所以这一步应由中间有3～5齿"梳子"状的工具，同时拨出所有弦纹，齿间距即弦纹宽度，齿间形状应为圆弧形。然后用尖头或扁头小铁棍把其中2道弦纹拨断，这2道拨断的弦纹方向相对，与中间所夹未拨断的弦纹，整体似柳叶。最后在重唇边缘压印细绳纹，按压方向一般与其最靠近拨断的弦纹方向相反，所以拨断的2道弦纹与边缘压印的绳纹（相邻的二者）相互反向。弦纹较细，而拨断其中一条又不触及相邻弦纹，可见拨重唇为较精细的操作。重唇的拨制视工匠手艺高低与操作习惯不同而有差异，水平高的工匠拨制出的重唇图案流畅、

a. 粘接重唇

b. 凸面拍光痕迹

c. 重唇下部粘接部分整体残缺

d. 整体粘接的重唇残块背面

图7–3–12　重唇板瓦制作痕迹

自然，有的工匠拨出的似乎只是把弦纹断开成一个个点，压印绳纹也较粗糙。工匠的操作习惯不同，使拨出的重唇图案既有顺时针旋转也有逆时针旋转，多为顺时针。

最后，把制作好的重唇板瓦桶坯放到晾晒场地，在其内面用刀剺划四道，有的在重唇处也稍切一下，瓦坯晾干后，拍击开即为四片重唇板瓦。

4. 翘头的制作

三种样式翘头的制作基本是相同的，以样式1为例。

① 首先按照制作筒瓦瓦坯的方法做出圆筒形瓦坯；

② 收取札圈、布筒，将其整体取下，上端斜削，角度与筒身断面夹角25°左右；

③ 把模印好的与华头筒瓦图案相同的瓦当粘接到圆筒坯斜面。瓦当背面边缘均划线做糙，粘接时，粘接处内外边缘皆抹泥，瓦当上部用泥堆塑较高，加大出尖并略上翘，前面整体略凹，中间一凸棱，两侧棱各向下按压两点，使呈波浪形。因瓦头用泥黏结瓦当又抹塑较高，其横竖尺寸均超出后部筒身；

④ 瓦身前部削割出中间向下出尖（少量把垂尖下端削平），垂尖两侧向上内凹，边棱多次削切修整略呈弧形；

⑤ 将制作好的瓦坯放到晾晒场地，晾干后（不需掍磨），入窑烧制。

5. 贴面兽的构造、制作

贴面兽为窑前手工捏塑，细节变化很多，没有完全相同的两个，甚至一个贴面兽的左右两侧亦不严格对称，不够“规整”，但灵活、生动、不拘一格，表现出神兽的威猛气势。贴面兽背面下部皆为圆弧面，头后空腔，使固定铁钩通过。双角、竖耳皆为单独制作后插入头顶，小冠、卷眉、眼球皆为后附加，从背面可看到这些制作痕迹和内部构造（图7–3–13）。

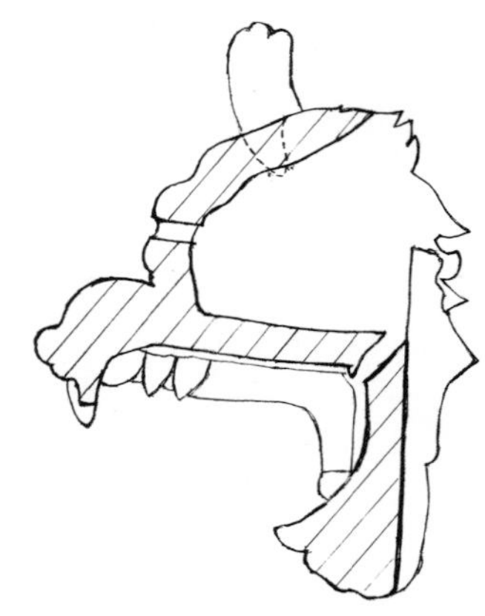

图7–3–13 贴面兽1007

二大类贴面兽塑造风格存在差异，第一大类贴面兽塑造风格、构造相同，以贴面兽1007为例，兽口背面呈圆弧面，有一些横向刮抹痕迹，对应头部背面为空壳，内有较多粘泥捏塑痕迹，可比较清楚地看到单独制作好的耳朵插入头顶两侧。眼睛后部泥片开裂，概眼珠亦是插入的，其内空，令薄，较多边缘补加泥，正面抹光滑无痕迹。有的喉咙口与背面相通。

第二大类，构造原理同第一大类，形状不同。以贴面兽0605为例，背面大部为圆弧面，其表面较多竖条状痕迹，上半部头内中空，与鼻孔相通，有时固定铁钩前端从鼻孔伸出，口内亦为空腔，双角为分件制作，然后插进头顶。表面存有似指纹的捏塑痕迹（图7-3-14）。

a. 贴面兽1007

b. 贴面兽0605

图7-3-14　贴面兽背面及制作痕迹

宋《营造法式》卷第十五《窑作制度》载："鸱、兽事件捏造，火珠之类用轮床收托"，虽不知轮床为何物，怎样收托也有疑问。觉山寺塔贴面兽背面皆呈圆弧面，塑造时必定有相应的圆弧面瓦托将其托住，直至完成晾晒，似乎可以这样理解"收托"，那么为什么贴面兽背面需做成圆弧面？首先，制作时，在圆弧形瓦托上塑造，易使兽头鼓突，表现更立体。基座须弥座壶门柱子兽面、平座钩阑力士皆是在圆弧面底坯上塑造，道理相同。其次，贴面兽可能与面具存在一定关联，因而背面不能是平面，需鼓凸。

6. 套兽的构造、制作

套兽前半部结构与贴面兽大致相同，口内、头后皆为空腔，样式TSZ0201、TSB0201头内空腔与鼻孔相通，空腔上部敞露易积雨水、尘土。后部方形套口，侧面二片，上面一片内凹，无下面一片。有的套兽将后部套口两侧二片除鬣毛之外的部分斫掉，整体造型完美，但这样不利于套兽固定（图7-3-15）。

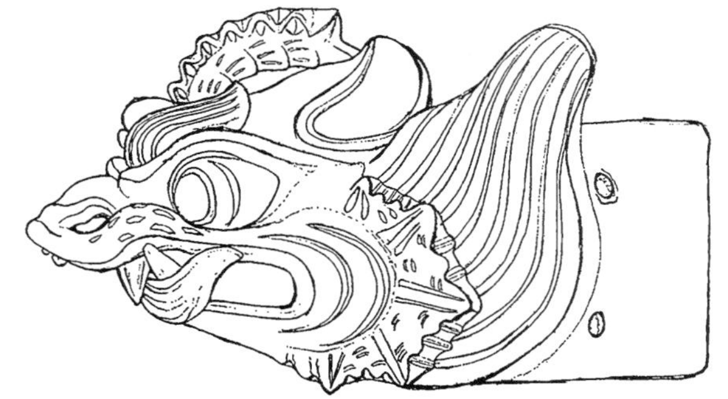

图7-3-15　套兽1001

套兽制作，按照由内向外的顺序，口内多有刻划上颚曲线、咽喉，概先黏结套口前端一片作支撑，塑造好前面大部分造型再黏结套口其他片，侧面两片先在其表面划多道线再与鬣毛泥片粘贴，上部一片后部割掉呈内凹弧形。最后，在套口侧面、上面戳钉孔，多是侧面二孔，上部一孔。头顶双角为分件制作，再插入头顶，两侧鬣毛亦是后粘贴大致形状泥片，与前面造型连贯，再划线条，鼓凸的眼睛后面戳开，令薄。捏塑好放置晾坯时，因下部有造型，应为套口朝下立放（图7-3-16）。

a. 吻部

b. 头后

图7-3-16　套兽局部

五　青掍瓦

觉山寺塔辽代瓦件多为青掍瓦，本次修缮施工期间，有到现场的古建筑专家、学者曾提出这些瓦件就是青掍瓦。随着施工的进行，塔上的瓦件和塔周围出土的瓦件不断被发现，更加肯定觉山寺塔所用辽代瓦件确是青掍瓦。典型者为筒瓦、板瓦、华头筒瓦、重唇板瓦，带有很多磨光痕迹，部分瓦件磨光部分仍颜色黝黑，但大多不明显。另有寺内出土的筒板瓦残块，颜色很黑。筒瓦瓦条、板瓦瓦条未经磨光，翘头、贴面兽、套兽为掍造。

宋《营造法式》中的青掍瓦工艺

宋《营造法式·卷第十五·窑作制度》载："青掍瓦［滑石掍、茶土掍］青掍瓦等之制：以干坯用瓦石摩擦；［筒瓦于背，板瓦于仰面，磨去布纹；］次用水湿布揩拭，候干；次以洛河石掍研；次掺滑石末令匀。［用茶土掍者，准先掺茶土，次以石掍研］"

青掍瓦，即瓦坯制作时经过掍磨工艺，烧制后呈青黑色的瓦件，主要根据制作过程中用"药"（瓦坯表面涂刷材料）的不同分作滑石掍、茶土掍。瓦坯晾干成型后，表面粗糙，先用瓦石粗磨，把瓦坯表面磨开，磨去布纹。然后用湿布擦拭，瓦坯表面经过湿水处理，呈湿软状态。等待水干后，用卵石掍研此时比较细腻的瓦坯表面，这一过程即为研光工艺，应注意表面若有细小的砂石颗粒，应及时去除，防止掍研后在瓦坯表面留下划痕。掍研使瓦坯表面光滑，密实度增大。今天研光工艺在皮革、布帛、纸张的处理方面多有应用，有使其光滑密实的作用。然后，在瓦坯磨光处掺滑石末继续掍研至光滑均匀，滑石末因掍研而附着瓦坯表面。

同卷《窑作制度》载："琉璃瓦等［炒造黄丹附］凡造琉璃瓦等之制：药以黄丹、洛河石和铜末，用水调匀。［冬月用汤。］筒瓦于背面、鸱、兽之类于安卓露明处，［青掍同，］并遍浇刷。板瓦于仰面内中心。［重唇板瓦仍于背上浇大头；其线道、条子瓦、浇唇一壁。］"其中"青掍同"可说明青掍瓦有与琉璃瓦相同的用"药"位置和方法，"药"需用水调匀，涂刷到瓦件表面需要的部位，青掍瓦的"药"就是滑石末和茶土。对于筒瓦、板瓦类瓦件，易于掍研，在掍研过程中即可使滑石末、茶土附着瓦件表面，而兽头、鸱尾（重唇板瓦的重唇部分、华头筒瓦的瓦当）不便于掍研，应将滑石末或茶土用水调匀后，涂刷到瓦件露明表面，亦属掍造。又《卷第二十七·窑作》有规定青掍瓦用“柴药数：大料：滑石末，三百两……茶土掍：长一尺四寸筒瓦、一尺六寸板瓦，每一口，一两。每减二寸，减五分”。更加明确了青掍瓦的用药——滑石末和茶土，及其使用量。滑石粉可制作陶釉和陶瓷，将其涂刷到瓦件表面，烧制后密度均匀，光泽好、表面光滑，滑石掍瓦件的部分工艺流程类似陶瓷制作。茶土掍的用药方法、原理应与滑石掍相同，“茶”有“白色”意，茶土若作白土解释比较合理。白土具有较强的吸附能力，所以《法式》中“用茶土掍者，准先掺茶土，次以石掍砑。”制作过程会与滑石掍略有不同，瓦坯表面先涂刷茶土再用卵石掍砑，仍可使茶土附着瓦件表面。又因其能吸附有色物质，能够解释为什么瓦件表面经掍磨和刷茶土的部位烧制后乌黑油亮。白土应用在陶瓷制作中，烧制时产生离子交换等化学反应，使用在瓦件上应有相同原理。

宋《营造法式》卷第十五《窑作制度》“烧变次序”载：“凡烧变砖瓦之制：素白窑。前一日装窑，次日下火烧变，又次日上水窨，更三日闭窑，候冷透，及七日出窑。青掍窑［装窑、烧变、出窑日分准上法］先烧芟草，［茶土掍者，止于曝窑内搭带烧变，不用柴草、羊屎、油籸。］次蒿草、松柏柴、羊屎、麻籸，浓油，掩盖不令透烟。……”卷第二十七《窑作》明确了烧造用柴草、药料数量“烧造用芟草……青掍瓦：以素白所用数加一倍。……滑石掍：坯数：大料，以长一尺四寸筒瓦，一尺六寸板瓦，各六百口。［华头重唇在内，下同。］中料……小料……柴药数：大料：滑石末，三百两；羊粪，三㼖；［中料，减三分之一，小料，减半。］浓油，一十二斤；柏柴一百二十斤；松柴，麻籸，各四十斤。［中料，减四分之一；小料，减半。］茶土掍：长一尺四寸筒瓦，一尺六寸板瓦，每一口，一两。［每减二寸，减五分］”

青掍瓦烧制过程基本同素白瓦，但烧制用材料不同。烧变过程使用的芟草较素白砖瓦多一倍，芟草为主要燃料；使用的蒿草、松柏柴量较少，既作燃料又能产生油烟；而羊粪、麻籸、浓油主要是在烧制时产生油烟。整个烧制过程运用油雾渗碳技术，使烧出的青掍瓦表面乌黑油亮，概瓦坯掍磨光滑和滑石末、茶土的使用利于油和碳的附着，所以掍磨部分呈现光滑黑亮的效果。而茶土掍“止于曝窑内搭带烧变，不用柴草、羊屎、油籸”，与素白瓦烧制更加相似，烧成后瓦件表面可能与陶瓷更相似。结瓦后的青掍瓦瓦面密实坚固，油黑光滑，似一层薄釉，既能防雨水渗入，又为憎水材料使雨水快速排走，且非常耐久。

宋《营造法式》对青掍瓦的记述，以滑石掍为主线贯穿，穿插茶土掍的不同之处，侧面说明滑石掍的制作流程内容全面，能反映典型的青掍瓦工艺。经过分析，茶土掍与滑石掍的不同有多处：用药不同、用药的时间不同、烧造用材料不同。综合来看，滑石掍的制作烧造过程较清晰，而茶土掍比较模糊。但这些分析只是纸上谈兵，应通过实际复烧试验去探究青掍瓦的详细工艺，过程中就会遇到更多细节和未发现的问题，值得我们去尝试和深入研究。

觉山寺塔青掍瓦

觉山寺塔筒瓦、板瓦、华头筒瓦、重唇板瓦表面具有明显的磨光痕迹，并且觉山寺周围容易获得很多宋《法式》中记载青掍瓦的制作材料，觉山寺塔青掍瓦很多特征符合宋《法式》记载，但仍不能确定整个制作过程是否与宋《法式》记载相同。

筒瓦在凸面掍磨，留下一绺一绺的竖向细长痕迹，有的一绺光滑，应为掍砑到位的地方，有的一绺粗糙，掍砑不到位。少数筒瓦凸面存在鳞片状痕迹，应为卵石一点一点掍砑的痕迹；板瓦磨光处为凹面布纹面中间大部，磨掉布纹，大头结瓦后叠压的部分少有掍磨。华头筒瓦、重唇板瓦的掍磨情况基本与筒板瓦相同，重唇板瓦小头端局部未掍磨（图7–3–17）。

a. 筒瓦凸面掍磨痕迹

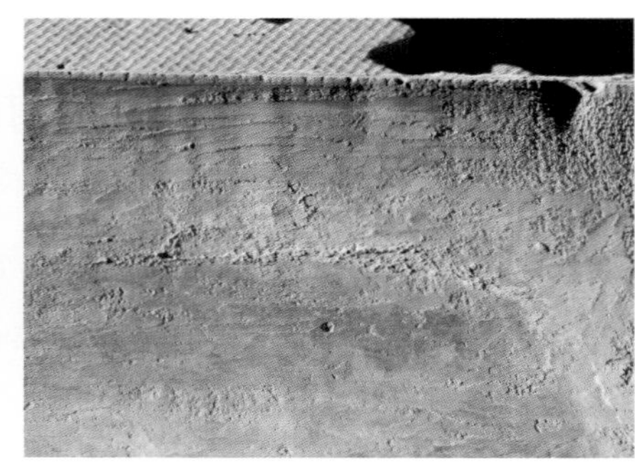

b. 重唇板瓦凹面掍砑痕迹

c. 较早的辽代筒瓦表面光滑黝黑

图7–3–17　青掍瓦工艺痕迹

这些青掍瓦少量瓦件表面仍黝黑，大多瓦件表面已没有明显黑亮，概年代久远，表面的油和碳有挥发，又有尘土的渗入，另当时制作工艺也有简化。个别时间较早的辽代瓦件（后世修补用的辽代旧瓦）表面乌黑光滑，无一绺一绺的痕迹，掍磨精细，工艺优良，至今仍黝黑。至觉山寺塔建造使用的瓦件工艺有所下降，很多瓦件表面似直接用卵石掍磨，未经瓦石粗磨，也有很多掍磨不到位之处，时间久远后，多不再黝黑。翘头、贴面兽、套兽等瓦件未经掍磨工艺，但表面颜色仍较黑，其烧造应与青掍瓦相同，属掍造。

部分瓦件非掍造，例：瓦条，可与青掍筒板瓦对比差异，找出其不同之处，尤其表面材质的不同，经过科学化验分析，获得更多青掍瓦工艺的信息。

小结

青掍瓦至迟产生于北魏，并且当时已发展成熟，流行于唐，宋《营造法式》对其记载较详细，觉山寺塔青掍瓦能清晰地发现掍磨等工艺痕迹，但趋向简化，似乎从中看到了青掍瓦开始衰落的迹象。后世琉璃瓦技术逐渐发展成熟完善，广泛应用，一直传承下去。青掍瓦工艺逐渐消亡，但瓦件表面渗碳技术仍有延续。

六　瓦件的使用

1. 解挢

觉山寺塔筒瓦皆经修斫，并与宋《营造法式》卷第十三《瓦作制度》中相关记述吻合，现结合觉山寺塔筒瓦实物进行对应分析（表7–3–6）。

表7–3–6　筒瓦解挢特征

《营造法式》相关记述	觉山寺塔瓦件对应特征
其结瓦之法，先将筒瓦齐口斫去下棱，令上齐直。	筒瓦后端棱修斫，凸面边缘整齐。
次斫去筒瓦身内里棱，令四角平稳。	沿筒瓦凹面修斫两侧棱，使四个角相平。
角内或有不稳，须斫令平正。	瓦舌两端亦修斫，四个角处常根据实际情况修斫，后部多略呈弧形，与板瓦相扣严密。

觉山寺塔筒瓦也有部分特征与宋《法式》不同，两侧棱后部略斫上翘，（侧面看）略呈弧形，为使结瓦时与板瓦相扣严密。

2. 撺窠

宋《法式》中载："于平板上安一半圈，［高广与筒瓦同，］将筒瓦斫造毕，于圈内试过，谓之撺窠。"虽不能根据瓦件实物确定筒瓦是否经过撺窠，但其瓦型规整，直径相同，必定经过严格标准挑选。

3. 板瓦、华头筒瓦、重唇板瓦的修斫

宋《法式》中只记述对筒瓦进行解挢，而觉山寺塔瓦件实物板瓦、华头筒瓦、重唇板瓦等也有不同程度的修斫。

板瓦大多在凹面斫去四角或大头的两个角，有的规格较大或不宜安放时，将一边侧棱整体进行修斫，两侧棱同时斫掉的很少。

华头筒瓦的修斫多在侧棱前端靠近瓦当处，这个部位在制作瓦坯时为削切侧棱的起始处，无侧棱中后部削切的多，结瓦时，扣到重唇板瓦上易形成支垫，使瓦缝变大，应是临时修斫，修斫数量很少。

重唇板瓦与板瓦的修斫具有一些相似性，有的也斫掉一条侧棱或某个角，修斫较多处为重唇两侧，因重唇两侧呈八字形外撇，结瓦时，易与相邻重唇发生冲突，导致两重唇板瓦不能挤密，间隙较大，而将重唇两侧角斫掉，斫事程度据实际情况而定，多只修斫一侧，整体修斫数量较少。概修斫重唇易把粘接的重唇打坏，又费时费力，至金代时，在重唇板瓦瓦坯制作时即把重唇两端外撇的部分削掉，使与瓦身平面垂直，省去了修斫。

板瓦、华头筒瓦、重唇板瓦的修斫，应是根据实际结瓦情况、各瓦件间的相互扣搭关系确定的，但通常不可能已经开始宽瓦，边瓦瓦边修斫，修斫必定是在瓦瓦前进行，所以应有对瓦件试摆的过程。

4. 拽勘陇行

觉山寺塔大量的筒板瓦等瓦件皆经修斫，工程量较大，不可能是在已经开始宽瓦后，边宽瓦边根据现场的实际情况对每一块瓦件进行修斫，必定在宽瓦前对瓦件基本修斫完成，宽瓦时，偶有不合宜处再调整。而修斫的依据，应是预先试摆，这一点吻合宋《营造法式》卷第十三《瓦作制度》"结瓦"条载："其筒瓦须先就屋上拽勘陇行，修斫口缝令密，再揭起，方用灰结瓦。"对瓦件解挢、修斫的目的是尽量减小宽瓦后瓦件之间的口缝，令其严密，使瓦件之间紧靠在一起，以达到防止雨水渗入瓦面的目的。这是当时工匠对瓦面防雨水渗漏的一种技术认知。

图7-3-18　塔檐瓦面构造

觉山寺塔塔檐上部为坡度平缓的反叠涩砖，并且宽瓦时直接宽瓦，无苫背，板瓦下紧贴反叠涩砖。所以拽勘陇行时，先将底瓦浮搁在反叠涩砖上，再扣放盖瓦，瓦件之间的相互关系基本与宽瓦时的实际情况相同，所以，可以此为根据对瓦缝不严密部位的瓦件进行修斫（图7-3-18）。

在拽勘陇行之前，应先砍斫塔檐反叠涩砖外棱。觉山

寺塔02～12层塔檐瓦面下无苫背，直接在反叠涩砖上宽瓦，但瓦面筒瓦垄需位于上部（仿）围脊1/4圆混砖下，1/4圆混砖至反叠涩砖间距仅为120毫米，在这120毫米之内安放筒板瓦面很困难，所以反叠涩砖的外棱皆砍掉，使不妨碍瓦面。宽瓦时，板瓦紧贴反叠涩砖，最前端重唇板瓦紧贴飞上望砖，稍有不注意，筒瓦垄就高出1/4圆混砖下棱。01层塔檐1/4圆混砖至反叠涩砖间距为160毫米，反叠涩砖外棱也全部砍斫掉，瓦面下灰泥稍厚，无明显分层，也应为无苫背直接宽瓦。

5. 匀分垄行

宋《营造法式》卷第十三《瓦作制度》"结瓦"条载："下铺仰板瓦。[上压四分，下留六分；散板仰合，瓦并准此。] 两筒瓦相去，随所用筒瓦之广，匀分垄行，自下而上。"现发现01层塔檐1/4圆混砖下二层砖砌体间砖缝，与每垄筒瓦对应处均有一小孔，似为铁钉之类扎入砖缝后形成的，其他层未发现，概为宽瓦前进行"匀分垄行"的痕迹（图7-3-19）。又卷第二十八《诸作等第》"瓦作"有记述"筒瓦结瓦厅堂、廊屋；用大当沟、散板瓦结瓦、摊钉行垄同；斫事大当沟。开剜燕颔、牙子板同。右为中等"，其中"摊钉行垄"应与觉山寺塔01层塔檐发现的钉孔痕迹相印证，即（一般在屋面苫背上）钉钉子标记瓦垄位置，《法式》中将其作为"中等"，重要性较高，概类似后世"分中号垄"。

图7-3-19　01层瓦面瓦垄后对应小钉孔

由于01层塔檐最宽，筒瓦垄每面为18垄，上面各层瓦垄数逐渐减少，确定好01层塔檐瓦面瓦垄数对上部各层具有重要的控制作用。1/4圆混砖下至反叠涩砖间砌筑二层砖，恰好可在两层砖砖缝处钉钉子标记瓦垄位置，这一痕迹留存下来。上面2～12层塔檐1/4圆混砖下至反叠涩砖间皆为一层砖，无比较适合钉钉子拽绳的地方。塔顶围脊1/4圆混砖下为两层砖，但灰缝白灰脱落严重，未发现这种钉孔痕迹。所以，02～13层瓦面瓦垄数应主要参考01层瓦垄数或者另有其他号垄的方法。但有03、04层塔檐东南面瓦面瓦垄（18垄）比其他面（17垄）多一垄；塔檐瓦面重唇板瓦之间多相互紧挨，只要排好重唇板瓦，即可明确瓦垄位置和数量；瓦面现状瓦垄也存在较多偏斜不直，多从中间向两侧偏。综上几点，01层塔檐瓦面经过非常精细的匀分瓦垄，02～13层瓦面瓦垄数应主要参照01层瓦垄数，排好重唇板瓦，即可确定出瓦垄位置和数量。

拽勘陇行与匀分瓦垄有很多相似之处，应为同时进行。

6. 宽瓦

（1）铺滑秸灰泥，安放底瓦。

底瓦下的黏结材料为滑秸灰泥，滑秸为黍秸，瓦面前部不明显，后部较坚固的灰泥内仍可发现滑秸，白灰∶黄土约为5∶5。铺抹滑秸灰泥时，应注意反叠涩砖前棱部位塞严实，否则易空洞，也可放置一些碎砖瓦（图7-3-20）。

铺抹滑秸灰泥后，先安放檐头重唇板瓦，下面紧贴飞上望砖，前端伸出110毫米，两相邻重唇基本紧挨，后面板瓦按"压三露七"铺放，与宋《法式》规定"压四露六"不同。最后面一块板瓦多不是整块板瓦，斫三余七，至少为半块，使瓦面整体观感符合“压三露七”。

本次修缮工程中，瓦面解体时，在板瓦下滑秸灰泥较厚的部位，发现泥中有碎砖瓦块，可防止泥塌落和吸收泥中水分。今天，这种手法在山西地区仍可见到。

图7-3-20 宼瓦滑秸灰泥和麻刀灰

（2）安放遮羞柏木条

檐头相邻重唇板瓦的间隙发现插有柏木条，大多糟朽，呈尖刺状，其作用与清代檐头遮羞瓦相同，为其始源，暂将其命名为“遮羞（柏）木条”，其长300、370、400毫米不等，但不是随意的长度。2015年本次工程对1104瓦面解体时，在板瓦下的灰泥中发现几片柏木条，似为剩余材料，长370、宽20～30、厚5毫米，呈薄片状，为遮羞柏木条较完好的状态，应为专门制作，非随意砍劈（图7-3-21）。

遮羞柏木条不仅在檐头有发现，后面板瓦间空档（清式：蛐蜒档）也有发现（例：0808瓦面），其作用与檐头柏木条稍有差别，仅为防止筒瓦下灰泥下漏。由此也说明，宼瓦时，对应位置板瓦下的灰泥未塞严实，这是筒板瓦面防雨水渗漏的一种技术手段，其原理是：当雨水通过筒板瓦间间隙（清式：睁眼）或其他部位渗进瓦面后可通过灰泥不断洇渗发展，把筒瓦下的灰泥与板瓦下的灰泥断隔开，阻断雨水洇渗的介质，使雨水即使渗入筒瓦下，也难以继续向下发展。辽代工匠对此已有认识，今天这种技术手法在至少山西晋北地区仍沿用，与北京地区建筑屋面筒瓦下蛐蜒档满塞麻刀灰的做法不同。

综上，遮羞柏木条的作用有防止筒瓦或华头筒瓦下灰泥下漏，遮蔽檐头华头筒瓦下灰泥，并且其长度较长，与重唇板瓦相当，插在檐头与重唇板瓦形成整体，利于檐头瓦件的稳定。其缺点是木质，易朽烂，至清代时发展为遮羞瓦条。

（3）宼筒瓦

盖瓦泥多见为灰泥，瓦面后部灰泥中偶有少量滑秸，概盖瓦泥与底瓦泥未特意区分。灰泥白灰含量较高，白灰∶黄土约为5∶5。铺盖瓦泥后，安放华头筒瓦，然后向上逐块安放筒瓦。安放时，瓦舌处抹素白灰（清式：熊头灰），偶见用灰泥。

瓦面现状瓦垄多偏斜不直，大多从中间向两侧偏斜（例：0307、0508、0901等瓦面瓦垄偏斜严重），

a. 1104瓦面宼瓦泥中发现的柏木条

b. 0808瓦面中的柏木条

c. 重唇板瓦间的柏木条

图7-3-21 遮羞柏木条

反映出塔檐每面瓦面宽瓦时，多由两名工匠从中间向两侧背向进行。概塔檐瓦面不需较强的排雨作用，所以，瓦垄不注意控制直顺度。

（4）点节缝（清式：捉节夹垄，以下称捉节夹垄）

捉节夹垄使用白麻刀灰，麻刀含量很高，再增加即过量，使白灰难黏结，易爆开。因筒瓦对接严密，基本没有捉节的空间，捉节麻刀灰常勾在筒瓦表面，很易脱落，不能发挥良好作用。筒瓦与板瓦间缝隙也很小，很难勾抿夹垄灰，勾抿后的夹垄灰很细很薄，比较脆弱。

（5）青灰浆的痕迹

0205、0206等个别瓦面后部发现存在青色灰浆痕迹（图7–3–22），但现状夹垄麻刀灰仍为白色，一般应不是对瓦面进行刷浆留下的，或者只对板瓦露明处刷浆？筒板瓦已是青掍瓦，没有刷浆的必要，其产生的原因不明。

（6）堵抹燕窝

用白麻刀灰把重唇板瓦下三角形部分全部堵抹严实。安放重唇板瓦时，未在其下望砖上先铺抹麻刀灰，堵抹燕窝完全在瓦面宽好后进行，这样使堵抹麻刀灰较单薄、不连贯、不稳固。

7. 垒瓦条脊

瓦面铺设完成后，在转角部位开始垒叠瓦条脊。

图7–3–22　0205瓦面青灰浆痕迹

（1）安放翘头

垒瓦条脊前应先安放好脊前翘头，因翘头后尾压覆的筒瓦片伸入瓦条脊前端下面，所以在垒瓦条脊前应先安放好脊前翘头，再逐次向后垒瓦条脊。

翘头安放在翼角瓦面两块割角重唇板瓦之上。这部分瓦件在正式宽瓦前，应先进行试摆，然后把瓦件揭起，根据翘头安放的具体位置，在其后尾，后倾斜（个别前倾）向下钉一枚“个”字形铁钉（以下简称“个字钉”），钉入子角梁身。这枚个字钉的作用是压住并支撑翘头后尾，使其稳固。瓦面宽好后，正式安装翘头，翘头圆筒内用灰泥灌实，（泥内）可掺杂少量碎瓦片，然后将其扣到翼角两割角重唇板瓦上，重唇板瓦前端插入翘头两侧内凹处，使重唇部分恰好露出，翘头前部垂尖插进两重唇之间。翘头与重唇板瓦互相穿插，翘头后尾抵住个字钉，与个字钉接触的地方常略修斫内凹，使两者贴合，以利稳固。垒后部瓦条脊前，在翘头后部压一段筒瓦瓦片，盖住个字钉，这块筒瓦后端伸入瓦条脊下，垒脊时将其压住（图7–3–23）。基本完成后，周围瓦缝全部用麻刀灰勾抿。前部安装套兽后，套兽上部至翘头前部垂尖之间的

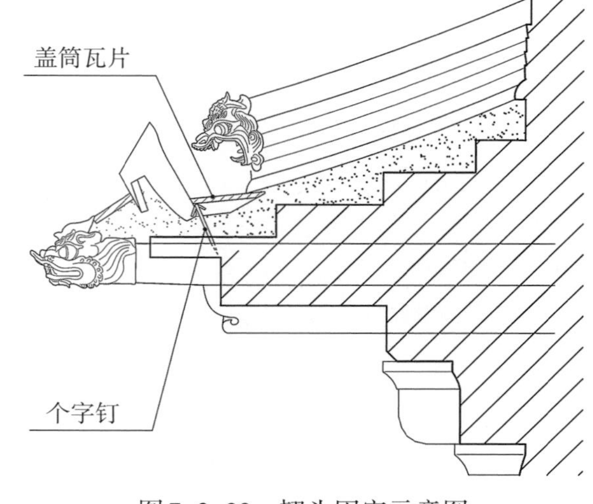

图7–3–23　翘头固定示意图

空隙多用白灰堆抹出斜面，表面盖放小瓦片，防止雨水从此处渗入角梁头，也能加强其整体稳固（图7–3–24）。

图7–3–24　翘头固定实际情况

“个”字形铁钉：因其两面出头形似“个”字，暂将其命名为个字钉，长约180、钉头宽70毫米，钉身断面长方形10毫米×5毫米，利于钉入坚硬的子角梁身，顺木纹方向钉入。钉头大多在锻打时增加一片长铁片，打制在一起，两端外撇，增大与翘头后尾的接触面，辅助稳定。有的钉头不增加铁片，其自身头部砸扁后，从中间分开向两侧劈开，亦形成个字形（图7–3–25）。

翘头安装时，内部灌满灰泥，安装后瓦件前倾，重心靠前，易有倾倒的可能，所以后尾需用个字钉稍压住，防止向前倾倒。觉山寺塔翘头瓦件安放在翼角最前端，大多未出现倾倒，仅有个别向前倾倒掉落套兽上面，个字钉的使用同时反映出翘头瓦件安装其后钉

a. 个字钉样式之一

b. 个字钉样式之二

c. 个字钉后倾

d. 个字钉前倾

图7–3–25　个字钉两种样式

铁钉固定的共性特征。

（2）垒筒瓦瓦条

翼角瓦面铺设好的筒瓦垄头和斜当沟基本形成较宽的基底，其上直接铺灰泥垒筒瓦瓦条，筒瓦瓦条层较宽约230毫米，比上部宽出约20～30毫米的边。最前端多用一小块横向瓦条，与两侧纵向瓦条形成割角交圈，也有的两侧纵向瓦条直接伸出，其下需比较注意使用筒瓦片支撑（图7-3-26）。

a. 筒瓦瓦条前部交圈

b. 筒瓦瓦条直接前伸

图7-3-26　瓦条脊前部两种构造

（3）垒上部4～7层板瓦瓦条、安装贴面兽

垒第一层板瓦瓦条，其边缘较筒瓦瓦条层退进约30毫米，前端需考虑贴面兽的位置。贴面兽可在垒第一层板瓦瓦条时，即进行大致安放，其固定铁钩后端钩进灰泥，基本稳定，然后向上垒各层瓦条。贴面兽也可先确定好其位置，垒2～3层板瓦瓦条后安放，安放角度垂直瓦条脊，微向前倾，与瓦条脊整体造型协调，也利于人们从塔下观望。贴面兽不宜在全部瓦条垒叠完成后安放。有时由于贴面兽规格较小或为使其位置稍高，把它安放在垒好的1～3层板瓦瓦条端头上，这1～3层板瓦瓦条层前端比筒瓦瓦条层退进，较其上板瓦瓦条层稍长，稍长的部分托住贴面兽的下缘。然后依次向上垒叠各层板瓦瓦条，铺一层灰泥，垒一层瓦条，最上层板瓦瓦条内侧可稍高起，使坡度较大，以利走水。各层瓦条从前向后垒叠时未注意错缝，只是瓦条长度存在差异而略有错缝，使瓦条之间基本无咬槎，易出现前部某一段或整体松散残损。

贴面兽安装在瓦条脊前，需用铁钩固定，宋《营造法式》卷第十三《瓦作制度》“用兽头等”载：“凡兽头皆须顺脊用铁钩一条”，又卷第二十六《诸作料例一·瓦作》对铁钩规格明确规定，“兽头，每一只：铁钩，一条；[高二尺五寸以上，钩长五尺；高一尺八寸至二尺，钩长三尺；高一尺四寸至一尺六寸，钩长二尺五寸；高一尺二寸以下，钩长二尺]”。觉山寺塔贴面兽固定铁钩前端（尖头）穿过贴面兽头后空腔从额头小圆孔伸出（偶有从鼻孔伸出的）钩住兽头，后端（宽头）顺瓦条脊两侧瓦条之间折弯钩进灰泥（图7–3–27）。

铁钩总长约580毫米，后端折弯约150毫米，断面12毫米×3毫米，向前端收尖。贴面兽高约280毫米，所用铁钩规格符合宋《法式》“高一尺二寸以下，钩长二尺”。由此也反映出《法式》中记载的兽头与觉山寺塔贴面兽形制相似，非明清垂兽样式。

又卷第二十五《瓦作·诸作功限二》中对安装兽头用工规定“兽头，[以高二尺五寸为准，]七分五厘功。[每增减一等，各加减五厘功；减至一分止。]”按此，觉山寺塔贴面兽安装一枚需用0.3个工，应还包括安装后的勾抿。

（4）扣合脊筒瓦

瓦条全部垒叠完成后，其上从前向后扣放合脊筒瓦。前端筒瓦与贴面兽对接处，需随贴面兽后的圆弧面修斫成圆弧状，对接严密（图7–3–28）。

（5）最后，对全部瓦缝用白麻刀灰勾抿光平严实

各层塔檐瓦条脊虽短，但非直线，具有轻微的弯曲弧度，主要通过调整黏结瓦条的灰泥厚度实现，前端各层瓦条间的灰泥稍加厚，即使整体略带弧度，造型美观。

各层围脊部位用1/4圆混砖模仿最下层筒瓦瓦条，围脊砖模仿垒叠的板瓦瓦条，其上一层条砖模仿合脊筒瓦。因围脊受整体高度限制，仅仿制出4层板瓦瓦条，所以多数角脊瓦条脊不能与之交圈，仅8～12层角脊瓦条层数与之相同，可形成交圈，但实际垒叠不严格多未交圈。

图7–3–27　贴面兽的安装固定

图7–3–28　瓦条脊断面构造

七　瓦面结瓦与瓦件器形

华头筒瓦长330～360毫米，较筒瓦300毫米略长，重唇板瓦与板瓦长度相同为370毫米。铺放时，板瓦大头朝上，小头朝下，压三露七，即露出约300毫米。重唇板瓦小头朝上，亦露300毫米，重唇板瓦大头端

均紧靠，使之间空档尽量减小，后面板瓦与重唇板瓦对应，相邻两趟板瓦间空档（清式：蛐蜒档）较重唇间空档稍宽松，所以，排好重唇板瓦，后部板瓦间距亦随之合宜。然后，在蛐蜒档上扣华头筒瓦和筒瓦。华头筒瓦瓦舌端压在重唇板瓦后第一块板瓦的前端，后面的筒瓦瓦舌亦皆扣到对应板瓦之后一块板瓦的前端，使筒瓦与其下正对应板瓦相互错开一点，利于筒瓦垄直顺和结瓦后瓦件的稳定，这应是华头筒瓦要比筒瓦稍长的原因。按这个规律宼好的瓦面，筒瓦、板瓦整体看上去非常整齐。瓦面结瓦需使筒瓦紧扣板瓦，瓦舌要很短小，烧制好的筒瓦需解挢修斫，其他板瓦、华头筒瓦、重唇板瓦等瓦件有妨碍瓦件间挤密的部位均要修斫。

斜当沟完全根据瓦面转角筒瓦垄头间形状用筒瓦斫造。

翘头位于翼角最前端，其下两块重唇板瓦紧靠，瓦身冲突的部位（后部一角）需割角斫掉，长度约为瓦身3/5。翘头瓦身下部中间垂尖，两侧内凹，垂尖位于两块重唇板瓦之间，重唇前端插进翘头内凹处，相互穿插在一起。翘头后部两侧因与重唇板瓦瓦身弧面紧靠，制作时需削切为弧形。安装后的翘头造型高翘，为保持其稳定，两块割角重唇板瓦亦需翘起支持翘头。

脊头贴面兽需用铁钩固定，铁钩前端钩住贴面兽，后端钩进瓦条脊中间灰泥。因瓦条在两侧垒叠，中间灰泥相通，恰好可容铁钩，瓦条之上需放合脊筒瓦。

各种瓦件在瓦面结瓦时的摆放情况对瓦件器形有很大的影响，并且瓦件之间关联性也很强，对彼此的规格、形状有很大程度的决定作用，瓦件之间瓦号（大小）需要配套。

觉山寺塔辽代瓦作瓦件制作、瓦面施作皆精细，但有很多费时费力之处，例：筒瓦解挢，拨制重唇板瓦，当沟、翘头、贴面兽、套兽等瓦件的制作，宼瓦前的拽勘陇行等。其中筒瓦解挢在宋《营造法式》卷第二十五《诸作功限》中“瓦作”项“斫事筒瓦口……青掍素白：解挢，每一百七十口……”即一名工匠一个工日解挢170口筒瓦，为耗费人力、时间较多的一项。华头筒瓦、重唇板瓦、套兽等瓦件器形存在的不合理之处，导致屋面排水、自身稳定方面存在问题。在瓦面施作技术上仍有认识不足，例：板瓦搭接密度、筒板瓦组合令瓦缝严密、垒脊瓦条基本无咬槎等。其中宼瓦时，筒瓦紧扣板瓦令瓦缝严密，以防止雨水渗进瓦面，使筒瓦下的灰泥较少，难以上下连贯，捉节夹垄的空隙也很小，使勾抿的麻刀灰不易黏结牢固，而易脱落，最终反而使雨水易渗漏，是瓦面施作方面的主要问题。

觉山寺寺院清末建筑瓦作在瓦件制作、瓦件器形、瓦面施作技术方面具有显著进步。瓦件制作仍沿用“桶模法”，但筒板瓦等瓦件的瓦坯皆由一整片泥片贴筑，并且筒瓦在制瓦坯时即削割边棱，无需之后解挢。辽代觉山寺塔华头筒瓦已有削割侧棱及瓦舌两端，但并不普遍，未应用到筒瓦上，这种情况大致持续到元代。瓦件种类舍弃了翘头之类瓦件，总体趋向减少瓦件种类。瓦件规格趋向减小，概因建筑单体规模减小，使用瓦号亦较小。瓦件器形方面有较大改进，如：勾头、滴水、脊筒子等瓦件，提高了屋面排水和防渗水能力。瓦面施作时筒瓦之间、筒板瓦之间皆有一定空隙，使筒瓦下的灰泥很足实，也有足够的空间容纳捉节夹垄灰，并使夹垄灰与内部灰泥黏结，不易脱落。瓦件之间空隙较大，不会相互抵触，也省去了修斫（图7–3–29；表7–3–7）。

a. 勾头

b. 滴水

c. 大雄宝殿垂兽

d. 韦驮殿正脊

e. 韦驮殿脊刹

f. 大雄宝殿屋面翼角

g. 弥勒殿屋面

图7–3–29　觉山寺清代建筑瓦件及瓦作

表7–3–7　觉山寺塔辽代瓦作与寺院木构建筑清代瓦作对比表

瓦作	觉山寺塔 （辽大安五年，1089年）	寺院木构建筑 （清光绪十一年，1885年）
瓦件	瓦坯制作（筒瓦、板瓦） 3～4片泥片贴筑到瓦模子。	瓦坯制作（筒瓦、板瓦） 一整片泥片卷贴到瓦模子。
	筒瓦 主要规格：φ140长300毫米，瓦舌很短。 使用前需进行解挢，边棱修斫。对瓦件较多的打斫亦是对其质量的考验，过程中会有打坏的瓦件，费时费力。 （板瓦、华头、重唇有少量修斫）	筒瓦 主要规格：①φ120长240毫米②φ140长280毫米③φ150长320毫米，瓦舌相对较长。 不需解挢，瓦坯制作时已削切边棱。

续表

瓦作	觉山寺塔 （辽大安五年，1089年）	寺院木构建筑 （清光绪十一年，1885年）
瓦件	板瓦 主要规格：长370、大头230、小头210、厚25毫米	板瓦 主要规格：①长290、大头170、小头150毫米②长300、大头170、小头150毫米③长320、大头200、小头170毫米
	华头筒瓦 主要规格：φ140长340毫米 瓦当与瓦身夹角呈直角，易使雨水回勾。	勾头 主要规格：①φ120长240毫米②φ140长280毫米③φ150长320毫米 瓦当与瓦身夹角呈钝角，部分瓦当下半部略折向外撇，利于雨水远排。
	重唇板瓦 主要规格：长370、大头230、小头210、厚25毫米 重唇部分粘接到瓦身再拨制，拨重唇为精细的工艺，比较费时费力。 重唇与瓦身夹角为直角，易使雨水回勾。	滴水 主要规格：①长290、大头170、小头150毫米 ②长350、大头200、小头190毫米 垂尖部分为模制，图案种类较多，然后与瓦身粘接。垂尖与瓦身夹角呈钝角，利于雨水远排。
	当沟 主要规格：长340、宽140、厚20毫米 使用筒瓦斫造，现发现的均为斜当沟。	当沟 主要规格：①长170、宽170、厚15毫米②长200、宽200、厚20毫米 模制，表面带有图案，装饰性强，现发现的均为正当沟。
	翘头 主要规格：φ140长310厚20毫米 制作、安装均较复杂，安装后稳定性较差，雨水易沿瓦缝渗入，造型较美观。	螳螂勾头 主要规格：同勾头 为普通勾头样式，无需单独制作，安装简易，雨水不易从该瓦件处渗入。
	贴面兽 主要规格：①高280宽235长190毫米②高210、宽170、长260毫米 每一个均用泥单独塑造，费时费力，造型生动，有工匠造型创造的空间。自身不能稳定安放在脊头，需用铁钩固定，仍有不稳固的问题。	垂兽 主要规格：①540毫米×350毫米×170毫米②660毫米×430毫米×190毫米③570毫米×560毫米×120毫米 戗兽 主要规格：①420毫米×240毫米×150毫米②420毫米×450毫米×110毫米 用泥片做出大致造型，表面模塑图案，制作简易，比较定型化，造型偏向于平面化。自身能稳定安放在脊前。
	套兽 主要规格：①长310、宽200、高210毫米②长310、宽210、高180毫米 每一个皆单独塑造，造型生动。前重后轻，后部套口缺少下面一片，自身不能稳定的放置在子角梁头，尤需钉子固定。其余三片套口片较薄，易断裂。	套兽 主要规格：①260毫米×170毫米×170毫米②220毫米×140毫米×180毫米③280毫米×140毫米×170毫米 模制，制作简易，造型呆滞。后部套口厚重，由四片围合，自身能稳定的放置在小角梁头。整体造型仍与觉山寺塔套兽相似。
结瓦	苫背　（塔顶）使用滑秸灰泥、较薄。	苫背　使用滑秸泥（不含白灰），分多层苫抹、较厚。
	宽瓦前，拽勘陇行，匀分瓦垄。	宽瓦前，无拽勘陇行，需分中号垄。

续表

瓦作	觉山寺塔 （辽大安五年，1089年）	寺院木构建筑 （清光绪十一年，1885年）
结瓦	宼瓦 板瓦压三露七，筒瓦紧扣板瓦，令瓦缝严密，几乎没有捉节夹垄的空间。捉节夹垄使用白麻刀灰，麻刀含量很高。檐头重唇板瓦间使用遮羞木条。	宼瓦 板瓦压五露五，筒瓦与板瓦间距（睁眼）较大，利于捉节夹垄并且捉节夹垄灰不易脱落。捉节夹垄使用白麻刀灰（有的呈浅月白色），麻刀含量合理。檐头滴水间放遮羞瓦条
	垒脊 使用瓦条层层垒叠，瓦条位于脊两侧，中间全部为灰泥，最上扣合脊筒瓦。各层瓦条咬槎较少，整体性较差。	垒脊 筒瓦垄头上先横放筒瓦，做好垒脊的基底。垒脊主要使用花脊筒子，表面模印图案，装饰性很强，内部放少量灰泥固定，大多中空，减少脊部重量。脊筒子周围使用一圈薄方砖围合，最上扣筒瓦。

总体来看，觉山寺清末瓦作反映出的瓦作技术各方面均有明显改良，并且提高了生产效率，能够满足当时对瓦件的大量需求。施作后的瓦面外观漂亮，防雨水渗漏能力较强。但瓦件胎质粗糙、器形不规整，必定导致耐久性差，相较觉山寺塔辽代瓦件质量有明显退步，觉山寺塔瓦件使用的青掍瓦技术也已失传。觉山寺塔辽代瓦作存在很多不足，施作后的瓦面易有雨水渗漏的问题，瓦件自身安装后易不稳固，后世针对这些问题逐渐改善。但瓦件的质量仍然值得高度肯定，其胎质细腻、器形规整，优于后世瓦件整体质量，反映出瓦件制作精细严格和工匠的认真用心以及对神佛的虔诚。其中贴面兽、套兽均为单独捏塑，生产效率低，但造型生动，也可发挥工匠的创造力，艺术造诣很高。

八　后世对瓦面的修补

本次工程对塔檐瓦面的勘察过程中发现以下后世对瓦面的修补痕迹（图7-3-30）：

1. 华头筒瓦020217（华头样式3）为比较明显的后补配瓦件，补配时，因华头长度较长，而将其后一块筒瓦修斫减短。另华头筒瓦样式2也应为后补配，补配时间应距觉山寺塔建成时间不久。

2. 01～12层塔檐瓦面约前半部捉节夹垄麻刀灰麻刀含量很小、麻纤维很短，后半部麻刀灰麻刀含量很大、麻纤维较长。前半部筒板瓦下宼瓦泥松散（多由于自然原因导致），后半部仍坚固，并且白灰含量较高，掺少量滑秸（塔檐瓦面前部、后部所用麻刀灰及宼瓦泥材料的差异，基本反映出为两个时代的瓦作工艺特征，瓦面后半应为辽代原物，因塔檐后部瓦面基本不受雨淋保存较好，瓦面前半经后世揭瓦或勾抿）。

3. 现存部分瓦条脊前部勾抿的麻刀灰麻刀含量较后部少，这一情况与瓦面捉节夹垄麻刀灰相似。

4. 各层塔檐正北面瓦面檐头瓦件多发现有用素白灰结瓦，其他瓦面偶有发现（例：1301、1302瓦面），并且北面檐头存在较多大规格φ160、φ180毫米筒瓦（数量约有70枚），大规格筒瓦常长度较短，后部瓦节补抹白灰较多。也有少量破损的重唇板瓦被更换为板瓦。相邻的东北面、西北面偶有大规格筒瓦。

5. 翘头1101（翘头样式2）为全塔唯一一个样式不同的翘头，应为后世使用辽代旧瓦件补配。

6. 套兽0606套口处残损前倾欲坠，后世有用铁条辅助固定。

7. 清代康熙二十七年（1688年）后对01层塔檐（主要是0105塔檐）进行补修（详见后文）。

这些痕迹说明后世对塔檐瓦面进行过多次不同程度的修缮，第1项基本反映约辽末至金代的修缮，修缮规模较小，但塔体整体得到修缮。第2、3、4项基本为同一次修缮中进行，这次修缮较为全面，规模较大，也反映出当时瓦面残损较严重，时间距辽代相对久远。结合寺史和密檐部分发现的几处元代题记，基本可认为这次修缮时间约在元代至元二年（1265年）。

元代的这次修缮对塔檐瓦面前半部进行局部揭瓦（或勾抿）、更换残损檐头瓦件和修补瓦面残破筒瓦，01～13层塔檐正北面瓦面很多檐头瓦件更换为大规格筒瓦，一般不可能仅正北面檐头瓦件残损严重，很可能将正北面完好的华头筒瓦挪用到其他面残缺处。而这些补配到正北面的大规格筒瓦基本判断为辽瓦，应为当时从寺院中寻得这些辽代旧瓦件用作补修，并且这些檐头瓦件现全部无瓦当，很可能当时修补时就是残破的或无瓦当的筒瓦，而没有专门烧制修补用的瓦件或找到同规格瓦件，且皆用素白灰结瓦，前端堵抹白灰。这次修缮显得较仓促，准备不充分，有很多欠妥之处。

密檐部位的元代题记基本位于正北面、西北面，通常修缮塔体脚手架设上下斜道的部位，为容易留下题记的地方（辽代天庆八年搭设脚手架维修塔体，斜道在东面，塔体正东面留下多处辽代题记）。所以元代修缮塔体，脚手架上下斜道应搭设于正北面。

小结

以上反映出辽末至元代对塔体的修缮情况，辽末至金代对密檐瓦面略有修补，补配少量檐头瓦件。元代（约至元二年，1265年）对瓦面修补较全面，但比较仓促。瓦面施作工艺方面，勾抿麻刀灰中麻刀含量很小，虽认识到辽代麻刀灰麻刀含量较大，但含量很小又成为另一个极端，未达到良好的配比，辽代、元代勾抿麻刀灰中麻刀含量为能够正常使用的两个极端；另用素白灰结瓦的筒瓦，至今与筒瓦已无黏结（尤其布纹处），所以素白灰结瓦亦具有缺点，久之易与瓦件失去黏结，且自身质脆。

a. 瓦面补配020217华头

b. 檐头瓦件修补

图7-3-30　后世修补瓦面痕迹

第四节　塔檐结构

塔檐根据尺度和砌筑不同，可分为三部分：01层塔檐、02～08层塔檐、09～13层塔檐。

01层塔檐为密檐部分高度最高、叠涩出檐最大、砌筑最复杂的塔檐，塔体外形轮廓中明显突出于上部各层塔檐，其下与一层塔身衔接，为重点表现的塔檐。该层塔檐高2.29米，叠涩挑出总距离为1.17米（自栌斗至飞头/辽尺4尺），其构成形式为砖构铺作上承通替、橑檐枋，上覆木椽飞、望板，最上为反叠涩砖收檐。檐下叠涩挑檐主要由砖构铺作和木椽飞两部分形成，砖构铺作叠涩挑出540毫米，与水平面夹角60°，大于45°，在砖叠涩结构稳定范围内。木椽飞分别挑出400、230毫米，较上部塔檐木椽、砖飞的出挑距离有缩短，应是受塔檐整体挑出尺度控制的结果。木飞上使用厚40毫米的望板而不用砖，能有效减轻塔檐最前端重量。01层檐下整体叠涩与水平面夹角49°，亦是安全的叠涩结构。塔檐上用四层反叠涩砖收檐，收檐尺度同檐下出挑距离。

02～13层塔檐结构相同，基本构成部分为砖构铺作、橑檐枋、木椽、砖飞、反叠涩砖。檐下整体叠涩出挑与水平面夹角36°，小于45°。木椽、砖飞为叠涩出挑最多的部分，分别挑出440、230毫米，约为2∶1。尤其砖飞出挑大胆，若把它和望砖看作整体，局部挑出与水平面夹角32°。经作图和数据分析，02～13层塔檐，出檐尺寸均相同，为910毫米（辽尺三尺，自围脊砖至砖飞上望砖外皮），而收檐尺寸不同。02～08层塔檐收檐比挑檐多72毫米，约为一砖厚，1/4辽尺，收退值为一常数，因而这部分塔檐外轮廓呈一斜线。09～13层各层塔檐收檐逐层增大（13层收顶），外轮廓呈和缓的曲线（图7–4–1）。

另各层塔檐均无冲出，略有起翘，01层塔檐起翘85毫米较大，通过增加檐下转角铺作砖砌体间横向灰缝厚度实现，02～13层塔檐起翘似逐层减小，至13层塔檐起翘20毫米，亦是通过增加檐下转角部位砌体横向灰缝厚度实现。

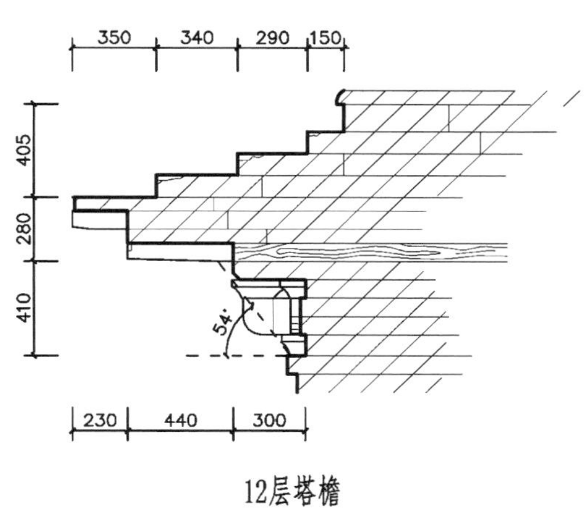

12层塔檐

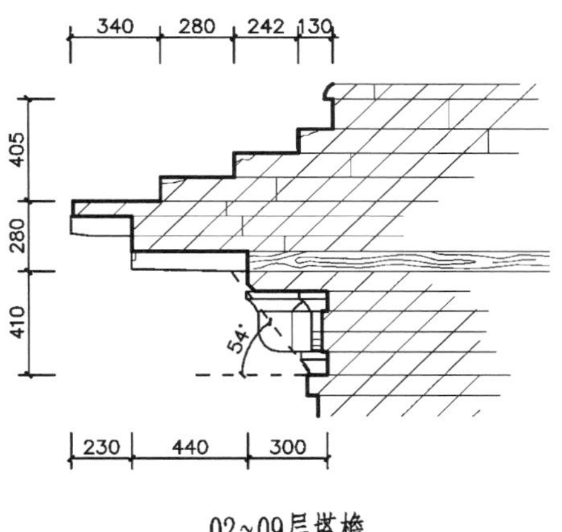

02~09层塔檐

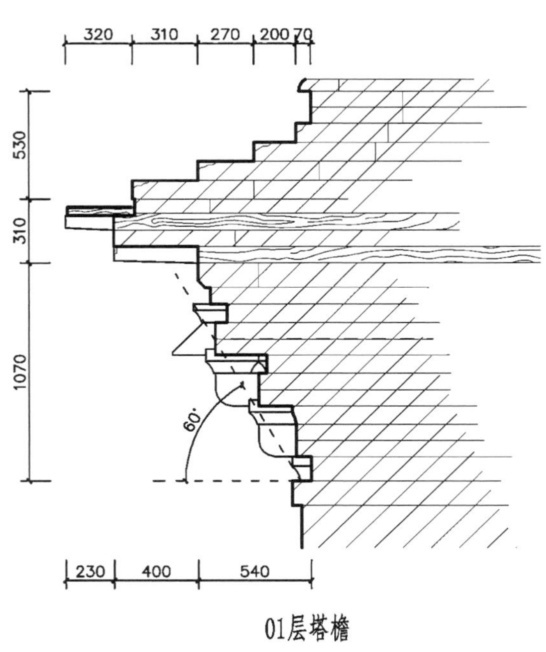

01层塔檐

图7–4–1　塔檐结构及尺寸

一　铺作

觉山寺塔共有10种铺作类型，按其位置分为平座铺作2种、密檐檐下铺作4种、内檐铺作4种，为现存辽代密檐塔中使用铺作种类较多的一例。

平座铺作包括补间、转角2种（详见第五章 基座 第四节 平座钩阑）。密檐檐下铺作可分为01层檐下铺作和02～13层檐下铺作，分别有补间和转角2种样式，共4种样式。内檐铺作包括心室内心柱上部铺作和塔壁内壁上部铺作，亦分别有补间、转角2种样式，共有4种样式（详见第六章 一层塔身 第二节 塔心室）。铺作基本形式：02～13层檐下为斗口跳，其他铺作均为五铺作。这些铺作中以01层檐下铺作造型最复杂、最华美，亦属辽代砖塔中常见样式。

密檐檐下每面3朵铺作，1朵补间。铺作坐于普柏枋上，上承橑檐枋，02～08层铺作间空档较大，其间柱头枋上置散斗一枚。

1. 02～13层塔檐铺作：斗口跳

补间铺作：栌斗口上柱头枋隐刻泥道栱，中间出一跳华栱，上置交互斗，华栱两侧出45°斜栱。转角铺作：栌斗上承隐刻泥道栱，中间出一跳角华栱，正身柱头枋与角华栱相交后另一面出头斜华栱，栱头面随塔身面加斜（图7-4-2）。

组砌：

铺作栌斗、交互斗、散斗由厚80毫米的砖制作，均未表现斗耳。华栱、泥道栱、斜栱等由两层厚80毫米砖叠砌。栱、斗用砖在进深方向较长，内部叠压较多。

栌斗露出部分长100毫米，泥道栱在木构中只是隐刻，而此处稍凸出60毫米，自斜栱后部横向侧出270毫米。华栱、斜栱相对栌斗外挑160毫米，斜栱栱头后部相对栌斗侧缘亦外挑160毫米，均同栱厚。橑檐枋相对交互斗稍退进不出挑，铺作间空档处砖砌体挑出较大235毫米（相对柱头枋上散斗），此处偶有因受椽子挤压而断裂者（例：0802、1102檐下），横向两边铺作虽有支撑，但该处砖为丁砖，多有支撑不到。

a. 补间铺作

b. 转角铺作

图7-4-2　02~13层檐下铺作

补间铺作共挑出305毫米（约辽尺一尺），与水平面夹角54°，在砖叠涩结构安全范围内。

转角铺作角栌斗出露较大，其下有普柏枋出头承托。泥道栱同补间铺作泥道栱，角华栱相对栌斗挑出仍为160毫米。斜华栱栱头面与补间铺作华栱栱头齐，其最远端相对栌斗挑出仍为250毫米（430毫米×430毫米×80毫米砖制作）。转角铺作上橑檐枋出头（仅有一层厚80毫米砖），概挑出较大，断裂较多。

铺作华栱、斜栱挑出160毫米（栱头由2层厚80毫米砖叠砌），对于单层砖来说距离较大，但现状栱头基本完好，仅个别有断裂。应是将其叠加到一起后，形成整体（包括其上斗）共同发挥作用，增大抗剪能力，仍在安全范围内，这一点与宋地砖构铺作显著不同。

2. 01层塔檐铺作

01层檐下铺作每面3朵，1朵补间，为双杪五铺作，计心造。其复杂、华丽的造型与01层高大的塔身相协调（图7-4-3）。

图7-4-3　01层檐下铺作

补间铺作

铺作栌斗口上表现出两层柱头枋，一层柱头枋隐刻泥道栱，两跳华栱两侧均出∠45°斜栱，一跳华栱及斜栱上承瓜子栱，二跳华栱及斜栱上承令栱，与转角铺作交隐（未表现隐刻），上置散斗。耍头呈劈竹状（辽代木构铺作耍头亦多见劈竹状），斜面与底面夹角45°，最前端抹尖。耍头上齐心斗较木构稍前移，其上所承通替、橑檐枋亦随之稍前移。

转角铺作

中心出角华栱二跳，上承角耍头，正身一层柱头枋隐刻泥道栱，与角华栱相交后另一面出头一跳斜华栱，正身二层柱头枋与角华栱相交后另一面出头二跳斜华栱，正身三层柱头枋（未表现出）与角耍头相交后另一面出头斜耍头，耍头面随正身加斜。一跳角华栱、斜华栱上承瓜子栱，正身瓜子栱与二跳角华栱相交后不出头，二跳角华栱、斜华栱上承令栱与瓜子栱出跳相列，其上承通替、橑檐枋出头。

3. 组砌

补间铺作

栌斗用厚120毫米的砖表现出平、欹部分，全部栱、柱头枋等用两层厚80毫米砖叠砌，两跳华栱、角华栱、要头外挑皆为160毫米。二跳华栱与斜栱间塞三角形砖块，表现瓜子栱穿过的部分，两跳斜栱上的散斗后部叠压很少或无，二跳华栱上交互斗为一完整表现的斗，后无叠压，其他部位的斗后部叠压较长，华栱、斜栱上的斗皆有用白灰堆抹出斗耳。一跳斜栱后部加宽，自栌斗侧出160毫米，二跳斜栱后部也应有加宽，全部叠压在砌体中。泥道栱自斜栱后部侧出260毫米，向前挑出60毫米，瓜子栱与斜栱相交后侧出320毫米，前挑120毫米，瓜子栱头相对泥道栱上散斗前挑和侧出皆为140毫米。

砖叠涩结构的铺作既需考虑前后方向又需考虑左右方向的叠涩尺度，使符合砖材料力学特点，有时两个方向的叠涩可有互补。补间铺作与转角铺作空档间砖砌体虽各层前后挑出较大，但左右皆有栱头支撑，横向叠涩距离小，保证了稳定。可在稳定的前提下获得多一点的叠涩外挑，橑檐枋出头处相对正身有内收30毫米。

转角铺作

角栌斗坐于普柏枋出头处，与木构相同，规格较补间铺作栌斗增大，两栌斗中心保持在一条直线上，外露部分增多，为满足上部角华栱、斜华栱出挑并使斜华栱栱头与补间铺作华栱栱头在同一位置提供保证，两跳角华栱各亦挑出160毫米，相对木构减短，基本能满足该处砖构铺作的外观要求。一跳斜华栱后部加宽，相对栌斗侧缘挑出约120毫米，二跳斜华栱后部亦应有加宽，叠压在砌体中。泥道栱、瓜子栱栱头自身侧出与前挑距离同补间铺作，但泥道栱头侧出起始位置不同，使栱头靠外，利于结构稳定。二跳角华栱与斜华栱间亦塞三角形砖块，模仿瓜子栱穿过部分，斜要头与令栱头间亦塞有三角形砖块。（令栱）斜栱头后部加宽，自二跳角华栱交互斗上侧出170毫米，前部栱头最远端侧出350毫米，其上承散斗和通替、橑檐枋出头，层层叠涩挑出，这三部分后尾只有很少叠压，上部为大角梁、椽子，概无较大的荷重，主要需解决自身重量，而这全靠令栱斜栱头承担，为结构上大胆的部位。角要头为二立砖并砌，与其他处栱、斜要头不同，比较特别，该处应主要做出造型，并无重要的叠涩结构作用，这种组砌方式与宋地砖塔砖构栱头二立砖拼砌相同。其上因（令栱）斜栱头上散斗挤掉角要头上齐心斗位置，已无空间表现齐心斗。二跳角华栱上交互斗后内隐一大斗，在满足交互斗外观需要后，还需在其后填充砌体，有重要的结构作用，木构中少见，内蒙古呼和浩特万部华严经塔（辽，楼阁式砖塔）塔檐下双杪五铺作中多见。

4. 铺作材栔

觉山寺塔10种铺作用材共有两种：高160、厚160毫米和高80、厚100毫米。

密檐铺作、平座铺作用材高、厚皆为160毫米，高∶厚=1∶1，用材断面呈方形，栔高80毫米，材高∶栔高=2∶1，用材皆为单材。按其材厚十分°来推算，其分°值为16毫米，折合辽尺（按1辽尺=295毫米）5.4寸，接近宋《法式》二等材；若按材高十五分°来推算，其分°值为11毫米，折合辽尺3.7寸，接近宋《法式》七等材。根据该塔规模和辽代建筑用材较大的特点，用材为二等材更符合该塔情形。

再者栱长，平座铺作泥道栱长900毫米，合56.25分°，瓜子栱长740毫米，合46.25分°，慢栱全长1.3米，合81.25分°。密檐铺作泥道栱长1.24米，合77.5分°，瓜子栱长1.615米，合101分°。心室铺作泥道栱长780毫米，合78分°，瓜子栱长600毫米，合60分°，慢栱长1.17米，合117分°。各种铺作同种栱栱长不统一，栱长应与铺作形式、砖规相关，亦与宋《法式》规定差别较大。宋辽建筑从材栔角度看属两套建筑系统，辽地建筑比宋地建筑用材较大，各构件规格规定也不同，不能进行绝对的比较和对应，以上折算分析，仅作参考，不可深究。

心室铺作用材皆为单材，是全塔铺作用材最小之处，材高80毫米，厚100毫米，高:厚=4:5。按材厚十分°来推算，其分°值为10毫米，折合辽尺（按1辽尺=295毫米）3.4寸，接近宋《法式》中七等材，心室铺作用材比《法式》中殿内藻井或小亭榭铺作用八等材要大。若根据其他处铺作栱高=厚，则心室铺作栱高应为100毫米，该塔用砖无厚100毫米的砖，根据实际和整体高度控制用厚80毫米的砖。栔高80毫米，仍为一砖厚。再结合密檐铺作、平座铺作用材厚160毫米分析，可说明该塔砖构铺作用材的材厚仿木构用材，材高为砖厚控制。

辽代密檐砖塔铺作用材多见材高=厚，数值皆在160毫米左右，例：山西大同禅房寺塔铺作用材160毫米×160毫米、河北蔚县南安寺塔170毫米×170毫米、丰润天宫寺塔165毫米×165毫米等。其用材高厚应与辽代标准砖400毫米×200毫米×75毫米砖厚相关联，又与现存几座辽代木构建筑用材（厚）相同或接近，如：山西大同华严寺薄伽教藏殿用材厚160、善化寺大雄宝殿材厚170、朔州应县木塔材厚170、河北涞源阁院寺文殊殿材厚170、天津蓟县独乐寺山门材厚170、观音阁材厚180毫米，所以，以觉山寺塔为代表的此类辽代密檐砖塔铺作用材既与砖厚关联，又在尽力模仿木构，使砖构在自身特征基础上良好地融入木构特征，达到融合统一，而砖构仿木构时的一些做法也可能会反过来对木构产生影响。

二　普柏枋

密檐铺作下皆表现出普柏枋，01层普柏枋厚120毫米，02～13层厚80毫米，按其出头可知方身断面分别为240毫米×120毫米、240毫米×80毫米。出头形式简洁，随塔身加斜垂直截断，其上坐转角铺作栌斗，与木构同，出头长度较木构缩短。出头每一头为一整块砖，共用2砖拼砌，后部叠压较长。

三　橑檐枋

同时期木构建筑中多用橑檐槫，而辽砖塔中多为橑檐枋，应县木塔中也多用橑檐枋。

01层檐下橑檐枋断面280毫米×120毫米，其下有160毫米×80毫米通替，类似应县木塔中橑檐枋和替木的组合。通替和橑檐枋的组合仅存于01层塔檐，其余塔檐仅有橑檐枋。通替和橑檐枋共使用两层砖，无上部塔檐橑檐枋局部压坏、断裂的弊端，尤其出头处。

02～13层橑檐枋断面240毫米×80毫米，用砖规格430毫米×430毫米×80毫米。造型与01层相同，皆抹去下棱，出头基本是随塔身加斜垂直截断，仅02层有4组出头不同，抹去内侧棱和前下棱。

四　角梁

角梁设于各层塔檐檐角，由大角梁和子角梁构成，二角梁上下水平叠压，之间栽有短木销插连固定。

其形式仍与古早的在砖塔叠涩檐角插挑檐木的做法相似，挑檐木多与周围叠涩砖保持形式一致，不出头，檐角挑檐木的做法在后世明清砖石塔中一直沿用。而觉山寺塔角梁更多是在模仿木结构，做成两根大角梁、子角梁的样式，且规格较大。塔檐角梁根据挑出尺度、造型不同，可分为01层角梁、02～12层角梁、13层角梁三种样式。三种形制的角梁总出挑长度相同，细部处理有差别。

02～12层塔檐角梁造型、出挑长度皆相同，为数量最多的形制。01层椽子出挑较其他层减小，大角梁随之减小挑出，而子角梁挑出增加。子角梁头收杀较大，端头90毫米 ×90毫米。13层子角梁身加高，自大角梁挑出部分减细。

总体来看，塔檐大、子角梁与椽飞保持相应关系，挑出长度由椽飞挑出尺寸决定，其厚亦多与椽飞、望砖相关，各层大角梁造型、规格全部相同，其上皮至椽上望砖上皮（01层椽上望砖较厚，略不及），子角梁规格、造型变化较多，主要通过调整子角梁，使与周围椽飞、望砖等保持良好关系。

大角梁梁头造型与山西五台佛光寺东大殿（唐）大角梁相似，处理更加细腻，梁头下部凹进，两侧面随造型线条剔凿深10毫米的卷曲线，使整体造型线条完整美观，而非将卷凹处通凿，亦利于梁头坚固耐久（图7-4-4）。

2015年5月，本次修缮工程中对13层塔檐糟朽严重的角梁进行更换时，测得子角梁长约2.5米，大角梁长2.26米，二角梁后端在同一位置，其他层角梁是否同长不能确定。

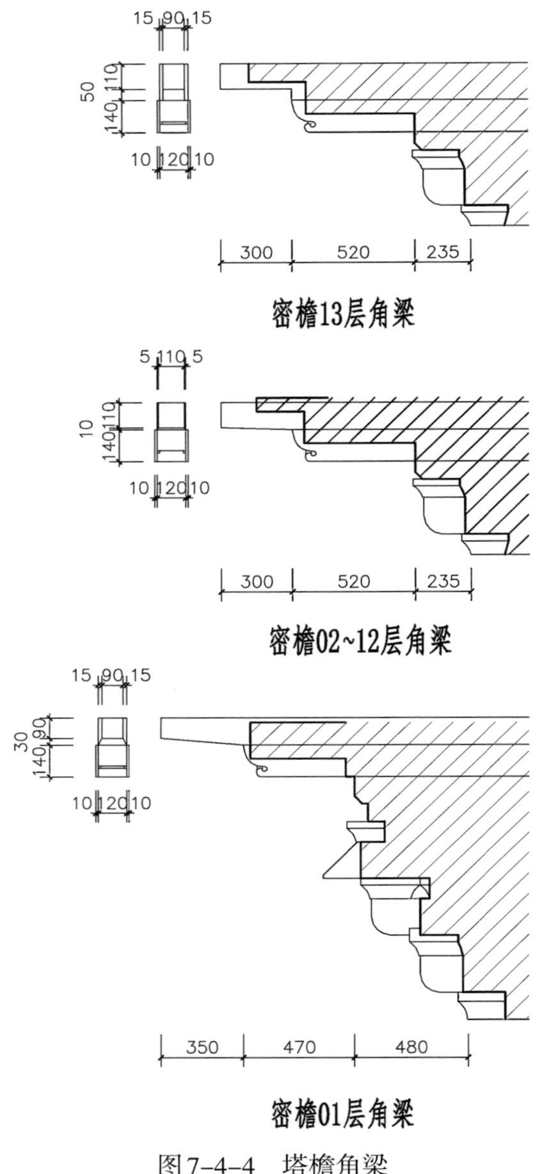

图7-4-4　塔檐角梁

五　椽

木椽是使塔檐出檐较远的主要构件，发挥了木材抗剪、抗弯的特性。02～13层椽子挑出长度皆为440毫米，01层为400毫米。飞子挑出皆为230毫米，椽飞挑出长度为用砖规格的尺寸（长或宽），并且其厚同砖厚，椽飞尺度多受砖规影响，或者说椽飞的构件尺度遵照了砖的模数。本次工程期间通过对13层塔檐更换部分糟朽椽子测得13层椽子长度为1.97米，其他层塔檐椽子是否同长不能确定。

椽子在砖砌体中呈放射状排布，靠近角梁处的7根椽子斜布，可视作翼角椽。13层塔檐每面15根椽子，刚好仅余中间一根正身椽，其余皆为翼角椽。最靠近角梁的椽子由于空间限制，长度有所减短，后部亦减细。椽子与角梁之间留一空档（非贴靠），至觉山寺清末木构建筑仍为这种做法。

椽子叠压于砌体中的部分断面100毫米 ×80毫米，至橑檐枋外皮收为80毫米 ×80毫米，露出部分左

图7-4-5　0908檐下方椽

右两侧面和底面至椽头收细收圆为φ70毫米，收杀整体呈斜线。上面保持平面，椽头仅前端10毫米雕出圆形，后部断面呈“U”形。对细节的简洁处理，同时满足了外观和功能需求。椽径相对木构减小，并且由砖厚决定为一砖厚。椽间空档（榇檐枋外皮处）约为80毫米。

另在0908塔檐下有2根椽子（090802、090803）为方形，基本是飞子形状，前端60毫米×60毫米，其下面前部具有较明显的弧面卷杀。可能为01层塔檐多制作的木飞，安放在其他塔檐不显眼处（图7-4-5）。

各层塔檐根据面宽调整椽子数量，由01层至13层逐渐减少，01～04层：19根，05～08层：18根，09～11层：17根，12层：16根，13层：15根，多为单数，椽子坐中，不同于宋《营造法式》规定“凡布椽，令一间当心；若有补间铺作者，令一间当耍头心”。

六　木飞

木飞仅用于01层塔檐，排布与椽子上下对应，很多特征同椽子。飞身规格亦为100毫米×80毫米（个别较粗者120毫米×80毫米），至椽上望砖边缘收为70毫米×80毫米，至飞头收为60毫米×60毫米。飞子径略小于椽径，飞头卷杀总体特征同宋《法式》记述，但细节、尺寸不同。宋《法式》载：“檐外别加飞檐。每檐一尺，出飞子六寸。”01层塔檐椽飞分别挑出400毫米、230毫米，二者之比为5：3，符合宋《法式》规定。

细节处理：飞头挑出长230毫米，在距前端330毫米处飞身凿低10毫米，前端上面保持平面，前述位置是铺设望板的内缘，望板后面的第一层反叠涩砖外缘凸出20毫米，与下面飞子形成卡槽，望板插入其中。飞子下面在椽上望砖外缘处亦多有斫减5毫米，降低飞子高，使收至飞头更顺利。

七　望板

01层塔檐木飞之上前端铺钉有望板，现仅正东面保存较多，东南面、东北面各存一块，共存约1.5平方米。望板总宽330、厚40毫米，分作前后两排，对接处无柳叶缝做法，大多前排宽180、后排宽150毫米，同排望板对头缝多位于飞头处，不露缝。望板长者1.7、短者0.7米，正东面有望板端头出现一凹角，反映出随宜变化、材尽其用。望板两端为随塔檐升起，于背面锯深35毫米的缝，使望板随着升起微折而不断，端头搭于子角梁上（图7-4-6）。

图7-4-6　0103塔檐飞子与望板

望板本应用钉子钉于飞子上，但现状基本无固定，有的钉子钉入很浅，有的由于柏木坚硬致使钉子钉弯，固定较差。自身固定不牢是其残缺的主要原因之一。

宋《法式》卷第十三《瓦作制度》“用瓦”条载：“凡瓦下铺衬，柴栈为上，板栈次之，如用竹笆苇箔……”板栈即望板，从觉山寺塔01层塔檐处望板可窥视辽宋时期望板，较后世明清仍有不足之处。

是否存在燕领板？

木构建筑飞子上望板前使用小连檐、燕领板，觉山寺塔01层塔檐檐头重唇板瓦底面距望板约有40毫米，望板前无连檐，燕领板可能钉在望板上，但前排望板仅余一块，未发现钉燕领板痕迹，不能确定原来是否钉有燕领板。但若同上部塔檐用麻刀灰堵抹燕窝，必定是不够牢固的。

八　砖飞

砖飞用砖规格为650毫米×180毫米×75毫米（粗绳纹7条），前端挑出部分长230毫米，飞头后端130毫米×75毫米，前端收杀为70毫米×60毫米，两侧面斜线内收，下面约距前端70毫米长度处，存在较明显的弧面卷杀。

砖飞为统一加工的相同形状，实际安装时，越靠近角梁者斜转越大，为保证飞头前端在同一直线，飞头后两肩其中一肩露出较多棱角，该处多被斫掉，使与椽上望砖前面相平，非另外制作的不同形状。

木椽、砖飞上均平铺望砖，使其承受的上部荷载匀布，并增强其抗剪、抗弯能力，这对于砖飞尤为重要。砖飞与望砖皆较长，二者叠砌后形成整体，保护了挑出较长而较为薄弱的飞头，使不易断裂。

九　反叠涩砖

塔檐上部用反叠涩砖收檐，02～12层反叠涩砖构造相同，用砖层数、规格基本相同，02～08层收退尺寸相同，09～12层收退逐层增大，01层反叠涩砖收退尺寸、用砖层数、规格不同于上部各层（图7–4–7）。

02～12层反叠涩砖共有四层，前部第一层为砖飞上的望砖，后面二、三层用砖为440毫米×440毫米×80毫米，第四层用砖360毫米×80毫米，12层檐偶有用650毫米×180毫米×80毫米的砖。01层塔檐最前

a. 01层塔檐反叠涩砖

b. 11层塔檐反叠涩砖

图7–4–7　塔檐反叠涩砖

部为望板，后面反叠涩砖四层，前面三层用580毫米×290毫米×80毫米的长条砖，第四层用440毫米×440毫米×80毫米方砖，叠压结构较上部各层加强。反叠涩砖整体叠砌舒缓，各层砖叠压很少，结构作用减弱，尤其上部09～12层收退尺寸增加，反叠涩砖的叠压长度就更短，由此也反映出椽子在塔檐结构中的重要作用。

反叠涩砖皆为荒砖，整体砌筑较粗糙，使用灰泥黏结，灰缝较宽，砌筑时各层砖均有轻微的泛水坡度，表砖仍为粗绳纹砖，内部为素条砖。反叠涩砖上表面在上层砖的外缘叠压位置均划线，用于控制该层砖露出长度和上层砖砌筑位置，砖飞上望砖在下表面划线，划线位置为椽上望砖外皮，主要控制挑出尺寸。01～12层塔檐反叠涩砖均斫掉前棱，使瓦面底瓦顺利通过，斫下的碎砖块有塞到各层反叠涩砖前，减少宼瓦时用泥，减轻塔檐重量。塔顶仅望砖后二层反叠涩砖斫掉前棱，并在其前放碎瓦片。塔檐反叠涩砖整体坡度比：01层约为1∶2，02～08层1∶2.4，12层1∶2.8。反叠涩砖后围脊下，02～12层砌一层440毫米×440毫米×120毫米的砖，01、13层用二层440毫米×440毫米×80毫米砖叠砌，高度较高，使瓦面空间较大，瓦面下灰泥较厚。

十　后世对01层塔檐的维修

1. 0105塔檐解体情况

本次工程对01层塔檐修缮解体过程中发现，0105塔檐及相邻的0104、0106塔檐局部瓦面、反叠涩砖与其他面不同，并且发现中部局部椽飞损坏严重，周围其他飞子、角梁后世进行过维修，详细情况如下：

（1）瓦面解体

0105塔檐上布满人为抛掷的碎砖瓦块，将这层碎砖瓦清理后，露出瓦面。瓦面瓦垄数为17垄，比01层其他面少一垄，瓦垄间距80～130毫米，瓦垄残长1米，蛐蜒档宽20～70毫米，左侧瓦垄向左偏斜严重，向右瓦垄逐渐变直，筒瓦全部松动，碎裂较多，板瓦下整体较空。宼瓦拙劣，左5垄筒瓦熊头朝上，右12垄熊头朝下，筒瓦后部较其他瓦面高。无明显捉节做法，夹垄左5垄为麻刀灰，麻刀含量较多，右12垄为麻刀灰泥，麻刀较少，夹垄灰似只是抹到筒瓦垄两侧，未轧，表面凹凸不平，结合亦松散。用灰泥瓦筒瓦，灰泥搅拌不匀，不坚实，有的筒瓦（010515）下用白灰结瓦，有的筒瓦（010509）凹面带有被火烧熏黑痕迹，筒瓦对接处无熊头灰；板瓦下宼瓦泥为灰泥，无滑秸，平均厚80毫米，最厚处达150毫米，较为坚实，灰泥内较多碎砖瓦，其中发现几片华头和重唇残块。宼瓦所用的灰泥和夹垄灰中多见纸筋灰，应当是修补下部椽头和一层塔身的剩料。瓦条脊0104为后世维修重垒，样式与其他瓦条脊基本相同，但垒叠粗糙，瓦条脊外侧勾抹麻刀灰，麻刀含量较多，与0105瓦面左5垄瓦垄所用夹垄麻刀灰相同，内部用灰泥黏结，灰泥中多小石块，瓦条脊整体黏结较坚实，后侧有一木棍，支撑在02层转角铺作下。瓦条脊0105完全残缺，后部也有木棍支撑在02层转角铺作下。

这部分瓦面在后世实施维修时应由两人施作，即左侧一人瓦0105瓦面左5垄、0104瓦面2垄瓦和瓦条脊，右侧一人实施0105瓦面右12垄和0106瓦面2垄瓦的补修。材料、做法都很粗糙，应不是专业工匠所做（图7–4–8）。

a. 0105塔檐瓦面

b. 瓦条脊0104

c. 瓦面局部

d.筒瓦瓦舌朝下

e. 夹垄麻刀灰

f. 筒瓦凹面炭黑痕迹

图7-4-8 0105瓦面

（2）反叠涩砖解体

瓦面揭取后，露出的反叠涩砖砌筑混乱与其他面不同，且反叠涩砖层数减少一层，砌筑粗糙，灰泥黏结较差、松散。过程中发现表层反叠涩砖与后部砖层不对应，继续对其解体，发现为后砌。约有半数反叠涩砖为半砖，后部对应的砖槎全部被凿断，尤其中部沿塔檐最内侧向下凿，呈一斜壁。反叠涩砖解体2层后，露出木飞和子角梁层。解体过程中，发现长350毫米木抹子一件（图7–4–9）。

图7–4–9　0105塔檐反叠涩砖

（3）拆除后世补修的木构件

0105檐面飞子和子角梁后世进行过维修。现维修过的飞头、角梁全部朽烂，中部5根飞子（010508～0101512）为松木，在塔檐根部对接到原柏木飞身，其余飞子，有4根未进行维修，10根采用斜搭掌榫榫接松木飞子；0104塔檐一根飞子用斜搭掌榫补接，一根直接对接，一根用铁条加长出残缺的飞头；0106塔檐2根飞子用斜搭掌榫接，一根直接对接；子角梁010402用斜搭掌榫接，010502直接对接，大角梁010501未进行维修，保留了火烧炭化面。

拆除后世补接的松木飞后，中部5根松木飞子下椽上望砖似是经重砌过，继续向下解体，揭取椽上望砖，发现下面中部5根椽子亦为松木，用相同方法对接到原柏木椽身，椽飞对接处均用一方钉斜钉入原柏木椽，压住松木椽飞后尾，但效果并不理想，原柏木椽较硬，方钉多钉弯。5根松木椽两侧烧毁的椽头（010506～07、010513～16）残损轻微，未进行更换，残缺部位附加长铁条和方钉，作为支撑物，用纸筋灰和灰泥抹塑出椽头残缺部分，前部在长铁条上固定挂钩可挂风铎。个别对接用的松木椽飞保留有一点火烧炭化痕迹（图7–4–10）。

至此，后世维修过的0105塔檐及相邻的0104、0106塔檐局部解体全部完成。

2. 对塔檐0105面解体得到的后世修缮信息

通过对塔檐0105面上部解体，发现大多椽飞、角梁等木构件被火烧过，后世进行了维修，维修范围：0105塔檐上部、与0105塔檐相邻的0104塔檐局部3根飞和0106塔檐局部3根飞，2根子角梁。

后世这次维修的思路方法是，首先对维修范围上部瓦面、反叠涩砖解体，然后在0105塔檐中部尝试找到整根椽飞，进而将这些毁坏严重的椽飞整根进行更换，或尽量向内深入，增加新更换椽飞在砌体内的叠压长度。而实际未找出整根椽飞，不能进行整根更换，塔檐叠涩砖多被凿断，对塔檐结构造成一定破坏，这次修缮十分粗糙拙劣。

后世维修具体分析：

（1）椽飞的维修

瓦面解体后，反叠涩砖解体时发现，约有半数的砖被凿断，由于中部椽飞被火烧毁坏严重，继续沿塔檐最内侧微内斜向下凿掉砖砌体至椽子层，将中部椽飞各5根锯断，用新制松木椽飞对接（无榫卯），对接

a. 中部木构件

b. 飞子斜搭掌榫接、角梁上部支顶木棍

c. 中部原椽飞锯断和砖砌体凿断

d. 椽头火烧碳化、纸筋灰补塑

图7-4-10　0105塔檐木构件后世维修情况

处用一枚长方钉向内斜钉入原柏木椽飞，压住松木椽飞；由于柏木较硬，方钉多钉弯，作用减弱。新制松木椽飞制作粗糙，局部存在火烧炭化痕迹，应为利用寺院火烧后的旧木构件制作（图7-4-11）。

但不论是想把中部椽飞整根更换，还是为了只接补椽飞头，尽量增加椽飞后尾在砌体内的压实长度，而将上部砌体沿塔檐内侧全部凿掉，这对塔檐结构造成了根本性破坏。

图7-4-11　0105塔檐后世修补情况

中部5根椽两侧椽子的残毁断面多留存有火烧炭化痕迹，残毁程度向两侧逐渐减弱。这些局部残毁的椽头仍能满足结构安全需要，未进行更换。附加长铁条和方钉，作为支撑物，用纸筋灰和灰泥抹塑出椽头残缺部分，前部在长铁条上挂挂钩可挂风铎。这部分修缮方法相对较好，最小干预，能够满足结构安全和外观需要，缺点是：a. 纸筋灰、灰泥与残存柏木椽头不能良好黏结，完全依附铁件骨架；b. 因修补位置在椽头，纸筋灰、灰泥易受风雨侵蚀，有的已经局部或全部脱落；c. 修补不够精细，抹塑外形不规整，若还要挂风铎，应将支撑铁件固定得更牢固。

中部5根飞两侧的飞子多采用斜搭掌榫榫接，个别用直接对接的方法，接补新制松木飞头。采用斜搭掌榫接补的松木飞头，搭接处前后用一短一长两颗卷头钉钉牢，二钉一条直线，松木柏木搭接处被钉劈，固定减弱；松木飞头制作亦不规整，搭接后尾高出原飞子10～50毫米，导致上部反叠涩砖不能按原形式重砌。

直接对接新制松木飞的，将残损的飞子锯断，对接松木飞，对接处无连接，飞尾约为挑出飞头长度的1.5倍或更短，但仅个别飞子修缮采用这种方法，无结构受力作用，也没有较大不良影响。

这些维修过的椽飞现残损严重，更换的椽子椽头糟朽劈裂，维修的飞子飞头全部残缺，存在折断的迹象，大多不似经过长时间造成的自然糟朽，可能是塔顶坠物将这些飞头砸断。

（2）角梁的维修

角梁共烧损3根，即子角梁010402、大角梁010501、子角梁010502，但只对两根子角梁进行了维修。

子角梁010502采用较薄的松木子角梁对接到原柏木子角梁，后尾用方钉钉牢，上部用木棍支顶到02层塔檐转角铺作下，压住后尾，防止倾覆；现松木子角梁残损劈裂严重，钉孔处松动，状况较差；而大角梁010501烧损严重，残短750毫米，似乎没有维修过，保留了火烧面。子角梁010402用新制松木子角梁与原子角梁斜搭掌榫接，后尾用铁钉钉牢，上部亦用木棍支顶到02层塔檐转角铺作下，现子角梁头已残缺。

这两根维修过的子角梁现残损严重，基本没有任何作用，可见维修的措施还是不到位，其思路还可行，但具体做法、选料粗糙，短期内又严重残损。

（3）重砌反叠涩砖

由于下部修补松木飞子高出原飞子上皮，导致上部反叠涩砖不能与原砖层对应，砌筑亦拙劣，灰泥黏结不牢，几乎是将砖块浮搁于塔檐，基本没有结构作用。

总 结

后世对0105塔檐全部及0104和0106塔檐局部进行的这次维修，是由于椽飞、望板、角梁被火烧损而进行的，木构件损坏后，瓦面前部亦倾掉，造成这部分残损严重。这次维修思路基本正确，主要对烧损的0105面塔檐进行了维修，其他面没有维修。但维修措施拙劣粗糙，也对塔檐结构造成了破坏。

维修木构件椽飞、角梁的木材选用松木，质软，不耐风雨侵蚀，长期暴露在外，短期就会糟朽；构件加工制作粗糙，措施不到位，反叠涩砖的重砌、瓦面宽瓦也十分粗拙。之后受到人为与自然带来的破坏，飞头、望板、子角梁头今已无存，瓦面随之残损严重。从这些修补措施和质量看，应非匠人所为，很可能是寺院内僧人自行维修。

结合寺院历史背景，清代康熙二十七年（1688年）以后，寺院被焚，砖塔亦受牵连。从残留痕迹来看塔檐的火势，0105塔檐木构件火烧炭化痕迹明显，尤以中部椽飞烧毁严重，火势由中部向两侧蔓延，通常也应是从下向上蔓延的，椽子先引燃，蔓延至上层飞子、望板，进而向两侧发展至角梁处，所以望板、飞头全部烧毁，幸而不久火势减小或被控制，未将一层塔檐木构件全部烧毁。寺院僧人随即自发组织进行维修，维修中使用了带有火烧痕迹的松木椽子，应当是这次寺内火灾的残存构件。寺院僧人的自行维修，反映出火灾后寺院经济一落千丈，寺内也仅剩几名守寺僧而已了。

十一　小结

辽代密檐塔塔檐的构成形式基本有四种：叠涩砖式、叠涩砖和瓦面式、铺作和反叠涩砖式、铺作和瓦面式。

叠涩砖式即塔檐用叠涩砖垒砌而成，密檐所有塔檐全部为叠涩砖结构的很少，通常见于小型砖塔，例：辽宁义县八塔子塔、北京房山云居寺老虎塔。较多密檐塔在01层塔檐用斗栱和反叠涩砖，上部各层用叠涩砖檐，例：山西怀仁清凉山华严塔、北京照塔、天津蓟县盘山天成寺塔、河北易县圣塔院塔、涿州永安寺塔、丰润天宫寺塔、辽宁阜新东塔山塔，遍布地域广阔，有的辽塔叠涩砖檐可能原覆瓦面，后来瓦面脱落残缺。

叠涩砖檐上覆瓦面的形式多在01层以上的塔檐采用，例：北京玉皇塔、河北蔚县南安寺塔、易县双塔庵北塔、辽宁朝阳北塔、义县广胜寺塔、抚顺高尔山塔等，其中部分塔檐瓦面或仅瓦筒瓦垄或用砖雕瓦垄模仿瓦面，例：辽宁朝阳青峰塔、兴城白塔峪塔、沈阳无垢净光舍利塔、开原崇寿寺塔等，多见于辽宁地区。通常01层塔檐覆瓦面，上部各层也覆瓦面，若01层檐上为反叠涩砖，上部各层亦为反叠涩砖，形式相同。

铺作和反叠涩砖式塔檐，檐下有砖构铺作，上部反叠涩砖收檐。例：山西大同禅房寺塔、北京戒台寺双塔北塔、刘师民塔等，全部塔檐皆采用的数量较少，多见于01层塔檐，例上举叠涩砖檐中的诸多实例。通常铺作上部多承托橑檐枋、椽飞、角梁等构件（不论塔檐上部是否有瓦面），檐下较完全仿木构，也有个别实例未表现，仅用叠涩砖过渡，例：北京戒台寺双塔北塔、天津蓟县盘山天成寺塔（01层檐）。

铺作和瓦面式是仿木构最彻底的一种形式，全部塔檐采用者数量较少，例：山西灵丘觉山寺塔、北京天宁寺塔、通州燃灯佛舍利塔、辽宁朝阳八棱观塔、吉林农安塔等，较多辽塔在01层采用这种形式，如上举反叠涩砖和瓦面式中的实例。

另通过上举诸多实例可知，辽代密檐塔01层塔檐多明显宽于上部各层塔檐，01层塔檐与高大的一层塔身相接，需要重点表现，是一层塔身与01层以上较简易塔檐之间的过渡环节。表现为构造丰富，高度较高，挑檐较大，通常是辽代密檐塔最精美华丽的一层塔檐。

第五节　密檐塔体空筒与木骨构架

一　密檐塔体空筒

1. 发现

密檐06层檐下四正面围脊砖处铜镜旁各存在一个方形孔洞，通向塔体内部，孔口160毫米×160毫米。0601、0605檐下的方孔位于铜镜的东侧，0603、0607檐下的方孔均位于铜镜的北侧，即两个相对的孔洞位于铜镜的同一侧（图7–5–1）。

现四个方孔口上方横压的一块条砖均断裂，0601孔口支顶有3片柏木片（规格：高160毫米、宽40毫米、厚约10毫米），由于上部条砖砌筑不当，建塔之时条砖已断裂，当时进行了支顶。孔洞内堆积较多的鸟粪、杂土、细小树枝，一次性塑料袋碎片等杂物。孔洞内部由塔体内的填馅砖砌筑，底面砖斜铺（例：0603孔洞），两侧壁砖均顺孔洞方向顺砌，顶部横压条砖，使用灰泥黏结。

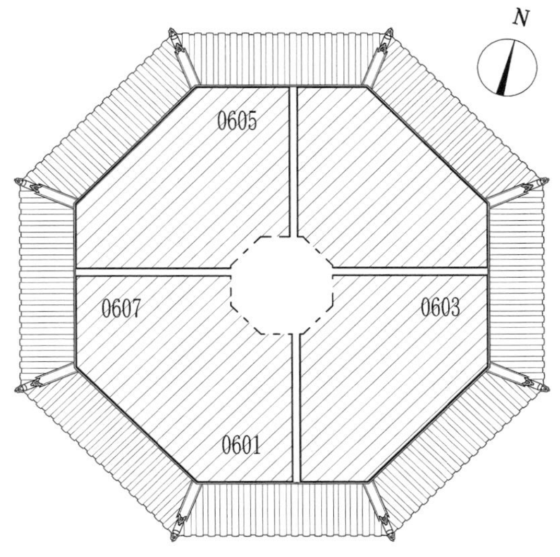

图7–5–1　方孔位置平面示意图

仔细观察，可发现分别从0601、0603、0605方孔望向对面可看到对面方孔透过的微弱的一点白光（0607方孔不能），但两两相对的方孔并不严格对直。使用强光手电顺孔洞可直接照到方孔内部正对的对面为一片砖壁。结合其他辽代密檐塔实例推测塔体内部可能存在小室或空筒（图7–5–2）。

a. 方孔0601

b. 方孔0607内部

c. 方孔0605对面砖壁和一点白光

d. 方孔0603内的一段木骨（高起部分）

图7–5–2　06层檐下方孔

2. 测量（粗测）

用一根长度能达到孔洞尽头的长竹竿，在其前端用铁丝拧一小钩，然后将一线坠（线足够长）挂到小钩处，后部的线用手握贴竹竿，使线坠卡牢。然后向孔洞内伸进竹竿，线坠随竹竿送入，伸到孔洞尽头处，把握牢的线逐步松开，使线坠缓缓吊下，直到下到底部，线不再送入为止。最后分别测量下坠部分和水平送入部分线的长度，即可知塔体内空间深度和塔壁壁厚。过程中，将线坠送到孔洞尽头时，停下测量一次水平送入线的长度，即塔壁厚度，测得为3.2米。把线坠吊至塔内空间底部时，测量线的总长度，减去水平送入线的长度，即得塔内空间由方孔至底部的深度，为2.6米。由此基本可知，密檐塔体内并非小室，而是较大的空筒。向下吊线坠的过程中，线坠并无碰壁，可说明空筒壁面并非垂直，空筒呈下粗、上细的形状。

3. 根据其他实例推测完整的空筒形状

对塔体空筒粗测所获信息有限，仅能得知下部的大致情况，而上部高度无法测得。根据现已知其他辽代密檐砖塔内部情况来推测觉山寺塔空筒整体情况。

辽代密檐砖塔塔体内为空筒结构的实例有：辽宁朝阳北塔、朝阳南塔、朝阳青峰塔、阜新东塔山塔、沈阳无垢净光舍利塔等。其中朝阳北塔、南塔塔体内空筒顶部均至12层塔檐（朝阳北塔在12层安置天宫），觉山寺塔密檐内部空筒应与朝阳二塔空筒相似，空筒顶部可能亦至12层塔檐。空筒整体形态为下部粗向上逐渐收细，顶部一般是叠涩平砌穹隆。

经作图分析，方孔处空筒直径2米，底部位于04层塔檐处，直径约2.2米，空筒总高约11.45米。由此得知的觉山寺塔空筒和塔体的比例与前举几例辽塔相似（图7-5-3）。

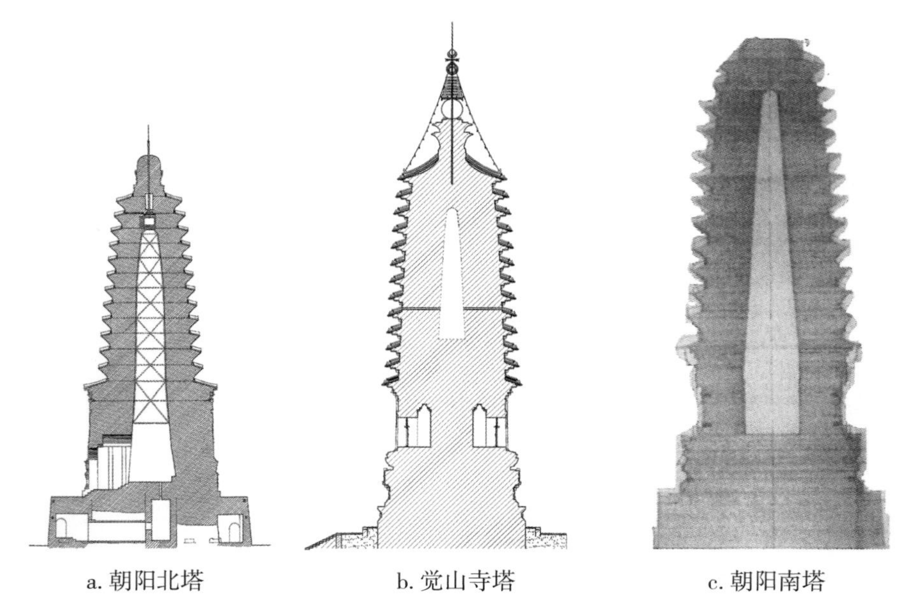

a. 朝阳北塔　　b. 觉山寺塔　　c. 朝阳南塔

图7-5-3　觉山寺塔与辽宁朝阳北塔、南塔塔体空筒比较

（a、c图片来源　张晓东：《辽代砖塔建筑形制初步研究》，博士学位论文，吉林大学，2011年）

很多辽代密檐塔塔体内部存在多种形状的空间，而多封砌，一般情况下无法探测，过去多认为是实心塔体。觉山寺塔在之前认为的勘察中密檐部分为实心结构，而本次工程修缮过程中发现塔体内存在空筒。经发掘的例子中不见塔体内全部砖筑或以其他材料填实的情况，因此"实心密檐"问题也应该重新认识[4]。从抗震技术角度来看空筒结构的砖塔，华北、西北和西南空筒结构的佛塔与地震带的分布有着一种对应关系，那么从抗震性能而言，空筒结构虽然未必完美，却可以看做是对抗地震的一种特定技术措施[5]。另外空筒结构砖塔的外壁厚度通常由上至下逐渐增大，是塔体结构逐级向下传压增加的需要，也有利于抗风、抗震。

4. 方孔的作用

密檐塔体为何要砌筑通向空筒的方形孔洞？首先，从方孔本身看，方孔前的1/4圆混砖和方孔内前部铺砌的稍高的砖块表面均存在明显的风蚀现象，说明方孔处通风顺畅。尤其对于砖质细密的辽砖，能够形成明显的风蚀，反映出方孔处空气流通较为迅速。所以，方孔具有通风作用。那么，塔体为什么要使用方孔通风？首先，塔体刚建成时，空筒内会产生湿胀气，方孔使空气流通会解决这个问题。其次，塔体建成以后，砖砌体及灰浆基本干燥后，塔体内与外界的空气流通，能调节塔体内部环境，减少潮湿等不良因素，使塔体内与外界环境基本一致，保持可自我调节的良好状态。

其他辽代密檐塔也多有在密檐塔身开方孔，例：辽宁阜新东塔山塔、河北丰润天宫寺塔、涞水西岗塔等，方孔皆与内部空间相通，具有通风和采光的作用。向上追溯历代砖构密檐塔，不难发现自北魏登封嵩岳寺塔至唐代西安小雁塔等诸多早期密檐塔，多有在密檐塔身开方孔，与塔体内空间相通。所以，觉山寺塔密檐塔身方孔反映了密檐塔在密檐塔身处开方孔的传统，并且其方孔位置与河北正定天宁寺凌霄塔（宋金）上部木构密檐塔身方孔位置相同，皆在围脊处。

二　塔体中的木构体系

1. 木骨构架体系

觉山寺塔密檐部分外观可见各层均设置有木角梁、木椽，01层还有木飞，这些木构件因良好的抗剪、抗弯能力在塔檐挑檐中发挥着重要作用，其作用不仅是承担和传递上部砖砌体与瓦面重量，还可压覆下部叠涩砌体，防止倾翻。

在对06层檐下方孔勘察时，发现方孔内存在一段木骨，0601、0603方孔内木骨比较明确可见，0607方孔内鸟粪堆积较多，似乎存在木骨（发现的木骨仅可见方孔宽度的一截）。木骨存在位置方孔被堵截，仅余上部一半空间，这几处发现的木骨均横置，基本处于同一平面，大致可交圈。由此可知，塔体不仅存在外观可见的椽飞、角梁等木构件，塔体内部亦应存在众多联结的木骨。

实际上，砖塔几乎无一例是完全不用木材的。造砖塔时皆须在砖砌体内施用大量木方、木板，利用木材柔韧性好的特点，增加塔的整体联结，同时改进砖砌体的受拉性能，提高砖塔的抗震能力[6]。关于辽代砖塔中的木骨构架，内蒙古呼和浩特万部华严经塔对此发掘和研究较深入。木骨架在万部华严经塔中的运用，以横向水平为主（竖向木骨仅在一层发现一两件遗存）。伸出塔外的角梁、二杪华栱及椽、飞等悬挑木构件，在塔内以不同的形式，在不同的部位与八角周箍木骨构架交叠联络或卯合结构，使得内外伸挑与八角周箍的木骨，形成一网状构架，同砖砌体联为一个统一的整体。木骨构架在塔体中起着骨架与筋络的作用，在砌筑体自重负荷不断增大所产生的对外胀力作用下，木骨构架可控制由胀力作用产生的受剪、扭动形变的缺陷，或减少到最小程度，在砌体中形成一道道力箍，紧紧地将砌筑体箍死，反作用于砌体的胀力扩散（相当于现代建筑中的圈梁），大大地增强了塔体的稳定性能，使得塔体自重的巨大荷载可按设计意图垂直传递到地面，承载受力的砖结构和木骨的水平稳定结构有机地结合。木骨构架及其悬挑构件在施工中兼有控制垂直、水平和逐层收退尺度的作用[7]。

万部华严经塔塔体内的木构架粗略地看与应县木塔木构体系存在相似性，尤其是铺作层木构，并且二者塔体内均存在“空筒”，铺作层木构件的排布较相似，概空筒结构的辽代密檐塔塔体内的木骨架也与之具有相似性。

觉山寺塔塔体内亦应存在木骨构架体系，新发现的塔体内的木骨位于塔檐围脊处（大致能形成交圈），不与角梁、椽子在同一平面，间距约为665毫米（距木椽）。另本次工程在13层塔檐椽子解体时未发现压覆在其上的木骨，其内部木骨构架的完整情况仍无法确定。

2. 木构件所用木材

全塔上下所有辽代木构件材质皆为柏木，并且椽飞、角梁为轴心材。所用柏木应在觉山寺周围山中获得，现今觉山寺后山坡仍残存有个别柏木根。后世补修的木构件为松木（红松、落叶松）。

木构件表面的制作加工痕迹

木构件外露部分基本不可见制作加工痕迹，而叠压在砖砌体内的部分制作痕迹较好地保存下来。本次修缮过程中，有对01、13层塔檐局部解体，发现木构件表面的制作加工痕迹，椽飞、角梁、望板中均存在，其中椽飞解体较多，发现的加工痕迹亦较多。

辽代椽飞、角梁、望板表面的制作痕迹基本相同，主要为砍斫和少量的铲削痕迹，未用锯解和刨子净面（图7–5–4）。

a. 椽子加工痕迹

b. 飞子加工痕迹

c. 望板侧面痕迹

图7–5–4　辽代木构件加工痕迹

清代康熙以后维修的木构件主要遗存于01层塔檐正北面及相邻的东北面、西北面局部，包括椽飞、角梁。部分椽飞用对接方式修补，将原椽飞锯断，断面留下锯痕。多数飞子用斜搭掌榫补接，原柏木飞榫接斜面粗糙，存在铲凿痕迹。

角梁处修补难以下锯，其断面痕迹应是铲凿形成。新制补修木构件制作粗糙、不规整，表面多有砍斫痕迹，也有少量锯解痕迹（图7–5–5）。

a. 飞子斜面铲凿痕迹

b. 补接飞子斜面痕迹

c. 椽子断面锯解痕迹

图7–5–5　清代维修木构件加工痕迹

3. 使用的钉子

塔体木构件处均有使用一些铁钉，辽代铁钉主要有翘头瓦件使用的个字钉（详见 本章 第三节 瓦件翘头处）、固定套兽的镊头钉（详见 本章 第三节 瓦件 套兽处）。翘头、套兽使用的铁钉断面皆呈长方形，铁质较硬，使易于钉入柏木。并且这些铁钉不易锈蚀，锈蚀主要发生在钉身与木构件表面相交的位置。

后世清代对01层塔檐维修使用的铁钉多为卷头钉，少量镊头钉，个别为两头尖的两入钉。这些钉子断面基本呈正方形，质软。0105塔檐中部椽飞直接对接松木修补时，用钉子顺新制椽飞后端向下斜钉入原柏木椽飞断面，以压住新补配椽飞，但大多遇到坚硬的柏木而钉弯，作用很小。斜搭掌榫榫接的飞子，在榫接处前后钉二钉，前端钉子较长，尾端折弯压住飞子，后端用钉较短，该二钉把飞子榫接处钉劈裂，实际作用较小。关于两入钉，可能原计划用于新旧椽飞对接处，但柏木很坚硬而松木较软，实际说明是不可行的（图7–5–6）。

图7-5-6　清代维修木构件使用的钉子

第六节　塔顶

塔顶为八角攒尖顶形式，中心垒砌刹座，刹座下部用围脊砖仿出围脊。塔顶覆筒板瓦瓦面，坡度和缓，几乎无囊度，瓦面转角设八条垂脊，垂脊前部插铁桩，用于牵拉塔链和固定贴面兽，上扣桩帽。瓦面下依次为苫背、垫囊砖、反叠涩砖各层。

一　现状

塔顶堆积散砖、灌木等清理完成后，露出塔顶瓦面。瓦面残损严重，瓦件多残缺，残存瓦件多破裂。残存筒瓦寥寥，板瓦较多，檐头瓦件全部不存。瓦条垂脊基本全部残缺，残存贴面兽二枚（T米S1305、T米S1306）和少量瓦条。瓦面下宼瓦泥酥松，失去黏结力，导致瓦件亦松散（图7-6-1）。垂脊前部铁桩松动，桩帽多滑落。另在本次修缮过程中，对塔顶反叠涩砖局部解体时发现，塔顶生长的灌木根系已经深入反叠涩砖砌体中，根系已朽烂，砌筑灰泥仍非常坚固（参见附表7-6-1）。

图7-6-1　塔顶清理后现状

二　瓦面

根据塔顶残存的瓦面可知：塔顶每面应有14垄筒瓦垄，瓦面坡长3.8米，檐口宽3.7米。瓦面转角处设瓦条垂脊，垂脊前部插铁桩，上扣桩帽。垂脊瓦条高度原应至桩帽下，其长度可根据残存贴面兽1305得知。贴面兽1305发现时，其固定铁钩后端环绕铁桩，由此可知瓦条垂脊的长度至贴面兽处，约铁桩前200毫米（图7–6–2）。另根据下部塔檐瓦面可知，塔顶瓦面檐头瓦件和垂脊前部亦有翘头、套兽等构件及其结瓦、安装方式。

图7–6–2　贴面兽1305

三　苫背

瓦面下苫背中上部较厚，约100～140毫米，局部较厚处达160毫米，下部较薄，约60～80毫米。现呈松散的黄土状，已无黏结力，其间树根纵横。苫背中未发现明显分层，也未发现滑秸，按其他层塔檐板瓦下宼瓦泥中多有滑秸，则塔顶苫背中原亦应有滑秸，现全部朽烂不可见。在两趟板瓦间泥较厚处，多放碎瓦片，作为较厚泥中的骨料，也可吸收泥中水分。在瓦面转角处苫背中，自刹座至铁桩，整齐地摆放两列残破板瓦，位于瓦面垂脊下方，应因脊部较重而宼瓦泥较软，放置板瓦片起支撑作用（参见附表7–6–2）。

四　垫囊砖

苫背下，在塔顶反叠涩砖之上浮搁一层砖块，夹杂少量碎瓦片，其主要作用应为垫囊，暂将这层砖命名为“垫囊砖”。垫囊砖既有残断砖块，也有很多完整砖块，有的经过磨制，多为荒砖，应为建塔施工过程中剩余的砖料和残次品。大部分为常见规格的条砖、方砖，部分为施工中产生的残坏砖块：刹座小莲瓣砖（样式08）、铺作栱头砖、135°角方砖、刹座莲台叠涩砖等。另存在较多板瓦片，少量华头筒瓦（样式01）残片、重唇板瓦（样式01）残片、辽白瓷残片等。砖块均浮搁在塔顶反叠涩砖上，无黏结。放置时，先放转角部位两列砖，再从上向下放中间砖块。整体因砖块放置方式不同，大致转角部位较厚，中间较薄，似有模仿木构屋面升起。中上部较厚，把反叠涩砖内凹陡峻处垫起，最上靠近1/4圆混砖处放小砖瓦块，较薄，使瓦面位于1/4圆混砖下。整体自上部最厚处向下逐渐减薄，最下部放置板瓦片。

塔顶反叠涩砖上部陡峻，下部平缓，（其上）放置垫囊砖使整体囊线变平缓。但浮搁的垫囊砖自身为不稳定因素，尤其是遇到较大地震的时候，易有位移导致瓦面松动。另垫囊砖与反叠涩砖之间有间隙，存在空气，是于灰泥不利的因素。究其原因应是塔顶最初的设计使反叠涩砖上部陡峻（整体囊度较凹），与瓦面所需囊度有差距。垫囊砖应是弥补塔顶上部反叠涩砖内收较大采取的措施，调整囊度和缓，主要用于垫中上部（图7–6–3）。

图7–6–3　塔顶垫囊砖

五　反叠涩砖

塔顶最下部为层层退进的反叠涩砖，前部坡度舒缓，收退迅速，后部陡峻，各层退进距离短，高度增加较快。其整体坡度比约为1∶1.7（夹角约30°），若将其分作上下二步，下步坡度比约为1∶2.6，上步坡度比约为1∶1，反叠涩砖的整体形状基本决定了瓦面的状态。（反叠涩砖共有19层，自上向下各层编为01、02……19，最下砖飞上望砖为第19层，角部铁桩均位于第17层砖）（图7–6–4）。

反叠涩砖表层用砖皆为带有粗绳纹的荒砖（除飞上望砖），使用灰泥砌筑，各层砖均略有泛水坡度，灰缝较厚。大多为条砖丁砌，较长的条砖多使用在下部（例：650毫米×185毫米×75毫米条砖）。内部填馅砖无粗绳纹，亦用灰泥砌筑，似各面顺各面方向垒砌，非上下各层纵横斜交错砌筑。

塔顶总高1.91米（约合辽尺6.5尺），约为下部塔檐层高1.475米（约辽尺5尺）加460毫米（约辽尺1.5尺，塔檐瓦面高度），又基本同01层塔檐高度（不含围脊）。

图7-6-4　塔顶反叠涩砖

六　铁桩、桩帽

塔顶垂脊前部均设置铁桩、桩帽（根据该构件作用，暂称为“桩帽”），共八组，铁桩通过垂脊钉入子角梁身，微前倾，角度大致与塔顶坡度垂直，上端开孔可连二三链扣钩挂塔链，下部贴面兽铁钩后端环绕铁桩固定，铁桩上扣桩帽。

1. 残损情况

现状有3条塔链（TL01、TL03、TL05）脱开，6个桩帽（除Z米05、Z米07）沿铁桩滑落，铁桩亦有不同程度松晃（TZ01、TZ05、TZ08晃动严重，可拔出，前后晃幅60毫米，左右晃幅约30毫米），下部子角梁存在不同程度糟朽，铁桩刚露出子角梁身处一段略有锈蚀变细。

2. 基本构造

铁桩，长约1.25米（塔顶反叠涩砖之上部分长830毫米），顶端断面55毫米 × 20毫米，向下收尖，为锻造。铁桩（断面）顺子角梁身钉入（深入约160毫米），钉入前，应先在（柏木）子角梁身剔凿适宜卯口，使铁桩既能钉入又能钉紧（柏木硬度大，若不剔卯口直接钉铁桩，难以钉入）。

桩帽，总高380毫米，壁厚5～10毫米，分作上下二段，上段高200毫米，φ180毫米，下段高180毫米，φ200毫米。上段大致呈桃形，向上收尖（尖长80毫米），下段圆筒状。于塔链连接铁桩通过桩帽处，开横长方孔75毫米 × 55毫米。桩帽为生铁铸造，表面存在三条铸造缝，概为防止浇铸不到位，均事先在范内铸造缝交点处放置铁质垫片，浇铸后与整体结合紧密。而上端尖部半数存在浇铸残缺，是在事后补铸，较为粗糙（图7-6-5）。桩帽下端应坐于瓦条垂脊最上层瓦条（比较平整的平面），若坐于合脊筒瓦上会不稳定。

图7-6-5　桩帽

3. 主要作用

a. 铁桩可固定塔链、贴面兽，脊头贴面兽后部用铁钩环绕铁桩固定。

b. 桩帽扣于铁桩之上，遮挡铁桩不受雨淋，防止雨水沿铁桩向下流入垂脊内（有时少量雨水会沿塔链流至铁桩），也能防止铁桩因受雨淋锈蚀。

c. 桩帽造型美观，装饰性较强，与塔顶融为一体。

铁桩与桩帽的配合使用，发挥了锻造铁与铸造铁各自的性能优点。锻造铁密实、有韧性，力学性能好，易生锈；铸造铁不易锈蚀，组织粗大，质脆。

4. 自身缺陷

塔链下端铁钩与铁桩上部链扣钩挂长度很短，概当时考虑使两者容易钩接起来，并使塔链略松，不紧绷，但钩接处较短会易脱开（在大风等因素影响下晃动剧烈时），现有2条塔链（01、03）从钩接处脱开。

铁桩帽仅靠铁桩高于塔链的一小段（20毫米）挂住，桩帽方孔上皮压在塔链上，易随塔链的晃动有振动，铁桩、桩帽因塔链带来的振动会导致瓦条垂脊松动。在垂脊残损后，桩帽易脱开挂住铁桩的一小段而滑落（即使在塔链仍勾连的情况下），现有6个滑落。

注　释

1. 傅岩：《宋代砖塔研究》，博士学位论文，同济大学，2004年。

2. 山西平顺天台庵大殿（五代）瓦面有使用兽衔环纹华头筒瓦。

3. 山西祁县晋商渠家大院建筑屋面吻兽同时有张嘴兽和闭嘴兽，因主人渠本翘为官，建筑吻兽有使用张嘴兽，寓意当官为民说话，也有使用闭嘴兽，寓意经商保守商业机密，不张扬财富。

4. 张晓东：《辽代砖塔建筑形制初步研究》，博士学位论文，吉林大学，2011年。

5. 徐永利：《外来密檐塔形态转译及其本土化研究》，同济大学出版社，2012年。

6. 傅岩：《宋代砖塔研究》，博士学位论文，同济大学，2004年。

7. 张汉君：《辽万部华严经塔建筑构造及结构规制初探》，《草原文物》1994年第2期。

第八章　塔刹

第一节　现状

塔刹上部、下部残损严重，中部铁刹件保存较完好，仰月宝珠以上的刹件完全残缺，仅留下少量痕迹；下部刹座塌毁严重，砖构件多散落塔顶（其间夹杂少量金属构件）；覆钵向下掉落，三个相轮向下滑落，大宝盖掉落在塔顶正南面偏西位置，其他部分小铁件也多有掉落塔顶。塔刹现状从下向上各部分依次是刹座、覆钵、相轮、火焰宝珠、钩挂塔链的小圆盘、小宝盖、仰月宝珠，各刹件间间以铁套筒，穿套于刹杆上（塔刹现存共有2个宝盖，将较大的宝盖称为大宝盖，较小的称为小宝盖，以区分两个宝盖）（图8–1–1）。

图8–1–1　塔刹残损现状

残损主要原因

自身原因：刹座砌体结构存在缺陷；铁刹件的材料特点、制作方式。

自然原因：明末天启六年闰六月灵丘县发生的七级地震对塔刹造成的破坏最大，其他有雨雪、大风、灌木杂草生长等原因。

人为原因：人为向塔刹射击，使塔刹铁件不同程度受损，留下较多弹孔。从弹孔看，射击大多从地面射向塔刹，一般应是20世纪60年代左右，当地民兵所为。

表8–1–1　塔刹残损情况勘察表

构件名称	残损情况	残损原因
刹杆	刹座内的一段（厚铁片间）略有裂开缝隙，对整体结构稳定基本无影响。	自身制作方式原因，加之刹座残损后露出刹杆受到风雨侵蚀。
刹尖宝珠	残存铜皮和铁条制作的铁件。	应有地震、大风的原因。

续表

构件名称	残损情况	残损原因
仰月宝珠	宝珠下部轻微沤损，略有残缺，整体略有歪闪。铁片存在少量锈蚀孔洞，2组弹孔痕迹（从下向上射击）。仰月完好。	宝珠下部易残留雨水，年代久远，风雨侵蚀；弹孔为人为射击形成。
小宝盖	平面铁片存在一些较小的锈蚀孔洞。小宝盖下套筒上部的部分锯齿断掉，使小宝盖略不平衡。	铁片较薄，平面易残存雨水，年代久远，风雨侵蚀。
火焰宝珠	宝珠下部略有锈蚀破损，并存在弹孔痕迹，内部积聚杂土。火焰较完好。	宝珠下部易残存雨水，年代久远，风雨侵蚀，风中夹杂的尘土落入宝珠内，加剧了锈蚀。
相轮	上部4个相轮保存完好，有一喜鹊窝，下部3个滑落，上数第7个相轮一根轮辐断开，个别处有弹孔。	覆钵、大宝盖向下掉落后，相轮下部套筒下落，失去下部支撑，上数第5、6、7个相轮中心圆形铁环较粗，铁楔子松落，导致相轮滑落。
大宝盖	完全从刹杆上脱开，掉落在塔顶正南偏西位置，是塔刹现存铁件中损坏最为严重的。大宝盖平面其中2/8撕裂将断开脱落，这2份中有1份已残缺，整体变形较严重。八个角处，原有吊挂的编结铁件，现存1个，后又发现6个，下面角部如意头形铁件有的残缺，有的折弯。外缘下边中间部位有三枚铆钉固定的铁片，下部均残缺。	刹座、覆钵残损后，大宝盖失稳下落，上部三个相轮亦松脱落到大宝盖上，大宝盖中心应卡在刹杆上，上部负荷较大，导致铁片撕裂，最终在转角处撕开，整体脱落。
覆钵	上部镂空图案铁片破损严重，底部铁箍断裂内凹，铁片破损较多，有5处弹孔，局部铁片略有扭曲变形。内部散落有厚约0.5米的刹座填馅砖，外侧铜镜缺失1面1509，2面单镜组铜镜背面磨损。	概原刹座坍塌后，覆钵随之失稳下落，因自身重量较大，下部铁箍撞断，内凹严重，铁片破损；而部分刹座填馅砖被套进覆钵，然后在覆钵内散落；上部镂空图案铁片概因较平，易残留雨水导致锈蚀。人为射击形成弹孔。
刹座	刹座残损严重，几乎全部倾圮毁坏，仅正西面保留稍多，自下向上为围脊砖、束腰、二层莲台叠涩砖，内部填馅砖保留较多，残存总高度至束腰以上第五层莲台叠涩砖位置。倾圮的砖块多散落于塔顶，种类有：条砖、方砖、围脊砖、1/4圆混砖、莲台叠涩砖、大莲瓣砖、小莲瓣砖。刹座周围生长灌木，残存部分结构松散，表砖与填馅砖无拉结向外鼓闪，整体结构松散，极易继续发生毁坏。	自身原因： 围脊砖全部顺砖垒砌，与填馅砖无拉结，之间填充灰浆，久之易形成空隙，使填馅砖、围脊砖各成一体，结构薄弱，当发生较大地震时，容易移位。围脊砖砌筑上下层不注意错缝，并且各层用砖基本保留原砖长，空余处塞小砖块；另围脊砖下满铺白灰，皆是对砌体结构不利的因素。 上部莲台叠涩砖基本全部使用方砖制作，挑出较大，与内部填馅砖拉结较弱。 地震原因： 明末天启六年闰六月灵丘县发生的七级地震对刹座破坏最大，莲台全部倾塌，之后上部的覆钵等铁刹件失稳。 灌木生长： 二棵较大灌木沿围脊砖与填馅砖间隙生长，生根于北面的那棵灌木经东面沿刹座形状弯曲从南面长出，盘根错节；南面的一棵灌木直接向上生长，应该说这两棵灌木最开始的生长空间就是围脊砖与填馅砖的间隙。灌木生长的地方，刹座表砖皆残缺（一般应是明末灵丘七级地震对刹座造成较大破坏后，灌木的生长又撑塌了围脊砖等表砖）。

续表

构件名称	残损情况	残损原因
塔链	八条塔链有两条（TL01、TL03）从下端钩挂铁桩处脱开，塔链01、02、03交绕在一起。 塔链05在上数第五个链扣处断开，上段残存一铁钩和四个链扣，长1.06米。 塔链上部链扣磨损。	一般应因大风天气塔刹晃动剧烈，加之下部固定铁桩松动和塔链下端铁钩钩挂距离较短，导致塔链崩脱交绕。 塔链05第五个断开的链扣断口非自然锈蚀，略呈光滑的圆弧断面，应为受到子弹射击而断。 塔链上部链扣与火焰宝珠、相轮多有接触，对链扣造成磨损。尤其是脱开、断开的塔链，上部完全依贴火焰宝珠和相轮，均有磨损，磨损最深达链扣断面一半。

第二节 塔刹复原

（塔顶清理情况，详见第十二章第一节）

塔刹复原的根本依据是残损情况和残缺构件的痕迹，在塔顶散落的塔刹构件清理完成后进行。塔刹中部铁件保存较完好，重点需对塔刹上部和下部残损严重的部分进行复原，需解决的问题主要有：刹座的形制、大宝盖的位置、相轮的数量、上部残缺刹件的规格和样式。因塔刹铁件保存较多，按照从上到下的顺序先进行铁刹件的复原，最后是刹座部分。复原过程中，二者亦有相互联系、推断。

一 刹尖宝珠

现塔刹最上端刹杆尖顶面呈圆弧状，中心有一凹孔，周围残存有铜皮和铁条制作的铁件，铜皮靠铁件插入凹孔固定，该位置原应存在铜皮制构件（图8-2-1）。通过调查同时代铁质塔刹，发现很多塔刹尖具有上部凸起、下部圆球形的构件，通常称作“宝珠”（也可暂称之为“刹杆帽”），例：山西应县木塔、辽宁北镇崇兴寺双塔、内蒙古庆州白塔等[1]。实例中的刹尖宝珠形状大多一致，下部圆球，上部凸出，规格比下部宝珠小。觉山寺塔在清理塔顶时，未发现铜皮残片，自身已知条件无法得知原刹尖宝珠形制，从类似实例看，觉山寺塔刹尖宝珠形制应与应县木塔刹尖宝珠最接近。

图8-2-1 刹杆尖残存铜皮、铁条

二 最上端套筒至刹尖宝珠之间

现存穿套在刹杆最上端的一个构件是铁套筒，套筒具有间隔铁刹件的作用，那么，最上端的这个套筒也很可能间隔了二个刹件（图8-2-2）。

在仰月宝珠上端、最上套筒上端对应的刹杆位置上均存在凹印（标记刹件位置），并且仰月宝珠上端处刹杆又有仰月宝珠上口摩擦刹杆的痕迹（图8-2-3）。现在最上端套筒以上刹杆上发现四处凹印（标记），

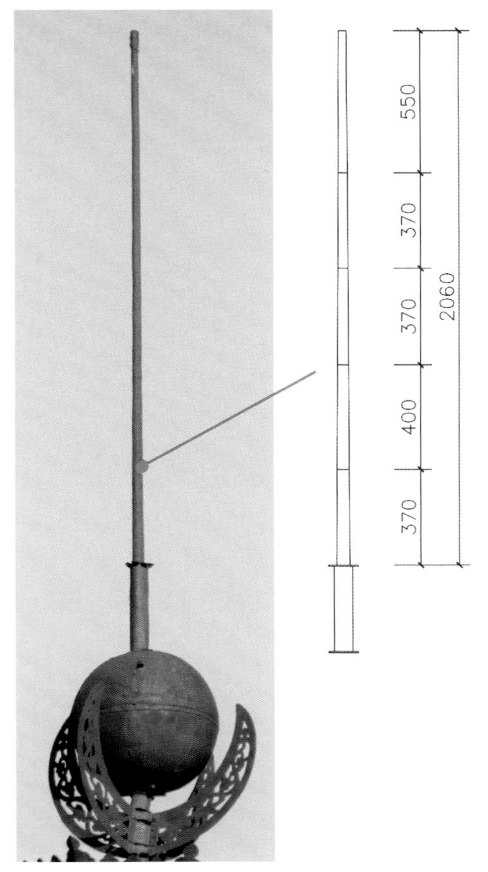

图8-2-2　塔刹最上一段刹杆及其凹印标记位置

a. 仰月内宝珠上端摩擦刹杆痕迹

b. 最上套筒上端刹杆处凹印

图8-2-3　凹印与刹件摩擦痕迹

但无刹件摩擦刹杆留下的痕迹。

现最上套筒至刹尖宝珠之间无任何刹件或刹件残留的铁片，塔顶清理出的铁片也皆属于其他刹件，现存保存较完好的辽代铁质塔刹，刹杆上部多满布刹件，尤其是与觉山寺塔邻近的应县木塔、蔚县南安寺塔，塔刹上部布满宝珠或小宝盖，从这些实例看，觉山寺塔塔刹上部原很可能存在宝珠或小宝盖。若如此，宝珠或小宝盖之间应有套筒，而套筒是不易残缺的。推测可能的情况是现存最上套筒之上存在一宝珠，宝珠之上存在小宝盖，小宝盖下无套筒，自身能固定在刹杆上或由宝珠承托，宝珠、小宝盖残缺后，亦无套筒残存。残缺的刹件如最上端刹尖宝珠那样，在塔顶亦未留下残片。以上仅为推测，根据现已知的情况不能确定原在最上套筒与刹尖宝珠之间是否存在刹件及其形制、规格。

三　相轮

相轮现存7个，上数第5、6、7个向下滑落，将这3个相轮暂时向上归位后，相轮整体从上向下直径逐渐增大，以100毫米为差值递增，整体呈锥形。这7个相轮之间间隔的套筒皆长230毫米，而滑落覆钵内的二个套筒长度分别为320、80毫米（图8-2-4），所以这2个套筒不位于相轮之间；另外，刹杆上无残缺相轮的残片，塔顶清理时，也未发现任何类似相轮残片的铁件。现存辽代金属制塔刹，相轮的数量多为5个或7个，并且整体向上等差值内收，例：山西应县木塔（5个相轮）、河北蔚县南安寺塔（7个相轮）、内蒙

图8-2-4　滑落覆钵内的二个套筒

图8-2-5　大宝盖转角吊挂编结铁件

古巴林右旗庆州白塔（7个相轮）（砖砌塔刹相轮有13个的）。综上，基本能够确定觉山寺塔塔刹相轮原有的数量是7个。

如果相轮原有9个，则第9个相轮直径为1.82米，比覆钵直径1.76米还要大，不符合辽塔塔刹覆钵直径大于相轮直径的一般规律，所以，相轮数量不可能是9个或更多。

四　大宝盖

大宝盖是塔刹铁件中损坏最为严重的，但通过残存部分基本能够得知其整体原貌。8个角处原吊挂的编结铁件（图8-2-5）现存1个，后又在塔顶清理时发现6个。编结铁件垂下的两端头打圆孔，用铆钉固定下面残缺部分，残缺部分应为较细小的铁件，可能为流苏状，易锈蚀而无一存留。外缘一圈向下外撇的铁片每边中间皆残存有3枚铆钉，固定残损的三角形铁片，下部残缺。原应因各边较长在中间又增加一如意头，塔顶清理时也发现较符合的如意头形铁片（图8-2-6）。

a. 下边中间三角形铁片

b. 塔顶清理出的如意头形铁片

图8-2-6　大宝盖中部局部残缺

大宝盖整体从刹杆上脱落，那么它原来应在什么位置？覆钵象征着释迦牟尼的坟冢，上部通常有宝盖来遮挡风雨、尘埃，所以宝盖应位于覆钵之上。辽塔金属制塔刹宝盖有的位于覆钵之上，例：河北蔚县南安寺塔、内蒙古巴林右旗庆州白塔；有的位于相轮之上，例：山西应县木塔；有的位于上部宝珠之间，例：辽宁辽阳白塔，都不位于覆钵之下。

觉山寺塔塔刹相轮至仰月宝珠部分刹件较完整，大宝盖不可能位于相轮以上，应位于覆钵与相轮之间，下部滑落的长320毫米套筒应间隔在宝盖与相轮之间，长80毫米套筒应在宝盖之下。上部八边形小宝盖下面直接由套筒承托，八角对向八方，下部大宝盖原也可能是套筒承托，或可能放置在覆钵上部开口形成的平面上，或二者共同承托，八边对向八方。另从宝盖的规格来看，放置在相轮与覆钵之间较合宜，上下二个套筒的长度亦合宜。

五　覆钵

覆钵自身残损严重，残损部分皆能以现存部分为依据，知其原状。残缺的一枚铜镜1509，在塔顶清理时发现。

上部的大宝盖位置明确后，覆钵位于大宝盖之下，其上口可承托宝盖，并且暂时归位后上口位置对应刹杆处存在凹印。塔顶清理时发现了应位于刹座最上面的小仰莲瓣砖，大多数具有覆钵和小仰莲瓣的辽塔塔刹，不论砖质或铁质，都是小仰莲瓣紧贴覆钵，例：山西应县木塔、河北易县圣塔院塔、双塔庵北塔、北京戒台寺双塔、玉皇塔、辽宁朝阳北塔、双塔寺西塔等，所以，覆钵下面直接放置在刹座上，周围环绕仰莲瓣砖（因覆钵最下一圈为素面铁片，宜被仰莲瓣砖遮挡）。

六　刹座

上部相轮、覆钵暂时确定位置后，覆钵底至刹座正西面残存的两层莲台叠涩砖垂直距离约为2.1米，存在较高的空间，所以刹座部分应该较为高大。塔顶散落的砖全部为刹座用砖，种类有：围脊砖、1/4圆混砖、条砖（表砖、填馅砖）、方砖（荒砖，推测为填馅用）、莲台叠涩砖、莲瓣砖（莲台叠涩砖用基本规格为435毫米×435毫米×75毫米的方砖磨制加工而成，一侧面为斜面，复原后知其为刹座莲台用砖，根据复原后其使用的位置、作用，暂命名为“莲台叠涩砖”）。

图8-2-7　刹座现状

1. 围脊砖、1/4圆混砖的砌筑

根据现刹座正西面的残存部分（图8-2-7），可知塔顶散落的围脊砖、1/4圆混砖的使用位置、砌筑方式，围脊砖顺砖垒砌8层，其上、下各用一层1/4圆混砖，整体仿围脊的形式，之上为条砖

砌筑的束腰。

2. 莲台叠涩砖、莲瓣砖的组砌

莲台叠涩砖侧面斜度大小不同，上下边长差10～140毫米不等，从该砖散落在塔顶的局部堆叠关系看，侧面斜度逐层增大，结合其他辽塔刹座实例可知，莲台叠涩砖的砌筑形式应是层层垒叠、叠涩悬挑，侧面斜度不断增加，砌筑后形成优美的弧线。

清理出的莲瓣砖有8种样式（图8-2-8），把具有相同特征（可组合在同一层）的莲瓣砖归为一类，大致可分为四类，第一类包含样式01、02、03，样式01、02造型端一面凹弧，一面圆弧，特征相同，样式03造型端一面斜面，一面弧面，与样式01、02特征相似，应有联系。第二类包含样式04、05，造型端一面平面，一面弧面，特征相同。第三类包含样式06、07，形状相同，由于规格差别较大，应各作一层。第四类包含样式08，其一面粗绳纹，一面为弧面，整体呈一单个小莲瓣（所以刹座共应有五层莲瓣）。

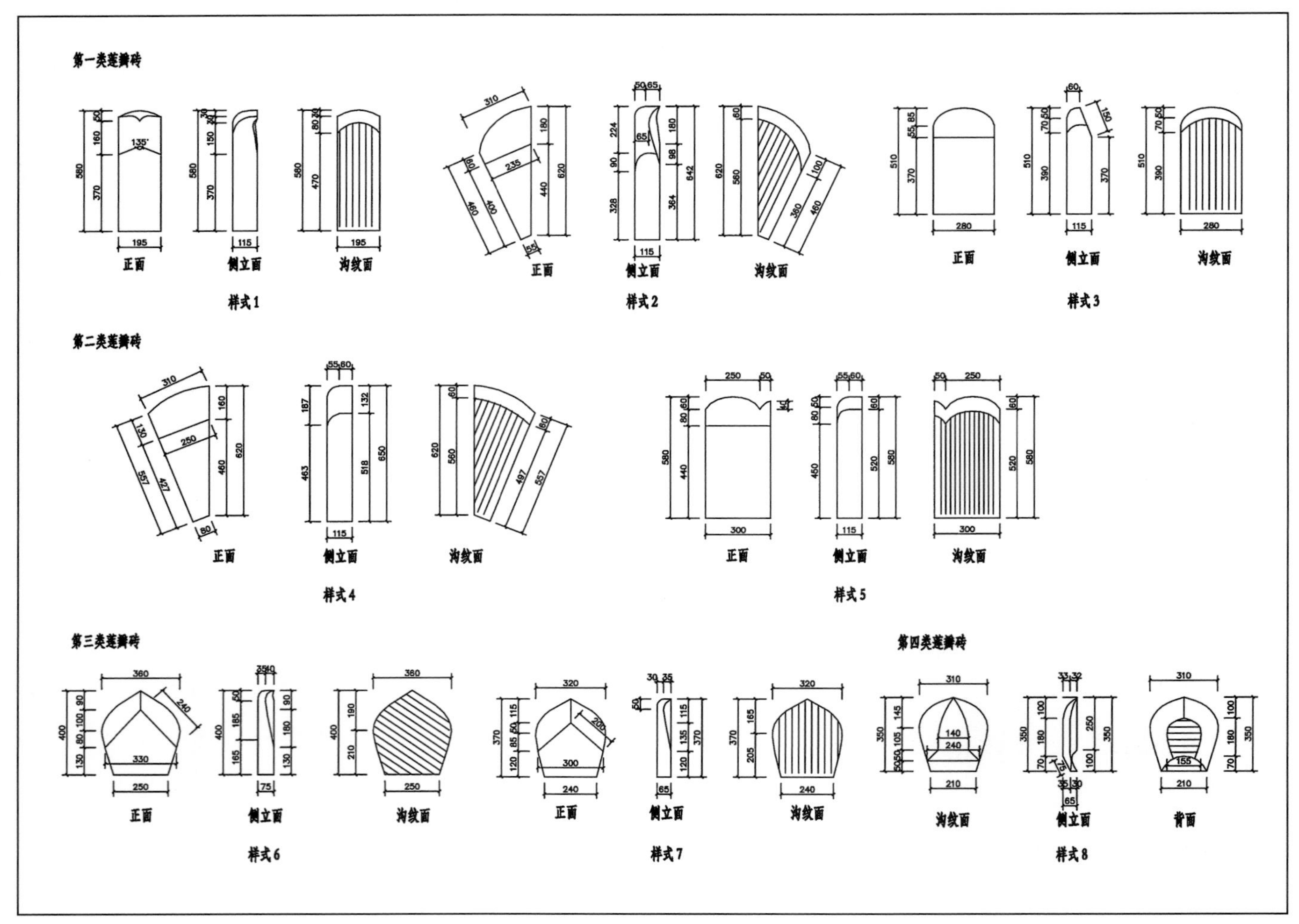

图8-2-8　塔顶清理出的莲瓣砖

第一类莲瓣砖

塔顶清理出的第一类莲瓣砖，为数量最多的莲瓣砖。经过多次拼对尝试，例：a. 把二块相对的样式2拼到一起，形成的莲瓣较尖，不自然；b. 样式4与样式1特征不同，不能拼对到一起；c. 二块样式2中间夹一块样式1外缘轮廓弧线完整，内面略凹造型亦能顺接起来，形成一个大莲瓣，位于八角形角部。莲瓣砖

a. 二块样式2

b. 样式4与样式1（右）、c. 样式2与样式1（左）

图8-2-9　第一类莲瓣砖拼对尝试

中样式01、02造型特征较多，能够先拼对出来（图8-2-9）。

莲瓣砖样式01和样式02拼合成一个大莲瓣，这些砖正面均有刻划线，可确定垒砌时的挑出长度，样式01上的刻划线夹角为135°，基本可确定这个大莲瓣位于八边形转角位置；样式03与样式02莲瓣砖造型端特征相同，斜面斜度相同，另一面为圆弧，其上划一直线，应位于大莲瓣之间，且样式03在塔顶01、04、05、07、08面均发现一块，仅08面又多一样式03残块，现推测在样式01、02拼合的大莲瓣之间用一块样式03莲瓣砖（图8-2-10）。通过作图，拼合形成一圈八边形莲瓣，莲瓣砖上刻划线形成的八边形对边径2.39米。

第二类莲瓣砖

拼对尝试：a. 将样式4拼到样式5左侧，边缘弧线不能顺接；b. 将样式4拼到样式5右侧，恰与样式5凸起的小角顺接自然（这样的处理手法，概在砖规格一定的情况下，增大角部莲瓣，减小边部莲瓣）（图8-2-11）。

样式04莲瓣砖外边缘弧度较大，对称的两块即可拼成一个大莲瓣，外缘弧线自然，平面上的划线形成135°角（中间不可能再夹一类似样式01的莲瓣砖），所以第二类莲瓣转角处用两块样式4莲瓣砖。其间对称用两块样式5莲瓣砖作两个小莲瓣，拼合一圈，形成24个莲瓣。作图知，莲瓣砖上刻划线形成的八边形对边径2.77米。

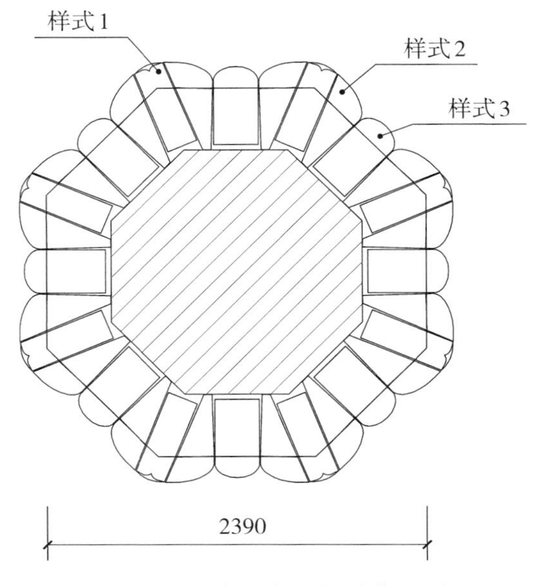

图8-2-10　第一类莲瓣砖作图拼对

第二类莲瓣砖拼合成的一圈莲瓣，基本正确无误，参考其

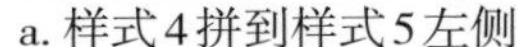
a. 样式4拼到样式5左侧

b. 样式4拼到样式5右侧

c. 莲瓣砖样式04、05拼对

图8-2-11　第二类莲瓣砖拼对尝试

他辽塔具有上下两层大莲瓣的刹座实例知，上下二层大莲瓣的莲瓣数量应是相同的，即第一类莲瓣砖拼成的一圈莲瓣中间亦应有2个小莲瓣（即2块样式03莲瓣砖），由此，拼合一圈八边形莲瓣，其上划线形成的八边形对边径为3.14米（图8-2-12）。

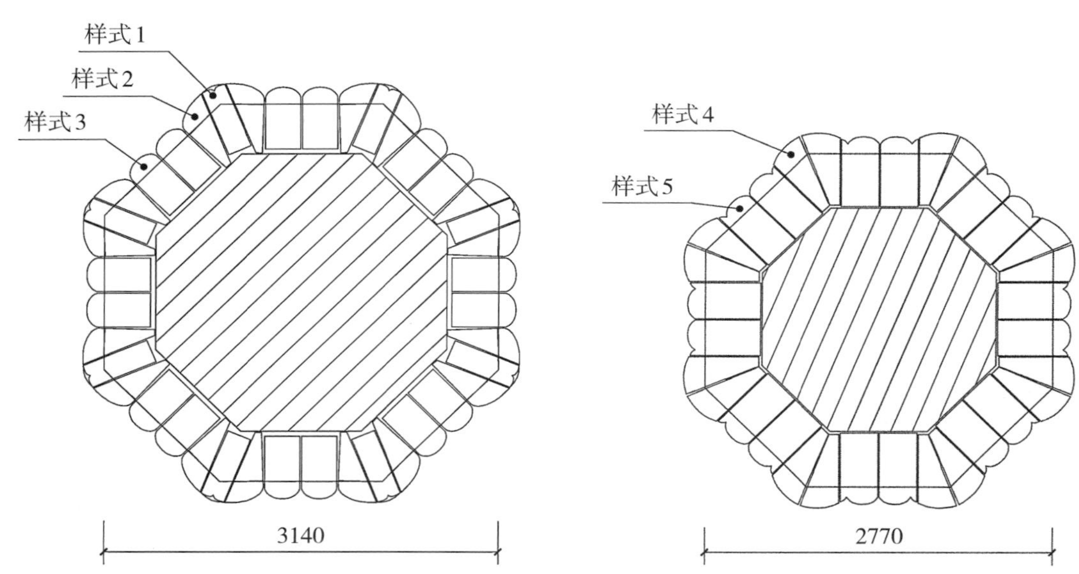

图8-2-12　第一类莲瓣砖（左）、第二类莲瓣砖（右）最终作图拼合

第一类莲瓣砖刻划线形成的八边形对边径比第二类莲瓣砖大370毫米，在刹座的二层莲台中应位于下层。参考山西应县木塔、北京天宁寺塔等辽塔刹座，觉山寺塔的上下二层八边形莲台应相互错开，即下层莲台八边对向八方，上层莲台八角对向八方。另从作图中得知，上层莲台八边形莲瓣外缘的对角径约同下层莲台莲瓣外缘八边形对边径。

以上两类莲瓣砖放置时粗绳纹面都不应处于看面，所以粗绳纹面朝上。第一类莲瓣砖前端下面为斜面或弧面，与上下边长差120毫米的莲台叠涩砖斜面斜度接近，可顺接起来（图8-2-13），说明大莲瓣砖应放置在层层出挑的莲台叠涩砖上面。第二类大莲瓣砖下面为平面，其下应顺接上下边长差140毫米的莲台叠涩砖较合适。

a. 样式2

b. 样式3

图8-2-13　第一类莲瓣砖与斜面砖顺接

第一类莲瓣砖下的莲台叠涩砖底部对边径2.084米（据现刹座残存部分），最上部划线对边径3.14米，之间从下向上垒砌多层斜度逐渐增大的莲台叠涩砖。第二类莲瓣砖下的莲台叠涩砖仅知最上部对边径为2.77米，应从上向下推知各层莲台叠涩砖。根据刹座束腰至（暂归位后）覆钵之间的距离，并主要参考应县木塔刹座，通过作图得出：第一类莲瓣砖下莲台叠涩砖共12层，最上层莲台叠涩砖上下面边长差120毫米，下层莲台各面出挑起点至挑出最远端连线与水平面夹角54°，为安全的叠涩结构角度。第二类莲瓣砖下莲台叠涩砖共用8层，最上莲台叠涩砖上下面边长差140毫米，上层莲台各面出挑起点至最远端连线与水平面夹角45°，亦为安全的叠涩结构角度。

第三类莲瓣砖

第三类莲瓣砖样式06、样式07规格差别较大，应各成一层。样式06根据其形状通过作图法，拼合一圈恰为12块，其十二边形对边径为1.744米（小莲瓣砖外缘）；样式07垒砌方式同样式06，经作图拼合一圈亦用12块，其十二边形对边径1.623米。

第四类莲瓣砖

第四类莲瓣砖，编号为 080801的这块莲瓣砖（图8-2-14），绳纹面粗糙，另一面弧形造型残存较厚的白灰，白灰的存在使这种莲瓣砖向上翘起且稳定，呈仰莲的状态，所以，第四类莲瓣砖为仰莲，粗绳纹面朝上，经作图拼合，一圈为12块，十二边形对边径为1.48米（图8-2-15）。

图8-2-14　莲瓣砖080801

图8-2-15　第四类莲瓣砖拼对

第三、四类莲瓣砖，大小接近，关系密切，应直接上下垒叠。

样式06、07、08三种莲瓣砖位于刹座最上部，皆各成一层，拼合一圈皆为12块，十二边形对边径逐层减小，样式08仰莲瓣应位于最上层，样式06、07应位于其下。样式06、07莲瓣砖应粗绳纹面朝下放置，另一造型面朝上，整体形成向上盛开的莲花瓣（与下部大莲瓣砖放置相反）。三层小莲瓣砖砌筑时应相互错开。其他辽塔中，亦见刹座用二层或多层小莲瓣直接错开叠砌，例：北京戒台寺双塔、通州燃灯佛舍利塔、河北易县双塔庵双塔、辽宁朝阳双塔寺双塔、凌海班吉塔等。

至此，塔刹刹座整体形制基本清晰，自下向上包括：围脊、束腰、莲台（二层）、受花（小莲瓣）四个部分。

3. 塔顶清理出的其他砖（表8-2-1）

表8-2-1　塔顶清理出的其他砖

	规格（毫米）	特征	使用　砌筑
条砖	390×190×60	荒砖 无粗绳纹	用作刹座内的填馅砖，砌筑时上下层纵、横、斜交错。从现存填馅砖来看，多有砌筑混乱。
	400×200×75	细磨砖 粗绳纹	应使用于束腰部位。
	580×280×75	磨面 粗绳纹10条	参考该规格砖在塔体其他使用部位：基座须弥座最上层、一层塔身南北门洞前部地面，推测该砖应为刹座上面的压面砖，具体位置应是莲台上下层大莲瓣砖之上。
方砖	440×440×70	磨面 粗绳纹	应为使用在束腰之下的一层砖。
	450×450×120	荒砖 粗绳纹16条	刹座莲台大莲瓣砖对应的内部填馅砖。

另在塔顶东南面上部（原瓦面下面）发现较多卵石形的砖块（图8-2-16），应是在刹座砌筑完成后，用来打磨刹座莲台叠涩砖的。直接砌筑好的莲台叠涩砖，局部难免有突出的边棱，用砖对磨后，莲台叠涩砖表面光滑、浑然一体（部分叠涩砖侧面略带凹弧），也掩盖掉白色的砖缝，追求浑然一体的效果，打磨用的砖磨成了卵石形。其他部位光滑平整的砖砌体表面也可能有用砖对磨。

图8-2-16　卵石形砖块

4. 柏木板

塔顶清理时发现五块糟朽的柏木板，残损的刹座上部覆钵下也压着一块柏木板，共有六块柏木板（图8-2-17）。这些柏木板皆糟朽严重，已不知其原来的规格、形状，现存较厚者达60毫米（表8-2-2）。覆钵下压着的柏木板应是自覆钵掉落下来之时就一直在这个位置，这里很可能就是它原来的位置。另在刹座下部的围脊砖内未发现柏木板。

通过以上信息基本可推测，这些柏木板原应在刹座莲台内，厚约80毫米一砖厚，由于刹座莲台出挑较大，内部需要柏木板压覆，（柏木板）亦有联系拉结的作用。

图8-2-17　塔顶清理出的柏木板

表8-2-2　塔顶清理发现的柏木板

序号	规格（毫米）	现状
1	550 × 180 × 40	外侧腐朽
2	230 × 70 × 30	干朽
3	880 × 120 × 60	干朽
4	480 × 130 × 40	外侧腐朽
5	320 × 80 × 25	外侧腐朽
6	370 × 50 × 30	干朽

5. 刹座铜镜

清理塔顶03、05、06、07、08面时均发现铜镜，07面发现二枚铜镜，其中一枚根据其后镜钮及固定铁件判断为覆钵残缺的那面铜镜1509，则剩余的铜镜每个发现面皆为一枚。根据这些铜镜背面残存的固定铁件，判定铜镜原固定在砖砌体上（类似密檐檐下铜镜），又因现存刹座正西面莲台叠涩砖以下部分无安装铜镜的插孔，所以，铜镜原应安装在刹座上部莲台，结合其他辽塔实例分析（辽塔刹座安装铜镜的实

图8-2-18　铜镜1403及其后固定铁件

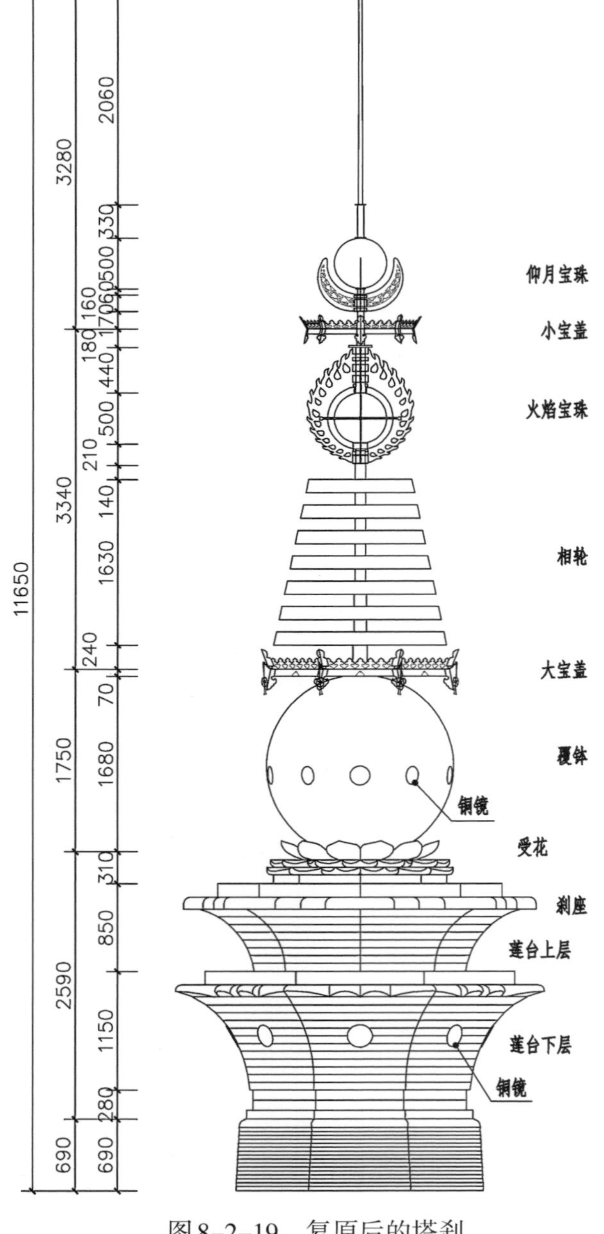

图8-2-19　复原后的塔刹

例有：内蒙古呼和浩特万部华严经塔、辽宁沈阳无垢净光舍利塔、锦州广济寺塔、北镇崇兴寺双塔、辽阳白塔等），确定铜镜具体安装位置为莲台下层中部（图8-2-18）。

小结

现存辽塔八角形刹座莲台分作上下二层的实例有，辽西京地区：内蒙古呼和浩特万部华严经塔、山西应县木塔、河北涞水西岗塔等；辽南京地区：河北涿州智度寺塔、涿州云居寺塔、易县圣塔院塔、北京天宁寺塔、戒台寺双塔、通州燃灯佛舍利塔等；其他地区：辽宁沈阳新民辽滨塔、辽阳白塔、北镇崇兴寺双塔、义县广胜寺塔等。这些辽塔刹座具有一个共同的特点：刹座束腰或须弥座以上，用莲台叠涩砖层层出挑，形成优美的弧线，最上置莲瓣砖，状如盛开的莲花，上下两层八边形莲台大多错开（觉山寺塔刹座复原的主要参考依据是应县木塔的刹座）。

觉山寺塔刹座的复原以塔顶清理出的刹座砖构件为根本依据，先探究其自身组合规律，再通过与同时代辽塔刹座对照，反复推敲，尽量复原到最贴近原刹座的状态。值得庆幸的是，刹座虽塌毁严重，但各类砖构件在塔顶均有保留，使刹座复原依据充足。

七　总结

塔刹的复原先进行了上部铁刹件原貌的探究，铁刹件原状较清晰之后，下部剩余部分就是刹座的空间。整个复原过程是先从塔刹自身残存的构件实物和残缺构件的痕迹出发，在塔顶散落的塔刹构件清理完成后进行，过程中参考了众多现存辽塔的塔刹，尤其是山西应县木塔（辽清宁二年，1056年）和河北蔚县南安寺塔（辽天庆元年，1111年）塔刹与觉山寺塔塔刹类似之处较多，参考价值很高，最终能够最优化地复原塔刹。塔刹复原自身根本性依据和可参考的实例皆充实，复原后更加接近原貌，价值较高（图8-2-19）。

复原后的塔刹自下向上各部分依次是：刹座、覆钵、大宝盖、相轮、火焰宝珠、挂链圆盘、小宝盖、仰月宝珠、刹尖宝珠，铁刹件用套筒间隔，贯穿刹杆。刹座包括砖筑围脊、束腰、二层莲台、受花四个部分，莲台下层各面安装铜镜一枚。覆钵为圆球形，中部安装十面铜镜。八边形大宝盖位于覆钵之上，外缘饰如意头。相轮共有七个，整体呈锥形。火焰宝珠以四翅火焰维护宝珠。挂链圆盘专门用于钩挂八条塔链，塔链上挂小风铎。小宝盖形制类似大宝盖。仰月宝珠由十字形仰月托抱一宝珠。最上端原应有一小宝珠，具体形制、规格仍不详。

该塔刹各部分皆具有特点，高刹座主体为二层莲台，受花与刹座结合，覆钵为圆球形，大宝盖位于覆钵与相轮之间，锥形相轮七层，四翅火焰宝珠，并有仰月宝珠。塔刹整体尖耸呈锥形，具有上冲霄汉的动感张力，繁复华丽具有较多辽地特点，与同时代宋地金属制塔刹差异较大。

第三节　各部分构造

一　各部分构造

1. 刹座（现存部分）

刹座现存部分高约1.4米，仅正西面表砖保存较多，其他面塌毁殆尽，暴露出内部填馅砖。从现存部分可知刹座下部具有围脊、束腰、莲台叠涩砖（仅存2层）等部分。

围脊部分使用围脊砖、1/4圆混砖等砖构件组砌模仿瓦条围脊，整体为八边形。围脊上下各有一层1/4圆混砖，下部模仿瓦条脊最下面的筒瓦瓦条，上部模仿扣脊筒瓦（概因条砖砌筑结构未收退）。二者在转角部位的组砌略有差别，下部1/4圆混砖转角处用二块砖拼对135°转角，上部1/4圆混砖直接用一块砖做出135°转角砖（八边形砖砌体转角处多用这种方式砌筑）。二层1/4圆混砖之间为八层围脊砖，每层砖中间略凹折，模仿二层板瓦瓦条，共仿出十六层板瓦瓦条。经仔细测量，排除局部砖块移位、变形等因素，围脊砖总高610毫米范围内收分值28毫米（约1寸）。围脊1/4圆混砖和围脊砖皆为顺砖垒砌，与内部填馅砖无拉结，二者之间填充灰泥浆和碎砖块，久之易形成间隙，使填馅砖、表砖各成一体（图8-3-1）。1/4圆混砖和围脊砖砌筑时上下层不够注意错缝，各层用砖基本保留原始砖长，空余处塞小砖块，砖下满打白灰，皆是于砖砌体结构的不利因素（围脊砖中间略凹折，上半部斜度较大、略高，下半部斜度小，因每层砖较下层砖略有内退，下半部收退总尺寸较大，下半部加灰缝厚度与上半部等高）（图8-3-2）。

图8-3-1　刹座表砖与填馅砖之间空隙

束腰下一层砖为拉结方砖，在刹座整体砌筑中亦是阶段性封顶层。束腰二层砖皆为条砖，灰缝较宽。

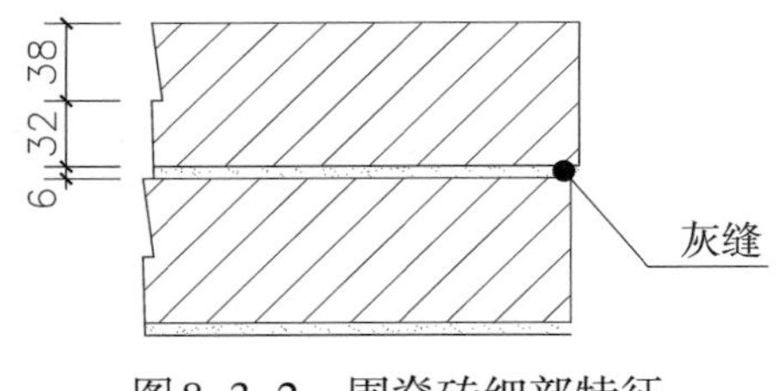

图8-3-2　围脊砖细部特征

现存莲台叠涩砖基本皆为方砖（435毫米×435毫米×70毫米），亦存在与内部填馅砖拉结弱的问题。

刹座内填馅砖基本全部为素面条砖（380毫米×180毫米×60毫米），灰泥砌筑，上下层有注意纵、横、斜交错砌筑，但不严格，局部砌筑不良，现整体较松散（图8-3-3）。

刹座现存部分残损严重，暴露出砖砌体砌筑用砖规格较多、诸多不良砌筑方式等砌体结构问题，条砖基本全部顺砖垒砌，使用方砖作拉结砖。

2. 刹杆

刹杆由4片长厚铁板锻打到一起，形成直径较粗的铁杆（图8-3-4），距刹杆尖7.96米处断面由下部的方形开始向上转变为圆形（该处位于覆钵内，刹杆穿套铁刹件的部分为圆形断面，刹座内的部分为方形断面），并逐渐收细。开始变圆处直径95毫米，刹杆尖直径约30毫米。仔细观察可发现，刹杆表面每隔一段距离即有一个凹印，现刹杆中部刹件保存较好，遮挡了刹杆表面凹印，而刹杆上部仰月宝珠以上和下部覆钵处的凹印仍可看到（图8-3-5），刹杆表面凹印略呈凹弧状，应由较钝的工具打印，为不至影响刹杆的坚固程度，不宜打印较深，具有标记铁刹件位置的作用，使安装刹件时有据可依，限定了刹件位置，时至今日有的凹印处又存在被铁刹件磨损的痕迹。刹杆尖顶部有一小凹孔，现周围残存铜皮，铜皮通过插进凹孔的铁件固定，此处原应有铜制宝珠。刹杆下端所达位置现无法探明，通常插入塔体内较深。

3. 覆钵

覆钵呈规整的圆球形，直径1.76米，约合辽尺6尺（覆钵直径1.76米为综合间接尺寸得出，直接测得中部周长得到的直径为1.742米）。上下端开口，上口直径340、下口直径680毫米，下口直径为2倍的上口直径，上口直径与大宝盖中心φ380毫米圆形铁片相配合，上下口垂直距离1.68米；上口较小，概仅有承托上部构件的需要，下口较大，使制作覆钵时，人能钻进覆钵内部操作，也使安装后的覆钵更稳定坐于刹座上。

图8-3-3　刹座内填馅砖

图8-3-4　刹杆下部

图8-3-5　覆钵上口附近的凹印痕迹

覆钵结构由10条主经、10条次经、8道纬构成骨架（经、纬指经向长条状骨架铁片和纬向长条状骨架铁片，简称经、纬），在经纬分割出的梯形框内用铆钉固定厚不足1毫米的铁片。主经通达上下两端，宽70～75毫米，厚1.5毫米，由2段组成，在中部端头铆三颗铆钉搭接；次经未达两端，长1.4米，宽60～65毫米，厚1.5毫米，亦由上下2段组成，在中部纬处对接。纬共有8道，其宽度从中间的80毫米向两端递减至50毫米，中间纬由五段组成，各段较长，在与主经相交处铆到主经对接；上下口纬为一整体圆环，无接缝，内侧边缘较厚；中间和上下口之间的纬皆在主经处对接，每圈由10段组成，每段长随主经间距，向上下两端逐渐减短。

8道横纬将覆钵竖向划分为7层段，各层在经纬分割出的梯形框内铆固铁片，最上层和最下层为素面铁片，中间5层铁片皆錾镂图案，共有5种图案，从上至下依次为，第二层铁片图案为四个如意头呈“十”字形相对接，简称“十字形如意头”；第三层有2种图案，应为“三股降魔杵”和“降魔铃”，二者交替排列；第四层2种图案为三叶忍冬纹，其一大致呈“桃心”形，另一大致呈“S”形，皆类卷草图案；第五层有1种图案，同第四层的“桃心”形三叶忍冬纹；第六层共二种图案，与第三层同，区别在于二种图案竖向同位置与第三层相错开。这些图案中间两层为三叶忍冬纹卷草类图案，再向两端两层为降魔杵、降魔铃，应具有较深刻的佛教意涵；这些铁片在结构上连接固定了经纬框架，使覆钵成为坚固稳定的整体，其作用犹在木楼阁大木构架铺钉木楼板；另不仅外观具有装饰作用，使覆钵显得玲珑剔透，而且对减轻自重和减小风荷也有明显效果（图8-3-6）。

覆钵各铁件叠压构造为纬压经，经压填充铁片，最关键的构件当属经，是覆钵的脊梁，支撑和承重的主要构件，横向的纬将经箍住稳定使不变形。

a. 第一层

b. 第二层

c. 第三层

d. 第四层

e. 第五层

图8-3-6　覆钵各层图案

覆钵表面共有10面铜镜，象征佛光普照十方世界，其中两面朝向正南、正北方向。铜镜皆用铁条穿过镜纽固定于次经中部偏下，镜面稍向下倾，概考虑到人从下向上仰观的视线。镜后镜纽有8面为双镜纽，铁条横向贯穿这两镜纽，绕到次经后围合固定，比单镜纽要稳固，竖向垂直两镜钮连线位置为两细长乳突，高约15毫米，可以防止下倾的铜镜与覆钵之间摩擦产生磨损（图8-3-7）；另外2面为单镜纽，铜镜较易滑动，镜后皆产生了磨损。

图8-3-7　双组铜镜的固定

试探究覆钵之设计。首先确定了覆钵整体的规格，直径1.76米，约合辽尺6尺，根据佛教义理和结构需要将覆钵在平面上均分为20份（应在计划之初考虑到安装十面铜镜），每份弧长276毫米，经向依此分布骨架（20根）。而纬向图案铁片的高度经实测上部3组为275毫米，下部2组为250毫米，275毫米可看作是由φ1.76米圆周均分20份所得，纵向分割影响了纬向的设计。上部3组图案较长，下部2组图案较短，应是考虑到人在塔下仰望覆钵时的视觉差。覆钵纬向共分作7层，同相轮的层数，应蕴含深奥的佛理。若将最上层去掉，则上口径为640毫米，约同下口径，上部和下部同样3层，将上口再加一层后，使上口缩小，结构得到加强，也有利于覆钵的稳定。上下开口使覆钵总高比整圆高度降低了80毫米，80毫米为一砖厚，也是现存最下一个套筒的高度（图8-3-8）。

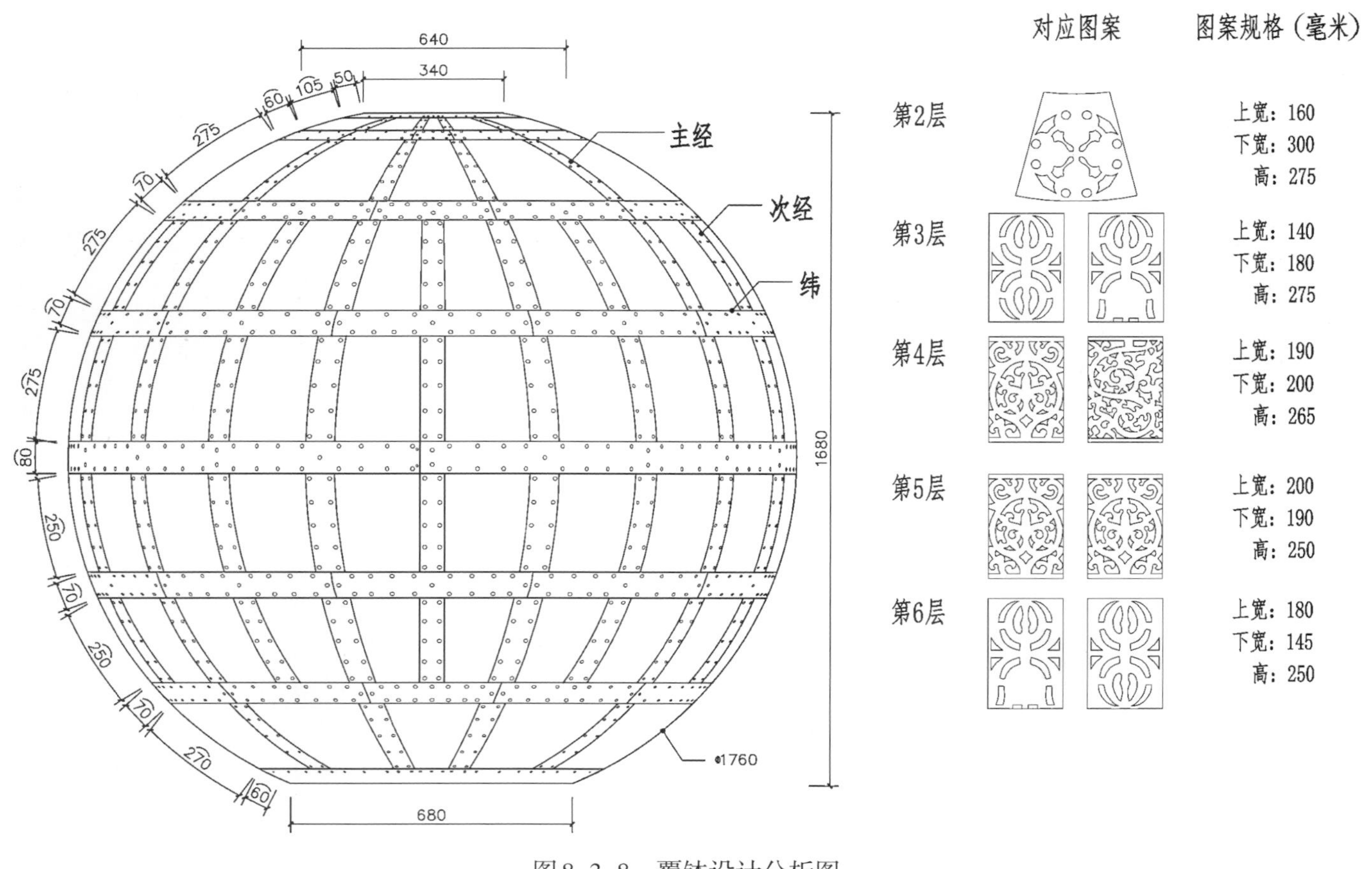

图8-3-8　覆钵设计分析图

4. 大宝盖

大宝盖位于相轮与覆钵之间，具有遮护覆钵的作用，其直径较覆钵略小，比相轮稍大。大宝盖平面八边形，八边对向八方，对边径1.68米同覆钵高度。中心为一φ380毫米圆形铁片，周围发散出八条宽70毫米长条铁片至八个角，长条铁片间各有一较短的横、纵向条状铁片，将两长条铁片间区域划分为三个梯形，分别填充厚不足1毫米的薄铁片。外缘有上下二圈饰如意头的围合铁片，与中心圆形铁片、条状铁片共同构成大宝盖的骨架，各部分由内至外依次叠压，保证了大宝盖上面平整美观（图8–3–9）。

边缘环绕的围合铁片，向上的为一圈仰翘的如意头，每边有五个完整的小如意头，转角处铆接一大如意头，突出了角部。向下亦有一圈外撇的铁片围绕，仅在转角处连接一如意头，每边中部皆残存有三枚铆钉，铆固残损的三角形铁片，原应因各边较长而在中间又增加一如意头，较为美观。

大宝盖八个角处悬挑出一细长铁件，前端弯成环状，用于悬挂编结铁件（通常古代仪仗宝盖边缘吊挂有流苏，此处吊挂带有中国结样式的铁件，暂将其称为编结铁件）。现存的编结铁件仅存主体部分，长约300毫米，下部略有残缺，主体是用一根经过绞拧的原方形断面的铁条编成，工艺精湛，与实际用锦绳编结的样式完全相同，将断面方形铁条绞拧即是模仿锦绳。其制作时，应是在铁条较软的状态进行，所以应一边加热一边编绕。编结铁件垂下的两端头打圆孔，用铆钉固定下面残缺部分，残缺部分应为较细小的铁件，可能为流苏状，易锈蚀而无存留（塔顶清理出的铁件中亦未发现符合的铁件）。该编结铁件现存部分造型与山西大同观音堂观音像（辽）下裙前压覆的编结裙带样式相同（图8–3–10）。

图8–3–9　大宝盖现状

图8–3–10　编结铁件（左）与观音像编结裙带（右）对比

5. 相轮

相轮共有7个，整体呈锥形，每个相轮大致呈圆台形，上口直径与下口直径相差约52毫米，相轮整体最上口径970、最下口径1.622米。相轮由三部分组成：中心圆环、轮辐、轮缘圆圈铁片。五根轮辐自中心圆环发散出来，其中一根朝向正南方向，圆环与轮辐直接锻打到一块，轮辐与轮缘圆圈用铁铆钉铆接。轮缘圆圈共有5片铁片组成，连接时，或两相邻铁片直接搭接20 ~ 30毫米铆接，或相邻两铁片长度不够搭接时，再附加铁片连接两铁片铆接（图 8–3–11）。固定的铆钉圆头帽均在内侧，外侧一头锤打成扁平头。轮缘圆圈宽130毫米，錾镂缠枝波状忍冬纹图案，单组忍冬图案长约300毫米，打錾面在轮圈内侧。七个相

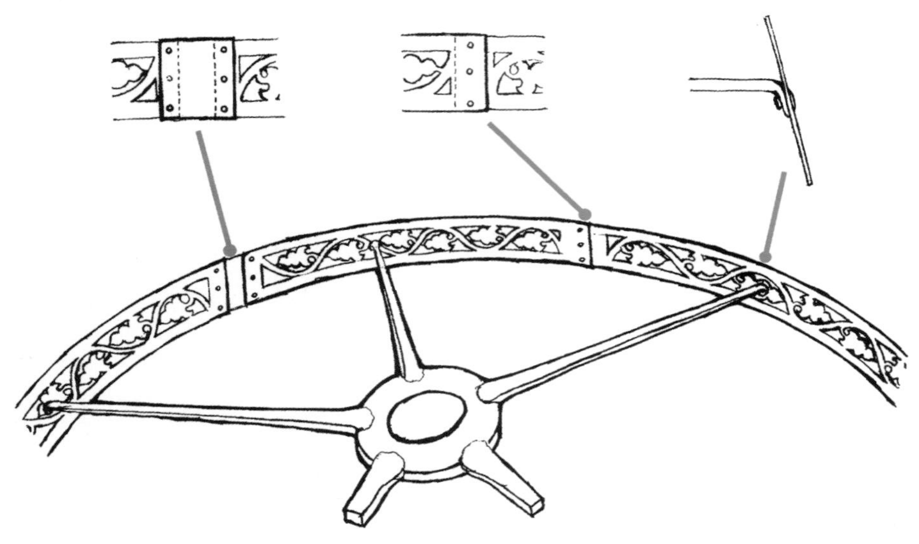

图8-3-11　相轮构造及连接点

图8-3-12　火焰宝珠

轮穿套在刹杆时，之间间隔长230毫米的套筒，并且在相轮圆环与刹杆间的空隙从上向下楔进长约75毫米的铁楔子进行固定。

6. 火焰宝珠

相轮之上为火焰宝珠，一颗宝珠位于十字形火焰内，被火焰围护。十字形火焰上部和下部用圆弧形铁片铆接，使四片焰翅形成整体，中部横向用长500、断面15毫米×5毫米的扁方铁条连接，每片焰翅竖向用断面10毫米×10毫米铁条贯穿宝珠上下连接，这些横竖向的铁条既连接了4片火焰翅，又对中心宝珠具有固持作用。每片焰翅由3段铁片铆接而成，比由一整片铁片制作更优；内侧边缘厚5毫米，有骨架作用，外侧边缘厚2毫米（图8-3-12）。

宝珠Φ500毫米，由上下口圆环、6道经和中间2道纬组成骨架，骨架间附铁片，形成圆球。圆球竖向被经均分为6份。横向可从中间分开上下两个半球，因此上下各需有一纬，下纬较宽，上纬较窄，上下半球对接不严格，经铁稍有错开。安装到刹杆时有一道经朝向正南，宝珠下部用一段铁片围成的圆圈支撑。

火焰宝珠各铁件间连接较多，结构巧妙牢固。

7. 挂链圆盘

火焰宝珠与小宝盖之间有一用于钩挂塔链的小圆盘，简称挂链圆盘。挂链圆盘基本为一圆形铁片，直径220、厚15毫米，距外缘15毫米处均匀分布八个小圆孔φ15～20毫米，八条塔链上部的铁钩钩挂于小圆孔处。与小宝盖间隔一长150毫米的套筒，与下部火焰宝珠直接接触，因八条塔链钩挂在此圆盘，负荷较大，圆盘应不会直接坐于火焰宝珠之上，给火焰宝珠带来较大荷载和塔链引起的晃动。概圆盘中心圆孔卡固于刹杆上，防止圆盘下滑，可直接承受塔链带来的负荷，亦利于发挥塔链对刹杆的拉固作用（图8-3-13）。

8. 小宝盖

八边形小宝盖边长385毫米，对边径930毫米，整体造型、构造与下部大宝盖相似，放置角度与大宝盖错开，八角对向八方。中心为一φ340毫米圆形铁片，向外放射八条宽50毫米长条状铁片，外边缘由一

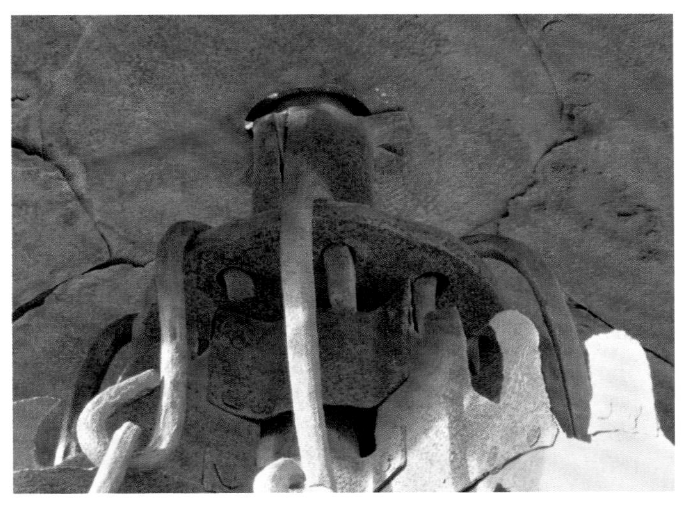

图8–3–13　挂链圆盘

图8–3–14　小宝盖

圈如意头造型的铁片围合，以上这些铁片均较厚，构成小宝盖的骨架，骨架之间梯形部分填充较薄的铁片，厚不足1毫米，均从下面附着，保证上面的平整美观。小宝盖边缘一圈如意头形铁片向上仰翘，每边三个小如意头，转角处用一较大的如意头形铁片连接，突出了角部。边缘亦有一圈略外撇向下的铁片，仅在转角处垂一较大的如意头。小宝盖下靠一套筒支撑，套筒上下两端皆张开齿状铁片（图8–3–14）。

9. 仰月宝珠

仰月宝珠可分作仰月和宝珠两部分，十字形仰月内托一宝珠，整体构造类似下部的火焰宝珠。仰月内宝珠与火焰内宝珠规格、做法完全相同，并且亦有经朝正南北向。宝珠下与仰月间间隔一段高60毫米的短套筒（图8–3–15）。

十字形仰月由4片牛角形铁翅围合，4片翅朝向四正向，相对的2片形成一仰月，仰月内侧弧线基本呈半圆形，外侧弧线具有向外张力，上部很快向内侧收回，整体形状环抱宝珠。仰月整体构造似下部火焰，只是上部不闭合，相对略简。单片仰月翅厚约3毫米，长约500毫米，下部宽160毫米，向上收尖。仰月翅下部之间有三道1/4圆圆弧状铁片铆接，使四片翅形成整体。仰月翅内錾镂与相轮相同的忍冬纹图案，整体呈波浪状，四片翅的忍冬叶皆朝内聚拢。

仰月下与小宝盖间间隔一长170毫米的套筒，仰月宝珠之上残存一长330毫米的套筒。

10. 套筒

套筒是穿套于刹杆的筒状铁件，主要具有间隔铁刹件的作用，据其形制暂命名为套筒。套筒由一片厚约2毫米的铁片卷制而成，上下两端平展呈锯齿形，增大与刹件的接触面，具有间隔、承托刹件和传递荷载的作用。套筒长短不同，根据刹件间距需要而定。部分刹件自身可固定于刹杆上，基本不需套筒承托。部分刹件自身不能在刹杆上固定，则需套筒承托，当连续几个刹件全部由套筒承托时，刹件中心和套筒上下挤密起来，形成比较独立的结构，向下传递重量，刹件中心部分和套筒皆承重并传递重量。刹件中心以外的部分，能够自持即可。这种刹件间间隔套筒的做法，对铁刹件总体的稳固和刹件自身的稳定皆有利（图8–3–16）。

图8-3-15　仰月宝珠

图8-3-16　相轮间套筒

11. 塔链

塔刹八条铁链上端挂于小宝盖下的挂链圆盘，下端钩于塔顶的铁桩。单条塔链长约10米，除两端铁钩中间有41～48个链扣（多为45个），单个链扣长约200毫米。因各链扣长度略有差异，所以各塔链链扣数亦有差别，主要通过下端铁钩长度（和铁桩头两个短链扣、短钩）调整总长度合宜。塔链每隔3～4个链扣挂一风铎，每条挂有8～11个不等。

塔链对塔刹整体稳固发挥着重要作用，塔链略松、不绷紧，大风天气时，塔刹可有一定幅度晃动，轻微的晃动，刹杆自身可复位，当晃动较大时，塔链便发挥作用。塔刹上端的晃动牵引塔链，逐步传导至下部铁桩，由铁桩拉住塔链，阻止塔刹晃动过大。若该处塔链紧绷，塔刹略有晃动即传导至铁桩，使铁桩频繁被拉动，较易造成松动。外观上略松的塔链整体呈一和缓的弧线，亦美观。

二　制作及组装

1. 铁刹件的制作

塔刹仅刹杆尖残存有铜皮，其他部分全部为铁质，铁件基本全部为锻造而成（除塔链风铎为铸造），其优良的构造和高超的工艺，使铁刹历经九百多年风雨，保存至今，成为现存辽塔铁质塔刹保存相对完好的珍贵实例。

锻造的刹件各基本组成部件根据规格、形状可分为铁杆、铁片和铁条。铁杆主要是刹杆，刹杆从下部方形断面部分可知由四片厚铁板锻打到一起，形成较粗的方形断面，至上部铁刹件处断面转变为圆形，便于各刹件穿套于其上。刹杆长度很长，中间必有锻打搭接处，但经过仔细观察也未发现。灵丘当地每年大风天气较多，塔刹晃动较大，而刹杆未折断，反映出其优良的韧性和锻接牢固，此处较铸造铁具有优势。刹杆现状基本完好，仅刹座内的一段厚铁片间略有开缝，对整体结构基本无影响。

铁片是塔刹使用最多的铁件类型，根据形状、厚度、作用不同可分为填充作用的铁片和骨架作用的铁片。填充作用的铁片在覆钵、大宝盖、宝珠、小宝盖等部位多有使用，多呈片状，厚度基本不足1毫米，且仍可见局部的分层现象，说明其应经过反复叠压锤打。骨架作用的铁片厚约1.5 ~ 3毫米，多呈长条状，使用于覆钵、大宝盖、相轮、火焰宝珠、小宝盖、仰月宝珠等，其中不仅包括覆钵、宝珠的经纬骨架，宝盖平面上的纵横长条铁片、相轮外缘轮圈、宝盖边缘如意头、火焰宝珠的火焰翅、仰月宝珠的仰月翅也均应看作具有骨架作用。另刹杆各刹件间的套筒也属骨架铁片。骨架铁片并非很厚，却能够支撑起刹件，完全得益于其具有支撑结构的组合形状，各铁片相互连接，组合成稳定的刹件骨架。

较多骨架铁片、填充铁片均錾镂图案，打錾面在内侧，外面平整，铁片打錾断面略呈斜面。錾镂图案的刹件外观精美、玲珑剔透，并且能有效减轻铁件重量和风荷载，该铁刹整体或许以轻薄而坚固取胜。

铁条类铁件整体呈长条状，断面方形，主要使用在相轮、火焰宝珠等处，用于相轮的轮辐、火焰宝珠纵横向的连接铁条。另塔链链扣、铁钩也可看作是用铁条制作成。这些铁条均较粗，具有骨架或加强结构的作用。

铁刹件多属异型构件，形状复杂，覆钵、宝珠为规整的圆球形，相轮外缘轮圈上口小、下口大，大致为圆台形，这些铁件均制作规整，无扭曲变形，对其形状的控制难度较大，可见铁件制作工艺精湛。

2. 铆钉工艺

基本组成铁件的连接主要使用铆钉工艺，局部铁件（主要是铁条）直接锻打到一起。

铁片之间、铁条与铁片间的连接基本皆使用铆钉工艺，覆钵、大宝盖、火焰宝珠、小宝盖、仰月宝珠基本组成铁件全部用铆钉连接。相轮轮辐与外圈铁片用铆钉连接，轮辐与中心圆环直接锻打在一起，另塔链链扣也是将铁条锻打闭合。

铆钉工艺的做法是将需要连接的两铁件先打出φ5毫米小圆孔，然后将铆钉贯穿其中，大多规整的圆头在内侧，另一头在外侧锤打成扁平头。

铆钉不仅可以连接铁件，也可以加固铁件的薄弱处，主要使用在铁片处。某些部位的铁片（例：大宝盖、覆钵）制作时产生了裂纹或分层，在这些部位打一二铆钉，或在铆钉内侧增加一方形小铁片，可以对其加固。经过加固的部位至今未出现损坏，说明这种措施作用良好（图8-3-17）。

a. 外侧

b. 里侧

图8-3-17　大宝盖处的铆钉加固

3. 施工及刹件组装

（1）立刹杆

立刹杆至迟在砌筑13层塔檐砖飞、望砖层时进行，因塔顶发现的脚手架孔下端基本在此位置，塔顶的脚手架是为塔刹施工而支搭。但刹杆也有可能在刚开始砌筑13层塔体围脊砖时立置，借助外架进行。

（2）垒砌刹座

（详见第十三章 第一节）

（3）铁刹件吊装

铁刹件的安装利用塔顶支搭的脚手架进行吊装，依次穿套于刹杆。覆钵是最重的刹件，直接坐于刹座上；大宝盖较可能直接放置于覆钵上口；相轮安装时在刹杆与中心圆环之间有从上向下楔进去的铁楔子，自身能固定于刹杆上；上部火焰宝珠、小宝盖、仰月宝珠自身不能固定于刹杆上，依次叠压；最后在刹杆尖安装铜制宝珠。铁刹件间均间隔套筒，若刹件叠摞挤密，则重量可沿套筒向下传递，最终传至刹座，减小刹杆受力。铁刹件最重、规格最大者位于下部，放置于刹座上，上部刹件的重量、规格均逐渐减小，主要靠刹杆承受。

第四节　塔刹之设计

塔刹各部分的基本形状为八角形和圆形。覆钵、宝珠皆为圆球形，相同的形状重复出现，形式一致，形成节奏、韵律。七个相轮呈圆环状，为另一种形式的圆。刹座、大小宝盖为八角形，不同的材料、结构呈现不同的特点。刹座二层八角形莲台相互错开，二个宝盖亦相错，整体四个八角形连续错开。局部增加少量其他形状，火焰、仰月皆为十字形，受花三层小莲瓣为十二边形。

在塔刹的设计中更精确地体现出八角形与圆形的作图比例关系，因八角形内作内切圆，再作内接八角形，与（相同的）八角形中直接作内接八角形，二者所得八角形大小相同，若只是从作图角度考虑，可省略作图过程中的圆形，只作八角形。并且塔刹设计也兼采用整数尺寸和简洁比例关系（图8–4–1）。

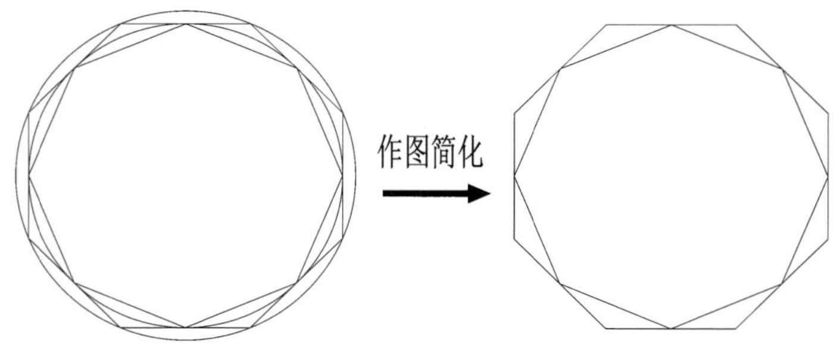

图8–4–1　八角形与圆形作图简化

基本尺寸

塔刹总高11.65米，刹座高3.28米，围脊砖底部对边径2.32米，下层莲台对边径3.42米；覆钵高1.68米，直径1.76米；大宝盖对边径1.68米；相轮总高1.63米，最下一个相轮直径（下口径）1.622米；宝珠直径500毫米；小宝盖对边径930毫米。

一　竖向尺度

（1）塔刹整体高约为辽尺39.5尺（约4丈），各部分高度也基本符合整数尺寸，刹座莲台高约为8尺，围脊砖高约2尺，覆钵直径约为6尺，相轮总高约为5.5尺，仰月宝珠高约2.5尺，仰月宝珠之上套筒以上刹杆高约7尺（图8–4–2 a）。

（2）塔刹总高=7倍覆钵高（1.68米），并且覆钵基本位于总高7个覆钵中下数第3个覆钵位置，火焰内宝珠位于上数第3个覆钵中心，大小宝盖皆位于覆钵高度整数倍位置，刹座总高约为2倍覆钵高，大宝盖至小宝盖间距离约为2倍覆钵高，小宝盖至刹杆尖约为2倍覆钵高。

（3）以塔刹总高11.65米为直径作一大圆，其内连续作内接八角形24次，第24次所作八角形内切圆直径同覆钵直径（作图与实测覆钵直径皆为1.742米，但经综合分析覆钵直径理论值为1.76米较合宜）（图8–4–2 b）。

（4）铁刹件部分高（8.37米）∶塔刹总高（11.65米）=1∶$\sqrt{2}$（吻合度98.4%）（图8–4–2 c）。

（5）铁刹件部分高（8.37米）∶刹座高（3.28米）=2.55∶1。

（6）锥形相轮整体轮廓两侧斜线向上延长相交，交点基本位于仰月内宝珠上端，二斜线相交形成的夹角为22.5°，为正八角形每边中心角45°的1/2。

（7）现存最上部套筒之上370毫米位置，刹杆表面有凹印标记，并且又是整数尺的位置，这个位置原很可能存在构件。

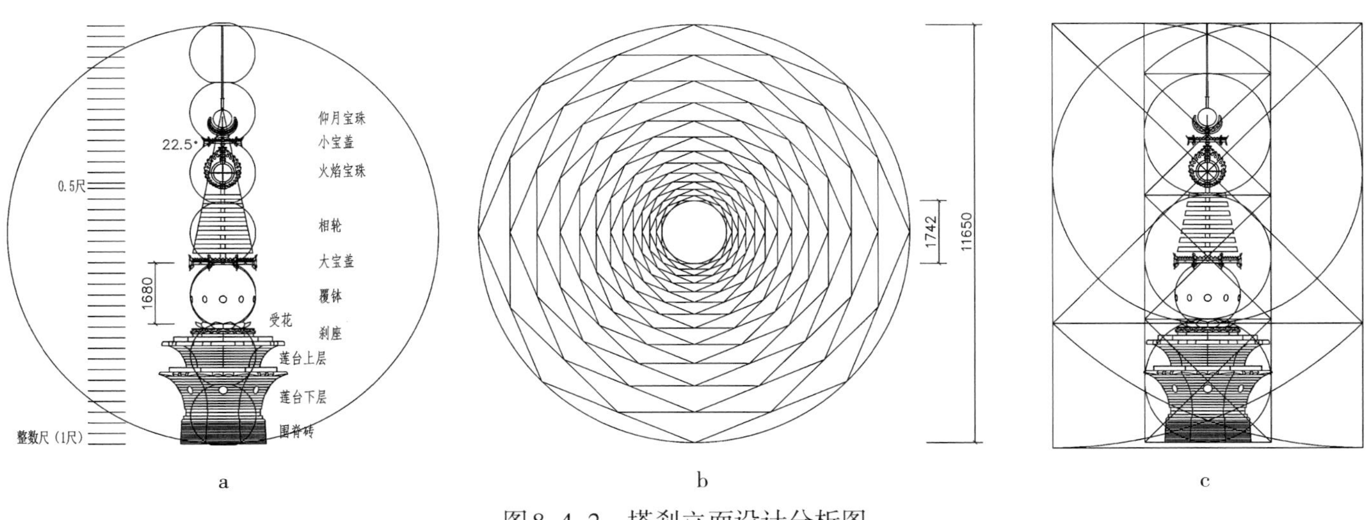

图8–4–2　塔刹立面设计分析图

二　各部分尺度

（1）刹座

刹座原本塌毁严重，复原设计后的刹座尺寸与原始尺寸应略有差异，但仍能体现出其具有的尺度关系。

a. 刹座下部砖砌围脊底部八角形（对边径2.32米），其内作内接八角形2次，基本可以得到束腰部位八角形（作图对边径1.98米，实测2.004米）。

b. 在莲台下层大莲瓣砖层八角形（对边径3.42米）内连续作内接八角形6次，得到莲台下层底部八角形（作图对边径2.127米，实测2.084米）。

c. 莲台上层也有同上规律，大莲瓣砖层八角形对边径复原尺寸3.3米，莲台底部八角形对边径作图1.896米，复原尺寸1.83米。

d. 受花三层十二边形小莲瓣，最下层（外缘）十二边形对边径（复原尺寸1.744米）基本同覆钵直径，其内第2、4次所作内接十二边形基本同中间层小莲瓣十二边形（作图对边径1.627米，复原尺寸1.621米）与上层小莲瓣十二边形（作图对边径1.518米，复原尺寸1.48米）。

（2）覆钵

覆钵直径1.76米，同刹座莲台上层底部八角形（作图对边径1.896米）内接八角形对边径（作图1.752米）。

（3）大宝盖

大宝盖对边径1.68米同覆钵高。

（4）相轮

覆钵圆内连续作内接八角形及其内切圆，第1～7次所作内切圆直径与实测相轮直径（下口径），如下表。中部5个相轮应是考虑到实际整体圆台形造型，而未完全按八角形与圆形比例关系作图尺寸。

表8–4–1 相轮下口径作图与实测数值对比表 单位：毫米

下口径 相轮（从下向上数）	八角形与圆形作图比例数值	实测数值
01	1626	1622
02	1502	1522
03	1388	1422
04	1282	1322
05	1185	1222
06	1095	1122
07	1011	1022

（5）火焰、仰月内宝珠

最上一个相轮直径（下口径）的圆内连续作内接八角形9次，所得八角形对边径496毫米，基本同宝珠直径（实测500毫米）。

（6）小宝盖

八角形小宝盖对角径（实测1.007米）同最上一个相轮（07）直径（下口径）（图8–4–3）。

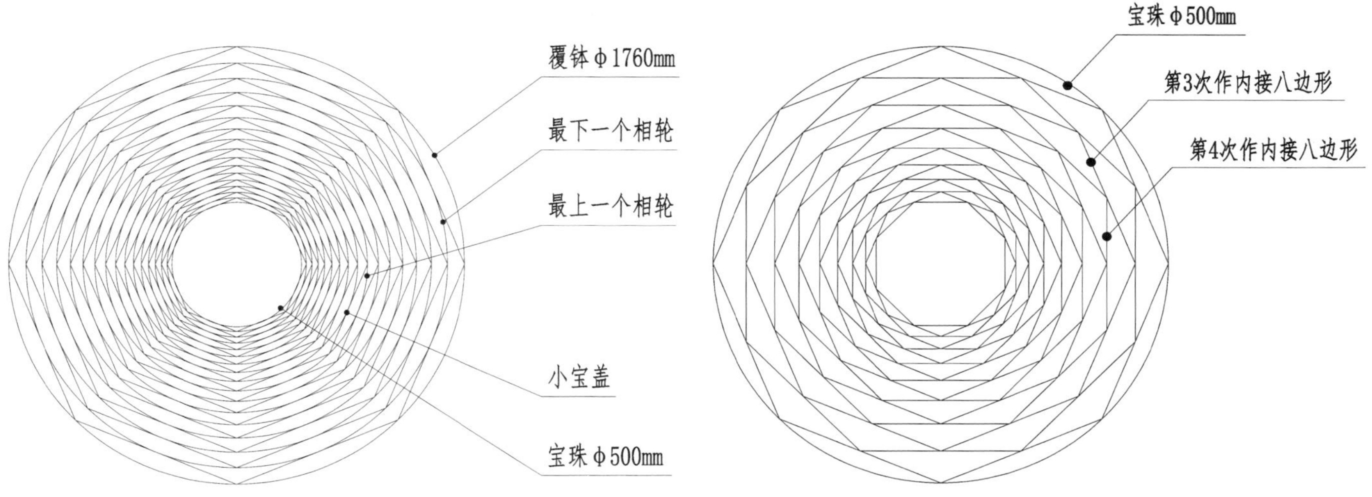

图8-4-3 覆钵、相轮、小宝盖、宝珠尺度关系

图8-4-4 宝珠与刹杆上端凹印标记尺度关系

（7）仰月内宝珠以上

宝珠直径的圆内连续作内接八角形，第3、4次所作内接八角形对边径364、394毫米，基本同现存最上端套筒之上这段刹杆多个凹印标记间距（实测370、400毫米）。或许刹杆上部残缺构件尺寸可由仰月宝珠直径的圆内作内接八角形及其内切圆得到（图8-4-4）。

三 塔刹总高与围径

（1）刹座围脊砖底部对边径（2.32米）:塔刹总高（11.65米）=1∶5

（2）刹座围脊砖底部八角形周长（7.68米）:塔刹总高（11.65米）=2∶3

（3）刹座下层莲台大莲瓣对边径（3.42米）:塔刹总高（11.65米）=1∶$2+\sqrt{2}$

（4）刹座下层莲台大莲瓣外接圆周长（11.624米）约同塔刹总高（11.65米）

（5）覆钵外切八角形边长（729毫米）:塔刹总高（11.65米）=1∶16

（6）最上一个相轮上口径（970毫米）:塔刹总高（11.65米）=1∶12

（7）小宝盖内切圆周长（2.92米）:塔刹总高（11.65米）=1∶4

（8）宝珠外切八角形周长（1.656米）:塔刹总高（11.65米）=1∶7

四 小结

综上，塔刹各部分尺度可由以总高为直径的圆内连续作内接八角形及其内切圆依次得到，即塔刹从总高到刹座、覆钵、大宝盖、相轮、小宝盖、宝珠等皆按八角形与圆形的作图比例关系进行尺度设计，使整体与局部完美统一，另在受花部位还体现出十二边形与圆形的作图比例关系。塔刹的设计也运用整数尺寸和简洁比例关系，且体现出$\sqrt{2}$比例的运用，总高与不同部位围径也有诸多简洁比例关系。

塔刹凝结了整座佛塔的精华，经过多方面考虑的复杂设计。各部分由下至上连续内收使整体具有尖耸感，体现出独特的韵律和几何美的内涵。塔刹可视为一座完整的佛塔，其设计手法与整座觉山寺塔的设计有诸多相似之处，在对其设计方法进行分析时，可与大塔相互对照，互为补充。

五　塔刹表现的佛理意涵

塔刹自身就是一座完整的佛塔，位于塔体顶端，是全塔艺术的结尾和升华，将佛教义理高度凝练地表现。“刹”来源于梵文，意为“土田”和“国”，佛教引申为“佛国”，塔刹象征佛的头部。蕴含佛理意涵的塔刹各部分有机合理地进行组合，象征佛坟冢的覆钵位于“八叶莲台”刹座上，其上遮覆大宝盖，另相轮亦是由宝盖演化而来，大宝盖和相轮可看作多层宝盖，相轮整体锥形的造型，向上拔收，再上宝珠、宝盖等元素重复运用。

1. 刹座

刹座主要部分为错开的上下二层大莲瓣，表现密宗的“八叶莲台”，象征座上所居为佛或佛世界[2]。八叶莲台指胎藏界曼荼罗之第一院中台，因以八瓣莲华描绘，故有此名。又作八叶中台。大日如来坐于其中，称八叶之中尊，四方之八叶分别配以宝生、开敷华王、无量寿、天鼓雷音等四佛及普贤、文殊、观音、弥勒等四菩萨，合为九尊，为三密相应时我人肉团心（心脏）开敷之相。辽塔中有河北涞源兴文塔在八叶莲台刹座雕塑出八叶所配之佛、菩萨。另觉山寺塔刹座每面安装一枚铜镜，最上部为小仰莲瓣，通常应称作“受花”，与刹座结合在一起。刹座整体由山花蕉叶演变而来，从原始的四角演变为八角，从单层演变为二层的高刹座。

2. 覆钵

覆钵是塔刹最集中体现佛教义理的部分，象征佛的坟冢。覆钵整体呈圆球形，从上向下分作七层，中间五层填充铁片均錾镂图案。第一层錾镂图案为四个如意头“十”字形组合，简称“十字如意头”，辽宁绥中妙峰寺双塔西塔基座壶门柱子雕有类似图案。第二层图案为三股降魔杵和降魔铃，为佛教法器，二者交替排列。第三层图案为二种形式的三叶忍冬纹，其中一种大致呈桃形，与北魏云冈石窟第6窟窟壁等处的忍冬纹相似，略有变化，具有渊源关系（图8-4-5）；另一种图案略呈“S”形，为云冈石窟中所未见的忍冬纹样式，忍冬卷蔓较多，应为一种辽代创作的样式，这两种图案忍冬枝蔓伸展出的端头均有三叶。第四层图案同第三层桃心形三叶忍冬纹。第五层图案同第二层图案，但三股降魔杵和降魔铃的位置与第二层错开。

覆钵这五层錾镂的图案，中间为忍冬卷草，象征佛国天界，上下有佛教法器降魔杵和降魔铃护持，构思巧妙合理。另在中部外侧安装十面铜镜，象征佛光普照十方世界，应是《无量寿经》中“愿我智慧光，普照十方刹。消除三垢冥，明济众厄难。悉舍三途苦，灭诸烦恼暗。开彼智慧眼，获得光明身”的体现。

图8-4-5　云冈石窟北魏时期的忍冬纹

（图片来源　梁思成：《梁思成全集》（第二卷），中国建筑工业出版社，2001年）

3. 宝盖

宝盖原是古代皇室、贵官出行的仪仗器具。佛教中宝盖是“罩于导师所坐高座上方的天盖。有覆盖佛陀头上遮蔽雨露尘埃之意，表示尊贵”（《佛教哲学大辞典》）。因而位于覆钵之上。觉山寺塔宝盖呈八边形，八个角处吊挂编结铁件，外缘环绕如意头，角部如意头较大，这些如意头与心室内顶部如意头同意，应为山花蕉叶纹。该宝盖与古早的塔刹山花蕉叶具有部分沿承演变关系，并尽量模仿实际仪仗中的宝盖。

4. 相轮

相轮由原覆钵之上的伞盖演变而来，又作轮盖、露盘，部分内涵与宝盖相似。《翻译名义集·寺塔坛幢》中云："佛造迦叶佛塔，上施盘盖，长表轮相，经中多云相轮，以人仰望而瞻相也。"可见相轮又具有高耸在上，供人瞻仰的特征。

觉山寺塔相轮共有七个，现存辽代金属制塔刹相轮的数量多为五个或七个。相轮外缘轮圈皆錾镂缠枝波状忍冬纹，该处的忍冬纹与覆钵处三叶忍冬纹不同，应为一种多叶忍冬纹。

关于相轮的重数常引证《十二因缘经》中"八人应起塔：一如来，灵盘八重以上；二菩萨，七盘；三缘觉，六盘；四罗汉，五盘；五阿那含，四盘；六斯陀含，三盘；七须陀洹，二盘；八转轮王，一盘。"而实际现存古塔的相轮基本与之不符，对此今人莫衷一是，就是造塔的古人也已含混模糊[3]。

5. 火焰宝珠

火焰宝珠即摩尼宝珠、如意宝珠，是佛教中能够消灾的吉祥宝物，光明流露，普照四方，解除贫苦众生的痛苦，令所求一切净妙愿望获得实现。

6. 仰月宝珠

仰月为上仰的月牙状，内抱一宝珠，概象征月中托日。四片仰月翅亦錾镂缠枝波状忍冬纹，与相轮处忍冬纹相同。

7. 塔链及其上风铎

塔链及其上风铎应象征摩尼铃网，《华严经》中有"摩尼铃网演法音，令其闻者趣佛智"，另《佛说阿弥陀经》中云："彼佛国土，微风吹动诸宝行树，及宝罗网，出微妙音，譬如百千种乐，同时俱作。闻是音者，自然皆生念佛、念法、念僧之心"。其中宝罗网在风吹动下出微妙音，类似摩尼铃网，也应是塔链及其上风铎所表现的内涵。

小结

塔刹高耸云天，是观仰的显著标志。觉山寺塔塔刹各部分刹件由古早的塔刹演化而来，仍具有原始刹件的遗意，各刹件逻辑符合佛教义理，又体现出辽代佛教内涵，具有时代特点，其背后深邃的佛教文化值得深入研究。

注　释

1. 金属制塔刹尖常出现接近圆球形的构件，下部圆球状，上部凸起，通常称作"宝珠"。

2. 参见王世仁：《北京天宁寺塔三题》，《大壮之行——王世仁说古建》，北京出版集团公司、北京美术摄影出版社，2011年。

3. 参见傅岩：《宋代砖塔研究》，博士学位论文，同济大学，2004年。

第九章　其他

第一节　塔体用砖

一　分类

塔体用砖根据使用位置可分为塔体表面的表砖和内部的填馅砖。表砖皆为沟纹砖（沟纹即较粗的绳纹），多经砍磨（塔檐反叠涩砖、塔心室心柱和内壁面沟纹砖分别有瓦面和壁画覆盖，皆为荒砖），规格较大，安砌于塔体表面，各部位造型主要通过表砖表现；填馅砖为素面砖，无沟纹，制作粗糙，未经砍磨，规格单一，较表砖略小。

根据有无粗绳纹，可划分为粗绳纹砖（沟纹砖）和素面砖，沟纹砖也可根据是否经过砍磨，分为砍磨砖和荒砖；素面砖主要用作填馅砖，皆为荒砖。

根据基本形状，主要可分为条砖和方砖。

二　规格

1. 砖规及用途

塔体砖构件规格、形状繁多，直接测量密檐部位约有13种砖规，一层塔身11种，但很多是由基本规格的砖加工而来，统计砖规时只计其用砖的基本规格，便可化繁为简，例：塔檐围脊砖由400毫米×200毫米×75毫米条砖加工，砖飞由650毫米×180毫米×75毫米条砖制作。部分砖雕构件（主要为窑前雕的）后部作为底托的素面砖规格不进行统计，例：基座须弥座兽面、平座钩阑二龙戏珠等，皆是根据砖雕大小确定后部素面底托规格。窑后雕的平座钩阑华版、刹座莲瓣砖等，皆是由基本规格的砖加工而来，也只统计其用砖基本规格。塔体表砖基本是经过砍磨的，长、宽、厚通常较荒砖减小5～10毫米。由于并未对塔体每个部位用砖解体勘察，很多部位的砖规仅能测量到宽、厚，不能测得完整砖规，但现已测清楚的砖规基本能够代表塔体用砖全部基本规格。

已测得的表砖条砖规格有9种，皆有一定数量，其中390毫米×190毫米×60毫米和580毫米×290毫米×55毫米条砖，沟纹面粗绳纹基本全部被錾凿掉，其应分别由基本规格为400毫米×200毫米×75毫米和580毫米×290毫米×75毫米的条砖制作，所以，条砖基本规格应有7种，方砖基本规格有3种，填馅砖规格1种，觉山寺塔用砖基本规格共有11种，砖厚有75、115、60毫米三种。条砖长宽基本满足长∶宽=

2∶1，较多又满足长度为厚度整数倍，方砖长度全部为厚度整数倍，例：435毫米 ×230毫米 ×75毫米条砖，长∶宽∶厚=6∶3∶1（整数比），580毫米 ×290毫米 ×75毫米条砖，长∶宽∶厚=8∶4∶1（整数比），370毫米 ×370毫米 ×75毫米方砖，长∶厚=5∶1。

塔体表砖使用最广泛和最多的为435毫米 ×435毫米 ×75毫米方砖和400毫米 ×200毫米 ×75毫米条砖，方砖和条砖皆大量使用。宋《营造法式》中载用砖之制，方砖规格有五等，觉山寺塔435毫米 ×435毫米 ×75毫米方砖基本合第三等“殿阁等五间以上，用砖方一尺五寸，厚二寸七分”。400毫米 ×200毫米 ×75毫米条砖为辽地标准砖，其砖长与厚并非整数倍关系，这一点与435毫米 ×230毫米 ×75毫米、520毫米 ×260毫米 ×75毫米、580毫米 ×290毫米 ×115毫米条砖不同。

435毫米 ×230毫米 ×75毫米条砖似配合435毫米 ×435毫米 ×75毫米方砖出现，规格为其1/2，二者搭配顺砌，以条砖为主时，方砖可作为拉结砖，而外观可见露头规格皆相同。520毫米 ×260毫米 ×75毫米条砖主要使用在塔体砖构铺作中；580毫米 ×290毫米 ×75毫米条砖使用最多的是将其厚度减薄为55毫米，作为塔檐望砖；650毫米 ×180毫米 ×75毫米条砖应是为制作塔檐砖飞而特别定制；370毫米 ×370毫米 ×75毫米方砖只用于铺地；435毫米 ×435毫米 ×115毫米方砖有较多特定用途（图9–1–1）。

a. 650毫米 ×180毫米 ×75毫米条砖（荒砖）

b. 580毫米 ×290毫米 ×75毫米望砖

c. 435毫米 ×435毫米 ×75毫米 斜头砖

d. 400毫米 ×200毫米 ×75毫米条砖（荒砖）

图9–1–1　不同规格的砖

这些砖规应是符合塔体整体设计而确定的，一般在塔体总体平、立面设计完成后，应有各部位的细化设计和砌体结构设计，对砖规也会有所要求，例：主要为制作砖飞而烧制的650毫米×180毫米×75毫米条砖，砖飞头出挑230毫米，后部压实420毫米，飞头长：身长为1∶1.8，满足结构需要。塔体总高与用砖厚度关系密切，厚75、115、60毫米的表砖配合使用，砌筑出各部位的造型和韵律，完成预期设计。另砖规和瓦件规格皆遵循一些相同的设计原则，如：整数尺寸，有板瓦长370毫米，方砖亦有长370毫米者；筒瓦直径140毫米，约为二砖厚。

填馅砖规格单一，由于制作粗糙，不够规整，长380～400、宽180～190、厚60～70毫米，规格差别较大者约为15毫米。其规格主要由表砖决定，因砌筑时基本每层填馅砖皆对应一层表砖（厚多为75毫米），填馅砖需较薄，利于与表砖对应准确和提高砌筑效率（表9–1–1）。

表9–1–1 觉山寺塔用砖基本规格及使用位置

条砖

<table>
<tr><th>基本砖规（毫米）</th><th>使用位置</th><th>特征</th></tr>
<tr><td rowspan="6">400×200×75</td><td>基座须弥座束腰下·第3层砖以下（除第8层）</td><td rowspan="6">粗绳纹6、7条
重量9.54千克</td></tr>
<tr><td>一层塔身门券·券砖</td></tr>
<tr><td>心室心柱、塔壁内壁</td></tr>
<tr><td>密檐部分围脊砖</td></tr>
<tr><td>塔顶反叠涩砖、垫囊砖</td></tr>
<tr><td>塔刹刹座围脊砖、束腰</td></tr>
<tr><td rowspan="4">390×190×60</td><td>一层塔身格子门·门套</td><td rowspan="4">由400毫米×200毫米×75毫米
规格条砖加工</td></tr>
<tr><td>一层塔身破子棂窗·窗套</td></tr>
<tr><td>一层塔身破子棂窗·空档（厚50毫米）</td></tr>
<tr><td>密檐部分1/4圆混砖</td></tr>
<tr><td rowspan="4">435×230×75</td><td>小塔台台帮</td><td rowspan="4">粗绳纹6～8条</td></tr>
<tr><td>一层塔身破子棂窗窗额、外壁面</td></tr>
<tr><td>密檐围脊上仿合脊筒瓦砖</td></tr>
<tr><td>塔顶反叠涩砖、垫囊砖</td></tr>
<tr><td rowspan="4">520×260×75</td><td>基座须弥座束腰上·方涩平砖第2层</td><td rowspan="4">粗绳纹8、9条</td></tr>
<tr><td>一层塔身倚柱下柱础</td></tr>
<tr><td>密檐铺作·泥道散斗、交互斗（510毫米×250毫米×75毫米）</td></tr>
<tr><td>塔顶反叠涩砖、垫囊砖</td></tr>
<tr><td rowspan="4">580×290×75</td><td>须弥座束腰上·方涩平砖 第1层</td><td>前端60、后端75毫米</td></tr>
<tr><td>一层塔身破子棂窗·棂条560毫米×75毫米（×280毫米）</td><td rowspan="3">粗绳纹9、10条</td></tr>
<tr><td>密檐01层塔檐反叠涩砖</td></tr>
<tr><td>密檐望砖（580毫米×290毫米×55毫米）</td></tr>
<tr><td>580×290×115</td><td>一层塔身门券下腿子580毫米×90毫米（×290毫米）</td><td>粗绳纹10条</td></tr>
</table>

续表

基本砖规（毫米）	使用位置	特征
580×290×115	一层塔身南北门洞前部地面	粗绳纹10条
	一层塔身格子门·立颊	
	一层塔身破子棂窗·立颊	
	密檐01层塔檐橑檐枋	
	塔刹刹座大莲瓣砖	
650×180×75	密檐砖飞	粗绳纹6、7条
	密檐12层塔檐反叠涩砖	
	塔顶反叠涩砖	
720×360×75	平座钩阑·华版720毫米×360毫米×（80毫米）	粗绳纹13条
	一层塔身格子门·门头板	
	密檐橑檐枋（少量）	
	密檐塔檐反叠涩砖	
长380～400 宽180～190 厚60～70	填馅砖	荒砖、无粗绳纹

方砖

370×370×75	塔台台面	粗绳纹11条 用作铺地
	心室地面	
435×435×75	须弥座束腰上·方涩平砖 第3层	粗绳纹14、15条、16条
	须弥座束腰上·罨涩砖 第1层	
	须弥座束腰上·罨涩砖 第2层	
	须弥座束腰下·罨涩砖	
	须弥座束腰下·第8层	
	平座钩阑上反叠涩砖	
	平座钩阑平座铺作	
	平座钩阑束腰下罨涩砖	
	平座钩阑束腰下方涩平砖 第3层	
	莲台	
	一层塔身阑额、地栿、腰串、外壁面	
	密檐塔檐反叠涩砖	
	密檐橑檐枋、普柏枋、铺作栌斗、铺作间空档、（斜栱）	
	密檐望砖（440毫米×440毫米×55毫米）	
	塔顶反叠涩砖、垫囊砖	
	塔刹刹座束腰下罨涩砖、莲台叠涩砖	

续表

基本砖规（毫米）	使用位置	特征
435×435×115	须弥座束腰上·仰莲砖	粗绳纹14、15、16条 荒砖450毫米×450毫米×120毫米，重量40.5千克
	须弥座束腰下·混肚砖	
	须弥座束腰下·枭砖	
	平座钩阑·寻杖、盆唇、地栿	
	平座钩阑平座铺作	
	平座铺作下普柏枋	
	平座钩阑束腰下抹棱砖	
	平座钩阑束腰下方涩平砖 第1、2层	
	一层塔身普柏枋、格子门	
	密檐1/4圆混砖下（荒砖）	
	塔刹刹座大莲瓣砖背里砖（荒砖）	

2. 与辽尺关系

表砖的长、宽多为辽尺整数尺寸，厚度75毫米、115毫米分别为1/4尺和2/5尺，其中条砖长580毫米、宽290毫米基本为2尺、1尺，砖长435毫米为1.5尺，辽地标准砖400毫米×200毫米×75毫米，长、宽分别为1.4尺、0.7尺。

砖规的确定考虑到辽尺尺寸和长宽厚之间的关系，十分典型的如520毫米×260毫米×75毫米条砖、580毫米×290毫米×115毫米条砖，长宽既符合整数尺寸，又满足长度=2倍宽度，并且长度为厚度整数倍，而580毫米×290毫米×75毫米条砖的出现，更像一种辅助规格，主要用其厚度。

3. 与宋《营造法式》对比

宋《营造法式》中不同等的砖，厚度亦不同，而觉山寺塔表砖主要有两种厚度，这种简化无疑是有利的。宋《法式》条砖规格主要有长一尺三寸、一尺二寸者两种，觉山寺塔条砖规格较多，并且长度皆大于一尺三寸。

觉山寺塔建造年代虽略早于宋《营造法式》颁布时间，但塔体用砖不仅较《法式》记载更为丰富，也有优于《法式》砖作制度之处，可见实际中用砖种类、方法更多，觉山寺塔用砖可极大补充《法式》砖作制度载述不足。

三　砖料的制作与加工

1. 砖坯

塔体用砖保留有很多制作时留下的痕迹，结合宋《营造法式》中少量的相关记述，可大致推测觉山寺塔用砖制作流程。

宋《营造法式·诸作功限二·窑作》“造坯”中载有“般取上末，和泥、事褫、晾曝、排垛……”，应为当时造砖坯的大致流程。《窑作制度》“砖”载有“造砖坯：前一日和泥打造”，“凡造砖坯之制：皆先用灰衬隔模匣，次入泥；以杖剖脱曝令干”。为较详细的工艺记录，觉山寺塔砖坯制作应基本同宋《法式》记载。

砖坯用泥细腻，就地取土，很可能经过澄泥过程。烧制后的砖质地细密，偶见夹有沙砾。将砖泡入水里数天，也仅能洇渗表皮，且心室地面方砖经过长期摩擦，表面形成似包浆的釉面效果，可见其各方面的特性、优点远胜于今天的机制砖。

坯泥选备好后，在砖坯模具中刷草木灰，把坯泥按压入砖坯模具内，上面按实后，刮掉多余的泥，部分荒砖保留了刮泥痕迹。然后把砖坯翻过来到托板上，取下原底面的模板，在砖坯底面按压绳纹。底面经过按压，相对比较密实，并且绳纹会在砖块砌筑时利于增大灰浆黏结面（实际塔体表砖经过斫磨后，绳纹多被錾凿掉，并且錾凿面比原始的绳纹面与白灰黏结更牢固）。

把砖坯脱模码放到晾晒场地，晾干后即可入窑烧制（图9–1–2）。

a. 砖块断面

b. 大面刮泥痕迹

c. 侧面类似刮泥痕迹

图9–1–2　砖坯制作痕迹

2. 沟纹的形成

塔体表砖经过斫磨后，沟纹面粗绳纹多被斫掉，很少完整保留，仅有少量表砖和部分荒砖保留完整的绳纹。根据保留完整的绳纹及相关制作痕迹推断其形成过程。

绳纹约粗7毫米，之间间距10～30毫米，总长度短于砖长，各条绳纹沿砖长方向虽会有歪曲，但保持平行。较多绳纹从头至尾是连贯的，也有很多为断续状，多见断为2段，较多者有6段。有的前后段能够相接，接点不明显，形成连贯的效果；但多相接不严格，明显断开。各段绳纹总体通常使大体在一条线上，使错开较小，也不刻意追求各段相接严密。绳纹头尾端比较整齐，起点和终点常比较深，起点处偶见有垂直绳纹方向（横向）的通长压痕，也有起点印深，终点较浅的。

少量填馅砖也有随意的一段较浅的绳纹，多与砖长方向呈一定夹角，绳纹弯曲流动状，仍保持平行（图9–1–3）。

根据这些绳纹痕迹、特征推测，绳纹应是滚压到砖坯上的，使用的工具应为圆弧状（或半圆状）木块上缠绕细绳，其上一般应有一纵向把手，便于操作。应不是在圆柱状木工具上缠绕细绳进行滚压，因若是用圆柱滚压，压印绳纹的起点、终点会比较浅，并且这样可以直接从起始端滚压到终端，不会出现断续（滚压的绳纹一般不会是固定条数，滚压过程中可能产生新的绳纹，不是起始时的数量）（图9–1–4）。

半圆状木工具应略宽于砖宽，滚压绳纹时，两端压于模具边，只把细绳压入砖坯，防止出现绳纹深浅

a. 连贯的绳纹

b. 断续的绳纹

c. 绳纹细部

d. 绳纹起点较深

e. 起始处横向压痕

f. 个别填馅砖的绳纹

g. 从终点向起点滚压的一段绳纹

图9–1–3 滚压沟纹痕迹

不一的情况，圆弧面的细绳皆是固定的条数和间距，在砖坯上压出的每段绳纹皆是相同的。操作时，匠人应沿砖长方向进行，手握上部把手，确定好起始点，半圆工具的近人端卡到起点，因而绳纹起点比较深并且偶有横向通长压痕。然后向前滚动半圆，可单向从头滚压到终点，这样操作终点的绳纹会浅一些。当一次滚压绳纹长度不够时，需抬起半圆续接压好的绳纹，继续向前滚压（续接点整齐），直到完成所需的长度。也可在滚压一定长度后，剩余靠近终点的一段，从终点向起点方向滚压，即将半圆工具远人端卡到终点位置，向起点方向滚动，因而绳纹起点、终点的压印皆比较深。不论从起点一直单向滚压到终点，还是从终点向起点滚压，人手持半圆工具的方向始终不变，压印的绳纹的扭转方向皆是相同的。续接较好的绳纹会是贯通的，有时滚压的长度会比较随意，不需将半圆圆弧面的细绳全部压印完，就抬起半圆重新滚压一段，因而有的砖绳纹会有6段之多。

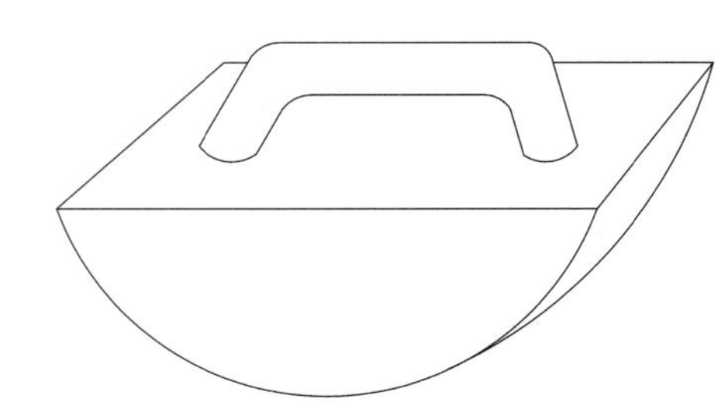
图9–1–4 半圆状工具示意图

绳纹的粗细、疏密是判断沟纹砖年代的重要依据之一，就觉山寺发现的沟纹砖来看，绳纹较粗、较疏者约为辽代晚期，质地及制作较细；绳纹较细、较密的约为辽代中期，质地及制作通常较糙。绳纹砖总体发展趋势也是绳纹由细密变粗疏，辽代沟纹砖为绳纹砖发展的尾声（图9–1–5）。

3. 斫磨

烧制好的砖在安砌使用前需经过斫磨（露明的表砖），宋《营造法式·诸作功限二·砖作》中对斫磨用工有较详细记录，效率是比较低的。觉山寺塔露明的表砖皆保留有这种斫磨痕迹，根据这些痕迹可知最后一道砍斫用的工具应为錾子，錾头宽15毫米，工艺流程为先斫后磨。砍斫的部位主要是砖沟纹底面和侧面，上面一般只磨不斫。砍斫程度根据成品砖的需要进行，沟纹面砍斫较深者基本不见沟纹，如：塔檐望砖、1/4圆混砖，侧面多斫相对的二面，这二面砌筑后垂直砌体表面，砍斫后的面还需磨平，整块砖一般有5个面经过斫磨。下面以小塔台台帮砌筑条砖（平砖顺砌）和心室铺墁地面方砖为例进行说明（图9–1–6）。

小塔台台帮条砖6个面中有5个面经过斫磨，其中长身露明面和上面只磨不斫，底面沟纹面和两端头先斫后磨，长身里面不斫不磨。整个砖料加工工艺类似后世清代“膀子面”做法，略有区别处是两端头斫磨时，未留转头肋，整体工艺精细程度未达到清代官式做法水平。沟纹底面砍斫时，用錾子从露明面向里面进行，与沟纹呈斜角，打錾起始处距外棱常留一点距离，应为转头肋做法，使外厚里薄，后部留出包灰空间，约5毫米，并且外棱保持完好，打錾收尾时易将里棱打坏。两端头砍斫时，打錾方向多与上面呈斜角或平行，斫成外宽里窄的形状，留出约5～15毫米包灰，无转头肋。

塔心室地面铺墁方砖6个面中有5个面经过斫磨，上面只磨不斫，侧面先斫后磨，底面沟纹面不斫不磨，结合宋《营造法式》卷第十五《砖作制度》“铺地面”载：“铺砌殿堂等地面砖之制：用方砖，先以两

a. 绳纹细密

b.绳纹粗密

c. 绳纹粗深

d. 几何纹砖

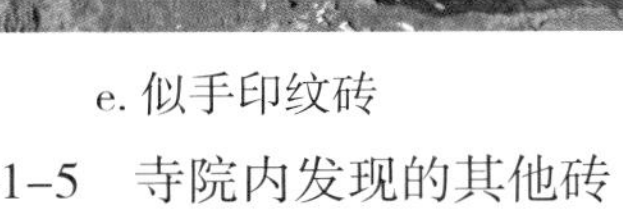

e. 似手印纹砖

f. 前厚后薄、前宽后窄的砖

图9–1–5　寺院内发现的其他砖

砖面相合，磨令平；次斫四边，以曲尺较令方正；其四侧斫令下棱收入一分……”进行分析，心室方砖应先磨平上面，再斫侧面，侧面砍斫时，下棱内收5毫米，靠近塔壁墙体一侧内收较大为15毫米，无转头肋，最后打磨，形成上宽下窄的形状（图9-1-7）。

4. 砖雕

塔体砖雕根据制作工艺可分为窑前雕与窑后雕。砖雕人物、动物、花草等造型比较复杂者采用窑前雕，便于塑造、造型细腻、圆润饱满、效率较高，主要集中使用于基座须弥座、平座钩阑部位，贴砌在塔体表面，例：伏狮、力士等，接近圆雕手法。用泥雕塑造型时，将塑形部分粘接到底托上，粘接面划线，加强粘接。入窑烧制时，由于很多砖雕比较粗厚，将其烧透、烧好难度较大，体现出当时烧窑水平很高。

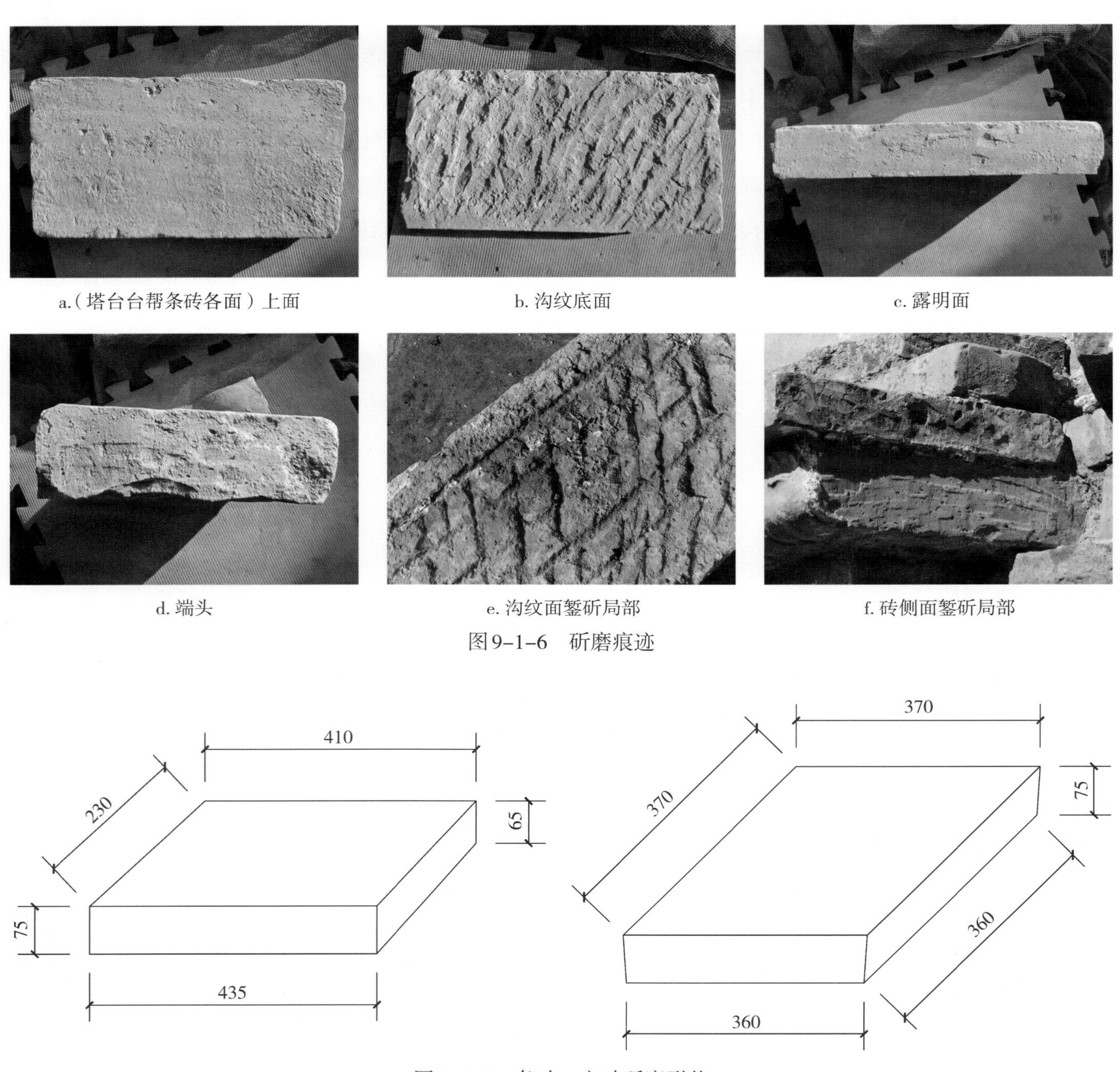

a.（塔台台帮条砖各面）上面　b. 沟纹底面　c. 露明面

d. 端头　e. 沟纹面錾斫局部　f. 砖侧面錾斫局部

图9-1-6　斫磨痕迹

图9-1-7　条砖、方砖斫磨形状

窑后雕者造型相对简洁，利用烧制好的基本规格的砖进行雕磨，分布于塔体各部位，例：基座莲台、须弥座仰莲砖、平座钩阑华版、一层塔身格子门、刹座莲瓣砖，以及各部位的仿木铺作、倚柱、砖飞等，具有砌体结构作用，且追求清晰的棱角。

四　砌筑

塔体整体砌筑十分精细，可达到后世清代丝缝砌法效果，尽量使灰缝更细，各部位砖缝宽度略有差别，精细处基本见缝不见灰，类似干摆，略粗者灰缝约宽5毫米，皆不镂划砖缝，追求浑然一体的砌体效果，最后在表面刷白灰浆（图9-1-8）。

图9-1-8　局部砌筑效果

1. 形式

砌筑基本形式为平砖顺砌，少量为陡板贴面和侧砖丁砌。平砖顺砌一般使沟纹面朝下，少量例外，如：塔檐望砖（平砖丁砌）、刹座大莲瓣砖（平砖丁砌）等，皆是沟纹面朝上，基本原则是不使沟纹面暴露在看面。陡板贴面主要应用于基座须弥座束腰、平座钩阑束腰和华版砖雕，一层塔身格子门门头板和门扇；侧砖丁砌主要见于一层塔身破子棂窗处。

2. 灰浆

塔体表砖砌筑灰浆为素白灰，内部填馅砖使用灰泥砌筑，在塔檐反叠涩砖和塔顶不露明的沟纹砖砌筑也使用灰泥。据工匠经验粗略判断，灰泥用白灰∶黄土约为7∶3配比。这二种灰浆强度均很高，灰泥强度还要略高[1]。二者搭配使用非常合理，表砖处多与空气接触，空气中的水分容易使灰泥松散，而白灰则不会，表砖使用白灰，使内部砌体相对封闭，隔绝空气，利于灰泥的长久稳定（图9-1-9）。

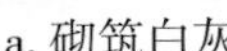
a. 砌筑白灰

b. 砌筑灰泥

图9-1-9　砌筑材料

另据张汉君先生的研究，填馅砖之所以采用灰泥作为垫浆材料而不采用纯石灰浆料，是因纯石灰浆在大面积填馅部位，会出现因面层垫浆硬化干结后造成内部空气隔绝，使填馅砖层的石灰得不到充分干结，随着塔体层层加高，自重荷载愈来愈大，这些未干结的石灰必然出现向外挤压或受压不匀的严重弊端，这种不稳定砌体的后果是不堪设想的。而采用灰泥垫浆材料则可使内外硬化的干结速度趋于一致，砌体受压强度趋于统一，这种内外有别的垫浆材料的不同运用，是符合材料力学、结构力学原理的，是极其科学的[2]。

3. 摆砌

通过本次工程中对部分砌体解体发现，层层垒砌的砖块，多满打灰浆，少见打灰条、灰墩的做法。并且上下层错缝距离很小，在经历较大地震后，常有沿砖缝发展的竖向细小裂纹。每一层用砖基本保留砖块原长，在不能排出整砖时，剩余长度随宜安放合适长度砖块，多见约一分头小砖块。也不甚注意表砖砌体与填馅砖用丁砖拉结。以上均为砌筑时的一些缺点，因塔体用砖质量极佳和强黏结灰浆使这些缺点的不利因素减小。

塔体内部填馅砖各层采用纵横斜交错砌筑的方式，使得上下层砖平面形成交错变化的结构整体。它改变了以往同一方向垂直摆砌的单一砌筑模式容易产生受剪、开裂、解体之弊端，也排除了大面积平面填馅砌筑易出现大空隙或以浆代砖受压不均、咬合不严的缺陷，大大地提高了砌体水平拉接结构的稳定性和承载荷重的垂直受力强度[3]。各层填馅砖基本与各层表砖一一对应，因而厚度较常用厚75毫米表砖薄，铺垫灰泥厚约稍大于10毫米，砌法要求较低。当表砖厚115毫米时，填馅砖多增加灰泥厚度，数层以后又可与表砖对应。另在刹座莲台部位，莲台大莲瓣砖层对应内部用厚120毫米沟纹方砖填馅（荒砖），具有阶段性封顶的作用。

4. 磨砖

在各部位砌筑完成后，一般应经过整体通磨，方法为用砖块在砌体表面对磨，因只靠严格的砌筑，也难以做到表面无一点凸棱，平整光洁。本次工程在对塔顶进行清理时，发现卵石状的砖块，应为对磨使用的砖块。

五 刷白灰浆

塔体整体砌筑完成后，需通刷白灰浆（不止一遍）。砖砌体表面刷白灰浆使砖块与空气隔绝，可有效防止酥碱风化，外观上不见砖缝，浑然一体。塔檐木椽、角梁也残留粉刷的白灰，应进行了通刷，可防止风吹日晒雨淋，具有保护作用，但白灰浆与木材黏结不良，现基本全部脱落（图9-1-10）。

a. 砌体表面刷白灰浆痕迹

b. 砌体表面刷白灰浆痕迹

c. 椽子表面刷白灰浆痕迹

d. 椽头刷白灰浆痕迹

图9-1-10 刷白灰浆痕迹

所以塔体原本几乎通体是光洁的白色，仅塔檐青黑色的瓦面可突显、区分层级。塔体表面刷白应源于古印度，与契丹族“尚白”的传统契合，因而在辽地得到充分发展，这种做法也多见于其他同时期少数民族地区建造的砖塔。而汉地砖塔通体刷白较少见，或直接暴露青砖，或有在塔体表面抹灰后，绘制仿木构彩画。

塔体刚建成通刷白灰浆时，应有工匠在刚粉刷后的灰皮表面刻划文字，字迹简练，有的可能为工匠名字，这些刻划题记可大致断为辽代。后世在干硬的灰皮表面再刻划时，常有崩裂，与初刷时的表面不同，刻划题记状态、特征不同。塔体现存最早的墨书题记为辽代天庆八年，基本说明该塔建成后，后世未对塔体进行通体粉刷。白灰皮在自然状态下偶尔会有崩裂、脱落，本身不够利于题记的保存，尤其在人为干预较多的基座部位，虽原有众多游人题记，但灰皮大量脱落，现存清晰完整的题记寥寥。

塔体表面粉刷的白灰浆在后世数百年的岁月中，不断附着风中夹杂的极细尘土，颜色逐渐变黄，而塔心室顶部砌体长期处于室内，表面粉刷仍保留了白色，但其粉刷只有一遍。

六 砌体结构

觉山寺塔整体为空筒结构，一层塔身内辟心室，与上部密檐内部空筒隔断，整体结构类似竹笋。厚重的砖砌体内部用木骨构架增强拉结，使砖砌体形成整体，提高稳定性。辽代密檐塔内部空筒多采用平涩穹顶，觉山寺塔应相同。塔体外部塔檐等部位大量运用叠涩与反叠涩结构，塔檐挑檐以木椽为主，发挥了木材良好的抗剪、抗弯特性。一层塔身南北门洞起砖券，为小型的纵联筒拱。塔体表面各部分通过合理运用多种砌体结构，表现出十分逼真的仿木构外观效果（详见对应塔体各部分内容）。

七 觉山寺周围的窑址

目前发现觉山寺周围存在4处砖瓦窑遗址，寺院东面1处，东南1处，西南1处，南面1处（图9-1-11）。

a. 东南窑址

b. 东面窑址

c. 西南窑址

d. 南面瓦窑台

图9-1-11　觉山寺周围窑址

东南窑址：觉山寺东南从山下公路上山的水泥路中段，路北土壁呈内凹圆弧面，圆弧面多有烧红土，旁边为少量较小凹洞，由于周围道路的存在，并不断拓宽，破坏殆尽。

东面窑址：位于觉山村东后部，村民老范家门前东侧。窑址现呈一土堆状，土层中夹杂很多碎砖瓦石，有人工修筑土壁遗迹，由于周围道路和建设，残毁殆尽。

西南窑址：寺院西南由山下公路至觉山寺的水泥路上段西侧土壁（小塔山下东南），存在一排窑址。窑口数量较多，随路的坡度从南到北、由低到高（高差约3米）排布，整个范围内均存在烧红土，南侧窑口保存较完好，约存整座窑体的1/2，残窑宽约2米，高约1.5米。北面的多只见烧红土。窑壁多为土壁，有的土壁很光平，其中一处窑址残存砖砌窑壁。窑内残留有辽代残砖瓦片（沟纹砖）、白灰渣。窑顶均已坍塌，窑内填满碎石、砂土。窑址上面为较平坦的台地（现为荒地）。窑址的残毁多因近年人为拓宽修路造成，另现土壁陡直，每年雨季上部的土体多有塌落。

据觉山村村民介绍，这片窑址前原仅有羊肠小道，并且不通向现寺院前广场（原为农田），北上东转到现广场下平地（原为农田）。20世纪80年代拓宽出水泥道路时，这片窑址大部被挖掉，曾在挖掉的窑内发现烧制残坏的砖雕构件，类似觉山寺塔基座的砖雕，当时发现者无文物保护意识，未有保存。

这片窑址是觉山寺周围保存较完整、价值最高的一处，亦是一处地面上的辽代砖瓦窑遗址，后世应有沿用，对研究辽代砖瓦窑、青掍瓦烧造工艺、觉山寺建设历史等具有重要作用。该窑址在第三次全国文物普查不可移动文物中有登记。

南面窑址：瓦窑台是位于觉山寺南面、东坡（山）下的一片台地，旁邻青草洼村，下有唐河绕过流向“狮象把门”水口山。从其名称即可知原有砖瓦窑，台地面积较大，黄土资源丰富，下临唐河，水源很近，利于烧制砖瓦。现多为农田，地面无遗存，仅发现有少量残砖，个别完整砖规为340毫米×160毫米×65毫米，同觉山寺大雄宝殿用砖规格。在觉山村老人的记忆中，这片台地原地面存在窑址遗迹和进入窑内的孔洞，据说原烧窑时有一窑坍塌，一窑砖全部埋掉未挖出。一般认为瓦窑台是清末光绪十一年（1885年）重建觉山寺烧制砖瓦的地方。

觉山寺漫长的历史中，历代多对寺院有所修建，初期烧制砖瓦及取土在寺院周围邻近的地方，后世修建寺院砖瓦用量不断增加，周围邻近黄土资源有限和考虑到对环境的影响，最终烧制砖瓦及取土地点迁移到离寺院稍远的瓦窑台。

觉山寺周围的这四处砖瓦窑址反映了觉山寺在不同历史时期的建设活动和古代建筑活动就地取材的特点，对研究觉山寺的建设史、砖瓦烧造工艺、寺院经济和修建过程的经营管理等方面有重要作用。

第二节　风铎

密檐各层檐下木质椽飞头、角梁头、塔刹塔链均悬挂风铎，风铎根据悬挂位置不同，可分为（椽飞头悬挂的）檐面风铎、（角梁头悬挂的）檐角风铎、（塔链悬挂的）塔链风铎三大类，规格差别较大。塔檐下椽飞头、角梁头满挂风铎，01层椽飞全为木质，皆挂风铎，02～13层椽头处挂风铎，各层檐角大角梁、子角梁头各挂一风铎[4]，塔链处每隔3～4个链扣挂1个。檐面风铎共有1192个，檐角风铎共有208个，塔链风铎应有78个（复原推测得出），全塔上下共有风铎2278个。

一　现状

塔体直接勘察到风铎现存1338个，残缺940个，包括檐面风铎872个、檐角风铎35个、塔链风铎31个。另觉山寺文管所有收藏一批风铎29个（图9–2–1），残损严重的2个，则实际风铎共残缺913个，占总数40.1%，共存风铎1365个，占总数59.9%[5]（详见附表9–2–1～7）。

1. 现存风铎分布

密檐01层塔檐风铎全部残缺，02～04层残存寥寥，向上逐层增多；05～11层保留较多，各层数量约相当，平均115个；12～13层相对较少。塔链风铎残存寥寥。

2. 现存风铎残损情况

a. 密檐部分掉落下层塔檐的风铎有582个，占现存42.6%。

b. 风铎主体局部残缺，少量残缺严重已不能使用。少量风铎上部挂纽或三角形内纽残缺，已采取补救措施，继续使用。内纽残缺的风铎，有用铁条从顶部圆孔或上部其他孔伸出两端头，里面中部垂作环状代替原来的内纽。上部纽残缺的或上纽和内纽同时残缺的，有见用一根长铁条一端从顶部圆孔伸出弯成钩状作挂钩，一端在内部弯成环状作内吊环，补救这种缺陷。例：TL140528（下）、TL140528（下）（图9-2-2）。

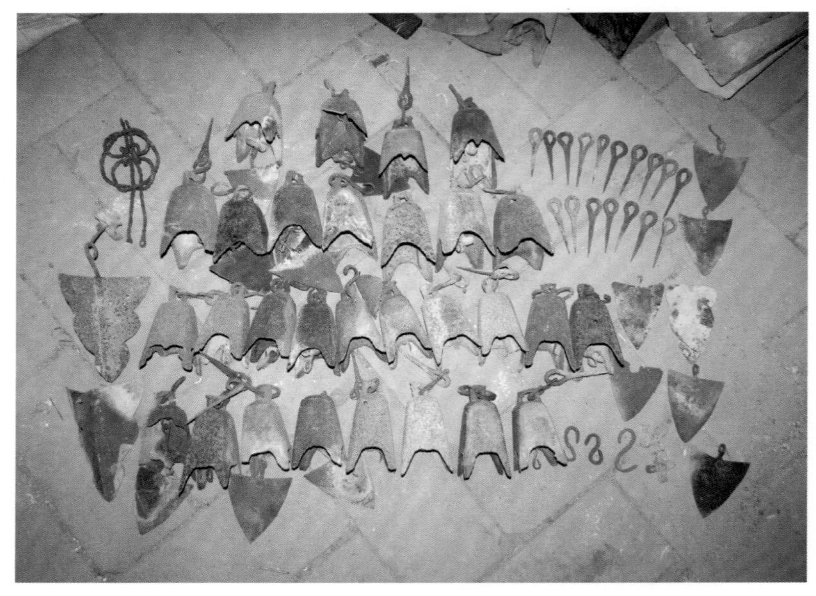

图9-2-1　灵丘县文管所收藏的风铎

c. 大多数风铎配件不同程度残缺。

d. 铸造缺陷，主要表现为局部浇铸不到位或残缺，少量铸造缝隐残、裂纹（图9-2-3）。

e. 锈蚀，风铎主体为铸铁，仅表面生锈，小配件大多为锻造（部分撞针为铸造），易锈蚀残损，很多已不能使用。

3. 风铎残缺、残损原因

a. 自身固定问题。塔檐檐面椽飞头挂风铎的吊环脱落较多（约800个），风铎随之掉落下层塔檐，或掉落塔下年久不可寻（吊环的安装均是先在椽飞头或角梁头安装位置钻孔，然后钉入吊环，在地面完成。若不钻孔直接钉，容易将椽头钉劈，也很难钉入。角梁头吊环钉入的尖头穿过角梁从其上弯出，固定牢固，无松脱问题。而椽飞头的吊环尖头未从上面伸出，容易受风铎晃动的影响而松动脱落）。

b. 挂钩和吊环的磨损。风铎受风吹晃动，上部挂钩亦晃动，与吊环或塔链链扣产生摩擦，久之磨断，

图9-2-2　风铎TL140211（下）内纽残缺及补救

图9-2-3　铸造缺陷

风铎掉落（大多是挂钩磨断）。檐角风铎的挂钩、吊环磨损较严重，应因其自身较重，造成的磨损亦较大。

c. 风铎位置和自然原因。塔檐下风铎较靠前，易受风雨侵蚀，尤其风摆等锻造铁件，残缺锈蚀严重。塔链风铎直接受到雨淋，上部风力亦大，风摆全部残缺。

e. 人为打砸。主要是在约20世纪50～80年代，觉山寺周围生活的人们（多是小孩）向塔檐投扔或用弹弓弹射砖石瓦块，主要目的是获得铁质风铎，造成01层风铎全无，02～04层风铎残存很少，现存少量风铎下脚或局部残缺。

d. 明天启六年灵丘县发生的七级地震，主要造成掉落下层塔檐的风铎在地震晃动中掉至塔下缺失。

二　风铎构造及样式划分

风铎平面基本都是方形，仅有一个八边形，主体下宽上窄，下部四脚之间内凹，圆弧形顶部多有一小圆孔，最上为方形纽，可钩挂挂钩，内部有三角形纽（以下简称内纽），挂撞针杆，撞针穿套于撞针杆上，撞针杆下挂风摆。较多风铎在四面侧壁开不同形状的孔，上部钮多沿方形平面对角线斜置，并且与内纽角度相互错开。风铎整体造型古朴，其主体侧面形状类似编钟（图9-2-4）。

风铎主要根据规格、造型，可将檐面风铎划分为11种形制，檐角风铎划分为8种形制，塔链风铎划分为9种形制（详表9-2-1）*。

1. 檐面风铎

形制1可看作檐面风铎最基础的样式，规格较小，平面方形，下粗上收细，下脚间内凹略呈梯形，铸缝在上部，顶部开小圆孔，因规格较小，方形纽外形延伸了风铎侧面线条，与整体造型浑然一体。形制1中风铎030618撞针为圆形，风铎0602风摆侧缘为三瓣曲线。

形制2与形制1较相似，主要区别为规格和规整程度，有的形制2规格形状很接近形制1，难以明显区分。个别形制2风铎在相对二侧面开圆孔，例：风铎0804、风铎100402。

形制3与形制5较相似，规格、造型略有区别。造型区别是形制5下脚间凸起一尖。部分形制3风铎铸造缝在侧棱。

形制4为檐面风铎规格最大的，其风摆侧缘三瓣多曲，造型美观。

形制6与其他风铎主要区别在于四侧面各有一小圆孔，且铸造缝皆位于侧棱。

形制7、8、9、10、11均为造型特殊的风铎，数量很少。

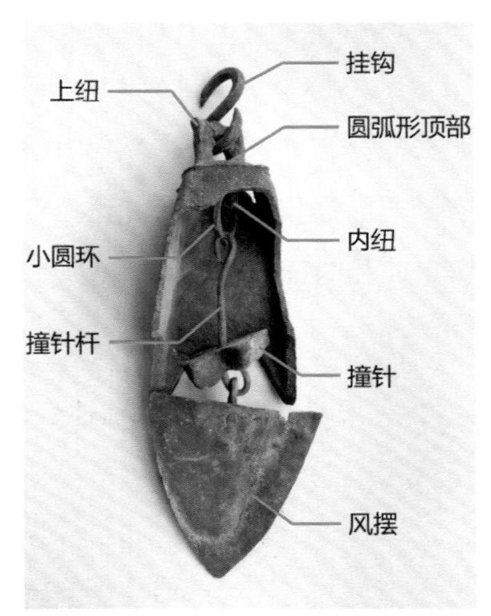

图9-2-4　风铎构造

形制7、形制8风铎下脚具有卷曲造型，非常美观。形制7下脚呈如意头形，风铎0804两相对侧面一面欲镂空“卍”，但未铸到位，一面镂

* 为区分三大类风铎的形制与编号，檐面风铎直接用形制1、2、3……编号皆为数字，例：FD030618；檐角风铎在前面加字母“J”，即J形制1、2、3……编号例：FD·J040602；塔链风铎在前面加字母“TL”，即TL形制1、2、3……编号例FD·TL140725（上）（风铎详细编号方法见附表9-2-1表说明。

空4个三角形叶片组成的图案，中间交斜。形制8下脚间垂下多曲形状，仅有一个风铎070816。

形制9为全塔唯一的八角形风铎，下脚间内凹圆弧形，边缘内侧起凸棱。

形制10整体呈覆斗状，上下边长差距较大，全塔仅有一个该形制风铎1103。

形制11规格、造型与塔链风铎相似，但其上挂钩较小，确为檐面风铎使用的挂钩，抑或是塔链风铎掉落下部塔檐，后世修补配件继用于塔檐处。

檐面风铎形制若稍粗略划分，可将形制1、2合并，形制3、5并为一种形制，则檐面风铎有9种形制。

数量与分布（参见表9-2-2）

檐面风铎形制3数量最多，465个，其次是形制1、2、4分别有150、140、197个，再次为形制5、6个，各有75、92个，形制7、8、9、10、11个，各数量极少。

形制1主要分布于02～04层，形制2主要分布于05～08层，形制3主要分布于05～11层，形制4主要分布于11～13层，形制5主要分布于04～07层，形制6主要分布于09～10层。这些形制均有相对集中的分布层檐，大致有02～04层主要为形制1（可将01层风铎推断为形制1为主），05～10层主要为形制3，11～13层以形制4为主。从中可发现基本有这样一个规律：01～13层塔檐从下至上檐面风铎规格逐渐增大，分布变化梯段可划分为01～04、05～10、11～13层，应当是考虑到人的视觉差，有意这样布置，使人们在塔下仰望时，不会感到上部风铎变得很小。

另横向看各层檐面风铎形制种类，07、10层檐面风铎皆为7种形制，为最多。其次08、11层皆有6种形制，概07、10层处于风铎形制交替变化的部位，多种风铎在这里交汇，因而形制种类最多[6]。

2. 檐角风铎

J形制1为比较基础的样式，总体规格偏小，平面方形，下粗上细，下脚间内凹略呈梯形，铸缝位于上部，顶部圆弧状，中有小圆孔，侧棱抹棱。

J形制2和J形制4较相似，主要区别是下脚之间的部分形状不同，二者皆在相对的二个侧面，开简单形状的孔，共有7种形状，10种不同组合（图9-2-5），其中侧面“| | |”形孔的（例：J040301）与应县木塔檐角的辽代风铎样式相同。J形制4中风铎J120302原计划一面做出“卍”形孔，实际制作不到位，未浇铸出，相对面有交叉形图案。

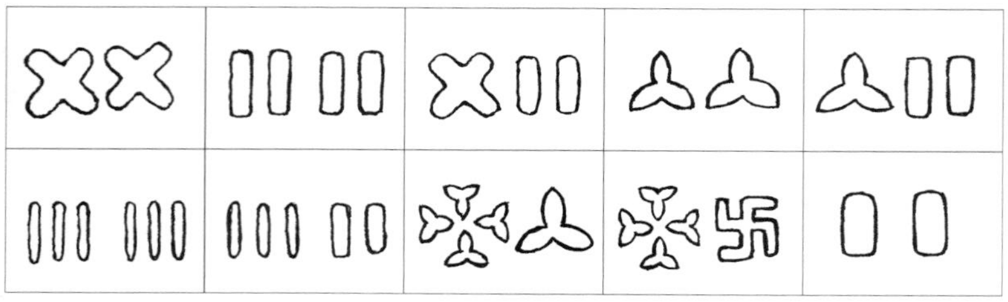

图9-2-5　风铎二面侧壁开孔组合

J形制3与其他形制区分较明显，整体造型较圆厚，两相对侧面开长方形孔，下脚间尖角状内凹，侧棱抹圆为圆弧状。偶有J120202在侧面开“11”形孔。

J形制5、6、7、8基本为同一样式，可划分为同一形制，主要区别为下脚造型略有不同，应以J形制5

为铸造较完好的样式，其余形制略有缺陷、形状变化，呈现不同的造型。其中部分侧面开有简单镂空形状的孔，J形制7中有风铎J040602四侧面镂空四个梵文字母。

檐角风铎若细划分可分为8种形制，若稍粗略划分可将J形制2、4合并为一种形制，J形制5、6、7、8并为同一种形制，则共有4种形制。若更粗略划分，可将J形制1、2、4、5、6、7、8全部并为一种形制，则檐角风铎共有2种形制，这2种形制数量比例较接近1∶1。

檐面风铎与檐角风铎之间也存在一些相似形制，例：形制1、2与J形制1相似，主要是规格有差别。尤其是形制7与J形制5、6、7、8相似，风铎下脚主要呈如意头状。另有形制7中的风铎0804与J形制4中的风铎J120302皆一面镂空“卍”，一面交叉状简单图案。这些相似关系可使风铎之间相互鉴证，对判断是否为同时代风铎较有帮助。

数量与分布

檐角风铎8种形制，J形制1有28个，主要分布在02、03、04层塔檐；J形制2有25个，主要分布在04、05、06、10、12层；J形制3数量最多93个，主要分布在05～13层；J形制4为26个，主要分布在09～11层；J形制5、6、7、8共有9个，分布在02～07层。各形制大致有比较集中的分布区间：02～04层为J形制1、2，主要为J形制1（推测01层檐角风铎应为J形制1较合宜），05～13层主要为J形制3，少量J形制2、4。另J形制3主要悬挂于大角梁，其他形制大角梁、子角梁皆有悬挂，以子角梁偏多。

横向看各层檐角风铎形制种类，06层塔檐最多有6种形制，其余层多为3～4种形制。08、13层现存檐角风铎较多，皆为J形制3。

檐角风铎若粗略地划分，把J形制3之外的形制全部看作一种形制，按两大类来看：以J形制1为代表的第一大类分布于02～07层、09～12层，以J形制3为代表的第二大类分布于04～13层。则01～03层应全部为第一大类；04～13层多为第二大类挂于大角梁，第一大类悬挂于子角梁。

3. 塔链风铎

塔链风铎共划分为9种样式。

TL形制1可看作塔链风铎中的基本样式，风铎主体上下几乎等宽，尖下脚间内凹圆弧，铸缝位于侧棱，部分风铎顶部无小孔。

TL形制2与TL形制1相似，区别是TL形制2下脚外撇较大。

TL形制3、4、5、7较相似，上下宽度差别较大，整体形态有所差异，各具一定特点。TL形制3四侧面开小圆孔，TL形制4整体较为规整，TL形制5形态圆胖，TL形制7形态短胖。TL形制7中有FD·TL140533（下）一面外壁铸出梵文字母（图9-2-6）。

TL形制6与TL形制9相似，区别处是下脚之间造型略有不同，概为TL形制9下脚略有铸造不到位。

图9-2-6 风铎TL140533（下）外壁梵文字母

若把以上相似的形制归为一类，则塔链风铎至少有4种形制。塔链风铎TL形制1、TL形制2铸缝皆位于侧棱，可知铸造模具为左右两半合成，其余形制铸缝皆在上部，可知其模具为上下两部分合成。

TL形制1数量最多26个，分布广泛，在七条塔链上均有悬挂，其次TL形制2有11个，分布于六条塔链，其他形制数量很少，零星分布。

三 风铎配件

1. 檐面风铎

吊环一端尖头，一端圆环，钉于椽飞头（较小）、角梁头（较大）。

挂钩大致呈“S”形，上端（未闭合）钩挂吊环，下端（闭合）钩住风铎，连接吊环与风铎，长50～70毫米，其长度对风铎处在椽头下的高低位置影响较大。部分风铎在挂钩与方形纽之间加一小圆环，可使风铎整体更灵活，也可减少因风铎晃动带来的挂钩与吊环的摩擦。

撞针杆长约100毫米，用铁条弯制，上端弯钩钩住风铎三角形内纽，有的在撞针杆与内纽之间增加一圆环，撞针杆摆动更灵活，例：形制4。撞针穿套于撞针杆，杆下端闭合弯钩托住撞针，下挂风摆，少量在风摆与撞针杆之间又增一段铁条连接，不利于风摆直接带动撞针杆。

撞针大多为“十”字形，很少几个为“卍”字形，一个圆形，一个异形（图9-2-7）。长约为40毫米，规格较大的风铎撞针亦较大。“十”字形撞针大多为铸造，一面平整光滑，一面粗糙，中心皆有圆孔，穿套在撞针杆上，安装后多糙面朝下。另有部分撞针为锻造，将两段扁铁条中心相交打制在一起，长约50毫米，整体形态较细长，主要用于风铎形制4中，位于11～13层塔檐。“卍”字形、圆形、异形撞针皆为铸造，数量很少，圆形撞针内部呈“十”字形。

图9-2-7 风铎撞针

风摆为一平面铁片，厚不足1毫米，有三角形和侧缘三瓣曲线两种形状。三角形风摆数量较多，长宽皆约为95毫米，三条边略带圆弧。侧缘三瓣曲线风摆造型美观，主要用于风铎形制4中，对应11～13层塔檐，规格较大，长宽皆约为125毫米，但制作较粗拙，形状不甚规整。另在下部塔檐遗存有几片侧缘三瓣曲线的风摆，规格较小，长宽皆约为95毫米，制作精细，造型规整美观（图9-2-8）。风摆上部为φ3毫米铁条弯成的小圆环，一端砸扁打孔，与风摆铁片用铆钉固定，使风摆可挂于撞针杆。

图9-2-8　不同形状的风摆

2. 檐角风铎

檐角风铎的挂钩、撞针杆、撞针、风摆等配件形制与檐面风铎相同，规格较大。

撞针皆为十字形，长约55毫米，多为铸造，少量锻造。

风摆几乎残缺殆尽，仅存3个，其中一个为三角形平面铁片。另两个为三片翅状，每片翅侧缘为三瓣曲线，其构造为用一片铁片中间折弯成两片翅，第三片翅用铆钉连接固定于前两片翅中间折弯处，上部有铁条弯成的小圆环（图9-2-9）。其优点是可以接受各个方向的风，使容易晃动。三片翅状风摆在觉山寺文管所收藏的风铎中发现，原在塔体上的具体位置不明，根据规格判断为角梁风铎使用，另据11～13层塔檐檐面风铎多为三瓣曲线形风摆，推断三片翅状风摆应使用于11～13层的角梁风铎，如是11～13层塔檐檐面风铎与檐角风铎的风摆形式一致，风格统一。

图9-2-9　三片翅状风摆

3. 塔链风铎

挂钩用断面方形6毫米粗的铁条制成，长度90毫米，较长，因需钩挂于塔链上，钩头亦较大。

撞针杆长150毫米，相对其他风铎较长，上端钩挂风铎内纽，下端小钩闭合挂风摆，杆中下部位置加粗，使卡住穿套于其上的撞针不至向下滑落。撞针杆在撞针之下仍有较长一段，使风摆位置较靠下。

塔链风铎风摆现全部残缺，根据塔顶清理出的铁片，大致推测风摆造型基本同密檐11～13层檐面风铎风摆，规格较小，大致三角形，两侧缘三瓣曲线状，如是较为符合塔刹整体较华丽的特点。

四 风铎上的汉字、梵文、符号、图案

部分风铎外壁或内壁发现铸有汉字、梵文、符号、简单图案，或于壁面凸起，或是镂空的形式，密檐部分发现的这类风铎皆位于08层塔檐以下（檐角风铎侧壁较多镂空“X”“11”之类形状暂不列为符号或图案讨论）。

1. 汉字铭文

汉字铭文共发现2处，皆位于檐角风铎内壁。

风铎J020102内壁四面铭文“天庆｜七年八月｜八日记｜[文][音]昌”。

风铎J030802内壁一面有“赵均”二字（图9-2-10）。

2. 梵文

风铎上的梵文共发现3处，一处为镂空的形式，其余2处在风铎外壁凸起阳文。一个属于檐角风铎，一个檐面风铎，一个塔链风铎。

檐角风铎J040602四侧面镂空四个梵文字母（图9-2-11），其中图a与图c中相对的两个字母应相同，只是其中一个上部一圆点未铸出。

其他2处风铎表面的梵文字母皆为“ᤁ”，分别为一08层檐面风铎[7]和塔链风铎FD·TL140533（下）（图9-2-12）。

3. 符号

风铎上发现的符号主要有“卍”和“+”两种，多位于风铎内壁，不够明显。

带有“卍”符号的风铎现共发现7处，2处在风铎侧面镂空，五处位于风铎内壁凸起，“卍”多铸

图9-2-10　风铎内壁汉字铭文

a

b

c

d

图9-2-11　风铎J040602镂空梵文（按顺序展开）

成相反的“卐”。檐面风铎0804和檐角风铎J120302一侧面镂空“卍”，但未浇铸到位，不够完整。其他5处分别为檐角风铎J030602、J030701，檐面风铎020802、0403、0503。

带有符号“+”的风铎共发现六个，分别是檐角风铎J030101、J040501，檐面风铎0306、0503、060811、070504，“+”皆位于风铎内壁凸起。

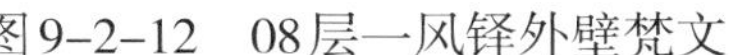
图9-2-12　08层一风铎外壁梵文

图9-2-13　风铎侧壁镂空简单图案

4. 简单图案

风铎0804和J120302带有符号“卍”侧壁的相对面镂空简单图案（图9-2-13），镂空部分大致呈三角形，中间部分形成斜交叉形，造型类似一层塔身正东面格子门棂条。

五　风铎的铸造

风铎主体皆为铸造，风铎表面铸造缝多位于上部，四侧面与顶部相接处，风铎内表面无铸缝。由此可知铸造模具由上下两部分组成，下部模具铸出四侧壁和内吊环，因而内部无铸缝，上部模具铸造顶部和上纽。另有少量铸造缝位于相对的两侧棱，主要包括檐面风铎形制6、塔链风铎TL形制1和2，铸造模具由左右两半合成。

浇铸口基本皆位于最上部纽处，浇铸后仅有纽上面粗糙（图9-2-14），保证了风铎整体光平规整。浇铸风铎多下部边缘较厚，有的在靠近下缘的内面起一圈凸线（例：FD·J030301），壁厚向上逐渐减薄，顶部最薄者约为1毫米，这种做法应是有意加强边缘的强度，且对风铎的发声亦有利。风铎较新的断槎皆成银白色，可见铁质为白口铁。

铸造存在的缺陷

a. 浇铸不到位，主要发生在风铎侧面开孔处和稍复杂的图案处，或铁水未流到形成局部残缺，或铁水较多，未铸出计划形状。

b. 少量的浇铸接缝，裂纹隐残。

c. 模具移位，个别风铎模具上下两部分移位，铸出的风铎上下错位，例：风铎1105（图9-2-15）。出现这种情况时风铎不易成型，现存风铎中很少见到。

六　风铎的发声

风铎通过风摆的摆动带动撞针撞击风铎内壁发出声音。通常平面的风摆迎风时左右摆动，来回撞击风铎侧壁，觉山寺塔风铎发出的声音皆比较清脆悦耳。规格较小的塔链风铎、檐面风铎发出的声音接近“叮叮”声，音调高，音量较小。规格较大的檐角风铎发出的声音似“当当”声，音调低，音量较大。概因年

图9-2-14　风铎J120302上部纽和小圆孔

图9-2-15　风铎1105浇铸上下移位

久，风铎发出的声音皆较温和，余音不够悠长（按同形制新制补配的风铎声音较尖锐，余音悠长）。

风铎侧壁下脚处较厚，上部较薄，顶部呈圆弧形，对声音共振有利。顶部大多开有小圆孔，使发出的声音透亮，无此小圆孔的声音较"闷"。檐角风铎较多在侧壁开不同形状的孔，以J形制3的开孔对发声比较有利，其他檐角风铎（侧面开孔的）概壁厚较J形制3略薄而开孔较大，均使音调降低，声音较散。檐面风铎侧壁开孔也有使音调降低，从发声角度考虑较小的檐面风铎不宜于侧壁开孔。

图9-2-16　弥勒殿的风铎

觉山寺塔风铎与寺院清末建筑弥勒殿残存的两个风铎相比较，较为突显其发声清脆悦耳，反映其制作时对发声的良好掌控。弥勒殿残存的两个风铎，平面六边形，主体高200毫米，上径75毫米，下径135毫米，形制规整，棱角分明。下脚很长，侧壁基本不围合，发出的声音似撞击铸铁片声，音调极低，是很低的"当当"声，无悦耳动听之感，装饰作用较强，基本无觉山寺塔风铎声学上的美感（图9-2-16）。

七　后世对风铎的维修补配

塔体风铎往往易经后世进行补配，觉山寺塔风铎划分为28种形制，可能存在后世补配的形制。风铎仅根据铁质粗细难以分辨哪些风铎是后世补配，应用更科学的检测手段进行判断。现仅说明已发现的可能为后世补配风铎的现象。

1. 一般认为觉山寺塔建于辽大安五年（1089年），现发现风铎J020102内壁铸有铭文"天庆」七年八月」八日记」[文][音]昌"。天庆七年为1117年，则这枚风铎应为塔建成28年后所补配的，其规格在檐角风铎中确实较小。结合密檐11层檐下题记米Y110301分析，天庆八年三月正在对塔体实施维修，所以天庆七年八月，应为铸造风铎的时间（或计划对塔体进行修缮的时间），而非补挂风铎的时间。这次补配的风铎应不止这一枚，但与建塔之初的风铎制作时间很接近，难以区分。

2. 0805塔檐下普柏枋上面发现一堆撞针（图9–2–17），共37个，包括檐面风铎使用的31个（其中一个“卍”形），檐角风铎使用的6个，皆为铸造。建塔之初挂风铎，应是将风铎及配件在地面组装好后，吊送到塔体悬挂，一般不会在塔檐处留下这些撞针。可能的情况为：a. 建塔时，剩余的撞针全部放到不显眼的0805塔檐下，供后世修配使用；b. 后世对风铎进行修配，将撞针等配件吊至塔上，直接在塔上对风铎进行修配，剩余的撞针放至0805塔檐下。

图9–2–17　0805檐下发现的撞针及“卍”形撞针

3. 檐面风铎中形制11规格较小，类似塔链风铎，所用挂钩却是檐面风铎使用的挂钩，与塔链风铎挂钩不同。概为塔链风铎挂钩磨断后掉落下部塔檐，后世将其补配檐面风铎挂钩后，挂至塔檐下（其中风铎1103挂钩较大，比较明确原为塔链风铎，掉落10层塔檐瓦面）。另有风铎130207，规格较小，使用了塔链风铎的撞针杆和撞针，上部为檐面风铎的挂钩，其很可能原为塔链风铎，掉落12层塔檐瓦面，经后世修配继用至13层檐下。

小　结

辽代密檐塔多有悬挂风铎，但大多只在檐角或01层塔檐悬挂，各层椽飞头、角梁头满挂风铎者较少，当然也受塔檐是否为木质椽飞、角梁限制，另在塔链挂风铎的辽塔实例几乎不见。只在檐角角梁挂风铎的，实例有天津蓟县盘山天成寺塔、辽宁朝阳八棱观塔、黄花滩塔、抚顺高尔山塔、吉林农安县农安塔等，其中有辽宁朝阳北塔、朝阳南塔、云接寺塔在角梁和檐面正中挂风铎。01层塔檐挂风铎（01层以上角梁处挂风铎）的实例有辽宁北镇崇兴寺双塔、沈阳新民辽滨塔等，另有内蒙古宁城辽中京大明塔各层塔檐皆挂风铎，但比较稀疏。

现存辽代密檐塔各层塔檐满挂风铎的有北京天宁寺塔，原至少悬挂2920个风铎（按各层在角梁和飞头悬挂），应为现存已知悬挂风铎最多的一例，惜现今风铎大多残缺，只角梁处仍存；北京通州燃灯佛舍利塔悬挂有2248个铜风铎，应为已知悬挂铜制风铎最多者。觉山寺塔原有风铎2278个，数量应仅次于北京天宁寺塔，现存1365个旧有风铎，很可能是保留辽代风铎最多的一例。因其现存风铎数量众多，样式丰富，让我们能够较为全面地了解辽塔风铎艺术、特征、规律、内涵价值。

表9-2-1　风铎形制划分表

檐面风铎

形制	照片				规格（毫米）	特征	典型风铎	备注
形制1 例： 0403	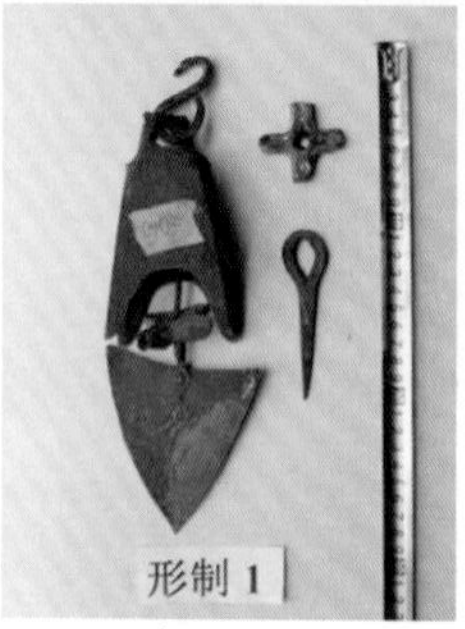 I米G_6809 	I米G_6810 	I米G_9740 FD070206 	I米G_3704 FD0306	总高 120～130 上宽40 下宽65～70 壁厚5 数量150个	规格较小，下脚间内凹呈梯形，铸缝在上部，顶部小圆孔，最上方形纽。	020306 050301 070206 0805 1006	特殊风铎： 0306内面"+"图案。 030618圆形撞针； 0602风摆多曲造型。
形制2 例： 0702	 I米G_9729 	I米G_9730 	I米G_0476 	I米G_1702 FD1006	总高 130～150 上宽40～45 下宽65～70 壁厚5 数量140个	规格较形制1稍大，整体形状较细长，造型较规整，棱角分明，铸缝在上部，顶部小圆孔。	020304 0305 040803 050616 060706 0805 090608 1006 1102	有的形制2较形制1规格、形状接近，难以完全区分。 特殊风铎： 060811内壁"+"； 0804、100402、1008相对侧面有圆孔；070612铸缝在侧棱。
形制3 例： 030711	 I米G_0506 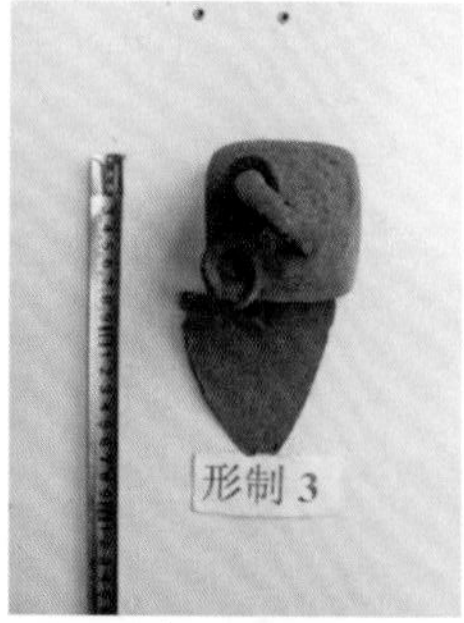	I米G_0508 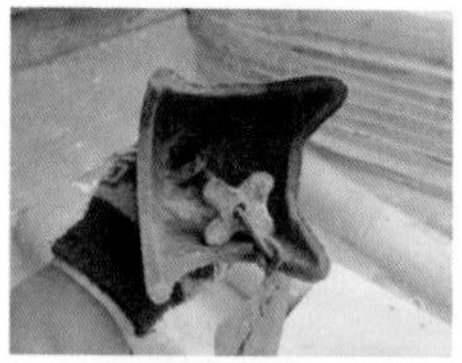	I米G_0509 	I米G_2693 FD08	总高 140～170 上宽50 下宽75 壁厚5 数量465个	规格较形制1稍大，形状较形制2粗胖，铸缝有在上部也有在侧棱。	020305 040711 040804 050603 060706 070207 100202 1004 110717	特殊风铎： 08外壁梵文字母、0604纽残缺用铁条做挂钩。

续表

形制	照片				规格（毫米）	特征	典型风铎	备注
形制4 例： 1206 1205	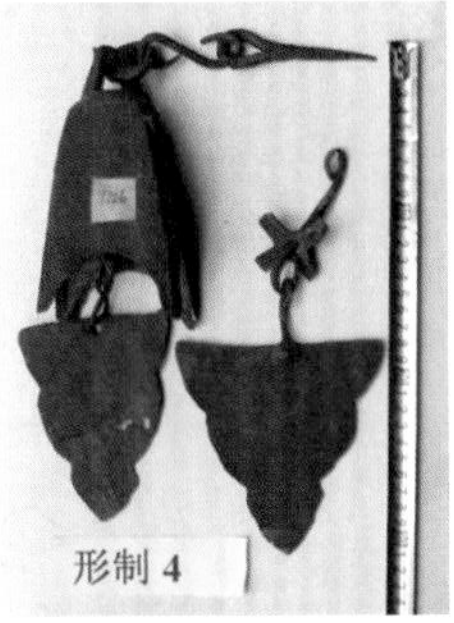 I米G_6815 FD1206	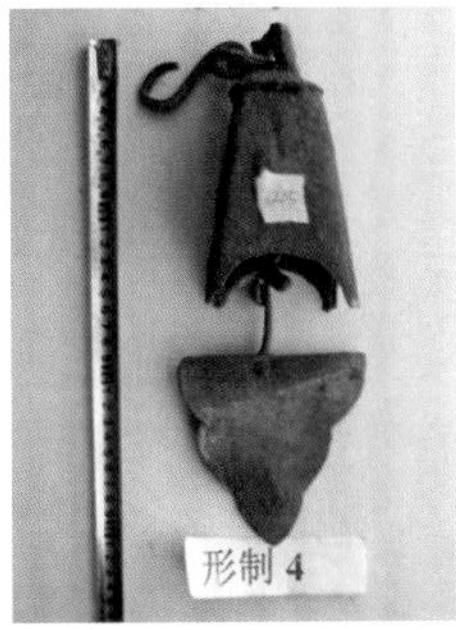 I米G_9218 FD1205	 I米G_9223 FD1205	 I米G_9221 FD1205	总高 160～170 上宽50 下宽80 壁厚5 数量197个	整体较规整，规格较大，铸缝在上部，顶部无小孔，纽与挂钩之间有圆环，风摆造型三瓣多曲。	0804 1005 1106 130206	
形制5 例： 070211	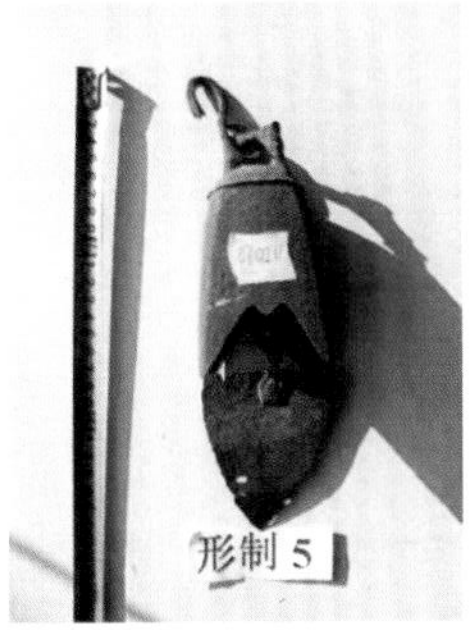 I米G_9069	 I米G_9074	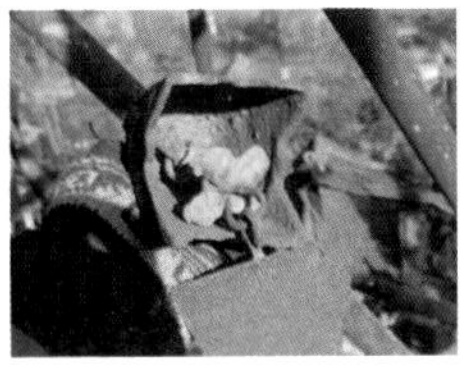 I米G_9073	 I米G_9075	总高 135～150 上宽55 下宽75 壁厚5 数量75个	规格较大，形状圆胖，下脚间有凸起一尖，铸缝在上部，顶部小圆孔。	020208 0204 0304 040805 050601 060707	
形制6 例： 0804	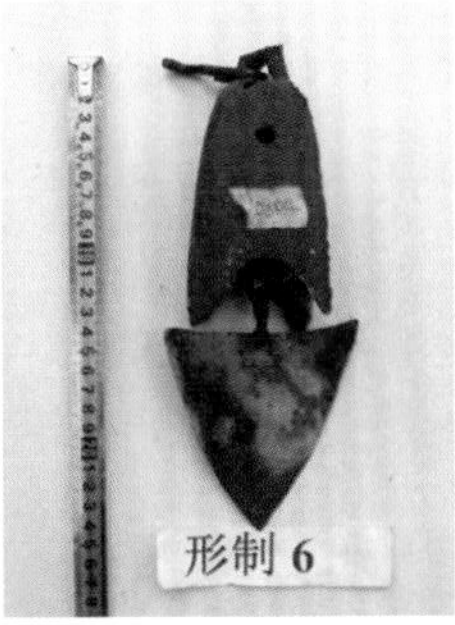 I米G_9625	 I米G_9635	 I米G_9628	 I米G_9630	总高140上宽40 下宽70 壁厚5 数量92个	顶部四侧壁有小圆孔，形状修长，铸缝在侧棱，侧棱整体呈弧线。	0906 1108 100301	

续表

形制	照片				规格（毫米）	特征	典型风铎	备注
形制7 例： 0804	 形制 7 I米G_2641	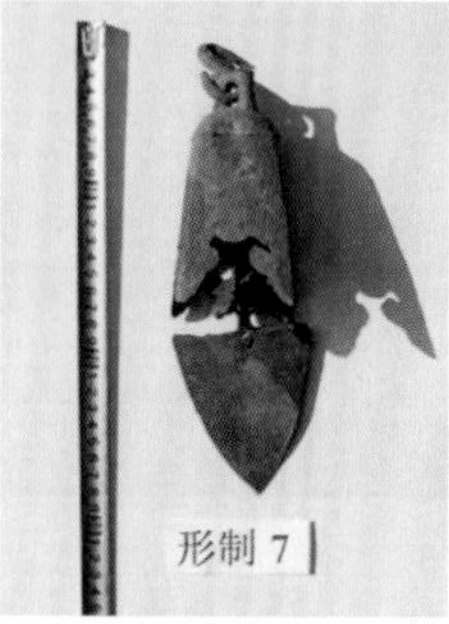 形制 7 I米G_2642	 I米G_2655	 I米G_2647	总高160 上宽45 下宽70 壁厚5 数量10个	下脚多曲，似如意头形，铸缝在上部，顶部小圆孔。	050417 070403 0802/2 0808/2	0804两个侧面铸有图案，一面似斜“十”字交叉，另一面为“卐”字形，未浇铸完整。
形制8 例： 070816	 形制 8 I米G_9048	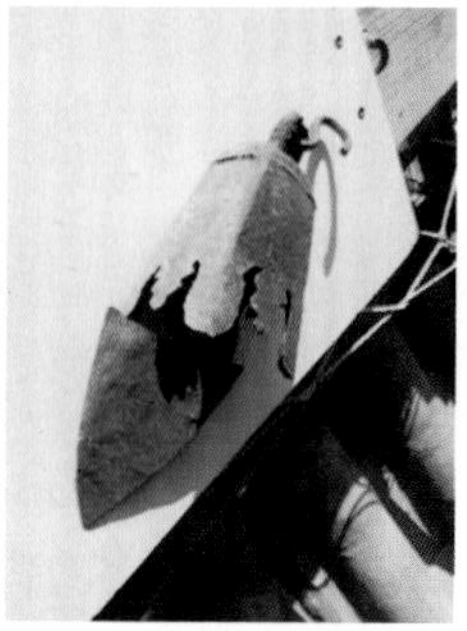 I米G_9047	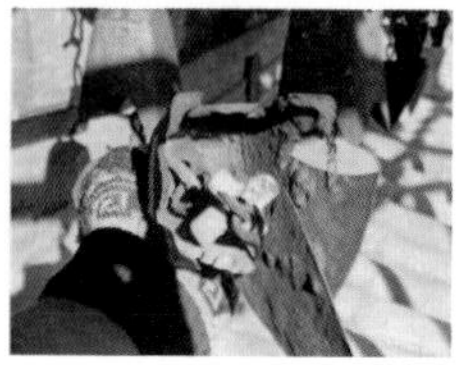 I米G_9055	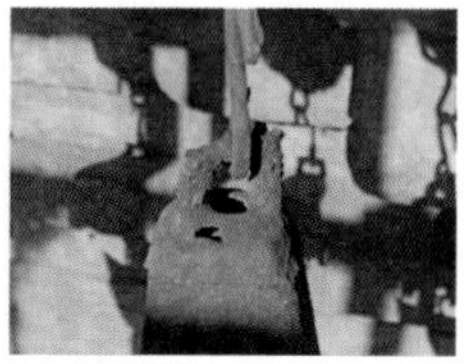 I米G_9064	总高140 上宽50 下宽75 壁厚5 数量1个	整体与形制7相似，风铎下脚间垂下多曲形状。	070816	
形制9 例： 1006	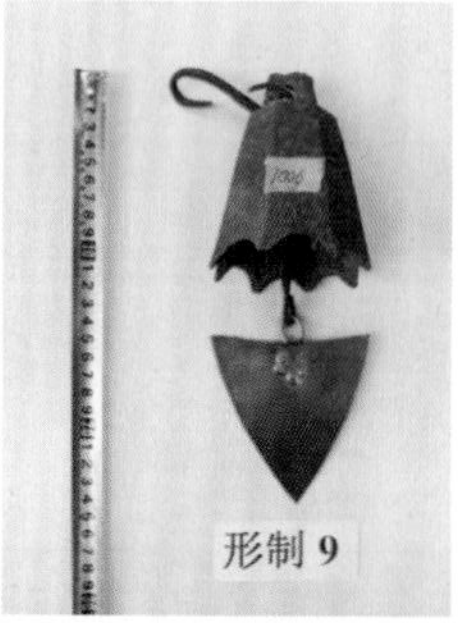 形制 9 I米G_1641	 形制 9 I米G_1645	 I米G_1651	 I米G_1657	总高120 上径50 下径80 壁厚5 数量1个	风铎主体八角形，造型规整，下脚间弧形内凹，边缘较厚，铸缝在上部，顶部小孔。	1006	

续表

形制	照片				规格（毫米）	特征	典型风铎	备注
形制10 例：1103	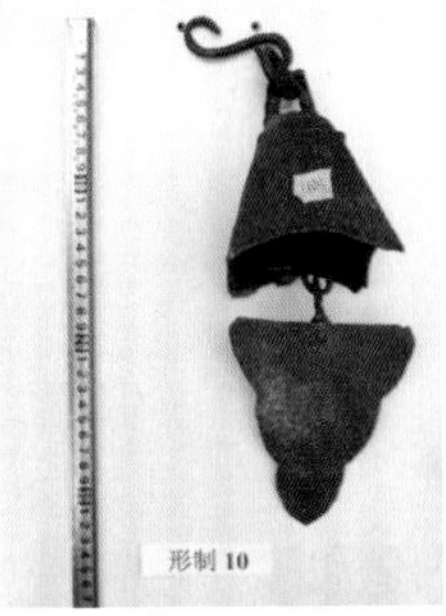 I米G_1262	 I米G_1265	 I米G_1268	 I米G_1272	总高140 上宽45 下宽90 壁厚5 数量1个	造型规整大致呈覆斗形，顶部圆弧面，无小孔，下脚间略内凹，纽平行身面。	1103	
形制11 例：1105	 I米G_1274	 I米G_1276	 I米G_1280	 I米G_1283	总高120 上宽40 下宽60 数量2个	似塔链风铎，规格比形制1显得稍小，下脚较尖，之间内凹大圆弧，纽细长。	1103 1105	

檐角风铎

形制	照片				规格（毫米）	特征	典型	备注
J形制1 例：J040702	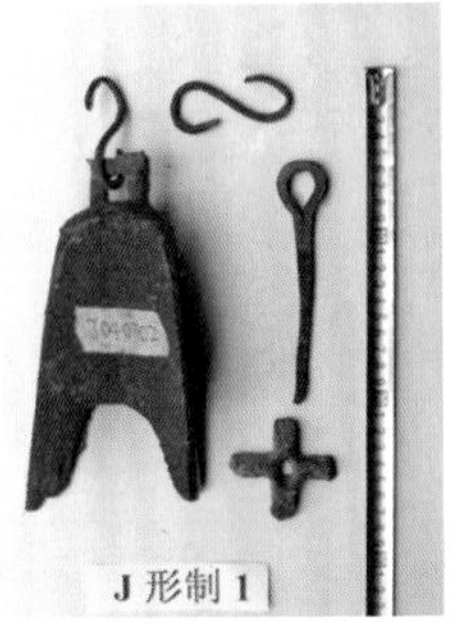 I米G_6818	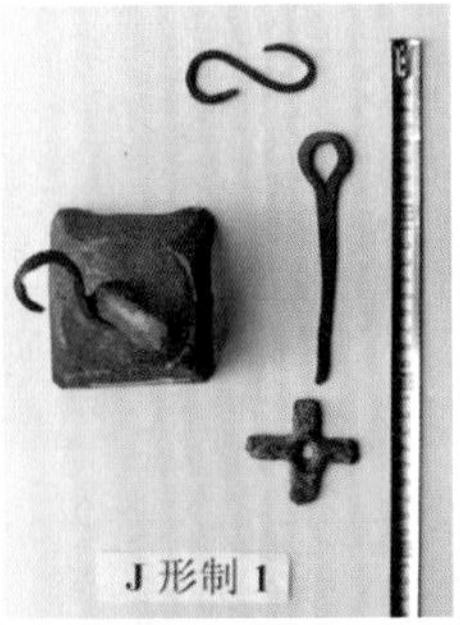 I米G_6819	 I米G_3689 FD·J030802	 I米G_3690 FD·J030802	总高 180～220 上宽 65～70 下宽 90～105 壁厚6 数量28个	下脚间大致呈梯形内凹，浇铸缝在上部，顶部圆弧状，有小圆孔，侧棱抹棱，规格偏小。	J020102 J020801 J030502 J040301 J090301 J120402	FD·J020102内壁有铭文。

续表

形制	照片				规格（毫米）	特征	典型	备注
J形制2 例： J100602	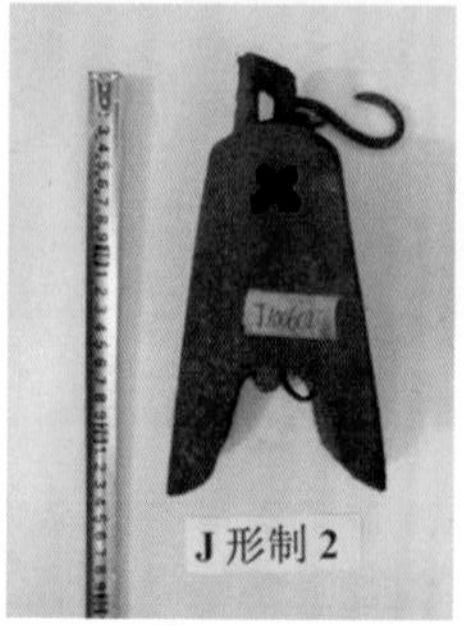 I米G_1678	 I米G_1682	 I米G_1685	 I米G_1687	总高 190～220 上宽 65～70 下宽 100～105 壁厚6 数量25个	形状与J形制1基本相同，整体规格稍大，下脚间圆弧形，两侧面多开简单形状的孔。	J020501 J040302 J050302 J060302	特殊风铎：J020701侧面孔不同。
J形制3 例： J050501	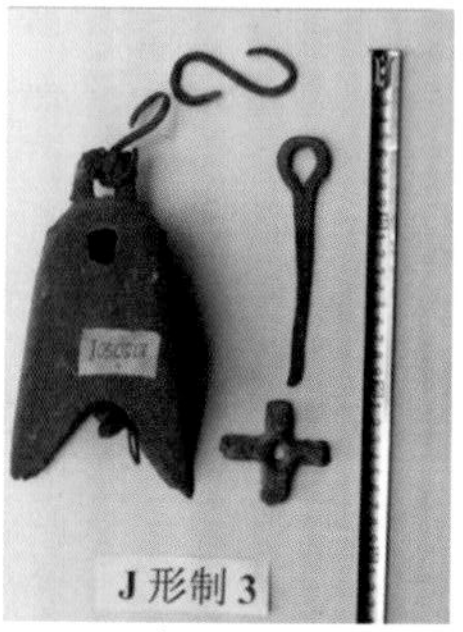 I米G_6821 FD·J050501	 I米G_1333 FD·J110702	 I米G_1335 FD·J110702	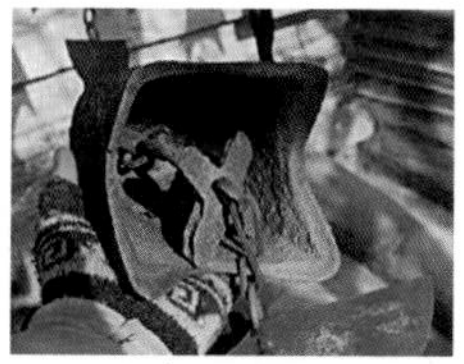 I米G_9125 FD·J130101	总高210 上宽70 下宽105 壁厚8 数量93个	整体造型较圆厚，两相对侧面开长方形孔，下脚间内凹呈尖角，侧棱为圆弧状，壁较厚。	J040402 J050501 J050701 J060101 J080201 J090401 J110702 J130101	J120202侧面开“11”形孔
J形制4 例： J090302	 I米G_9444	 I米G_9447	 I米G_9451	 I米G_9448	总高220 上宽65 下宽105 壁厚约4 数量16个	整体与J形制2相似，主要区别处：下脚较尖，下脚间内凹为圆弧形。	J090302 J110102 J110801	J120302侧面斜十字孔，“卐”字孔未全部铸出，下脚边缘内面凸起明显。

续表

形制	照片	规格（毫米）	特征	典型	备注
J形制5 例：J020402	I米G_8904 I米G_8906 I米G_8918 I米G_8914	总高230 上宽60 下宽100 壁厚6 数量2个	整体较细长，边棱抹棱，下脚较长，为如意头造型，下脚间出尖，侧面镂空三角形图案。	J020402 J070702	
J形制6 例：J030301	I米G_3705 I米G_3709 I米G_3714 I米G_3711	总高200 上宽65 下宽100 壁厚6 数量3个	与J形制5相似，下脚造型略有差异，有的侧面有“X”形孔。	J060202 J070502	J030301下缘内面有一圈凸线；J060202、J070502侧面皆有“X”形孔。
J形制7 例：J050402	I米G_8937 I米G_8955 I米G_8958 I米G_8945	总高200 上宽55 下宽95 壁厚5 数量3个	整体与J形制5相似，下脚造型多曲，可能为未铸到位的如意头。	J040602 J050402 J060102	J040602四侧面有镂空四个梵文字母。

续表

形制	照片				规格（毫米）	特征	典型	备注
J形制8 例： J060401	 J形制8 I米G_9015	 I米G_9024	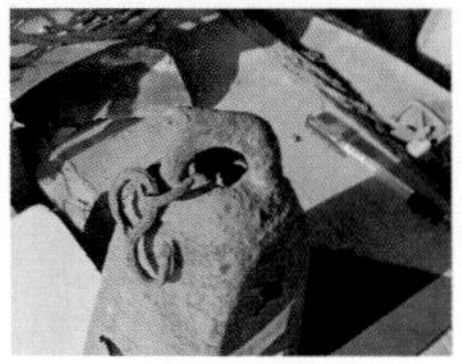 I米G_9019	 I米G_9020	总高200 上宽60 下宽100 壁厚5 数量1个	整体与J形制5相似，下脚造型不同，可能为未铸到位的如意头，侧面镂空“X”形孔。	J060401	

塔链风铎

形制	照片				规格（毫米）	特征	典型	备注
TL 形制1 例： 140434下	 TL形制1 I米G_1109	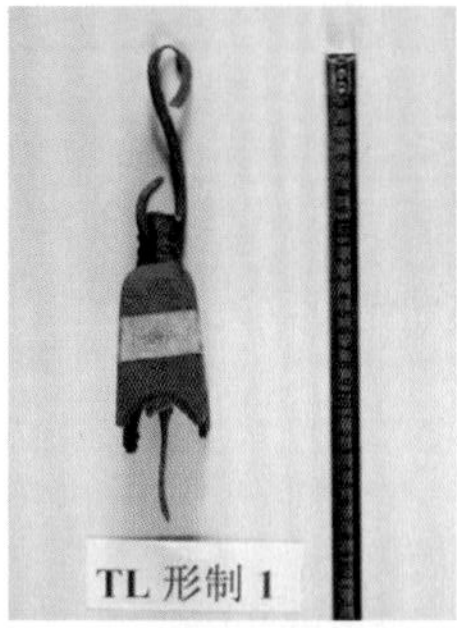 TL形制1 I米G_6943	 I米G_1113	 I米G_1111	总高115 上宽40 下宽50 壁厚3 数量26个	风铎主体上下宽度差距小，尖下脚间内凹圆弧，铸缝在侧棱，顶部多无小孔。	140434下 140725上	撞针呈方形，撞针杆相对较长。
TL 形制2 例： 140118上	 TL形制2 I米G_1115	 I米G_1120	 I米G_1121	 I米G_1122	总高115 上宽40 下宽60 壁厚3 数量11个	风铎主体上下宽度差距较大，下部外撇较大，顶部有小孔。	140118上	

续表

形制	照片				规格（毫米）	特征	典型	备注
TL 形制3 例： 140220上	I米G_1100	I米G_1103	I米G_6950	I米G_1106	总高110 上宽40 下宽60 壁厚3 数量4个	四侧面、顶部皆有圆孔，侧棱抹棱，铸缝在上部，顶部圆弧形，纽较细长。	140220上	
TL 形制4 例： 140823上	I米G_1144	I米G_6953	I米G_1152	I米G_1154	总高115 上宽35 下宽70 壁厚3 数量1个	风铎规整，顶部有圆孔，侧棱抹棱，铸缝在上部，尖下脚内凹圆弧，纽细长，有的平行于身面。	140823上	与TL形制3相似
TL 形制5 例： 140211下	I米G_1075	I米G_1080	I米G_6958	I米G_1077	总高130 上宽45 下宽80 壁厚3 数量1个	规格较大，上下宽度差距较大，形态圆胖，铸缝在上部。	140211下	140211（下）内吊环残缺，用铁条从上部侧面小孔伸出新做内吊环。

续表

形制	照片				规格（毫米）	特征	典型	备注
TL 形制6 例： 1403	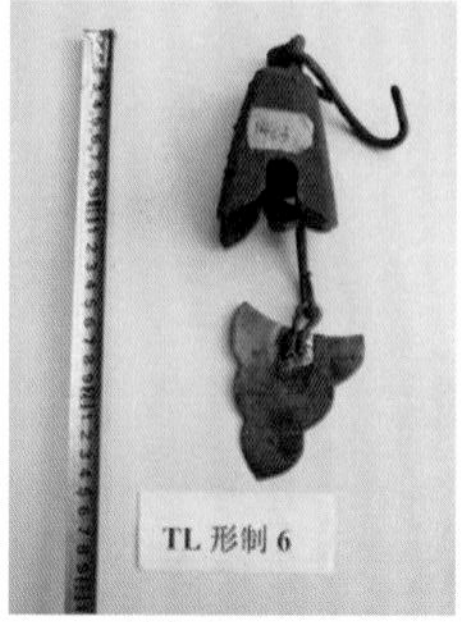 I米G_1123	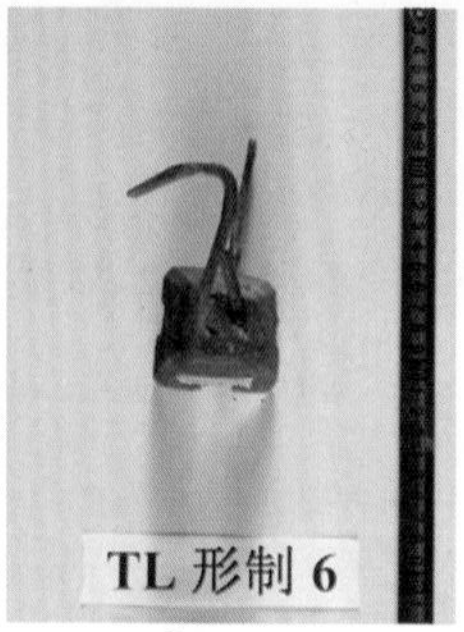 I米G_6962	 I米G_1127	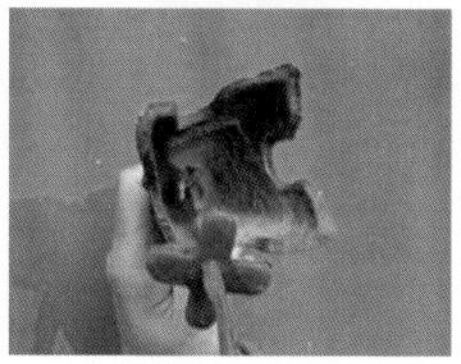 I米G_1130	总高115 上宽30 下宽60 壁厚3 数量1个	下脚间内凹较大，铸缝在上部，撞针挂钩与内吊环用小圆环连接，抹侧棱。	1403	
TL 形制7 例： 140533下	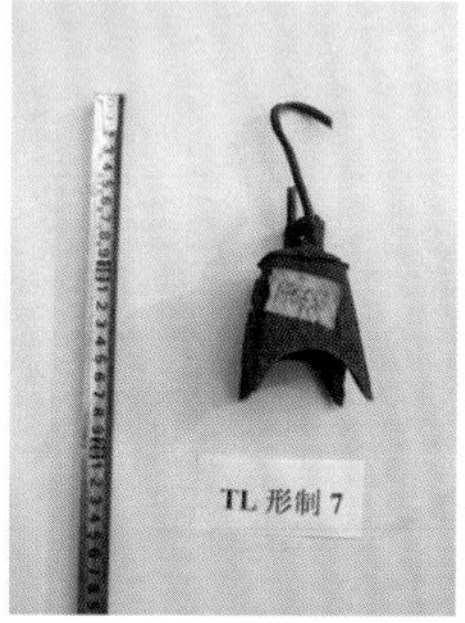 I米G_1089	 I米G_1092	 I米G_1093	 I米G_1094	总高105 上宽40 下宽65 壁厚3 数量1个	整体形状短胖，风铎主体上部有小孔，铸缝在上部。	140528下	与TL形制4相似。 塔链风铎140533（下）外壁有梵文字母； 140528（下）用铁条新制内吊环。
TL 形制8 例： 140518上	 I米G_1083	 I米G_1087	 I米G_1084	 I米G_1085	总高140 上宽35 下宽70 壁厚3 数量1个	风铎规整，下脚尖长，下脚间出尖，铸缝在上部，纽平行身面。	140518上	

续表

形制	照片				规格（毫米）	特征	典型	备注
TL 形制9 例： 1408	I米G_1131	I米G_6976	I米G_1137	I米G_1139	总高95 上宽30 下宽50 壁厚3 数量1个	规格最小，形状规整，棱角分明，铸缝在上部，下脚较宽，之间内凹圆弧。	1408	

表9-2-2　现存风铎各形制分布、数量简表

形制 数量 层数	檐面风铎（1134个）											檐角风铎（171个）								塔链风铎（47个）								
	形制1	形制2	形制3	形制4	形制5	形制6	形制7	形制8	形制9	形制10	形制11	形制1	形制2	形制3	形制4	形制5	形制6	形制7	形制8	形制1	形制2	形制3	形制4	形制5	形制6	形制7	形制8	形制9
01	/	/	/	/	/	/	/	/	/	/	/	/	/	/	/	/	/	/	/	/	3	/	/	/	/	/	/	/
02	31	5	7	/	3	/	/	/	/	/	/	7	1	/	/	1	/	/	/	5	1	1	/	1	/	/	/	/
03	42	5	15	/	3	/	/	/	/	/	/	12	1	/	/	/	1	/	/	2	1	/	/	/	1	/	/	/
04	33	13	14	/	10	/	/	/	/	/	/	7	5	2	/	/	/	1	/	8	/	/	/	/	/	/	/	/
05	13	19	58	/	22	/	2	/	/	/	/	5	2	12	/	/	/	1	/	2	1	/	/	/	/	1	/	/
06	12	16	70	/	21	/	/	/	/	/	/	1	4	6	/	/	1	1	1	3	/	/	1	/	/	/	1	/
07	7	26	67	/	16	1	1	1	/	/	/	/	/	13	/	1	1	/	/	4	3	1	/	/	/	/	/	/
08	4	30	71	1	/	5	6	/	/	/	/	/	/	16	/	/	/	/	/	2	2	2	/	/	/	/	/	1
09	/	5	78	/	/	40	/	/	/	/	/	1	1	6	7	/	/	/	/									
10	8	14	52	2	/	39	1	/	1	/	/	/	6	7	2	/	/	/	/									
11	/	7	33	50	/	7	/	/	/	1	2	/	/	9	6	/	/	/	/	/	/	/	/	/	/	/	/	/
12	/	/	/	85	/	/	/	/	/	/	/	/	5	9	1	/	/	/	/									
13	/	/	/	59	/	/	/	/	/	/	/	/	/	13	/	/	/	/	/									
小计	150	140	465	197	75	92	10	1	1	1	2	33	25	93	16	2	3	3	1	26	11	4	1	1	1	1	1	1

说明：塔链风铎对应的层数01、02……08表示正南、东南……西南方向的八条塔链。

第三节 铜镜

铜镜编号

密檐部分铜镜编号基本方式为塔檐层号（01、02……13）+面号（正南面01、东南面02……），适用于02～13层檐。例：铜镜0706，表示第07层塔檐下06面（西北面）的铜镜。

01层檐下每面3枚铜镜，铜镜编号在上述基础上增加其在各面的位置号，自左向右编为01、02、03，例：铜镜010702，指01层檐下07面（正西面）左数第02面铜镜。

塔刹刹座、覆钵铜镜继续密檐部分的层数向上编层号，把刹座铜镜看作第14“层”，覆钵铜镜看作第15“层”，例：铜镜1405，即刹座05面（正北面）的铜镜；铜镜1509，即覆钵从正南面01号铜镜逆时针旋转第09面铜镜。

一 概述

觉山寺塔现状02～13层檐下及塔刹覆钵皆悬挂铜镜，在本次修缮施工过程中发现密檐01层檐下和塔刹刹座原亦有挂铜镜，则全塔至少密檐及塔刹部分皆悬挂铜镜。全塔悬挂铜镜数量众多的其他辽塔实例有内蒙古赤峰巴林右旗庆州白塔、辽宁沈阳无垢净光舍利塔、新民辽滨塔、辽阳白塔、锦州广济寺塔、北镇崇兴寺双塔、义县广胜寺塔、朝阳云接寺塔、黄花滩塔、青峰塔、葫芦岛兴城白塔峪塔等，这些辽塔悬挂铜镜的位置有塔身、密檐檐下、塔刹等部位，其中庆州白塔为辽塔中悬挂铜镜最多的一例。辽地佛塔悬挂众多铜镜的做法是与宋地佛塔不同的显著特征之一。

觉山寺塔密檐部分01层檐下每面3枚铜镜，计24枚；02～13层檐下每层每面1枚，每层有8枚，计有96枚，密檐部分共有120枚铜镜；塔刹刹座每面有1枚，共有8枚；覆钵共有10枚铜镜。全塔上下共有铜镜138枚。另一层塔身四正面版门、格子门上方门头板有小圆孔痕迹，可能原亦挂有铜镜，全塔原本至少悬挂138枚铜镜。

二 现状残损情况及原因

1. 密檐部分

密檐铜镜的残损情况主要有残缺、断裂、变形、生锈、松动，另有少量鸟粪污染。造成铜镜残损的原因主要是人为破坏，在自然条件下，铜镜通常不会出现残缺、断裂、变形等问题，其后固定铁条虽表面生锈，但仍很坚固，一般不会断裂导致铜镜脱落（图9–3–1）。

（1）残缺

全塔（现已知）共残缺32枚铜镜，密檐部分残缺29枚，其中01层檐下24枚铜镜全部残缺，其他处零星残缺。

残缺原因

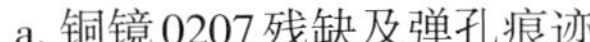
a. 铜镜0207残缺及弹孔痕迹

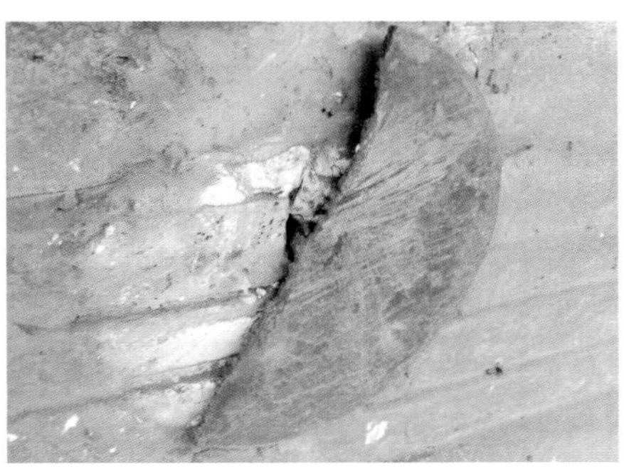
b. 铜镜0508被掰断

c. 铜镜0306变形

d. 铜镜0605呈“铁色”

e. 铜镜1502弹孔

f. 铜镜1510背面磨损

图9-3-1　铜镜残损情况

a. 人为射击。据觉山村村民回忆约20世纪60年代，当地民兵在寺院西侧田地练习射击，把铜镜0207当作靶子，打掉。现固定铁件处及其旁砖壁皆有小孔，基本印证这一事实。铜镜0307上部存在点状凹陷、破裂，其旁砖壁也有破损，也应由人为射击造成。

b. 偷盗。01层檐下残缺铜镜的固定位置多有竖向划痕，为人为破坏导致的残缺，应属偷盗行为。铜镜0707是在2012年对塔体进行设计勘察时，被搭设脚手架的工人盗走，后追回。

c. 人为抛掷砖石打砸。01层以上其余残缺的铜镜（或镜面略有凹点的）应主要因人为向塔檐抛砖石将其砸掉。

（2）断裂

断裂的铜镜存在1枚0508，是人为将其掰断，一半带有镜纽仍固定，另一半脱落。

（3）变形

变形的铜镜有0204、0306、0308、0405几枚，铜镜0306沿中间被掰弯，中间铜锈崩落，应为近期人为掰弯、变形。其余铜镜表面点状下凹的，应为人为抛砖石打砸造成。

（4）生长铜锈

现存大多铜镜均布满铜锈，呈现出“青铜”颜色，应是长期与空气中的水分、氧气、二氧化碳接触反应生成：$2Cu+H_2O+O_2+CO_2=Cu_2(OH)_2CO_3$。铜镜0601、0603、0605、0607位于密檐06层檐下的方孔旁，几乎未有生长铜锈，应是方孔处空气流通快速，对铜镜表面产生摩擦，使不易存在铜锈。

（5）松动

现存约1/4的铜镜出现不同程度的松动，其后固定白灰多出现脱落，固定铁条前端圆环较粗，铜镜易松动。松动铜镜主要出现在07层以下，但即使松动很严重，只要固定铁条未断，也不会出现脱落的问题。

2. 塔刹

刹座铜镜随刹座的塌毁，埋入塔顶堆积的砖砌体中，五枚铜镜已于清理塔顶时找到，三枚铜镜缺失，可能在塌落时掉至塔下，已不可寻；铜镜1406应是被倒塌的砖块砸到，残破两半；铜镜1407镜纽圆孔被铁锈堵死；铜镜1408镜面内凹，边缘开裂，也可能是被倒塌的砖块砸到所致。

覆钵铜镜1509掉落塔顶，应是覆钵下落后，其后固定铁条受到震动略有松动，逐渐脱开覆钵掉落。铜镜1502存在一φ10毫米弹孔（其后覆钵亦有连续的弹孔），为人为射击形成。铜镜1503、1510背面皆有磨损，因自身形制与其他八枚铜镜不同，受风吹产生晃动，背面与覆钵接触，久之形成磨损（锻造覆钵铁件比铸造铜镜密实、硬度大）。

铜镜现状详见附表（附表9–3–2）。

三　01层檐下及刹座铜镜

1. 01层檐下铜镜

本次修缮施工期间，在01层檐下阑额位置发现原固定铜镜痕迹，经仔细勘察分析，确定01层檐下阑额处原挂有铜镜，每面3枚。

（1）铜镜痕迹的发现

01层檐下每面阑额部位存有插入砖砌体的铁条三处，有的铁条残断端头伸出阑额，有的端头环绕残存的铜镜镜纽，大多铁条残断且不露端头，隐藏于砖砌体中。另铁条位置周围多有阑额表面白灰皮被磨损掉形成的圆弧形痕迹。通过与密檐部分其他层檐下的铜镜进行对比，基本确定01层塔檐下阑额部位发现的这些痕迹为原有铜镜留下的，铁条和镜纽的状况符合该塔密檐铜镜的固定方式，然后参考塔身悬挂铜镜的其他辽塔实例，最后完全确定觉山寺塔01层塔檐下阑额部位原悬挂有铜镜，每面3枚，共24枚（01层铜镜残缺处阑额表面皆有白灰皮，与周围灰皮基本无区分，所以难以发现这些铜镜痕迹。而密檐01层以上铜镜残缺处，围脊砖表面基本无灰皮，与周围区分明显）（附表9–3–1）。

（2）详细情况

01层檐下每面阑额位置均残存固定铜镜的痕迹，这些痕迹主要有：固定铜镜的铁条、铜镜镜纽、铜镜边缘在阑额表面灰皮磨出的圆弧轮廓。固定铜镜的铁条在每个原有铜镜位置均残存，少数伸出阑额表面，大多隐藏于砖缝中。阑额广240毫米，由三层厚80毫米的砖组砌，铜镜固定铁条插于上部一、二层砖之间的砖缝中。残留的铜镜镜纽共有3个，从镜纽处可知镜面厚2毫米，铁条固定铜镜时，穿过镜纽，两端对折压入砖缝中。阑额表面灰皮较厚，铜镜的长期存在，受风吹等因素带来的轻微晃动（或在遭到人为破坏时受到剧烈的晃动），大多在灰皮处摩擦出圆弧形的边缘轮廓，有的磨出大小不等的多圈圆弧，应因铜镜背面存在凸起的圆形纹饰等摩擦形成（图9–3–2）。

（3）测量分析

现分别测量铜镜固定点至其上下左右的圆弧痕迹距离，总结推测出铜镜的直径（详见附表9–3–2）。推

a. 铜镜010301残存镜纽及划痕

b. 铜镜010802多圈圆弧

图9-3-2　01层檐下铜镜痕迹

测所得的铜镜直径极不统一，规格较多，表现出的基本规律是每面3枚铜镜，中间铜镜直径较大，两边铜镜直径较小，中间铜镜直径多约为240毫米，其次是170毫米，两边铜镜直径多约为160毫米（表9-3-1）。

需要注意的是，铜镜在砖砌体中的固定点一般不是铜镜的中心镜纽位置。铜镜固定铁条插入砖缝中（阑额上部一、二层砖之间的砖缝），固定点距上部普柏枋80毫米，规格大于φ160毫米的铜镜，镜纽若在固定点（砖缝）位置，上端与上部普柏枋冲突，不能安放，往往将固定铁条前端向下弯曲，镜纽位置下移，使铜镜能够顺利安放。所以，测量时，固定点与周围上下左右圆弧距离不同。

表9-3-1　01层檐下铜镜规格分析简表　　　　**单位：毫米**

铜镜/规格	01	02	03
正南面01	200	（240）	200
东南面02	160	170	160
正东面03	110	230	120
东北面04	170	200	（160）
正北面05	（160）	250	160
西北面06	160	170	140
正西面07	150	（240）	160
西南面08	170	170	130

存在的影响因素是，由于有的铜镜能在阑额表面灰皮摩擦出多圈圆弧痕迹，所以，部分铜镜的圆弧痕迹可能不是边缘磨出，使通过测量圆弧痕迹所得的铜镜直径偏小，但这种影响应是比较小的。

密檐部分02～13层檐下和塔刹部位现存铜镜规格较多（详见下文），01层檐下铜镜的规格应基本包含在其中。

（4）其他痕迹

在铜镜010101、010602、010603、010802、010803（共5枚）的圆弧痕迹处发现一些沿圆弧描画的黑色墨线，其中铜镜010602、010603、010803圆弧痕迹右侧似有墨书，字迹很小，因书写于易脱落的灰皮表面，无一完整的字，不能确定是否为墨书，也可能是沿铜镜边缘涂画墨线，可以确定的是这些墨迹在铜镜残缺前已存在。

（5）铜镜残缺原因

首先，01层檐下残缺的铜镜基本可以排除由自然原因造成。铜镜大多是因固定铁条穿过镜纽的部位断开，导致脱落残缺，而固定铁条处于（01层塔檐下）铜镜后面，不会受到雨淋，其在自然空气中表面经过氧化形成致密的四氧化三铁，不会继续向内部氧化生锈至断掉，又密檐部分02～13层檐下铜镜基本完好，所以，可以确定01层塔檐下铜镜的残缺非自然原因造成。

现发现10枚铜镜残留的痕迹中有穿过固定铁条位置的竖向划痕，其中铜镜010301、010603处的划痕已经深入砖块且有多条，为较明显的人为破坏痕迹，应当明确这些划痕不是安装铜镜前标记的铜镜位置线，因划痕在阑额三层砖皆有，不可能是已砌筑好阑额再安装铜镜。人为破坏时，使用某种尖锐长刺状物，从下面刺入铜镜固定铁条前端（圆环状），使其断开，铜镜即脱落，大多穿入镜纽的一截铁条沿阑额表面断开，所以固定铁条大多残存隐藏于砖缝中。残存的划痕大多只有一条，可见破坏手法精准。被破坏的铜镜有3枚在镜纽处断开，留下镜纽，其中铜镜010603残存的镜纽向上外翻，为经受从下向上很大的破坏力度所致，印证了上述破坏方法。

小结

01层檐下阑额处原每面有三枚铜镜，中间一枚规格大，两侧二枚较小，与密檐02～13层檐下铜镜不同，与02层檐下铜镜一大一小间隔布置相似。

铜镜规格较多，之间间距亦不相同，使铜镜整体大致在各段中间位置，反映出01层檐下铜镜在保证基本规律的前提下，并无严格规矩，比较灵活。

2. 塔刹铜镜

详见第八章塔刹部分和附表9-3-3。

四 规格

现存106枚铜镜，共有18种规格，直径（及其数量）分别为130（5枚）、145（1枚）、150（1枚）、170（1枚）、180（2枚）、185（76枚）、187（4枚）、188（1枚）、190（4枚）、193（2枚）、194（1枚）、195（2枚）、207（1枚）、220（1枚）、233（1枚）、234（1枚）、243（1枚）、250（1枚）。其中密檐部分铜镜有11种规格，塔刹刹座铜镜5种规格，覆钵铜镜8种规格。Φ185毫米铜镜数量最多76枚，主要位于密檐04～13层檐下，其余规格数量皆不超过5枚，大多只有1枚，位于密檐02、03层和塔刹刹座、覆钵部位。

密檐02、03层及塔刹铜镜规格较多（背面多有纹饰），与密檐04～13层铜镜几乎统一的规格、样式很不同。其很可能来自建塔时僧众、信士的捐施，则这些铜镜为当时人们日常生活用镜样式。安装铜镜时，工匠根据铜镜的规格、样式巧妙布置。从01层檐下残存铜镜痕迹可知其原有铜镜的规格也很多，也可能为捐施而来。

五　样式

铜镜样式按形状可划分为圆形、葵形2种。现存铜镜形状几乎全部为圆形，仅有一枚铜镜0203为五瓣葵形，边缘凹角轻微，远处基本看不出其形状（图9-3-3）。

按铜镜背面是否有纹饰，可划分为有纹饰、无纹饰2种。有纹饰铜镜共有9枚，主要位于密檐02、03层，或边缘具有多圈弦纹，或为复杂的凸线图案。

按铜镜镜纽数量，可划分为单纽铜镜和双纽铜镜。双纽铜镜共有8枚，皆位于塔刹覆钵处。其特征是铜镜背面有两个半球形镜纽，垂直二镜纽连线上下各有一较细长乳突，固定铜镜的铁条横向穿过二镜纽回绕到覆钵上。双纽铜镜应是为覆钵专门制作的，两个镜纽可使铜镜固定平稳，不滑向固定铁条的一端；两个细长乳突支撑铜镜（尤其铜镜下部），使其不致贴靠覆钵，若铜镜贴靠覆钵，久之背面形成磨损，现覆钵其他两个单纽铜镜（亦无细长乳突）皆滑向固定铁条一端，并与覆钵贴靠，形成磨损（图9-3-4）。

按铜镜背面边缘的形状，可将铜镜划分为三种样式（图9-3-5）。主要按这种划分方式对铜镜进行样式划分[8]。

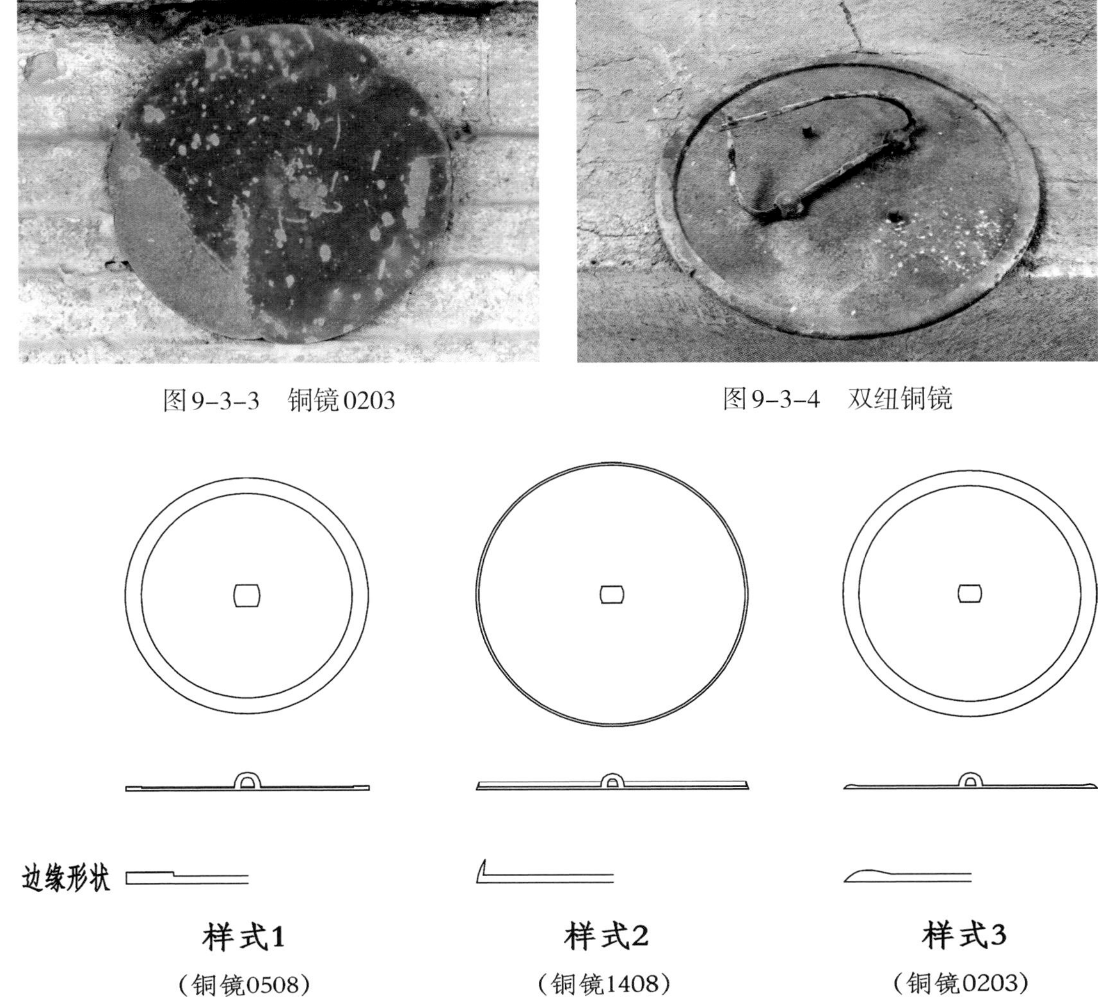

图9-3-3　铜镜0203

图9-3-4　双纽铜镜

图9-3-5　铜镜三种样式

样式1铜镜边缘宽平，一般宽约12毫米，比内部略厚。边缘以内部分素平无纹饰，纽为半球形，镜面素平。数量最多为91枚，是铜镜的基本样式。例：铜镜0508，残断的铜镜0508是密檐部分唯一能够详细测量细部尺寸的铜镜，整体较薄（边缘厚3、内部厚2毫米），相对轻巧，不显笨重，简洁无华。断槎处可看到黄铜色，并且镜面仍很平整却被掰断，说明质地较脆，其中金属锡含量应较高，镜面平整基本无弧度。

样式2铜镜边缘凸起尖状，边缘以内部分基本皆有纹饰（铜镜0305、0503无纹饰），数量共有10枚，例：铜镜1408，φ205毫米，边缘高6毫米，背面中心为半球形纽，由内向外有四圈弦纹将背面划分为内区、中区、外区三部分。内区纹饰似旋转的水涡纹；中区为缠枝牡丹纹，整体图案中间划分出长条区域，两端各一牡丹，在长条区域两侧又各有一牡丹，共有四朵牡丹；外区为缠枝波状忍冬纹。纹饰线条粗犷，不够流畅，纹饰线条和弦纹皆为凸起的阳纹。这枚铜镜应属辽代后期的重圈花纹镜（图9-3-6）。

样式3边缘较宽，凸起弧状，共有3枚。其中铜镜0203为葵形，且背面带有纹饰。

a. 背面

b. 局部

图9-3-6　铜镜1408

六　镜面文字

现发现9枚铜镜表面存在字迹，分别为0505、0506、0507、0802、0803、0804、0805、0807、1002。其表面用某种材料书写一个较大汉字，铜镜0505、0506、0507表面字迹较模糊难辨；铜镜0505似书写“人”字；铜镜0506似有“佛”字；铜镜0802文字为“洪”；铜镜0804、0807应为同一个字“竟”，写法略不同；铜镜0803、0805为行书“敬”字；铜镜1002书写“大”字。铜镜0803、1002字迹明显偏歪，应在铜镜安装后书写，其余铜镜字迹也略靠上或略歪，可能全部在安装后书写，从字迹来看应不是由同一人所书。其他铜镜表面可能还有书写汉字者，但已基本辨认不出。这种在铜镜表面书写一个汉字的做法在辽塔铜镜中是比较罕见的（图9-3-7）。

在铜镜表面书写汉字的方法是，用毛笔或小刷子蘸着某种液体写到铜镜表面，这种液体与铜镜产生化学反应，使书写字迹的部分产生铜锈，这种液体很可能为石灰水。铜镜0804字迹处能书写方法痕迹较明显，似乎仍存在一点白灰，更像是用小刷子书写，并且蘸的石灰水较多，下流积聚到铜镜下缘。

a. 铜镜 0505 　　b. 铜镜 0506 　　c. 铜镜 0507

d. 铜镜 0802 　　e. 铜镜 0803 　　f. 铜镜 0804

g. 铜镜 0805 　　h. 铜镜 0807 　　i. 铜镜 1002

图 9–3–7　铜镜镜面汉字

七　固定方式

密檐部分铜镜的固定方式均相同，用一根长铁条穿过铜镜镜纽，将铜镜置于铁条中间，然后把铁条对折，随塔体砌筑将铁条压入砖砌体中。从 02 ~ 13 层残缺铜镜的固定位置可发现，其固定点位于上层围脊砖的上侧，在砖上部专门开小沟槽放置固定铁条（图 9–3–8），而 01 层檐下铜镜固定铁条压于砖缝中。

图 9–3–8　残缺铜镜 0707 固定位置

铜镜与砖砌体之间的空隙满塞白灰背实，可以防止铜镜的晃动，01 层铜镜后无。铜镜后面的砖壁表面有的刷了白灰浆，有的未刷。有时后背白灰的脱落也会把砖壁表层的白灰皮粘掉。这样使铜镜残缺后多露出砖面或颜色较白的白灰面层，存在一个明显印迹，与铜镜范围外所刷白灰浆（已变黄）区分明显。

铜镜与其后背白灰之间存在一层纸（在后背白灰部分脱落的铜镜后有发现，铜镜后白灰仍严实或全部脱落处不能发现），现有在6枚铜镜后发现，这层纸的作用应为隔开铜镜和白灰，防止白灰和铜镜接触产生化学反应，生长铜锈。纸质柔软如棉花，应为桑皮纸，发现的碎片上存在朱书或墨书，有的无字，部分书写内容类似符咒，可能具有宗教作用。

塔刹刹座铜镜从其残存的固定铁条判断，其固定方式应与密檐部分铜镜基本相同，只是镜面随刹座壁面略前倾。覆钵铜镜后固定铁条皆穿过镜纽，然后回绕到覆钵“次经”上。

八　宗教内涵

契丹族的原始宗教为萨满教，萨满法师在做法事时全身挂有很多铜镜，被镜光照到的人可驱邪获福。铜镜是萨满教的重要法器，具有消灾祈福的作用。佛教中喻佛法如镜，镜能照明，佛法亦能照物如镜，也有对镜见容，闻法知心，心明如镜，能照万物的含义。《佛说无量寿经》云：“设我得佛，国土清净，皆悉照见十方一切无量无数不可思议诸佛世界，犹如明镜，睹其面像。若不尔者，不取正觉。”萨满教与佛教中铜镜皆具有驱除邪恶的相似特点。

觉山寺塔全塔上下挂满铜镜，如佛光普照，照彻万物。尤其是塔刹覆钵表面正好安装十面铜镜，象征佛光普照十方世界，应是《无量寿经》中“愿我智慧光，普照十方刹。消除三垢冥，明济众厄难。悉舍三途苦，灭诸烦恼暗。开彼智慧眼，获得光明身”的体现。在该塔刚建成后（铜镜未生锈），阳光照耀到塔体时，塔体铜镜反射出一束束光芒，照向不同方向，形成光芒万丈、熠熠生辉的景观效果。那些表面书写汉字的铜镜，会把汉字的形象反射出来，投射到无穷远方。这定是一幅让人震撼的壮观景象，从而表现出佛法庄严、无边。

第四节　脚手架体系

觉山寺塔一层塔身、密檐部分、塔顶及刹座内均遗存有建塔时搭设脚手架插架杆的孔洞。一层塔身的架孔部分未封堵，暴露在外；密檐部分架孔大多封堵或被瓦面挡住不可见；塔顶架孔保留在反叠涩砖处，本次工程瓦面解体后发现；刹座内架孔由于刹座塌毁，已暴露出来。

一　塔体脚手架孔

1. 一层塔身、密檐部分

一层塔身、密檐部分的架孔步距基本为1.5米，符合现代脚手架搭设步距要求，塔体每面每步皆为左右两个架孔。下部一层塔身至01层檐下的三排架孔部分未封堵，能够看到其排布规律，横距约为2.6米，架孔深0.5米，向上密檐部分横距随塔体递收而减小，架孔深度亦减小（应因塔体内收，立杆未内退，插杆长度一定，因而插入塔体深度减少，或架体连接结构方面，上部架体插杆插入塔体深度可比下部浅一些），至12层檐下架孔横距2米，深约0.25米。

一层塔身和01层檐下部分未封堵的架孔内留存有架杆，应是塔体建造完成后拆脚手架时，架杆不能拔出，而将其锯断（一层塔身、密檐部分的架孔内未塞灰泥，插杆比较容易从架孔内拔出，塔顶架孔内塞满灰泥，架杆不易拔出而皆锯断）。从残存的架杆可知其为柏木材质，树龄30年左右，直径略小于120毫米（插孔端应为架杆的小头，120毫米为塔体用砖一砖厚）（图9-4-1）。

一层塔身处的架孔皆垂直塔身深入，01层檐下有部分架孔斜入塔身。封堵的架孔简单塞砖瓦块，外抹麻刀灰，一层塔身有的架孔封堵粗糙，应为后世所为。未封堵的架孔其内多有鸟窝。一层塔身架孔处的围合砖块多有细小裂纹，密檐部分架孔裂纹较少，反映出塔体开孔洞处易在较大地震时产生裂纹。

密檐部分的架孔上部至12层檐，13层檐下无架孔，该处架体可能直接由12层檐登上塔顶。02～12层檐下的架孔皆位于下层塔檐瓦面瓦垄后部对应的砖层，即1/4圆混砖下的一层厚120毫米的砖，位置比较隐蔽，也显得巧妙，较多架孔不需进行封堵而被瓦垄挡住。本次工程中勘察到的密檐02～12层檐下架孔内均未发现残存插杆（图9-4-2）。

一层塔身、密檐部分的架孔反映出建塔时塔体脚手架立面的特点，步距基本皆为1.5米，仅01层塔檐处上下二排架孔步距为1.91米，据01层塔檐的高度搭设，又01层檐下及一层塔身处的三排架孔排布匀称，所以，脚手架的步距、横距等有根据塔体情况进行灵活调整，使其符合塔体特点并利于施工。

2. 塔顶、刹座

塔顶、刹座内的架孔反映了塔刹施工脚手架的平面布置。

本次工程在塔顶反叠涩砖处发现6个脚手架孔，根据位置进行编号（图9-4-3）。架孔均垂直向下，未进行封堵，其内大多残留有完全朽烂的木架杆，应是在当时施工后，架杆不能拔出，而将架杆锯断。从架杆周围的灰泥可知，架杆下部进行了砍削，呈多边形（六边形、七边形、八边形），直径约130毫米，并在砌体方孔内填充灰泥，可防止架杆转动、晃动。架孔130301最深，测得为900毫米（架孔下部多有木屑、杂土等物，应不是全部深度），约至13层檐下铺作位置，基本可推测建塔时砌筑至13层塔檐铺作位置，开始预留架杆孔洞。6个架孔基本位于塔顶四正面，其中4个架孔连线，大致形成一正方形，边长约3.9米。从平面看，方形架体侧边几乎贴靠塔刹刹座莲台外缘，所以架体边长应根据塔刹最宽处刹座莲台的尺寸来确定的。这些架孔

图9-4-1　01层檐下架孔及其内插杆

图9-4-2　密檐02层檐下的架孔（表面抹麻刀灰）

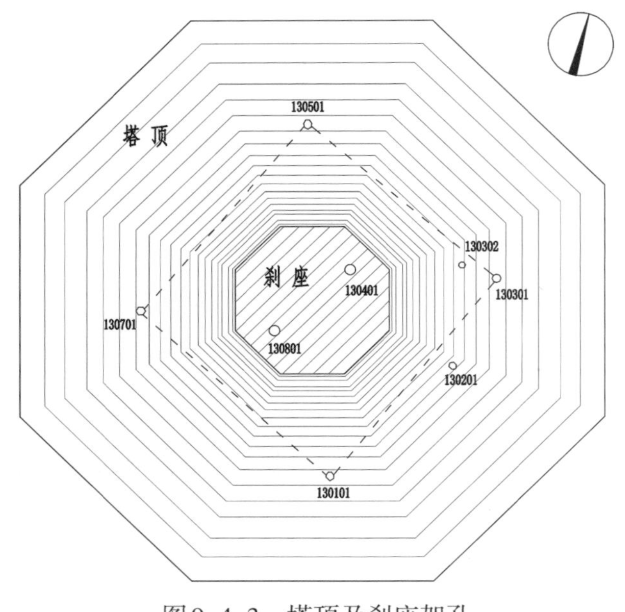

图9-4-3　塔顶及刹座架孔

反映了塔顶搭设的塔刹施工脚手架的情况（图9-4-4）。

另在残存的刹座内发现2个脚手架孔，这2个架孔没有塔顶架孔保存状况良好，因刹座塌毁，已暴露在外，下部向下清理时发现朽烂架杆木屑。架孔上部约至刹座束腰位置，所以，施工时插进这2架孔的架杆应是在刹座砌至束腰时锯断不用。这两根架杆的作用应是辅助刹杆稳定，待刹座砌至束腰时，刹杆已基本稳定，可不再用这2根架杆辅助而锯掉。但是刹座内剩余的架杆久之朽烂，刹座砌体内形成空洞，于刹座砌体结构不利（图9-4-5）。

刹座2架孔位于对称的西南和东北面（之间距离1.4米），从与塔顶6个架孔的整体关系看，应属于塔顶6个架孔处所搭脚手架的体系。

综上，基本可认为，以上架孔处所搭脚手架是为塔刹施工而搭设的，并且施工刚砌筑至13层塔檐栽塔顶架杆之时或之后不久，就是立刹杆之时。

二　建塔时的脚手架

从一层塔身、密檐部分遗存的架孔推测建塔时搭设脚手架的基本形式为八边形单排插杆式封闭型脚手架。塔体边长约6米，每面4根立杆，立杆纵距约2米，步距1.5米，每步2根插杆插入塔体内，插杆长3～4米，插杆落在大横杆上，大横杆绑扎于立杆。架体至少搭设到13层塔檐，约15步架。

基座部位较宽大，并且表面不宜留有架孔，架体应为顶杆双排脚手架的形式，这样既利于施工，也可增大架体整体底部面积，更加稳定。内外两排立杆，内排立杆应直通至塔顶（即一层塔身、密檐部分的架体立杆），外立杆高约至基座莲台，边长约7米，基座架体共约5步架。

塔体整体架体至13层塔檐，高约30米，共20步架。架体各面应设置剪刀撑和拖拉绳。斜道一般沿架

图9-4-4　塔顶反叠涩砖处架孔及其内架杆

图9-4-5　刹座内架孔

体某一面呈“之”字形搭设，具体位置不能确定。上下料架应靠近塔下运送材料的路线，并且下部应有足够的空间倒挪材料，一般连接主体架体凸出搭设。

塔顶脚手架形式应为四边形单排封闭型脚手架，与塔身架体应有连系、拉结。架体立杆向下插入塔体约0.9米，上部高约14米（略高于刹杆尖），约9步架。施工时，脚手板直接斜铺在大横杆上。架体上部应有吊装塔刹铁件的装置。

根据目前已知信息，可对觉山寺塔建塔时搭设的脚手架做以上还原，仍有较多不完善之处。

三　辽代天庆八年维修塔体的脚手架

塔体密檐东面11层檐下墨书题记米Y110301“天庆八年三月廿三日，因风吹［得］塔上□□不正无［处］觅，」有当寺僧智随、智［政］、智清、善禅四人发菩萨心，［缚］独脚棚，从东面」上来，［拣］四人中［优］，世上无比，寰中第一，因上［来］看觑题此 属。」智谞、智甫二人 属”，题记中比较明确有“缚独脚棚”“从东面上来”等信息，反映了辽代天庆八年维修塔体时所搭脚手架的形式。“独脚棚”即单排脚手架，若搭设单排脚手架，应当会利用到塔体一层塔身、密檐部分建塔时留下的架孔，把插杆插进架孔，架体形式与建塔时的架体相似，架体一直搭设到塔顶。“从东面上来”可说明上下斜道位于架体东侧，维修塔体的僧人从东面上下，并且塔体密檐东面表面留下较多辽代题记（塔体搭斜道的一面易留下当时题记），能够印证架体斜道在东面。另塔体密檐北面遗存较多元代题记，结合寺史可知，元代至元年间有搭脚手架登塔修缮，架体斜道应在北面。

宋《营造法式》中关于脚手架的名称有“鹰架”“棚阁”，觉山寺塔题记米Y110301中的“独脚棚”名称与之相符，对《营造法式》中未专门记述的脚手架工程具有补充、参考作用，再结合塔体留存的架孔深入探究分析，则会获得较多关于辽宋时代建筑工程脚手架体系的相关信息。

注　释

1. 本次修缮工程中，在对塔顶反叠涩砖砌体局部解体时，黏结在砖块上的灰泥需用錾子凿才能清理掉。

2. 张汉君：《辽万部华严经塔建筑构造及结构规制初探》，《草原文物》1994年第2期。

3. 同2。

4. 塔檐檐面个别处发现有2个风铎挂到一根椽下的吊环，约发现3处。

5. 文管所收藏的风铎皆为檐面风铎，形制2有17个，形制3有7个，形制5有4个，形制7有1个。

6. 对风铎分析认知存在的影响因素，少量风铎从上部塔檐掉落至下层塔檐以下的塔檐瓦面，所以下层塔檐瓦面掉落的风铎并不一定是上一层塔檐的风铎，明确的情况发现几处，这种影响因素较小。

7. 因该风铎在清扫塔檐积土时在积土中发现，位置未有明确记录。

8. 勘察铜镜背面边缘形状时，将手指通过铜镜与围脊砖间空隙伸入到铜镜背面边缘，可触摸边缘样式和背面纹饰，有的（2枚）后背白灰严实，不能深入手指判断；有时铜镜与围脊砖间空隙很小，手指难以伸入较深，影响对背面纹饰的判断。

灵丘觉山寺塔
修缮工程报告

下　册

山西省古建筑集团有限公司　编著

文物出版社

修 缮 篇

第十章　工程的勘察与方案设计*

第一节　勘察报告

一　勘察范围

2012年10月上旬，受灵丘县文物局委托，山西省古建筑保护研究所选派专业技术人员进驻现场，对觉山寺内遗存的主体建筑辽代砖塔进行了全面而翔实的勘察、测绘以及相关数据的整理和数据采集，并在遵循与文物保护和维修相关法律、法规以及国际、国内公认的准则的基础上做出勘察结论，并制定保护性修缮方案，力求为觉山寺辽代砖塔及其附属文物未来的保护与修缮提供科学的依据。

方案制定完成后，最终按程序上报文物主管机关批准后实施。

二　辽塔存在的问题

1. 塔体西侧围墙外存在安全防范隐患。

辽代砖塔至寺院西侧围墙的间距仅1.8米，视野不够开阔。围墙外现存的耕地与辽塔之间因院墙的挡蔽形成事实上的安全死角，不利于对砖塔地面以下未知部分（如地宫）的安全保护。

2. 辽塔在安全防范方面并无有效的监控设施。

3. 塔基外围地面残损严重，铺砖杂乱，排水不畅。

4. 塔座束腰部位砖雕大多被人为砸毁，整体残损严重。

5. 第一层塔室内壁画存在人为涂写、划痕，局部地仗脱落，有裂隙。塔门顶券存在细小裂缝。

6. 檐口木椽下悬挂的风铎大部分掉落或缺失，因年代久远或常年磨损，出现了挂钩断裂、吊环损坏、撞针断裂、人为砸损等现象，极少数是椽子折断后造成的损失。

7. 塔檐各角悬挂的风铎也存在缺失现象。

8. 塔檐瓦面残损，瓦件松散或碎裂，椽头附件缺失较多。瓦条脊倒塌，贴面兽倾倒于瓦面，而少数掉落不存。

9. 瓦面上遍布游人抛投的砖石和瓦砾，随处可见掉落的风铎。

10. 塔顶瓦面杂草遍布，灌木丛生，砖瓦构件全部松散，雨水渗透非常严重。与塔顶部相邻的塔身出现了局部开裂或大面积酥碱，包括建筑的檐口等部位。

11. 灌木生长后，其粗壮的根系深入塔身内部，直接导致塔刹的基座开裂后局部塌毁。

12. 塔刹覆钵下的铁质“山花蕉叶”断裂后掉落在塔顶的荒草、瓦砾之中。

---

* 本章第一、二节内容主要来源于山西省古建筑保护研究所编制：《山西省灵丘县觉山寺塔修缮工程设计方案》，2014年3月。

13. 塔顶固定、拉结塔刹的八根铁链有的脱扣，部分掉落不存，铁链上附着的风铎缺失较多。

14. 塔檐部分檐椽断裂也是檐头附件缺失的主要因素。

15. 塔身每面镶嵌的铜镜缺失3枚。

16. 塔室内的塔心柱局部被凿砸，损伤十分严重。

17. 塔室内部地面砖破损后被以条砖杂补，出现大面积碎裂。

18. 塔心室南北现存的小板门制作粗糙，结构松散且非原物。

19. 一层门窗局部砖砌体开缝或断裂，个别部位抹灰脱落。

20. 一层倚柱个别部位开裂或错位。

21. 建筑东、西、北三面地面排水不畅。

22. 塔顶部的檐口局部出现明显的波浪状态。

23. 一层塔檐木质飞子上铺钉的望板腐朽严重。

三　残损原因

1. 年久失修

这是造成辽代砖塔局部残损的最主要原因。

觉山寺自创建至今，历史跨度较长。历代虽有过不同程度的维修，但因维修重点不同且残损程度有别，出现残损的建筑大部分是因后期缺乏及时保养和维护造成的。比如：屋面漏雨后不及时勾抿、生长灌木后不及时清除等，必然会造成瓦件松动漏雨、砖砌体鼓胀开裂，木椽飞沤损、折断的状况。

同时，由于觉山寺塔体量较大，高度较高，给日常的保养和维护造成了很大困难。所以，塔身顶部的残损最为严重。

2. 自然因素

觉山寺辽代砖塔及其附属文物，随着季节的交替和风、霜、雨、雪等自然现象的反差变化，使因年久失修而出现残损的程度愈加严重，而且其残损程度还一直在继续发展。

加之传统古建筑以砖木结构为主体的独特性构造，导致其更容易受自然因素的侵蚀和制约。

明代天启六年（1626年）闰六月，灵丘发生的七级地震，使觉山寺辽代砖塔顶部出现了细小的裂缝。

3. 人为因素

在历史的不断更替中，觉山寺在不同的历史阶段有时处于无人管理的状态，造成了极大的安全隐患，辽代砖塔束腰精湛的艺术构件被砸的惨不忍睹，塔心室内罕有的辽代壁画被刻划得面目全非。

四　勘察结论

依据《中国文物古迹保护准则》对保护工程所划分、确定的“四种”类型（日常保养、防护加固、现状整修、重点修复），同时对照与文物相关的法律、法规和规范的有关规定以及建筑物的具体残损状况，在深入研究、全面分析的基础上，得出以下修缮结论：辽代砖塔——重点修复（图10-1-1 ~ 3）。

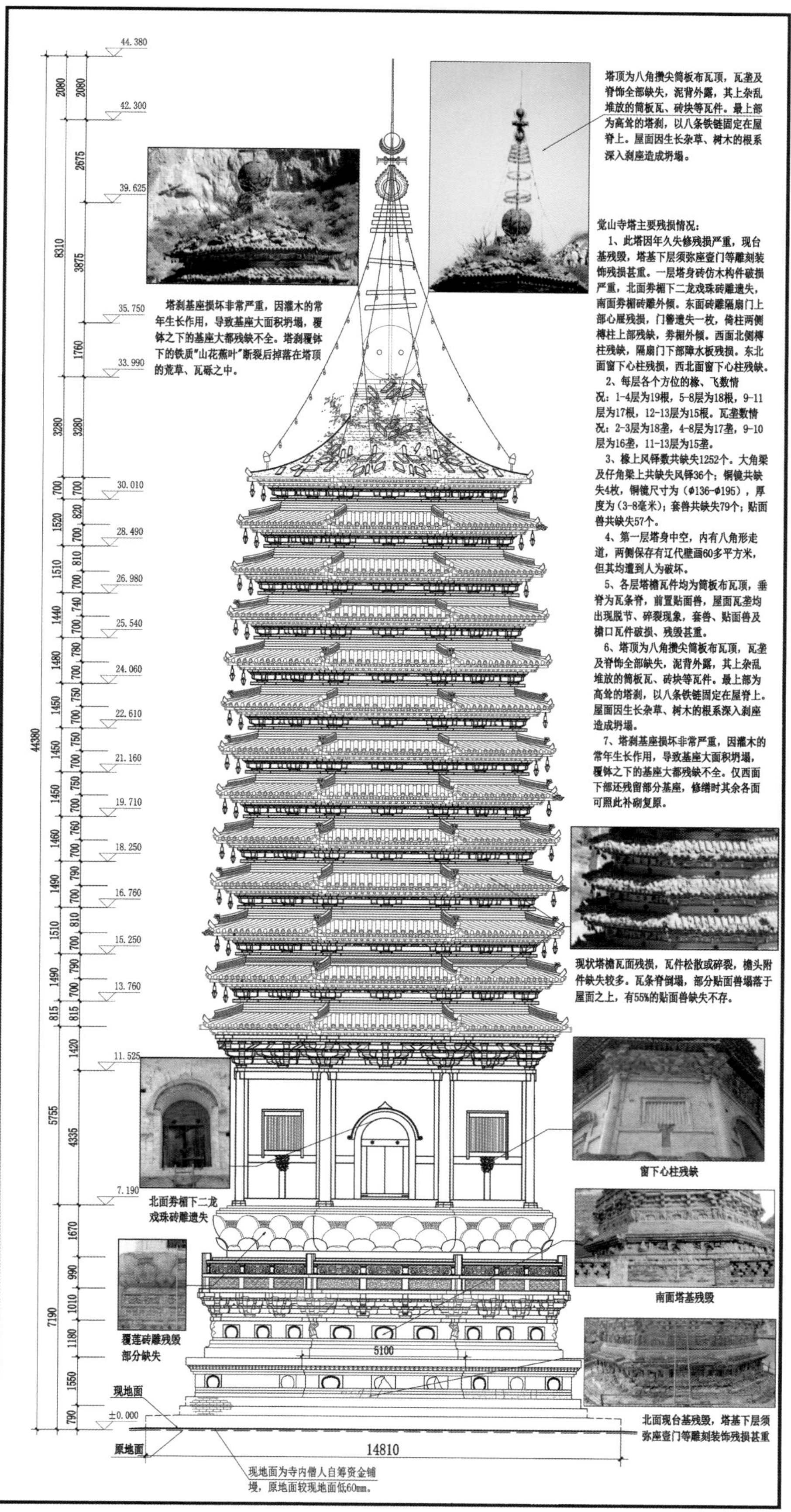

图 10-1-1　勘察测绘 觉山寺塔南北立面

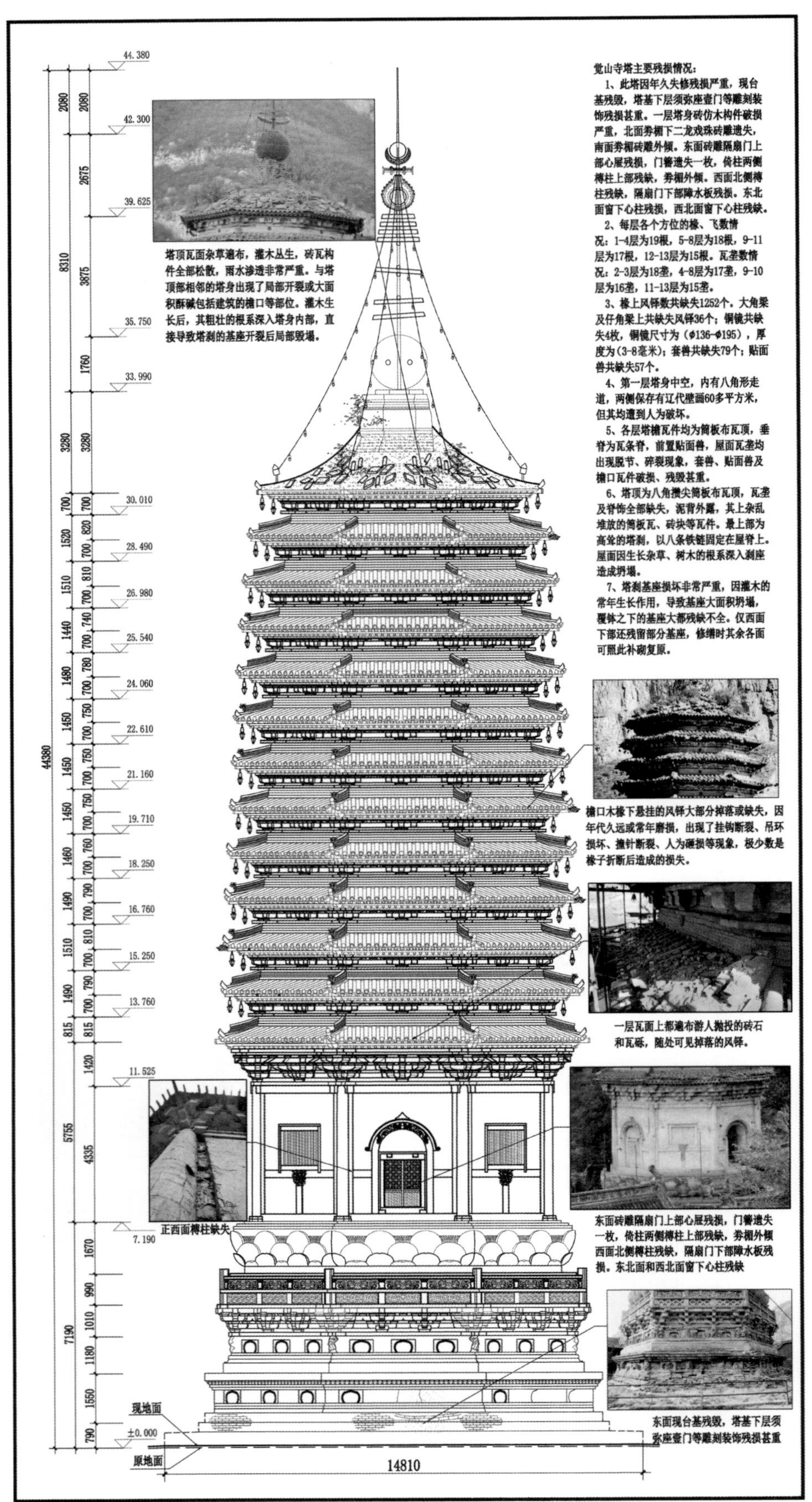

图10-1-2　勘察测绘 觉山寺塔东西立面

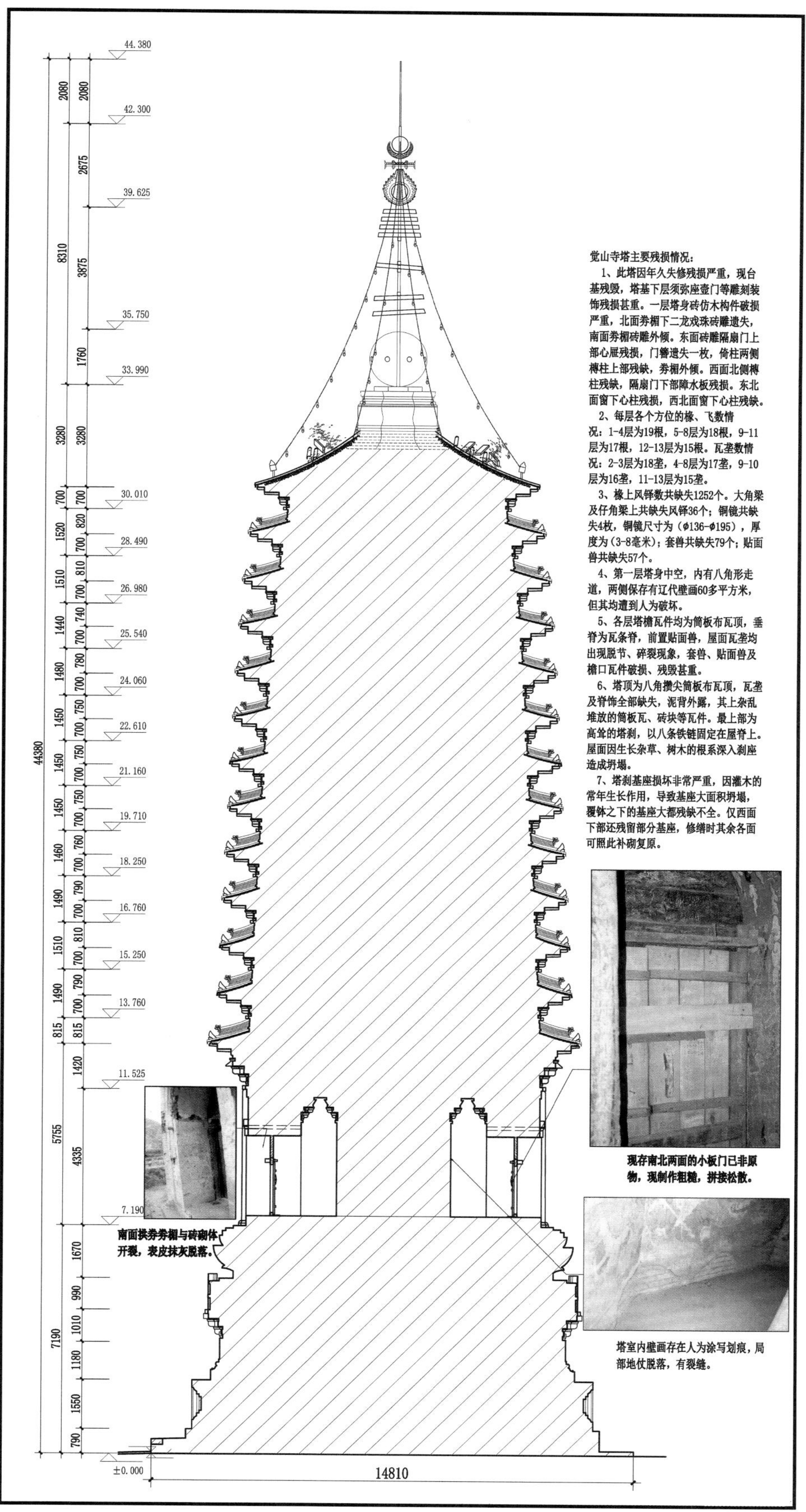

图10-1-3　勘察测绘 觉山寺塔东西剖面

第二节　工程设计方案

一　修缮目的和意义

为保护觉山寺历史文化遗产并最大限度地使其全面得到展示，为彻底修缮辽代砖塔及其他附属文物的需要，为适应“全国文化产业大发展、大繁荣”的需要而对其进行全面修缮和整体展示以及正确处理好保护和利用的关系。

修缮工程必须具有很强的科学性和可操作性，且建立在技术研究的基础上。

觉山寺创建时代较早，北魏建寺后，保留至今的辽代砖塔，基本完整地保留了建筑的时代构造特征，辽塔更是研究早期同类建筑的重要实例。

觉山寺塔是寺院的标志性建筑，又属于国家级重点保护文物，其建筑体量较大，特别是其保存的辽代墨书题记、辽代壁画、束腰部位的原版艺术雕塑等，更是其非比寻常的价值所在。因此对其实行全面、彻底的保护性修缮，使其更加适应新的历史时期对文物保护单位确定的“保护为主、抢救第一、合理利用、加强管理”的“十六字方针”的新要求，保存其建筑布局特点和传递建筑信息的连续性，为研究其历史文化，建筑艺术提供真实的实物资料，也为文物的保护、开发和利用创造条件。

通过对觉山寺塔的全面修缮，主要是解决建筑目前存在的具体病害和问题，消除自然力和人为因素对建筑主体及附属文物造成的损伤，并防止出现“新的保护性破坏”。因此，延续其历史的原真性，保持寺院及其建筑的原有历史风貌，具有十分重要的意义。最终通过技术的和管理的措施，真实、全面地保存并延续觉山寺塔承载的全部历史信息和历史价值。

二　修缮依据

《中华人民共和国文物保护法》；

《中国文物古迹保护准则》；

《文物保护工程管理办法》；

《古建筑木结构维护与加固技术规范》（GB50165-92）；

《勘察报告》关于觉山寺塔残损现状及相关原因分析及整体“勘察结论”；

相关历史文献资料和碑刻；

现状遗构做法、用材、风格特点、地域特色、时代特征、功能需求等方面的现场考察记录等。

三　修缮原则

1.“不改变文物原状”的原则

在《中华人民共和国文物保护法》确定的“保护为主、抢救第一、合理利用、加强管理”十六字方针的指导下，坚持“不改变文物原状”的原则和《中华人民共和国文物保护法实施细则》的有关规定。

2.“最小干预”的原则

修缮过程中，应尽最大可能利用原有材料，保存原有构件，使用原有工艺，尽可能多地保存历史信息，保持文物建筑的特性。如有构件丧失使用功能且确实需要更换时，一定要将更换量控制在最小。

3.“可逆性、可再处理性”的原则

在修缮过程中，坚持可逆性，保证修缮后的可再处理性，尽量选择与原构相同、相近或兼容的材料，使用传统工艺，为后人的研究、识别、修缮留有更大的空间，提供更多的历史信息。

4.“安全为主”的原则

为确保觉山寺塔修缮工程的顺利进行，安全工作必须放在首要位置，保证修缮过程中文物的安全和施工人员的安全同等重要，因为它同样是不可再生的人类资源。

在修缮过程中，搭设的所有施工脚手架需结实、牢固，达到自身承重要求。同时，应力求避免实际操作当中对文物的“保护性破坏”。

5.“质量第一”的原则

觉山寺塔修缮工程的质量直接关系到其建筑寿命的长短，不应以降低工程质量为代价盲目追求施工进度。要使用传统材料，运用传统工艺进行施工。从工程材料、修缮工艺、施工工序等方面符合国家有关质量标准，并对修缮工程进行有效的质量监督，制订完善的质量监督体系，保证工程质量。并在施工中随时注意材料和工艺的质量稳定性。

四　修缮性质

觉山寺修缮工程的性质，依据建筑现状的整体残损程度作为重要参考，最终确定如下：

辽代砖塔——重点修复

五　修缮的必要性

1. 保护和管理的需要

觉山寺塔体现了辽代古塔建筑的技术和构造艺术特征，是重要的历史文化遗产。对觉山寺塔进行全面的保护性修缮，既有利于总体保护，也有利于对寺院进行有效地开放和管理展示。

从辽代砖塔的保护状况看，其建成后的各个历史时期均未进行过全面的修缮，本次对觉山寺主体建筑辽代砖塔的保护性维修是体现新时期文物工作保护和管理的必然要求。

2. 发展旅游事业的需要

觉山寺塔作为有重要保护价值的历史文化遗产，更是当地发展旅游业不可或缺的重要资源。曾经的辉煌历史延续至今，仍是当地信众的心灵圣地。

全面修缮觉山寺塔，为信徒提供完善的宗教服务场所，是发展旅游事业的需要。对推动社会主义文化的大发展、大繁荣和建设社会主义核心价值体系有重要意义。同时，觉山寺作为佛教寺院和宗教活动场所，在当地具有广泛的知名度和社会影响力。

觉山寺塔为密檐式砖塔，结构严谨，造型大方，符合早期塔院建筑中“前塔后殿”的规制。觉山寺以塔为主体，作为对“佛”的崇拜，将塔置于寺院的最主要位置。

3. 塔整体的安全性

在目前的保护状况下，觉山寺整体的安全性主要体现在对辽代砖塔的全面保护上，而辽代砖塔地面以下未知部分的内容保护同样也是觉山寺安全保卫工作的“重中之重”。

向庙院西侧扩地对保障辽代砖塔的安全能起到决定性的预防作用。将围墙向西拓展后，就可消除安全死角。同时，利用山体的自然落差强化对觉山寺的全面保护，此处也可作为管理区域进行合理规划。

寺院后现状山体与建筑的距离仅一步之遥，不利于整体的安全防范。向庙院外北侧圈扩围墙对预防山火的发生能起到决定性阻挡作用，对山上的滚石也能起到一定的阻挡或缓冲作用。

围墙的拓展有利于阻隔安全隐患，确保寺院作为古代文化遗产的历史延年，在与自然景观的和谐融合方面，视觉上比较突出。

六 修缮范围

1. 辽代砖塔——重点修复

（1）搭设建筑整体的修缮工程施工架，并带有方便各层施工的操作平台，搭设施工升降台，设置安全防护网。

（2）清除塔顶的灌木和荒草，同时整理塔顶和其他塔檐上散落的完整或可继续使用的建筑构件并登记造册和进行归档。

（3）清理屋面后进行重点维修，认真检查各层现存的瓦件，需补配的贴面兽、瓦条、筒板瓦、勾头、滴水、方砖、条砖待取样确认后按样烧制。

（4）补配木质檐椽及其上悬挂的风铎吊环并依据现存的实物进行加工和制作，特别是椽头造型的把握。

（5）修补局部损坏或酥碱的塔身墙体，勾抿细小的裂缝。

（6）重新铺墁塔心室内地面和塔身周围地面的散水。

（7）依据设计图所示尺寸和样式修复塔基束腰部位残缺的壶门及仰莲。

（8）检修、加固塔心室前后的小板门。

（9）清理灌木后，重新整砌塔刹的基座。

（10）塔檐部分的断裂部位进行全面修缮。

（11）塔室内的塔心柱被凿砸的部位进行补砌并抹灰找平。

（12）一层门窗砖砌体开缝的部位进行勾抿，断裂的部位进行挖补，抹灰脱落的部位进行补修，缺失的浮雕门券楣补配完整。

（13）一层倚柱开裂的小缝进行勾抿，错位的部分进行小范围拆砌。

（14）对顶部变形的檐口进行拆砌。

（15）补配一层檐口飞子上铺设的木质望板。

（16）补配残缺的铁链、山花蕉叶、相轮、铜镜、风铎、套兽等装饰构件。

（17）修复大角梁和仔角梁及其上悬挂的风铎吊环并依据现存的实物进行加工和制作，特别是大角梁梁头造型的把握。

（18）依据设计尺寸及样式修复被毁的塔基座。

（19）加固塔顶部固定铁链的铸铁件，并对脱落者进行复位。

2. 院落及排水——重点修复

院落的范围专指觉山寺塔西侧新扩展的区域。即向西拓展25米，向北拓展13米。

寺院新拓展的西侧院落进行全面清理后整体以石板铺墁，同时做好泛水。

3. 围墙——重点修复

围墙的范围专指觉山寺塔西侧新扩展的区域。

购置石料、青砖、瓦件和脊饰等传统建筑材料，依据寺院总平面图所示的范围，围墙设计图所示的结构样式砌筑新规划的围墙。

七　专项工程主要技术措施

1. 工程管理

觉山寺塔是全国重点文物保护单位，修缮工程必须严格执行《中华人民共和国文物保护法》《文物保护工程管理办法》等相关法律、法规的规定，严格文物保护工程质量管理，禁止随意性行为。

管理人员要做到严格把关，抓好各施工环节质量监理等管理程序，变以往的管结果为管过程。同时，认真落实质量监督、明确修缮工程质量管理的职责，确保修缮前后建筑整体风格的一致性和传统技术、传统材料、传统工艺以及地域特色的历史延续性。

另外，注意施工过程中新的发现、新问题的出现以及相应的解决办法。施工单位要建立全面、完善的质量自检制度，尤其是对工程的隐蔽部位必须与业主单位、监理单位共同检验并做好记录，填写质量自检表。

2. 材料选择

觉山寺塔修缮工程所需要的一切材料都应充分满足施工质量要求。

条砖和方砖：按原塔所用规格订制，保证压力在75#以上，且加工规整，棱角无损，清理整洁。

白灰：要求不含杂质，体轻色白的块灰，经淋熟加工成浆状后使用。

黄土：选用当地优质黏土，过筛去杂，不含沙砾。

椽飞：选择的材料应与现存的实物一致。

角梁：一般情况下，用材需与原构件一致。如果考虑到材料的耐久性，最好选用耐腐朽的柏木。

3. 剔损补残

用于塔体个别酥碱或断裂砖块的处理。包括一层塔身的砖雕门窗。

用錾凿将酥碱、风化或断裂的砖块剔除干净并洇水，然后用厚尺寸的砖经砍磨加工后按所用砖的规格和砌筑手法原位镶嵌，并用白灰浆填灌饱满、粘贴牢固。

对带有雕刻图案的构件或部位的把握必须准确到位。

最后，要对修缮部位进行砖缝打点和墙面清理并做旧。

4. 裂缝处理

对于塔身上部细小的裂缝，可采用传统材料进行灌注加固或勾抿的处理办法作为参考。具体做法：用高压喷枪清理裂缝灰尘，并将裂隙内润湿饱和。灌注配比为白灰：黄土=7：3（重量比）的灰浆，裂缝表面勾挂打点月白灰浆并做旧处理，最后将工作面清扫干净。

5. 塔檐修缮

檐部是觉山寺塔残损比较严重的部分，而且影响到建筑整体的美观，不利于文物安全，也不利于游人安全。

修缮范围包括塔檐檐口、塔座下层束腰以上部分。主要指各檐坍塌部位和各层檐口断裂部位的修复，特别是顶层檐口出现变形的部位。具体内容有木质椽飞断裂后的制作或抽换、砖质飞子的砍磨加工、残损砖块的修复和补换等。

因勘察条件有限，木质椽子与砖檐的结构待施工时局部拆开后探明，并根据具体情况确定更换木椽的施工方法。

拆除工作首先从顶部开始。在保证安全的前提下，应对檐口进行支顶。采取水平拆卸的方法，自上而下逐层逐件拆落，尽量做到“不扩大拆除范围”。拆落的砖、木构件必须分层、分类、分面码放以待修复时作为主要参考依据。对塌落和损坏的构件，依现存的式样复制、补配，构件加工遵循原材质、原艺术手法，确保复制品与原物协调一致，特别是构件的细部造型的把握（如椽飞构件的头部）。

修缮前，要将工作面清理干净并将其润湿饱和。砌筑时，用米浆灰泥补砌损毁的部位，铺灰要饱满。质量符合修缮工程的技术要求，使新旧构件粘接牢固，确保檐部结构的稳定。所有木构件上使用的铁件均应提前安装就位，避免事后操作导致砌体松动。

6. 檐角的修复

主要指各檐角坍塌部位的补砌、木质角梁残损构件的修复、替换。重点是大角梁和仔角梁。檐角修复的技术措施，施工时可与“塔檐修缮”同步进行。修缮时，尽量做到“不扩大拆除范围”。

角梁是承重构件，对梁头已经严重沤损、腐朽或折断而不能继续发挥其结构功能的构件，则进行必要的更换，并依原材质原工艺复制。如果构件已经完全松动，则尽量采取整体抽换的方法。

对需要替换的构件，加工时必须与原物一致，特别是梁头的细部造型。

砌筑时所用的米浆灰泥与“塔檐修缮”的内容一致。角梁下使用的铁件均应提前安装就位，避免事后操作导致砌体松动。而仔角梁上部铁件卡固套兽的做法必须继续保留使用。

7.塔基补砌

觉山寺塔的塔基现状整体被毁，只能从遗存的残迹推断其原有尺寸并对其进行复原补砌。最终确定塔基补砌全部使用青砖，上部周围并施当地青石压沿。详细尺寸及其大样参见设计图纸所示。修缮前，补配缺失的条砖，要对工作面进行全面清理，同时对局部尚存的松散砖块进行加固。

砌筑时，确保新旧砌体结合牢固。最后，打点修理砖缝并做旧处理。

8.檐面修缮

即筒板瓦檐面的修缮，包括塔顶。筒板瓦所使用的灰必须是经淋过的白灰膏，杜绝掺杂别的材料而影响工程质量的耐久性。同时增强檐面整体的抗渗透功能。

9.塔室地面铺墁

该做法主要适用于塔心室地面的方砖补墁。

方砖按设计规格订制，保证压力在75#以上，且制作规整，棱角无损，符合质量要求。

塔心室补墁时，以白灰膏坐底。除铺底灰外，砖块边棱接缝处还应勾灰，使其四角合缝，砖面平整规范。散水铺墁前，要对周边环境进行清理。素土夯实后铺三七灰土垫层两步，地面铺墁时应留3%的泛水。铺墁后，要求横缝相通，纵缝交错，底灰严密，大面平整。

10.塔外地面铺墁（包括散水）

该做法主要适用于塔基地面的方砖铺墁和塔基周围散水的条砖铺墁。

塔基地面铺墁时以白灰膏坐底。除铺底灰外，砖块边棱接缝处还应勾灰，使其四角合缝，砖面平整规范。

为防止雨水渗入建筑基础和强化基础的整体承载能力，拟在塔基四周外围增大散水面积。夯实后，铺厚度为0.3米的三七灰土垫层两步，灰土的压实系数不低于0.95，上铺条砖，泛水坡度为3%。参见设计平面图。条砖铺墁散水时，以掺灰泥坐底。散水铺墁前，要对周边环境进行清理。

11.风铎的补配

塔上现存风铎数量较多，补配前要对其进行细致的分类，针对每个个体的保存状况及其所处的位置进行遴选，最终确定其具体的补配数量和质量以及样式。从现存的实物观察、判断，大部分经检修加固后还可以继续使用，已拆卸的部分在修缮时应原位归安。但因觉山寺塔自上而下各层檐及檐角原有风铎无论是造型还是大小均不尽相同，缺失者必须参考现有实物予以补配、归安、复原。

角梁上使用的风铎相对偏大而檐椽上悬挂的风铎相对较小，而尤以塔顶铁链上悬挂的风铎尺寸为最小。详见实物。风铎的补配不得与现存实物在材料质地、风格特点、结构样式等方面存在差异。

12.塔上植物处理

塔上植物，主要位于觉山寺塔的顶部位置。

塔上生长植物，会对塔体结构造成很多看见或看不见的危害。它不仅影响觉山寺塔整体的外观展示效果，而且潜在破坏塔的坚固，降低塔的寿命。

经勘察发现，觉山寺塔上生长的植物种类不多，主要是荒草和灌木之类，此类植物在当地环境植被中带有明显的普遍性。为对觉山寺塔进行全面的保护并延年益寿，修缮时首先要彻底清除塔上生长的植物（重点是植物的根系）。然后再施以药物灭杀，杜绝植物的再生危害。

具体的药物名称、成分配比请参见《古建筑木结构维护与加固技术规范》（GB50165—92）第五章第四节“除草”表5.4.4中的第四项作为参考。同时，还应充分考虑到当地的气候环境、植物种类等多种因素的影响。也可借鉴现代生物科技成果在文物保护工程中的成功经验。

考虑到觉山寺塔的重要价值及其药物在使用后的耐久性，亦可将药物直接拌入灰泥中使用，修缮后再施一次药物将会更加有效。随着科学技术的发展，清除植物的药物丰富多样。修缮时要因地制宜，对症下药，将植物对觉山寺塔的潜在危害降低到最小。

13. 塔顶部清理

觉山寺辽代砖塔属高层建筑。因年久失修以及在整体的日常养护方面存在明显的困难。加之风力的作用，顶部又经年往复生长灌木和荒草。所以，多重因素、不同作用的结果导致塔顶整体的损坏程度非常严重，甚至直接影响到塔刹基座的完整和塔檐的安全。

残缺的砖块、瓦砾、脊饰、铁件等原始构件散落在塔顶之上，修缮前必须对其进行全面的清理和拼对，尽量给基座上部的复原补砌寻找到合理、充分的依据。同时，八边形塔顶不同方向的构件最好不要随意移位，避免在认识上产生错觉。

14. 塔刹基座补砌（主要参考尚存完整的部分）

塔刹基座损坏非常严重，因灌木的常年生长作用，导致基座大面积坍塌后，覆钵之下的部分便大都残缺不全。仅西面下部还残留部分外轮廓大体完整的基座，修缮时其余各面可照此补砌复原。

修缮前，要将基座周围的荒草和灌木清理干净并将原有的砌体润湿饱和。砌筑前，所用的青砖用水洇透。砌筑时，用米浆灰泥补砌损毁的部位，铺灰要饱满，质量符合修缮工程的技术要求，使新旧构件粘接牢固，确保塔刹基座结构的稳定。

塔刹基座上部因原状已不存，且勘测时脚手架不能满足深入研究原状形制的条件，只能参考同时期塔刹基座做法暂做复原设计（如：晋北地区同属辽代建筑的“应县木塔塔刹基座”），待施工时将散落的构件收集整理并拼对后，再现并恢复原基座。

15. 贴面兽、套兽补配

总体而言，塔上现存贴面兽数量相对较多而套兽保存的数量则相对较少。另外，贴面兽的造型又可见几种不同的类型。

补配前要对其进行细致的分类，针对每个个体的保存状况及其所处的位置进行遴选，最终确定其具体的补配数量和质量以及样式。从现存的实物观察、判断，大部分经检修加固后还可以继续使用，已拆卸或掉落后被回收的部分贴面兽在修缮时应原位归安。缺失者必须参考现有实物及其做法予以补配、归安、复原。

对于贴面兽与瓦条脊之间的衔接，必须参照使用现存铁件的做法，用铁件使二者勾连压稳。垂脊的兽前部分，做法和构件的补配依据现存的实物进行修缮。

16. 木装修

此次修缮，应对塔心室南北两侧现存的小板门装修做全面的检查，视现存状况采取相应的技术措施，以现有实物为主要修缮依据，整体进行检修或加固。

详细尺寸和样式参见装修大样图。

17. 门券楣补配

位于塔心室北门顶部，原物不知何时掉落。从其他方向现存的券楣分析、判断，其应当属于传统的“二龙戏珠”浮雕图案。研究确定，参考塔身现存的实物进行修缮并复原。

18. 塔刹构件的补配

主要指相轮、山花蕉叶、铁链、风铎等铁质构件。

相轮现状为七层，逐层之间以铁制的套筒分隔，但至上而下已经松散，而且最下层还剩余套筒两件滑落到覆钵之内。初步研判，因为遗留有多余的套筒，所以相轮不止七层而应该更多，缺失的部分相轮可能已经断裂后掉落。补配的数量及样式参见“塔刹设计大样图”。铁质山花蕉叶掉落在塔顶，残缺的部分是由不断的磨损或沤损以及外力的作用而造成，最终产生断裂。因为实物还大部分存在，详细的样式、尺寸仍可明确，所以照样复制，包括其上各角悬挂的铁艺。铁链及其上悬挂的小风铎依据现存的实物进行补配复制，相对而言需要的小风铎数量较多一些。

19. 壁画的保护

用软毛刷由上至下清扫壁画上的灰尘，然后用橡皮轻轻擦拭壁画上人为刻写的污渍（尽量清污，但不勉强，以免伤及壁画）；泥皮脱落部分采用素泥（第一层为混合麦秸的粗泥，第二层为细泥）补抹平整，与壁画衔接处小心操作，不得对壁画造成二次污染。

对画面底部靠近塔心室地面灰皮脱落的部位进行必要的抹灰修补，塔心柱柱身被后人凿挖的部分在补砌的基础上进行抹灰并找平即可（图10-2-1～3）。

第三节　设计方案补充、洽商和专项工程设计

一　塔刹修复方案补充

勘察设计阶段不具备对塔顶堆积散落的塔刹构件进行清理的条件，因而塔刹未进行恢复设计，在设计方案——设计说明第七项·修缮技术措施·14条有明确说明。

2014年10月，觉山寺塔修缮工程前期准备阶段，施工方对塔顶散落的塔刹砖构件和金属构件采用考古学的方法进行了科学细致的清理、测绘、拍照、记录，在现场对砖构件进行拼对，并参照同时代塔刹进行深入研究分析，最终，完成了觉山寺塔塔刹修复设计方案。

2015年3月，由业主方组织论证会，经参建各方和专家共同讨论、研究，确定设计补充方案可行。

（塔刹复原过程详见研究篇，第八章第二节）

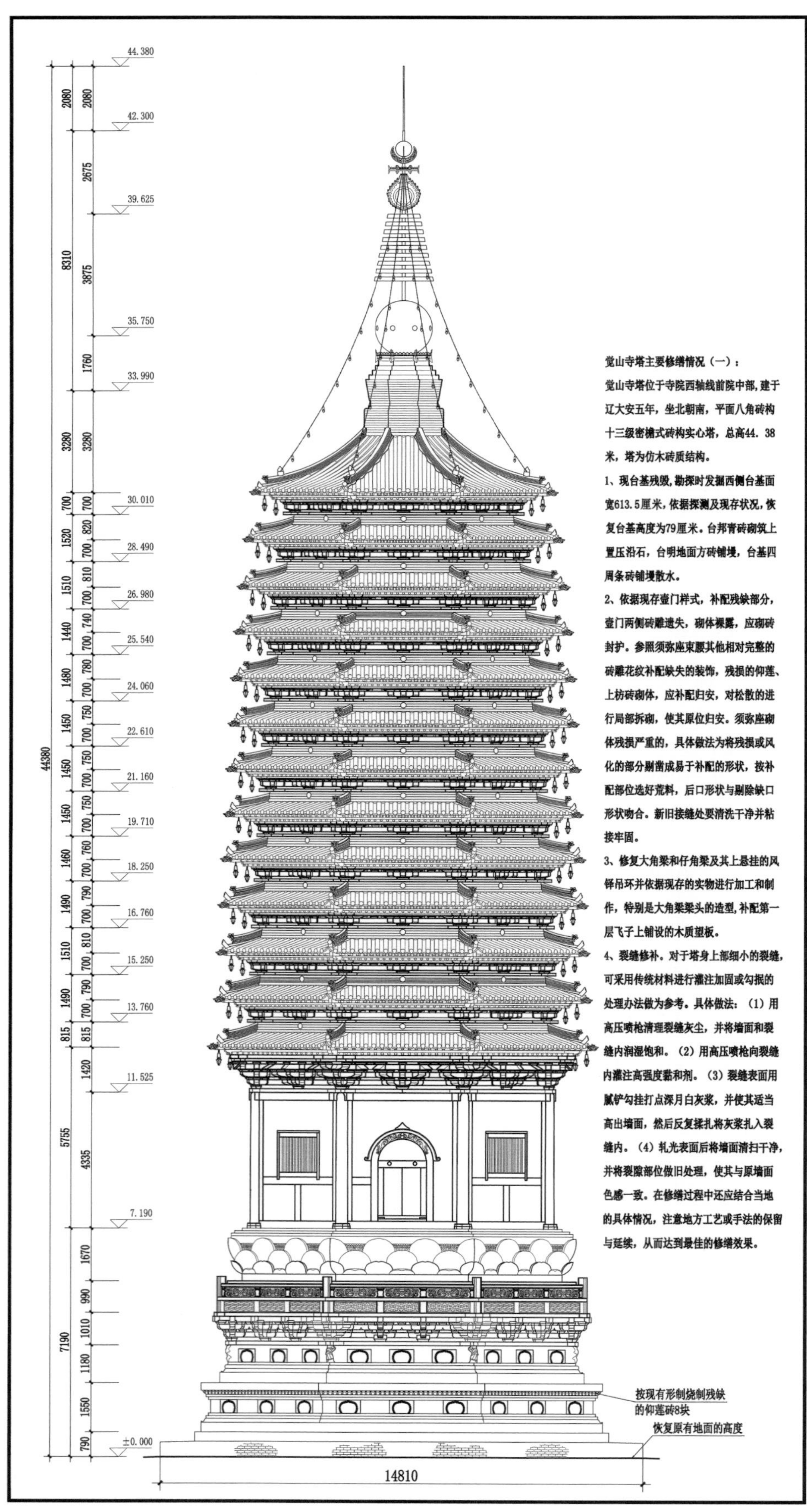

图10-2-1 方案设计觉山寺塔南北立面

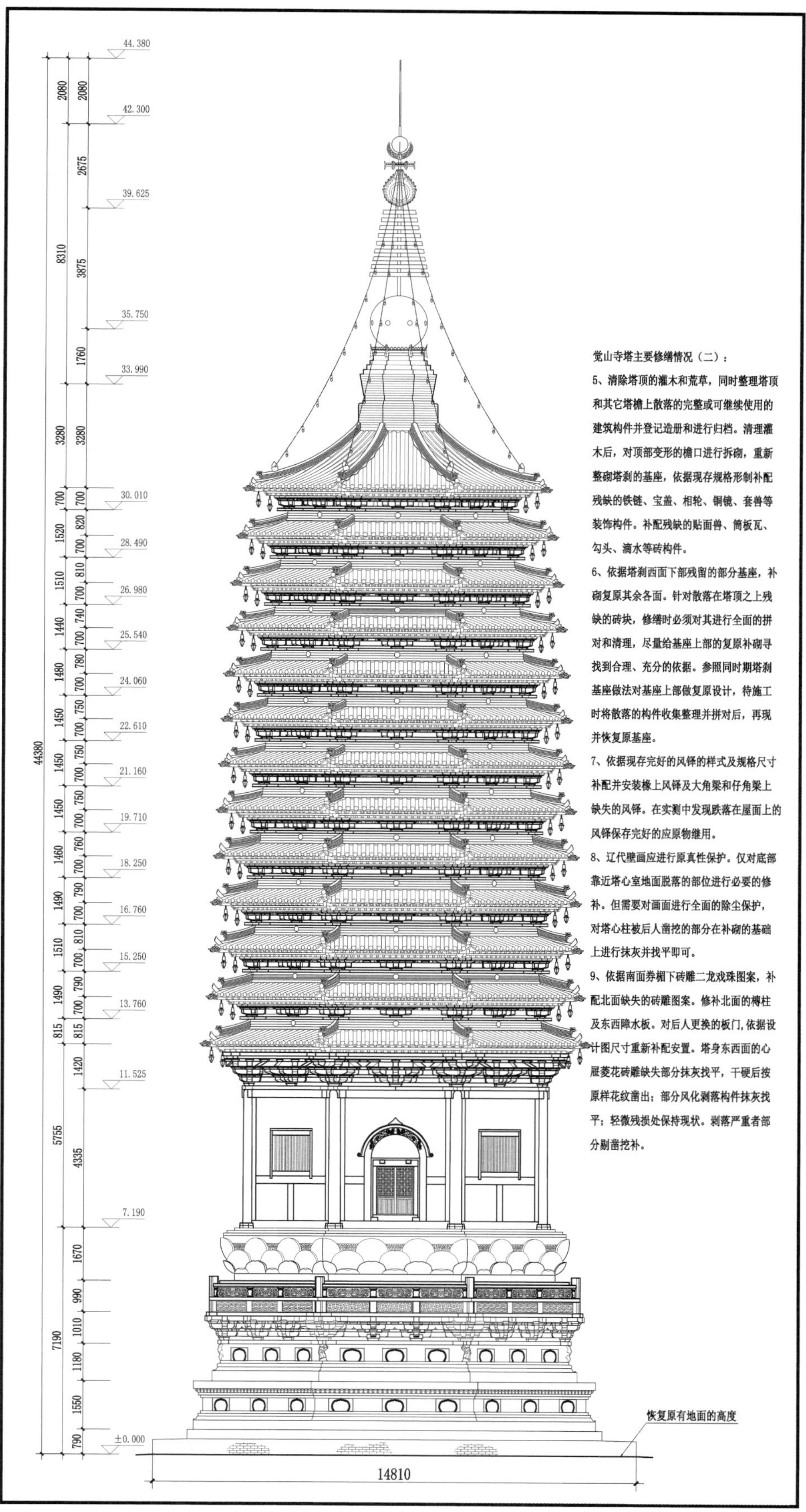

图 10-2-2　方案设计觉山寺塔东西立面

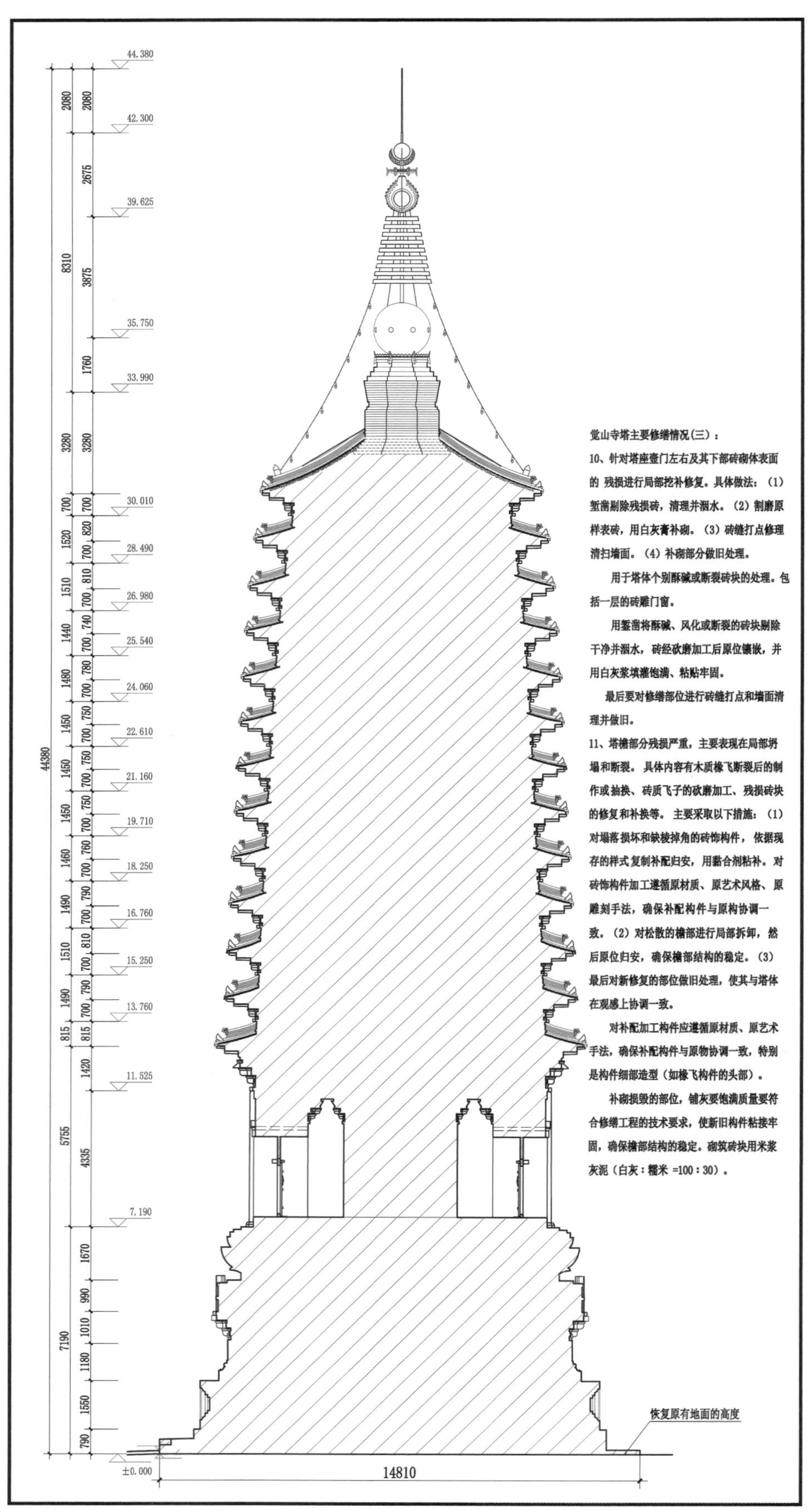

图10-2-3　方案设计觉山寺塔剖面

二　主要设计洽商

1. 塔檐、塔顶瓦面瓦瓦材料原设计方案为“檐部断裂的椽、飞和叠涩砖整修完毕后，在其上部抹灰背一道即麻刀灰……白灰膏掺麻刀坐底瓦，白灰膏做扣瓦泥”，现经过局部瓦面解体勘察发现01～12层塔檐因瓦面位于后部1/4圆混砖下，高度有限，瓦面并无苫背，直接在塔檐反叠涩砖上宽瓦，采用滑秸灰泥坐底瓦，灰泥作为扣瓦泥；塔顶存在滑秸灰泥苫背，采用滑秸灰泥坐底瓦，灰泥作为扣瓦泥。现将原方案宽瓦材料改为觉山寺塔塔檐、塔顶原有宽瓦材料，塔顶苫背为滑秸灰泥材料，考虑到塔顶防水和预防植物生长的情况，在苫背表面增加一层厚20毫米的麻刀灰背。

2. 一层塔檐木飞残短较多，为确定修缮方法，在01层塔檐正南面选取一根保存较完好的木飞进行局部解体勘查，将木飞上部反叠涩砖局部解体，露出木飞，探明长度为1.4米，其后部仍埋压在砖砌体中，为不破坏塔体结构，未继续向内探查，整根飞长度不明。根据木飞的情况，不能采取整根抽换残短木飞的方法，因残断的部分仅为飞头，砌体内飞身保存较完好，可以采用直搭掌榫补接飞头的方法，修补的飞子其上通压镀锌扁铁一道。飞头轻微糟朽仍能满足使用要求的，采用环氧树脂和锯末补抹飞头，抹塑出飞头外形的修缮方法。这种方法符合最低限度干预的文物保护原则，尽量多地保留下原有的构件。

3. 通过对13层塔檐正西面、西北面下陷的檐口砖砌体进行局部解体发现，下陷部位对应的椽子及相邻的角梁后部糟朽严重，仅余椽头、角梁头，针对现状，对这部分椽子、角梁采取整根抽换的方法修缮。

4. 01层塔檐木构件修缮过程中，施工至01层塔檐正北面发现正北面椽子010508～010512，飞子010508～010512，大角梁010501，子角梁010502、010402有火烧炭化痕迹，已经过后世修补，现又残损严重，根据残损现状，针对椽子010508～010512，飞子010508～010512，大角梁010501，子角梁010502采用榫卯对接的方法接长残短部分，子角梁010402采用斜搭掌榫榫接的方法修缮。

5. 基座须弥座的补砌

束腰部位：残缺的壶门按现存壶门样式雕补，残缺的胁侍、兽面、力士、蟠龙柱等其他砖雕，因无原样式依据，不进行雕补，不做过多修复，仅补砌立砖封护，使立砖表面与现存砖雕后部平面相平；束腰以上部分：残缺的仰莲砖按现存仰莲砖进行雕补，罨涩砖、方涩平砖等按现存部分补砌；束腰以下部分：须弥座束腰以下2层厚120毫米砖，全部残缺，无原始依据，谨按设计方案图纸补砌。

基座须弥座以下部分，经清理浮砖，发现地面以下残存的表砖为400毫米×200毫米×75毫米，基座须弥座以下部分补砌表砖砖规为400毫米×200毫米×75毫米。

6. 将原设计方案中基座周围的八边形小塔台与基座相接处的小台去掉；塔台压沿石规格由原设计规格350毫米×200毫米，改为400毫米×200毫米，錾道做法参照寺内现存压沿石和同时代建筑压沿石，确定为斜纹，一寸三錾不留边，边缘压边錾，石灰石材质；塔台台面铺墁400毫米×200毫米×70毫米条砖。

7. 一层塔檐檐下原设计方案无铜镜，施工时经二次勘察发现一层塔檐檐下存在原有铜镜痕迹，残存镜纽和固定铁件，通过残存铜镜痕迹可知每面三枚铜镜，中间铜镜规格大，两边铜镜小。通过勘察和分析，确定一层塔檐下原有铜镜修复依据充足，本次修缮需在一层塔檐下补配铜镜，每面3枚，共24枚，中间铜镜φ240毫米，两边铜镜φ160毫米，铜镜样式按照现存铜镜，固定位置基本在原位置。

三　安防、消防、环境整治工程专项设计

安防、消防、环境整治等保护性设施另由专业设计单位按照行业标准、要求，在保证古建筑、文物安全的基础上进行设计。

第十一章　工程管理

第一节　概述

一　六方管理

觉山寺塔文物价值很高，各级文物部门对该工程高度重视，为了加强对工程的管理工作，使项目顺利开展，保证工程质量，大同市文物局成立了觉山寺塔修缮工程领导小组，山西省文物局委托山西省古建筑维修质量监督站对工程进行检查、监督，与参建四方一同实现六方管理（图11–1–1～4）。

二　各方的管理

工程名称	山西省灵丘县觉山寺塔修缮工程
工程地点	山西省大同市灵丘县红石塄乡觉山村
业主单位	灵丘县文物局
设计单位	山西省古建筑保护研究所
施工单位	山西省古建筑集团有限公司
监理单位	山西省古建筑工程监理有限公司
结构类型	砖结构
建筑面积	125.58平方米（基座）
密檐层高	1.5米
资金来源	政府财政拨款

灵丘县文物局及其下属觉山寺文管所在工程中发挥着重要的组织、协调作用，为工程实施提供了根本保障。业主方项目负责人常到现场检查，对施工中有待商榷的问题，多次组织参建四方现场会议，研究、讨论、解决问题。履行对工程质量、进度等进行监督的职责，审批工程进度经费，组织工程阶段性验收和总体竣工验收。

设计单位对觉山寺塔进行勘察测绘，分析塔体残损情况及原因，制订恰当的修缮方法，按照文物保护工程法律、规范要求编制工程方案。工程开工后，在图纸会审、技术交底会上，阐述了工程技术要点与要

图11-1-1　大同市文物局尉连生局长到现场检查

图11-1-2　大同市文物局刘建勇副局长主持现场会议

图11-1-3　工程领导小组白志宇登塔检查

图11-1-4　大同古建研究所一行检查库存文物

求，解决施工方等其他参建方对设计方案存在的疑问。工程实施期间，在业主方的组织下，参与解决现场问题、设计洽商，并定期到现场进行设计复查（图11-1-5、11-1-6）。

监理单位在熟悉工程情况的基础上编制了监理规划，使工程的监理工作有序开展。工程中，监理方常驻现场，几乎进行全程旁站，对发现的问题及时提出，督促整改。按期召开监理例会，严格进行各工序的验收，全面控制工程安全、质量、造价、工期。

施工单位是修缮工程的直接实施者，工程之初，根据工程特点制订施工组织计划，确定工程目标。对工程安全、质量、工期等方面制订保证措施，合理安排劳动力、材料、机械的使用配备。工程中，各修缮工序严格按设计要求操作，遵循"不改变文物原状""最低限度干预"的原则。各分部、分项工程严格自查、自检，使工程质量切实保证。发现与原设计不符之处，上报监理、甲方，洽商修缮方法。另提出对该工程尝试进行研究性保护修缮，尤其注重对文物本体信息的收集和研究，并编写修缮工程报告。

山西省古建筑维修质量监督站在工程伊始进行开工审批与备案工作，工程中多次到现场检查、监督，

图11-1-5　设计单位负责人到现场复查

图11-1-6　设计单位负责人到现场参与解决问题

图11-1-7　山西省古建筑维修质监站到现场检查

图11-1-8　山西省古建筑维修质监站现场验收

提出问题和建议，使工程质量进一步提高。竣工验收时，出具验收意见书，工程验收后，对工程质量进行回访（图11-1-7、11-1-8）。

经过各方的共同努力，使工程质量得到有力保证，达到了预期目标。

第二节　业主单位的工程管理

一　组织、协调

业主方是本工程的主要组织者，并协调设计、监理、施工以及其他监督方、寺僧、村民等，使修缮工作有序开展，既为工程提供根本保障又具有领导作用。

2012年10月邀请设计单位对觉山寺塔与寺院建筑进行勘察测绘与修缮方案设计，设计方案完成后，提交立项申请，逐级上报。2013年8月26日，国家文物局关于“觉山寺塔维修工程立项”做出批复，原则同意，并提出批复意见。2014年2月27日，山西省文物局对《灵丘县觉山寺塔修缮工程设计方案》批复原则同意，并提出修改意见。2014年3月，设计方案按照要求修改、审查完成。随后，大同市文物局迅速成立了灵丘县觉山寺塔修缮工程领导小组，加强对工程的管理、组织、协调。2014年6月17日，灵丘县文物局委托招标代理机构进行招标，之后与中标施工单位、监理单位签订工程合同，并到山西省文物局办理开工审批备案、质量监督登记。2014年7月20日，施工方开始进驻现场，进行施工准备工作。业主方为其协调接通水电，规划施工场地。2014年9月8日工程正式开工，业主方积极组织设计交底与图纸会审工作，明确设计意图、修缮重难点、注意事项等（图11–2–1～4）。

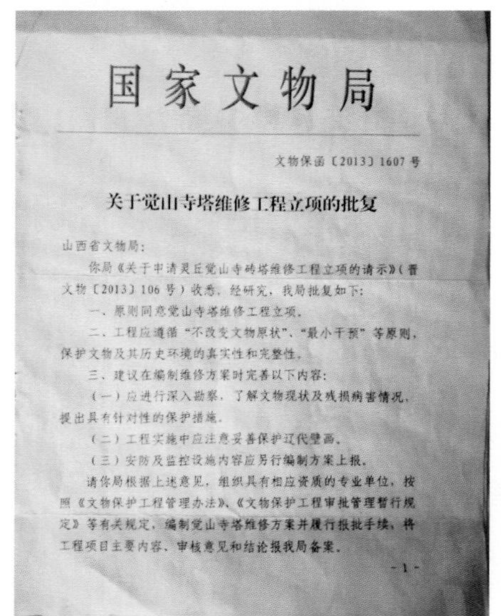

国家文物局

文物保函〔2013〕1607号

关于觉山寺塔维修工程立项的批复

山西省文物局：

你局《关于申请灵丘觉山寺砖塔维修工程立项的请示》（晋文物〔2013〕106号）收悉。经研究，我局批复如下：

一、原则同意觉山寺塔维修工程立项。

二、工程应遵循"不改变文物原状"、"最小干预"等原则，保护文物及其历史环境的真实性和完整性。

三、建议在编制维修方案时完善以下内容：

（一）应进行深入勘察，了解文物现状及残损病害情况，提出具有针对性的保护措施。

（二）工程实施中应注意妥善保护辽代壁画。

（三）安防及监控设施内容应另行编制方案上报。

请你局根据上述意见，组织具有相应资质的专业单位，按照《文物保护工程管理办法》、《文物保护工程审批管理暂行规定》等有关规定，编制觉山寺塔维修方案并履行报批手续，将工程项目主要内容、审核意见和结论报我局备案。

-1-

此复。

国家文物局

2013年8月26日

公开形式：主动公开

抄送：中国文物信息咨询中心，中国文化遗产研究院，本局办公室预算处。

国家文物局办公室秘书处　2013年9月13日印发

初校：安敏君　终校：郜军

-2-

图11–2–1　国家文物局批复文件

山西省文物局

晋文物函〔2014〕47号

山西省文物局关于
灵丘县觉山寺塔修缮工程设计方案的批复

大同市文物局：

你局报送的《灵丘县觉山寺塔修缮工程设计方案》收悉。经研究，原则同意此方案，并提出以下修改意见：

一、明确裂隙内灌注高强度粘合剂的相关材料。

二、补充壁画的除尘保护的具体做法要求。

三、对筒板瓦、勾头、滴水补配时，建议取样确认后按样烧制。

四、进一步量化修缮内容。

请你局根据上述意见，组织相关设计单位对方案进行修改、完善，并由你局核准后报我局备案。备案的方案将作为项目实施依据。

山西省文物局

2014年2月27日

抄　送：灵丘县文物局

图11–2–2　山西省文物局批复文件

图11–2–3　工程开工仪式

图11–2–4　现场图纸会审、技术交底

工程实施期间，协调好施工方、寺内僧侣、周边村民三者关系，尽量减小相互影响，为工程的顺利实施提供保障。且经常到工地现场检查施工质量、进度、防火、安全文明施工等内容，指出存在的问题，责令整改。组织阶段性验收，如：塔檐木构件、塔檐瓦面、塔刹铁件、砖砌体剔补等，并组织处理验收存在

图11-2-5　业主方组织检验砖瓦材料样品

图11-2-6　业主方登塔现场检查

图11-2-7　业主方组织参建四方现场会议

图11-2-8　业主方组织现场会议

的工程质量问题（图11-2-5、11-2-6）。

设计阶段难以勘察到塔体隐蔽部位，工程中当施工方、监理方发现并上报隐蔽部位工程做法与设计方案不同时，通知设计方进行设计调整与洽商。对于工程中的重难点，如：塔刹的修复方案，多次组织参建四方现场会议，共同研究、讨论、解决问题，确定修缮方案（图11-2-7、11-2-8）。

后期寺院建筑修缮期间，自2016年7月陆续启动寺院消防、安防、环境整治工程，存在不同专业施工多方面交叉作业，如：水电管线需在院面方砖铺墁前埋入地下；建筑本体修缮完成后，室内才能安装烟雾报警器；寺前广场铺墁应在寺内建筑、院落修缮内容全部完成后进行等，皆需业主方合理调配，使工程条理井然，减小相互影响。

2015年11月，觉山寺塔修缮基本完成，业主方组织初验，对于验收中专家提出的问题，组织参建四方召开现场会议，制订解决问题的方案，确保工程质量，最后顺利通过终验。验收合格后，将业主方、监理方、施工方资料档案整理、汇总，提交给山西省古建筑维修质量监督站。

二　安全防卫

工程期间，施工方拆解下或塔顶清理发现的附属文物，入库保护时均在监理方、业主方的见证下进行，确认并留备入库文物登记表。对于现场保护或塔体原位保护的砖雕、铜镜等文物，业主方日常配备的专职文保员常驻现场，重点巡查塔体文物及寺院文物安全状况，发现安全隐患，及时上报以采取措施消除隐患。

消防始终是木结构文物建筑防护的重要工作，业主方除了要求施工方配备消防器材、定期召开安全会议，自身也组织现场安全生产知识培训。大同市消防队到寺内检查明火使用情况、火灾隐患，宣讲消防安全知识，讲解常见消防器材操作，组织消防演练。

觉山寺塔实施修缮时，仅对塔周围进行封闭围挡，寺院未全部封闭。寺内佛事活动未停止，平日陆续有游客、香客入寺观览、膜拜，尤其每年农历四月初四庙会时，香火旺盛，人头攒动，为了保障工程有序开展、游客和寺僧等人员安全与文物安全，业主方需协调好寺僧、游客、施工方之间的关系。日常施工期间，减少施工人员以外人员到塔周围的活动，庙会时要求施工方停工一天，为庙会提供便利，减少相互间的影响和安全隐患（图11-2-9 ~ 12）。

图11-2-9　业主方组织消防知识讲座

图11-2-10　大同市消防队检查寺院消防设备

图11-2-11　庙会期间加强安防、消防工作

图11-2-12　组织消防演练

第三节 监理单位的工程管理

监理方在本工程中的工作内容可概括为四控制（质量、进度、资金、安全）、两管理（合同、资料）、一协调（协调业主方与施工方）。

一 工程前期

1. 由总监理工程师组建项目监理部，下设监理工程师、监理员。

2. 根据监理合同、设计方案、法律规范、工程特点等编制监理规划，并分类制定监理实施细则。

3. 检查图纸是否齐全，能否满足施工需要，在图纸会审时提出图纸中发现的问题。

4. 审查施工方提交的施组，由于觉山寺塔总体施工顺序为从上到下，重点审查各项修缮内容顺序是否合理，有无上下同时施工的相互干扰、安全隐患。

5. 检查项目部人员配备情况、施工设备质量等，塔体修缮需搭设约40米高的脚手架，检查特殊工种架子工的上岗证。

二 工程实施阶段

1. 检查施工方的准备工作是否到位，首先需提前准备白灰等材料，砖瓦材料提前确定订制厂家，以确保工程进度。

2. 解体工程阶段，对照设计方案和根据塔体具体残损情况，查看施工方有无扩大拆解范围，拆解下的构件是否妥善保存等，对入库的附属文物进行见证和确认。塔类建筑尤需注意拆解时有无出现重要文物，如：刹座、塔顶、塔身等部位，一旦出现立即与施工方管理人员共同保护好现场，防止发生哄抢，并立即上报甲方，以备科学清理、发掘，保护文物安全和价值。

3. 检查施工方对塔刹、塔檐角梁和椽飞等部位的专项修缮方案是否合理、可行，是否做到不改变文物原状、最低限度干预，对工程质量进行事前控制（图11–3–1、11–3–2）。

4. 抽查每批次进场的材料，有发现黄土中夹杂砂土、麻刀霉烂、瓦件首次样品图案和质量均不合格等问题，这种材料不得进场。

5. 塔体修缮隐蔽部位较多，如：塔檐木构件、砖砌体内部填馅和背里、瓦面下宽瓦泥等，这些部位进行重点旁站。并且内部原有材料、工程做法多与原设计方案不同，发现问题后，与施工方共同研究、确认原有材料、做法，并上报甲方，多次会同设计方审定工程洽商方案。

6. 觉山寺塔整体外观和表面可见构件非常能够体现其时代特征和风貌，要求施工方补配构件按照原样式制作，局部结构按原形制修缮，确保不改变文物原状。

7. 严把工程质量，上一道工序验收合格才能进入下一道工序，发现不合格处，下发整改通知单，限期整改，确保工程质量（图11–3–3、11–3–4）。

图11-3-1　总监理工程师、监理工程师登塔检查

图11-3-2　监理工程师检查附属文物

图11-3-3　监理员抽查瓦件材料

图11-3-4　监理员旁站塔顶苫背

8. 偶有业主方会要求修复内容过多，求新求完整，而易形成保护性破坏，降低文物价值，监理方从中多做协调工作，多阐明文物保护工程的要求和特点，避免过度修缮。

9. 存在的安全隐患，如：架体局部搭设不合格，脚手板铺设不到位。

10. 关于文物安全，不定期抽查库房内附属文物存放情况，有无受损、丢失，对于现场保护和原位保护的文物，经常注意巡查。

三　工程竣工后

参加业主方组织的竣工验收，整理好监理日志、月报、工程总结等资料，针对验收专家组提出的整改意见，与业主方、设计方、施工方共同研究整改方案。

第四节　施工单位的工程管理

施工方是工程的直接实施者，施工方的管理和能力将直接影响保护工程的优劣。普通建设工程的工程管理可概括为“三管三控一协调”，而文物保护工程具有一些特殊性，对工程质量、文物安全、资料档案等方面有着更高的要求。

一 前期工作

1. 工程中标后，开始组建项目管理机构，由于觉山寺塔的文物价值较高，并且工程特点不同于木结构建筑，所以，优先选择具有同类工程经验的技术人员、管理人员作为项目部成员。

2. 办理开工报告、工程动工报审等开工手续。

3. 检查图纸是否齐全，有无缺漏内容，确认修缮范围，研究、理解设计方案，查找方案中存在的问题，在图纸会审时提出。

4. 对照现场实际情况，深入研读设计方案，编制更加具有针对性的施工组织设计，以及脚手架搭设等专项施工方案。

5. 调研现场与周边环境以及与工程相关的人力、机具、材料等资源。

6. 工人入场时进行三级安全教育，针对文物保护工程的特点，强化文物保护意识，开展对工匠进行文物保护培训工作，对文物构件进行保护，脚手架搭设不能碰坏檐头瓦件，新发现的文物及时上报等。

二 工程实施阶段

1. 脚手架搭设完成后，对塔体进行深入的二次勘察，尤其是勘察设计阶段不便勘察的隐蔽部位，可进行必要少量的局部解体，弄清楚需修缮部位工程做法、残损特点，进而确定修缮方案。

2. 对风铎、塔顶清理出的可移动附属文物进行入库保护，不便拆解和移动的文物构件实行原位或现场保护（图11-4-1、11-2-2）。

3. 工程中需拆解修缮的部位尽量减小拆解范围，减小干预，拆解构件需编号，以备修缮后原位归安。

4. 各类进场材料均先自检，再报验。对于补配的尤其带有艺术造型的雕饰构件，实行样品制。订制材料时，将原构件样品（包括华头筒瓦、贴面兽等）交与生产厂家，并反复交代要完全按照原样式制作，但大多材料厂家初次提交的一个或几个样品难以达到工程要求，所以样品制非常必要。对不合格的样品，由项目技术人员提出修改意见后重新制作，直到符合工程要求，并由监理、甲方见证确认，再生产全部工程材料，原构件样品及时向材料厂家收回。

5. 修缮部位需按照原形制、原材料、原样式，坚持采用传统工艺，并注意保留地方手法，保持早期建筑的时代特征，不改变文物原状。当传统工艺不能满足修缮需要时，配合使用恰当的现代技术。

6. 坚持每日晨会制度，由项目管理人员交代本日施工内容和注意事项。

7. 工程质量实行自检制度，自检合格后上报监理验收，隐蔽部位需监理、甲方共同参与验收，上一道工序验收合格才能进入下一道工序（图11-4-3、11-2-4）。

8. 现场发现修缮部位原工程做法与设计方案不同时，及时通过监理、甲方与设计沟通，必要时，由甲方组织四方现场会议，查看并确认原工程做法，调整设计。

图11-4-1 工程实施中深入勘察砌体结构

图11-4-2 库房内文物构件存放情况

图11-4-3 施工单位总工现场技术指导

图11-4-4 施工单位自检自查

9. 文物安全与人员安全同等重要。施工现场文昌阁西临建小房作为守夜人员值班室，现场24小时均有人员值守。觉山寺塔构件繁多，移入库房存放的文物构件定期清点，而大多构件现场或原位保护，需经常巡查，巡查人员要对现场存放的各类构件（尤其砖雕、铜镜）及其数量了然于胸，能及时发现变化情况。冬季停工期间为文物偷盗行为多发期，巡查工作常抓不懈。

工程施工期间，严禁普通游客和闲杂人员进入现场，更不能随意登塔，尤需注意高空坠物等不安全因素。经文物主管部门允许进入现场考察的专家、学者需佩戴安全帽，在项目管理人员的带领下行动，注意登塔时穿防滑鞋等事项（图11-4-5、11-2-6）。

10. 觉山寺塔塔体保存有很多题记，是其丰富历史文化内涵的直接体现。题记多为墨书和刻划的形式，书写于塔体表面灰皮之上，较为脆弱，施工时需注意减少磕碰、磨损。题记位置若存在砖砌体细小裂纹，宁愿不勾抹裂纹，也要保留好题记，减小对题记的损伤，也就保留了更多的历史信息（图11-4-7、11-2-8）。

11. 定期召开工地例会，常抓安全文明施工和文物保护意识。

12. 及时按合同约定，上报工程进度和已完成工程量清单，申请进度款，确保工期。

13. 注意协调与寺僧、周边村民的关系，对内协调好劳务，减小相互影响，使工程顺利进行，确保修

图11-4-5　大同市消防队检查工地现场

图11-4-6　灵丘县环卫部门督促现场清洁、文明施工

图11-4-7　塔体表面刻划题记MY110302

图11-4-8　塔体表面墨书题记MY110601

缮进度。

14. 根据觉山寺在新中国成立后的历史发展与现场实际情况，觉山寺塔与寺院建筑构件部分散落于寺外周边，可在觉山寺周边征集或收购寺院建筑旧构件。觉山村村民家中多有少量辽代沟纹砖，采购可用于本次工程中的旧砖构件。后期修缮寺院建筑时，由于寺东僧房院早已被拆毁，很多砖瓦构件被挪用或闲置堆放，本次收购了较多旧筒板瓦，与寺内现存建筑瓦件时代、规格相同，用于屋面瓦件补配。

15. 明确分部、分项工程划分，建立科学的资料档案体系。觉山寺塔修缮工程作为一个单位工程，分部、分项工程的划分与木结构建筑有较大不同，根据塔体构成可划分为：塔台、基座、一层塔身、密檐部分、塔顶、塔刹六个分部工程，各分部工程再根据不同的部位和施工内容划分为分项工程，分项工程主要按工程量划分为若干检验批。工程资料中比重较大的质量控制文件按以上从检验批到单位工程的架构形成，其他资料主要包括：开工审批文件、竣工验收文件、施工组织设计、总体与专项施工方案、竣工报告、图纸会审记录、设计变更和洽商、工程物资进场报验、工序记录等。

文物保护工程资料与新建工程资料差别较大的地方是需记录修缮过程和文物本体历史信息，这方面资料主要记录在工序记录中。保护修缮工程是了解一座文物建筑的绝好机会，通常会发现大量的历史信息，如：工程做法、材料、构造、题记等，尤其是只有在保护工程中才能获得的信息为资料记录的重点。如觉山寺塔一层塔身以上部分，平时人们难以登上查看工程中发现的历史信息重点记录。同时需要记录保护工程中维修加固部位的工艺流程、替换和补修构件等，真实反映工程实施过程。觉山寺塔修缮工程中的记录资料，共拍摄数万张照片，录制部分视频，以及全塔各部位较精细的手工测绘图纸，记录档案较为翔实，为今后的研究工作提供了第一手资料（图11–4–9）。

图11–4–9　工程施工资料整理

记录档案也是文物建筑价值的载体，真实、详细的记录文件在传递历史信息方面与实物遗存具有同等重要的地位。

三　工程竣工后

1. 对工程进行总结，编写竣工报告，整理好施工日志、工程资料，准备工程验收工作。

2. 针对工程验收专家组提出的问题，经参建四方研究、讨论确定整改方案，施工方实施整改，使达到工程要求。

3. 编制工程结算资料，进行工程结算工作。

4. 工程竣工后，进入工程保修阶段，保修期五年。

第十二章　施工准备与二次勘察

第一节　准备工程

一　隔离围挡

为保证游客安全和文物安全，有序开展保护修缮工作，根据施工场地特点，将辽塔塔院东侧沿山门至鼓楼一线进行围挡，罗汉殿前檐隔扇门和文昌阁板门关闭，即可形成封闭区域。施工人员日常出入走东侧（鼓楼下）小门，材料入口为文昌阁下门洞，山门西侧院墙悬挂“五牌一图”。

二　架子支搭

架体的搭设形式有参照塔体遗留的插杆孔位置，基本确定了步距为1.5米，但是本次工程对塔檐瓦面的修缮内容较多，所以密檐部分的架体采用齐檐架形式，便于修补瓦面时施工操作，然后向下推密檐以下各步架的位置。塔刹脚手架采用封闭型单排架，围合起塔刹，但最初补修塔刹铁件的架子与后期补砌刹座的架子，所需的内部操作空间不同，根据不同阶段的修缮需要进行重搭。

脚手架搭设采用八边形双排落地式封闭型退台（内挑）架，脚手架与辽塔塔身基本不发生联系，离辽塔最近处约200毫米，一层塔身、塔刹脚手架与塔体接触。塔刹部位单独搭设架子。架体外侧挂密目网封闭，内侧铺安全平网（图12–1–1）。

由于塔体脚手架高约40米，并且搭设难度较大，架子工选择具有同类工程经验者。

（1）架子底座部分（塔基座莲台以下部分）（共4步架，总第1～4步架）

架子底座三排架，立杆横距加大，从而使架子底面积增大，增加稳定性。所有立杆底部铺放厚50毫米松木板，增大脚手架底部受力面积。距立杆底200毫米处设纵横向扫地杆，每面横向扫地杆4根。

立杆纵距1.5、横距1.4、步距1.5米，各面外立杆根数4根，内立杆根数4根，小横杆4根。

（2）塔基座莲台至1层塔身（共4步架，总第5～8步架）

总第5步架开始第一次退台，外立杆退进约1米，接长1步架。为方便修缮一层塔身，总第6、7、8步架为三排架，最内一排立杆（长4米）立于塔基座莲台上，下垫厚50毫米松木板，立杆下设长1步的戗杆支撑，为方便从南北两面门券洞进入塔心室，南北面最里侧各栽4根立杆，其余面栽3根立杆。

立杆纵距1.5、横距1.4、步距1.5米，各面看每排立杆根数，内排3或4根，中排4根，外排4根，小横

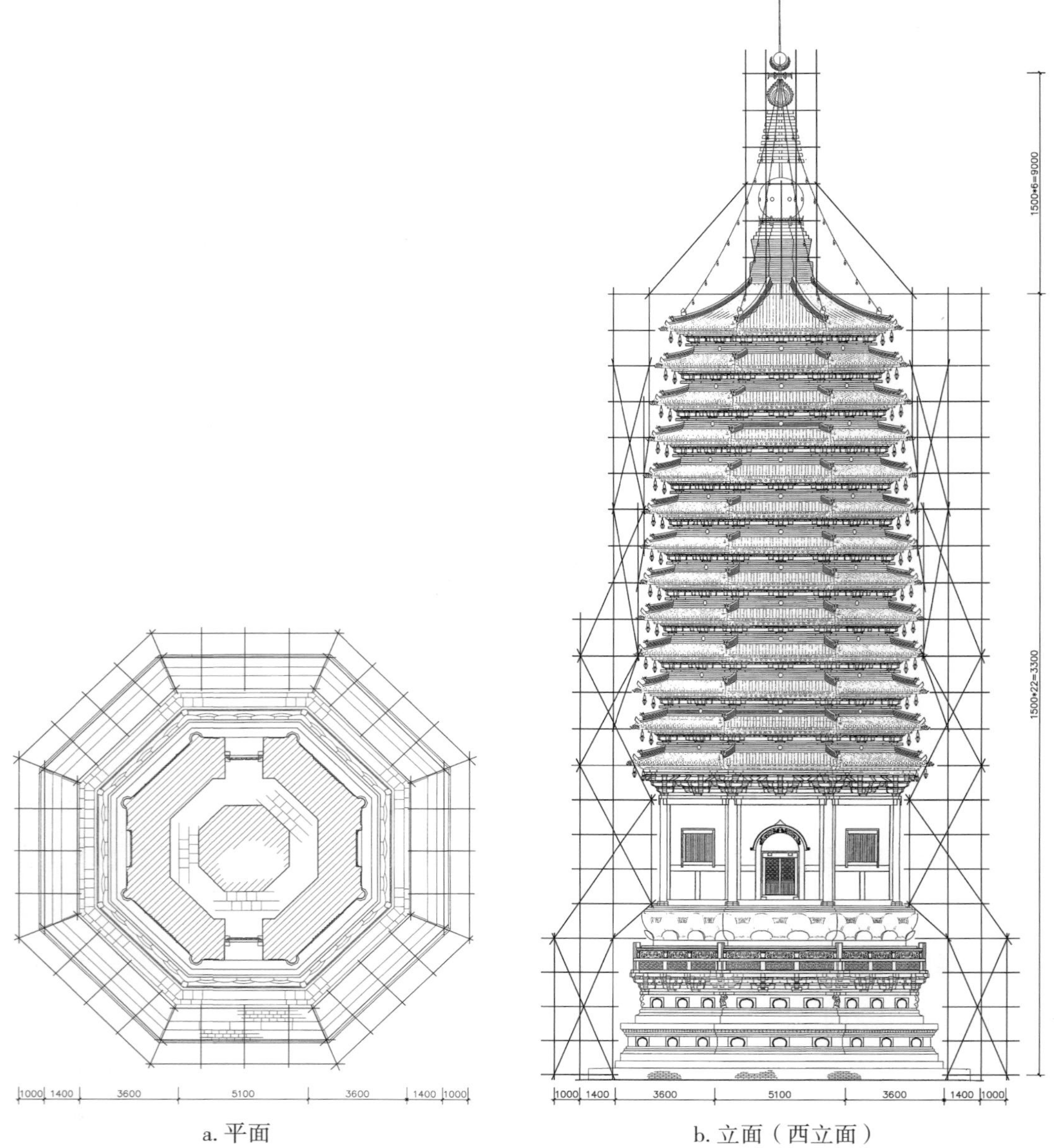

a. 平面

b. 立面（西立面）

图12-1-1　脚手架示意图

杆4根。

（3）第1～4层塔檐（共4步架，总第9～12步架）

双排架。

立杆纵距1.5、横距1.4、步距1.5米，从每面看每排立杆根数4根，小横杆4根。

（4）第4～7层塔檐（共3步架，总第13～15步架）

总第12步架加立杆内挑，内挑约1米，形成局部三排架，立杆下设长2步架的戗杆支撑，14、15步架为双排架。

立杆纵距1.5、横距1、步距1.5米，从每面看每排立杆根数4根，小横杆4根。

（5）第7～10层塔檐（共3步架，总第16～18步架）

总第16步架加立杆内挑，内挑约300毫米，该步架形成局部三排架，立杆下设长1步架的戗杆支撑，

17～18步架为双排架（图12-1-2）。

立杆纵距1.5、横距1、步距1.5米，从每面看每排立杆根数4根，小横杆4根。

（6）第10层塔檐～塔顶（共4步架，总第19～22步架）

总第19步架加立杆内挑，内挑约0.3米，该步架形成三排架，立杆下设长1步架的戗杆支撑。20、21、22步架为双排架，总第22步架的上部转角处小横杆全部向内伸长至刹座底，内伸端全部沿刹座边缘用长2米的小横杆连接。

立杆纵距1.5、横距1.1、步距1.5米，从每面看每排立杆根数4根，小横杆4根。

（7）塔刹部分（共6步架，总第23～28步架）

先将刹座底部周围清理平整，铺好50毫米×200毫米×1200毫米的木板，然后在刹座8个角处栽立杆，下端立于木板上，固定在总第22步架内伸的转角小横杆上，然后沿塔刹向上搭八边形单排落地式封闭型脚手架，各边用长2米的小横杆联系拉结，共向上搭6步架，第三步架（总第25步架）8个面设抛撑，抛撑下端固定在总第22步架的内侧大横杆上。

立杆纵距1.5、横距0.5、步距1.5米，从每面看立杆根数2根，抛撑长6米。

（8）上料通道、上料平台

根据施工场地将材料堆放在辽塔南面，上下料通道选择在辽塔正南面。由于该修缮工程用料比新建工程少得多，所以在工程脚手架中将上下料通道与脚手架本体结合起来，通道架总第13～22步架皆为三排架（挑架处为四排架），利用外侧两排立杆形成通道，上料口长约2、宽约1.5米。塔顶上料平台安装电葫芦，总第21步架小横杆上满铺脚手板，与第13层塔檐齐平，正南面为上料平台。

（9）斜道

根据施工现场特点，塔正南面为主要人员、材料通道，所以将斜道选择在架体东南面附着脚手架内设，做“之”字形斜道。

斜道每段长3跨，每2步架转折向上，转折处设休息平台，长1跨。斜道立杆纵距同脚手架立杆纵距，宽度不宜小于1米，坡度宜采用1∶3。

图12-1-2　架子支搭

在架体东南面根据场地特点搭设安全通道，搭设长度为3米，高度不少于2米，单层防砸，宽度为3米，通道上铺一层厚50毫米脚手板（图12–1–3）。

（10）支顶塔体点

塔体八面，每隔4步约6米，每面用2根小横杆支顶到塔体表面，2点间距约2米，支顶处垫厚60毫米通长松木板。验算时按2步3跨连墙件考虑。

（11）小结

① 脚手架可看成有3次退台，3次内挑。3次退台分别位于总第5、14、22步架处；3次内挑分别位于总第13、16、19步架处。

② 架体在转角处从上到下皆用6米钢管交叉形成横向剪刀撑，约每四步架为一组剪刀撑。斜杆与立杆交接点及横向水平杆相交时必须设扣件连接。所有固定点距主节点距离不大于150毫米。最下端的剪刀撑的底部要插到垫板处。为保证剪刀撑的直顺，同时考虑到剪刀撑的安全作用，剪刀撑单根钢管长度不够时采用对接扣件连接。

③ 密檐部分各步架基本齐檐，内挑的步架均形成局部三排架，使挑立杆与下步架有较好的接长，转角处设置横向剪刀撑，这几点使架子具有良好的整体性、稳定性。

④ 经验算，能够满足实际施工要求（图12–1–4）。

（12）脚手架拆除

拆架前，全面检查拟拆脚手架，根据

图12–1–3　挂安全网

图12–1–4　架子搭设完成后

检查结果，拟订出作业计划，报请批准，进行技术交底后才能拆除。

拆架程序应遵守由上而下，先搭后拆的原则，即先拆拉杆、脚手板、剪刀撑、斜撑，而后拆小横杆、大横杆、立杆等，并按一步一清原则依次进行。严禁上下同时进行拆架作业。

三　建立构件编号系统

工程实施前，建立完善的构件编号系统，达到每一个构件均有有效编号的程度，为工程实施的技术准备之一。文物建筑修缮工程（以木结构房屋建筑为例）对构件的编号，重点在于清楚标明构件的名称和位置，多用文字写明，整体一般按照顺时针方向进行，符合传统文化和习惯。而现代人的习惯有所改变，例：靠右行走，书写从左向右进行。由于觉山寺塔构件繁多，本次工程中采用符合现代习惯的编号方法，即整体按逆时针方向编号，局部从左向右编号，并用数字和字母替代文字，对工程高效、有序、精确的实施较为有利。

构件编号方法

基本思路：构件名称用其对应拼音首字母简写，构件位置用数字表示。

首先，根据塔体特点，建立基本的八面体坐标体系。塔体八个面，以正南面为01，向东旋转，依次为东南面02……至西南面08。十三层塔檐从下向上依次为01层、02层……至13层。

确定“层”“面”后，再确定需编号构件在该层面的具体位置，一般为从左向右数的第几个（从实用角度出发，对密檐部分构件编号，先定“层”，再定“面”）。以密檐部分的檐面风铎编号为例，编号构成“层数+面数+风铎所在该檐面左数起第几根椽数”，举例：“FD020103”，“FD”为“风铎”拼音首字母缩写，表示第2层檐正南面，左起数第3根檐椽上的风铎（对应檐椽的数字位置编号相同）。

构件编号根据能够说明构件位置的需要，数字长度可以不同。例：“T米S0907”，即可表明第9层塔檐正西面瓦面的贴面兽，“TW03080502”表示第3层西南面左数第5垄前数第2个筒瓦。

对于除密檐外的其他部位构件，因无“层”，编号数字较短。例：“YCTS·YZ 06”表示一层塔身西北面的倚柱；“PZGL·JY 0203”表示平座钩阑束腰东南面左数第3个伎乐菩萨。

在文字材料描述中，构件名称用文字表述更加方便，如“风铎020103”。而在实际施工中，编号标签直接固定在构件上，只写明表示位置的数字即可，因是什么构件，一般构件本身就可说明。

以上构件编号系统具有实用性、精确性、系统性、全面性的特点（图12-1-5）。

古建筑的构件标号无论是在仿古工程还是修缮工程中皆是不可缺少的技术环节，而标号方法主要由工程的直接实施者——工匠所掌握，往往隐藏在工程中，不易引起人们注意。又少有这方面的公布资料，可供借鉴学习。

觉山寺塔采用的编号体系，几乎使每一块砖瓦都可编号，将工程中解体后需归安的构件定位明确，提高了精确性。这套编号体系不同于常见的木结构房屋的构件编号方法，对于构件繁多的塔类建筑工程构件编号具有良好的借鉴意义，而其中建立标号规则、运用数字和字母简化文字标号的基本思路，或可在木结构房屋（尤其构件繁多的）工程中使用。

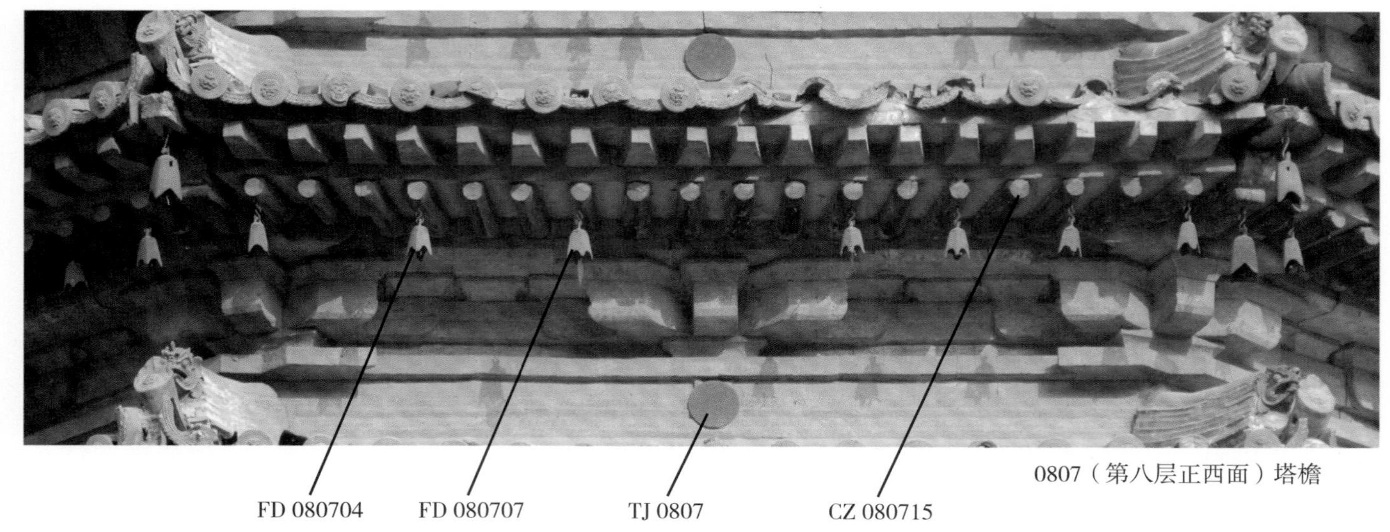

图12-1-5 构件编号方法说明

四 附属文物保护

风铎、题记砖等附属文物易被拆解、盗取，工程中对其采取入库保护的方式。而铜镜与塔体基座砖雕等固定牢固，拆解会对其造成损伤，减小了文物价值，选择原位保护，工程中需加强巡查，控制外来人员进入施工现场。

对于工程实施中发现的木抹子、塔顶清理出的铁件、铜镜等，便于入库的均在当日登记入库，对于莲瓣砖等砖构件放置塔下指定位置存放，现场保护。

1. 题记砖保护

密檐第9层正北面补间铺作西侧搁置有一块题记砖，为防止搭架及修缮过程中对其造成磕碰损坏、人为盗取，在脚手架搭至第9层塔檐时，将其取下。进行包裹绑扎，用滑轮吊送至地面，再用报纸包好，放入库房。

题记砖砖规530毫米×280毫米×70毫米，上有墨书（编号米Y090501）“大辽国道宗皇帝」敕赐□□□□□」头□漫散□□□」庄背泉□□□□」山林四至东□□□」南至白岔口西□」车□水心北至□」窝口泰和□年」□寺善行 记”。砖背面粗绳纹，砖肋经錾凿，周围残留砌筑白灰、灰泥，原可能贴砌于补间铺作旁（图12-1-6）。

图12-1-6 题记砖包裹入库

2. 风铎勘察、摘取

风铎为该塔数量众多的一类附属文物，在工程实施前，脚手架搭设完成后，为了保护其文物安全（防止偷盗和施工中造成磕碰损坏），统计其残损情况和历史信息，并在工程实施中保证原位归安。首先，需对风铎进行编号和摘取入库保护，是工程实施前即面临的问题。

风铎主要根据其吊挂位置，可分为塔檐木质椽飞头吊挂的檐面风铎、角梁头吊挂的檐角风铎、塔刹吊挂的塔链风铎。其编号需注意区分：檐面风铎编号，仅用“FD”+位置数字；檐角风铎，在“FD”后+“J”+位置数字；塔链风铎，“FD”+“TL”+位置数字。

操作流程：

首先针对风铎的具体情况制作一个勘察统计表，既能统计塔檐吊挂的风铎和掉落下层塔檐瓦面的风铎，又能根据现存风铎信息得出残缺风铎及配件信息。其他残损情况和带有铭文、梵文等历史信息需另外注明。

对风铎现状进行拍照（例：塔檐风铎），分别清点仍挂在椽头、角梁头的和掉落下层塔檐瓦面的风铎及其配件，记录到勘察统计表。

各檐面从左向右摘取挂在椽头下的风铎，再摘取角梁下的风铎，并收集下层塔檐瓦面掉落的风铎及配件（掉落下层塔檐瓦面的风铎，其原位置按照对应上层塔檐处理，仅有个别风铎向下掉落多层塔檐）（图12–1–7、12–1–8）。

图12–1–7　摘取风铎、贴编号标签

图12–1–8　风铎入库存放

每摘取一个风铎，贴一张编号标签。选择风铎锈少干净一个的面用毛刷清扫干净（注意不能使用钢丝刷），贴编号标签（标签用医用胶带制作，上写编号）。一个檐面摘取的风铎全部贴好编号标签，整理好后，再拍一张整体照片记录，然后集中用皮桶吊送地面。

最后入库，入库时亦需注意按摘取时的顺序摆放，码放整齐。

在摘取过程中，已对风铎有了一定的认识了解，风铎入库后，再详细进行各风铎样式的划分及各样式数量等信息的统计，进而确定补配样式及数量。过程中，发现了风铎上的铭文、梵文字母、图案等特征。

经验回顾，掉落下层塔檐瓦面的风铎可通过其现状位置向上对应上层塔檐椽头，现场基本确定原悬挂椽头位置，若有风铎仍不能够明确原位置或个别风铎明显掉落数层塔檐，后期再详细分析。而不是全部只按照上层塔檐处理，编号相同。

五　塔顶清理

随着塔刹座的塌毁和部分铁刹件的残损，大量的砖块散落塔顶，规格形状极不统一，散砖层较厚处约0.5米，砖间多积土（坠落塔下的砖块已不可寻）。在散砖表面、间隙和积土中夹杂有附属文物塔链风铎、铜镜、残坏的铁刹件等。散砖间隙长满杂草和灌木，灌木根系均扎入塔顶瓦面下的苫背层及以下。

塔顶清理基本流程：

① 收集散落在塔顶散砖表面的附属文物，包括大宝盖、塔链风铎、铜镜、部分铁件，当日登记入库（图12-1-9）；

图12-1-9　塔顶现状

② 将塔顶散落的砖块，人力逐块搬开，集中到塔顶上下料平台，装入铁桶，吊送地面，八个面的散砖分开码放整齐。期间，对塔顶各面清理出的不同规格、形状的砖（尤其莲瓣砖）进行测量、拍照、记录，种类主要有围脊砖、斜面砖（方砖一个侧面为斜面）、莲瓣砖、条砖、方砖。发现的其他构件主要有：铜镜、塔链风铎、编结铁艺、铁片、柏木板等（图12-1-10、12-1-11）。

③ 清理积土，除去杂草和小灌木。表层砖块搬完后，用铲子轻轻刮开积土，避免用力过大损坏土中的附属文物和土下塔顶瓦面。刮开的土用铁锹装入皮桶，然后集中到卸料平台大铁桶内，吊送地面，指定地点暂存，最后一并外运。积土中清扫出的金属等构件主要有铜镜、塔链风铎、铁片，还有少量柏木板等。

④ 坠落的覆钵内堆积有一些散砖，将其掏出后，把覆钵、相轮暂时向上归位，下部用架板支托；

图12-1-10　人力逐块搬开散砖瓦

图12-1-11　构件辨认、测绘

⑤ 清扫塔顶，最后清除4棵较大的灌木（塔顶瓦面解体时彻底清除苫背内的灌木根系）。

清理后，露出塔顶筒板瓦瓦面，瓦面残损严重，瓦件残缺殆尽（表12-1-1、12-1-2）。

塔顶散落的砖构件、金属构件为塔刹毁坏部位的部分实物遗存，对其进行清理并弄清这些构件是何构件，是恢复塔刹原貌的基础工作。

塔顶清理采用考古学的方法科学进行，清理出的塔刹砖构件和金属构件等进行辨识、编号、测量、拍照和记录，全程清理出的构件主要包括：围脊砖、斜面砖（方砖一个侧面为斜面）、莲瓣砖、条砖、方砖等砖构件；大宝盖、铜镜、塔链风铎、编结铁艺、铁片等金属构件，这些构件或入库或分类存放塔下指定位置（图12-1-12～14）。

图12-1-12　清理发现的辽白瓷残片

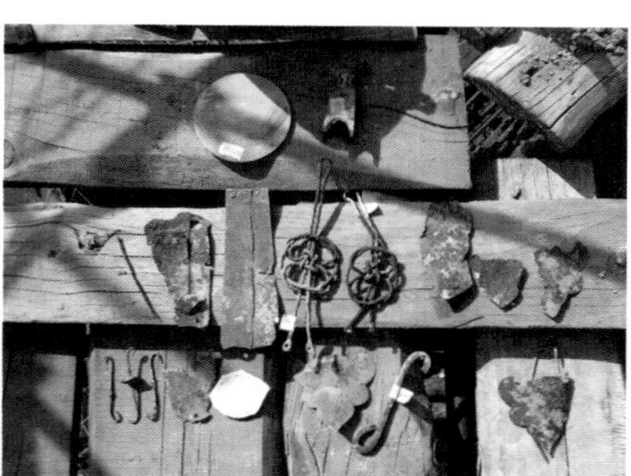
图12-1-13　清理出的部分附属文物

图12-1-14　清理出的莲瓣砖

表12-1-1　塔顶清理出的砖构件种类、规格 汇总简表

砖构件		规格（毫米）	特征
条砖	填馅砖	390×190×60	荒砖，无绳纹
		370×175×50	荒砖，无绳纹
	表砖	400×210×75	粗绳纹6条
		430×220×70	粗绳纹7条
		570×280×75	粗绳纹10条
围脊砖		390×200×70	粗绳纹6条

续表

<table>
<tr><th colspan="2">砖构件</th><th>规格（毫米）</th><th>特征</th></tr>
<tr><td colspan="2">1/4圆混砖</td><td>390×190×60</td><td></td></tr>
<tr><td colspan="2" rowspan="3">方砖</td><td>440×440×75</td><td>粗绳纹</td></tr>
<tr><td>425×425×65</td><td>粗绳纹12条</td></tr>
<tr><td>450×450×120</td><td>粗绳纹16条</td></tr>
<tr><td colspan="2" rowspan="16">莲台叠涩砖</td><td>（425/435）×435×70，差10</td><td rowspan="16">沟纹数12
（差10、15……指砖上下边长差值）</td></tr>
<tr><td>（415/430）×430×70，差15</td></tr>
<tr><td>（415/435）×435×70，差20</td></tr>
<tr><td>（410/435）×435×70，差25</td></tr>
<tr><td>（405/435）×435×70，差30</td></tr>
<tr><td>（400/435）×435×70，差35</td></tr>
<tr><td>（395/435）×435×70，差40</td></tr>
<tr><td>（390/435）×435×70，差45</td></tr>
<tr><td>（385/435）×435×70，差50</td></tr>
<tr><td>（375/435）×435×70，差60</td></tr>
<tr><td>（370/435）×435×70，差65</td></tr>
<tr><td>（365/435）×435×70，差70</td></tr>
<tr><td>（350/435）×435×70，差80</td></tr>
<tr><td>（335/435）×435×70，差100</td></tr>
<tr><td>（315/435）×435×70，差120</td></tr>
<tr><td>（295/435）×435×70，差140</td></tr>
<tr><td rowspan="8">莲瓣砖</td><td>样式1</td><td>585×195×115</td><td></td></tr>
<tr><td>样式2</td><td>620×235×115</td><td></td></tr>
<tr><td>样式3</td><td>510×270×115</td><td></td></tr>
<tr><td>样式4</td><td>620×260×115</td><td></td></tr>
<tr><td>样式5</td><td>580×295×115</td><td></td></tr>
<tr><td>样式6</td><td>400×360×75</td><td></td></tr>
<tr><td>样式7</td><td>370×320×65</td><td></td></tr>
<tr><td>样式8</td><td>350×310×65</td><td></td></tr>
</table>

表12-1-2　塔顶清理出的附属文物、构件统计简表

<table>
<tr><th>位置</th><th>构件名称</th><th>规格（毫米）/形制</th><th>数量</th><th>备注</th></tr>
<tr><td rowspan="4">正南面01</td><td>大宝盖</td><td>径1850</td><td>1</td><td>残损严重</td></tr>
<tr><td>铁桩</td><td>长1250</td><td>1</td><td></td></tr>
<tr><td>桩帽</td><td>径185、高335</td><td>1</td><td></td></tr>
<tr><td>柏木</td><td>/</td><td>少量</td><td></td></tr>
</table>

续表

位置	构件名称	规格（毫米）/形制	数量	备注
东南面02	风铎1402	TL形制1	1	
	编结铁艺	长320、宽100	4	
	柏木	/	少量	
正东面03	铜镜1403	径233	1	
	柏木	/	若干	
东北面04	风铎1404	TL形制1	1	
	柏木	/	若干	
正北面05	铜镜1405	径250	1	
西北面06	编结铁艺140601	长320、宽100	1	
	风铎1406	TL形制4	1	带挂钩、撞针
	铜镜1406	径243	1	残破成两半
正西面07	铜镜1407	径234	1	
	风铎1407	TL形制1、2	2	
西南面08	铜镜1408	径207	1	
	风铎1408	TL形制9	1	
	铜镜1509	径240	1	覆钵上用
注：清理出残损铁片若干较多。				

第二节　二次勘察

二次勘察是施工方在熟读设计方案的基础上，针对塔体需要修缮的具体部位和具体问题，对照设计方案，再次检视并认识塔体残损情况、工程做法，进而确定修缮方法、制订材料计划的前期工作（设计方案制订较早的，还要注意至实施修缮时，工程对象残损情况有无发展扩大）。对觉山寺塔的二次勘察除上述内容外，还要重点勘察原设计方案中不便勘察的隐蔽部位，弄清隐蔽部位的工程做法，例：椽飞、角梁在塔体中的压实长度、宼瓦材料等。另对附属文物风铎等的保护也伴随在二次勘察过程中（图12-2-1）。

图12-2-1　二次勘察与记录

勘察设计阶段通常只能依据从文物建筑表面看到的损坏情况制订修缮方案。工程实施前二次勘察中，可适当对残损部位进行必要的局部拆解，确认残损部位构造、残损程度，使对塔体病害认识更加清晰，利于制订合理恰当的修缮措施，后期对瓦件（华头、重唇、贴面兽、套兽等）、风铎等样式进行分析，确定补配样式和数量。其他各种所需材料用量亦进行统计、计算，满足工程实施的需要（塔体各部位残损情况与原因分析，详见研究篇）（表12–2–1）。

例：01层塔檐飞子的勘察

密檐01、13层塔檐部分木椽飞残损严重，需要补修，为确定修缮方法，在01层塔檐正南面选择一根保存相对较完好的飞子，对其周围进行解体，勘察其长度、构造。揭取上部瓦面，拆解飞子周围局部反叠涩砖，尽量使整根飞子暴露出来。解体后，已探明的飞子长度为1.4米，而内侧仍压实在塔体中，非常坚固，不能明确整根飞子究竟有多长。为了不破坏塔体结构，减小干预，椽飞的修补不能将整根进行更换，而主要选择仅更换残损外露的椽头、飞头，确定了直搭掌榫的主要修缮方法（后在工程实施阶段，所有需补修椽飞周围砖瓦解体后，残损情况更加明确，根据其残损特点，采用多种修补措施，调整材料计划）（图12–2–2）。

a. 探明部分长1.4米

b. 飞头

图12–2–2　飞子解体勘察

由于本工程尝试进行研究性保护，对塔体的二次勘察较为细致，工程实施过程中仍不断对塔体各部位工程做法深入勘察，另对塔体整体进行较精细的手工测绘和数据分析，积累了丰富的第一手资料。

表12–2–1　觉山寺塔残损现状、成因分析和拟采取的修缮措施

塔体部位		残损现状	成因分析	残损程度	修缮措施
塔台	八边形小塔台	基本残缺，后世摆砌散砖。	年久失修，人为改制	严重	恢复、重砌八边形小塔台
	四边形大塔台	台面铺墁杂乱、破损，凹凸不平。	年久失修，人为改制	一般	重新铺墁台面方砖
基座	须弥座	束腰砖雕大多残缺，束腰以下表砖或残断或残缺，束腰以上表砖局部残缺，局部酥碱、松动。	地震，塔上坠物砸毁，风雨侵蚀，人为打砸、偷盗。	严重	束腰补砌素面砖，不雕补砖雕，壶门、仰莲砖按样雕补。其余残缺处全部补砌。
	平座钩阑	束腰砖雕的头部或其他局部或整体残损，束腰略向外倾闪，东北面局部向外倾闪35毫米；砖缝白灰脱落较多。平座铺作及钩阑保存较好，局部轻微残缺或缺棱掉角，望柱柱头全部残缺。	人为破坏，自身组砌缺陷。	一般	对局部轻微残缺的地方进行剔补；砖缝脱落的白灰进行勾抿；东北面束腰向外倾闪的局部进行解体重砌。

续表

塔体部位		残损现状	成因分析	残损程度	修缮措施
基座	莲台	局部磨损、缺棱掉角。	人为活动	轻微	局部剔补、勾抿砖缝。
一层塔身	外壁面	竖向细小裂纹较多；局部略有鼓凸，局部崩裂破碎、残缺；版门部分构件残缺。	地震，自身砌筑存在的通缝等缺陷，版门残损由人为破坏造成。	严重	主要采用剔补的方法，裂缝处勾抿，残缺的二龙戏珠砖雕券脸按其他面样式烧制补配，检修版门。
	心室	心柱正南面（0.8平方米）和正东面（0.6平方米）被凿挖窟窿，地面方砖局部破碎，顶部细小裂纹。	人为破坏，地震	一般	补砌心柱，抹灰找平。 剔补地面。
	壁画	壁画支撑体砖壁被凿挖，地仗脱落6.438平方米，裂缝、颜料脱落、涂写刻画严重，变色，画面残损13.549平方米。	人为活动、人为破坏	严重	现状保护，清扫壁画表面灰尘。下部地仗残缺严重处进行补抹。
密檐部分	砖砌体	细小裂缝较多，上部10～13层裂缝较多、较宽，最宽处35毫米；13层塔身灰缝白灰脱落较多； 局部砖砌体断裂以10～12层檐口局部砖飞头、望砖被砸断，表现严重，其余层塔檐零星有砖飞头断裂，橑檐枋局部方身（铺作间）砖断裂下沉、方头残断，铺作缺棱掉角、细小裂纹，个别出挑栱头断裂，椽上望砖大多断裂。	地震，上部坠物砸到檐口	一般	塔顶变形的檐口进行局部解体重砌， 砖砌体残缺处进行剔补， 细小裂缝主要采用勾抿的方法。
	木构件	木构件残损以01层塔檐椽飞、望板、角梁等残损严重，望板仅正东面保存，飞头处无上部瓦面遮护外露残短，角梁头多劈裂。13层角梁、椽子糟朽较多，檐口下栽。其他层多有子角梁头略糟朽残缺。	自然糟朽，上部坠物砸毁（一层塔檐木构件）	严重	修补椽飞、角梁，其头部造型按原样式制作，主要采用直搭掌榫榫接的方法，并补配望板。
	瓦面	檐头瓦件残缺，瓦件破损，瓦面松散、松动、捉节夹垄灰脱落、宽瓦泥酥松，瓦面整体下滑，堆积砖石、风铎等物，瓦面局部积土生长杂草、檐头瓦件生长苔藓。瓦条脊散落、残缺，以下部01～03层、上部10～13层损坏最严重，中部04～09层瓦面保存较好，塔顶生长灌木、杂草，瓦面残缺殆尽。	地震，风雨侵蚀，人为抛掷砖石	严重	瓦面根据残损程度采用局部揭瓦，或整体揭瓦的方法； 补配的瓦件待取样确认后按样烧制（塔顶首先需进行清理，清理出的构件测绘登记、拼对）。
塔刹	刹座	刹座塌毁严重，几乎全部倾圮毁坏，仅正西面保留稍多。	地震，灌木生长，自身砌筑缺陷	严重	补砌刹座

续表

塔体部位		残损现状	成因分析	残损程度	修缮措施
塔刹	铁件	中部铁刹件保存较完好，仰月宝珠以上刹件完全残缺，仅留有少量痕迹；下部覆钵向下掉落，三个相轮向下滑落，大宝盖掉落在塔顶，其他部分小铁件也掉落塔顶。八条塔链或脱落或缠绕。	地震，刹座塌毁	严重	修补，归安 最上部铁刹件修复依据不足，暂不修复。
其他	风铎	风铎应有2278个，残缺913个，占总数40.1%，密檐掉落下层塔檐的风铎有582个，占现存42.6%，大多数风铎配件不同程度残缺、锈蚀。	自身固定原因、挂钩和吊环的磨损导致部分风铎掉落，人为抛掷砖石打砸。	严重	根据现有实物补配残缺风铎和配件，加固现存风铎吊挂处。
	铜镜	全塔上下共应有铜镜138枚，残缺32枚，断裂2枚，变形4枚，现存约1/4松动。	人为破坏	一般	补配残缺铜镜。

第三节　材料的选择与准备

制订材料计划和选购材料是工程前期非常重要的准备工作，在二次勘察后，基本统计出工程所需各种材料及用量，然后根据材料计划考察不同材料厂家，选购材料，尤其文保工程中很多材料需订制，生产时间往往较长，如：砖瓦烧造至少需要二个月；白灰需提前淋制，经过较长时间的陈伏；补配风铎数量较多，铸造时间也较长。并且一些材料的生产时间受气候影响较大，一年四季中只有某些时间生产出的质量优良。所以，及时选购质量优良的材料是保证工程顺利实施，保证质量、工期的前提条件。

为确保材料质量，实行样品制度，尤其是带有艺术造型、图案的材料（构件）。将料单与原构件样品交予生产厂家后，厂家先制作一个或几个样品，经施工方、监理方、甲方三方检查确认合格后，再全部生产。带有一定造型的材料（构件），如：二龙戏珠砖雕券脸、贴面兽、压沿石、风铎等，需严格要求，除质量合格外，造型、图案必须按照原构件，才能与塔体现存构件相协调，风格统一。材料进场时，需有厂家营业执照、材料合格证、检验报告等资料，并对每批次材料进行抽检，首先施工方需进行自检，再通知监理检查验收，合格者才能入场使用。

青砖

青砖的规格、质量须符合设计要求，表面平整，棱角分明，不得存在裂纹、隐残，砖内不应含有浆石灰籽、石灰，含砂量不宜太大，孔洞、砂眼不宜太多，质量优良的砖敲击时会发出“当当”声。不得使用过火砖（俗称“铁砖”）、欠火砖。青砖表面颜色均匀，内外颜色需一致，洇窑工艺不到位时，内部多呈红褐色，尤需注意厚120毫米青砖的质量（图12–3–1、12–3–2）。

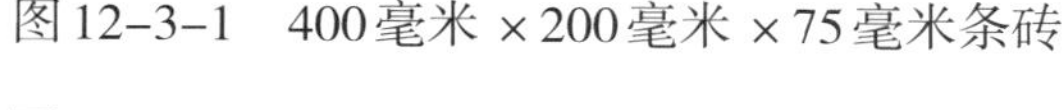

图12-3-1　400毫米×200毫米×75毫米条砖

图12-3-2　筛除质量不合格的裂纹青砖

瓦

瓦的质量需符合设计要求，外观规整，不得有裂缝、隐残，存在砂眼、石灰籽粒、变形严重的瓦不得使用，用瓦刀敲击发出残声、哑声者不能使用。带有艺术造型的华头筒瓦、重唇板瓦、贴面兽、套兽等需严格按照原规格、样式，纹饰需流畅自然，无变形，无断残。瓦件使用前需进行选瓦，使用时仍需逐块审瓦（图12-3-3～6）。

图12-3-3　新旧华头筒瓦对比

图12-3-4　新旧重唇板瓦对比

图12-3-5　新旧翘头对比

图12-3-6　贴面兽、套兽

柏木

塔檐椽飞、角梁的补修木材需选用与原构件相同的柏木，且为轴心材，年轮疏密程度应接近原构件。不允许存在死节、虫蛀、腐朽现象，活节应数量较少、直径较小，斜纹斜率≤8%，裂纹深度不超过直径1/3，含水率不超过15%。存放时应离地疏隔堆放，放至不受雨淋日晒的指定地点（图12-3-7、12-3-8）。

图12-3-7　柏木样品

图12-3-8　淋白灰

白灰

文物建筑修缮项目对传统材料质量要求较高，白灰不应使用市场上售卖的袋装白灰膏和白灰粉。本次工程中，选取色白胎细、体轻质纯的白灰块，自行淋制工程所需的白灰粉和白灰膏。灵丘本地就有较大的白灰生产厂，购买白灰块时需注意过筛，筛掉白灰面，并且不宜购买白灰渣较多的白灰块，以节约成本和提高材料质量。

泼灰

将白灰块平整堆放，堆放厚度不超过300毫米，清水喷淋呈粉末状，过筛（26目筛）后至少熟化15天。

白灰膏

在较为开阔的地方，依据工程所需的白灰膏量，挖两个一上一下相连的灰池。上部灰池较小，深约500毫米，用砖砌四壁和底部，为化灰池，前端水口设孔径3毫米的滤网。下部灰池较大，深约1.8米，底部与四周土壁修整平整，不做防渗处理，使淋灰的水直接渗走，为沉淀池。化灰池内散置灰块，用胶皮水管冲淋，流入沉淀池，随淋随加，滤网过滤下的小灰渣、石块等随时清除。沉淀池内的白灰膏淋满后，自水口从前向后可将灰膏大致分为前部、中部、后部三部分，匠人习称“头灰”“腰灰”“梢灰”。头灰质量相对较大，内部含小砂石，常用作宽瓦灰泥。梢灰最细腻，最宜用作墙面抹灰，砌筑、瓦面勾抿也常用。腰灰细腻程度介于以上二者之间，砌筑、瓦面宽瓦和勾抿等均有使用。淋好的熟石灰陈伏期不少于20天，使里面未熟化的生石灰颗粒充分熟化。

白灰膏以隔年陈膏质量为佳，本次工程中于2014年10月底开始淋制白灰，之后不久进入冬季停工阶段，需注意灰池内白灰防冻和防硬结，其上先铺一层厚塑料布，再覆盖约600毫米厚黄土。2015年3月底复工后，直接使用灰池内的白灰。

黄土

黄土选择亚黏土（湿性纯生黄土），不能使用胶土、砂性土，不得含有有机杂质和塔檐瓦面拆解铲除的宽瓦泥，使用前需过筛（孔径20毫米）。注意灵丘本地砂性土较多，采购时要加以甄别。

灰泥

用于砌筑塔体内部填馅砖的灰泥，按原配比为白灰：黄土=7：3，俗称“倒三七灰泥”；其他部位如：宽瓦、铺地，使用的灰泥配比为白灰：黄土=3：7（图12-3-9、12-3-10）。

图12-3-9　砌筑表砖的白灰

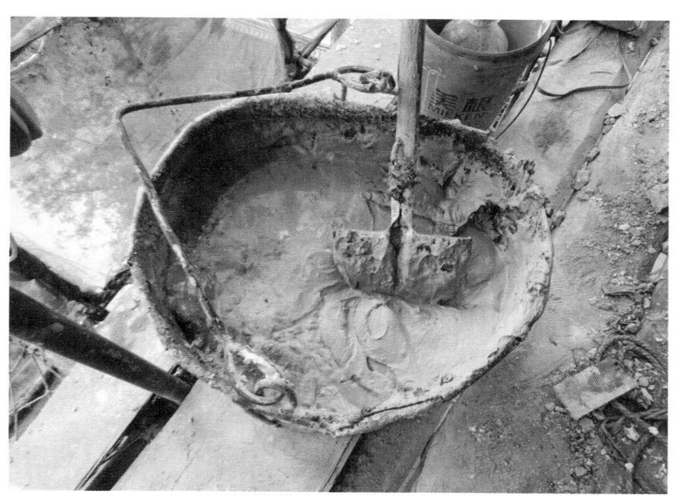

图12-3-10　砌筑填馅砖的灰泥

滑秸灰泥

收购回的麦秸需用铡刀铡成长约35～50毫米的小段。麦秸质软，可直接拌入灰泥内，拌和时可人工穿水靴反复踩踏，拌和后闷8小时再使用，即每天下班时和好，第二天便可使用。配比为白灰：黄土=3：7（体积比），灰泥：麦秸=100：8（重量比）（图12-3-11、12-3-12）。

图12-3-11　和滑秸灰泥

图12-3-12　拌灰土

麻刀

麻刀即较短、柔软松散呈絮状的黄白色麻纤维，掺入灰泥中具有防止开裂，增强拉结，提高强度的作用（图12–3–13、12–3–14）。

图12–3–13　铡麦秸

图12–3–14　麻刀敲打呈绒状

直接从市场上购买回的麻刀较长，若用于屋面捉节夹垄，还需将其用刀剁成约15～20毫米的小段，去除杂质、麻绒头等。然后，手握长约900毫米的三五根细树条，不断敲打，直至麻刀呈绒状（细树条手握端束住，前端向外张开，利于将麻打散呈绒状）。注意，该工序不能在大风天操作。

麻刀灰

觉山寺塔修缮工程中的麻刀灰主要用于塔檐瓦面捉节夹垄、补抹壁面。白灰∶麻刀＝100∶4（重量比），将麻刀掺入白灰中，用和灰机搅拌匀。

月白麻刀灰的配比为白灰∶氧化铁黑∶麻刀＝100∶6∶4（重量比）。

压沿石

觉山寺内现存旧有压沿石、踏步石等基本全部为石灰石，觉山寺塔小塔台补配的压沿石也选取石灰石，石材注意不得存在隐残、裂纹、炸纹、断残等质量问题，且颜色应接近旧有压沿石（颜色的略微差别是旧石灰石颜色略浅偏白，新石灰石颜色较深）。压沿石石纹应为水平方向，表面的錾道需直顺、宽窄、深浅一致，錾道图案与旧有压沿石相同。

风铎、铜镜

补配的风铎、铜镜皆按原样式制作，按传统工艺铸造。注意铸造的风铎、铜镜需造型准确、规整，不得存在裂纹、隐残、浇筑缺陷等问题（图12–3–15～18）。

图 12-3-15　甲方、监理检查华头筒瓦

图 12-3-16　甲方、监理检查贴面兽

图 12-3-17　甲方、监理员到项目部确认风铎样品

图 12-3-18　甲方、监理检查压沿石

第十三章　修缮技术措施

修缮内容：大塔台台面铺墁方砖、补砌小塔台；基座补砌、剔补、抿缝；一层塔身剔补外壁面、勾抿裂缝，塔心室补砌塔心柱并补抹壁面、地面剔补；密檐部分整修椽飞、角梁等木构件，剔残补损，勾抹裂缝，部分瓦面揭瓦，塔顶揭宼瓦面；塔刹修补铁件、补砌刹座；补配风铎、铜镜。

施工顺序：施工现场围挡—搭设脚手架—二次勘察、摘取风铎、附属文物保护—塔顶清理、砍除灌木—塔顶瓦面解体—塔刹铁件修补—密檐塔檐剔补、勾抿裂缝—02～09层塔檐瓦面修补—01、13层塔檐木构件椽飞、角梁修补—塔刹座补砌—基座补砌、剔补——层塔身外壁面剔补、勾抿裂缝，心柱补砌、补抹壁面，心室地面剔补，整修版门装修—小塔台垒砌台帮、安装压沿石—01、10、11、12层、塔顶瓦面宼瓦、垒脊—补配风铎、铜镜—拆除脚手架—铺墁塔台台面

第一节　塔刹修复

塔刹的施工修复主要针对下部残损的铁刹件和刹座，这些部分修复依据充足，并且对塔刹整体结构影响较大。上部仰月宝珠以上刹件由于修复依据不足，不能确定其原有构件的形制、规格，暂不修复，也可不破坏上部现有原构件痕迹。中部保存较完好的刹件对略残损的局部稍修补。

一　铁刹件

塔刹铁件维修的基本顺序是从上到下、由内向外。

1. 刹尖宝珠

塔刹尖能够确定原有铜皮制宝珠，但具体形制、规格不能确定，为了不破坏刹杆尖现存的铜皮和铁件，保存现状，暂不修复。

2. 最上端套筒至刹尖宝珠之间

现存最上端套筒至刹尖宝珠之间，根据现有信息和其他相似的辽塔塔刹实例，仅能推测原可能存在宝珠、小宝盖之类构件，具体构件数量、形制、规格皆不清楚，暂不修复。

3.仰月内宝珠

仰月内宝珠，下部沤损锈蚀，承接的套筒上面较小，因而略有歪闪，将宝珠下部增加三角形支架，即可平稳。

4. 相轮

相轮比较明确原有七个，滑落的相轮向上归位，增加固定措施，使自身稳固，不再向下滑落，相轮局部断裂的轮辐需接补。相轮之间的套筒亦随之向上归位，相轮上部的喜鹊窝需清理掉。

需注意的是，后归位的3个相轮轮辐方向应与其上4个相轮相同，即5根轮辐中有1根朝正南方向，并应使后归位的3个相轮呈平稳状态，不可倾向一边。

5. 大宝盖

大宝盖残损严重，自身结构已不能修复如初，不能像原状那样安放在覆钵上面。所以宝盖下需增加支撑骨架，使其自身能够稳定安放。首先需对其自身做大致修补，将其安放到原位置后再做全面修补。下部滑落的长320毫米套筒应放置在大宝盖与相轮之间，长80毫米套筒应放在大宝盖下面（图13-1-1、13-1-2）。

a. 铁件

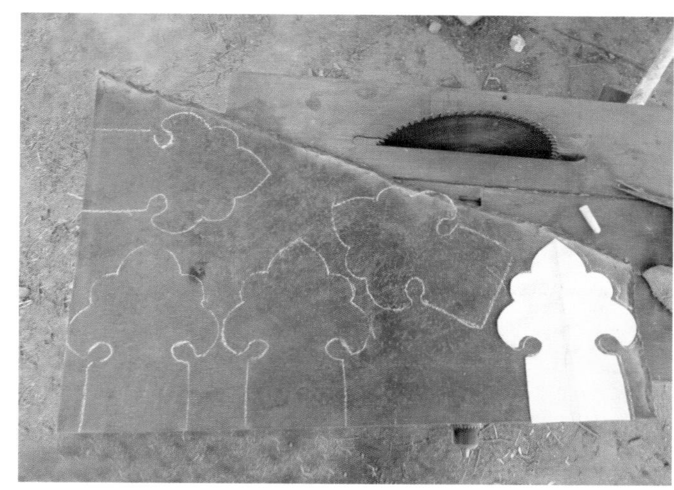

b. 铁件

图13-1-1　补修大宝盖的铁件

a. 大宝盖归安后再全面修补

b. 大宝盖下增加支架

图13-1-2　大宝盖补修

① 在塔下地面对大宝盖进行初步修补，包括其中断开的一处转角，薄弱的两处边部下侧进行加固；其他要用到的修补铁件全部制作好。

② 把长320毫米套筒固定在第7个相轮之下，然后在套筒下面刹杆上固定支托大宝盖的八角形支架，把下部短套筒固定在支架下。

③ 把大宝盖吊运至塔顶，安装到塔刹刹杆。把大宝盖从撕裂开口处套到刹杆上，放到支架上，调整好位置角度，一边朝正南，然后开始全面修补：

a. 连接断开的转角，补加角如意头、吊环。

b. 边部与平面相接断开处补条状铁片连接。

c. 补内部平面，平面铁片残缺的部位补梯形大铁片3片，仿照原平面形式在两新加铁片之间加一长条铁片；中心圆形铁片用1/3圆环形铁片修补。

d. 将清理塔顶时发现的原编结铁艺构件形状进行修正，归位安装。

④ 全部修补完成后，整体清扫一遍，新修补铁件刷防锈漆。

6. 覆钵

覆钵重点修补下部撞凹、沤损的部分和上部残缺的錾镂图案铁片。自身修补完成后安放在原位置时，需增加使自身能保持稳定的措施。若按原状态放置在刹座上，必定受刹座的影响较大，刹座若有问题，覆钵亦不稳定（图13–1–3）。

a. 下部

b. 整体完成后

图13–1–3　覆钵的补修

覆钵的修补包括自身残损部位的修补和附加加固措施。

修补前提：覆钵内砖块已进行清理，用倒链吊起一定高度。

① 修补上部第一层镂空十字如意头图案铁片，共需修补5片。

② 修补覆钵最下部：素面铁片、圆圈铁骨。

③ 覆钵上口增加固定作用的环形三足支片，使原本口径较大的上口不晃动。

④ 把覆钵向上起吊贴靠大宝盖支架，在覆钵下部增加支架，承托覆钵。

⑤ 归安铜镜1509。

⑥ 覆钵修补完成后，整体清扫，新修补铁件刷防锈漆。

7. 塔链（撩风索）

撩风索05断开，首先，把未脱落、仍挂于挂链圆盘的一小段取下，把损坏断开的链扣拆下，用与原链扣粗细相同的Φ8毫米圆钢，打制新补链扣，连接两端铁链。完成后，将整条撩风索归位，挂于小圆盘上。把其他撩风索亦归位，下端钩到塔顶铁桩。

最后，补配归安撩风索上的小风铎，由于风铎原挂钩开口较大，钩挂不牢，容易从链扣处掉落，本次挂风铎时，有注意将风铎挂钩夹紧、夹牢，但还要有一定可活动空间（图13–1–4～6）。

图13–1–4　断开塔链连接

a. 补配配件

b. 挂钩夹固

图13–1–5　塔链风铎修配

图13–1–6　新补修铁件涂刷防锈漆

二　刹座

刹座修复的依据充足，并且因其对塔刹整体造型、结构及稳定影响较大，很有必要恢复。刹座按照前面的复原，整体形制及各部分用砖、砌筑关系皆比较明确。刹座修复时应尽量利用原有的旧砖（尤其莲瓣砖），但旧砖与白灰的黏结较新砖略差，使用时注意加强砌体结构，或将旧砖用于砌体结构要求较低的部位（常听闻晋北工匠中流传的一句俗语“新砖旧瓦”，应指新砖和旧瓦的材料性能较好，新砖较旧砖与灰泥等砌筑材料黏结更牢固，旧瓦防雨渗漏性能比新瓦较强）。而原砌体砌筑不注意错缝、内外层砖拉结不良、内部填馅砖较混乱等砌体结构缺点需改进（图13–1–7）。

1. 施作前提

① 塔刹铁件修补完成。

② 刹座残存散砖、浮砖清理完成，表砖解体至刹座最下层1/4圆混砖，填馅砖保留稍多。

③ 刹座用砖加工磨制完成，已在地面试摆、编号（图13–1–8、13–1–9）。

2. 施作工艺

（1）处理好刹座最下部基底

首先对刹座的浮砖和散砖进行清理，最下部残断的砖进行更换，松散的砖进行重砌，把基底处理好，

a. 东北面

b. 俯视

图 13–1–7 刹座现状

a. 围脊砖

b. 1/4 圆混砖

c. 加工好的砖料

图 13–1–8 刹座砖料加工

a. 大莲瓣砖地面试摆

b. 新旧大莲瓣砖配用

c. 新旧小莲瓣砖配用试摆

·图 13–1–9 地面试摆

1/4 圆混砖残缺较多，多为新补砌，转角处两砖对角垒砌。

（2）垒砌围脊砖、束腰

围脊砖部分多为顺砌，内部设暗丁与填馅砖拉结，转角处用一 135° 角整砖，逐层相错咬拉。内侧空隙用碎砖块填实，灌桃花浆。整体收分约 25 毫米，多用水平尺查看砖层平整度。逐层垒砌围脊砖完毕，垒砌一层 1/4 圆混砖，然后退一层砖，垒砌束腰。束腰垒砌完成后，用白灰浆进行一次“锁口”。

（3）垒砌第一层莲台

第一层莲台共有12层斜面砖，各层斜度不同，向上逐渐加大，形成弧线外轮廓，斜度最大的为45°，即最大出挑距离等于砖厚。第4层以上各层，增设丁头砖，增强与填馅砖的拉结，提高整体结构强度。各层转角处均用一135°角整砖。每层表砖垒砌时即垒砌对应里侧填馅砖，灌桃花浆。12层斜面砖垒砌完成后，再向上垒砌大莲瓣砖、反叠涩砖。砌大莲瓣砖时，先进行试摆，有浅浮雕造型的一面朝下，先对准转角一块整砖，再放中间几块，大小不合适的稍作修整，然后拿起放到周围架板上，再逐块垒砌。垒砌完成后，灌白灰浆“锁口”。最后垒砌两层反叠涩砖压住大莲瓣（图13-1-10）。

a. 处理好基底

b. 垒砌大莲瓣砖

c. 砌筑反叠涩砖

d. 垒砌小莲瓣砖（受花）

e. 安装铜镜

f. 刹座垒砌完成后

图13-1-10　补砌刹座

（4）垒砌第二层莲台

第二层莲台与第一层莲台是错开的，先在第一层莲台之上重新放线（第二层莲台最底层砖线），然后向上依次垒砌各层，方法基本同第一层莲台，共有8层斜面砖，第4层以上各层，增设丁头砖，各层转角处均用一135°角整砖。砌大莲瓣砖时，先进行试摆，转角处两块对角，对准位置和角度。之上垒砌一层压面砖压住大莲瓣砖。

（5）垒砌最上部三层小莲瓣砖

最上部三层小莲瓣砖每层均为12块，第一层莲瓣砖规格稍大，上面两层规格稍小。第一层小莲瓣砖与大莲台上层错开，即正南面小莲瓣砖空当坐中，东、南、西、北四正向之间安放三块，砌筑时不需放线，将12块莲瓣砖均匀分布开，之间稍留空隙，若内部有积水，可排出。上面两层再逐层错开，第二层莲瓣砖向内收退较多。第三层莲瓣砖已与覆钵底部同高，宜遮挡住覆钵最底层素面铁片，且皆用旧砖（塔顶收集及塔顶垫囊砖中发现），约30°角向上翘起，外侧支垫砖块并抹月白麻刀灰使其保持稳定，内侧距覆钵留一定距离，防止贴靠铁质覆钵使雨水滞留易生锈。内部填馅砖垒砌至覆钵底部，用白灰锁口，尽量使内侧稍高。

（6）清扫、打点

刹座全部垒砌完成后，整体清扫一遍，打点，并刷浆做旧。

（7）安装铜镜

为防止安装的铜镜丢失，至拆除脚手架前才安装。

① 将订制的铜镜镜纽处安装固定铁件，长约100毫米；

② 用电钻在第一层莲台各面中部砖缝处打孔，孔径约Φ20毫米；

③ 把小孔内塞满云石胶；

④ 把镜后固定铁件插入小孔，向内按实，确定铜镜稳定即可。

小结

文物古迹保护不改变文物原状的原则，可以包括保存现状和恢复原状两方面内容。对于有实物遗存、足以证明原状的少量缺失部分可以恢复原状。觉山寺塔塔刹下部虽塌毁严重，但塌毁部分的实物有遗存于塔顶，并且又有同时代、同类型、同地域的实例可参考，自身根本性实物依据和可参考的实例皆充足，足以证明原状，能够进行局部恢复原状，且恢复的局部占全塔比例也非常小。而对于仰月宝珠以上残缺的部分，实物依据较少，选择保存现状，保护现有残缺构件的痕迹，不追求恢复完整。复原后的塔刹最大化接近原状，展现真实的历史信息，仍可作为辽代铁质塔刹的珍贵实例，参考价值亦较高。同时，也消除了塔顶散砖掉落塔下的风险，使塔刹结构稳固，觉山寺塔的整体风貌较为完整，真实性、完整性得到良好展现。

图13-1-11　塔刹修缮后

塔刹的修复是不改变文物原状的文物保护原则的良好践行，修复过程具有文物建筑修缮项目恢复残缺不存部分思路、方法的共性特点（图13-1-11）。

文物保护所有程序都要以研究成果为依据，没有研究的维修是盲目的。整个塔刹修复过程基于研究性保护，认真、细致地勘察现存实物，分析这些实物反映出的组砌关系、结构方式等信息，并采用作图法、类比法等方法科学研究，最终使复原达到良好效果。

第二节　塔檐木构件椽飞、角梁补修

一　塔檐反叠涩砖局部解体

01层、13层塔檐椽飞、角梁等木构件残损严重，为了修补损坏的椽飞、角梁，需要对瓦面全部和反叠涩砖前部进行解体。由于觉山寺塔的修缮中，能够探察到塔体内部砌体的机会较少，在01层、13层塔檐局部解体时，能够看到内部填馅砖的情况，尤需注意记录填馅砖的组砌、与外部表砖的结构关系等内容。并且需要对檐口的砖飞、望砖进行编号，以便以后重砌时原位归安，不改变文物原状。

1. 13层塔檐局部解体

13层1306、1307塔檐檐口大部出现下栽现象，严重处下陷140毫米，椽头下栽后，砖飞及其上望砖向外倾闪，与后部砖砌体脱开，个别飞头断残，这部分结构松散不稳定。

为了探查椽子、角梁糟朽程度，首先对檐口椽上望砖、砖飞、飞上望砖编号解体，然后检查椽子、角梁残损程度，发现椽子后部全部糟朽，仅余椽头较完好；角梁亦仅余外露部分较完好，压实在砌体内的部分全部糟朽，大角梁、子角梁之间用暗销连接。根据这种情况，确定了更换糟朽椽子、角梁的基本修缮思路。

对存在问题的角梁、椽子编号，将其逐根抽出检查，抽查到较完整长1.97米的椽子时，后尾虽糟朽，但仍能满足使用要求的，不进行更换，减小构件替换量。

对檐口后部的反叠涩砖砌体由前向后进行局部解体，以方便安装新制的角梁、椽子，但要尽量减小解体范围，减小干预。

局部砖砌体解体完成后，清理角梁窝、椽窝里面糟朽的木屑、碎渣，用特制的长柄小铲掏出。至此，解体完成（图13–2–1）。

解体过程中发现，反叠涩砖砌体用灰泥砌筑，颜色偏白色，白灰:黄土比例粗略判断约为7:3，灰泥中布满植物根系（已朽烂），但仍十分坚固；由于反叠涩砖及内部填馅砖之间仍黏结得很坚固，需用瓦刀等工具耐心拆解，将黏结灰泥一点点清理减少，使砖块分离拆下，不可急躁撬动砖块，易将砖块撬断。清理砖块表面黏结的灰泥时需用錾凿，瓦刀刮不掉；拆解下的砖块，表层砖为粗绳纹砖，内部砖均无粗绳纹，反叠涩砖均为荒砖。

2. 01层塔檐局部解体

揭取瓦面后，用平锹铲除宽瓦泥，宽瓦泥为滑秸灰泥（滑秸为黍秸，仅后部可见，前部概已朽烂，基本不可见）。铲除后，露出反叠涩砖4层，最后清扫反叠涩砖。

需解体的范围为飞子上两层反叠涩砖及飞子间填塞的砖块，从塔檐一端开始向另一端有序进行（图13–2–2）。

a. 1307塔檐局部解体

b. 1306塔檐局部解体

c. 13层塔檐局部构造

d. 糟朽严重的椽子、角梁

图13-2-1　13层塔檐局部解体

a. 飞子糟朽残短

b. 后世斜搭掌榫补修的飞子现状

图13-2-2　01层塔檐局部解体

解体过程中发现，0105塔檐瓦面、反叠涩砖与其他面均不同，并且部分椽飞、角梁存在火烧炭化痕迹，椽飞、角梁、瓦面在后世均进行过维修。（详见第七章第四节）（图13-2-3）

a. 反叠涩砖现状砌筑较混乱

b. 反叠涩砖解体

c. 后世补修的椽子

图13-2-3　0105塔檐局部解体

二　补修用角梁、椽飞的制作

新制补修用的角梁、椽飞等木构件材质选取与原木构件相同的柏木，构件规格、造型等需按照原构件，使真实的历史信息延续下去，角梁头、椽飞头造型时代特征鲜明，尤需注意。

1. 角梁制作

角梁均平置于各层塔檐檐角，造型简洁，大角梁头造型为简洁曲线，子角梁头收分。01层塔檐大角梁断面140毫米×140毫米，子角梁120毫米×120毫米，13层塔檐大角梁140毫米×140毫米，子角梁120毫米×160毫米（图13-2-4）。

a. 原角梁头样式

b. 角梁制作

c. 补修用的大、子角梁

图13-2-4　角梁制作

① 在已加工好的柏木方料四棱弹墨线，将其细加工至所需规格，去除多余荒料，并用刨子净面；

② 根据现有完整的角梁头造型，制作角梁头样板；

③ 对新制大角梁头按样板进行雕凿造型，达到原样式，立茬部分用刨子刮平，楞线清晰，符合样板，子角梁头基本无造型，注意收分等细节；

④ 剔销子眼，按照原角梁销子眼的位置在新制的角梁上剔凿，位置、大小均按照旧有角梁。

2. 椽子、飞子制作

首先勘察塔檐需补修部位椽飞的样式。椽子挑出部分长440毫米，断面下半为半圆形，上半为长方形，整体呈“U”形，椽头上半浅雕出深5毫米半圆，整个椽头为圆形，椽头宽75、高70毫米。后部砌体压实部分断面100毫米 × 70毫米，至椽头部分逐渐收分。塔檐01层为木飞，其他12层为砖飞。木飞头60毫米 × 60毫米、挑出230毫米、飞身80毫米 × 110毫米，约距飞头端660毫米两侧面开始向飞头收分，底面自挑出部分向飞头收分；飞子前部330毫米上面降低10毫米，概使飞头遵循制式，并卡固铺设的望板。

（1）椽子制作

① 根据椽子补配位置确定椽料长度，在已加工好的柏木方料四棱弹墨线，进行细加工，净面等。

② 将断面下半制作成半圆形，由后至椽头收分自然。

③ 制作椽头圆形模板，根据模板剔凿出椽头形状（图13-2-5）。

a. 原椽头样式

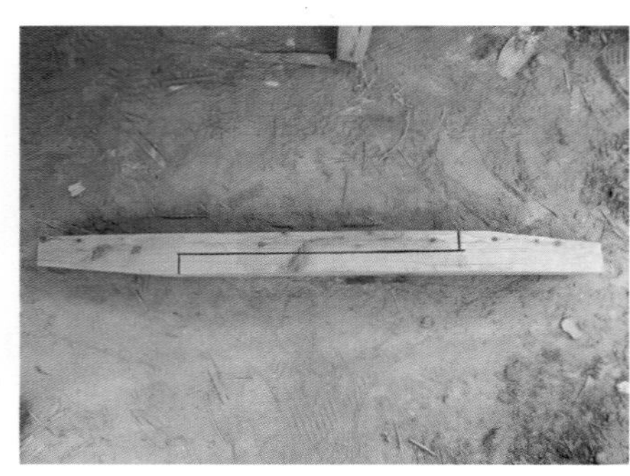

b. 直搭掌榫飞子对接锯解

c. 补修用椽料

图13-2-5　椽飞制作

（2）飞子制作

① 确定（直搭掌榫榫接）飞料长度1.04米。

② 根据保存较完好的飞头制作飞头模板，按模板把飞料两头加工出飞头。

③ 将飞料从中间对接锯解成两根补配用的飞子。

需要注意，其后榫接处需距挑出部分有一小段约10毫米的长度，使榫接缝不外露，且保证飞头较坚固。

三　椽飞、角梁补修技术措施

在二次勘察中，基本弄清了木构件椽飞在塔檐前部的结构情况。实施修缮后，残短木构件周围的瓦面、砖砌体进行必要的局部解体，更加明确木构件的残损情况。针对塔檐木构件椽飞、角梁不同的残损情况，采用多种技术措施进行修缮，主要包括直搭掌榫榫接、榫卯对接、环氧树脂和锯末补抹、剔补椽头、整根抽换，5种技术措施。这些技术措施根据残损程度残缺多少接补多少，可以最低限度干预，最大程度保留原有构件。并且具有时代特点，体现出现代材料、工艺的合理运用，与古代的修缮措施或原构件存在较高的可识别性。修缮部位主要为密檐部分01层、13层塔檐木构件。

1. 直搭掌榫榫接

主要适用对象

01层塔檐残短的飞子

前期准备

01层塔檐飞子挑出椽上望砖的尺寸是230毫米，接补的飞身长度至少是出挑部分的2倍，本次修缮飞身长度采用2.5倍飞头长度，所以，整根接补飞子的长度是800毫米。

首先对需要接补飞头的塔檐进行必要的局部解体，揭取瓦面，铲除宽瓦泥，拆解前部反叠涩砖，清理飞子空当填塞的砖块灰泥。

施工工序

① 将需要修缮的残损飞头锯割剔凿出直搭掌榫。

② 制作新的接补飞头。

③ 接补安装飞头（图13–2–6）。

a. 抹环氧树脂粘接

b. 压镀锌扁铁

c. 完成后情况

图13–2–6　直搭掌榫榫接

a. 将剔凿好的原柏木飞身与新制作的飞头榫接处抹环氧树脂粘接（E–44型环氧树脂 : 低分子聚酰胺树脂 = 1 : 1，体积比）。

b. 用5毫米 × 100毫米六角大华司钻尾螺丝（彩锌）在榫接处连接固定，每根飞子榫接处用3颗螺丝，间距约200毫米。

c. 在接好的飞子上压镀锌扁铁（宽40、厚3.5毫米）一道，用5毫米 × 40毫米六角大华司钻尾螺丝固定在每根飞子上，长随该面塔檐飞子修缮横向长度，端头尽量在角梁处搭接，使形成整体，受力更好。

④ 新接补的飞头刷桐油，用碎砖灰泥填堵飞子间空当，铺钉望板后顺色做旧（图13–2–7）。

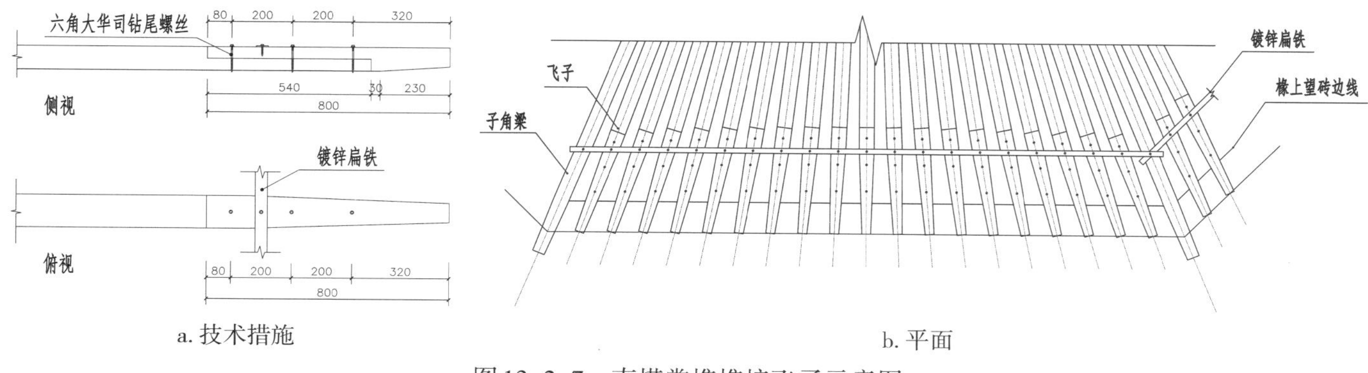

a. 技术措施

b. 平面

图13–2–7　直搭掌榫榫接飞子示意图

修缮时在直搭掌榫榫接处使用钻尾螺丝固定，避免后世斜搭掌榫补接飞子时在榫接处钉镊头钉或卷头钉，而将木材钉劈，固定不牢固，也避免钉铁钉对周围砖砌体带来震动等不良影响。

2. 榫卯对接

主要适用对象：一层塔檐椽子010508～010512，飞子010508～010512，大角梁010501，子角梁010502。

前期准备

一层塔檐0105檐面中部5根椽和5根飞后世修缮过，沿塔檐最内侧截断（包括反叠涩砖），对接松木椽飞，质量拙劣，现已糟朽，不能满足结构需要。拆除这些修缮过的椽飞，不能再向里侧凿挖，只能就现状接补椽飞。角梁0105情况类似，拆除原来修缮补接的角梁。

施工工序

椽飞：

① 在原截断的椽飞断面凿90毫米×30毫米、深50毫米的卯口。

② 该椽飞各自对应的上层砖砌体剔凿深100毫米的浅槽。

③ 根据残缺长度制作新的榫接椽飞。

a. 根据保存较完好的飞头、椽头制作飞头、椽头模板。

b. 制作新的榫接椽长1.1、飞长1.33、后尾榫头长0.5米。

④ 榫接安装椽飞。

a. 榫卯连接处抹环氧树脂（E-44型环氧树脂:低分子聚酰胺树脂=1:1，体积比），对接好榫卯。

b. 榫卯连接处斜入一颗5毫米×100毫米六角大华司钻尾螺丝（彩锌）。

c. 在椽飞各自对应的上层砖砌体浅槽内塞砌整砖，压在榫卯连接处，增强其抗剪能力。

⑤ 新接补的椽飞刷桐油，用碎砖灰泥填堵椽飞间空当，椽上望砖及背里砖归安，待望板铺钉好后顺色做旧（图13-2-8）。

a. 中部残短椽飞

b. 剔凿卯口

c. 对接椽飞

图13-2-8　榫卯对接椽飞

角梁：

① 在残损的大角梁010501、子角梁010502断面分别凿100毫米×50毫米、深50毫米的卯口。

② 该大角梁对应的上层砖砌体剔凿深100毫米的浅槽。

③ 根据残缺长度制作接补的大角梁、子角梁。

④ 榫接安装角梁（图13-2-9）。

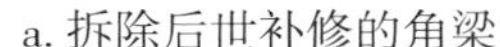

a. 拆除后世补修的角梁

b. 残短角梁现状

c. 剔凿卯口

d. 榫卯对接角梁

e. 榫卯连接处压角钢

f. 初步完成后

图13-2-9　榫卯对接角梁

a. 榫卯连接处抹环氧树脂（E-44型环氧树脂∶低分子聚酰胺树脂=1∶1，体积比），对接好榫卯。

b. 榫卯连接处压∠50×5角钢，用5毫米×40毫米六角大华司钻尾螺丝（彩锌）锚固。

c. 在子角梁身处斜入钻尾螺丝至大角梁，加强二角梁之间的连接。

d. 在子角梁对应的上层砖砌体浅槽内塞砌整砖，压在榫卯连接处，增强其抗剪能力。

⑤ 新接补的角梁刷桐油，最后顺色做旧（图13-2-10）。

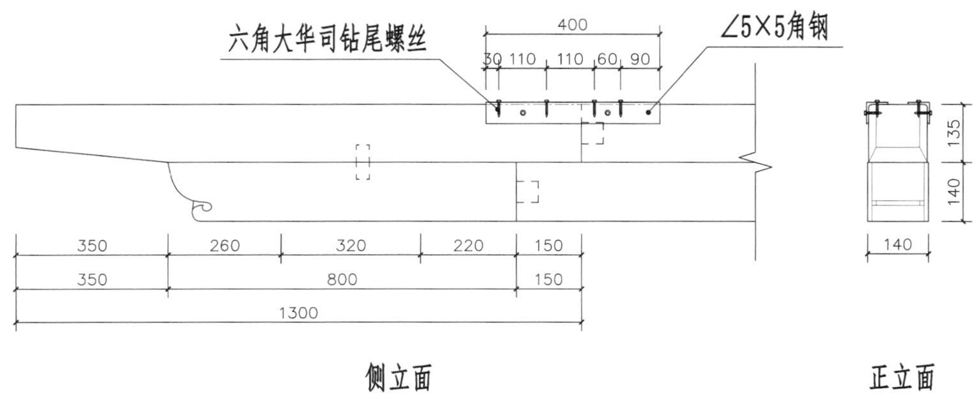

图13-2-10　榫卯对接角梁示意图

这些椽飞、角梁被火烧损后，后世进行了不恰当的修缮，干预较大，而效果不理想。本次修缮在拆除后世补修的部分后，只能就现状接补，新接补的木构件可通过榫卯与原有残短的椽飞、角梁进行连接、固定，椽飞、角梁主要受压而不受拉，这种措施可以解决木构件的功能问题，榫接处需注意加固，增强其抗剪能力。

3. 剔补椽头

主要适用对象：一层塔檐椽子010506、010507、010513～010516（共6根）

前期准备

拆除原椽头修补的铁钉、铁条、灰泥等，露出火烧炭化面。

施工工序

① 根据椽头烧损的形状，稍修整成适合修补的断面。

② 根据各椽头的残缺形状及长度制作修补的椽头。

③ 安装固定椽头。

a. 首先在新旧椽头断面处分别抹环氧树脂（E–44型环氧树脂∶低分子聚酰胺树脂＝1∶1，体积比）。

b. 用5毫米×100毫米六角大华司钻尾螺丝（彩锌）连接锚固。

④ 修补好的椽头刷桐油，最后顺色做旧（图13–2–11）。

a. 后世用铁条、灰泥补修的椽头

b. 后世补修椽头表面抹纸筋灰

c. 拆除后世补修的部分

d. 稍修整残短椽头

e. 补椽头

f. 初步补好椽头

图13–2–11　剔补椽头

这部分椽头被火烧损轻微，后世主要采用抹灰的方法抹塑出椽头形状，而灰泥、纸筋灰等材料与木椽黏结不良，现今二者已脱离开。因椽头现状仍可满足结构需要，本次采用剔补的方法，就椽头残损形状进行修补，使其外观完整即可。

4. 环氧树脂和锯末补抹

主要适用对象

01层塔檐轻微糟朽干裂的飞头、子角梁头（图13–2–12）

a. 飞头

b. 角梁头

图 13-2-12 干裂的飞头、角梁头现状

前期准备

01 层塔檐约 1/2 的飞头和 3/4 的子角梁头轻微残损，存在轻微干裂和残缺，仍能满足使用需求，需解决其外观问题，所以采用环氧树脂和锯末补抹的方法（E-44 型环氧树脂：低分子聚酰胺树脂：锯末 = 1：1：2，体积比），干预很小。将需要补抹的飞头、子角梁头清扫干净。

施工工序

① 用腻铲将和好的锯末刮抹在干裂的飞头。

② 待上一遍刮抹的锯末干硬后再刮抹下一遍锯末，一般在 10 遍左右（每次刮抹太多、太厚易向下流，所以刮抹遍数较多），残缺较多的，可先用小木板固定在飞头上，大致达到完整的飞头形状再刮抹。

③ 刮抹完成的锯末应稍微超出完整的飞头形状，然后用角磨机磨出规整的飞头。

④ 望板铺钉好后，顺色做旧（图 13-2-13）。

a. 补抹

b. 打磨飞头

c. 飞头补抹完成后

图 13-2-13 环氧树脂和锯末补抹

这种方法需注意和锯末时应偏干硬一些，太软刮抹到飞头容易向下流，即锯末应稍多，以锯末均能粘到环氧树脂即可。补抹后对飞头、角梁头具有保护作用。

5. 整根抽换

主要适用对象：13 层塔檐糟朽严重的角梁和椽子

前期准备

对13层塔檐角梁、椽子逐根进行检查，由于糟朽严重的椽子和角梁的糟朽部位在砖砌体压实的后部，前部外露的部分较完好，所以可将糟朽严重的椽子、角梁整根抽出。糟朽严重又难以抽出的应先对上部反叠涩砖进行少量解体，再将其抽出更换。

施工工序

① 首先将需要更换的椽子对应上部的椽上望砖、砖飞、飞上望砖进行编号解体，然后将糟朽的椽子抽出，糟朽角梁和部分不能抽出的椽子对上部反叠涩砖进行少量解体，再将其抽出。

② 清理角梁窝、椽窝内糟朽的木屑、碎渣，用特制的长柄小铲掏出。

③ 安装新制椽子，据椽子出挑尺寸440毫米，拴椽头线，一头拴在未更换的椽子上，一头拴在竹竿上。

④ 将新制的椽子据原椽窝孔洞确定的椽子分位，逐根安放，椽子后尾插不进原椽窝的，稍砍细调整。

⑤ 把大角梁安放到原角梁窝位置，梁头出挑520毫米。

⑥ 用碎砖块及灰泥堵椽窝空隙及椽间空当，前部用白灰，后部用灰泥。

⑦ 先砌椽上望砖对应层的内侧背里砖砌体，然后砌椽上望砖，上皮与大角梁上皮平。

⑧ 安装子角梁，与大角梁之间用暗销连接，梁头出挑300毫米。

⑨ 垒砌砖飞、飞上望砖及对应内部填馅砖。

⑩ 逐层垒砌上部反叠涩砖。

⑪ 堵抹椽窝，打点，刷浆做旧；木构件刷桐油两道并做旧（图13-2-14）。

a. 抽出糟朽的椽子

b. 拴椽头线

c. 逐根安放椽子、角梁，堵椽档

d. 重砌上部砖飞、反叠涩砖

e. 重砌上部反叠涩砖

f. 初步完成后

图13-2-14　整根抽换

13层塔檐现状能够直观看到的问题是檐口局部下栽，通过勘察发现是挑檐木构件后部糟朽所致，外露的出挑部分较为完好（木构件后部糟朽应因塔顶瓦面损坏，加之灌木根系的深入，长期渗入雨水，使木材朽烂）。需逐根检查椽子、角梁的残损情况，后部糟朽的椽子、角梁能够整根抽出，根据这一特点采取整根抽换的方法。

小结

塔檐木构件椽飞、角梁的残损情况是多样的，首先基于科学的研究，勘察清楚木构件在塔檐部位的结构方式、残损程度与特点，进而“对症下药”，采取不同的技术措施，具有针对性地解决其在功能与外观两方面的问题（表13–2–1）。

当传统的修缮方法不能够满足保护要求或带有一定问题时，采用多种现代材料和工艺，妥善解决问题。修缮过程中发现，01层塔檐部分木构件曾被火烧损，后世清代的补修措施欠妥，如：斜搭掌榫榫接飞子，榫接处钉铁钉将木材钉劈；部分新补的椽飞与原椽飞直接相对（无榫卯），仅钉一铁钉压住等。在认识到清代修缮措施的问题后，本次修缮时采用钻尾螺丝、榫卯等方法固定连接，较清代的补修为优。并且根据残损特点，残缺多少接补多少，达到最低限度干预、尽量多地保留原构件的效果。所以，塔檐木构件的补修措施是恰当的。

表13–2–1　塔檐木构件修补方法简表

01层塔檐

飞子 / 檐面	01	02	03	04	05	06	07	08	09	10	11	12	13	14	15	16	17	18	19
0101	直搭	直搭	直搭	直搭	直搭	直搭	直搭	直搭	直搭	直搭	直搭	直搭	直搭	直搭	直搭	直搭	补抹	补抹	补抹
0102	补抹	补抹	补抹	补抹	补抹	补抹	补抹	补抹	补抹	补抹	补抹	补抹	补抹	补抹	补抹	补抹	补抹	补抹	补抹
0103	补抹	补抹	补抹	补抹	补抹	补抹	补抹	补抹	补抹	补抹	补抹	补抹	补抹	补抹	补抹	补抹	补抹	补抹	补抹
0104	补抹	补抹	补抹	补抹	补抹	补抹	补抹	补抹	补抹	补抹	补抹	补抹	补抹	补抹	直搭	直搭	直搭	直搭	直搭
0105	直搭	直搭	直搭	直搭	直搭	直搭	直搭	榫卯	榫卯	榫卯	榫卯	榫卯	直搭	直搭	直搭	直搭	直搭	直搭	直搭
0106	直搭	直搭	直搭	补抹	补抹	补抹	补抹	直搭	直搭	补抹	补抹	直搭	补抹	补抹	补抹	补抹	补抹	补抹	补抹
0107	直搭	直搭	补抹	补抹	补抹	直搭	直搭	直搭	直搭	补抹	补抹	补抹	直搭	直搭	直搭	直搭	补抹	补抹	补抹
0108	补抹	直搭	直搭	直搭	直搭	直搭	直搭	直搭	直搭	直搭	直搭	直搭	直搭	直搭	直搭	直搭	直搭	直搭	直搭
合计	直搭：69　补抹：78　榫卯：5																		

椽 / 檐面	01	02	03	04	05	06	07	08	09	10	11	12	13	14	15	16	17	18	19
0105	/	/	/	/	/	剔补	剔补	剔补	榫卯	榫卯	榫卯	榫卯	剔补	剔补	剔补	剔补	/	/	/
合计	榫卯：4　剔补：7																		

檐面 / 木构件	0101	0102	0103	0104	0105	0106	0107	0108
大角梁	/	/	/	剔补	榫卯	/	/	/

续表

檐面 木构件	0101	0102	0103	0104	0105	0106	0107	0108
子角梁	补抹	补抹	补抹	直搭	榫卯	补抹	补抹	补抹
合计	榫卯：2　直搭：1　剔补：1　补抹：6							

13层塔檐

椽 檐面	01	02	03	04	05	06	07	08	09	10	11	12	13	14	15	合计
1306	抽换	抽换	抽换	抽换	抽换	抽换	抽换	抽换	抽换	抽换	抽换	抽换	/	/	/	抽换 19
1307	抽换	抽换	抽换	抽换	抽换	抽换	抽换	/	/	/	/	/	/	/	/	

檐面 木构件	1301	1302	1303	1304	1305	1306	1307	1308	合计
大角梁	/	/	/	/	/	抽换	/	/	抽换：3 剔补：2 补抹：4
子角梁	补抹	剔补	补抹	补抹	抽换	抽换	剔补	补抹	

说明：

1. 表格中将修缮方法直搭掌榫榫接简写为直搭，榫卯对接简写为榫卯，环氧树脂和锯末补抹简写为补抹，整根抽换简写为抽换；
2. 其他层塔檐角梁略有补修。

四　13层塔檐角梁检修

13层塔檐除去糟朽严重、需进行抽换的角梁，其他角梁仍能满足结构需要，存在不同程度残短、劈裂的问题，在逐根进行检查后，采用不同的方法补修，尽可能多地保留原构件。

130702、130202子角梁头残短，劈裂、糟朽较为严重，套兽、风铎无法安装，于是制定了剔补子角梁头的修缮方法；其余1301、1303、1304、1308角梁处存在渣土，造成角梁轻微糟朽。

首先，剔除130702子角梁前部上半，然后制作补配部分，与原角梁结合处抹环氧树脂，并用4颗六角大华司钻尾螺丝锚固。子角梁130202剔补前部，方法基本同子角梁130702。其他角梁处，清除周围渣土，与周围砖砌体缝隙处勾填素白灰（图13-2-15）。

a. 干裂的角梁头

b. 剔除子角梁上半部

c. 粘接锚固角梁

图13-2-15　角梁检修

五　01层塔檐铺钉望板

01层塔檐原残存有少量望板，新制补配望板需根据原有望板规格、做法进行制作与铺钉，才能不改变文物原状。

施工前提：椽飞、角梁修缮完成，重砌反叠涩砖后。望板材料直接购得成品板材，对其规格略加工合宜后，即可铺钉（图13-2-16）。

a. 望板铺钉前

b. 选料、截料、钉望板

c. 望板铺钉平直、严密

图13-2-16　铺钉望板

① 铺钉前先对各檐面内外两条望板进行试摆，若不能严丝合缝或太宽、太窄，均进行调整或更换合适的望板。两条望板间按原做法直接对接，无柳叶缝、企口缝。

② 钉望板。本次为防止锤钉望板对周围砖砌体造成震动破坏，采用气钉枪钉望板，并且较细的气钉更易钉入坚硬的柏木。另外，望板平铺于飞子上，略固定即可稳定。气钉长60毫米，较长的望板用气钉钉后，再加固2颗长80毫米的六角大华司钻尾螺丝。

③ 由于檐面从中间开始向两侧翼角有起翘，根据实际需要弧度较大处，用切割机在望板上割线口，上锯35毫米，下留5毫米，使望板顺利起翘，而底面观感完整无接缝。

④ 望板铺至子角梁上对接。

⑤ 望板里侧与反叠涩砖对接处，局部缝隙较大者用木条塞实，防止漏出护板灰。

第三节　瓦面局部揭瓦

觉山寺塔塔檐瓦面01层、11～13层残损严重，02～10层瓦面较为坚固。针对瓦面不同的残损程度，采用不同的补修方法。对残损严重的瓦面实施整体揭瓦，对较为坚固的采用局部（前半部）揭瓦的方法，后半部仍坚固的瓦面保留较多，最低限度干预，对辽代瓦作原物做出最大限度地保留。

由于塔顶以下各层瓦面的防雨要求不是很高，对于旧有瓦件，哪怕残破严重都应设法利用，减小构件替换量，提高修缮后塔檐瓦面的真实性。

首先，贴面兽、套兽等具有艺术造型的瓦件，只要在修补后能稳固安装皆应利用。有的贴面兽已残缺一半，但通过一定方法可补塑出残缺部分，并使其安放稳定。套兽有的坠落下层塔檐，局部受损，重点补修后部套口，使其能稳定固定于子角梁头，无需替换。

对于华头筒瓦、重唇板瓦、翘头等檐头瓦件多有瓦当或重唇部位局部残缺，虽不够美观，但对于排泄雨水无较大影响，这种瓦件应予以保留。

筒瓦、板瓦等瓦件，塔顶部位防雨要求较高，有破损、裂纹者应替换，替换下来的残瓦可挪用至下部塔檐，尤其瓦面后半部，基本不受雨淋，残损严重的筒板瓦可用于此处。

需注意的是，塔檐原瓦面最后一块筒瓦和板瓦往往不是一块整瓦（受瓦面长度限定，宽瓦时不一定能够从前向后排出整数瓦），这类瓦件并非残破，而是经修斫专门用于最后部（还包括塔顶用筒瓦斫造的斜当沟）。所以，这些瓦件若进行揭瓦，尤需注意记录好原位置，确保原位归安，而不是当作残瓦处理。

一 瓦面解体

瓦面解体前，需记录好原有瓦面形制，如：瓦垄数、瓦条脊长度等。瓦面解体过程中，重点记录平时看不到的隐蔽部位的材料和工程做法（瓦件之间的组合等）。如：盖瓦泥材料为灰泥，底瓦泥为滑秸灰泥，熊头灰多为灰泥，瓦面前半部和后半部捉节夹垄白麻刀灰不同的麻刀含量，盖瓦紧扣底瓦，基本无“睁眼”，重唇板瓦之间是相互挤密的，使用遮羞柏木条，几乎无蛐蜒当。宽瓦泥中也有发现不同样式的华头和重唇残片、遮羞柏木条、工具木抹子等（详见研究篇相关内容）。瓦面解体后，露出塔檐反叠涩砖，需注意记录不同塔檐的反叠涩砖尺度与用砖规格、做法等，如：塔檐瓦面需在后部1/4圆混砖下，空间很有限，致使斫掉反叠涩砖前棱，放过瓦面。

以上记录，一方面是为了新瓦瓦面能够按照原材料、原工艺、原形制，不改变文物原状，提高真实性；另一方面，发现了平时看不到的隐蔽部位的工程做法等，是一次了解塔体隐蔽部位的绝好机会，并发现一些不同的构件和工具等，对其进行科学记录，使其丰富的历史信息能够有档案可查，而不是在重宽瓦面后，这些信息又被掩盖，不被公众所知。

1. 塔顶瓦面解体

塔顶清理完成后，露出塔顶瓦面，残损严重，故须对其解体重瓦。首先，揭取表面残存的筒板瓦、瓦条等，吊送地面分类码放整齐。然后用平锹铲除苫背。苫背铲除后，露出塔顶反叠涩砖（图13–3–1）。

① 揭取瓦面

塔顶瓦面坡度和缓，囊不明显，几乎为直线；瓦面松散，檐头瓦件全部不存，垂脊瓦件存留极少，瓦面板瓦保存较多，其他瓦件零星保留。局部盖瓦下用素白灰结瓦，板瓦压三露七。

揭取瓦件，包括筒瓦、板瓦、斜当沟、筒瓦瓦条、板瓦瓦条（贴面兽2个，清理塔顶时已发现）。首先揭取上部盖瓦，再揭取底瓦，揭一垄筒瓦再揭一趟板瓦，从瓦面一端向另一端进行，然后对瓦条脊解体。用瓦刀把瓦件刮擦干净，装入皮桶，集中吊送地面，码放整齐（图13–3–2）。

② 铲除苫背，清除树根

苫背中部较厚，上部和下部较薄，平均厚度约为80毫米，局部较厚处达120毫米；苫背材料似仅为黄土，白灰不明显；全部松散，其间树根极多。

a. 板瓦压露

b. 瓦面局部后世用白灰补瓦

c. 筒瓦

d. 苫背厚度测量

图 13-3-1　塔顶瓦面现状记录

a. 揭取瓦面

b. 铲除苫背

c. 垫囊砖勘察

图 13-3-2　塔顶瓦面解体

用平锹铲除苫背，先将渣土装入皮桶，再集中到上下料平台大铁桶，吊送塔下，清理外运。由于苫背下部为塔顶反叠涩砖，宜使用平锹铲除。

垂脊下苫背中沿脊中垫有两列板瓦瓦片，筒瓦瓦垄下也垫有碎板瓦瓦片；铲除苫背时，在苫背中发现华头筒瓦华头残片，重唇板瓦重唇残片，样式与其他层塔檐瓦面现存的华头（样式1）、重唇（样式1）相同，另有辽白瓷瓷片，卵石形砖块等；铲除苫背后其下为一层浮搁在塔顶反叠涩砖上的砖块，砖的种类主要有：条砖、方砖、斜面砖、小莲瓣砖，有整砖也有残砖、半砖，这些砖未砌筑使用过，也有废弃的砖，多为荒砖，主要放置在塔顶中部，上部和檐头处放置小砖块或瓦片，垂脊砖块沿脊中两侧放置，多为整砖，较规律，推测建造时先放置脊部，再放置中部。暂且把这层砖叫作“垫囊砖”，囊线长度测量3.7米。

③ 清理垫囊砖

清理时，以塔顶1304面为重点勘察对象，结合其他面，对垫囊砖砖规、种类形成统计表。

垫囊砖清理完成后，露出塔顶反叠涩砖砖顶。分布有脚手架孔，孔内遗留有糟朽的架杆木屑（图13-3-3）。

a. 清理垫囊砖

b. 塔顶反叠涩砖测量

c. 垫囊砖之一

d. 发现的小莲瓣砖

e. 发现的华头残片

f. 发现的重唇残块

图13-3-3 清理垫囊砖

2. 塔檐瓦面解体（12、11、01层塔檐，以12层塔檐瓦面解体为例）

瓦面整体松散下滑，底瓦下多空，宼瓦泥多松散。前部瓦件多不存，华头筒瓦全无，重唇板瓦前部残断，应被塔顶坠物砸毁，瓦面下望砖亦有砸损；瓦条脊基本不存，1203、1206瓦面瓦条脊残存一小段，散落瓦条残存较少，贴面兽、翘头全无，套兽仅存2个；宼瓦泥为滑秸灰泥，滑秸为黍秸（仅后部可见，前部不可见），宼盖瓦为灰泥，白麻刀灰捉节夹垄、堵抹燕窝（图13-3-4）。

瓦面解体时，首先揭取盖瓦，再揭取底瓦，收集散落的瓦条，将瓦件用瓦刀刮擦干净，装入皮桶，集中吊送地面，码放整齐；用平锹铲除宼瓦泥，装入皮桶，集中吊送地面，清理外运（图13-3-5、13-3-6）。

铲除宼瓦泥后，露出塔檐反叠涩砖4层。

a. 瓦面整体松散、下滑

b. 瓦条脊前部散落

图13-3-4　瓦面残损现状

a. 瓦面解体

b. 铲除宨瓦泥

c. 塔檐反叠涩砖

图13-3-5　塔檐瓦面解体

a. 宨底瓦的滑秸灰泥

b. 宨盖瓦的灰泥

图13-3-6　塔檐瓦面宨瓦材料

二　塔檐瓦面修补

1. 瓦件补配样式

补配瓦件样式需按照原样式、原规格，不改变文物原状，延续真实的历史信息。在对瓦面现存各类瓦件形式规律、样式特征充分分析后，确定瓦件补配样式为：筒瓦样式1（Φ140毫米，长300、厚20毫米），板瓦样式1（长370、大头220、小头200、厚20毫米），华头筒瓦样式1，重唇板瓦样式1，翘头样式1（样品0901），贴面兽T米Z0103（样品1007）、T米B0104（样品1306）、T米Z0202（样品0501）、T米B0202（样品0605），套兽TSZ0101（样品1201）、TSB0101（样品0405）、TSZ0201（样品0602）、TSB0201（样品1001）（图13-3-7）。

a. 原有贴面兽1007

b. 新制贴面兽

c. 原有套兽

d. 新制套兽

图13-3-7　新旧瓦件对比

2. 瓦面局部揭瓦

（1）瓦面补瓦

① 02～10层瓦面进行局部解体，先揭取塔檐瓦面华头筒瓦、重唇板瓦，再揭取瓦面松散的筒瓦、板瓦，塔檐每面揭取面积约占该瓦面的1/2～3/4；由于局部揭瓦的瓦面，瓦件解体数量较少，并且是逐层揭瓦补修，拆解下来的瓦件可利用脚手架体的承载力就近放至周围架板上，减少倒运，以减少倒运过程中的磕碰损坏，并提高旧瓦件原位归安的准确性。

② 将松散的宼瓦泥、渣土等清理干净。

③ 洒水洇湿旧砖槎、瓦槎。

④ 补宼瓦面、补配残缺瓦件。

a. 把瓦件洇好，新补配板瓦要沾瓦。

b. 铺滑秸灰泥，宼底瓦。先安放好重唇板瓦，自飞上望砖出挑110毫米，两相邻重唇板瓦间放遮羞瓦条，距离较小无法安放遮羞瓦的，用较硬的麻刀灰堵抹，然后按“压三露七”向上依次宼底瓦，接好旧瓦槎。

c. 宼盖瓦。铺宼瓦泥（三七灰泥），扣放华头筒瓦，向上依次宼筒瓦，熊头处挂素白灰。

⑤ 瓦面宼好后，捉节夹垄，堵燕窝。捉节夹垄需注意，麻刀灰应勾抹进瓦缝内，不能抹到瓦面上一糊片，造成观感及防雨渗漏功能皆不佳，使用旧瓦时需格外注意。

⑥ 整体清扫瓦面（图13–3–8）。

a. 塔檐前部瓦面解体

b. 新配底瓦沾瓦

c. 瓦面局部补瓦

d. 补垒瓦条脊

e. 捉节夹垄

f. 完成后效果

图13–3–8　瓦面局部揭瓦

（2）补垒瓦条脊

适用对象：塔檐瓦条脊残缺小于3/4的（这类残缺较少的瓦条脊多前部略有残缺，而后部仍坚实，并且由于后部位于塔檐内侧，基本不受雨雪影响，仍能保持坚固耐久）。

工艺流程

① 将松散的瓦条、翘头等瓦件解体，收集好其他散落的瓦件贴面兽等，并刮擦干净；

② 清理瓦条脊散落的灰泥、渣土等，洒水洇湿旧瓦槎；

③ 处理好基底，即瓦条脊最下一层筒瓦瓦条，铺垫好灰泥，与原有旧瓦槎接槎直顺；

④ 向上依次垒各层板瓦瓦条，铺一层灰泥，垒一层瓦条。需注意各层瓦条厚度均匀、直顺自然，并宜

使上下层瓦条接楂处错开，利于瓦条脊的整体坚固。

⑤ 垒好两层板瓦瓦条后，安装贴面兽，其下脚立于这两层板瓦瓦条之上，固定铁钩扎入瓦条脊中间灰泥内，使贴面兽垂直瓦条脊，然后继续向上垒其他层瓦条。

⑥ 安放扣脊筒瓦，从前向后依次安放，最后一个筒瓦不是整筒瓦的，进行砍斫，使长度合适。瓦条脊的整体高度需位于上层塔檐普柏枋之下，层数较多的瓦条脊更需注意。

⑦ 勾抿瓦条脊，把多出的灰泥清扫干净，用麻刀灰勾抿瓦条脊。勾抿瓦条时要突显各层瓦条的边棱，使瓦条观感层次分明，切忌抹轧不到位，或鼓突不平滑，或一糊片。

⑧ 安装翘头，把翘头内灌满灰泥，若翘头内全部灌灰泥，重心前移，易前倾，可在前部塞碎砖瓦，再灌灰泥，利于稳固。安放时卡在翼角两块割角重唇板瓦上，使原有“个”字钉压住翘头后尾，“个”字钉上盖一截筒瓦，安放稳定后用麻刀灰勾抿严实。

⑨ 最后，进行清扫。

3. 瓦面整体揭瓦（01、11、12层、塔顶瓦面，以塔顶瓦面为例）

（1）塔顶瓦面苫背

① 洒水洇湿反叠涩砖，将架孔用砖盖住，较大的砖缝堵抹白灰；

② 拴囊线，苫泥背

根据原测定囊线长度，用绳子拴囊线。苫抹滑秸泥背一层，滑秸∶灰泥＝20∶100（体积比），滑秸为稻秸，白灰∶黄土＝3∶7（体积比），苫抹时注意将反叠涩砖退进最内侧塞严实。竖向苫抹泥背每趟宽约500、最厚处约80毫米（距反叠涩砖外棱20～30毫米），注意使泥背接茬不位于转角处，檐头及后部刹座边缘均贴砖棱苫抹泥背，使瓦面高度不超过上部1/4圆混砖，泥背干至七八成干时，用拍子拍背。

③ 晾泥背

晾泥背，使其充分开裂，出现许多细小裂缝，无大裂缝。

④ 抹白麻刀灰背

抹白麻刀灰背二层，每层厚约10毫米，白灰∶麻刀重量比为100∶3。先粗抹一层，反复赶轧，可见抹子花，半干时抹第二层，反复赶轧，不特别强调平整，需使灰背坚实、强度高。

⑤ 晾背，修补

晾背，让其在自然状态下充分蒸发水分，至彻底干透为止。晾背后未出现较大裂缝，稍大的裂缝用稠白灰浆修补赶轧（图13-3-9）。

（2）瓦面宽瓦

① 定瓦口尺寸

塔顶每面檐头长度3.65米，14垄筒瓦，翼角处的2块割角重唇板瓦一边需向上翘起，支撑起翘头，这个瓦口长度约为150毫米，其他一般瓦口尺寸220毫米，走水当宽约90毫米，蛐蜒当宽约10毫米。

② 分中号垄排瓦当

在塔顶每面檐头部位找到横向中点，并做出标记，这个中点就是该瓦面中间一趟底瓦的中点，“坐中

a. 苫抹泥背

b. 抹麻刀灰背

c. 修补赶轧

图13–3–9　塔顶苫背

底瓦”的中与坐中砖飞的中对正。然后在瓦面上部找中，将两个中连接弹墨线，以该墨线为基准向左右两边每隔2.5、2、2、2个瓦口距离纵向垂直檐头弹墨线，即每两垄筒瓦垄的位置。

③ 宽边垄

在每面瓦面两端先宽好2趟板瓦和1趟筒瓦，确定好瓦垄高度和檐头瓦件出檐尺寸。将重唇板瓦紧贴飞上望砖宽好，前端距飞上望砖110毫米，华头筒瓦扣到两重唇板瓦之间，睁眼高度约20毫米。

④ 拴上下齐头线

沿瓦面两端瓦好的边垄处拴檐口线来控制檐头瓦件的出檐尺寸和高度，瓦面上部以刹座最下面1/4圆混砖的外棱作上部的齐头线。

⑤ 宽瓦

在檐头铺抹月白麻刀灰，后侧铺滑秸灰泥，将2块重唇板瓦紧贴飞上望砖安放好，然后拴瓦刀线，将后面的板瓦按“压三露七”瓦好。在两块重唇板瓦之间出檐部分放一块遮羞瓦，铺盖瓦灰，安放华头筒瓦，依次向后瓦筒瓦，筒瓦节熊头处抹素白灰，睁眼高10～20毫米，需经常用杠尺检查直顺度，从右向左依次宽瓦。瓦面上部，筒瓦高度尽量不超过刹座最下面1/4圆混砖的外棱，即把瓦垄塞到1/4圆混砖下面，若瓦垄高度超过外棱，但一定不能超过1/4圆混砖上皮，勾抹麻刀灰将接头处勾抹严实。

⑥ 捉节夹垄

将瓦垄清扫一遍，用麻刀灰在筒瓦节处勾抹，将“睁眼”处抹平，多次赶轧，麻刀灰不可高过筒瓦外棱（图13–3–10）。

（3）垒垂脊

① 安装翘头

垒垂脊前，先将脊前的翘头（清式：螳螂勾头）安放于翼角两块割角重唇板瓦之上，其后预先钉好“个”字钉，钉到子角梁上，压住翘头后尾，其上覆筒瓦盖好，垒瓦条脊时压住这块筒瓦。

② 在垂脊的一侧拴瓦刀线。

③ 安放斜当沟

按拴好的瓦刀线在翼角斜垄相对处铺一层底泥，内掺适量碎瓦片，安放斜当沟，防止上部垒的瓦条脊出现不均匀沉降呈波浪状。

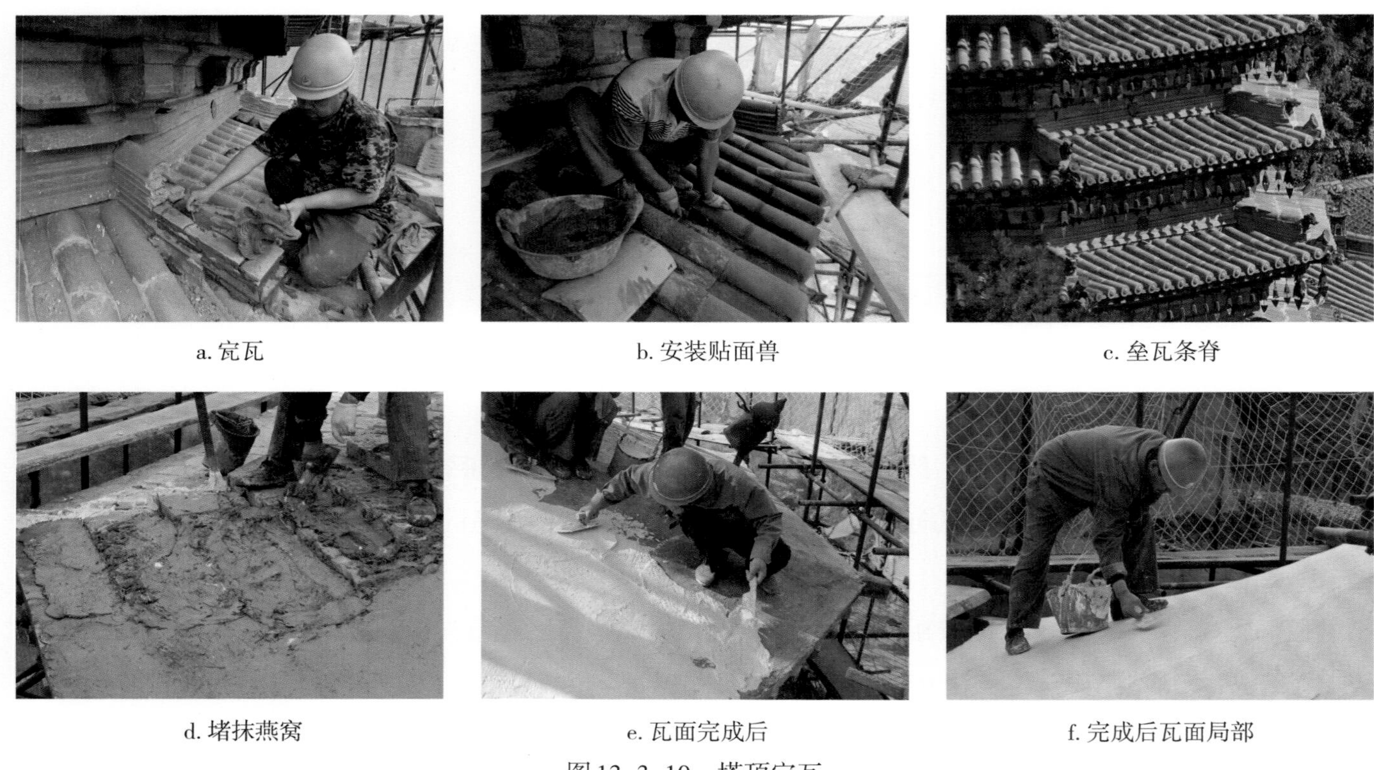

a. 宽瓦　b. 安装贴面兽　c. 垒瓦条脊

d. 堵抹燕窝　e. 瓦面完成后　f. 完成后瓦面局部

图13-3-10　塔顶宽瓦

④ 铺放一层线道瓦

在斜当沟瓦之上铺一层灰泥，铺放一层线道瓦（即筒瓦瓦条），宽250毫米，前端安放一段横向筒瓦瓦条与纵向筒瓦瓦条对接割斜角。

⑤ 铺第一层瓦条，安装贴面兽

铺放第一层条子瓦，宽180毫米（边缘比线道瓦退进35毫米）。安装贴面兽，固定铁件尖头穿过贴面兽头额处小孔钩住，后端缠绕在铁桩上，贴面兽下脚落在第一层条子瓦上，调整贴面兽角度，使垂直第一层条子瓦。

⑥ 继续向上垒瓦条

依次向上垒6层条子瓦，基本无收分，铺一层灰泥放一层条子瓦，条子瓦之间空当皆用灰泥填实，最上一层条子瓦内侧稍垫高，使向两边排水的坡度增加，以利走水。

⑦ 扣合脊筒瓦

扣合脊筒瓦前，先将铁桩帽扶正，内部用灰泥灌实，坐于最上层瓦条上，然后将合脊筒瓦全部扣好。

⑧ 略清扫垂脊，用月白麻刀灰勾抿所有可见内部灰泥处和接缝处。

（4）堵抹燕窝，清扫瓦垄

用月白麻刀灰把重唇板瓦下与望砖之间的三角形空间全部堵严，赶轧光实。最后，塔顶瓦面全部宽完后，清扫瓦垄。

第四节　砖砌体剔残补损

青砖为全塔使用最多的一类材料，塔体不同部位的砖砌体砌筑结构、残损情况皆不相同。根据塔体不同的残损现状，选取多种恰当的技术措施，针对砖砌体残断主要采用剔补的方法，针对细小裂缝主要采用勾抿的方法，针对一层塔身抹灰面脱落和局部碎裂仍能满足结构要求的砖砌体采用抹灰的方法，基座下部表砖残缺部位采用补砌的方法，基座倾闪、变形的局部采用拆砌的方法。剔补、拆砌均需减小剔凿、拆解范围，把干预降到最低限度，并尽量多地保留原有材料、构件。补修部位需按照原来的构造、原来的形制，不改变文物原状，传递真实的历史信息。

在拆解、剔凿的过程中需弄清补修部位的构造、用砖规格、砌筑材料等，这些内部情况通常平时看不到，需进行重点勘察，并进行真实的记录，进而制订合理的修缮方案，才能使补修依据充足，补修后的部位真实性更高。

一　塔檐残损砖构件修补

1. 剔补（主要为砖飞及其上望砖）

塔檐剔补范围主要为被上部坠物砸毁较多的塔檐檐口砖飞、望砖，另有少量砖飞长期受压且受力不均，飞头断裂（图13-4-1）。

a. 局部残断的望砖、砖飞

b. 残损部位解体

图13-4-1　塔檐残损部位

① 对塔檐进行必要的局部解体，揭取上部局部瓦面、反叠涩砖，拆取损坏的砖飞、飞上望砖等残损构件。

② 按原样式、规格制作补配用砖飞、飞上望砖，残损较小的望砖可将内一头反转过来到外头继用。砖飞头造型虽简洁，但亦需注意严格按照原样式，才能体现出与原构件相同的风格（图13-4-2）。

③ 补砌前把新制砖飞、望砖洇好，并洒水洇湿旧砖槎；拴飞头线，砌砖飞，砖飞下满铺白灰，注意调

a. 补砌砖飞

b. 补砌望砖

c. 剔补完成后

图13-4-2　剔补

整好飞头角度，与椽头角度相同；拴望砖头线，砌飞上望砖，砖飞上满铺白灰，望砖后挂白灰，望砖安砌到位时，可把后部白灰挤出。

④ 新砌砖飞、飞上望砖表面涂刷白灰，并做旧。

2. 吊挂固定

部分被压断的撩檐榑头、局部榑身，掉落在下层塔檐瓦面，掉落的部分可采用长100毫米六角大华司钻尾螺丝吊挂固定于椽子下，归安残缺部分，使橑檐榑修补完整。

① 掉落部分残砖下表面钻2~3个半透孔。

② 掉落部分残砖及其对应原位置砖断槎清扫干净，两处断面分别抹云石胶，将残砖对接到原位置（图13-4-3）。

a. 吊挂固定残断脱落部分

b. 橑檐榑榑头固定后

c. 橑檐榑身局部固定后

图13-4-3　吊挂固定

③ 用长100毫米六角大华司钻尾螺丝通过砖孔钻入锚固到木椽下，吊挂住砖块。

3. 勾抹砖缝、裂缝

塔身密檐部分存在许多细小裂缝，上部个别裂缝较宽，正东面最宽处35毫米。上部几层塔檐，檐下椽窝等部位白灰脱落较多。针对裂缝和白灰脱落的砖缝，采取勾抿的方法。

清扫裂缝、砖缝，洒水洇湿，砖缝表面半干时，用小抹子将白灰“喂”进砖缝，向里塞实，多次赶轧，使新补进白灰与砖面相平，把砖缝外的白灰擦干净，外观只见缝内白灰，干净利落，切勿糊片，最后刷浆做旧（图13-4-4）。

a. 塔体砖缝、裂缝

b. 勾抿细小裂缝

c. 勾抿完成后

图13-4-4　勾抹砖缝、裂缝

二　一层塔身外壁剔补、抿缝、补配砖雕券脸

一层塔身整体残损较为严重，布满细小裂缝，倚柱、槫柱、地栿、心柱、腰串、破子棂窗等位置均存在破损残缺，正东面砖雕格子门局部表面残缺，正北面门券券脸二龙戏珠砖雕残缺，槫柱残损最多，另有南北券洞白灰抹面局部灰皮脱落。针对一层塔身的残损情况，采取的修缮方法有：剔补、抿缝、抹灰等。

1. 剔补（圆弧形砌体，以倚柱08为例）

倚柱08由于局部挤压严重，造成崩裂，局部残缺。

① 先清理残损处砖槎、残渣，尽量不做剔凿，洒水洇湿。

② 用洇好的厚度同倚柱用砖的砖块，现场比对残缺处大小、形状，制作合适的弧面砖，磨出大致形状。

③ 补砖，每块砖均进行比对，临时制作，即比对一块，制作一块，补砌一块，注意与旧砖体的拉结，防止新砌部分倾覆。

④ 磨面，打点。全部补砌完成后，整体用角磨机磨一遍，磨掉凸棱，并使与原有的倚柱面顺接自然，打点砖缝。

⑤ 清扫，刷浆做旧（图13-4-5）。

2. 剔补（直线形砌体，以槫柱0101为例）

① 首先，把现存槫柱残损部位表面的抹灰清理掉，抹灰拆开后，里侧为松散的滑秸泥，一并拆除。

② 洒水洇湿砖槎，制作补砌用砖，靠近倚柱一侧磨成圆弧面。

③ 从上至下拴线，注意补砌部位现状有无较大变形，变形较大的，分多段拴线，使新砌部分与现状壁面贴合。补砌时，既要看线，也要根据壁面的变形。

④ 自下向上逐层补砖垒砌，每隔几层砖，增加防倾覆措施，并注意与旧有砖体的拉结；

⑤ 全部补砌完成后，清扫，打点，刷浆做旧。

3. 剔补（砖雕，以正东面格子门为例）

正东面格子门中上部一方砖表面雕饰部分已崩裂脱落，后世补抹了麻刀灰。

① 剔除残损部位抹灰及残砖。

a. 倚柱与槫柱现状

b. 剔除后世不恰当的补修

c. 后世补修槫柱的滑秸泥和纸筋灰

d. 洒水洇湿砖槎

e. 剔补倚柱、槫柱

f. 倚柱打磨、打点

g. 剔补窗套

h. 剔补腰串、心柱

i. 完成后局部效果

图 13–4–5　一层塔身剔补

② 选用旧砖新制补砌砖雕。根据格子门图案规律，制作图案样板，按样板在砖上画样，雕制。

③ 洒水洇湿砖槎，补砖。从下向上依次补砌格子门、上槛、门套等部位。

④ 完成后清扫、打点、做旧（图 13–4–6）。

带有艺术造型构件的补配，首先应充分认识原构件艺术图案的特点、规律、雕刻技法等，在熟悉、揣摩后开始雕刻补配部分。应当选用优秀的雕刻匠师，但要注意补配构件要按照原构件艺术风格，尽量减少现代工匠的个人手法与风格，使补配部分艺术风格与原物统一协调，充分尊重原物。

4. 补配二龙戏珠砖雕券脸

一层塔身二龙戏珠砖雕券脸为窑前雕，本次补配的正北面二龙戏珠券脸也采用窑前雕工艺，造型、样式参照其他三面保存较完好者，须选择有丰富经验与能力的砖瓦厂家订制。过程中第一次烧制的券脸与原物差别很大，为清代或现代风格，不能使用，在与厂家特别强调一定要按照原样式制作后，最后经过现场翻模终于烧制出与原物风格基本相同的合格砖雕券脸。

a. 格子门上部残损现状

b. 剔除后世抹灰

c. 剔除后

d. 用旧砖按原样雕刻补配部分

e. 补配部分雕刻完成后

f. 补砌格子门

g. 补配门簪

h. 格子门补修后

图13-4-6　砖雕格子门剔补

① 将按原样烧制好的二龙戏珠砖雕券脸在地面试摆、样券，有不合适的地方稍作修整。

② 制作简易券胎。在门券洞下部两侧钉两根立杆，在开始起券处钉一根水平横杆，横杆中间纵向钉两根短木条作为支点。

③ 洒水洇湿砖槎，开始安装砖雕券脸。从下向上逐块安装，每安装一段即用1～2根小斜杆支顶，一头顶住砖雕券脸，一头顶在横杆上的小木条支点，顶部使合龙缝在券正中，每段砖缝和后侧与旧砖槎接触处打满麻刀灰（图13-4-7）。

a. 正北面二龙戏珠砖雕券脸残缺

b. 第一次交付的不合格券脸

c. 最终补配按原样制作的券脸

图13-4-7　补配二龙戏珠券脸

④ 待安装的砖雕券脸黏结麻刀灰干硬后，具有一定强度，自身能够保持稳定，将券胎拆除。

⑤ 最后刷浆做旧。

5. 抹灰（以南面门券洞内壁抹灰为例）

一层塔身券洞壁面现存抹灰为麻刀灰，本次也采用麻刀灰补抹残缺部位。

① 清扫需抹灰的部位，洒水洇湿。

② 用掺少量黄土的麻刀灰泥（白灰∶黄土=7∶3）分层补抹，根据补抹厚度，一般分为2层。先粗抹一层底泥，注意来回抹轧，使与砖面及周围灰皮粘接好，防止沿接缝出现的裂缝，不需赶轧；底泥七八成干

时，抹第2遍麻刀灰泥，赶轧光实，出现裂缝处及时补抹赶轧。注意抹灰面积不能向周围扩大，掩盖原灰面上的墨书题记（图13-4-8）。

a. 局部抹灰脱落

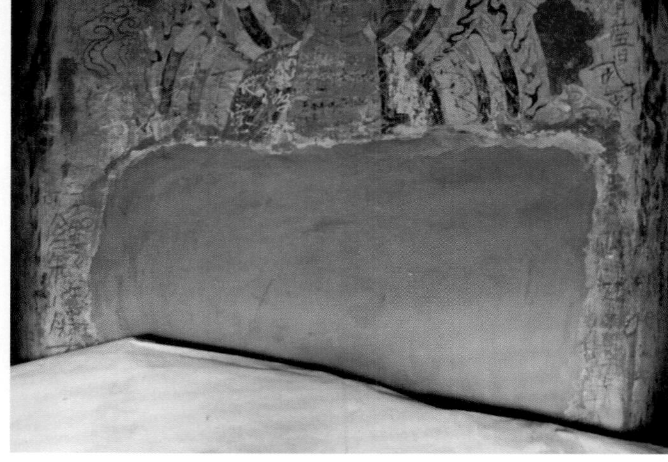

b. 洒水洇湿、补抹

图13-4-8　抹灰补抹

③ 清扫，刷浆做旧。

其他抹麻刀灰补修的部位，如：正北面腰串处局部碎裂，但砌体仍较坚实，不需剔补，仅抹灰使外观完整即可，减小干预。同样正西面格子门障水板亦局部碎裂，抹灰时还需随造型搂划线条。

6. 抿缝

① 清扫裂缝，洒水洇湿。

② 裂缝表面半干时，用小抹子将白灰"喂"进缝内，向里塞实，多次赶轧，新补进白灰与砖面相平，把缝外的白灰擦净。

③ 最后刷浆做旧。完成后的外观干净整洁，无糊片现象。

三　塔心室补砌心柱、补抹壁面

1. 补砌心柱

塔心室内壁画十分珍贵，补砌心柱窟窿时，绝不能扩大干预范围，更不能对壁画画面造成碰撞、污损等情况。正南面卧佛虽为近年补塑，但也应进行遮盖保护，防止污损。

① 把塔心柱人为凿挖的窟窿清扫干净。

② 稍洒水洇湿旧砖槎，水量宜少不宜多，防止水过多流至周围壁画画面。

③ 处理好新补砌的最下层砖。窟窿凿挖的形状不规则，根据残损形状，把第一层砖砌好，基底处理好；

④ 向上按旧砖槎逐层垒砌，由于各层补砖长度较短，不需拴线。在深足够一砖长的位置垒砌一层丁砖，并注意防止产生竖向砖缝相通。

⑤ 同时随外墙亦用白灰砌好背里砖，内侧空隙处用碎砖塞实，灌抹白灰（图13-4-9）。

⑥ 塔心柱墙体补砌完成后，用扫帚将墙面整体清扫一遍，扫掉多余的灰，无需打点。

a. 补砌心柱正南面

b. 补砌正东面

图13-4-9　补砌心柱

2. 补抹壁面

地仗脱落部分采用素泥（第一层为混合麦秸的粗泥，第二层为细泥）补抹平整，与壁画衔接处小心操作，避免对壁画造成二次污染。

对画面底部靠近心室地面地仗脱落的部位进行必要的补抹，塔心柱柱身被后人凿挖的部分在补砌的基础上进行抹灰并找平即可（图13-4-10）。

a. 补抹壁面

b. 补抹完成后

图13-4-10　补抹壁面

四　基座平座钩阑、莲台剔补、抿缝

1. 平座钩阑东北面局部解体重砌

平座钩阑为觉山寺塔核心价值的重要组成部分，对其保护修缮应格外重视。束腰东北面局部残损严重，中间壶门左侧砖雕胁侍（及其后背里砖）和上部行龙向外倾闪35～50毫米，需对其进行解体重砌。解体时必须减小拆解范围，并且要重视拆解砖雕的保护工作，防止修缮中造成破坏。另外通过分析发现立置兽面砖为后世用旧构件补砌，原有的力士已残缺。兽面砖为辽金时物，价值也较高，本次工程保留了兽面砖，未补配力士恢复至最初的状态。

① 首先，把左侧兽面砖上填补的小砖块取下，使局部结构松动，将砖雕胁侍人物进行解体取下，这时发现其后和左侧砖雕兽面（壶门柱子）后面漏出用红、蓝、绿、白等色塑料袋包裹的杏核、桃核、黍子穗、红豆等五谷杂粮，塑料袋现已碎烂；然后对胁侍砖雕（壶门左半）后背里砖、行龙砖雕进行解体，上部普柏枋已断，随之落下，至此，解体完成。

解体时需注意先清理砖缝白灰，使砌体结构松动，便于完好地拆解，切忌野蛮撬动，对砖雕造成损伤。另外砖雕雕饰部分制作时粘贴在素砖表面，较为脆弱，拆解时、拆解后均需轻拿轻放，且拿放时需用手托住后部素砖，不能只提拽雕饰部分。

② 由于局部倾闪变形，内部填馅砖也有轻微外突变化，表面砖雕已不能按最初的状态安置回去，对影响重砌的背里砖略微剔凿，需剔补部位进行适当剔凿。

③ 洒水洇湿砖槎（图13–4–11）。

a. 平座钩阑局部向外倾闪

b. 局部解体

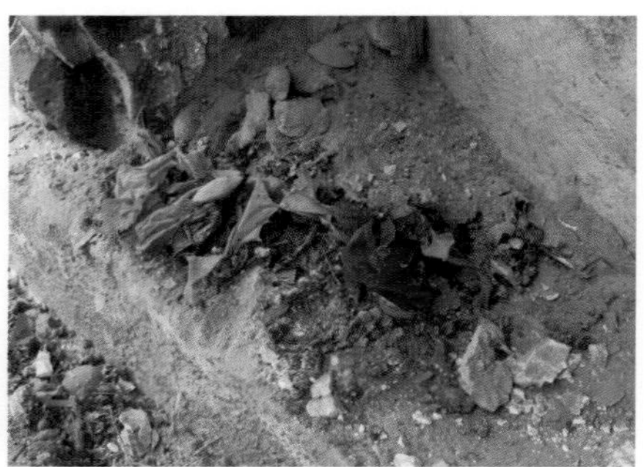

c. 塑料袋包裹的五谷杂粮

d. 解体下的行龙砖雕

e. 重砌砖雕

f. 平座钩阑局部重砌后

图13–4–11　平座钩阑局部解体重砌

④ 依次重砌砖雕胁侍后背里立砖、人物胁侍砖雕、行龙砖雕、上部普柏枋局部、兽面上部填补砖块。

⑤ 补配上部普柏枋残缺处。

⑥ 修补壶门残缺的一角。

⑦ 最后，对补砌的部分进行刷浆做旧。

2. 剔补

对残损的普柏枋的部分枋头、局部枋身、平座铺作铺板枋头、栱头、钩阑明显缺棱掉角处，莲台莲瓣边缘残缺处进行剔补。对于钩阑残缺的望柱柱头，修复依据不够充足，不能证明望柱头原状，选择保持现状，不进行补配。

① 将需剔补的部位略剔凿成适合补砖的形状，注意尽量减小剔补范围（壶门尖角残缺处不剔砖，直接补砖；望柱上部残缺、缺棱掉角处补砖多用环氧树脂粘接，以减小干预范围），清扫干净碎砖渣。

② 根据残缺位置、形状，用旧砖加工异型砖补砖，并洇好。

③ 洒水洇湿旧砖槎，把补砖处满打白灰，塞入补砖向外挤出白灰。

④ 清理、打点、刷浆做旧（图13-4-12）。

a. 普柏枋身局部剔补

b. 栱头局部剔补

c. 剔补莲台莲瓣

d. 抿缝

e. 初步完成后

f. 莲台局部初步完成后

图13-4-12　平座钩阑、莲台剔补、抿缝

3. 抿缝

基座砖缝白灰脱落较多，采用勾抿的方法。

① 首先，清扫干净砖缝并洒水洇湿；

② 一手拿托板托白灰，一手用溜子或鸭嘴把白灰轧入砖缝，向内塞实、塞牢，然后擦掉缝外多余的白灰，不要糊片；

③ 最后，刷浆做旧。

五　基座须弥座补砌

1. 须弥座下部表砖补砌

须弥座下部至塔台表砖全部残缺，经勘察原表砖规格为400毫米 × 200毫米 × 75毫米，并且各层表砖与各层填馅砖一一对应。砌筑时需根据须弥座上部较完好的部分拴立线，确定补砌部分的位置，使新砌部分按照原形制、原结构，与旧有部分协调（图13-4-13）。

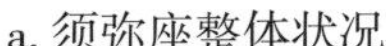
a. 须弥座整体状况

b. 须弥座上部残缺

c. 下部清理发现原表砖

图13-4-13　须弥座现状

① 弹线、样活

先将基底清扫干净，在基座下部每面找到原表砖砌体位置，在基底上弹墨线，然后试摆，补砌的砖全部顺砖垒砌，转角部位135°角整砖，不得出现半砖。

② 拴线

按原表砖位置，在每面砌体的两端拴好立线，转角处共拴3道立线，在两端曳线之间拴“卧线”。

③ 砌砖

首先在基底铺垫一层较厚的白灰，在原不平整的残存表砖上大致找平。然后补砌第一层砖，注意与里侧填馅砖层对应好，下部铺垫的白灰不足或较厚随时调整，打顶头灰铺砌。依次砌上部各层砖，砌完一层随提卧线，砌砖时应“上跟绳，下跟棱”。

④ 背里、填馅

在塔体现存填馅砖与新补砌的表砖之间形成的空隙填碎砖块，东北面、西北面塔体填馅砖残缺较多的部位，先将内部用旧砖补砌好。

⑤ 灌浆

每砌完一层砖后用桃花浆灌浆，全部补砌完成后，最上层灌完浆后用白灰锁口。

⑥ 打点

在新砌体灰缝残缺白灰的地方用鸭嘴儿将白灰“喂”进砖缝。

最后用扫帚对墙面进行擦扫，将墙面上的余灰和灰渍擦掉（图13-4-14）。

2. 须弥座剔补、补砌

须弥座部位艺术雕饰构件残缺较多，将文管所收藏的伏狮经过不断比对，能够确定原应位于正南面右侧壶门内，归安至此；除了壶门进行补配外，其他残缺的艺术雕饰构件原状依据不足，未进行雕补，仅补砌陡板砖封护内部填馅砖，外观相对规整，不追求恢复完整。

① 须弥座束腰下部下枭、下枋部位进行适当剔凿，以便于补砖和砌筑后结构稳定，平均剔凿深度约为20毫米（图13-4-15）。

② 逐层补砌下枭、下枋。每层先试摆，砌好端头两块，拴卧线，再砌中间部分，打点。砌筑时注意上

层反叠涩砖应压住下层砖后端与原砌体对接的砖缝，避免露缝。

③ 束腰部位先补砌壶门，现存伏狮影响壶门安装的，先将伏狮解体取下，安装好壶门后再归安伏狮。将文管所藏的伏狮归安至正南面0103，其余砖雕不进行补配，仅补素面陡板砖，封护内部砌体。现有伏狮

a. 砖料加工　b. 泅砖　c. 打灰

d. 砌砖　e. 打点　f. 灌桃花浆

图13-4-14　下部表砖补砌

a. 灵丘本地瓦匠使用的瓦刀　b. 解体的残损伏狮0302后部　c. 补配莲瓣砖

d. 补砌罨涩砖　e. 补配壶门　f. 须弥座上部补砌

图13-4-15　须弥座补砌

拆解后发现其后部存在方孔，伏狮0601方孔内存在杏核、桃核、黍子等物。

④ 束腰上部两层叠涩砖、上枋局部进行剔补，上枭残缺处进行雕补，上枋约半数砖残缺进行补配，压面砖580毫米 ×275毫米 ×70毫米全部进行补配。束腰以上反叠涩砖残断部位的补砌难度较大，需处理好砌体结构，使保持稳固（图13–4–16）。

a. 伏狮0103归安

b. 局部

c. 整体

图13–4–16　完成后效果

第五节　其他工程技术

一　补砌八边形小塔台

现存小塔台为近年垒砌铺墁，台面浮摆蓝机砖，台帮多为旧砖堆叠，垒砌铺墁粗糙，这种状态并非文物原状，且基本无价值，将其拆除，按设计方案重新垒砌小塔台。

1. 塔台基槽开挖

测量定位→抄平放线→定开挖深度→开挖→修槽→验槽。

① 测量定位，撒灰线，沿灰线开挖土方。塔台宽1.26米，较上部垒砌台帮多留300毫米作业宽度，灰线位置距基座须弥座下部1.56米，沿此线内返1.05米为开挖范围。

② 以正南面现存院面为 ±0毫米，挖至－160毫米深度后，测量定位，抄平放线，在基槽八个角槽帮钉木橛做水平标高标志，确定槽底标高－490毫米。然后各边由两端引桩拉轴线，用铅垂法引至坑底，检查坑边尺寸，确定槽宽。已开挖部分槽宽两边各内返300毫米，继续开挖土方330毫米至槽底深度，修整槽宽铲平槽底（图13–5–1）。

小塔台基槽采用人力开挖，避免机械挖槽带来较大的干预。在开挖出的土方中与基槽内有一些新发现，如：几何纹砖、带状夯实灰土等。详见第五章第一节“塔台”相关内容。

2. 塔台基础

小塔台灰土基础采用人工夯打，尽量坚持使用传统工艺，对传统工艺进行保护与传承，避免使用打夯机带来较大震动等不良影响。

① 原土夯实。

a. 基槽东面

b. 东面基槽外侧

图13-5-1 塔台基槽开挖

② 将生石灰块经水泼成泼灰后过筛（筛孔径5毫米），黄土过筛（筛孔径不超过20毫米）。将黄土与泼灰拌和均匀，以“手攥成团，落地开花”为标准，灰与土的配合比3∶7。

③ 将拌匀的灰土铺在槽内，并用搂耙搂平。每步虚铺250毫米，然后用双脚踩两遍“纳虚”。

④ 行头夯，“冲海窝”，每个夯窝之间距离约190毫米，每个位次夯打8次，夯打时，双手举过头。

⑤ 行二夯，“筑银锭”，每个位次也夯打8夯头。

⑥ 余夯充沟剁梗。

⑦ 掖边（图13-5-2）。

a. 搂耙搂平灰土

b. 行头夯

c. 头夯夯窝

d. 行二夯

e. 落水

f. 乱打

图13-5-2 塔台灰土基础

⑧ 反复3遍，后两遍每个位次筑打6夯头。

⑨ 用平锹将灰土找平。

⑩ 落水。落水要落到家。

⑪ 撒渣子。防止夯头黏土。

⑫ 用雁别翅“乱打”，每个位次筑打4夯头。

3. 垒砌台帮

根据塔体现存砖砌体的砌筑工艺水平，新垒砌的小塔台台帮采用较精细的淌白缝子工艺，使新补砌部分与原有砖砌体工艺水平近似，风貌协调。

① 弹线、样活

先将基底清扫干净，在基底上弹墨线，然后试摆，全部顺砖垒砌，转角部位135°角转角砖，不得出现半砖；

② 拴线

在每面墙体的两端拴好立线，转角处共拴3道立线，在两端曳线之间拴“卧线”。

③ 砌砖

首先在基底铺垫一层较厚的白灰，砌第一层砖，下部铺垫的白灰不足或较厚随时调整，打顶头灰铺砌。依次砌上部各层淌白砖，在砖的外棱打条子灰，下大面打点子灰，顶头缝打顶头灰，随砌随手用瓦刀把多余的灰刮走，砌完一层随提卧线，砌砖时应“上跟绳，下跟棱”。注意按照原砌体的工艺，新砌台帮不需搂划灰缝，使灰缝与砖面相平，而原砌体不注意错缝的问题应当进行改进（图13-5-3）。

a. 砌好转角砖

b. 拴线

c. 逐层垒砌

图13-5-3　垒砌台帮

④ 背里

塔体拆解、清理下的残断旧砖较多，尽量将这些半砖再利用，可作为背里砖，而不是当作建筑垃圾处理。

⑤ 灌浆

每砌完一层砖后用桃花浆灌浆，全部砌完后，最上层灌完浆后用白灰锁口。

⑥ 打点

在灰缝残缺白灰的地方用鸭嘴儿将白灰“喂”进砖缝。

最后用扫帚对台帮进行擦扫，擦掉余灰和灰渍。

4. 压沿石制作与安装

（1）压沿石订制

觉山寺内现存压沿石工艺较糙，多只前端加工规整，而后端仍为自然形，恐多为明清遗物。觉山寺塔小塔台需补配的压沿石一面依据寺内现存压沿石，一面参照山西晋北地区唐、辽、金时代建筑压沿石材质、规格、錾道纹路来确定补配制式。

首先，材质选择与寺内压沿石相同的石灰石。压沿石规格参考寺内压沿石并依据小塔台尺度（压沿石内台面铺墁需排出整砖）确定为400毫米 × 200毫米。寺内现存压沿石錾道纹路可分为二种，二者上表面皆为斜纹，边缘皆有压边錾，区别是侧面錾道有斜纹与竖直的沥水錾二种，二者数量大略相当。觉山寺塔小塔台压沿石錾道选择装饰性较强的上表面与侧面皆为斜纹、边缘压边錾的样式。参考同时代建筑压沿石，其錾道应比寺内现存压沿石略精细，为一寸三錾。

以上小塔台压沿石补配样式绘制成图，并加以详细的说明，交付石材厂家定做。绘图时需将每组斜纹的宽度、135°转角处斜纹的处理、每块压沿石的规格全部考虑周全，将制作要求详尽的交代厂家，切不可粗略模糊，使压沿石加工质量无法保证（图13–5–4）。

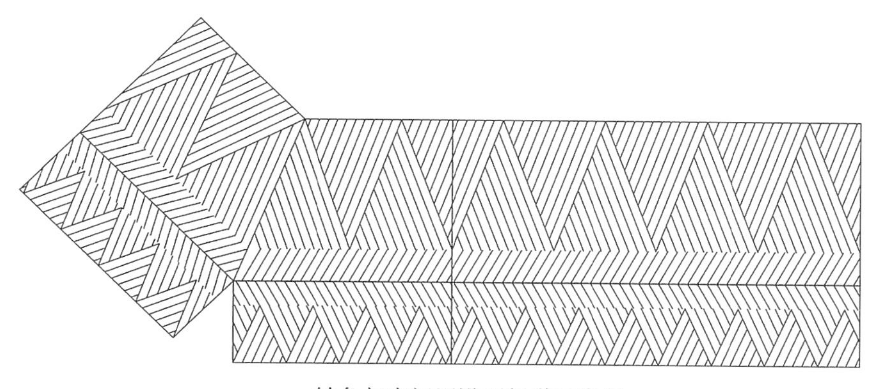
a. 转角与中间压沿石錾道示意图

b. 加工好的压沿石

图13–5–4　压沿石订制

尽管如此，石材加工厂家在领会制作要求时仍会有偏差，第一块加工好的压沿石样品不符合要求，项目部及时与厂家沟通（避免厂家全部按不合格品的样式加工，造成材料浪费与延误工期），提出修改意见，将加工要求更加明确地灌输，最终制作好的小塔台压沿石达到要求。

需注意的是，市场上石材錾道的制作存在较多机制切割錾道，文物建筑补配的石构件錾道须为传统手工錾道，二者较相似，需加以甄别。

（2）安装压沿石

先安装好塔台每面转角两块135°角转角石，拴卧线，再安装中间的压沿石。

① 先在垒砌好的砖砌台帮上面铺青灰，在压沿石里侧位置根据泛水坡度放好石块。

② 用粗铁丝、倒链吊装压沿石，调整下面背垫石块位置，将石活垫稳。

③ 压沿石全部吊装完成后，在石活相接的对头缝处塞青灰，在砖砌台帮与石活接缝处用月白麻刀灰勾

抹严实（图13–5–5）。

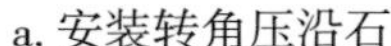
a. 安装转角压沿石

b. 安装中间压沿石

c. 擦刷、打点

图13–5–5　安装压沿石

④ 最后整体进行打点，用钢丝刷将多余的青灰擦刷掉。

5. 台面铺墁条砖

① 处理好基底，3∶7灰土夯实2步。

② 在塔台转角处栽牙子砖，定好各面泛水坡度。

③ 找中。找出各面面阔方向的中点，在最外侧一趟的中点，墁一块条砖，然后十字错缝墁好里侧三趟中的几块砖。

④ 冲趟。先墁好外侧的一趟，作为里侧三趟的标准，确定好砖的分位。

⑤ 逐趟墁砖。以牙子砖为高低标准拴卧线，每趟从中间向两侧墁。

a. 打泥。随墁随逐块打泥，先用铁锹将灰泥沿卧线内侧放在砖的位置，用瓦刀将泥打满打平，并打成“鸡窝泥”。

b. 墁砖。把砖两个侧棱挂好灰条，放在泥上，向已墁好的部分用皮锤挤实，按十字错缝形式铺墁。

c. 蹾锤。用皮锤蹾砖的中间部位，将砖蹾实（图13–5–6）。

a. 台面铺墁条砖

b. 守缝、清理

c. 完成后局部

图13–5–6　安装压沿石

d. 打找。每趟砖墁至最后一块时，按剩余部位形状“打找”成直角梯形或三角形。

⑥ 守缝。把白灰守入砖缝，砖缝白灰残缺较多的，用小抹子勾抹补足白灰。

⑦ 清理。清除砖上的灰渍，把余灰扫入砖缝，扫严。

二 一层塔身版门检修

本次修缮按照设计要求对一层塔身版门进行检修，不需更换。

① 首先，拆解版门、连楹、门簪等构件，把松散的门扇拆开。

② 把门心板刨光净平，在门心板接缝处凿暗销卯口，制作新的穿带、门轴、连楹、门簪、插关等构件。

③ 在门心板接缝处栽暗销，并抹水胶黏结，然后放到固定架上打抄手楔压实、压牢，使其不再变形（图13-5-7）。

④ 在粘牢的门心板背面开三道燕尾卯口，穿木带，在门扇上部安装铁件门扣子。

⑤ 安装版门。先安装连楹、门簪，再安装版门，最后钉插关。

⑥ 做旧。用老尘土、氧化铁红、桐油、水胶等调和做旧材料，先在其他木板上试色，颜色调适当后再涂刷到版门上（图13-5-8）。

a. 拆解下的连楹、门簪

b. 凿暗销卯口

c. 上固定架

d. 开穿带燕尾卯口

e. 刨光门板

f. 制作门簪

图13-5-7 版门检修

a. 补配连楹、门簪

b. 版门安装后

c. 版门做旧后

图13-5-8 安装版门

三　地面补修

1. 心室地面剔补方砖

心室地面方砖现状整体较完好，仅局部碎裂残缺，凹凸不平，进行剔补即可，不需整体揭墁，减小干预（图13–5–9）。

a. 后世补墁条砖　　b. 补墁条砖下滑秸泥与渣土

图13–5–9　心室地面局部残损

① 首先，用錾子、撬棍将地面碎裂严重的砖取出，砖下垫层清理干净，露出内部填馅砖。

② 根据补墁部位的形状，使用可利用的旧砖切割磨制砖料。

③ 洒水洇湿旧砖槎，铺基层灰泥、白灰，用瓦刀铲成“鸡窝泥”（按原基层原做法，铺一层灰泥和一层白灰）。

④ 补墁方砖、边角三角形砖块，用皮锤蹾实，与周围地面相平。

⑤ 清扫地面，把余灰扫入砖缝（图13–5–10）。

a. 剔除碎砖

b. 补砖

c. 地面补砖后

图13–5–10　剔补地面

2. 大塔台台面铺墁方砖

现存大塔台台面凹凸不平，铺墁比较杂乱，多为320毫米×160毫米×60毫米条砖，碎裂较多。需揭除现有铺地青砖，重墁方砖。周围蓝机砖花栏墙为近年新砌，质量、观感较差，与寺院风貌不够协调，将其拆除。

① 基底处理，3∶7灰土夯实二步。

② 以塔台南侧压沿石为高度标准，找南面踏步中点，拴中线，并确定大塔台台面总体泛水坡度，北高南低（图13-5-11）。

a. 大塔台台面现状

b. 拴线

c. 墁砖

d. 逐趟墁砖

e. 台面铺墁后

f. 台面局部

图13-5-11　大塔台台面揭墁

③ 冲趟。先墁好南面的一趟砖，以此为标准。

④ 由南向北，十字错缝逐趟墁砖。

⑤ 守缝，把白灰用扫帚扫入砖缝。

⑥ 全面清扫地面，清除砖上的灰渍。

四　风铎、铜镜补配、归安

1. 风铎补配、归安

（1）修配方案与订制风铎

通过对现存风铎进行统计分析，得知风铎原应有2278个，现存1365个，残缺913个，并且发现密檐檐面风铎规格从下至上逐渐增大。风铎共有28种形制，包括檐面风铎11种，檐角风铎8种，塔链风铎9种。根据现存风铎样式、规格、规律等，制订补配方案，使新旧风铎风貌协调，并展现真实的历史信息（图13-5-12）。

风铎补配方案，包括檐面、檐角、塔链风铎的补配样式、数量及具体补配位置（详见附表9-2-5、9-2-7）。补配风铎形制：檐面风铎形制1（样品0403）、形制2（样品060706）、形制4（样品1206），檐角

a. 塔檐风铎现状

b. 塔链风铎现状

c. 现存风铎配件残缺较多

图13-5-12　风铎现状

风铎形制1（样品J030502）、形制3（样品J050501），塔链风铎形制1（样品TL140733）。

将风铎材料计划交予有能力生产传统铁件的厂家，同样厂家先制作好样品，经项目部技术人员审查，发现样品存在的问题有：风铎整体形状较样品规整度稍差一点，顶部小圆孔皆未铸出。随后，厂家进行了改进，铸造出合格的风铎。风铎以外形规矩、完整，无裂纹隐残，声音清脆，余音悠长为质量优良者。

实施修缮后，在对风铎吊环进行补配安装与加固时，由于不能按照最初的方式钉吊环，本次采用自攻螺丝等现代材料与技术解决这一问题。

（2）修配技术措施

① 补配风铎

本次对风铎的补配修缮主要包含两个方面的内容：现存风铎残缺配件的修配，残缺风铎的补配。现存风铎残缺配件主要有：挂钩、撞针、小圆环、风摆，按照风铎原构造方式、配件样式补齐这些配件；残缺风铎共补配6种样式，檐面风铎3种样式，檐角风铎2种样式，塔链风铎1种样式。完成这两项补配内容后，再将风铎按原编号和补配方案归安、补挂到塔檐、塔链对应位置（图13-5-13）。

② 安装加固吊环

由于密檐檐面椽飞头、角梁头原挂风铎的吊环多有脱落残缺，首先要补配吊环。残缺吊环的椽飞头、角梁头不能按照最初建塔时的方式钉吊环，若钉吊环，会对塔檐砌体结构造成破坏，并且所钉吊环牢固程度无法保障。本次采用“U”形吊环，下有小圆环可供挂风铎，把这种吊环卡到椽头，在吊环两端扁头小圆孔用长15毫米黑色自攻螺丝固定。角梁头、飞头用“凵”形吊环，固定方式同上。现仍存在椽飞头、角梁头的吊环采取加固措施，防止日后脱落，亦采用“U”形吊环，但下部无小圆环，将“U”形吊环穿过现存吊环，再将两端头用自攻螺丝固定，起到加固作用。

③ 归安、补挂风铎

归安、补挂风铎整体按照从上到下的顺序进行，各层塔檐按照从左至右的顺序，各檐面按照先挂现存风铎再挂新制补配风铎的顺序。实际操作时，每天根据当日所能完成的工作量，对现存风铎和新制风铎进行定量出库。平均每天能挂完两层塔檐的风铎，即每半天能够补配并挂完一层塔檐的风铎。具体流程是：每天上午出库一层塔檐的风铎（含残存风铎和补配风铎），先在地面修配残存风铎的残缺配件，配齐各檐面所需的补配风铎，按原编号把一个檐面的新制补配风铎和原有旧风铎放到一个编织袋内，然后吊送到对

a. 新制风铎与原风铎对比

b. 现存风铎修配撞针、风摆

c. 风铎配件补配后

d. 安装新制吊环

e. 加固原有吊环

f. 原有风铎归安

g. 风铎补配后

h. 塔檐风铎修配后

i. 塔链风铎修配后

图13-5-13　修配风铎

应层塔檐，每个檐面按照原风铎编号从左至右先挂现存旧风铎，再在空缺处挂新制补配风铎，挂完该层风铎。下午工作内容同上午。全部挂完后，经检查无误，所挂位置与原编号位置相同，最后再将编号标签撕掉。

2. 塔身铜镜补配安装

在对现有铜镜样式、特征充分分析后，确定了铜镜的补配方案，铜镜样品为塔顶清理出的TJ1403，补配铜镜样式基本相同，规格有差别。

在把铜镜料单交予厂家订制后，其交付的首次样品存在的问题主要为：铜镜整体较厚重，不似原物那样轻薄；镜纽太高凸，并且样品存在隐残。经过项目技术人员的沟通，厂家多次尝试，最终制作出合格的铜镜（图13-5-14）。

安装铜镜：

① 按原来的固定方式，在新铸造铜镜镜纽处安装锻打的长铁条，作为固定铁件。

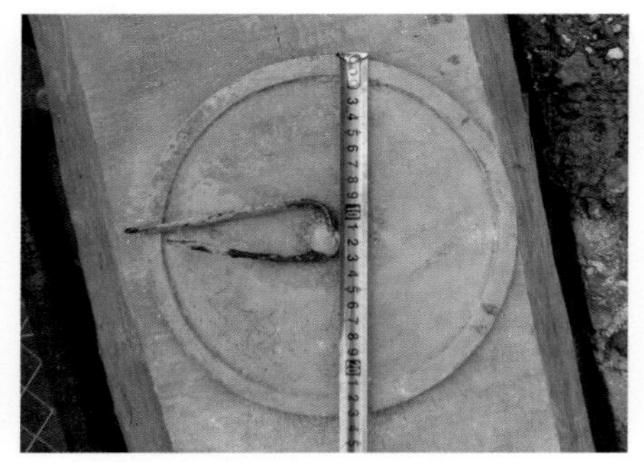

a. 补配铜镜按此样式

b. 新制铜镜

c. 安装铜镜

图 13–5–14　补配铜镜

② 在残缺铜镜固定位置的稍上或稍下处（保证新安装铜镜居中）用电钻打孔，孔径10毫米（残缺铜镜原来的固定位置，大多残留有其固定铁件，为了保留原铜镜的固定铁件，不宜在原位置安装新铜镜）。

③ 用小木棍把云石胶“喂”进小孔，在补配铜镜固定铁件上也抹云石胶。

④ 安装铜镜，把镜后长铁条插进小孔，适当按压、调整。

为了防止新安装的铜镜被偷盗，至工程基本结束，拆除脚手架前几天才安装新补配铜镜（图 13–5–15）。

图 13–5–15　铜镜补配后

五　保护设施建设与环境整治工程

觉山寺塔修缮完成后，自2016年陆续开展寺院其他建筑的修缮、安防工程、消防工程、寺院内外环境整治等。

1. 征购寺院西侧农田，划入寺院范围，南面沿现寺院南院墙一线建设院墙，东侧留有消防通道大门。寺院北侧原与后部山坡间隔距离较宽，约20世纪50年代农田平整拓宽逼近寺院，不利于寺院的安全防范与后部建筑后檐雨水的排泄。本次工程将寺后与山坡之间空间拓宽，基本恢复到原有宽度。寺西、寺北新拓区域土坡砌毛石挡土墙，其上再砌高2米的三七围墙，防止闲杂人员进入和北侧后山滚石，预防灾害侵袭。寺南广场前西南面挡土墙因存在安全隐患，拆除重砌（图 13–5–16、13–5–17）。

2. 寺院内安设电力线路系统、弱电系统、火灾自动报警系统，沿寺外西侧、北侧设置消防通道，消防与监控系统覆盖寺院全部建筑。水电管线埋入地下，减小对寺院环境的影响。

3. 环境整治工程中，伐除寺内外近年栽种的现代园林手法的绿化（多为侧柏），拆除寺内近年新建有损寺院环境的红机砖伙房（现斋堂南侧），拆除寺前村民私搭的临建小房。疏通寺内排水，寺院南院墙下增加排水口，解决寺院夏季雨水积滞不畅的问题。寺前广场原水泥砖改铺青石板，南侧增加护栏，适当栽植绿化。西侧通向凤凰台的山路改用青石铺砌。

图 13-5-16　整修挡土墙

图 13-5-17　寺内水电管线入地

图 13-5-18　寺院前部

图 13-5-19　寺院整体效果

以上举措可以提高寺院整体的安全防范，基本能够杜绝沿寺院西侧农田打向觉山寺塔下的盗掘事件，消除了最大的安全死角，并使寺内全部建筑得到消防保障，降低了安全隐患，寺院整体风貌仍保持良好（图 13-5-18、13-5-19）。

工程实施后，觉山寺文管所增加了文保员，加强寺院安防，对安防工作常抓不懈。

第十四章　工程总结

第一节　综述

山西省灵丘县觉山寺塔修缮工程前后历时约16个月，得到各级文物部门的高度重视，在业主方灵丘县文物局的直接领导与组织下，经过参建各方的共同配合与努力，使工程质量、效果达到原订目标。

一　项目背景

觉山寺塔在经历明天启六年（1626年）灵丘县发生的七级地震后，损伤较大，后世未有较大规模全面的整修，残毁状态在继续发展，至今，松散的砖瓦构件仍有掉落塔下，自身存在不稳定因素，同时影响塔下行人安全。

现觉山寺塔的最上部和最下部为残损最严重的部分，包括最上部塔刹、塔顶、密檐11和12层塔檐，最下部基座须弥座及以下部位。塔刹下部塌毁，众多构件散落塔顶；塔顶瓦面残毁殆尽，生长灌木、杂草，檐口局部下栽；密檐11、12层瓦面松散下滑，檐头瓦件全部不存，檐口砖砌体局部被上部坠物砸毁，塔体局部裂缝最宽处35毫米；基座须弥座表砖残断较多，束腰以下至塔台部分表砖全部残缺，内部填馅砖略有残缺；小塔台基本完全残缺，大塔台台面铺墁杂乱。另01层塔檐由于为最宽的塔檐，一层塔身为结构薄弱部位，残损也较严重。01层塔檐檐口被上部坠物砸毁严重，挑檐木构件残短；一层塔身砖砌体局部崩裂破碎，细小裂纹较多。需进行全面的保护修缮。

二　工程目标

工程性质：修缮工程

实施对象：觉山寺塔

修缮工程的范围：大塔台台面铺墁方砖、新砌小塔台；基座补砌、剔补、抿缝；一层塔身剔补外壁面、勾抿裂缝，塔心室补砌心柱并补抹壁面、地面剔补；密檐部分整修椽飞、角梁等木构件，砖砌体剔残补损，勾抹裂缝，修补瓦面；塔刹修补铁件、补砌刹座；补配风铎、铜镜。

工程目标：工程秉承“研究性保护”的理念，遵循“不改变文物原状”“最小干预”的原则。对觉山寺塔及寺院进行整体规划保护，提高寺院整体的安全性，防止寺院文物丢失、盗掘事件的再次发生。解决觉山寺塔存在的具体病害，进行真实、完整的保护，工程中需注重对塔体历史信息、修缮技术措施等内容的勘察与记录，为工程报告的编写做好准备。最终展现觉山寺塔及寺院的良好风貌，较好地恢复古代灵丘九景之一“塔井山齐觉山寺”的景观价值，使觉山寺及塔成为本县发展旅游产业重要的历史文化资源，并为当地信众提供一处完善的宗教场所，延续其原有的宗教功能。

三　实施过程

保护工程确立了研究性保护、重点修复的基本策略。实施环节主要包括勘察测绘、修缮方案设计、施工组织实施，工程实施后，进行修缮工程报告的编写与出版工作。

1. 勘察测绘

通过对觉山寺塔进行全面而翔实的勘察、测绘，以及相关数据的采集和整理，进而对塔体各部分构造、形制进行分析，记录残损情况。在深入研究、全面分析的基础上，基本摸清了塔体各部分病害，得出修缮结论：重点修复。

2. 修缮方案设计

方案坚持“不改变文物原状”“最小干预”的原则，针对砖构件残断、塔体裂缝、塔檐木构件残短、瓦面残损、塔刹残毁等问题，制订相应的良好技术措施。添配的构件要求按照原样式制作，修缮材料使用原材料和传统材料。并对寺院周围环境进行保护规划和整治，预防灾害对寺院造成损伤。

3. 施工组织实施

工程管理非常严格，山西省文物局委托山西省古建筑维修质量监督站对工程进行检查、监督，大同市文物局成立了觉山寺塔修缮工程领导小组，与参建四方一同进行六方管理。

工程实施期间，监理方常驻现场，进行全程旁站。设计方定期到现场进行设计复查。甲方多次组织参建四方召开现场会议，研究、讨论、解决问题。

工程开工后，施工方提出对该项目尝试进行研究性保护修缮。在修缮脚手架搭设完成后，对塔体进行深入的二次勘察与研究，对照设计方案勘察各部位残损程度、工程做法、材料等，尤需注意塔体隐蔽部位，制订具有针对性的修缮技术方案。重点对塔顶散落的塔刹构件采用考古学的方法科学清理，并通过比较研究的方法，弄清了塔刹原貌。修缮施工总体按照从上到下、由内向外的顺序进行，首先对风铎、题记砖等附属文物摘取入库保护，塔顶进行清理和部分瓦面等局部解体；然后整修塔刹、塔檐木构件、砖砌体；最后修补瓦面，补配风铎、铜镜等，拆除脚手架后，铺墁塔台台面方砖。

同时对塔体工程做法的勘察和对文物本体历史信息的收集、分析与研究贯穿工程始终，有较多的新发现，为修缮工程报告的编写做好了准备。

2014年9月，修缮工程正式开工。2015年12月，工程基本完工，进行初验。2017年11月，寺院其他建筑全部修缮完毕后，和觉山寺塔一同通过最终验收（图14-1-1、14-1-2）。

图 14-1-1　工程初验

图 14-1-2　工程终验

四 工程亮点

1. 建立完善的构件编号系统

建立完善的构件编号系统，达到每个构件均有效编号的程度。文物建筑修缮工程对构件的编号，整体一般按照顺时针方向进行，符合传统文化和习惯，而现代人的习惯有所改变，例：靠右行走，书写从左向右进行。由于觉山寺塔构件繁多，本次工程中采用符合现代习惯的编号方法，即整体按逆时针方向、局部从左向右编号，对工程高效、有序、精确的实施比较有利。编号系统具有实用性、系统性、精确性、全面性的特点。

2. 塔刹的研究与修复

首先，对塔顶散落的构件采取考古学的方法科学清理，清理出的刹座砖构件进行分类、拼对、分层，确定组砌关系；铁质刹件进行修整与归位。其间，参照现存辽塔塔刹实物进行比较和研究，自身根本性实物依据和可参考的实例皆充足，能够局部恢复原状。

塔刹的修复过程具有文物建筑修缮项目恢复残缺不存部分思路、方法的共性特点，修复后的塔刹仍可作为辽代铁质塔刹的珍贵实例，参考价值较高。

3. 塔檐木构件椽飞、角梁修补技术措施

塔檐木构件修补主要采用：直搭掌榫榫接、榫卯对接、环氧树脂和锯末补抹、剔补椽头、整根抽换等5种技术措施。这些措施根据残损程度残缺多少接补多少，最低限度干预。并且具有时代特点，体现出现代材料、工艺的合理运用，与古代的修缮措施或原构件有较高的可识别性。修缮材料选取接近原木构件材质的木材柏木；椽飞头、角梁头造型，按照原构件的形状制作，未改变文物原状。

第二节 工程效果

一 不改变文物原状

修缮后的觉山寺塔及周边环境风貌保持良好。塔体补修部位按照原形制、原工艺施作，如：整修的塔檐按照原叠涩结构；瓦面补修按照原瓦面形式；塔檐椽飞、角梁等木构件修缮材料选取与原构件相同的材质柏木；补配构件在对原有构件形式规律、样式特征充分分析后，按照原样式，如：贴面兽、套兽、风铎等。对于塔刹下部塌毁严重，构件散落、堆积于塔顶，这种状态不属于文物原状，在经过科学考证、具有充足依据的情况下，对塔刹塌毁的局部进行修复，恢复原状。而对于基座须弥座束腰残缺的砖雕，实物依据不足，未进行雕补，仅补砌陡板砖封护内部填馅砖，外观相对规整，不追求修复完整或恢复至最初建成的状态。周边环境整治时，拆除村民在寺院前私搭的临建小房和寺内近年新建的伙房，伐除寺院内外近年栽种的现代园林手法的绿化等，使整体景观环境保持较好（图14-2-1）。

图14-2-1　修缮后效果

二　最低限度干预

同类构件根据不同的残损程度，采用不同的修缮方法，减小构件替换量，修缮部位尽量不扩大拆解范围，例：塔檐木构件采用5种技术措施，残短多少接补多少；塔檐瓦面采取局部揭瓦和整体揭瓦的方法，后部仍坚固的瓦面保留较多；砖砌体剔补，对残损部位略修整成利于补砖的形状，通过恰当的技术措施使补砖稳定；塔心室地面局部碎裂残缺进行局部剔补，不需整体揭墁。同时还要注意减小不良干预，如：塔檐椽飞风铎吊环脱落较多，若采取钉吊环的方式补配，必定会给檐部砖砌体带来较大震动，造成损伤，本次采用"U"形吊环，两端用自攻螺丝固定于椽飞头，解决了风铎吊环残缺的问题，基本无不良影响。

最低限度干预可以最大程度保留原有构件，原构件携带有很多历史信息，所以，最低限度干预也就尽量多地保留了文物本体的历史信息。

三　观感

觉山寺塔整修部分基本皆为塔体表面构件，补配构件按照原形式规律、原样式，局部恢复的部分经过充分研究分析，依据充足，最大化接近原状，补修后进行适当的做旧处理，使整座塔恢复了良好的风貌，具有古朴、雄浑、精丽、泰然的观感。

四　社会效益

首先，对觉山寺塔及寺院的整体规划保护，能够提高寺院整体的安全性，较好地防止寺院文物丢失、盗掘事件的发生。

保护好这一珍贵的历史文化遗产，延续其良好的真实性、完整性，为研究其历史文化、建筑艺术等提供了真实的实物资料。其良好的抗震性、仿木构的外观等对于今天的高层建筑和中国风建筑设计均具有借鉴意义。

觉山寺塔是当地发展旅游业不可或缺的资源，对觉山寺及塔进行全面的保护性修缮，有利于对寺院进行有效的开放和管理展示，能够带动当地旅游业的发展。觉山寺周围有开发的城头会古村、桃花洞景区、唐河大峡谷等多个旅游景点，还有北魏灵丘道栈道遗址、御射台等古迹，能够形成旅游片区。

觉山寺作为佛教寺院，在当地具有广泛的知名度和社会影响力，修缮后的觉山寺及塔为信众提供了完善的宗教服务场所，能够发挥其应有的宗教功能，对弘扬宗教文化有重要意义。

第三节　经验总结

1. 文物保护工程所有的保护程序都要以研究成果为依据，研究首先应服务于保护工作的需要，如：分析保护对象的残损程度与原因，原有材料与工艺、构件形式规律等，进而制订出合理恰当的技术措施，才能做到不改变文物原状、最低限度干预，从而最大程度保留历史信息和全部价值，传递给后人真实的实物资料。

觉山寺塔修缮项目尝试进行研究性保护，注重对文物本体历史信息的收集、整理与研究（基础性研究）。因而工程中有大量的新发现，如：包含辽代墨书在内的218条题记、证实密檐塔体内部为空筒结构（过去一直认为是实心）、唐风瓦件——翘头、塔体各部位早期建筑工程做法等，丰富了觉山寺塔的文物价值（图14-3-1）。

2. 应使用科学的仪器设备与手段检测原材料的具体成分与性能，不能一概认为传统材料就是原材料。觉山寺塔塔刹铁件历经900多年风雨，仅表面生锈，大量厚不足1毫米的铁片保存至今；砖材料密实度较高，且经长期细磨产生釉面效果，如：塔心室地面方砖；砌筑灰泥至今仍非常坚固等。这些材料能够保存至今并仍发挥良好的性能，必定与其成分和工艺密切相关。在现代科技能够达到的检测水平，弄清材料的具体成分，进而认识当时的技术水平，是保证修缮时按原材料、原工艺施作的基础工作，亦可提高修缮后

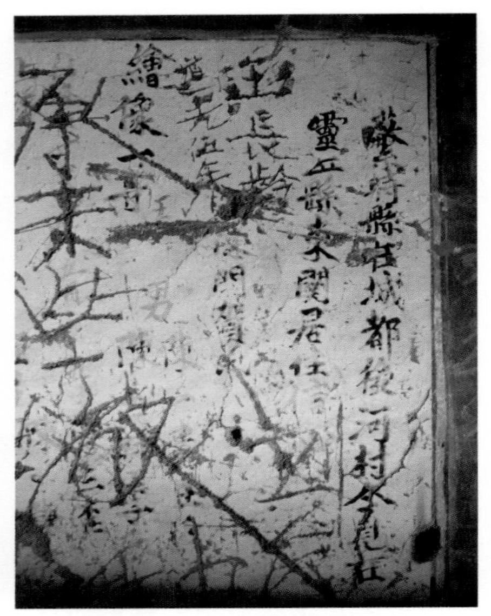

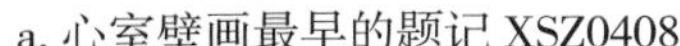

a. 心室壁画最早的题记 XSZ0408　　b. 心室壁画墨书题记 XSZ0403　　c. 心室壁画墨书题记 XSN0503

图 14–3–1　题记

文物建筑的真实性。

3. 传统工艺并不一定是原工艺，尤其早期建筑使用的早期工艺与传统工艺差别较大。宽泛地讲，传统工艺包括一切传统的技艺，但实际通常是指流传至今，仍在使用的传统方法的技艺。早期建筑建造时使用的工艺，经后世发展，很多已经发生变化，或改进，或摒弃失传。如：觉山寺塔筒板瓦宼瓦工艺，瓦缝严密几乎无“睁眼”等特点，与宋《营造法式》记载吻合，而与今天习惯使用的传统筒板瓦宼瓦工艺“睁眼”较高不同，后世已改进；又如塔檐椽飞等木构件加工带有铲凿痕迹，未用锯解、刨子净面，与通常所知的木构件加工传统工艺不同。所以，为了使补配构件更加尊重现状或接近原状，避免有损文物的真实性，应首先研究清楚保护对象使用的原工艺是什么，现今能否恢复这种工艺（这需要大量的时间和精力），如无法确认或恢复原工艺，再坚持采用传统工艺。

4. 文物保护工程中数量较多的一类构件（例：瓦件勾头）需要补配时，通常补配现存数量最多的样式。在觉山寺塔修缮工程中，贴面兽、套兽、风铎等构件数量众多且具有一定形式规律，补配残缺构件时，并不能仅考虑选择数量最多的样式，而是应基于科学的研究，首先对现存构件进行分析，如：发现密檐南半部贴面兽为张嘴兽，北半部为闭嘴兽，补配贴面兽应遵循张嘴兽、闭嘴兽的基本规律。或可根据现存不同样式的数量比例，确定补配样式、数量及位置，减小原本数量较少的样式经过数次修缮越来越少的问题。关于补配构件样式应进行深入分析，使补配构件更加接近原状，提高真实性。

5. 文物保护工程通常在最初就制订了计划工期，制订工期时大多难以考虑到材料准备所需的时间。比如：木材、砖瓦材料的备料过程皆需要较长时间，市场上售卖的木材多为原木，含水率较高，难以购买到干材，如果按传统方法阴干木材，时间很长，直接在木材厂家烤干木材，质量难以保证。文物修缮补配的砖瓦材料需按原样式、原规格，通常与市面上现有的样式、规格不同，需专门订制。现代砖瓦材料的烧造工期约需要2个月，且并不是一年四季都适合烧制砖瓦。又如白灰应购买块灰自行淋制，白灰膏以隔年陈膏质量为佳。保护工程中尤需注意备料与工期问题考虑周全，坚持“质量第一”的原则。觉山寺塔保护工程的前期主要工作之一就是在统计修补材料用量，考察材料厂家，及时制订材料计划并交与适合的厂家尽早制作。

6. 文物建筑上遗存的不同历史时期的维修痕迹应尽量保留，历史维修痕迹通常受当时社会背景、经济状况、技术水平等条件的影响，能够反映出文物本体的历史变迁，是其真实性、完整性的重要组成部分。首先，保护工程中应善于甄别是否存在后世修缮痕迹，通常后世维修部位的材料、工艺、做法等会与原有未维修的部位存在差异。基于研究性保护，在发现后世维修痕迹后，应分析维修的具体时间，当时这座建筑产生了什么问题，为什么要这样修，这种维修措施是否恰当等，进而对其价值进行评估，确定在本次保护工程中如何对待。当某种历史维修痕迹十分重要时，或填补当时的一段建筑变迁历史，或反映当时的气候和地质灾害，或工艺具有特殊性，或反映建筑的残毁规律等，哪怕维修部分现状已不能满足建筑的功能需求，也要通过今天能够达到的合理的技术手段解决问题，予以做出最大程度的保留，也就保留了文物本体丰富的、有价值的历史信息。而这一点也是保护工作参与各方需达成的共识，通常保护工程中，施工方是后世维修痕迹的第一发现者，而施工方不一定能够对其价值做出良好的判断，这时应上报监理、甲方，汇同其他各方一同研究、判断，甚至可以邀请相关领域专家参与，确定对其保留程度。总之，历史维修痕迹也是不可再生的，应慎重对待。

7. 做好文物保护工程资料的记录工作。其中对工序做好记录工作，在记录文物保护工程修缮方法、文物信息等方面作用突出，很多省市无此内容。工序记录能够记录文物建筑修缮部位在修缮前、中、后三个阶段的状况，较隐检、预检记录等其他资料内容更加连贯、全面，并且包括有大量的文物历史信息和照片。修缮前的记录可包括修缮部位的残损程度与原因分析、原有的结构形式和工程做法、拟定的修缮方案、施工前的准备工作等；修缮中的记录内容主要为修缮每一步的工艺、方法，并且可以对文保工程特有的解体工程详细记录，包括解体部位内部的残损情况、工程做法和新发现的文物信息；修缮后的记录主要记录修缮后的文物状态、观感、检验时需达到的要求标准，消除了哪些安全隐患等内容。

修缮过程是了解一座文物建筑非常好的机会，通常会发现大量的历史信息。而这些历史信息在文保工程资料体系中没有专门的硬性要求和对应的资料项目、表格，因而很多文物建筑修缮后只有很少的记录资料，尤其缺乏对建筑本体工程做法、新发现等历史信息的记录，而工序记录可以记录这些历史信息。

工序记录可以记录设计阶段难以勘察的隐蔽部位的工程做法，如：木结构榫卯、屋面苫背等，并且工程中对残损情况与原因会有更进一步的认识，这些记录应较勘察设计阶段更加深入。还可以记录工程中的新发现，如：题记、新发现的文物等。所以工序记录非常符合文物保护工程资料档案的需要，作用与优势十分突出，同样可以作为文物价值的载体，具有档案研究价值。

8. 保护工作中，对文物本体历史信息、工程做法等的记录应坚持分析性记录，即对记录内容略作基础分析。工程实施中，现场技术人员长期与文物本体接触，除了会发现大量的历史信息，也更容易对这些信息有所感悟和理解，发现其中反映的某些特征、规律等，而这是进行深入研究的第一步工作。例：在对觉山寺塔密檐檐面风铎全部勘察后，发现其规格自02层至13层逐渐增大的规律，如果只单单记录风铎规格，未加分析，基础分析放到后期研究时才做，以上规律的发现则会增加难度。

9. 本次对觉山寺塔的保护工程重点对塔体表面可见的残损实施修缮，而对于塔体众多细小裂缝在塔体内部的发展情况，对塔体结构的监测和评估应为今后觉山寺塔保护工作的重要内容之一，首先应选择科学的检测设备尽量探明裂缝在塔体内部的情况并进行日常监测，得出其发展变化情况，进而模拟日后较长一段时间塔体的变化情况，特别是遇到地震时的变化情况。若模拟结果发现日后可能出现较大变化使塔体损伤，可在大的损伤发生前预先采取一些较小的合理的加固干预，减小日后可能出现的损伤，进行预防性保护。

觉山寺塔构件编号方法、说明

一　编号规则

1. 构件名称用其对应拼音首字母简写，构件位置用数字表示。

2. 根据塔体特点，建立基本的八面体坐标体系。塔体八个面，以正南面为01，向东旋转，依次为东南面02……至西南面08。十三层塔檐从下向上依次为01层、02层……至13层。

3. 密檐部分构件编号，先确定“层”，再确定“面”。

4. 塔体某一（层）面同类构件的具体位置，用从左向右数第几个的数字表示。

5. 塔体某一面转角部位构件以（面对塔体）右端构件为对应本面构件。

6. 构件编号根据能够说明构件位置的需要，数字长度可以不同。

二　各类构件编号举例

1. 基座须弥座束腰正东面中间的伏狮编号为XMZ·FS 0302。

2. 基座平座钩阑束腰东南面左数第3个壶门内伎乐菩萨编号为PZGL·JY 0203。

3. 一层塔身正西面转角的倚柱编号为YCTS·YZ 07。

4. 塔心室东北面内壁壁画编号为BH·N 04。

5. 密檐第二层塔檐正南面左起数第3根檐椽上的风铎编号为FD 020103。

6. 密檐第二层塔檐正南面左起数第3根檐椽编号为CZ 020103。

7. 密檐第七层塔檐下西南面铜镜编号为TJ 0708。

8. 密檐第一层塔檐下西南面右侧铜镜编号为TJ 070803。

9. 塔檐第九层正西面瓦面的贴面兽编号为TMS 0907。

10. 塔檐第三层西南面左数第5垄前数第2个筒瓦编号为TW 03080502。

注意：

1. 不同构件编号数字有时会相同，例塔檐下椽子和其下吊挂的风铎，应注意通过字母加以区分。

2. 不同构件名称用拼音首字母简写表示时若相同，应增加字母以区分。

附　表

附表3-3-1　觉山寺建筑简介

分区：佛殿区、僧居区（僧房院）、翅儿崖、龙王庙、（隘门关）文昌阁和关帝庙

佛殿区：

中轴线

建筑	形制、特征	改制之处	备注
山门	单坡顶硬山建筑，建筑形式中西融合，南壁高耸直上，具有欧式教堂建筑风格，细部雕饰龙凤等中国元素，砖雕精湛。门券洞上方寺额“普照寺”。	山门前踏跺原台阶数较多，现减少，即原踏跺前地面较低。寺前毛石垒砌一道矮墙，与寺墙之间形成一道壕，现垫平。原从东面沿壕进入寺院，非现在从南面直接进入。	
牌楼	柱不出头二柱牌楼，前后戗柱。南北面皆有匾额和对牌，原有龙诚法师书楹联“大地山潭道觉寒，良民受惊几时安”。北面亦有其书鸾体书法，无人能识。	/	已毁
钟鼓楼	二层十字歇山顶建筑，平面方形，下层外带一圈回廊。	原瓦面为布瓦，上层未围合，仅有下部低矮的槅子围挡。	
天王殿	歇山顶建筑，北侧明间出卷棚歇山顶抱厦，平面凸字形。檐柱柱头穿过平板枋直接顶梁头，平板枋环抱柱头。殿内正中塑弥勒佛，背面韦驮护法，两侧列四大天王。匾额“法界禅林”，楹联“四部洲统领诸天大千世界，八功水普施众地不二法门”。	原前檐墙未开圆形窗，隔扇装修改制，殿前踏跺原为砖砌。	
东、西配殿	硬山建筑，梁架结构地方特征明显，椽子之间穿荆条连系，基本不钉椽钉。	原平面凹字形，明间前部凹进一步，隔扇门窗改制，室内原有纸吊顶。	
韦驮殿	前带廊硬山建筑，前檐明间廊柱柱头施护朽兽，山墙砖雕山花。廊心墙存龙诚法师书法“殊蛇蛟龙”“知远僧仙”。明间正中塑阿弥陀佛立像，其背后塑韦驮。屋顶脊刹正中书“天地君清司”“觉山大寺”。楹联“四十八愿最称奇，十方诸佛数第一”。	原中间三间开敞，可供通行，梢间封闭，用于居住，原室内无吊顶。前檐额枋、平板枋处遗存原彩画痕迹，门窗装修改制，原无石栏杆，殿前踏跺为砖砌。	
伽蓝殿	前带廊硬山建筑，殿内正中塑关公，壁画“佛本生故事”中出现“耶输应梦”情节。匾额“伽蓝殿”，楹联“千古禅林尊佛教，五灵福地镇魔军”。	无	

续表

建筑	形制、特征	改制之处	备注
祖师殿	前带廊硬山建筑，殿内正中塑达摩祖师，新绘壁画莲宗历代祖师。匾额“祖师殿”，楹联“佛日高悬光明世界，法轮大转普利人天”。	无	
大雄宝殿	撒头重檐歇山顶建筑，殿内供奉释迦牟尼佛及其弟子迦叶和阿难、药师佛、阿弥陀佛，壁画绘道教神众。屋顶脊刹中书“万寿无疆”“一九九〇立”等字，匾额“大雄宝殿”，楹联“佛生西域金身梦于汉帝，法流东土祥光现于周朝”。	装修改制，原室内无吊顶。殿前无石栏杆，踏跺为砖砌。	

东轴线

建筑	形制、特征	改制之处	备注
奎星楼	下为高台，中辟券洞通行，上为歇山建筑，整体形制类似城门楼。石雕门额“耀南”，楼内南面塑魁星，北面塑送子观音。	花栏墙高度降低，蹬道口上方原遮盖一半，檐柱间有挂落，屋面垂脊原有花脊筒子。	至碑亭间原无东院墙
泮池	泮池呈半圆弓形，为佛殿区最低洼处，下雨时佛殿区雨水基本全流至池内。也因长期积存雨水，导致奎星楼高台北面不均匀沉降，出现裂缝。池上架设砂石质单孔石桥。	/	已毁
字纸楼	专门用于焚烧带有文字的纸张，新中国成立后一段时间，废旧报纸也在这里焚烧。	原位于碑亭平台前西南。	已毁，当地方言“字纸楼”和“字纸炉”难以区分
碑亭	硬山建筑 20世纪90年代大修，更换构件较多，但仍保持地方做法。亭内存放珍贵的北魏《皇帝南巡之颂》碑和寺院历代重修碑记和僧人塔幢。	原明间通行，次间存放石碑，梢间隔断居住，装修改制，梢间前檐原无隔扇窗，仅有小窗，砖砌墙体较多。	建筑形式虽非“亭”，却名“亭”，应因其建筑地位及性质
东、西配房	硬山建筑，又称文武书房，原为寺僧学文习武处，清光绪时期杜上化创办的觉山书院应在此处。20世纪50年代、60年代仍作为觉山村教书场所。	装修改制，原室内有土炕，西配房屋面瓦件更换，规格比东配房大。东、西配房现用作觉山寺文物管理所。	过去寺院请武师教僧人习武
金刚殿	硬山建筑，屋面脊饰20世纪90年代新换。殿内塑八大金刚，壁画新绘“六祖坛论”“梁皇忏悔”“达摩东渡”“神光悟祖”。	基本未改制，后檐挑檐木下近年增加支柱。	
梆、点楼	二层六角攒尖建筑，一层墙体下部为须弥座。	原有木梯可上二层，装修略有改制，基本保持原形制。	
东廊房	前带廊硬山建筑 壁画“华严大法” 廊心墙有龙诚法师书“［掐］嘱儿孙”“□福临门”。	无	
西廊房	前带廊硬山建筑 殿内壁画有“天龙云集”“夫人满愿”“善男求度”等情节表现佛法广大。廊心墙龙诚法师书法“□恶□□”“进在自身”。	无	

续表

建筑	形制、特征	改制之处	备注
弥勒殿	重檐十字歇山顶建筑，外观为二层楼阁，室内上下相通。殿内塑弥勒佛、站殿将军，“弥勒佛传”壁画中出现“老君赐水”“元始赐食”情节。匾额“玄天真知”，楹联“大肚能容自有春秋，俯仰含笑无愧天地”。	装修改制，室内原无吊顶，殿前原无石栏杆，踏跺为砖砌。	

西轴线

建筑	形制、特征	改制之处	备注
文昌阁	下为高台，中辟券洞通行，上为歇山建筑，整体类似城门楼，石雕无字门额。阁内南面塑文昌帝君，北面塑月光菩萨。	花栏墙高度降低，蹬道口上方原遮盖一半，檐柱间有挂落，屋面垂脊原为花脊筒子。	西院墙前端原至文昌阁北端
月山禅师舍利发塔	仅存方形抹棱石幢构件，断裂二截，其下瘗埋舍利等物在20世纪90年代遭哄抢。	原位于文昌阁至密檐塔之间，现移至碑亭内。	
密檐塔	八角十三级密檐式砖塔，辽代大安五年（1089年）建立。 包括塔台、基座、一层塔身、密檐部分、塔刹五个部分。一层塔身内辟心室，中砌心柱，心柱南塑卧佛，北塑千手观音，壁面满绘壁画。	塔台有所改变，难以辨识。其前后世（应为清末）增加“小楼楼”，已拆毁，一层塔身木版门后世更换改制。	
罗汉殿	硬山建筑，正脊位于藏经楼檐下，无正吻。殿内中间塑地藏菩萨，十八罗汉位列两侧。匾额南面“誓愿弘深”，北面“诚则有灵”。	无	
东、西藏经楼	二层歇山顶建筑，平面方形。 原上层藏佛经，下层可居住。 西藏经楼保留了原有的彩画。	装修有所改制，原一层后檐窗户有木质小版门。	
东、西廊房	前带廊硬山建筑。	原有前廊，廊心墙仍存。装修改制。	
贵真殿	重檐歇山顶建筑，外观二层楼阁，室内上下相通。脊刹正中南面书“天地三界”、北面书“十方万灵”。殿内塑贵佛、文殊菩萨、普贤菩萨，壁画绘众佛。 匾额“云城自在”（民国十六年），楹联“出南海驾祥云霞光万道，净水瓶杨柳枝洒满乾坤”。	装修改制较多，原无吊顶，殿前无石栏杆，踏跺为砖砌。	

东副轴线

建筑	形制、特征	改制之处	备注
禅堂	硬山建筑，原面阔较宽，东西山墙靠近弥勒殿、大雄宝殿。 原为小和尚学习佛经处。	原建筑约在20世纪80年代拆毁，用于村民盖房。现整体全部重建，墙体红机砖砌筑。	

西副轴线

建筑	形制、特征	改制之处	备注
戒室	硬山建筑，屋面前坡长后坡短。 匾额“法海苦航”（民国十六年），楹联“放下万缘观自在，出离三界见如来”。	后檐向后拓宽，装修改制，屋面改制，其前踏跺等改制。 现用作方丈室。	
引礼寮	硬山建筑。	装修改制，现用作斋堂。	
井房	硬山小房一间，坐南朝北，间广约八尺，干槎瓦屋面，后檐墙仅砌一半高。井口置三角形木支架，架设辘轳。	原建筑拆毁，改为井亭形式，盝顶，2000年重建，仍保持地方做法。井口径0.66、井深约38、水深约7米。	

僧居区

建筑	形制、特征	改制之处	备注
大街门	二层硬山建筑，上层可眺望，下层开门。	/	已毁 一进院院面为地方做法的卵石铺地
照壁	位于大街门前对面。	残损严重。	
二门	原位于磨房与南面场院之间，朝西，为形式简易的大门。 （当地将大街门称为“大门”，此门“二门”，山门称为“三门”）。	/	已毁
南厅	前带廊硬山建筑，坐北朝南，俗称“七檩厅”，实为五檩。	残毁严重。	将毁
磨房	（南厅西侧）二间硬山建筑，与南厅接山，屋面相连。	现屋顶已不存，残垣断壁，石磨仍存。	基本已毁
小配房	大街门东侧硬山建筑四间，坐东朝西。	“文化大革命”期间拆卖至城头会村，仅存房基，内原有厕所。	已毁
香积（东配房）	七间硬山建筑，原为寺院伙房，内有铁锅极大。	20世纪80年代分给村民，后被个人拆毁用于另盖新房。	已毁
斋堂（西配房）	七间硬山建筑，原为寺僧日常吃饭处和仓房。	新中国成立后长期用作生产队牛圈，20世纪80年代毁于火灾。仅存遗址，断壁残垣。	已毁
过厅	卷棚硬山建筑，明间可通行，次、梢间用于居住。	东三间已毁，西二间仍存。残毁严重。	将毁
东配房	硬山建筑，原为僧舍。	/	已毁
西配房	硬山建筑，无飞椽，干槎瓦屋面，前坡长、后坡短，木构件存木纹彩画痕迹，原为僧舍。	新中国成立后分给村民居住，现为觉山寺文管所所有。长期为村民居住，略有改制，残毁严重。	将毁
文昌宫	前带廊硬山建筑，东西梢间隔断用于居住，原为龙诚法师住所。龙诚法师圆寂后，明间塑有其像，供有僧人牌位。	约20世纪80年代分给个人，后由个人拆至沙涧村，用于另建新房。仅存遗址，遗址上又另建房屋。	已毁 （二进院院面为方砖铺地）

翅儿崖建筑

建筑	形制、特征	改制之处	备注
观音殿	位于翅儿崖东洞，二层歇山建筑，下为窑洞（生产队时用作羊圈），上层木构歇山建筑，主要供奉观音菩萨，20世纪70年代和罗汉殿一并拆毁，砖瓦、木材、石碑等构件用于兴建觉山村后小学，学校后分给村民居住。	2000年重建，较原规模扩大。现山门为单坡硬山顶，门额“菩萨顶”；窑洞上仍建木构（南面外观）歇山建筑三间（明间佛像挂画，二次间用于居住），其两山对峙十字歇山顶钟鼓楼；其后另构观音殿歇山建筑三间，殿内供奉三大士；东侧一小间硬山建筑，内塑一手执玉圭的帝王形象；其东侧又有一韦驮像；最后部一间单坡硬山建筑，内供观音老母；另窑洞前东西配房各一间。东侧沿石壁凿蹬道，连通上下。	原建筑已毁
罗汉殿	位于翅儿崖西洞（翠峰洞），内塑众罗汉像。	2000年重建，单坡硬山建筑三间，中塑地藏菩萨，周围分置众罗汉。	原建筑已毁

隘门关前

建筑	形制、特征	改制之处	备注
文昌阁	位于唐河东侧，今城头会村附近。原应有一进院落，有窑洞三眼，窑洞上筑阁。	/	已毁
关帝庙	位于唐河西侧，与文昌阁对峙。	/	已毁

其他建筑

建筑	形制、特征	改制之处	备注
龙王庙	位于寺后东北，清末民初建成，约为3间，内塑龙王、山神、土地等神。因位于风口，1960年左右，曾被大风刮翻屋顶，后又修缮。	“文化大革命”时拆毁，拆下木料变卖。现仅存残砖瓦砾。	已毁
窑洞	位于凤凰台下南偏西位置，毛石砌筑窑洞五眼，建于清代光绪时期，作为当时修建寺院工匠的住处。新中国成立后长期为王姓村民居住，2016年搬离。	无	
凤凰台小塔	位于凤凰台上，方形三层密檐小塔，辽代建筑。包括：塔台、基座、一层塔身、密檐部分、塔刹五个部分。	后世修缮一层塔身，外包条砖。现塔刹仅余刹座，近年被多次盗挖破坏。	

说明：

1. 本表对寺院建筑形制、改制之处的调查记录为本次修缮工程前（2014年）的状态。

2. 通过调查可知，寺院原有建筑毁坏很多，主体佛殿区建筑大部分保存下来。20世纪90年代觉山寺整体大修，对寺院建筑形制改动较多，如：装修、屋瓦、地面铺墁等，但仍保持地方手法。另建筑彩画、塑像全部为20世纪八九十年代新绘、重塑。

3. 关于几处建筑考证：

（1）禅堂院

大雄宝殿与弥勒殿间原有一座硬山建筑，原为寺内小和尚学习佛经处。禅宗寺院禅堂位置一般应靠近大雄宝殿，所以，大雄宝殿与弥勒殿间的硬山建筑应为禅堂，其所在小院应为禅堂院。

（2）祖堂院

僧居区二进院正房文昌宫，原为龙诚法师居住，其圆寂后，僧徒在明间塑其像，并供有僧人牌位，文昌宫应为觉山寺的祖堂，其所在院落应为祖堂院，也是方丈院。

（3）觉山书院

清光绪十五年（1889年），觉山寺重建工程半竣。本县杜上化先生到觉山寺创办了觉山书院。宣统元年（1909年），杜上化出任山西省咨议局副议长，但觉山书院延续了下来。现东轴线金刚殿前东西配房，原名为文书房、武书房，是寺僧学文习武处。新中国成立后一段时间，文武书房仍用作教书场所，觉山村内有的老人儿时曾在这里学习。因此，觉山书院的位置应在现金刚殿前东西配房处。另觉山书院初创时，正值觉山寺重建工程半竣，现东轴线金刚殿前东西配房很可能还未建设。所以，初期的觉山书院位置应不在现东轴线东西配房处。

（4）官厅、客堂、十方堂等根据建筑功能关系应皆位于寺东僧居区，具体位置不详。

（5）僧人墓塔

觉山寺周边田地中散布历代僧人墓冢，多为墓塔或塔幢形式。其中凤凰台西侧田地原为觉山寺祖茔，主要有辽、金、元时期的僧人墓塔，（至新中国成立时）约遗存十几座，形成一片小塔林，当地俗称“小塔坟”，占地约一二亩，在其东侧（水沟东侧）靠近凤凰台的农田中为部分后世清代的僧人墓冢。辽、金、元时期的僧人墓塔皆无凤凰台小塔高大，辽代墓塔为小型砖砌八角密檐塔形式，约有五层，在一层塔身处刻有塔铭。其中最高一塔约2米多高，砌筑最精细，形制类似觉山寺塔，其下又有三四个小塔，高约1.5米。金代时期墓塔应多为石雕塔幢形式，目前发现三座幢身，保存于寺院碑亭内，其他塔幢构件散布于寺内和寺外。砖砌喇嘛塔形式的墓塔应多属元代建立，约有三座，靠近祖茔边缘，塔身部位亦镌刻塔铭。另元代也有石雕塔幢，目前发现两座幢身，存于寺院碑亭。这片塔林东侧的清代僧人墓冢区，有一圆寂比丘“海□”墓碑，刊刻时间为康熙四十年（1701年），大致反映这里为清代前期寺僧暮冢。另据当地村民介绍，此处原也有二僧（比丘尼）暮冢。

明代僧人墓冢主要集中于寺院南面田地，俗称“十六亩地”（实际并无十六亩），今古茶树附近。墓塔为砖石砌筑，约有十几座，高约1米，建造不够精细，有圆形者，排列有序。另有明永乐二十一年（1423年）刊立的月山禅师舍利发塔位于寺内文昌阁与密檐塔之间，1998年寺内施工取土时挖出舍利、银碗等物遭民工哄抢，现断为两截的幢身存于碑亭内。

清末光绪时期复兴觉山寺的龙诚法师及其弟子墓冢位于寺院东面田地，俗称“十八亩地”，具体位置为田地西北角，其后原有三排松树，今余一排七棵，松树位置原为土丘，历代建造寺院不断取土，高度降低，清末栽种松树以补地形缺陷，亦作为龙诚及其弟子墓冢的“后靠”。龙诚法师卒于民国十六年（1927年），八年后下葬，其墓塔为石砌，方形塔台，宽约3米多，规模较大。其下僧徒弟子按照“昭穆制度”左右排列，整齐俨然。

觉山寺历代僧人墓塔位置大致发展变迁顺序为：寺西、寺南、寺东，各处皆排列有序。早期的墓塔主要集中在寺西祖茔，因面积有限，后世明清时期需另择墓冢地址。这些墓塔多为砖石砌筑，有密檐塔、喇嘛塔等形式，因塔铭镌刻于多块砖石，塔被毁后，塔铭亦不能保存，其上文字信息不得考。石雕塔幢形式墓塔，为砂石和石灰石材质，相对不易彻底毁坏，幢身刊刻的高僧生平、游历等信息对研究觉山寺寺史、佛事交流等方面大有裨益。因20世纪50年代开展“土改”运动，这些墓塔均被拆毁，夷为平地，砖石构件或砌到田间地头或挪作他用。觉山寺祖茔处东侧原有一条小水沟，因上游开垦土地，夏季水量增大，水土流失严重，逐年将祖茔冲毁，现已冲刷成沟壑，加之平整土地，小塔全部毁坏，冲毁的墓塔暴露出其下瘗埋高僧舍利或骨灰的瓦罐等物，多被水冲去。

4. 龙井茶树

觉山寺南“十六亩地”中生长着一株龙井茶树，树高5、树干高3米，胸径0.2厘米，此茶树相传为明朝中期从南方移植到觉山寺，距今已有400余年历史。约在清光绪时期重修觉山寺时，茶树已基本是现在的样貌。现仍生长旺盛，觉山寺寺僧及当地村民每年按时令采摘，将茶叶上笼蒸晒，反复七次，即成可饮用茶叶，茶水呈杏黄色，其味芳香浓郁。饮用此茶，可使因受寒引起的腹痛者立即止痛。过去，寺僧常在四月初四庙会时用新茶待客*。

* 关于龙井茶树的内容多有参照高凤山：《灵丘名胜古迹》，大同日报社印刷厂，1995年。

基座须弥座附表说明

1. 表格编号，例A-JZXMZ-01-01，“A”表示勘察类表格，“JZXMZ”为“基座须弥座”的首字母缩写，“01-01”表示第一类表格的第一个表格；

2. 统计表中，须弥座的每面编号，以塔体正南面为01，向东旋转每面依次编为02、03......08；

3. 统计表中，将须弥座划分为3个大层：束腰上、束腰、束腰下，然后在这三个大层中把每层砖进行区分，束腰依据砖雕把每个部位的砖进行划分，束腰上、下以束腰为参照，把各层砖定位；砖构件栏中“束腰上第1层（上6）”，“第1层”表示束腰以上部分上数第1层，束腰以上从下向上数的第6层；“束腰下第1层（下1）”，束腰下面部分的第1层，下面部分从上向下数的第1层；

束腰雕饰构件的编号根据能否区分砖雕构件，编号方式有：

① 面号，即只使用面号即可区分构件，一般用于每面仅有一个的构件，例：力士06，即可表示东北面的力士；

② 面号+该构件在该面同类构件从左向右数为第几个的号，例：伏狮0202，表示02东南面从左向右数的第02个伏狮；

③ 面号+组号+该构件在该组同类构件从左向右数第几个的号，主要用于壶门、胁侍，按壶门分作三组，例壶门020102，即02东南面第一组壶门01从左向右数右侧的半个壶门构件02（这些编号主要体现在砖规栏内）；

4. 表中统计数据括号内内容皆为根据其他面或其他部位推测所得，不是该面实际测得；

5. 统计表中，统计数据前的“表”“里”，“表”表示表面露明砖，“里”表示里面的填馅砖；有表砖的统计表砖砖规，可见背里砖的统计背里砖砖规；

6. 统计表中，“应有数量”“残缺数量”中的统计数字均为表砖，无背里砖；

7. 统计表中，数据后的“角”表示该项统计数据中含有一块转角部位的砖；

8. 统计表中，束腰下第4～11层（第8层除外），用砖规格400毫米×75毫米×200毫米为推测所得。

附表5-3-1 基座须弥座（残缺）补配砖构件统计表

表格编号：A-JZXMZ-03-01

序号	砖规（毫米）	用砖位置	数量（块）	备注
1	570×285×75	束腰上·第1层（上6）	120	
2	500×260×75	束腰上·第2层（上5）	68	
3	435×435×75	束腰上·第3层（上4）	16	
		束腰上·第5层（上2）	18	
		束腰上·第6层（上1）	43	
		束腰下·第1层（下1）	44	
		束腰下·第8层（下8）	46	
4	445×445×115	束腰上·第4层（上3）	2	
		束腰下·第2层（下2）	53	
		束腰下·第3层（下3）	53	
5	450×250×75	束腰·伏狮	10	
6	400×360×75	束腰·壶门	34	
7	400×300×50	束腰·胁侍	46	
		束腰·兽面	12	
		束腰·蟠龙柱	8	
		束腰·转角力士	8	
8	400×200×75	束腰下·第4层（下4）	100	
		束腰下·第5层（下5）	100	
		束腰下·第6层（下6）	100	
		束腰下·第7层（下7）	100	
		束腰下·第9层（下9）	100	
		束腰下·第10层（下10）	100	
		束腰下·第11层（下11）	85	
		塔台台面	448	
		散水	525	

附表5-3-2　基座须弥座束腰现存砖雕勘察统计表

表格编号：A-JZXMZ-04-01

面编号＼砖雕	伏狮	壶门	胁侍	兽面	蟠龙柱	转角力士
01	01（残1）	0102（残3）	/	/	/	*01*
	03（残2）	0201（残1）	/	/	/	/
	/	0301	/	/	/	/
02	02（残2）	0404（残1）	/	*01*	/	/
	03（残1）	0302（残1）	/	*02*	/	/
	/	*0101*	/	/	/	/
03	01（残2）	0101	0102（残1）	01（残1）	/	*03*
	02（残3）	0102	*0201*	02（残3）	/	/
	03（残2）	*0201*	/	*02完整*	/	/
04	01（残1）	0101	/	01（残1）	/	/
	03（残3）	0102（残3）	/	02（残3）	/	/
05	01（残3）	0102（残3）	/	01（残3）	01（残1）	/
	/	0301（残3）	/	/	/	/
06	01（残3）	0101	*0102*	*0601*	/	/
	03（残1）	0301（残1）	*0202*	*0602*	/	/
	/	0302（残1）	*0301*	/	/	/
	/	*0201、0202*	*0302*	/	/	/
07	01（残2）	0301	0302（残1）	/	/	*07*
	03（残3）	0302	/	/	/	/
08	01（残2）	0302（残1）	0201（残1）	01（残1）	/	/
	03（残1）	/	*0102*	/	/	/
现存数量	15	17	3	6	1	0
新发现数量	1	4	6	4（3）	0（1）	3

说明：

1. 表格中砖雕列下的01、02、03皆表示砖雕构件编号，非数量，即该构件在须弥座某一面同类构件从左向右数的第几个号，可反映该砖雕残存了哪个。

2.（残1）（残2）（残3）表示残损程度，残1表示砖雕局部轻微残缺，残2表示砖雕中度残缺，但仍保留其大致轮廓，残3表示砖雕残损严重，不能看到其大概样貌；未标注的表示基本完好。

3. 表格中，红色倾斜字体的砖雕为历史照片中发现的砖雕，现已不存（历史照片中另有两个兽面，位置不明确）；蓝色倾斜字体的砖雕为新发现的实物砖雕（新发现的实物砖雕伏狮0103通过比对确定了其位置，另有一蟠龙柱位置不明确，寺院西藏经楼一层西侧窗户口发现一残存1/3的兽面，位置不明确）。

附表5-3-3 基座须弥座束腰伏狮规格、造型、残损情况勘察表

伏狮	规格（毫米）	造型	残损情况	备注
0101	高415、宽450、深290 底座宽370、深190、厚40	趴伏状，昂首左望，两前肢撑地，肘外转，仿佛要撑起身体，钻出壸门；头顶独角，向后弯，头后毛发较长，垂散胸前、肘部、身后，每绺发端多卷，双耳短圆，面部残缺严重，腮部两圈蹼状物，无腮须，颈下胸前肌肉凸起呈梅花状，脖前系丝带，下坠铃（现已不存），两前肢肌肉亦凸起，肘部卷毛，胸两侧缠绕火焰形带状物。	面部、左前肢、脖间铃形物残缺，其他部位小残缺。	
0103	残高370、宽280、深290 后孔高90、宽90、深170	造型基本同0101，头顶无角。	面部、两前肢、脖间铃残缺，身体两侧残损，底座残缺。	文管所收藏，通过比对确定其位置为0103。
0202	残高370、宽320、深300 底座宽360、深190、厚40	头部似乎稍向右转，前肢撑地；脖系丝带，胸部、前肢肌肉凸出，身披锦帛。	头部、左前肢、胸前坠饰铃状物残缺。	
0203	高435、宽390、深300 底座宽360、深190、厚40	趴伏昂首，转头右望，两前肢撑地；头顶小耳短圆，眉心蹙起，眉尾卷曲上扬，眼睛怒视，厚舌弯曲，舌尖上翘，腮后卷须，头后毛发多卷曲下垂，脖系丝带，下有坠饰，颈部、胸部、前肢肌肉鼓凸。	嘴、鼻、右前肢残缺。	似为三爪
0301	残高370、深280 后孔深150、壁厚45 底座宽360、深190、厚40	昂首左转头，双爪抓地；嘴部可见舌、牙齿，卷腮须，头后毛发特别卷曲，颈系丝带，下坠铃形物，身后与壸门衔接处披锦帛。	头部残缺一半，两前肢、脖下铃残缺。	身体后方孔塞碎砖和白灰
0302	残高200 后孔高100、宽130、深约150 底座宽360、深190、厚40	身体上披锦帛。	基本残缺殆尽，底座中间开裂宽5毫米，后方孔塞入较大砖块，较严实，应在制作好坯后烧制前塞入泥块，烧制过程中导致底座撑开开裂。	
0303	高370、总深290 后孔高130、宽110 底座宽360、深190、厚40	抬头右望，头后披散毛发较长，垂至胸前，身体披锦帛。	面部残缺较多，两前肢、脖下铃残缺，头部酥碱严重，上部雨水流下所致，身体后部与方形底座粘接处开裂。	

续表

伏狮	规格（毫米）	造型	残损情况	备注
0401	高380、总深275 后孔高130、宽120、深160 底座宽360、深190、厚40	抬头左转，头下部向外扭转，造型更加生动，表情凶猛；两粗眉紧蹙，张大嘴怒吼，腮须上卷，头后毛发披散，脖间系铃形物，左胸前系结，身体上披锦帛。	嘴、鼻、两前肢、脖下铃残缺， 底座裂纹。	身体后方孔填塞灰泥
0403	残高300、总深220 后孔宽150、高105、深180 底座宽370、深190、厚40	两前肢撑地，左前肢稍靠后，胸、颈、前肢肌肉鼓凸，左前肢卷毛较多。	头部、右前肢、胸前所系坠饰残缺。	头部残断处有2个长圆小孔；面部似有指纹痕迹。
0501	残高250、总深240 后孔高130、宽110、深150 底座宽350、深190、厚40 身体后部总高190	胸、肘部肌肉鼓凸，胸前系坠饰。	头颈部残断，右前肢、脖下坠饰残缺，后方孔边缘有细小裂纹，左前肢已断裂，有白灰黏结，为修缮痕迹。	应为直颈昂首状 颈部残断处有小孔
0601	残高240、残宽260、深240 后孔高115、宽125、深160 底座宽360、深190、厚40	身体肌肉比较鼓凸。	残缺殆尽，只剩身体，底座残损。	后方孔装桃核、杏核、黍子
0603	高280、宽420、深350 底座宽360、深190、厚40	伏身低首右转，两前肢撑起；卷腮须，头后毛发披散，卷曲流转，富有动感，脖下系圆形铃，两前肢粗壮，肌肉鼓凸，肘部卷毛。	头部残缺一半。	
0701	高280、宽360、深350 底座宽360、深190、厚40	伏身左转头，头后毛发呈一束，略上扬，脖间系丝带，身披锦帛。	头部、两前肢、脖下坠物残缺。	
0703	高230、宽360、深270 底座宽360、深190、厚40	伏身，右前肢撑地，右转头，肌肉极鼓凸，脖系丝带。	头部、左前肢、脖间系物残缺；整体酥碱，由上部流下雨水所致。	头部残断处，约喉部有一小孔
0801	高320、宽360、深360 底座宽360、深190、厚40	伏身，脖颈前伸，左转头，头顶短圆小耳，头后毛发卷曲上扬，脖间系丝带，下坠双卷云形坠饰。	头部残缺一半，两前肢残。	
0803	高320、宽440、深350 底座宽360、深190、厚40	俯身低首右转，头后毛发卷曲流动上扬，两前肢撑地，肌肉凸起，张嘴凶吼，怒目圆瞪，脖系丝带，身披锦帛。	嘴、鼻、脖间坠物残缺。	

附表5-3-4 基座须弥座束腰兽面（版柱）规格、造型、残损情况勘察表

兽面	规格（毫米）	造型	残损情况	备注
0201	/	头顶双角，角两侧双耳，双眉似“八”字形，双眼左转，腮后卷毛，颌下“八”字形胡须，面部肌肉鼓凸，上下两端莲花瓣。	现残缺 （历史照片中较完好，嘴部似略残）	根据须弥座历史照片
0202	/	头顶双角弯曲，角后尖耳，双眼左转，鼻孔粗圆朝前，腮后似有蹼状物，下颌八字形胡须，面部肌肉凸起，上下两端莲花瓣。	现残缺 （历史照片中较完好）	根据须弥座历史照片
0301	高400、 宽300	头顶弯曲双角，角下端有一圈点窝状物，角后圆筒形尖耳，双眉粗大，呈“八”字形，两端上翘，使兽面表情显得凝重怪异，双眼看向须弥座中间，眼球中圆凹，右眼凹处填泥土，嘴鼻处略残，鼻孔粗圆，獠牙外露咬住下唇，嘴两端有粗圆状物，已断残，较獠牙更粗，很可能是同兽面0801一样的圆环，颌下、腮后至耳后皆有卷须，面部肌肉高凸，兽面上下端露出莲花瓣。	嘴鼻稍残，左右两侧有被撬动痕迹，左侧已撬碎。	
0302	残高160、 宽300、 总厚120、 后方厚40 （前后各厚75）	兽面下部三瓣莲花瓣，表面有“八”字形胡须痕迹，莲瓣间划莲蕊； 从须弥座历史照片中看到的完整兽面0302： 头顶似独角，两侧尖耳，蹙眉上扬，双眼似向左看，鼻孔粗圆，似有卷腮须，面部肌肉凸起，上下莲花瓣。	仅余兽面下部的莲花瓣三瓣 断面有较明显前部塑形泥坯和后部底托泥坯分隔界面；下端后部凹进，安装时砌满白灰，下表面有剔凿痕迹。	现存部分可能是残断剩余部分
0401	高400、 宽300	头顶独角弯曲，角下端有一圈点窝状物，粗眉似火焰，前端卷曲，后端上扬，右眉稍高，双眼正视前方，嘴鼻残缺，獠牙外现，左嘴角部分残断，嘴角边有蹼状物，其后至耳下卷须，右嘴角痕迹不明显，嘴下表现胡须，兽面上下两端露出莲花瓣。	嘴鼻处残缺，残存部分仍有裂纹，其他部位略残缺。	按兽面0801形象，其右眉陡立、稍高，双眼转向左侧，0401也是右眉稍高，其应与0801位置相同，即每面须弥座的左侧。
0402	残高290、 宽300、 总厚160、 后厚120	头顶双角，角下端点窝状卷曲物，角后圆尖双耳，双眼右转，腮部鼓凸，腮后蹼状物，其边缘刻划细线，上部莲花瓣三瓣，莲瓣间划线似莲蕊，上部后面凹进。	仅存上部2/3，面部大多残损，原样貌不明。	

续表

兽面	规格（毫米）	造型	残损情况	备注
0501	高400、宽300、后厚40	头顶独角，两侧双耳，上部表现出约五瓣莲花瓣，莲瓣间划出莲蕊，上部后面凹进。	仅保留兽面上部莲花、双耳、其后底托，面部塑造部分全部残缺（残缺面位于前部与后部黏结面）；上部横向裂纹、下部已断裂，断面酥碱，下部莲花瓣表面残缺，露出横向纹理。综合以上情况，该兽面制作质量较差。	面部残缺后露出内部制作痕迹，残缺面较光滑，应为下部底托原表面。后表面可见坯胎泥块组成。
0601	/	头顶双角，双眉略呈“八”字形，眼睛向右转，鼻孔粗圆，嘴微张，下颌八字形胡须，腮后似卷腮须，兽面上下两端皆三瓣莲花瓣。	局部略残缺	根据须弥座历史照片
0602	/	头顶独角，角两侧尖耳，眉心蹙起，眉尾上扬，双眼似正视前方或稍向右转，宽鼻，嘴部咬牙衔环，嘴角张开较大，獠牙现露，下颌“八”字形胡须，上下端三瓣莲花瓣，表情极凶。	头顶独角残缺	根据须弥座历史照片
0801	高400、宽300	头顶独角，下端一圈小圆珠，角两侧圆筒状尖耳，粗眉上扬，眉心紧蹙卷曲，双目怒视，左侧鼻翼极宽厚，嘴微张衔环，露出獠牙、下唇，嘴下卷须，腮部肌肉，腮后卷须，兽面上下两端露出莲花瓣。	头顶独角残，嘴上部右侧残，其左侧有撬动痕迹。	
西藏经楼残存兽面	残高170、宽320、厚170	头顶独角，角下端点窝状物，两侧小圆尖耳，上部有约五瓣莲花瓣，后部凹进较多。	兽面仅存上部1/3	现位于西藏经楼一侧窗户，质地色黑、密实。
须弥座历史照片08兽面	/	头顶双角弯曲上翘，角下点窝，两侧尖耳，眉心蹙起似如意形，双目正视前方，鼻翼宽阔，嘴微张衔环，下为胡须三束，上下端两层莲花瓣。	右耳处残，衔环残缺大半。	
须弥座历史照片09兽面	/	头顶双角弯曲，角下点窝状物，两侧圆尖双耳，双眉紧蹙，呈“八”字形，额头皱纹二道，双目右转，鼻孔粗圆，嘴部微张，露出獠牙，上唇有线条延至下唇，腮后蹼状物，下颌“八”字形胡须，上下端皆有莲花瓣。	基本完好	极符合兽面0202

附表5-3-5　基座须弥座束腰胁侍规格、造型、残损情况勘察表

胁侍	规格（毫米）	造型	残损情况	备注
030102	400×230×130，后厚50	身体向右微转，手捧两端涡卷状物；身着宽袖上襦，袖口极长，下着裙，中间似有蔽膝，披帛前绕至膝处，搭于两肩后，飘飞于身后，造型飘逸。	头部残缺，手中捧物稍残缺。	
070302	400×230×130，后厚50	似为女性形象。头戴冠帽或包髻之类，长带飘于身后，身着左衽宽袖上襦，宽袖内有窄袖，下着裙，前有蔽膝，皆束于胸下，蔽膝下有长条状物覆压下裙，披帛前端绕制腿部，搭于两肩飘于身后；双手合于一处。	面部、双手残缺，脚部略残。	服饰与胁侍080201相似
080201	400×230×130，后厚50	身体略左转，双手捧物；上着宽袖上襦，宽袖内为窄袖，下着裙，前有蔽膝，披帛前端环绕至腿部，搭于两肩后飘于身后。	头部残缺。	
人物砖雕	高400、宽235、 总厚140、后厚50	坦露上身，着披帛，下着缚裤，腰系胯裙，脚戴环。	残损严重 头部、身体残缺较多，现存部分断裂两半。	灵丘县文管所藏

附表5-4-1　基座平座钩阑各部分构件残损情况勘察表

表格编号：A-JZPZGL-01-01

砖雕构件 \ 残损情况		01正南面	02东南面	03正东面	04东北面	05正北面	06西北面	07正西面	08西南面
钩阑	寻杖	轻微残缺	完好	完好	稍残	轻微残缺	完好	完好	完好
	斗子蜀柱	完好	完好	完好	完好	完好	完好	完好	完好
	上层华板	完好	完好	完好	完好	完好	完好	完好	完好
	盆唇	轻微残缺	完好	完好	完好	完好	完好	完好	完好
	蜀柱	完好	完好	完好	完好	完好	完好	完好	完好
	下层华板	完好	完好	完好	完好	完好	完好	完好	完好
	望柱	柱头残缺	柱头残缺	柱头残缺	柱头残缺	柱头残缺	柱头残缺	柱头残缺	柱头残缺
	地栿	完好	完好	完好	稍残	稍残	稍残	完好	完好

续表

砖雕构件 \ 残损情况		01正南面	02东南面	03正东面	04东北面	05正北面	06西北面	07正西面	08西南面
平座铺作	补间铺作	0102稍残	0201稍残	完好	完好	稍残	完好	0701稍残	完好
	转角铺作	稍残	稍残	稍残	稍残	稍残	稍残	稍残	稍残
	普柏枋	稍残	稍残	稍残	稍残	稍残	完好	完好	稍残

说明：

1. 基座平座钩阑砖雕构件编号，一般由两部分组成，面号和砖雕在该面中从左向右数第几个的号，例：平座补间铺作0102，正南面从左向右数第二朵补间铺作；束腰二龙戏珠、壶门、胁侍编号由三部分组成，面号+该面从左向右数第几组号+该组从左向右数第几个号，例：胁侍030301，正东面从左向右数第3组的左数第一个胁侍；

2. 转角部位的构件，每个面包含右侧的一组：转角力士和邻近的两个蟠龙柱。

附表5-4-2　基座平座钩阑束腰砖雕残损情况勘察表

表格编号：A-JZPZGL-01-02

砖雕构件 \ 残损情况		01正南面	02东南面	03正东面	04东北面	05正北面	06西北面	07正西面	08西南面
束腰	二龙戏珠	010301头部残一半	完好	030301、030302残缺	040202、040302残缺，040201头残并外倾30毫米	050101、050202、050302残缺	完好	完好	完好
	壶门	010102、010302稍残	020201稍残、020202中残	030101、030201、030202、030301、030302稍残	全部稍残	050101、050102、050201、050302稍残	060101、060102中残060202、060302稍残	070101、070102、070301、070302稍残	080101、080102、080301、080302稍残
	胁侍	头部全部残缺	020102、020201、020302头残，020101头手残，020202全缺	030101、030202全残，030102、030201、030301、030302头残	040101、040102全残，040201、040202头手残，040301、040302头残	050201较完好，050101全残，其余头部残缺	060102、060202、060302头手残，其余头部残缺	070101、070301、070302全残，070201、070202头部残缺	080101、080102、080302全残，080201、080202、080301头残
	乐舞菩萨	0101、0102手残，0103头、手残	头、手部全部残缺	头手部全部残缺	0401头残，0402、0403头、手残缺	皆头、手残	0601头残，0602、0603头、手残	0701头残，0702、0703头、手残	0801、0802头残，0803头、手残

续表

残损情况 砖雕构件		01正南面	02东南面	03正东面	04东北面	05正北面	06西北面	07正西面	08西南面
束腰	补间力士	0101、0102头、手残	0201头、手残，0202头残	0301头、脚残，0302几乎全残	0401为兽面，0402头、手、脚残	0501头、脚残，0502头手脚残	皆头、脚残	皆头残	皆头、手残
	转角力士	头、脚残	头、脚残	头、手、脚残	头、手、脚残	头、脚残	头、脚残	头、脚残	头、脚残
	蟠龙柱	稍残	0202稍残	稍残	完好	0502稍残	0602稍残	完好	0802稍残

附表5-4-3 基座平座钩阑束腰乐舞菩萨、胁侍造型、残损情况勘察表

菩萨/胁侍		残损情况	造型	备注
0101	01胁侍	头部残缺	应为侍女形象。脚踩祥云，手捧宝匣，身着宽袖上襦，下着裙，披帛，衣带飘飞。	这种祥云形象多见于敦煌莫高窟壁画
	菩萨	双臂残	舞伎菩萨。整体呈"S"形，右出胯，头戴宝冠，面庞圆润；身着右袒式僧祇支，胸下束带系结，肩部似有天衣，下着长裙，外罩及膝胯裙，腰系长带。	
	02胁侍	头部残缺	形象与010101胁侍基本相同	
0102	01胁侍	头部残缺	舞伎，整体呈"S"形，右出胯，着披帛，下着长裙，外罩胯裙，腰系长带，手握巾带舞动。	
	菩萨	手残	乐伎菩萨。跏趺坐，手中似执乐器，脸稍左侧，嘴微张，头戴高冠，颈间璎珞两侧系长飘带，身着右袒式僧祇支，胸下束带系结，外披天衣，下着长裙，身后宝缯、飘带飞扬。	可能是乐舞指挥者
	02胁侍	头部残缺	形象与010202胁侍基本相同，左出胯。	
0103	01胁侍	头部残缺	舞伎。脚踩祥云，手执彩带舞动，舞姿与010201胁侍相同，着披帛，戴腕钏，下着长裙，外系胯裙。	
	菩萨	头、手残	舞伎菩萨。左出胯舞动，双手应执巾带，头戴菩萨冠，下着长裙，外系胯裙。形象与0101菩萨基本对称。	
	02胁侍	头部残缺	舞伎。脚踩祥云，双手似相交，左出胯，回首状舞动。	
0201	01胁侍	头、手残缺	身着左衽圆领窄袖长袍，圆领内有亲领，腰系绦带，头戴牛耳幞头，右手在胸前，左手托盘，盘内圆形物，物后有三根长状物。	概为文官献宝题材
	菩萨	头、手残	乐伎菩萨，跏趺坐，两臂端起，原应手执乐器，冠带、衣带飘飞。	
	02胁侍	头部残缺	身着右衽宽袖广身长袍，腰束带，下垂蔽膝，头戴直脚幞头，左手执笏板于胸前，右手托盘。	盘内所托物与020101胁侍相同

续表

菩萨/胁侍		残损情况	造型	备注
0202	01胁侍	头部残缺	身着宽袖广身长袍，宽袖内着窄袖衫，头戴直脚幞头，拱手站立。	
	菩萨	头、手残	乐伎菩萨跏趺坐，双臂微端，原应手执乐器，下着长裙，帛带飘扬。	
	02胁侍	整体残缺	/	
0203	01胁侍	较完好	高鼻深目厚唇、前额突出，头部包裹头巾，左回首，拱手站立，戴腕钏，上身似坦露，披帛，下着缚裤，外罩胯裙，腰系长带。	似西域胡人形象
	菩萨	头、手残	乐伎菩萨。跏趺坐，身着右袒式袈裟、披帛，双臂端起状。	
	02胁侍	头部残缺	形象基本同020301胁侍	头部残缺
0301	01胁侍	整体残缺	/	
	菩萨	头、手残	乐伎菩萨。跏趺坐，身着右袒式僧祇支，胸下、腰间系带，下着裙。	可能也是怀抱琵琶
	02胁侍	头部残缺	身着宽袖上襦、下着裙，披帛前端环绕至腿部，搭于肩后飘扬身后，袖带飘飞，双手捧葵形盘，盘内托物。	下裙前似有蔽膝
0302	01胁侍	头部残缺	头部用巾帻挽结发髻，上身似坦露，披帛环绕肩、臂，下着长裤，外系胯裙，腰系宽带，双手似合十状，戴腕钏。	
	菩萨	头、手残	乐伎菩萨。跏趺坐，身着右袒式僧祇支，胸下束带系结，外着天衣、披帛，下着长裙，外系胯裙。	衣饰明显
	02胁侍	整体残缺，旧断楂	/	
0303	01胁侍	头部残缺	身着左衽宽袖上襦，宽袖内着窄袖衫，下着裙，搭配蔽膝，蔽膝下有长条带覆压裙面，披帛前端环绕至腿部，搭于肩飘飞身后，双手托物，身后有长冠带。	服饰层次较多
	菩萨	头、手残	乐伎菩萨。跏趺坐，颈戴璎珞，着天衣、披帛，下着裙，怀抱琵琶，应是左手扶颈，右手弹拨。	
	02胁侍	头部残缺	形象基本同030301胁侍，身体微左曲，服饰层次较多。	
0401	01胁侍	整体残缺，旧断楂	/	
	菩萨	头残	乐伎菩萨。跏趺坐，身着短袖上襦，于胸下束住，臂肘处袖口多褶波浪状，外着四合如意形云肩、披帛，颈似戴项圈，两侧系长带，下着裙，腰间束带；正在弹筝，筝一端放在腿上，另一端有螺旋状支撑物支撑，左手按弦，右手弹拨，仙带飘飞，仿若风来。	衣饰较明显
	02胁侍	整体残缺	/	
0402	01胁侍	头、手残缺，外倾30毫米	身着右衽圆领窄袖紧身长袍，圆领内有亲领，腰束玉带，头戴幞头，身体微右曲，左顾，左手托葵形盘，盘内物冒有烟气。	
	菩萨	头、手残	乐伎菩萨。跏趺坐，戴璎珞，两侧系长飘带，着天衣，下着裙，身体向左侧，两臂抬起，演奏乐器状，其左侧原似有乐器。	
	02胁侍	头、手残缺	身着右衽圆领窄袖长袍，腰束带，圆领内有亲领，左手托圆柱形物，一端有带，右手提袍摆，露出里面长衬衫，衬衫内着长裤。	
0403	01胁侍	头部残缺	身着左衽宽袖上襦，宽袖内窄袖，下着裙，裙前蔽膝，着披帛，冠带长垂，身体微右侧转，双手托物，头部似回首顾盼。	服饰层次较多
	菩萨	头、手残	造型基本同0401菩萨，服饰上斜披“偏袒”，筝表面刻划筝弦约有5根。	

续表

菩萨 / 胁侍		残损情况	造型	备注
0403	02 胁侍	面部残缺	身着右衽宽袖上襦，下着裙，裙前蔽膝，着披帛，双手捧物，恭敬站立，头部挽结发髻。	
0501	01 胁侍	整体残缺	残缺殆尽，残存部分可见披帛，头部挽结发髻。	应与050101胁侍形象相似
	菩萨	头、手残	乐伎菩萨。跏趺坐，身着四合如意形云肩，云肩下似有胸甲，颈戴瓔珞，两端系长飘带，下着裙，胸下、腰间束带；右臂高抬，左臂微向前，作横吹状，可能在吹奏笛子。	
	02 胁侍	头部残缺	身着宽袖上襦，下着裙，披帛，双手捧物，头部挽结较复杂发髻。	
0502	01 胁侍	较完好	身着右衽窄袖舞服，着披帛，头部似包髻，头发皆束里面；面部较平、细目，整体呈“S”形，右出胯，双手执彩带舞动。	
	菩萨	头、手残	乐伎菩萨。跏趺坐，双臂前伸；颈戴瓔珞，两侧系长飘带，身着右袒式僧祇支，外披天衣，下着长裙，胸下、腰间束带系结。	
	02 胁侍	头部残缺	形象基本与050201胁侍对称。	
0503	01 胁侍	头部残缺	袒露上身，着披帛，下穿缚裤外系裙，双手原似合十状。	
	菩萨	头、手残	乐伎菩萨。造型基本同0501菩萨，服饰略有不同，上着长袖短襦，胸下束带，外披四合如意形云肩。	
	02 胁侍	头部残缺	造型基本同050301胁侍，坦露上身，着披帛，下穿缚裤外系裙；跣足，双手似合十状。	
0601	01 胁侍	头部残缺	身着右衽宽袖上襦，宽袖内衬窄袖衫，下着裙，前有蔽膝，着披帛，双手捧物。	
	菩萨	较完好	乐伎菩萨。整体向左侧身，面庞圆润，头戴菩萨冠，双手捧笙（笙整体呈三段），正在吹笙。	
	02 胁侍	头、手残缺	身着右衽宽袖上襦，宽袖内可见内衬窄袖衫，下着裙，前有蔽膝，冠带、披帛下垂；身体微右曲，双手捧物。	
0602	01 胁侍	头部残缺	身着宽袖袍，宽袖内着窄袖衫，袍下部中间收束，内着长裤，头戴曲翅幞头，幞头脚呈如意状；身体微右曲，头转向左侧，左臂弯向胸前，双腿微曲。	动作幅度较大，与其他胁侍不同，似正在杂耍表演或跳舞
	菩萨	头、手残	乐伎菩萨。跏趺坐，头戴菩萨冠，身着右袒式僧祇支，四合如意形云肩，颈戴瓔珞，左手执笙，吹奏状。	
	02 胁侍	头、手、脚稍残	面庞宽平圆润，细目低鼻，头戴高冠，身着宽袖袍，宽袖内衬窄袖衫，袍前摆上提捋至腰间，腹部之上亦束带，袍下着裤；身体微向右曲，头向右转，右手搭于左臂上。	
0603	01 胁侍	头部残一半	面庞宽平圆润，头后似有长辫搭于右肩，身着宽袖上襦，宽袖内着窄袖衫，下着裙，前有蔽膝，披帛飘飞身后；身体向左侧转，恭敬捧物。	
	菩萨	头、手残	乐伎菩萨。跏趺坐，双手置胸前，似执乐器演奏，冠带、披帛飘逸，身着右袒式僧祇支，披天衣，下着裙。	

续表

菩萨 / 胁侍		残损情况	造型	备注
0603	02胁侍	面部、手残缺	坦露上身，着披帛，下着裤，外系胯裙，脚戴环；头部挽结发髻，头顶前部有小装饰；双手似合十状。	
0701	01胁侍	整体残缺	/	
	菩萨	头残	乐伎菩萨。跏趺坐，身体左侧，弹奏龙首箜篌，左手扶箜篌，右手弹奏（该箜篌至少有20根弦）。	
	02胁侍	较完好 手稍残	形象基本同060302胁侍，双手应为合十状，头部挽结发髻，头顶前部有明显的双卷形装饰。	
0702	01胁侍	头部残缺	坦露上身，着披帛，下着缚裤，外系短裙；拱手抱拳，赤脚站立。	
	菩萨	头、手残	乐伎菩萨。跏趺坐，身披通肩式袈裟；双手置胸前，似演奏乐器。	
	02胁侍	头部和手均残一半	形象基本同070201胁侍，双手合十，头顶似戴小帽。	
0703	01胁侍	整体残缺	/	似为侍女形象
	菩萨	头、手残	乐伎菩萨。形象基本同0701菩萨，头戴菩萨冠，胸前璎珞。	
0703	02胁侍	整体残缺	/	似为侍女形象
0801	01胁侍	整体残缺	/	似为侍女形象
	菩萨	头残	乐伎菩萨。跏趺坐，头戴菩萨冠，身着右袒式僧祇支，胸下束带，宝缯、帛带飘扬身后；双腿上放置腰鼓，右手执杖，左手拍击鼓面，正在击奏腰鼓。	
	02胁侍	整体残缺	/	似为侍女形象
0802	01胁侍	头部残缺	身着宽袖上襦，下着裙，裙前蔽膝，着披帛，腰间结带垂下，衣带飘飞；头上挽结发髻，双手托宝匣，恭立。	
	菩萨	头残 乐器稍残	乐伎菩萨。跏趺坐，面脸宽平、细目，正视前方；双手执六板拍板演奏；头戴菩萨冠，宝缯垂肩，着披帛。	
	02胁侍	头部稍残	身体向右侧，身着宽袖上襦，宽袖内着窄袖衫，下着裙，裙前蔽膝，蔽膝内垂长带覆压裙面，着披帛，双手托物，右腿微弯曲，头部挽结发髻。	
0803	01胁侍	头部残缺	上身袒露，着披帛，戴腕钏，下穿短裤，腰系长带，赤足露腿，双手似合十。	
	菩萨	头、手残	造型基本同0801菩萨，双手残缺，颈戴璎珞，两侧系长飘带，身着四合如意形云肩，云肩下有胸甲，内着短上襦，袖口多褶呈波浪状。	衣饰较清晰明显
	02胁侍	整体残缺	/	

附表5-4-4 基座平座钩阑束腰力士造型、残损情况勘察表

中间力士	残损情况	造型	备注
0101	头、左臂残	右手托座，左手撑腰，身体略向右侧，颈戴项圈，前端饰物；腰系战裙，右侧略提起捋束腰间，中间垂下长结带；肌肉鼓凸，胸部肌肉呈三瓣瓜棱状。	左臂残断处可见小圆孔
0102	头、右手残	左手撑腰，右臂斜腹前，身体略向左侧，着披帛，环绕肩部、身后飘扬；颈戴项圈，前有坠饰；腰系战裙，长至膝，中间垂挽花结带，脚踝戴金刚环。	
0201	头、左臂残	右手托座，左手叉腰，身体略微右侧，着披帛，颈套项圈，前端饰物，两端系飘带；腰系战裙，右侧略提起捋束腰间。	胳膊残断处可见小圆孔
0202	头残	左手托座，右手执金刚杵于身后，身体略左转，着披帛，颈戴项圈，前端坠饰，两侧系飘带；腰系战裙，左侧提起捋至腰间，长腰带系花结飘扬。	
0301	头、右脚残	双手托举宝塔，正身站立，着披帛，项圈中间坠骷髅，两侧垂下瓔珞；下着战裙，两侧提起捋至腰带内，前端较长，其前垂长结带。	
0302	几乎全残	/	
0401	较完好	横向兽面砖立置	有近年维修痕迹
0402	头、右手、右脚残	左手托塔，右手斜垂下，身体较明显向左侧，重心落于左脚，右腿支撑。身着裲裆甲，长条状甲片，胸甲中间纵向甲带向下联结护脐，胸下横向锦带交结于纵向甲带，护脐中心为兽面，口吞宽革带，护脐外缘涡卷状革片，向上延伸至胸下束住，护脐下绕一段披帛；脖系宽大护颈领巾，遮住护膊，小臂处套护臂；下着左右两片式甲裙，长至大腿；铠甲内衬宽袖战袍，袖口从护膊下露出飘飞，战袍右侧下摆捋束腰间，中间两条长带系花结垂下；内衬战袍之下着缚裤，于膝下用巾带系结束住；小腿处吊腿胫甲，胫甲由长条状甲片连缀。	造型与转角力士0303相似 质地较黑
0501	头、左脚残	右手托座，左手叉腰，身体微右倾。着披帛，脖戴项圈，中间饰物，两侧系飘带，项圈前端联结瓔珞垂下，上部两股，过腰间交结后分为三股；下系战裙飘动。	
0502	头、右手、右脚残	左手托座，右臂斜置腹前，身体稍向左倾。披帛缠绕肩、手臂，飘飞身后；颈戴项圈，项圈前端有卷草类精美纹饰，两端系飘带；下着战裙及膝，两侧提起掖至腰间，中间长至脚踝，战裙前两根长带从腰间垂下相交系双花结。	
0601	头、左脚残	右手托座，左手握拳抵腰，身体微右倾。披帛环绕胳膊，飘飞身后；项圈前端坠多个骷髅，两端系飘带，大臂扎金刚钏；下着战裙，右侧稍提起掖至腰间，中间两根长带结花结垂下。	
0602	头、右脚残	双手撑腰正立，披帛从肩部垂下环绕手臂；颈部项圈前端饰骷髅，两侧系飘带，瓔珞从项圈中间及两侧分三股垂下，在腰间相交后，中间一股垂下，左右两股绕于身后；手戴钏，下着战袍，两侧捋至腰间，中间长至脚踝。	

续表

中间力士	残损情况	造型	备注
0701	头残	左手托塔，右手撑腰，戴钏，披帛从肩部环绕手臂垂下，颈部项圈前端呈半月形，有精美纹饰，两侧系长飘带；下着战裙，其两侧略上捋束至腰间，战裙中部较长，其前垂下两根长带系双花结。	
0702	头残	双手托塔，下身微左转。颈戴项圈，前端梅花状坠饰，两侧系长飘带和璎珞，两股璎珞于腰间相交后分开绕于身后，左臂扎钏；下着战裙，左侧提起掖腰间，中间垂长结带，披帛斜络腰间，飘飞身后，右脚着环。	
0801	头、左右手臂残	左手握金刚杵，向右挺身，重心多落于右脚，脖间戴骷髅；下着战裙，前部提起捋至腰间，中间两根长带挽花结带垂下，右脚着环。	
0802	头、右手残	左手托塔，右臂横放胸下，身体向左侧转明显，脖间坠饰物，项圈两端系长飘带，大臂扎钏；下着战裙，右侧提起捋至腰间；披帛飘扬于腹部、身后。	右手残缺处可见小圆孔

转角力士	残损情况	造　型	备注
0103	头、右脚残	膀阔腰圆，身材伟岸，双手撑腰，双肩扛塔。身着裲裆甲，甲片长条状，胸背甲在两肩前用革带前后扣联，胸前纵向甲带向下联结护脐兽面，胸下横向束锦带与纵向甲带交结；腹前护脐整体呈圆形，中心兽面口吞腰带，外缘形成涡卷，下部垂尖，其下可见一点鹘尾；下着左右两片式甲裙，外罩皮革护腰，均由腰带束住；铠甲内衬宽袖战袍，宽袖口从护膊下露出，向上飘飞，小臂套护臂，战袍下摆右侧提起掖在腰带内；战袍下着宽口缚裤，小腿处缚扎吊腿，吊腿下翻卷卫足，脚蹬云头履。	
0203	头、右脚残	左手托座，右手撑腰，挺身直立。身着裲裆甲，外着披帛，铠甲背带过肩前与胸甲带相扣，胸下束裹锦帔帛，下垫革片，外束细革带，下端可见纵向甲带联结兽面护脐，护脐外缘呈涡卷状，护脐下有鹘尾；铠甲内衬宽袖战袍，袖口飘飞，战袍下摆左右两侧皆上提捋至腰带内，遮挡了下身甲裙，战袍内着缚裤，膝下束巾带系结，下露吊腿，其下翻卷出卫足，脚踏云头履。	
0303	头、右手、右脚残	面颊宽硕，怒目圆睁，阔鼻厚唇，侧首怒视塔下；左手托塔，右手弯向胸前。头戴兜鍪，前额处略凸出，上部有较多纹饰，两侧翻卷护耳；身着裲裆甲，山文甲片，脖系护颈领巾，胸下横裹锦帔帛，外束细革带，下端有纵向甲带联结兽面护脐，护脐外缘涡卷状革片，下系鹘尾；铠甲内着宽袖战袍，袖口从护膊下露出飞逸，小臂处套护臂，战袍下摆左右两侧皆上提捋至腰带内，遮挡了下身甲裙，战袍中间下垂长结带；下着宽口缚裤，缚裤下似为长袜，从脚部至小腿为一整体，包裹小腿，脚踝上系结，脚穿云头履。	有完整头部历史照片，头部造型根据历史照片
0403	头、左右手臂、右脚残	身披裲裆甲，甲片长条状，胸背甲在两肩前用革带扣联，胸甲中间纵向革带向下联结护脐兽面，胸下横向束锦带与纵向革带相交，在胸两侧系结；护脐中心为兽面，向外依次有圆环，涡卷状革片，革片上至胸下束住，兽面口吞革带，革带上钉有多个如意形銙；护脐下佩刀，刀鞘呈摩羯鱼形，两端用革带束住，吊挂在腰间，刀柄残缺，痕迹仍有形状，其末端穗带犹可见；下着两片式长甲裙，长至脚面，甲片长条状，甲裙外缘包宽边，内缘有如意形饰边，甲裙下端露出内衬织物，甲裙上端外罩护腰，皆用腰带束住；脚踝处翻卷出卫足，脚踏云头履。	

续表

转角力士	残损情况	造 型	备注
0503	头、双脚残	左手撑腰，右手托塔，身着裲裆甲，铠甲外着披帛，甲片为山文甲，胸背甲在两肩前用革带扣联，胸甲中部纵向革带从上至下连结护脐，胸下横向束锦带交于纵向革带，在胸两侧系结；护脐中心为兽面，外缘涡卷状革片，上部至胸下束住，下部垂尖，兽面口吞宽革带，革带钉有两个如意形銙；胸前有自右肩斜一革带，似身后背有箭筒之类物；肩与大臂处穿护膊，内衬战袍宽袖口从护膊下露出，小臂处有护臂；下着两片式长甲裙，长至脚踝，山文甲，甲裙外缘包宽边，内缘有如意形饰边，甲裙下端露出锯齿状内衬织物，甲裙上端两侧外罩如意形革片护腰，皆束于腰带下，脚踝处翻卷出卫足。	
0603	头、左脚残	左手撑腰，右手托座，身着裲裆甲，外有披帛，环绕于肩、手臂处，甲片呈条状，胸背甲用革带过肩前扣联，胸甲中间有甲带自上通下，胸甲下部包裹护脐，上端束于胸下，下端用腰带束住后部分通过腰带下垂；下身从侧面可见着两片式短甲裙，长至大腿，外罩护腰，束于腰带内，铠甲内衬宽袖战袍，袖口在护膊下飘飞，战袍下摆左右两侧皆捋至腰带内，战袍下部中间垂下长结带，腿部着缚裤，于膝下用巾带系住，下部露出吊腿，脚蹬云头战靴。	
0703	头、左脚残	双手撑腰，身着裲裆甲，披帛绕于肩、手腕处，甲片长条状，胸背甲用革带在两肩前扣联，胸甲中间纵向束甲带，下连兽面护脐，胸下横向束锦带，于胸前系结；护脐中心兽面，外缘涡卷革片，其上端束于胸下，兽面口吞革带；两肩处有兽头护膊；下着两片式甲裙，外罩革片护腰，皆束于腰带内；铠甲内衬战袍，战袍下摆左侧捋至腰带内，小腿处缚扎吊腿胫甲，吊腿下端翻卷卫足；脚穿革带联结的战鞋。	
0803	头、双脚残	左手撑腰，右手托塔，身着裲裆甲，外有披帛，甲片为山文甲，胸背甲在两肩前用革带扣联，胸甲中纵向甲带自上向下，胸甲下部包裹护脐，护脐上束于胸下，下端用腰带束住后部分通过腰带下垂；大臂处着护膊，小臂处套护臂；下着两片式甲裙，外罩革片护腰，束于腰带内；铠甲内衬宽袖战袍，袖口从护膊下飘飞，下摆左右两侧提起捋至腰带内，下摆中间垂下长结带；战袍下着缚裤，于膝下系巾带；小腿处胫甲吊腿，吊腿下翻卷卫足。	

附表6-1-1　一层塔身残损状况勘察表

表格编号：A-YCTS-01

残损 部位	01正南面	02东南面	03正东面	04东北面	05正北面	06西北面	07正西面	08西南面
倚柱	柱脚残破，后世抹灰修补	柱头崩裂	柱头裂纹	柱础残破	局部轻微残损、裂纹	细小裂纹	细小裂纹	中段崩裂残缺

续表

残损 部位	01正南面	02东南面	03正东面	04东北面	05正北面	06西北面	07正西面	08西南面
槫柱	左：整体残缺，后世修补抹灰； 右：中段残损，后世抹灰修补	左：较完好； 右：中上段残缺，后世抹灰修补	左：上段残缺； 右：上段下部残缺	左：中段残缺，修补抹灰； 右：中段残缺，修补抹灰	局部轻微残损	左：中上段残缺，后世抹灰修补； 右：细小裂纹	左：上2/3残缺； 右：中间残缺	左：上段局部残缺；右：上段局部残缺，后世抹灰；
门洞 格子门 破子棂窗	门洞局部裂纹，券顶抹灰下脚鼓开脱落，二龙戏珠砖雕稍外倾，出现缝隙	破子棂窗窗套右边局部残缺	格子门上部中间砖雕面残缺，后世抹灰修补，左侧门簪残缺，门额处裂纹较多，二龙戏珠砖雕外倾25毫米	破子棂窗窗套左侧、右侧局部残缺，下部子桯中间残缺。 右上角鼓凸	门洞券脸二龙戏珠砖雕残缺，门洞地面墁砖稍残	破子棂窗下部子桯中间残缺，后世修补抹灰，窗套右侧局部残缺	格子门表面局部轻微残缺，其他处细小裂纹	较完好
地栿	中部门洞处鼓凸	细小裂纹	较完好	右侧局部崩碎	中部门洞处鼓凸	较完好	较完好	较完好
心柱	/	中部轻微残损	/	整体残缺，后世抹灰修补，仅存下部	/	上部残缺，后世修补抹灰，下部开裂脱开	/	较完好
腰串	裂纹	局部轻微残损，后世抹灰修补，中部裂纹	细小裂纹	中部崩碎残缺	裂纹	中间	较完好	较完好
阑额	裂纹	较完好	较完好	出头稍残	裂纹	较完好	较完好	较完好
普柏枋	裂纹	较完好	较完好	较完好	缺棱掉角	较完好	较完好	较完好
壁面	明显裂纹4条	细小裂纹	细小裂纹，右下部很多小凹点	上部细小裂纹	数条较明显裂纹	细小裂纹	细小裂纹	右下局部轻微残缺，破子棂窗之上一横向裂纹，其他处细小裂纹

附表6-1-2 一层塔身外壁面残损部位后世修补（抹灰）勘察表

表格编号：A-YCTS-02

壁面	后世修补部位 / 抹灰材料	备注
01正南面	门洞西壁明崇祯十五年题记YCTS0103下：麻刀灰； 东壁清康熙七年题记YCTS0101下：麻刀灰； 左槫柱大部：内部滑秸泥，外抹纸筋灰； 门券脸左下：麻刀灰；门券脸右下、右侧腰串：发灰； 右槫柱中段、倚柱下部：发灰；	
02东南面	左槫柱与腰串相交处（似原架孔）：发灰； 右槫柱中上段：麻刀灰；	
03正东面	左槫柱中段（与腰串相交处）：麻刀灰； 右槫柱中段（与腰串相交处）：麻刀灰； 右腰串：纸筋灰； 格子门上部：多纸筋灰（少量发灰）；	
04东北面	左槫柱中段：麻刀灰； 右槫柱中段：麻刀灰；（心柱上段至破子棂窗下未修补）	
05正北面	门洞东壁中部：麻刀灰；西壁中部：麻刀灰； 门券脸左下：发灰； 左侧腰串：发灰；左侧腰串下架孔：麻刀灰； 右侧腰串、右槫柱交接处：发灰；	
06西北面	左槫柱中上段：麻刀灰； 心柱上半段至破子棂窗棂下：纸筋灰；	
07正西面	左槫柱中段：纸筋灰； 二龙戏珠券脸左下部：麻刀灰； 格子门：纸筋灰；	
08西南面	左槫柱上局部：麻刀灰； 右槫柱上局部：麻刀灰； 腰串左侧下部：纸筋灰；	

附表6-2-1 心室铺作残损情况勘察表

表格编号：A-XS-01

部位 \ 铺作		补间铺作	转角铺作	备注
01正南面	心柱	栌斗裂纹	左斜泥道栱裂纹	

续表

部位 \ 铺作		补间铺作	转角铺作	备注
01正南面	内壁	右侧泥燕窝1处	左斜泥道栱裂纹 瓜子栱裂纹	
02东南面	心柱	左侧面裂纹1条	左侧面较长裂纹1条	
	内壁	较完好	右侧裂纹（栌斗，一、二跳华栱齐心斗，瓜子栱右侧）	铺作间泥燕窝3处
03正东面	心柱	较完好	较完好	
	内壁	细小裂纹数条	左侧裂纹（一跳华栱、齐心斗）	泥燕窝1处
04东北面	心柱	较完好	较完好	
	内壁	较完好	栌斗、普柏枋裂纹，泥燕窝1处	
05正北面	心柱	较完好	较完好	
	内壁	较完好	细小裂纹数条，泥燕窝3处	
06西北面	心柱	栌斗局部残缺	较完好	
	内壁	较完好	右斜泥道栱散斗残缺，泥燕窝1处	
07正西面	心柱	较完好	细小裂纹数条（多在右侧）	
	内壁	泥燕窝1处	细小裂纹数条，泥燕窝1处	
08西南面	心柱	较完好	左右长裂缝各1条	该面泥道栱层交隐
	内壁	较完好	左侧裂缝1条，下通至壁画画面，最宽处5毫米，泥燕窝1处	

说明：

各面铺作勘察对象，心柱顶部铺作，面对时右侧的补间和转角铺作；内壁面顶部铺作，面对时左侧的补间和转角铺作。

附表6-2-2　塔心室壁面残损情况勘察表

表格编号：A-XS-02

壁面	残损情况	备注
N01	门洞壁面：连楹两端壁面有孔洞，深30毫米； 壁面下脚地仗轻微残缺脱落（脱落高度东侧200毫米，西侧90毫米）； （门洞西）与门洞拐角处，距地2.1米，地仗局部残缺（门洞侧宽130毫米，内壁宽1.1米），内部砖块断裂，壁面向上裂缝一条至顶，长约1.7米，宽5毫米； 门洞与内壁拐角处磨损，东侧高1.1、西侧高1.2米； （门洞东）菩萨像，距地1.2米处，地仗残缺宽180毫米； （门洞西）菩萨像，壁面裂缝，距门洞230毫米，长2.2米，最宽5毫米；	壁面地仗厚20毫米
Z01	中部被凿窟窿（上宽1.03米，下宽880毫米，高820毫米），最深处410毫米，距地面900毫米，窟窿面积0.8平方米，残缺壁画面积1.2平方米；下部地仗表层残缺；	
N02	下部地仗脱落，最高距地400毫米，长1.96米； 距地800毫米处，地仗表层磨损残缺；	

续表

壁面	残损情况	备注
Z02	下部地仗残缺，最高距地0.3米，长920毫米，面积约0.3平方米； 距地1米，距左侧0.7米处地仗残缺，面积约0.1平方米，此处有后世修补，内层抹滑秸灰泥，外层棉花细泥，现又残缺；	
N03	下部转角处地仗残缺，最高距地0.4米，面积约0.57平方米；	
Z03	中下部被凿窟窿（上宽400毫米，下宽420毫米，高1.3米），最宽处620毫米，最深处700毫米，距地面490毫米，砖孔洞面积0.7平方米，残缺壁画面积1.3平方米；下部地仗表层残缺；经后世修补，内层抹滑秸灰泥，外层棉花细泥，现又残缺；	
N04	下部地仗脱落残缺，最高距地0.47米，面积约0.93平方米；	
Z04	下部地仗轻微局部残损小孔；	
N05	门洞壁面：连楹东端壁面局部残缺； 壁面小孔洞较多，上部有土蜂窝，下脚地仗脱落，高200毫米； （门洞东）菩萨像处壁面开裂，长2.3米，最宽3毫米； （门洞西上）飞天处壁面裂缝至顶，最宽5毫米；	
Z05	壁面小孔洞较多，下部地仗残缺面积较大，最高距地800毫米；	
N06	地仗局部轻微残缺；	
Z06	地仗局部轻微残缺，下部多小孔；	
N07	下部地仗脱落残缺，长1.7米，最高距地0.29米，面积约0.43平方米；	
Z07	下部地仗局部脱落残缺，距地790毫米处地仗脱落一小片，约0.04平方米；	
N08	右侧拐角处，距地1.21米，地仗局部残缺一小片约0.05平方米；	
Z08	下部地仗局部轻微脱落残缺，类似土蜂窝小孔； 距地660毫米处，地仗脱落一小片，约0.15平方米，内部砖被凿；	

注：所有壁面均刻划严重，因刻划和磨损，壁画画面残损很多。

附表7-1-1　密檐部分塔身残损情况勘察表（仅选取02、10、11、12、13层）

层数：02　　　　表格编号：A-MYTS-01-01

层面	裂缝	铺作	普柏枋、橑檐槫	砖飞、椽子、角梁	椽上望砖	备注
0201	2条，最宽1毫米	转角：右斜泥道栱缺棱，齐心斗、大斗裂纹；	橑檐槫槫头形式1	完好	完好	
0202	2条，最宽1毫米	补间：大斗裂纹，右斜泥道栱斗掉角 转角：小裂纹数道，右斜泥道栱散斗掉角	普柏枋头（右头掉角）；橑檐槫局部裂纹，槫头为形式2	子角梁头糟朽	完好	

续表

层面	裂缝	铺作	普柏枋、橑檐槫	砖飞、椽子、角梁	椽上望砖	备注
0203	2条，最宽1毫米	补间：左、右斜泥道栱散斗掉角 转角：左斜泥道栱缺棱，大斗裂纹，右侧裂缝	橑檐槫：局部裂纹，槫头为形式2	完好	个别断裂	
0204	无	补间：左斜泥道栱散斗掉角右斜泥道栱缺棱 转角：齐心斗、大斗裂纹华栱缺棱，左、右斜泥道栱斗掉角	普柏枋：局部缺棱 橑檐槫：局部裂纹，槫头为形式2	子角梁头糟朽	完好	
0205	无	补间：整体缺棱掉角； 转角：整体缺棱掉角	普柏枋：局部稍残，缺棱； 橑檐槫：局部裂纹	子角梁头稍残 飞子：01、04、09、10、13、14、16轻微残缺	个别断裂	整体残损小凹坑较多，人为抛砖石造成
0206	2条，最宽1毫米（左架孔上1条）	补间：整体缺棱掉角 转角：整体缺棱掉角	普柏枋：轻微残缺 橑檐槫：局部裂纹，左侧铺作间部分下沉5毫米	砖飞：断5根 子角梁头稍朽	完好	整体残损小凹坑较多，人为抛砖石造成
0207	2条，最宽1毫米	补间：整体少量缺棱掉角 转角：左斜泥道栱断裂，齐心斗裂纹，左泥道栱斗裂，右泥道栱裂纹。	普柏枋：整体轻微残缺，槫头形式1 橑檐槫：局部裂纹	砖飞：少量掉角 子角梁头稍朽	完好	整体残损小凹坑较多，人为抛砖石造成
0208	2条，最宽1毫米	补间：右斜泥道栱斗裂纹，齐心斗、大斗裂纹	橑檐槫：局部下陷5毫米，槫头左样式1右样式2	完好	完好	

层数：10　　　　表格编号：A-MYTS-01-09

层面	裂缝	铺作	普柏枋、橑檐槫	砖飞、椽子、角梁	椽上望砖	备注
1001	6条，细微，最宽2毫米	补间：完好 转角：完好	普柏枋：完好 橑檐槫：局部残缺	完好	部分断裂	
1002	6条，细微，最宽2毫米	补间：完好 转角：完好	普柏枋：下部砖层局部错位2处 橑檐槫：完好	子角梁头稍朽	部分断裂	
1003	8条，严重，通至上层，最宽35毫米，砖断裂较多	补间：右斜泥道栱裂缝通过 转角：完好	普柏枋：完好 橑檐槫：完好	子角梁头稍朽	部分断裂	

续表

层面	裂缝	铺作	普柏枋、橑檐榑	砖飞、椽子、角梁	椽上望砖	备注
1004	5条，最宽2毫米，右侧较严重	补间：栌斗裂纹 转角：完好	普柏枋：左侧局部残缺、下沉 橑檐榑：完好	完好	部分断裂	
1005	4条，最宽5毫米，通至上层，右侧严重	补间：右斜泥道栱裂缝通过 转角：右斜泥道栱散斗裂纹	普柏枋：完好 橑檐榑：局部表皮残缺	砖飞：13略残，砖飞残1，飞上望砖残2	部分断裂	
1006	5条，左侧明显，最宽5毫米，通至上层，其余轻微	补间：完好 转角：交互斗裂纹	普柏枋：完好 橑檐榑：榑头右断裂，左头缺角	砖飞：17残断	部分断裂	
1007	6条，最宽3毫米，通至上层	补间：完好 转角：完好	普柏枋：完好 橑檐榑：完好	砖飞2，望砖1残损，子角梁头稍朽	部分断裂	
1008	5条，最宽2毫米，通至上层	补间：完好 转角：完好	普柏枋：下部砖局部错位 橑檐榑：完好	子角梁头稍朽	部分断裂	椽子100809钉吊环孔

层数：11　　　　表格编号：A-MYTS-01-10

层面	裂缝	铺作	普柏枋、橑檐榑	砖飞、椽子、角梁	椽上望砖	备注
1101	5条，右侧稍严重，最宽3毫米	补间：右侧泥道栱与斜泥道栱间裂缝通过 转角：左泥道栱散斗掉角 左泥道栱与左斜泥道栱间裂缝通过	普柏枋：裂缝通过 橑檐榑：完好	砖飞：3根断裂	全部断裂	
1102	5条，最宽7毫米	补间：右泥道栱散斗裂纹 转角：交互斗掉角，右斜泥道栱裂缝通过，散斗裂纹	普柏枋：裂缝通过，右头断 橑檐榑：右侧铺作间断裂下沉10毫米	砖飞：4根断裂 椽头微下倾 角梁头糟朽	全部断裂	
1103	6条，左侧严重，最宽20毫米，大致沿砖缝，通至上层	补间：左斜泥道栱与华栱间裂缝通过，左斜泥道栱碎裂 转角：左斜泥道栱散斗裂缝，右斜泥道栱裂缝通过	普柏枋：裂缝通过 橑檐榑：铺作间下沉，左侧严重，左榑头裂	砖飞：1个残断 局部椽头、望砖、砖飞微下倾	全部断裂	
1104	6条，左侧严重，最宽10毫米	补间：右斜泥道栱裂缝通过散斗裂纹 转角：左斜泥道栱裂缝通过，交互斗裂纹	普柏枋：裂缝通过 橑檐榑：局部表皮破损5处，铺作间下沉5毫米，左榑头裂开	砖飞：6根断裂 望砖断2 椽头微下倾 角梁处有鸟窝	全部断裂	断飞：06、09、16、17

续表

层面	裂缝	铺作	普柏枋、橑檐槫	砖飞、椽子、角梁	椽上望砖	备注
1105	4条，左侧严重，最宽10毫米	补间：华栱与右斜泥道栱间裂缝，右侧泥道栱间裂缝 转角：右斜泥道栱散斗裂纹，右泥道栱裂缝	普柏枋：裂缝通过 橑檐槫：铺作间微下倾，右侧严重，局部残缺，槫头右掉	砖飞残断2根 椽头微下倾	全部断裂	断飞：06
1106	5条，右侧严重，最宽3毫米	补间：华栱两侧2条细微裂缝通过 转角：左泥道栱散斗局部残缺	普柏枋：裂缝通过 橑檐槫：左侧断裂下沉	砖飞残断5根，椽头微下倾	全部断裂	断飞：13、17
1107	4条，左侧严重，最宽10毫米	补间：完好 转角：右斜泥道栱散斗残缺，右斜泥道栱与泥道栱间裂缝	普柏枋：裂缝通过 橑檐槫：铺作之间断裂，下沉15毫米，槫头左裂	砖飞残断3根	全部断裂	
1108	3条，左侧严重，左1裂缝最宽8毫米，经过砖裂	补间：左泥道栱与斜泥道栱间裂缝通过 转角：左泥道栱与斜泥道栱间裂缝	普柏枋：裂缝通过 橑檐槫：槫头左断裂，整体变形	砖飞残断1根 椽子下倾 角梁头糟朽	全部断裂	

层数：12　　　　表格编号：A-MYTS-01-11

层面	裂缝	铺作	普柏枋、橑檐槫	砖飞、椽子、角梁	椽上望砖	备注
1201	无	补间：完好 转角：完好	普柏枋：完好 橑檐槫：槫头右断裂	砖飞：07、08残缺及其上望砖破损	断裂7块	
1202	无	补间：完好 转角：交互斗掉角	普柏枋：右枋头掉角 橑檐槫：局部裂纹，槫头形式2	砖飞：06、07、08、09残缺及其上望砖破损	断裂6块	
1203	2条，左侧最宽2毫米	补间：左右斜泥道栱散斗掉角 转角：左斜泥道栱及散斗裂纹，右斜泥道栱斗裂纹	普柏枋：完好 橑檐槫：槫头左残缺，右掉角	砖飞05、06、07、10、11、12、13、14残断子角梁上部局部糟朽深10毫米	断裂6块	
1204	左侧1条，不明显	补间：完好 转角：交互斗裂纹	普柏枋：完好 橑檐槫：完好	砖飞11、12残断 子角梁头糟朽	断裂6块	
1205	1条，不明显	补间：完好 转角：完好	普柏枋：完好 橑檐槫：局部表皮残缺	砖飞03、04、05、08、09、10、11残断 子角梁头糟朽	断裂6块	

续表

层面	裂缝	铺作	普柏枋、橑檐槫	砖飞、椽子、角梁	椽上望砖	备注
1206	2条，不明显	补间：右斜泥道栱散斗缺棱 转角：左斜泥道栱裂纹，交互斗裂纹 右斜泥道栱散斗裂纹	普柏枋：完好 橑檐槫：完好	砖飞07、08、09、11、12残断 子角梁头糟朽	全部断裂	
1207	左右两侧各1条	补间：完好 转角：完好	普柏枋：完好 橑檐槫：完好	砖飞07残断	断裂4块	
1208	2条，不明显	补间：完好 转角：完好	普柏枋：完好 橑檐槫：左右槫头断裂，局部表皮破损	砖飞04、05、07、08、09残断	断裂8块	

层数：13　　　　表格编号：A-MYTS-01-12

层面	裂缝	铺作	普柏枋、橑檐槫	砖飞、椽子、角梁	椽上望砖	备注
1301	无	补间：左斜泥道栱缺棱 转角：交互斗裂纹	普柏枋：完好 橑檐槫：局部表皮残损	子角梁头糟朽	全部断裂	13层塔身砖缝白灰脱落较多
1302	无	补间：交互斗裂纹 转角：完好	普柏枋：完好 橑檐槫：左侧裂纹，右侧局部残缺，右槫头掉角	砖飞：个别断裂 子角梁头糟朽，大角梁头稍朽	全部断裂	
1303	无	补间：左右斜泥道栱散斗掉角 转角：右泥道栱散斗裂纹	普柏枋：完好 橑檐槫：槫头左残断，右裂纹	子角梁头稍朽	全部断裂	
1304	无	补间：完好 转角：右斜泥道栱散斗掉角	普柏枋：完好 橑檐槫：槫头左断	子角梁头稍朽	全部断裂	
1305	无	补间：完好 转角：交互斗掉角	普柏枋：完好 橑檐槫：槫头左残缺右头残损	子角梁头糟朽	全部断裂	
1306	无	补间：完好 转角：完好	普柏枋：完好 橑檐槫：槫头左右残损	檐口下陷 子角梁头糟朽	全部断裂	
1307	无	补间：右斜泥道栱裂纹 转角：交互斗裂纹	普柏枋：完好 橑檐槫：局部缺棱，槫头右断	砖飞04、06断裂，檐口下陷，子角梁头糟朽，大角梁头糟朽严重	全部断裂	
1308	无	补间：完好 转角：完好	普柏枋：完好 橑檐槫：槫头左掉角	角梁头糟朽	全部断裂	

附表7–3–1　密檐部分瓦面形式、残损情况勘察表（仅选取01、02、10、11、12层）

层数：01　　表格编号：A–MYWM–01–01　　**单位：毫米**

层面	瓦垄数（垄）	瓦垄间距	瓦垄长度	板瓦压露	蛐蜒档宽	瓦垄偏斜	残损情况	备注
0101	18	100	残长1000	压70、露300	10～35	稍左斜	瓦面前部1/2下面空严重，有鸟窝，望板无存	
0102	18	100	残长1230量至望板	压70、露300	10～35	稍左斜	少量碎砖瓦石块，前端瓦件无存，中部板瓦下空，望板存1大块1小块	
0103	18	100	残长1230量至望板	压70、露300	10～35	稍左斜	碎砖瓦石块较多，前端瓦件无存，前1/2筒瓦松动，中部板瓦下空，望板少量残缺	角梁头、飞头糟朽
0104	18	100	残长1230量至望板	压70、露300	10～35	左侧左斜右侧右斜	布满碎砖瓦石块，前端华头、重唇无存，前部1/2板瓦下空，有鸟窝，望板存1小块；飞头多朽，010415铁条，010416、18、19头残断	有大规格筒瓦Φ160，厚23，长350
0105	17	80～130	残长1000	压70、露300	20～70	左侧偏斜严重，向右逐渐变直	碎砖瓦石块极多，筒瓦全部松动，板瓦下整体较空，筒瓦碎裂人为抛砖石所致；宽瓦拙劣，左5垄瓦舌朝上，右12垄瓦舌朝下；飞头仅存010501、05，角梁头残	后世修缮灰泥和夹垄灰中多见纸筋，010515筒瓦下为白灰
0106	18	100	残长1200量至飞头	压70、露300	10～35	稍左斜	布满碎砖瓦石块，上部板瓦靠上部分下面稍空，因原灰泥不实，前3/4筒瓦松散，右侧部分筒瓦碎裂，为人为抛砖石砸坏	
0107	18	100	残长1050	压70、露300	10～35	直顺	碎砖瓦石块，前端瓦件无存，前3/4筒瓦松动，个别筒瓦碎裂，为人为抛砖石砸坏	
0108	18	100	残长1050	压70、露300	10～35	直顺	少量碎砖瓦石块，前端瓦件无存，筒瓦多松动残缺，前1/2筒板瓦下空，有鸟窝	

补充：

1. 01层塔檐瓦垄完整长度，量至飞头1.2米，量至重唇板瓦1.32米，量至华头筒瓦1.38米。底瓦垄全长：3块板瓦加1块重唇板瓦。

2. 华头、重唇全部残缺，瓦面后部1.5～2.5个筒瓦未修缮过，底瓦最后一块多整块板瓦，少半块。后部底瓦至1/4圆混砖下皮150毫米。

3. 0105瓦面：筒板瓦与其他瓦面皆不同，特殊瓦件010509（03），长355毫米宽160～145毫米厚20毫米，辽瓦，内侧一层炭黑；苫背最厚处150毫米，灰泥内填碎砖瓦（有华头、重唇残块），后侧筒瓦较其他瓦面较高。

层数：02　　表格编号：A–MYWM–01–02　　单位：毫米

层面	瓦垄数（垄）	瓦垄间距	瓦垄长度	板瓦压露	蛐蜒档宽	瓦垄偏斜	残损情况	备注
0201	18	100	1130 重唇挑出 100	压 70、露 300	10 ~ 30	左斜	前 2/5 板瓦下空，前 1/2 筒瓦松动	
0202	18	100	1130	压 70、露 300	10 ~ 30	左斜	前 1/2 板瓦下空，前 1/2 盖瓦松动	华头 020217 兽面，长 380 毫米，宽 145 毫米
0203	18	100	1130	压 70、露 300	10 ~ 30	左侧左斜右侧右斜	前 1/2 板瓦下空，前 1/2 盖瓦松动	
0204	18	100	1130	压 70、露 300	10 ~ 30	稍左斜	残损严重，布满碎砖瓦石块，华头、重唇砸坏较多	
0205	18	100	1130	压 70、露 300	10 ~ 30	直顺	布满碎砖瓦石块，华头、重唇全无，前 1/4 盖瓦松动	瓦面后部存刷青浆痕迹
0206	18	100	1130	压 70、露 300	10 ~ 30	左侧左斜右侧右斜	布满碎砖瓦石块，筒瓦砸坏较多	瓦面后部存刷青浆痕迹
0207	18	100	1130	压 70、露 300	10 ~ 30	左斜	少量碎砖瓦石块，筒板瓦前 1/2 松散	
0208	18	100	1130	压 70、露 300	10 ~ 30	左侧左斜右侧右斜	筒板瓦前 3/4 松散	

注：瓦垄长度：量底瓦 1130 毫米，量盖瓦 1150 毫米；
华头下，遮羞柏木条多残缺，长 330 毫米。

层数：10　　表格编号：A–MYWM–01–10　　单位：毫米

层面	瓦垄数（垄）	瓦垄间距	瓦垄长度	板瓦压露	蛐蜒档宽	瓦垄偏斜	残损情况	备注
1001	15	110	1210	压 70、露 300	10 ~ 30	稍右斜	前 3/4 板瓦下空，筒瓦略下滑，有鸟窝	
1002	15	110	1210	压 70、露 300	10 ~ 30	稍右斜	前 3/4 板瓦下空，筒瓦略下滑	
1003	15	110	1210	压 70、露 300	10 ~ 30	明显左斜	前 3/4 板瓦下空，筒瓦略下滑，有鸟窝	
1004	15	110	1210	压 70、露 300	10 ~ 30	明显左斜	板瓦右侧局部下空，筒瓦前 3/4 稍下滑，筒瓦前 1/2 松散	
1005	15	110	1210	压 70、露 300	10 ~ 30	稍右斜	前 1/2 筒瓦松动	瓦面上 2 块特殊筒瓦，小筒瓦有元代题记

单位：毫米　　续表

层面	瓦垄数（垄）	瓦垄间距	瓦垄长度	板瓦压露	蛐蜒档宽	瓦垄偏斜	残损情况	备注
1006	15	110	1210	压70、露300	10～30	明显左斜	前1/2筒瓦松动	
1007	15	110	1210	压70、露300	10～30	稍右斜	左侧瓦面下空洞，个别筒瓦断裂，前部约3/4筒瓦松动，宽瓦泥松散，捉节夹垄灰脱落	
1008	15	110	1210	压70、露300	10～30	直顺	左侧前1/2板瓦下空，筒瓦前3/4松动；100813勾头用白灰瓦	

注：该层底瓦垄长1210毫米，盖瓦垄长1250毫米；角脊处长1300毫米，瓦条脊长1000毫米。
底瓦，重唇后2.8块板瓦
华头筒瓦、重唇板瓦皆残缺。

层数：11　　表格编号：A–MYWM–01–11　　单位：毫米

层面	瓦垄数（垄）	瓦垄间距	瓦垄长度	板瓦压露	蛐蜒档宽	瓦垄偏斜	残损情况	备注
1101	15	100	1300	压70、露300	10～30	明显右斜	残损严重，筒瓦松动，其后脱开30～60毫米	
1102	15	100	1300	压70、露300	10～30	右斜	残损严重，筒瓦残缺较多，板瓦松散，筒瓦后脱开30～60毫米	
1103	15	100	1300	压70、露300	10～30	左斜	残损严重，前3/4筒板瓦松散，筒瓦后脱开30～50毫米	
1104	15	100	1300	压70、露300	10～30	左侧左斜 右侧右斜	残损严重，前3/4筒板瓦松动，筒瓦后脱开10～30毫米	
1105	15	100	1300	压70、露300	10～30	稍左斜	残损严重，筒板瓦全部松动，筒瓦后脱开20～80毫米	
1106	15	100	1300	压70、露300	10～30	稍右斜	残损严重，筒板瓦全部松散，筒瓦后脱开50～100毫米	

单位：毫米　　续表

层面	瓦垄数（垄）	瓦垄间距	瓦垄长度	板瓦压露	蛐蜒档宽	瓦垄偏斜	残损情况	备注
1107	15	100	1300	压70、露300	10～30	稍左斜	残损严重，筒板瓦全部松散，筒瓦后脱开20～50毫米	砖飞及其上望砖对应背里砖185毫米×70毫米
1108	15	100	1300	压70、露300	10～30	左斜	残损严重，筒板瓦全松散，筒瓦后脱开60～120毫米	

注：瓦垄长度，量至望砖1180毫米，量至重唇1300毫米，量至华头1340毫米，翼角处长1400，瓦条脊长1000。
华头筒瓦、重唇板瓦皆残缺。

层数：12　　表格编号：A-MYWM-01-12　　单位：毫米

层面	瓦垄数（垄）	瓦垄间距	瓦垄长度	板瓦压露	蛐蜒档宽	瓦垄偏斜	残损情况	备注
1201	14	100	1320	压70、露300	10～30	稍右斜	残损严重，瓦面整体松散下滑，筒瓦脱开40毫米，底瓦脱开50毫米	
1202	14	100	1320	压70、露300	10～30	明显右斜	残损严重，瓦面整体松散下滑，底瓦下多空洞，有鸟窝	
1203	14	100	1320	压70、露300	10～30	左侧左斜右侧右斜	残损严重，瓦面整体松散下滑	
1204	14	100	1320	压70、露300	10～30	稍左斜	瓦面整体松散下滑筒瓦后侧脱开10～20	苫背内发现柏木条，有360×25×5
1205	14	100	1320	压70、露300	10～30	稍左斜	瓦面整体松散下滑	
1206	14	100	1320	压70、露300	10～30	稍右斜	残损严重，瓦面整体松散下滑	
1207	14	100	1320	压70、露300	10～30	稍右斜	残损严重，瓦面整体松散下滑，筒瓦残缺较多	
1208	14	100	1320	压70、露300	10～30	直顺	残损严重，瓦面整体松散下滑	

注：
华头筒瓦、重唇板瓦皆残缺。
瓦垄长度，量至望砖1200毫米，量至重唇1320毫米，量至华头1350毫米，翼角处长1480毫米，瓦条脊长1000毫米。

附表7-3-2　密檐部分瓦面宼瓦材料勘察表（仅选取01、10、11、12层）

层数：01　　表格编号：A-MYWM-02-01　　**单位：毫米**

层面	宼底瓦/厚度	宼盖瓦	筒瓦间对头灰	捉节	夹垄	备注
0101	滑秸灰泥/约40	前部：灰泥 后部：滑秸灰泥	前部：白灰 后部：灰泥	前部：无捉节灰 后部：麻刀灰	前部：麻刀灰（麻刀短而少） 后部：麻刀灰（麻刀长而多）	010108（02）筒瓦下用白灰，下有红瓦
0102	灰泥（滑秸未知）/30	灰泥	前部：白灰 后部：灰泥	前部白灰，后部麻刀灰	前部无存，后部麻刀灰	
0103	滑秸灰泥/30	前部：灰泥 后部：滑秸灰泥	最后一个瓦节灰泥，前部白灰	前白灰，后麻刀灰	前部：麻刀灰（麻刀短而少） 后部：麻刀灰（麻刀长而多）	
0104	滑秸灰泥/30	灰泥 （滑秸未知）	最后一个瓦节白灰或灰泥	最后一个瓦节麻刀灰	前麻刀灰（麻刀少而短） 后约300毫米麻刀灰（麻刀多而长）	
0105	灰泥（无滑秸）/平均厚80毫米，仍坚实	灰泥，不坚实，灰泥混合不匀	无	无明显捉节做法	左5垄，麻刀灰，麻刀多；右12垄，麻刀灰泥，麻刀少	后世修缮重瓦010515筒瓦下用白灰
0106	滑秸灰泥/约40	前部：灰泥 后部：滑秸灰泥 （约1.5个筒瓦长度）	前部：白灰 后部：麻刀灰	前部：白灰 后部：麻刀灰	前部：麻刀灰（麻刀短而少） 后部：麻刀灰（麻刀长而多）	
0107	滑秸灰泥/约40	前部：灰泥 后部：滑秸灰泥 （约1.5～2.5个筒瓦长度）	前部：无存 后部：灰泥	前部：无存 后部：麻刀灰	前部：麻刀灰（麻刀短而少） 后部：麻刀灰（麻刀长而多）	
0108	滑秸灰泥/约40	前部：灰泥 后部：滑秸灰泥 （约1.5个筒瓦长度）	前部：白灰 后部：灰泥	前部：白灰 后部：麻刀灰	前部：麻刀灰（麻刀短而少） 后部：麻刀灰（麻刀长而多）	

注：瓦面约前部1/2，后世修补过。

层数：10　　表格编号：A-MYWM-02-10　　**单位：毫米**

层面	宼底瓦/厚度	宼盖瓦	筒瓦间对头灰	捉节	夹垄	备注
1001	滑秸灰泥 贴塔檐反叠涩砖	灰泥，最后一块筒瓦用滑秸灰泥	素白灰	不明显	几乎全为麻刀灰（麻刀短而少）	
1002	滑秸灰泥 贴塔檐反叠涩砖	灰泥（少量滑秸）	素白灰	不明显	前部3/4：麻刀灰（麻刀短而少）后部1/4：麻刀灰（麻刀长而多）	

单位：毫米　　续表

层面	宽底瓦/厚度	宽盖瓦	筒瓦间对头灰	捉节	夹垄	备注
1003	滑秸灰泥 贴塔檐反叠涩砖	前部3/5：灰泥 后部2/5：滑秸灰泥（滑秸少量）	素白灰	不明显	前部3/5：麻刀灰（麻刀短而少）后部2/5：麻刀灰（麻刀长而多）	
1004	滑秸灰泥 贴塔檐反叠涩砖	前部3/5：灰泥 后部2/5：灰泥（少量滑秸）	素白灰	不明显	前部1/2：麻刀灰（麻刀短而少）后部1/2：麻刀灰（麻刀长而多）	
1005	滑秸灰泥 贴塔檐反叠涩砖	前部1/2：灰泥 后部1/2：灰泥（少量滑秸）	素白灰	不明显	前部1/2：麻刀灰（麻刀短而少）后部1/2：麻刀灰（麻刀长而多）	
1006	滑秸灰泥 贴塔檐反叠涩砖	前部1/2：灰泥 后部1/2：灰泥（少量滑秸）	素白灰	不明显	前部1/2：麻刀灰（麻刀短而少）后部1/2：麻刀灰（麻刀长而多）	
1007	滑秸灰泥，贴塔檐反叠涩前部1/2松散潮湿，后部1/2较坚实，滑秸多残存碎瓦应为辽原物	仅最后一块筒瓦下为滑秸灰泥，仍坚实；前部均不同程度松动	素白灰	应无明显捉节，仅为筒瓦间对头灰，素白灰	前部3/5：麻刀灰（麻刀短而少）后部2/5：麻刀灰（麻刀长而多）	最后一块筒瓦下，瓦与灰泥之间有一层尘土，尘土或渗入或灰泥表面风化，但灰泥仍坚实
1008	滑秸灰泥 贴塔檐反叠涩砖	前部3/4：灰泥 后部1/4：灰泥（少量滑秸）	素白灰	不明显	前部3/4：麻刀灰（麻刀短而少）后部1/4：麻刀灰（麻刀长而多）	

层数：11　　　　表格编号：A–MYWM–02–11　　　　单位：毫米

层面	宽底瓦/厚度	宽盖瓦	筒瓦间对头灰	捉节	夹垄	备注
1101	滑秸灰泥 贴塔檐反叠涩砖	滑秸灰泥（滑秸少量）	素白灰	不明显	前部：麻刀灰（麻刀短而少）后部：麻刀灰（麻刀长而多）	
1102	滑秸灰泥 贴塔檐反叠涩砖	后侧筒瓦下为滑秸灰泥，滑秸长50～60毫米	素白灰	不明显	前部：麻刀灰（麻刀短而少）后部：麻刀灰（麻刀长而多）	削切边棱的瓦仍有修斫
1103	滑秸灰泥（前部白灰少） 贴塔檐反叠涩砖	灰泥	素白灰	不明显	前部：麻刀灰（麻刀短而少）后部：麻刀灰（麻刀长而多）	
1104	滑秸灰泥 贴塔檐反叠涩砖	滑秸灰泥（滑秸少量）	素白灰	不明显	前部：麻刀灰（麻刀短而少）后部：麻刀灰（麻刀长而多）	

单位：毫米　　续表

层面	宄底瓦/厚度	宄盖瓦	筒瓦间对头灰	捉节	夹垄	备注
1105	滑秸灰泥 贴塔檐反叠涩砖	滑秸灰泥，个别用白灰	素白灰	不明显	前部：麻刀灰（麻刀短而少）后部：麻刀灰（麻刀长而多）	特殊板瓦长330大头190厚20小头170厚12布纹明显
1106	滑秸灰泥（前部白灰少）贴塔檐反叠涩砖	滑秸灰泥（白灰少、滑秸少）	素白灰	不明显	前部：麻刀灰（麻刀短而少）后部：麻刀灰（麻刀长而多）	
1107	滑秸灰泥，贴塔檐反叠涩砖最薄处10毫米最厚70，后部滑秸多，灰少；前部灰多，滑秸少。	灰泥（少量滑秸） 有的风化，有的坚实	素白灰	不明显	前部：麻刀灰（麻刀短而少）后部：麻刀灰（麻刀长而多）	
1108	后部滑秸多，灰少；前部灰多，滑秸少。贴塔檐反叠涩砖	滑秸灰泥（滑秸少量）	素白灰	不明显	前部：麻刀灰（麻刀短而少）后部：麻刀灰（麻刀长而多）	

层数：12　　表格编号：A-MYWM-02-12　　单位：毫米

层面	宄底瓦/厚度	宄盖瓦	筒瓦间对头灰	捉节	夹垄	备注
1201	滑秸灰泥 贴塔檐反叠涩砖	滑秸灰泥 （滑秸少量）	素白灰	素白灰	前部：麻刀灰（麻刀短而少）后部：麻刀灰（麻刀长而多）	
1202	滑秸灰泥 贴塔檐反叠涩砖	滑秸灰泥 （滑秸少量）	素白灰	不明显	前部：麻刀灰（麻刀短而少）后部：麻刀灰（麻刀长而多）	
1203	滑秸灰泥 贴塔檐反叠涩砖	滑秸灰泥 （滑秸少量）	素白灰	不明显	前部：麻刀灰（麻刀短而少）后部：麻刀灰（麻刀长而多）	
1204	滑秸灰泥 贴塔檐反叠涩砖	滑秸灰泥 （滑秸少量）	素白灰	不明显	前部：麻刀灰（麻刀短而少）后部：麻刀灰（麻刀长而多）	苫背下发现柏木条：$360 \times 25 \times 5$
1205	滑秸灰泥 贴塔檐反叠涩砖	滑秸灰泥 （滑秸少量）	素白灰	不明显	前部：麻刀灰（麻刀短而少）后部：麻刀灰（麻刀长而多）	
1206	滑秸灰泥 贴塔檐反叠涩砖	滑秸灰泥 （滑秸少量）	素白灰	不明显	前部：麻刀灰（麻刀短而少）后部：麻刀灰（麻刀长而多）	
1207	滑秸灰泥 贴塔檐反叠涩砖	滑秸灰泥 （滑秸少量）	素白灰	不明显	前部：麻刀灰（麻刀短而少）后部：麻刀灰（麻刀长而多）	
1208	滑秸灰泥 贴塔檐反叠涩砖	滑秸灰泥 （滑秸少量）	素白灰	不明显	前部：麻刀灰（麻刀短而少）后部：麻刀灰（麻刀长而多）	

附表7-3-3 密檐部分瓦条脊、残损情况勘察表（仅选取01、02、09、10、11、12层）

表格编号：A-MYWM-03

单位：毫米

瓦条脊	结构样式	脊长	上宽/下宽/座宽	瓦条层数	黏结材料	残损情况
0101	/	残长850	180/180/240	7	内上滑秸灰泥，上1层瓦条下灰泥，外侧麻刀灰	残缺2/5
0102	1	1100	190/190/230	8	内部灰泥（未见滑秸），外侧麻刀灰	前端残缺，贴面兽残缺
0103	/	残长670	180/180/230 高200板瓦瓦条	8	内部灰泥（少量滑秸），外侧麻刀灰	贴面兽残缺，前部下空，有鸟窝
0104	原不明	1100	/	8	内部：灰泥，多小石块 外侧：麻刀灰，麻刀含量较多	后世修缮重垒，制作粗糙 内立有木棍支在转角铺作下
0105	/	/	/	/	/	无存，有木棍支在转角铺作
0106	/	残长680	180/180/230	7	内部滑秸灰泥，外侧麻刀灰	脊歪向右侧，不对角中
0107	/	/	170/170/210	8	内部滑秸灰泥，外侧麻刀灰	
0108	/	残长830	180/190/230	7	内上：滑秸灰泥（约上2层瓦条）；内下：灰泥；外侧：麻刀灰（筒瓦间挤灰泥）	残存约3/4，瓦条脊下空洞
0201	1	830/870/880	180/180/230	7	内部滑秸灰泥，外侧麻刀灰	较完好
0202	1	790/800/800	175/185/240	7	内部滑秸灰泥，外侧麻刀灰	前端下空，较完好
0203	1	800/820/820	180/190/260	7	内部滑秸灰泥，外侧麻刀灰	前端下空，较完好
0204	1	790/810/820	180/180/240	7	内部滑秸灰泥，外侧麻刀灰	前端下空，较完好
0205	1	810/830/850	180/180/260	7	内部滑秸灰泥，外侧麻刀灰	前端下空，较完好
0206	原不明	810/830/850	180/180/260	7	内部滑秸灰泥，外侧麻刀灰	前端下空，较完好
0207	原不明	830/870/880	175/180/240	7	内部滑秸灰泥，外侧麻刀灰	前端下空，较完好
0208	原不明	850/850/860	180/180/240	7	内部滑秸灰泥，外侧麻刀灰	前端下空，较完好
0901	1	1050	180/190/220	5	内部滑秸灰泥，外侧麻刀灰（前端麻刀少）	后侧脱开15，扣脊筒瓦和上部瓦条残缺
0902	原不明	残长720 高130	180/180/200	5	内部滑秸灰泥，外侧麻刀灰	后侧脱开20
0903	1	840/890	180/180/220	5	内部滑秸灰泥，外侧麻刀灰	较完好，前端下空
0904	1	810/860	180/180/230	5	内部滑秸灰泥，外侧麻刀灰（前端麻刀少）	后侧脱开10，前端下空

单位：毫米　　续表

瓦条脊	结构样式	脊长	上宽/下宽/座宽	瓦条层数	黏结材料	残损情况
0905	1	840/880	180/190/240	5	内部滑秸灰泥， 外侧麻刀灰（前端约1/4麻刀少）	较完好，前端稍松散
0906	原不明	残长450	180/180/200	5	内部滑秸灰泥，外侧麻刀灰（前端麻刀少）	残存约2/5
0907	原不明	残长470	180/180/210	5	内部滑秸灰泥，外侧麻刀灰	残存1/3
0908	/	/	/	5	内部滑秸灰泥，外侧麻刀灰	几乎全部残缺
1001	1	950高140	190/200/250	5	内部滑秸灰泥，外侧麻刀灰	松散，垒砌粗糙
1002	原不明	残长700 高120	190/200/250	5	内部滑秸灰泥，外侧麻刀灰	残存1/2
1003	原不明	残长860 高130 总高250	175/180/260	5	内部滑秸灰泥，外侧麻刀灰	残存3/4
1004	原不明	残长600 高130 总高250	180/190/250	5	内部滑秸灰泥，外侧麻刀灰	前端松散，后部1/2坚实
1005	原不明	残长900 高130 总高260	175/190/250	5	内部滑秸灰泥，外侧麻刀灰	残存3/4
1006	原不明	残长530 高120	180/200/260	5	内部滑秸灰泥，外侧麻刀灰	松散
1007	原不明	残长560 高130	190/200/250	5	内部滑秸灰泥，外侧麻刀灰	残存1/2，较坚实
1008	/	/	/	/	/	整体残缺
1101	原未知	/	/	/	/	整体残缺
1102	原未知	残长400	180/180/260	5	内部滑秸灰泥，外侧麻刀灰	残存约1/3，后侧脱开130，整体松散
1103	原未知	/	/	/	/	整体残缺，瓦条亦不存
1104	原未知	/	/	/	/	整体残缺
1105	原未知	/	/	/	/	整体残缺
1106	原未知	/	/	/	/	整体残缺
1107	原未知	/	/	/	/	整体残缺
1108	原未知	/	/	/	/	整体残缺
1201	原未知	/	/	/	/	整体残缺
1202	原未知	/	/	/	/	整体残缺

单位：毫米　　续表

瓦条脊	结构样式	脊长	上宽/下宽/座宽	瓦条层数	黏结材料	残损情况
1203	原未知	残长450	195/195/265	5	内部滑秸灰泥，外侧麻刀灰	残存1/2，后侧脱开，松散
1204	原未知	/	/	/	/	整体残缺
1205	原未知	残长400	195/195/265	5	内部滑秸灰泥，外侧麻刀灰	残存2/5，后侧脱开
1206	原未知	残长350	195/195/265	5	内部滑秸灰泥，外侧麻刀灰	残存约1/3
1207	原未知	/	/	/	/	整体残缺
1208	原未知	/	/	/	/	整体残缺

注：脊长测量不包含贴面兽，分别测量上部、下部、最下筒瓦瓦条处长度；瓦条层数含最下1层筒瓦瓦条。

附表7-3-4　密檐部分贴面兽照片表

01层瓦面　　现存数量：张嘴兽：0　闭嘴兽：0　　表格编号：A-MYWM-04-01

/	/	/	/	/	/	/	
0101	0102	0103	0104	0105	0106	0107	0108

02层瓦面　　现存数量：张嘴兽：2　闭嘴兽：3

/					/	/	
0201	0202 IMG_3188	0203 IMG_3203	0204 IMG_5679	0205 IMG_5685	0206	0207	0208 IMG_5707

03层瓦面　　现存数量：张嘴兽：4　闭嘴兽：3

		/					
0301 IMG_3476	0302 IMG_3351	0303	0304 IMG_3390	0305 IMG_5784	0306 IMG_3268	0307 IMG_3293	0308 IMG_3310

04层瓦面　　现存数量：张嘴兽：4　闭嘴兽：4

0401 IMG_3630	0402 IMG_3496	0403 IMG_5188	0404 IMG_5971	0405 IMG_5985	0406 IMG_6001	0407 IMG_6369	0408 IMG_6088

05层瓦面　　现存数量：张嘴兽：3　闭嘴兽：4

							/
0501 IMG_6391	0502 IMG_8641	0503 IMG_3673	0504 IMG_3530	0505 IMG_3726	0506 IMG_3579	0507 IMG_6358	0508

06层瓦面　　现存数量：张嘴兽：3　闭嘴兽：4

						/	
0601 IMG_4195	0602 IMG_3650	0603 IMG_3675	0604 IMG_4104	0605 IMG_3721	0606 IMG_6457	0607	0608 IMG_4178

07层瓦面　　现存数量：张嘴兽：4　闭嘴兽：4

 0701 IMG_6504	 0702 IMG_4216	 0703 IMG_6526	 0704 IMG_4108	 0705 IMG_6562	 0706 IMG_6576	 0707 IMG_4161	 0708 IMG_6602

08层瓦面　　现存数量：张嘴兽：3　闭嘴兽：4

 0801 IMG_4359	 0802 IMG_4219	 0803 IMG_4404	 0804 IMG_4424	 0805 IMG_4285	 0806 IMG_4307	 0807 IMG_4324	/ 0808

09层瓦面　　现存数量：张嘴兽：3　闭嘴兽：3

 0901 IMG_4528	/ 0902	 0903 IMG_4407	 0904 IMG_7005	 0905 IMG_4616	/ 0906	 0907 IMG_7049	 0908 IMG_7070

10层瓦面　　现存数量：张嘴兽：3　闭嘴兽：3

	/				/		
1001 IMG_4706	1002	1003 IMG_4572	1004 IMG_7121	1005 IMG_6735	1006	1007 IMG_7155	1008 IMG_7166

11层塔檐　　现存数量：张嘴兽：1　闭嘴兽：0

	/	/	/	/	/		/
1101 IMG_7188	1102	1103	1104	1105	1106	1107	1108

12层瓦面　　现存数量：张嘴兽：0　闭嘴兽：0

/	/	/	/	/	/	/	/
1201	1202	1203	1204	1205	1206	1207	1208

13层瓦面　　现存数量：张嘴兽：0　闭嘴兽：2

/	/	/	/			/	/
1301	1302	1303	1304	1305 IMG_6680	1306 IMG_6734	1307	1308

现存数量总计63个：张嘴兽：29　闭嘴兽：34

附表7-3-5　密檐部分贴面兽规格、现状勘察表

表格编号：A-MYWM-04-02　　单位：毫米

贴面兽编号		规格			现存状况	备注
		长	宽	高		
01层	0101	/	/	/	残缺	
	0102	/	/	/	残缺	
	0103	/	/	/	残缺	
	0104	/	/	/	残缺	
	0105	/	/	/	残缺	
	0106	/	/	/	残缺	
	0107	/	/	/	残缺	
	0108	/	/	/	残缺	
02层	0201	/	/	/	残缺	
	0202	210	200	260	较完好，右耳尖残	喙下獠牙
	0203	200	200	230	左角残，左角后耳尖、鬃毛尖残	卷颚
	0204	230	200	230	残损严重。左上部分残缺，剩余部分断两截，左下部酥碱，右角尖残	
	0205	190	200	（220）	双角残，多磕角	
	0206	/	/	/	残缺	
	0207	/	/	/	残缺	
	0208	210	210	250	较完好，左角尖残	
03层	0301	200	170	250	左耳尖残，下颚牙残一半	下有胡须
	0302	210	170	260	右角残，右耳尖残	铁钩从鼻孔伸出
	0303	/	/	/	残缺	
	0304	190	180	220	双耳尖残	头顶无小冠
	0305	190	200	（230）	左耳残，左上轻微酥碱	
	0306	190	230	230	轻微磕角	
	0307	210	170	260	保存完好	
	0308	210	170	240	左角残	
04层	0401	200	170	250	保存完好	下有胡须
	0402	220	170	265	保存完好	
	0403	190	160	（200）	倒落瓦面，右上部残，左耳尖残	
	0404	190	160	210	左侧眼边缘残，	后凹15毫米，有细布纹痕迹
	0405	190	160	190	左耳残，右耳尖残	头顶无小冠，衔珠中一线
	0406	200	180	160	喙右边缘稍残	
	0407	210	200	250	稍松动；角尖残	
04层	0408	210	160	220	倒落瓦面，双角残	

续表

贴面兽编号		规格			现存状况	备注
		长	宽	高		
05层	0501	190	180	260	保存完好	后凹20毫米，有制作痕迹
	0502	210	170	260	双角残，右耳尖残	铁钩从鼻孔伸出
	0503	220	170	230	双角残	
	0504	220	160	235	右角残	
	0505	220	160	230	双角残，右耳尖残	
	0506	180	220	260	较完好，头顶鬃发掉角	
	0507	220	170	280	倒落瓦面，自身保存完好	角部似留有指纹
	0508	/	/	/	残缺	
06层	0601	190	170	260	保存完好	
	0602	190	160	250	右角残	上部裂开
	0603	190	160	（210）	左耳尖残，头顶似原有小冠	衔珠有“S”形线
	0604	210	170	（220）	双角残	
	0605	220	170	230	保存完好	
	0606	（190）	160	200	右耳尖残，喙下部残	
	0607	/	/	/	残缺	
	0608	190	170	260	双角残，上颚稍残	双角有插孔，铁钩从鼻孔伸出
07层	0701	220	170	230	倒落瓦面，双耳残，左下牙残	后凹25毫米
	0702	210	160	230	右耳残	
	0703	200	160	230	铁钩断，倒落瓦面，头顶似原有小冠	衔珠有“S”形线
	0704	210	170	230	双角残	
	0705	190	160	210	左耳尖残，头顶似原有小冠	铁钩尖向下弯，防止碰到小冠
	0706	170	170	200	稍松动，头顶似原有小冠	衔珠有“S”形线
	0707	190	170	260	稍松动，双角残	
	0708	190	170	260	稍松动，保存完好	
08层	0801	190	170	260	保存完好	
	0802	200	200	250	双耳残，右腮须稍残	下无胡须
	0803	210	155	230	保存完好	
	0804	210	160	230	左角残，上颚稍残	铁钩从鼻孔伸出
	0805	210	160	230	双角残，左耳尖残	
	0806	210	160	230	保存完好	
	0807	200	200	250	保存完好	下无胡须
	0808	/	/	/	残缺	
09层	0901	200	165	250	右耳残	铁钩从鼻孔伸出
	0902	/	/	/	残缺	
	0903	220	170	230	右角残	
	0904	220	170	230	右角残，左角尖残	

续表

贴面兽编号		规格			现存状况	备注
		长	宽	高		
09层	0905	190	160	210	保存完好	头顶无小冠，衔珠中有弯线
	0906	/	/	/	残缺	
	0907	200	160	（215）	倒落瓦面，双耳残	
	0908	190	160	220	双耳残，上颚稍残	
10层	1001	180	230	270	稍松动，左耳残	
	1002	/	/	/	残缺	
	1003	（170）	210	255	倒落瓦面，上颚稍残	双角有插孔，下颚下鳞羽状
	1004	170	210	260	倒落瓦面，右耳残，铁钩断	
	1005	（200）	200	260	倒落瓦面，上颚稍残	双角有插孔，总长约210毫米
	1006	/	/	/	残缺	
	1007	190	230	280	倒落瓦面，自身完好	后凹190、内凹30毫米，耳朵似插入，眼珠后有孔
	1008	185	220	250	倒落瓦面，右耳残，左耳残半	后凹25毫米
11层	1101	210	210	250	倒落瓦面，右角尖残	
	1102	/	/	/	残缺	
	1103	/	/	/	残缺	
	1104	/	/	/	残缺	
	1105	/	/	/	残缺	
	1106	/	/	/	残缺	
	1107	/	/	/	残缺	
	1108	/	/	/	残缺	
12层	1201	/	/	/	残缺	
	1202	/	/	/	残缺	
	1203	/	/	/	残缺	
	1204	/	/	/	残缺	
	1205	/	/	/	残缺	
	1206	/	/	/	残缺	
	1207	/	/	/	残缺	
	1208	/	/	/	残缺	
13层	1301	/	/	/	残缺	
	1302	/	/	/	残缺	
	1303	/	/	/	残缺	
	1304	/	/	/	残缺	
	1305	230	230	260	倒落塔顶，左角尖残，仍存固定铁钩	后凹190、内凹25毫米，后空处深80毫米至外皮，下凹15毫米，凹平面至上尖120毫米

续表

贴面兽编号		规格			现存状况	备注
		长	宽	高		
13层	1306	190	220	260	倒落塔顶，自身较完好	
	1307	/	/	/	残缺	
	1308	/	/	/	残缺	

附表7-3-6　密檐部分贴面兽样式分析表

表格编号：A-MYWM-04-03

层数/现存数量	贴面兽编号/样式							
01层塔檐	0101	0102	0103	0104	0105	0106	0107	0108
张：0　闭：0	/	/	/	/	/	/	/	/
02层塔檐	0201	0202	0203	0204	0205	0206	0207	0208
张：2　闭：3	/	TMZ0101	TMB0101	TMB0102	TMB0102	/	/	TMZ0102
03层塔檐	0301	0302	0303	0304	0305	0306	0307	0308
张：4　闭：3	TMZ0201	TMZ0202	/	TMB0201	TMB0103	TMB0102	TMZ0202	TMZ0202
04层塔檐	0401	0402	0403	0404	0405	0406	0407	0408
张：4　闭：4	TMZ0201	TMZ0202	TMB0202	TMB0201	TMB0201	TMB0103	TMZ0101	TMZ0202
05层塔檐	0501	0502	0503	0504	0505	0506	0507	0508
张：3　闭：4	TMZ0101	TMZ0202	TMB0202	TMB0202	TMB0202	TMB0104	TMZ0202	/
06层塔檐	0601	0602	0603	0604	0605	0606	0607	0608
张：3　闭：4	TMZ0202	TMZ0202	TMB0201	TMB0202	TMB0202	TMB0201	/	TMZ0202
07层塔檐	0701	0702	0703	0704	0705	0706	0707	0708
张：4　闭：4	TMZ0203	TMZ0203	TMB0201	TMB0202	TMB0201	TMB0201	TMZ0202	TMZ0202
08层塔檐	0801	0802	0803	0804	0805	0806	0807	0808
张：3　闭：4	TMZ0202	TMZ0201	TMB0202	TMB0202	TMB0202	TMB0202	TMZ0201	/
09层塔檐	0901	0902	0903	0904	0905	0906	0907	0908
张：3　闭：3	TMZ0203	/	TMB0202	TMB0202	TMB0201	/	TMZ0203	TMZ0203
10层塔檐	1001	1002	1003	1004	1005	1006	1007	1008
张：3　闭：3	TMZ0103	/	TMB0102	TMB0104	TMB0102	/	TMZ0103	TMZ0103
11层塔檐	1101	1102	1103	1104	1105	1106	1107	1108
张：1　闭：0	TMZ0102	/	/	/	/	/	/	/
12层塔檐	1201	1202	1203	1204	1205	1206	1207	1208
张：0　闭：0	/	/	/	/	/	/	/	/
13层塔檐	1301	1302	1303	1304	1305	1306	1307	1308
张：0　闭：2	/	/	/	/	TMB0102	TMB0104	/	/

附表7-3-7　密檐部分套兽照片表

01层瓦面　　现存数量：0　　表格编号：A-MYWM-05-01

/	/	/	/	/	/	/	/
0101	0102	0103	0104	0105	0106	0107	0108

02层瓦面　　现存数量：3

	/		/	/	/	/	
0201 IMG_5723	0202	0203 IMG_5665	0204	0205	0206	0207	0208 IMG_5702

03层瓦面　　现存数量：3

/	/	/	/	/		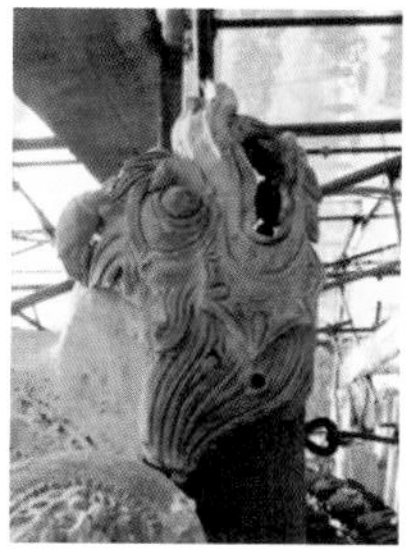	
0301	0302	0303	0304	0305	0306 IMG_5811	0307 IMG_5853	0308 IMG_3312

04层瓦面　　现存数量：4

/	/		/			/	
0401	0402	0403 IMG_3371	0404	0405 IMG_0268	0406 IMG_3421	0407	0408 IMG_3459

05层瓦面　　现存数量：1

/	/	/	/		/	/	/
0501	0502	0503	0504	0505 IMG_3551	0506	0507	0508

06层瓦面　　现存数量：4

/		/				/	/
0601	0602 IMG_3654	0603	0604 IMG_3701	0605 IMG_3722	0606 IMG_5547	0607	0608

07层瓦面　　　现存数量：3

/	 残片	 残片		/			/
0701	0702 IMG_8228	0703 IMG_8256	0704 IMG_4105	0705	0706 IMG_4142	0707 IMG_7994	0708

08层瓦面　　　现存数量：1

	/	/	/	 残片	/	/	/
0801 IMG_8101	0802	0803	0804	0805 IMG_7847	0806	0807	0808

09层瓦面　　　现存数量：5

	/		 残片		 残片		
0901 IMG_8045	0902	0903 IMG_4408	0904 IMG_7714	0905 IMG_7028	0906 IMG_7768	0907 IMG_8271	0908 IMG_7605

10层瓦面　　现存数量：3

	/	/	 残片			/	 残片
1001 IMG_4702	1002	1003	1004 IMG_7022	1005 IMG_7046	1006 IMG_7145	1007	1008 IMG_7618

11层瓦面　　现存数量：0

 残片	/	/	/	/	/	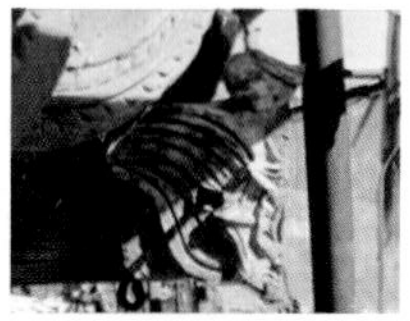 残片	/
1101 IMG_6839	1102	1103	1104	1105	1106	1107 IMG_6765	1108

12层瓦面　　现存数量：3

		/	/	/	/		/
1201 IMG_5378	1202 IMG_4912	1203	1204	1205	1206	1207 IMG_8949	1208

13层瓦面　　现存数量：0

/	/	/	/	/	/	/	/
1301	1302	1303	1304	1305	1306	1307	1308

附表7-3-8　密檐部分套兽规格、现状勘察表

表格编号：A-MYWM-05-02　　　　单位：毫米

套兽编号		规格			现存状况	备注
		长	宽	高		
01层	0101	/	/	/	残缺	
	0102	/	/	/	残缺	
	0103	/	/	/	残缺	
	0104	/	/	/	残缺	
	0105	/	/	/	残缺	
	0106	/	/	/	残缺	
	0107	/	/	/	残缺	
	0108	/	/	/	残缺	
02层	0201	（240）	200	190	余2钉固定在子角梁；上颚残，套口右侧残1/2，右角残1/4	
	0202	/	/	/	残缺	
	0203	（260）	（150）	（180）	余2钉固定在子角梁；套口左残，下颚残，右角尖残	完整宽180毫米
	0204	/	/	/	残缺	
	0205	/	/	/	残缺	
	0206	/	/	/	残缺	
	0207	/	/	/	残缺	
	0208	（270）	200	（200）	余1钉固定在子角梁；上下颚残，双角尖残	腮须三小束
03层	0301	/	/	/	残缺	
	0302	/	/	/	残缺	
	0303	/	/	/	残缺	
	0304	/	/	/	残缺	
	0305	/	/	/	残缺	
	0306	（280）	210	190	余2钉固定在子角梁；喙尖残	
	0307	300	230	190	保存较好，3钉固定在子角梁；双角尖残，右耳尖残	套口右侧斫掉套片，仅留鬣毛
	0308	（220）	220	180	3钉固定在子角梁；上颚残，双角尖残	
04层	0401	/	/	/	残缺	
	0402	/	/	/	残缺	
	0403	（290）	200	190	3钉固定在子角梁；头顶双角残，上颚前部残，右鬣毛掉角	

续表

<table>
<tr><th colspan="2" rowspan="2">套兽编号</th><th colspan="3">规格</th><th rowspan="2">现存状况</th><th rowspan="2">备注</th></tr>
<tr><th>长</th><th>宽</th><th>高</th></tr>
<tr><td rowspan="5">04层</td><td>0404</td><td>/</td><td>/</td><td>/</td><td>残缺</td><td></td></tr>
<tr><td>0405</td><td>300</td><td>200</td><td>170</td><td>余1颗钉垂挂在子角梁，喙左侧残，左眉残</td><td>套口长130、宽120、高120，喙下面羽毛状</td></tr>
<tr><td>0406</td><td>270</td><td>220</td><td>190</td><td>保存完好，3钉固定在子角梁；</td><td>上喙前宽后收</td></tr>
<tr><td>0407</td><td>190</td><td>210</td><td>250</td><td>残缺</td><td></td></tr>
<tr><td>0408</td><td>330</td><td>210</td><td>（190）</td><td>余1钉固定在子角梁；双角残，双耳尖残</td><td></td></tr>
<tr><td rowspan="8">05层</td><td>0501</td><td>/</td><td>/</td><td>/</td><td>残缺</td><td></td></tr>
<tr><td>0502</td><td>/</td><td>/</td><td>/</td><td>残缺</td><td></td></tr>
<tr><td>0503</td><td>/</td><td>/</td><td>/</td><td>残缺</td><td></td></tr>
<tr><td>0504</td><td>/</td><td>/</td><td>/</td><td>残缺</td><td></td></tr>
<tr><td>0505</td><td>（280）</td><td>210</td><td>180</td><td>前倾，仅余右下一颗钉固定在子角梁，上颚尖残，双角后端残</td><td>套口深120、宽120、高120</td></tr>
<tr><td>0506</td><td>/</td><td>/</td><td>/</td><td>残缺</td><td></td></tr>
<tr><td>0507</td><td>/</td><td>/</td><td>/</td><td>残缺</td><td></td></tr>
<tr><td>0508</td><td>/</td><td>/</td><td>/</td><td>残缺</td><td></td></tr>
<tr><td rowspan="8">06层</td><td>0601</td><td>/</td><td>/</td><td>/</td><td>残缺</td><td></td></tr>
<tr><td>0602</td><td>（260）</td><td>210</td><td>200</td><td>3钉固定在子角梁；左角残，上颚残</td><td>套口宽120、高120、深115，前凹处深40、长100</td></tr>
<tr><td>0603</td><td>/</td><td>/</td><td>/</td><td>残缺</td><td></td></tr>
<tr><td>0604</td><td>320</td><td>210</td><td>200</td><td>残缺</td><td>套口右侧斫方形套片，仅留鬣毛</td></tr>
<tr><td>0605</td><td>310</td><td>190</td><td>190</td><td>3钉固定在子角梁；双角残</td><td>套口长115、宽190、高190</td></tr>
<tr><td>0606</td><td>320</td><td>190</td><td>200</td><td>余1颗钉垂挂在子角梁；双角残，上颚稍残，套口左侧残断，右残缺部分，嘴部撞到风铎</td><td>套口宽130、深120、高120，后世修缮缠绕铁条固定</td></tr>
<tr><td>0607</td><td>/</td><td>/</td><td>/</td><td>残缺</td><td></td></tr>
<tr><td>0608</td><td>/</td><td>/</td><td>/</td><td>残缺</td><td></td></tr>
<tr><td rowspan="7">07层</td><td>0701</td><td>/</td><td>/</td><td>/</td><td>残缺</td><td></td></tr>
<tr><td>0702</td><td>/</td><td>/</td><td>/</td><td>残缺，余鬣毛和角</td><td></td></tr>
<tr><td>0703</td><td>/</td><td>/</td><td>/</td><td>残缺，余鬣毛残片</td><td></td></tr>
<tr><td>0704</td><td>290</td><td>200</td><td>190</td><td>3钉固定在子角梁；右耳尖残</td><td></td></tr>
<tr><td>0705</td><td>/</td><td>/</td><td>/</td><td>残缺</td><td></td></tr>
<tr><td>0706</td><td>（280）</td><td>210</td><td>180</td><td>2钉固定在子角梁；稍前倾喙尖残</td><td></td></tr>
<tr><td>0707</td><td>320</td><td>210</td><td>200</td><td>掉落下层瓦面；双角残套口左侧残</td><td>套口残片仍存，套口深110、内宽110、外宽150</td></tr>
</table>

续表

套兽编号		规格			现存状况	备注
		长	宽	高		
07层	0708	/	/	/	残缺	
08层	0801	300	210	200	掉落下层瓦面，自身保存完好	闭嘴吐小舌，套口深120、宽130、高115，套口似制作时后粘贴，完整精细
	0802	/	/	/	残缺	
	0803	/	/	/	残缺	
	0804	/	/	/	残缺	
	0805	/	/	/	残缺，余鬣毛残片	
	0806	/	/	/	残缺	
	0807	310	200	190	双角残，套口左侧残	套口深120、宽130、高110
	0808	/	/	/	残缺	
09层	0901	310	200	200	掉落0701瓦面；左角残	套口深110、宽125、高115
	0902	/	/	/	残缺	
	0903	290	225	170	3钉固定在子角梁；喙前部裂纹，左耳尖残，似眉间原有小冠	
	0904	/	/	/	残缺，余鬣毛残片	
	0905	290	220	170	3钉固定在子角梁；似眉间原有小冠	喙尖衔小珠饰“S”形线
	0906	/	/	/	残缺，余鬣毛残片	
	0907	300	200	200	掉落0807、0707瓦面，摔碎	已不能使用
	0908	320	210	200	掉落下层瓦面；上颚残较多，双角残，套口右侧残	套口宽150，头部双角处有孔
10层	1001	300	200	200	3钉固定在子角梁；右角残，其他处轻微磕角	套口片厚15～20、深130、内宽120、外宽150、高120，后凹处深50、长100
	1002	/	/	/	残缺	
	1003	/	/	/	残缺	
	1004	/	/	/	残缺，余鬣毛残片	
	1005	300	210	180	3钉固定在子角梁；喙边缘裂纹，右鬣毛尖残，似眉间原有小冠	耳皱褶多
	1006	270	210	195	余2钉固定在子角梁；喙残	
	1007	/	/	/	残缺	
	1008	/	/	/	残缺，余鬣毛残片	
11层	1101	/	/	/	残缺，余鬣毛残片	
	1102	/	/	/	残缺	
	1103	/	/	/	残缺	

续表

套兽编号		规格			现存状况	备注
		长	宽	高		
11层	1104	/	/	/	残缺	
	1105	/	/	/	残缺	
	1106	/	/	/	残缺	
	1107	/	/	/	残缺，余鬣毛残片	
	1108	/	/	/	残缺	
12层	1201	300	（220）	190	掉落下层瓦面；套口左侧残，右角尖残	套口高130、深110、后空深60、内宽90，双角插入内部
	1202	300	220	200	3钉固定在子角梁；双角残	套口长120、宽120、高120，前空处深60、宽90
	1203	/	/	/	残缺	
	1204	/	/	/	残缺	
	1205	/	/	/	残缺	
	1206	/	/	/	残缺	
	1207	320	（210）	200	3钉固定在子角梁；双角尖残	
	1208	/	/	/	残缺	
13层	1301	/	/	/	残缺	
	1302	/	/	/	残缺	
	1303	/	/	/	残缺	
	1304	/	/	/	残缺	
	1305	/	/	/	残缺	
	1306	/	/	/	残缺	
	1307	/	/	/	残缺	
	1308	/	/	/	残缺	

说明：

1. 现存状况内容：在子角梁的固定状态或掉落下层瓦面，自身残损。

2. 规格数字，加括号的数字为残损状态的尺寸，非完整状态尺寸；数字加斜、加粗表示未直接测量，通过测量同样式套兽推测所得。

附表7-3-9　密檐部分套兽样式分析表

表格编号：A-MYWM-05-03

层数/现存数量	套兽编号/样式							
01层塔檐	0101	0102	0103	0104	0105	0106	0107	0108
张：0　闭：0	/	/	/	/	/	/	/	/
02层塔檐	0201	0202	0203	0204	0205	0206	0207	0208
张：3　闭：0	TSZ0101	/	TSZ0101	/	/	/	/	TSZ0101
03层塔檐	0301	0302	0303	0304	0305	0306	0307	0308
张：2　闭：1	/	/	/	/	/	TSB0202	TSZ0101	TSZ0101
04层塔檐	0401	0402	0403	0404	0405	0406	0407	0408
张：1　闭：3	/	/	TSB0201	/	TSB0101	TSB0101	/	TSZ0201
05层塔檐	0501	0502	0503	0504	0505	0506	0507	0508
张：1　闭：0	/	/	/	/	TSZ0101	/	/	/
06层塔檐	0601	0602	0603	0604	0605	0606	0607	0608
张：2　闭：2	/	TSZ0201	/	TSZ0101	TSB0201	TSB0201	/	/
07层塔檐	0701	0702	0703	0704	0705	0706	0707	0708
张：0　闭：2	/	/	/	TSB0202	/	TSB0101	/	/
08层塔檐	0801	0802	0803	0804	0805	0806	0807	0808
张：1　闭：0	TSZ0101	/	/	/	/	/	/	/
09层塔檐	0901	0902	0903	0904	0905	0906	0907	0908
张：2　闭：3	TSZ0201	/	TSB0202	/	TSB0202	/	TSB0201	TSZ0201
10层塔檐	1001	1002	1003	1004	1005	1006	1007	1008
张：0　闭：3	TSB0201	/	/	/	TSB0202	TSB0202	/	/
11层塔檐	1101	1102	1103	1104	1105	1106	1107	1108
张：0　闭：0	/	/	/	/	/	/	/	/
12层塔檐	1201	1202	1203	1204	1205	1206	1207	1208
张：3　闭：0	TSZ0101	TSZ0101	/	/	/	/	TSZ0101	/
13层塔檐	1301	1302	1303	1304	1305	1306	1307	1308
张：0　闭：0	/	/	/	/	/	/	/	/

附表7-6-1　塔顶残损情况勘察表

表格编号：A-TDWM-01-01

瓦面	现存瓦垄数	筒瓦（块）	板瓦（块）	瓦垄长度（至望砖边缘）（毫米）	垂脊	角梁	备注
1301	10	4	40	270/3500/2900/2500/1800/1500	残缺	子梁头糟朽	
1302	10	5	42	270/3700/2450/1900/1400	残缺	子梁头残损，需修补	
1303	11	10	48	270/3650/2450/1800/1350	残缺	子梁头残损	
1304	12	16	63	270/3650/3250/3050/2550/1950/1600/1000	残缺	子梁头残损	
1305	11	7	60	270/3700/2900/2250/1650/1100	残缺	子梁头残损	
1306	12	7	54	3600/2250/1500/1600/800	残缺	子梁头残损，需修补	
1307	8	10	32	3050/2300/1800/1100	残缺	子梁头残损，需修补	
1308	11	5	35	3650/2700/2000/1450/1250	残缺	子梁头残损	

说明：

1. 塔顶每面应有瓦垄数14垄，瓦垄间距100毫米。
2. 1303瓦面瓦垄偏斜左侧瓦垄向左偏斜，右侧瓦垄右斜。
3. 残损严重，华头、重唇全部残缺，筒瓦几乎不存，板瓦碎裂较多，瓦条脊不存，贴面兽余2个。

附表7-6-2　塔顶瓦面做法勘察表

表格编号：A-TDWM-02-01

瓦面	苫背（厚度至板瓦最下）	坐底瓦	宽盖瓦	坐中	蛐蜒档宽/毫米	板瓦压露/毫米	备注
1301	灰泥，檐口处厚60毫米	黄土状	左数5～9垄上部瓦筒瓦用白灰（可能含少量黄土）	底瓦	30	压70 露300	筒瓦下有纯白灰
1302	灰泥，中下部厚90毫米 下部苫背厚约140毫米	黄土状	灰泥，局部有素白灰宽瓦	底瓦	30	压70 露300	
1303	灰泥，中下部厚100毫米	黄土状	灰泥	底瓦	30	压70 露300	
1304	灰泥，中下部厚70、最上部厚约160毫米	黄土状	灰泥	底瓦	30	压70 露300	筒瓦下有灰土
1305	灰泥，中下部厚100毫米	黄土状	灰泥，右第3垄一块筒瓦下为白灰	底瓦	30	压70 露300	
1306	灰泥，中下部厚90毫米	黄土状	灰泥	底瓦	30	压70 露300	
1307	灰泥，中下部厚80毫米	黄土状	灰泥，少量筒瓦下有支撑碎瓦片	底瓦	30	压70 露300	垂脊下（灰泥内）有瓦片支撑

续表

瓦面	苫背（厚度至板瓦最下）	坐底瓦	宼盖瓦	坐中	蛐蜒档宽/毫米	板瓦压露/毫米	备注
1308	灰泥，中下部厚100、上部厚约150毫米	黄土状	灰泥	底瓦	30	压70 露300	

说明：翼角椽飞数单面7根（共15根）

附表9-2-1　风铎勘察统计表

风铎勘察统计表说明

1. 本表主要适用于第02～13层塔檐；01层风铎、塔链风铎单独列表；

2. 下层檐面上掉落的风铎编号，每一个面掉落的风铎全部统一为相同编号，举例0201，第二层檐正南面所有掉落在第一层檐面上的风铎；

3. 现存风铎编号方法，层数+面数+风铎所在该檐面左数起第几根椽，

举例：020103 第二层檐正南面，左起数第3根檐椽上的风铎；

4. 下层檐面上掉落的风铎记残存情况，不是残缺；

5. 表中整套风铎包含风铎主体、撞针、风摆；风铎指：风铎主体；

6. J风铎指檐角风铎，直接在大角梁01、子角梁02后记录残损情况，包含的项目有挂钩、吊环、撞针、风摆、整套风铎，不再单列项；

7. 风铎后标注“（残）”表示该风铎残损至不可用；

8. 统计方式：统计时，檐椽现有的风铎与下层檐面上掉落的风铎分别进行统计。在计算本檐面总计残损数量时，计算规则：

（本面总计残缺数量）整套风铎=（其他残缺）整套风铎—（下层掉落）整套风铎—（下层掉落）风铎主体

（本面总计残缺数量）撞针=（现存风铎残缺）撞针+（下层掉落）风铎主体—（下层掉落）撞针

（本面总计残缺数量）风摆=（现存风铎残缺）风摆+（下层掉落）风铎主体—（下层掉落）风摆

9. 塔链风铎编号方法：

继续密檐部分的层数，将塔链风铎看作第14“层”风铎，编号构成：

层数+塔链号+风铎在塔链从上向下数第几个链扣，其后在“（）”内备注风铎在该链扣的上端还是下端。塔链号从正南面檐角编为01，逆时针旋转依次编为01、02……08。例：风铎140829（上），表示第08号塔链，从上向下数第29个链扣上端挂的风铎。

第1层　编号：01　单位：个　檐面每面椽飞各19个，本层共304个　表格编号：A-FD-01-01

位置	构件	0101	0102	0103	0104	0105	0106	0107	0108	合计	应有数量	残缺数量
檐面椽\飞	吊环	15\3	15\11	17\10	14\6	9\0	16\8	13\4	15\2	158	304	146
	挂钩	8\0	0\0	0\0	0\0	0\0	0\0	0\0	0\0	8	304	296
檐角	吊环	2	2	2	1	0	2	2	0	11	16	5
	挂钩	0	0	0	0	0	0	0	0	0	16	16

本层残缺数量总计　檐面：吊环146　挂钩296　撞针304　风摆304　风铎304
檐角：大角梁01：吊环8　挂钩8　撞针8　风摆8　风铎8
子角梁02：吊环8　挂钩8　撞针8　风摆8　风铎8

第2层　编号：02　单位：个　檐面风铎每面19个，本层共152个　表格编号：A-FD-01-02

	现存檐面风铎编号统计	现存风铎残缺		其他残缺			本面总计残缺数量				
		撞针	风摆	吊环	挂钩	整套风铎	吊环	挂钩	撞针	风摆	整套风铎
正南面01	共6个　01、05、10、12、13、14	2	3	11	13	13	11	13	2	3	13
	下层掉落：/	檐角风铎残缺		大角梁01：吊环1　整套1			子角梁02：撞针1　风摆1				
东南面02	共6个　01、08、11、15、17、19	5	5	9	13	13	9	13	5	5	13
	下层掉落：/	檐角风铎残缺		大角梁01：整套1			子角梁02：挂钩1　整套1				
正东面03	共9个　02、04、05、06、07、11、14、15、17	8	8	9	10	10	9	10	8	8	10
	下层掉落：/	檐角风铎残缺		大角梁01：撞针1　风摆1			子角梁02：风摆1				
东北面04	共7个　05、06、08（残）、09、10、14、19	6	7	11	12	12	11	12	7	8	11
	下层掉落：整套2	檐角风铎残缺		大角梁01：整套1　吊环1			子角梁02：撞针1　风摆1				
正北面05	共0个	0	0	10	19	19	10	19	0	0	19
	下层掉落：/	檐角风铎残缺		大角梁01：撞针1　风摆1			子角梁02：整套1				
西北面06	共3个　10、14、15	1	2	11	16	16	11	16	1	2	16
	下层掉落：/	檐角风铎残缺		大角梁01：整套1　吊环1			子角梁02：整套1				
正西面07	共2个　17、18	2	2	16	17	17	16	17	2	2	17
	下层掉落：风摆1	檐角风铎残缺		大角梁01：风摆1			子角梁02：撞针1　风摆1				
西南面08	共8个　02、05、08、09、10、16、17、19	5	6	10	10	11	10	10	5	6	11
	下层掉落：/	檐角风铎残缺		大角梁01：撞针1 风摆1			子角梁02：风摆1				

本层残缺数量总计　檐面：吊环83　挂钩108　撞针30　风摆34　整套风铎110
檐角：大角梁01：吊环0　挂钩3　撞针3　风摆4　整套风铎4
子角梁02：吊环1　挂钩2　撞针2　风摆4　整套风铎4

第3层　　编号：03　　单位：个　　檐面风铎每面19个，本层共152个　　表格编号：A-FD-01-03

<table>
<tr><th rowspan="2"></th><th rowspan="2">现存檐面风铎编号统计</th><th colspan="2">现存风铎残缺</th><th colspan="3">其他残缺</th><th colspan="5">本面总计残缺数量</th></tr>
<tr><th>撞针</th><th>风摆</th><th>吊环</th><th>挂钩</th><th>整套风铎</th><th>吊环</th><th>挂钩</th><th>撞针</th><th>风摆</th><th>整套风铎</th></tr>
<tr><td rowspan="2">正南面01</td><td>共1个　19</td><td>1</td><td>1</td><td>14</td><td>18</td><td>18</td><td>12</td><td>14</td><td>4</td><td>4</td><td>14</td></tr>
<tr><td>下层掉落：整套1　风铎3　吊环2　挂钩4</td><td colspan="2">檐角风铎残缺</td><td colspan="3">大角梁01：风摆1　撞针1</td><td colspan="5">子角梁02：风摆1　撞针1</td></tr>
<tr><td rowspan="2">东南面02</td><td>共2个　06、07</td><td>1</td><td>2</td><td>14</td><td>17</td><td>17</td><td>13</td><td>11</td><td>2</td><td>4</td><td>13</td></tr>
<tr><td>下层掉落：整套2　风铎2　吊环1　挂钩6　撞针3　J风铎1</td><td colspan="2">檐角风铎残缺</td><td colspan="3">大角梁01：挂钩1　撞针1　风摆1</td><td colspan="5">子角梁02：撞针1　风摆1</td></tr>
<tr><td rowspan="2">正东面03</td><td>共0个</td><td>0</td><td>0</td><td>13</td><td>19</td><td>19</td><td>10</td><td>8</td><td>5</td><td>7</td><td>8</td></tr>
<tr><td>下层掉落：整套4　风铎7　吊环3　挂钩11　撞针2　J风铎1　J风铎2　吊环1　挂钩2　撞针1</td><td colspan="2">檐角风铎残缺</td><td colspan="3">大角梁01：挂钩1</td><td colspan="5">子角梁02：挂钩1</td></tr>
<tr><td rowspan="2">东北面04</td><td>共1个　12</td><td>1</td><td>1</td><td>17</td><td>18</td><td>18</td><td>15</td><td>14</td><td>2</td><td>1</td><td>14</td></tr>
<tr><td>下层掉落：整套3　风铎1　吊环2　挂钩4　风摆1</td><td colspan="2">檐角风铎残缺</td><td colspan="3">大角梁01：撞针1　风摆1</td><td colspan="5">子角梁02：挂钩1　整套1</td></tr>
<tr><td rowspan="2">正北面05</td><td>共8个　06、07、08（残）、09（残）、10、12、16、19</td><td>7</td><td>8</td><td>11</td><td>11</td><td>13</td><td>11</td><td>10</td><td>4</td><td>6</td><td>11</td></tr>
<tr><td>下层掉落：整套2　挂钩1　撞针1</td><td colspan="2">檐角风铎残缺</td><td colspan="3">大角梁01：整套1　挂钩1</td><td colspan="5">子角梁02：风摆1</td></tr>
<tr><td rowspan="2">西北面06</td><td>共5个　08、09、12（残）、17、18</td><td>3</td><td>3</td><td>13</td><td>14</td><td>14</td><td>11</td><td>9</td><td>2</td><td>3</td><td>10</td></tr>
<tr><td>下层掉落：整套4　风铎1　挂钩5、吊环2、撞针1</td><td colspan="2">檐角风铎残缺</td><td colspan="3">大角梁01：撞针1　风摆1</td><td colspan="5">子角梁02：风摆1</td></tr>
<tr><td rowspan="2">正西面07</td><td>共11个　01、05、06、07、08、11、12、13、14、15、16</td><td>1</td><td>1</td><td>8</td><td>8</td><td>8</td><td>8</td><td>7</td><td>2</td><td>2</td><td>7</td></tr>
<tr><td>下层掉落：风铎1　挂钩1</td><td colspan="2">檐角风铎残缺</td><td colspan="3">大角梁01：撞针1　风摆1</td><td colspan="5">子角梁02：风摆1</td></tr>
<tr><td rowspan="2">西南面08</td><td>共1个　03</td><td>0</td><td>0</td><td>14</td><td>18</td><td>18</td><td>14</td><td>16</td><td>1</td><td>1</td><td>13</td></tr>
<tr><td>下层掉落：整套3　风铎2　挂钩2　撞针1　风摆1　J风铎1</td><td colspan="2">檐角风铎残缺</td><td colspan="3">大角梁01：挂钩1　撞针1　风摆1</td><td colspan="5">子角梁02：撞针1　风摆1</td></tr>
</table>

本层残缺数量总计　檐面：吊环94　挂钩89　撞针20　风摆29　整套风铎90

檐角：大角梁01：吊环0　挂钩3　撞针6　风摆7　整套风铎0

子角梁02：吊环0　挂钩2　撞针4　风摆7　整套风铎0

第4层　　编号：04　　单位：个　　檐面风铎每面19个，本层共152个　　表格编号：A-FD-01-04

<table>
<tr><th rowspan="2"></th><th rowspan="2">现存檐面风铎编号统计</th><th colspan="2">现存风铎残缺</th><th colspan="3">其他残缺</th><th colspan="5">本面总计残缺数量</th></tr>
<tr><th>撞针</th><th>风摆</th><th>吊环</th><th>挂钩</th><th>整套风铎</th><th>吊环</th><th>挂钩</th><th>撞针</th><th>风摆</th><th>整套风铎</th></tr>
<tr><td rowspan="2">正南面01</td><td>共7个　02、05、08、16、17、18、19</td><td>5</td><td>6</td><td>12</td><td>12</td><td>12</td><td>12</td><td>12</td><td>5</td><td>6</td><td>12</td></tr>
<tr><td>下层掉落：/</td><td colspan="2">檐角风铎残缺</td><td colspan="3">大角梁01：撞针1　风摆1</td><td colspan="5">子角梁02：撞针1　风摆1</td></tr>
</table>

续表

	现存檐面风铎编号统计	现存风铎残缺		其他残缺			本面总计残缺数量				
		撞针	风摆	吊环	挂钩	整套风铎	吊环	挂钩	撞针	风摆	整套风铎
东南面02	共9个　03、04、06、08、09、11、14、18、19	5	6	10	11	10	7	8	7	8	7
	下层掉落：整套1　风铎2　挂钩3　吊环3	檐角风铎残缺		大角梁01：撞针1			子角梁02：整套1　挂钩1				
正东面03	共5个　04、06、07、15、18	5	5	14	14	14	10	7	8	8	7
	下层掉落：整套4　风铎3　吊环4　挂钩7	檐角风铎残缺		大角梁01：撞针1　风摆1			子角梁02：撞针1、风摆1				
东北面04	共5个　03、08、10、16、18	4	5	14	14	14	14	14	2	5	14
	下层掉落：撞针2	檐角风铎残缺		大角梁01：撞针1　风摆1			子角梁02：撞针1　风摆1				
正北面05	共5个　07、08、10、11、12	4	5	7	13	14	11	10	5	8	11
	下层掉落：风铎4（残1）　吊环4　挂钩3　撞针2	檐角风铎残缺		大角梁01：撞针1　风摆1			子角梁02：撞针1　风摆1				
西北面06	共5个　01（残）、03、05、11、17	3	4	13	14	15	7	6	2	6	7
	下层掉落：整套5　风铎3　吊环6　挂钩8　撞针3　风摆1	檐角风铎残缺		大角梁01：撞针1　风摆1			子角梁02：撞针1　风摆1				
正西面07	共3个　04、11、15	0	1	14	16	16	12	16	0	1	16
	下层掉落：吊环2	檐角风铎残缺		大角梁01：撞针1　风摆1			子角梁02：撞针1　风摆1				
西南面08	共7个　01、03、04、05、07、13、15	6	7	12	12	12	10	10	6	6	10
	下层掉落：整套2　吊环2　挂钩2　风摆1	檐角风铎残缺		大角梁01：撞针1　风摆1			子角梁02：撞针1　风摆1				

本层残缺数量总计　檐面：吊环83　挂钩83　撞针35　风摆48　整套风铎84

檐角：大角梁01：吊环0　挂钩0　撞针8　风摆7　整套风铎0

子角梁02：吊环0　挂钩1　撞针7　风摆7　整套风铎1

第5层　编号：05　单位：个　檐面风铎每面18个，本层共144个　表格编号：A-FD-01-05

	现存檐面风铎编号统计	现存风铎残缺		其他残缺			本面总计残缺数量				
		撞针	风摆	吊环	挂钩	整套风铎	吊环	挂钩	撞针	风摆	整套风铎
正南面01	共9个　01、03、04、05、07、10、11、12、17	3	7	7	9	9	6	6	4	8	6
	下层掉落：整套1　风铎2　吊环1　挂钩3　风摆1　撞针1	檐角风铎残缺		大角梁01：撞针1　风摆1			子角梁02：撞针1　风摆1				
东南面02	共4个　07、08、10、12	0	3	9	14	14	7	6	0	7	6
	下层掉落：整套4　风铎4　吊环2　挂钩8　撞针4　J风铎（01）	檐角风铎残缺		大角梁01：挂钩1　撞针1　风摆1			子角梁02：整套1　挂钩1				

续表

	现存檐面风铎编号统计	现存风铎残缺		其他残缺			本面总计残缺数量				
		撞针	风摆	吊环	挂钩	整套风铎	吊环	挂钩	撞针	风摆	整套风铎
正东面03	共6个　05、08、09、13、15、17	5	6	5	12	12	3	3	10	14	4
	下层掉落：风铎9（残1）　吊环2　挂钩9　撞针3	檐角风铎残缺		大角梁01：撞针1　风摆1			子角梁02：撞针1　风摆1				
东北面04	共5个　03、06、09、17、18	4	5	10	13	13	3	3	7	11	3
	下层掉落：整套4　风铎7（残1）　吊环7　挂钩10　撞针3	檐角风铎残缺		大角梁01：撞针1　风摆1			子角梁02：撞针1　风摆1				
正北面05	共6个　01、02、10、13、16、18	5	6	6	12	12	3	1	6	15	1
	下层掉落：整套2　风铎10（残1）　吊环3　挂钩11　撞针8	檐角风铎残缺		大角梁01：风摆1			子角梁02：撞针1　风摆1				
西北面06	共10个　01、01、02、03、06、07、09、10、15、16	6	6	7	8	8	6	6	7	7	6
	下层掉落：整套1　风铎1　吊环1　挂钩2	檐角风铎残缺		大角梁01：撞针1　风摆1			子角梁02：撞针1　风摆1				
正西面07	共10个　01、03、04、08、09、11、13、15、16、18	5	7	6	6	8	6	4	3	9	6
	下层掉落：风铎2　挂钩2　撞针4	檐角风铎残缺		大角梁01：撞针1　风摆1			子角梁02：撞针1　风摆1				
西南面08	共13个　01、04、05、07、08、09、10、11、12、14、16、17、18	10	11	2	5	5	9	7	10	14	1
	下层掉落：风铎4　吊环1　挂钩4　撞针4　风摆1	檐角风铎残缺		大角梁01：风摆1			子角梁02：风摆1				

本层残缺数量总计　檐面：吊环43　挂钩36　撞针47　风摆93　整套风铎33

檐角：大角梁01：吊环0　挂钩1　撞针6　风摆8　整套风铎0

子角梁02：吊环0　挂钩1　撞针6　风摆7　整套风铎1

第6层　编号：06　单位：个　檐面风铎每面18个，本层共144个　表格编号：A-FD-01-06

	现存檐面风铎编号统计	现存风铎残缺		其他残缺			本面总计残缺数量				
		撞针	风摆	吊环	挂钩	整套风铎	吊环	挂钩	撞针	风摆	整套风铎
正南面01	共11个　01、02、03、06、07、08、09、10、13、14、18	6	6	5	7	7	2	2	6	7	2
	下层掉落：整套3　风铎2　吊环3　挂钩5　撞针2　风摆1　挂钩1　撞针1	檐角风铎残缺		大角梁01：撞针1　风摆1			子角梁02：风摆1				
东南面02	共9个　04、05、06、08、09、11、13、14、18	4	7	9	9	9	3	3	5	10	3
	下层掉落：整套3　风铎3　吊环6　挂钩6　撞针2	檐角风铎残缺		大角梁01：整套1　挂钩1			子角梁02：撞针1　风摆1				

续表

	现存檐面风铎编号统计	现存风铎残缺		其他残缺			本面总计残缺数量				
		撞针	风摆	吊环	挂钩	整套风铎	吊环	挂钩	撞针	风摆	整套风铎
正东面03	共8个 01、03、04、05、08、09、12、18	5	8	10	10	10	5	5	8	11	5
	下层掉落：整套1 风铎4 吊环5 挂钩5 撞针1 风摆1 J风铎（01）	檐角风铎残缺		大角梁01：吊环1 撞针1、风摆1			子角梁02：风摆1				
东北面04	共5个 02、05、08、13、14	5	5	13	13	13	6	6	4	6	7
	下层掉落：整套2 风铎6（2残）吊环7 挂钩7 撞针5 风摆3	檐角风铎残缺		大角梁01：风摆1			子角梁02：挂钩1 撞针1 风摆1				
正北面05	共9个 03、04、05、06、10、13、14、15、18	9	9	8	9	9	5	3	10	12	3
	下层掉落：整套3 风铎3 吊环3 挂钩6 撞针2	檐角风铎残缺		大角梁01：整套1 吊环1			子角梁02：撞针1 风摆1				
西北面06	共12个 01、02、04、06、07、08、09、10、11、12、16、18	5	9	4	6	6	2	5	8	12	3
	下层掉落：风铎3 挂钩1 吊环2	檐角风铎残缺		大角梁01：风摆1			子角梁02：风摆1				
正西面07	共11个 01、02、03、04、05、06、07、08、12、13、15	1	3	3	7	7	1	3	1	6	1
	下层掉落：整套3 风铎3 吊环2 挂钩4 撞针3	檐角风铎残缺		大角梁01：风摆1			子角梁02：风摆1				
西南面08	共15个 03、04、05、06、07、08、09、10、11、12、13、14、16、17、18	7	12	1	3	3	0	0	7	13	0
	下层掉落：整套1 风铎2 吊环1 挂钩3 撞针2 风摆1	檐角风铎残缺		大角梁01：风摆1			子角梁02：整套1 挂钩1				

本层残缺数量总计 檐面：吊环24 挂钩27 撞针49 风摆77 整套风铎24

檐角：大角梁01：吊环2 挂钩1 撞针2 风摆6 整套风铎2

子角梁02：吊环0 挂钩2 撞针3 风摆7 整套风铎1

第7层 编号：07 单位：个 檐面风铎每面18个，本层共144个 表格编号：A-FD-01-07

	现存檐面风铎编号统计	现存风铎残缺		其他残缺			本面总计残缺数量				
		撞针	风摆	吊环	挂钩	整套风铎	吊环	挂钩	撞针	风摆	整套风铎
正南面01	共6个 01、03、07、08、10、18	2	4	11	12	12	4	4	3	4	4
	下层掉落：整套7 风铎1 吊环7、挂钩8、风摆1	檐角风铎残缺		大角梁01：撞针1 风摆1			子角梁02：撞针1 风摆1				
东南面02	共9个 03、04、05、06、07、09、11、17、18	3	5	9	9	9	5	5	3	5	5

续表

	现存檐面风铎编号统计	现存风铎残缺		其他残缺			本面总计残缺数量				
		撞针	风摆	吊环	挂钩	整套风铎	吊环	挂钩	撞针	风摆	整套风铎
东南面02	下层掉落：整套4　吊环4　挂钩4	檐角风铎残缺		大角梁01：撞针1　风摆1			子角梁02：风摆1				
正东面03	共11个　01、02、03、04、05、07、08、09、11、13、17	9	11	6	7	7	1	1	10	14	1
	下层掉落：整套2　风铎4　吊环5　挂钩6　撞针3　风摆1	檐角风铎残缺		大角梁01：风摆1			子角梁02：整套1　撞针1　风摆1				
东北面04	共4个　03、04、06、10	3	4	12	14	14	6	6	7	8	6
	下层掉落：整套4　风铎4　吊环6　挂钩8	檐角风铎残缺		大角梁01：撞针1、风摆1			子角梁02：撞针1　风摆1				
正北面05	共8个　01、02、04、06、07、09、17、18	8	8	6	10	10	1	1	12	15	1
	下层掉落：整套1　风铎8　吊环5　挂钩9　撞针4　风摆1	檐角风铎残缺		大角梁01：撞针1　风摆1			子角梁02：撞针1　风摆1				
西北面06	共11个　01、04、07、08、09、10、11、12、13、15、18	4	7	7	7	7	3	3	3	7	3
	下层掉落：整套4　吊环4　挂钩4　撞针1	檐角风铎残缺		大角梁01：撞针1　风摆1			子角梁02：风摆1				
正西面07	共12个　01、02、03、07、08、10、11、12、15、16、17、18	4	11	4	6	6	2	5	4	12	3
	下层掉落：整套2　风铎1　吊环2　挂钩1　撞针1	檐角风铎残缺		大角梁01：撞针1　风摆1			子角梁02：风摆1				
西南面08	共4个01、08、09、11	3	3	14	14	14	2	2	4	4	3
	下层掉落：整套8　风铎4（残1）　吊环12　挂钩12　撞针2　风摆2　J风铎（02）	檐角风铎残缺		大角梁01：撞针1　风摆1			子角梁02：撞针1　风摆1				

本层残缺数量总计　檐面：吊环24　挂钩27　撞针46　风摆69　整套风铎26

檐角：大角梁01：吊环0　挂钩0　撞针7　风摆8　整套风铎0

子角梁02：吊环0　挂钩0　撞针6　风摆8　整套风铎1

第8层　　编号：08　　单位：个　　檐面风铎每面18个，本层共144个　　表格编号：A-FD-01-08

	现存檐面风铎编号统计	现存风铎残缺		其他残缺			本面总计残缺数量				
		撞针	风摆	吊环	挂钩	整套风铎	吊环	挂钩	撞针	风摆	整套风铎
正南面01	共6个　07、08、09、10、17、18	3	6	8	12	12	4	1	5	10	1
	下层掉落：整套7　风铎4　吊环4　挂钩11　撞针2　J风铎01　撞针1	檐角风铎残缺		大角梁01：风摆1　吊环1			子角梁02：撞针1　风摆1				
东南面02	共3个　13、15、17	2	3	11	15	15	6	6	4	6	6

续表

	现存檐面风铎编号统计	现存风铎残缺		其他残缺			本面总计残缺数量				
		撞针	风摆	吊环	挂钩	整套风铎	吊环	挂钩	撞针	风摆	整套风铎
东南面02	下层掉落：整套6　风铎3　吊环5　挂钩9　撞针1	檐角风铎残缺		大角梁01：风摆1			子角梁02：撞针1　风摆1				
正东面03	共7个　02、03、08、10、15、17、18	6	7	10	11	11	9	8	4	7	8
	下层掉落：整套2　风铎1　吊环1　挂钩3　撞针3　风摆1	檐角风铎残缺		大角梁01：风摆1			子角梁02：风摆1				
东北面04	共3个　04、07、15	3	3	12	15	15	7	4	1	8	4
	下层掉落：整套5　风铎6　吊环5　挂钩11　撞针8　风摆1　J风铎（01）吊环1	檐角风铎残缺		大角梁01：撞针1　风摆1			子角梁02：风摆1				
正北面05	共2个　16、18	1	2	8	16	16	3	2	多18	14	1
	下层掉落：整套3　风铎15（3残）吊环5　挂钩14　撞针31　J风铎（01）撞针6	檐角风铎残缺		大角梁01：挂钩1　风摆1　撞针多5			子角梁02：风摆1				
西北面06	共5个　01、04、07、12、18	2	4	9	13	13	5	5	4	8	5
	下层掉落：整套4　风铎4　吊环4　挂钩8　撞针2	檐角风铎残缺		大角梁01：撞针1　风摆1			子角梁02：撞针1　风摆1				
正西面07	共8个　01、08、10、12、13、14、17、18	4	6	9	10	10	5	2	3	6	2
	下层掉落：整套7　风铎1　吊环4　挂钩8　撞针2　风摆1	檐角风铎残缺		大角梁01：风摆1			子角梁02：撞针1　风摆1				
西南面08	共9个　01、05、08、09、10、11、12、15、17	1	9	8	9	9	2	1	2	11	2
	下层掉落：整套4　风铎3　吊环6　挂钩7　撞针2　风摆1　J风铎（01）挂钩1	檐角风铎残缺		大角梁01：撞针1　风摆1			子角梁02：撞针1　风摆1				

本层残缺数量总计　檐面：吊环41　挂钩29　撞针5　风摆70　整套风铎29

檐角：大角梁01：吊环0　挂钩1　撞针多2　风摆8　整套风铎0

子角梁02：吊环0　挂钩0　撞针5　风摆8　整套风铎0

第9层　编号：09　单位：个　檐面风铎每面17个，本层共136个　表格编号：A-FD-01-09

	现存檐面风铎编号统计	现存风铎残缺		其他残缺			本面总计残缺数量				
		撞针	风摆	吊环	挂钩	整套风铎	吊环	挂钩	撞针	风摆	整套风铎
正南面01	共8个　02、03、05、06、11、12、14、17	6	5	8	9	9	4	3	6	6	3
	下层掉落：整套5　风铎1　吊环4　挂钩6　撞针1　J风铎1　撞针1	檐角风铎残缺		大角梁01：风摆1			子角梁02：风摆1				

续表

	现存檐面风铎编号统计	现存风铎残缺		其他残缺			本面总计残缺数量				
		撞针	风摆	吊环	挂钩	整套风铎	吊环	挂钩	撞针	风摆	整套风铎
东南面02	共8个　02、03、04、05、08、12、17、18	6	7	8	9	9	2	2	7	9	2
	下层掉落：整套5　风铎2　吊环6　挂钩7　撞针1	檐角风铎残缺		大角梁01：风摆1			子角梁02：整套1				
正东面03	共14个　01、02、03、04、05、06、07、08、09、12、13、14、15、16	9	13	3	4	3	1	2	8	14	1
	下层掉落：整套1　风铎1　吊环2　挂钩2　撞针2　J风铎（02）	檐角风铎残缺		大角梁01：风摆1			子角梁02：撞针1　风摆1				
东北面04	共9个　02、03、04、05、06、07、10、11、12	5	9	8	8	8	0	0	6	13	0
	下层掉落：整套2　风铎6　吊环8　挂钩8　撞针5　风摆2　J风铎（01）吊环1　J风铎（02）吊环1	檐角风铎残缺		大角梁01：撞针1　风摆1			子角梁02：撞针1　风摆1				
正北面05	共3个　09、11、13	3	3	9	14	14	2	1	9	10	3
	下层掉落：整套4　风铎7　吊环7　挂钩13　撞针1　J风铎01　吊环1	檐角风铎残缺		大角梁01：撞针1　风摆1			子角梁02：风摆1				
西北面06	共6个　05、07、08、15、16、17	2	5	9	11	11	3	1	5	8	1
	下层掉落：整套6　风铎4　吊环6　挂钩10　撞针1　风摆1　J风铎1　挂钩1　撞针1	檐角风铎残缺		大角梁01：风摆1			子角梁02：风摆1				
正西面07	共12个　01、02、03、06、07、08、10、11、12、15、16、17	7	7	3	5	5	3	1	9	9	1
	下层掉落：整套2　风铎2　挂钩4	檐角风铎残缺		大角梁01：撞针1　风摆1			子角梁02：撞针1　风摆1				
西南面08	共8个　02、03、04、10、11、14、15、16	5	6	5	9	9	3	3	4	8	3
	下层掉落：整套3　风铎3　吊环2　挂钩6　撞针4　风摆1	檐角风铎残缺		大角梁01：撞针1、风摆1			子角梁02：风摆1				

本层残缺数量总计　檐面：吊环18　挂钩13　撞针54　风摆77　整套风铎14

檐角：大角梁01：吊环0　挂钩0　撞针4　风摆8　整套风铎0

子角梁02：吊环1　挂钩0　撞针3　风摆7　整套风铎1

第10层　编号：10　单位：个　檐面风铎每面17个，本层共136个　表格编号：A-FD-01-10

	现存檐面风铎编号统计	现存风铎残缺		其他残缺			本面总计残缺数量				
		撞针	风摆	吊环	挂钩	整套风铎	吊环	挂钩	撞针	风摆	整套风铎
正南面01	共6个　01、05、12、13、14、17	4	6	7	8	11	1	2	9	10	1

续表

	现存檐面风铎编号统计	现存风铎残缺		其他残缺			本面总计残缺数量				
		撞针	风摆	吊环	挂钩	整套风铎	吊环	挂钩	撞针	风摆	整套风铎
正南面01	下层掉落：整套5 风铎5 吊环6 挂钩6 撞针5 风摆1	檐角风铎残缺		大角梁01：风摆1			子角梁02：风摆1				
东南面02	共7个 02、03、04、05、11、13、15	5	6	9	9	10	6	5	4	8	5
	下层掉落：整套2 风铎2 吊环3 挂钩4 撞针3	檐角风铎残缺		大角梁01：风摆1			子角梁02：整套1				
正东面03	共13个 01、02、03、04、05、06、07、08、09、10、12、13、16	8	13	3	4	4	2	2	10	15	2
	下层掉落：风铎2 吊环1 挂钩2	檐角风铎残缺		大角梁01：风摆1			子角梁02：风摆1				
东北面04	共1个 02	1	1	8	16	16	4	4	3	11	4
	下层掉落：整套2 风铎10 吊环10 挂钩12 撞针8	檐角风铎残缺		大角梁01：风摆1			子角梁02：撞针1 风摆1				
正北面05	共4个 01、06、07、08	2	4	10	13	13	6	4	7	13	4
	下层掉落：风铎9 吊环4 挂钩9 撞针4 J风铎（01） 挂钩1 J风铎02 挂钩1 撞针1	檐角风铎残缺		大角梁01：撞针1 风摆1			子角梁02：风摆1				
西北面06	共5个 07、09、10、12、17	2	2	5	12	12	1	1	7	12	1
	下层掉落：整套1 风铎10 吊环4 挂钩11 撞针5	檐角风铎残缺		大角梁01：风摆1			子角梁02：风摆1				
正西面07	共12个 01、02、04、05、06、08、09、11、12、13、15、16	6	8	4	4	5	1	1	4	8	1
	下层掉落：整套3 风铎1 吊环3 挂钩3 撞针1 风摆1	檐角风铎残缺		大角梁01：风摆1			子角梁02：风摆1				
西南面08	共7个 02、03、05、06、07、09、13	2	5	6	9	10	2	1	4	8	1
	下层掉落：整套6 风铎3 吊环4 挂钩8 撞针1	檐角风铎残缺		大角梁01：风摆1			子角梁02：风摆1				

本层残缺数量总计　檐面：吊环21 挂钩20 撞针48 风摆85 整套风铎19

檐角：大角梁01：吊环0 挂钩0 撞针1 风摆8 整套风铎0

子角梁02：吊环0 挂钩0 撞针1 风摆7 整套风铎1

第11层　编号：11　单位：个　檐面风铎每面17个，本层共136个　表格编号：A-FD-01-11

	现存檐面风铎编号统计	现存风铎残缺		其他残缺			本面总计残缺数量				
		撞针	风摆	吊环	挂钩	整套风铎	吊环	挂钩	撞针	风摆	整套风铎
正南面01	共3个 01、02、03	3	3	13	14	14	8	8	6	5	7
	下层掉落：整套4 风铎3 吊环5 挂钩6 风摆1 J风铎（01） 挂钩1 J风铎（02）挂钩1 撞针1	檐角风铎残缺		大角梁01：撞针1 风摆1			子角梁02：风摆1				

续表

	现存檐面风铎编号统计	现存风铎残缺		其他残缺			本面总计残缺数量				
		撞针	风摆	吊环	挂钩	整套风铎	吊环	挂钩	撞针	风摆	整套风铎
东南面02	共6个 06、07、08、12、14、15	3	4	8	10	11	3	6	5	6	5
	下层掉落：整套2 风铎4 撞针2 风摆2 吊环5 挂钩4 J风铎（02） 撞针1	檐角风铎残缺		大角梁01：风摆1			子角梁02：挂钩1 风摆1				
正东面03	共1个 16	0	1	13	16	16	9	7	6	10	6
	下层掉落：整套1 风铎9 吊环4 挂钩9 撞针3 J风铎01 撞针1	檐角风铎残缺		大角梁01：挂钩1 风摆1			子角梁02：风摆1				
东北面04	共0个	0	0	10	17	17	3	4	4	12	3
	下层掉落：整套2 风铎12 吊环7 挂钩13 撞针8 J风铎（01） 挂钩1 J风铎（02） 挂钩1	檐角风铎残缺		大角梁01：撞针1 风摆1			子角梁02：撞针1 风摆1				
正北面05	共0个	0	0	14	17	17	5	2	4	13	2
	下层掉落：整套2 风铎13 吊环9 挂钩15 撞针9 J风铎（01） 挂钩1 撞针1 J风铎（02） 挂钩1 撞针1	檐角风铎残缺		大角梁01：风摆1			子角梁02：风摆1				
西北面06	共0个	0	0	13	17	17	5	5	5	8	5
	下层掉落：整套4 风铎8 吊环8 挂钩12 撞针3 J风铎01 撞针1 挂钩1	檐角风铎残缺		大角梁01：风摆1			子角梁02：风摆1				
正西面07	共4个 03、15、16、17	0	4	13	13	13	6	6	3	8	5
	下层掉落：整套4 风铎4 吊环7 挂钩7 撞针1	檐角风铎残缺		大角梁01：风摆1			子角梁02：风摆1				
西南面08	共1个 01	0	1	9	16	16	4	3	4	10	3
	下层掉落：整套3 风铎10 吊环5 挂钩13 撞针6 风摆1	檐角风铎残缺		大角梁01：风摆1			子角梁02：整套1 挂钩1				

本层残缺数量总计 檐面：吊环43 挂钩41 撞针37 风摆72 整套风铎36

檐角：大角梁01：吊环0 挂钩1 撞针2 风摆8 整套风铎0

子角梁02：吊环0 挂钩2 撞针1 风摆7 整套风铎1

第12层 编号：12 单位：个 檐面风铎每面16个，本层共128个 表格编号：A-FD-01-12

	现存檐面风铎编号统计	现存风铎残缺		其他残缺			本面总计残缺数量				
		撞针	风摆	吊环	挂钩	整套风铎	吊环	挂钩	撞针	风摆	整套风铎
正南面01	共0个	0	0	12	16	16	8	9	1	5	9
	下层掉落：整套2 风铎5 吊环4 挂钩7 撞针4 J风铎（01）	檐角风铎残缺		大角梁01：挂钩1 风摆1			子角梁02：风摆1				

续表

	现存檐面风铎编号统计	现存风铎残缺		其他残缺			本面总计残缺数量				
		撞针	风摆	吊环	挂钩	整套风铎	吊环	挂钩	撞针	风摆	整套风铎
东南面02	共4个 01、02、04、09	0	4	9	12	12	6	7	1	9	7
	下层掉落：风铎5 吊环3 挂钩5 撞针4	檐角风铎残缺		大角梁01：风摆1			子角梁02：风摆1				
正东面03	共2个 08、09	1	2	8	14	14	4	6	3	11	5
	下层掉落：风铎9 吊环4 挂钩8 撞针7 J风铎（02） 撞针1	檐角风铎残缺		大角梁01：风摆1			子角梁02：挂钩1 风摆1				
东北面04	共1个 02	1	1	11	15	15	6	7	5	9	6
	下层掉落：整套1 风铎8 吊环5 挂钩8 撞针4	檐角风铎残缺		大角梁01：整套1			子角梁02：风摆1				
正北面05	共4个 02、03、15、16	1	3	10	12	12	5	4	6	11	4
	下层掉落：风铎8 吊环5 挂钩8 撞针3 J风铎（01）挂钩1 撞针1 J风铎（02） 挂钩1 撞针1	檐角风铎残缺		大角梁01：风摆1			子角梁02：风摆1				
西北面06	共2个 15、16	2	2	9	14	14	5	6	6	7	5
	下层掉落：整套2 风铎7 吊环4 挂钩8 撞针3 风摆2	檐角风铎残缺		大角梁01：风摆1			子角梁02：风摆1				
正西面07	共2个 14、16	0	2	9	14	14	6	5	4	8	5
	下层掉落：整套3 风铎6 吊环3 挂钩9 撞针2	檐角风铎残缺		大角梁01：风摆1			子角梁02：整套1 挂钩1				
西南面08	共4个 02、09、10、13	3	4	9	12	12	4	1	3	10	1
	下层掉落：整套1 风铎10 吊环5 挂钩11 撞针10 风摆4	檐角风铎残缺		大角梁01：风摆1			子角梁02：风摆1				

本层残缺数量总计 檐面：吊环44 挂钩45 撞针29 风摆70 整套风铎42

檐角：大角梁01：吊环0 挂钩1 撞针0 风摆8 整套风铎1

子角梁02：吊环0 挂钩2 撞针0 风摆7 整套风铎1

第13层 编号：13 单位：个 檐面风铎每面15个，本层共120个 表格编号：A-FD-01-13

	现存檐面风铎编号统计	现存风铎残缺		其他残缺			本面总计残缺数量				
		撞针	风摆	吊环	挂钩	整套风铎	吊环	挂钩	撞针	风摆	整套风铎
正南面01	共10个 01、02、03、05、06、07、08、09、13、15	9	10	5	5	5	4	4	10	11	4
	下层掉落：风铎1 吊环1 挂钩1	檐角风铎残缺		大角梁01：风摆1			子角梁02：风摆1				
东南面02	共6个 01、03、04、06、07、12	1	6	8	9	9	8	8	1	7	8
	下层掉落：风铎1 撞针1 挂钩1	檐角风铎残缺		大角梁01：风摆1			子角梁02：整套1 吊环1 挂钩1				
正东面03	共3个 11、12、14	0	3	11	12	12	8	9	0	6	9
	下层掉落：风铎3 挂钩3 吊环3 撞针3	檐角风铎残缺		大角梁01：风摆1			子角梁02：风摆1				

续表

	现存檐面风铎编号统计	现存风铎残缺		其他残缺			本面总计残缺数量				
		撞针	风摆	吊环	挂钩	整套风铎	吊环	挂钩	撞针	风摆	整套风铎
东北面04	共3个　01、02、10	0	3	9	12	12	6	8	0	9	6
	下层掉落：风铎6　吊环3　挂钩6　撞针6　J风铎01　挂钩1　撞针2	檐角风铎残缺		大角梁01：风摆1			子角梁02：风摆1				
正北面05	共1个　03	0	1	12	14	14	9	9	2	6	9
	下层掉落：风铎5　吊环3　挂钩5　撞针3	檐角风铎残缺		大角梁01：风摆1			子角梁02：风摆1				
西北面06	共2个　08、09	2	2	11	13	13	9	8	2	6	8
	下层掉落：整套1　风铎4　吊环2　挂钩5　撞针4	檐角风铎残缺		大角梁01：风摆1			子角梁02：整套1　挂钩1				
正西面07	共3个　02、07、15	0	3	12	12	12	11	10	1	4	10
	下层掉落：整套1　风铎1　吊环1　挂钩2　J风铎（01）吊环1　挂钩1　撞针1	檐角风铎残缺		大角梁01：风摆1			子角梁02：整套1　吊环1　挂钩1				
西南面08	共4个　01、05、13、14	0	4	11	11	11	7	7	0	4	7
	下层掉落：整套4　吊环4　挂钩4	檐角风铎残缺		大角梁01：风摆1			子角梁02：风摆1				

本层残缺数量总计　檐面：吊环62　挂钩63　撞针16　风摆53　整套风铎61

檐角：大角梁01：吊环0　挂钩0　撞针0　风摆8　整套风铎0

子角梁02：吊环2　挂钩3　撞针0　风摆5　整套风铎 3

塔链风铎　　编号：14　　单位：个　　表格编号：A-FD-01-14

	现存塔链风铎编号统计	现存风铎残缺		其他残缺		该塔链总计残缺数量			
		撞针	风摆	挂钩	整套风铎	挂钩	撞针	风摆	整套风铎
正南面01 链扣数：45 应有风铎：10	共3个　18（上）、22（上）、33（上\钩）、37（下）	2	3	6	7	6	2	3	7
	下面掉落：\								
东南面02 链扣数：41 应有风铎：8	共4个　11（下）、15（下）、20（上）、25（上）	2	4	4	1	7	6	8	0
	下面掉落：1402（5个，其中2个不可用）、挂钩1								
正东面03 链扣数：47 应有风铎：11	共2个　18（下）、23（下\钩）、30（下\钩）、37（下）	2	2	6	7	5	4	4	6
	下面掉落：1403（2个）　挂钩1　大钩1								
东北面04 链扣数：47 应有风铎：10	共6个　15（下）、19（下）、26（上）、30（下）、34（下） 38（下）　42（下\钩）	6	6	2	2	5	7	8	1
	下面掉落：1404（2个）　撞针1								
正北面05 链扣数：45 应有风铎：10	共4个　14（上）、18（上）、28（下）、33（下）、37（上\钩） 44（下\钩）	2	4	4	6	9	3	6	4
	下面掉落：1405（2个）　挂钩1　撞针1　大钩1　该塔链断开，上余4个链扣。								

续表

	现存塔链风铎编号统计	现存风铎残缺		其他残缺		该塔链总计残缺数量			
		撞针	风摆	挂钩	整套风铎	挂钩	撞针	风摆	整套风铎
西北面06 链扣数：45 应有风铎：9	共3个　28（上）、32（下）、36（上\钩）、44（上）	2	3	5	5	7	2	4	5
	下面掉落：1406　撞针1　挂钩1								
正西面07 链扣数：42 应有风铎：9	共6个　11（下）、16（上）、25（上）（不可用）、30（下\钩）、33（上）、37（上）、40（上）	5	6	2	1	4	6	8	1
	下面掉落：1407（2个）　撞针1　挂钩1								
西南面08 链扣数：48 应有风铎：11	共5个　15（下）19（上）23（上）29（上）35（上\钩）45（下）	3	5	5	4	11	4	6	5
	下面掉落：1408（2个残1）								

本层残缺数量总计：挂钩54　撞针34　风摆47　整套风铎31（应有风铎总计：78）

附表9-2-2　现存风铎及配件数量统计表

表格编号：A-FD-02-01

构件／位置	檐面					檐角J01					檐角J02				
	吊环	挂钩	撞针	风摆	风铎	吊环	挂钩	撞针	风摆	风铎	吊环	挂钩	撞针	风摆	风铎
第01层	158	8	0	0	0	6	0	0	0	0	5	0	0	0	0
第02层	69	44	12	8	42	8	5	1	0	4	7	6	2	0	5
第03层	58	63	36	30	62	8	5	1	0	8	8	6	3	0	8
第04层	69	69	32	20	68	8	8	0	1	8	8	7	0	0	7
第05层	101	108	72	32	111	8	7	2	0	8	8	7	1	0	7
第06层	120	117	71	43	120	6	7	4	0	6	8	6	1	0	7
第07层	120	117	72	49	118	8	8	1	0	8	8	8	1	0	7
第08层	103	115	110	45	115	8	7	8	0	8	8	8	3	0	8
第09层	118	123	68	45	122	8	8	4	0	8	7	8	4	0	7
第10层	115	116	69	32	117	8	8	7	0	8	8	8	6	0	7
第11层	93	95	63	28	100	8	7	6	0	8	8	6	6	0	7
第12层	84	83	57	16	86	8	7	8	0	7	8	6	7	0	7
第13层	58	57	43	6	59	8	8	8	0	8	6	5	5	0	5
合计	1266	1115	705	354	1120	100	85	50	1	89	97	81	39	0	82
应有数量	1992	1992	1992	1992	1992	104	104	104	104	104	104	103	104	104	104

附表9-2-3　残缺风铎及配件数量统计表

表格编号：A-FD-02-02

构件 位置	檐面					檐角J01					檐角J02				
	吊环	挂钩	撞针	风摆	风铎	吊环	挂钩	撞针	风摆	风铎	吊环	挂钩	撞针	风摆	风铎
第01层	146	296	304	304	304	2	8	8	8	8	3	8	8	8	8
第02层	83	108	140	144	110	0	3	7	8	4	1	2	6	8	3
第03层	94	89	116	122	90	0	3	7	8	0	0	2	5	8	0
第04层	83	83	120	132	84	0	0	8	7	0	0	1	8	8	1
第05层	43	36	72	112	33	0	1	6	8	0	0	1	7	8	1
第06层	24	27	73	101	24	2	1	4	8	2	0	2	7	8	1
第07层	24	27	72	95	26	0	0	7	8	0	0	0	7	8	1
第08层	41	29	34	99	29	0	1	0	8	0	0	0	5	8	0
第09层	18	13	68	91	14	0	0	4	8	0	1	0	4	8	1
第10层	21	20	67	104	19	0	0	1	8	0	0	0	2	8	1
第11层	43	41	73	108	36	0	1	2	8	0	0	2	2	8	1
第12层	44	45	71	112	42	0	1	0	8	1	0	2	1	8	1
第13层	62	63	77	114	61	0	0	0	8	0	2	3	3	8	3
合计	726	877	1287	1638	872	4	19	54	103	15	7	23	65	104	22
应有数量	1992	1992	1992	1992	1992	104	104	104	104	104	104	104	104	104	104

附表9-2-4　现存风铎各形制分布及数量统计表

檐面风铎：1134个　　表格编号：A-FD-03-01

<table>
<tr><th>形制</th><th colspan="18">分布位置及数量</th></tr>
<tr><td rowspan="9">形制1
150个</td><td colspan="7">02层（31个）</td><td colspan="7">03层（42个）</td><td colspan="4">04层（33个）</td></tr>
<tr><td>0201</td><td>0202</td><td>0203</td><td>0204</td><td>0206</td><td>0207</td><td>0208</td><td>0301</td><td>0302</td><td>0303</td><td>0305</td><td>0306</td><td>0307</td><td>0308</td><td>0401</td><td>0402</td><td>0403</td><td>0404</td></tr>
<tr><td>4</td><td>5</td><td>6</td><td>5</td><td>3</td><td>1</td><td>5</td><td>5</td><td>6</td><td>9</td><td>4</td><td>6</td><td>7</td><td>4</td><td>3</td><td>5</td><td>2</td><td>1</td></tr>
<tr><td colspan="4"></td><td colspan="8">05层（13个）</td><td colspan="3">06层（12个）</td><td colspan="3">07层（7个）</td></tr>
<tr><td>0405</td><td>0406</td><td>0407</td><td>0408</td><td>0501</td><td>0502</td><td>0503</td><td>0504</td><td>0505</td><td>0506</td><td>0507</td><td>0508</td><td>0601</td><td>0602</td><td>0608</td><td>0701</td><td>0702</td><td>0703</td></tr>
<tr><td>7</td><td>10</td><td>1</td><td>4</td><td>1</td><td>1</td><td>2</td><td>4</td><td>2</td><td>1</td><td>1</td><td>1</td><td>6</td><td>3</td><td>3</td><td>1</td><td>1</td><td>1</td></tr>
<tr><td colspan="3"></td><td colspan="3">08层（3个）</td><td colspan="4">10层（8个）</td><td></td><td></td><td></td><td></td><td></td><td></td><td></td><td></td></tr>
<tr><td>0704</td><td>0705</td><td>0706</td><td>0805</td><td>0806</td><td>0807</td><td>1001</td><td>1003</td><td>1005</td><td>1006</td><td></td><td></td><td></td><td></td><td></td><td></td><td></td><td></td></tr>
<tr><td>2</td><td>1</td><td>1</td><td>1</td><td>2</td><td>1</td><td>1</td><td>3</td><td>2</td><td>2</td><td></td><td></td><td></td><td></td><td></td><td></td><td></td><td></td></tr>
</table>

续表

形制	分布位置及数量																	
形制2 140个	02层（5个）		03层（5个）			04层（13个）				05层（19个）								
	0203	0208	0306	0307	0308	0402	0403	0405	0406	0501	0502	0503	0504	0505	0506	0508		
	2	3	2	1	2	2	9	1	1	2	2	4	4	3	2	2		
	06层（16个）				07层（26个）								08层（30个）					
	0601	0602	0604	0608	0701	0702	0703	0704	0705	0706	0707	0708	0804	0805	0806	0807	0808	
	10	4	2	2	1	2	2	1	5	3	9	3	4	12	11	2	1	
	09层（5个）				10层（14个）						11层（7个）							
	0901	0904	0906	0908	1002	1003	1004	1005	1006	1008	1102	1103	1107					
	1	1	1	2	2	2	2	2	4	2	4	2	1					
形制3 465个	02层（7个）					03层（15个）					04层（14个）							
	0201	0202	0203	0204	0207	0303	0304	0305	0306	0307	0401	0402	0403	0404	0406	0407	0408	0501
	2	1	1	2	1	2	2	5	2	4	3	2	1	2	1	2	3	9
	05层（58个）							06层（70个）							07层（64个）			
	0502	0503	0504	0505	0506	0507	0508	0602	0603	0604	0605	0606	0607	0608	0701	0702	0703	0704
	8	9	5	7	6	6	8	8	7	8	14	11	14	8	5	5	14	8
					08层（71个）							09层（78个）						
	0705	0706	0707	0708	0801	0802	0803	0804	0805	0807	0808	0901	0902	0903	0904	0905	0906	0907
	10	11	6	8	17	10	10	5	5	12	12	5	6	16	16	14	6	10
		10层（52个）								11层（33个）								
	0908	1001	1002	1003	1004	1005	1006	1007	1008	1101	1102	1103	1107	1108				
	5	12	10	2	8	6	8	1	5	8	8	2	9	6				
形制4 197个	08（1）	10（2）	11层（50个）					12层（85个）								13层（59个）		
	0804	1005	1103	1104	1105	1106	1108	1201	1202	1203	1204	1205	1206	1207	1208	1301	1302	1303
	1	2	5	14	14	12	5	7	9	11	9	12	11	11	15	11	7	6
	1304	1305	1306	1307	1308													
	9	6	7	5	8													
形制5 75个	02层（3个）		03（3）	04层（10个）						05层（22个）						06层（21个）		
	0202	0204	0304	0401	0402	0404	0405	0406	0408	0502	0504	0505	0506	0507	0508	0603	0604	0605
	1	2	3	1	3	2	1	1	2	1	2	5	3	5	6	6	2	1
				07层（16个）														
	0606	0607	0608	0701	0702	0708												
	4	3	5	7	5	4												
形制6 92个	07（1）	08层（4个）			09层（38个）					10层（39个）								
	0705	0804	0805	0807	0901	0902	0904	0906	0907	0908	1001	1003	1004	1005	1006	1007	1008	1101
	1	3	1	1	8	9	1	9	6	7	3	8	2	1	1	15	9	2

续表

形制	分布位置及数量																	
形制6 92个	11层（7个）																	
	1107	1108																
	2	3																
形制7 10个	05层（2个）		07（1）	08层（6个）			10（1）											
	0504	0505	0704	0802	0804	0808	1004											
	1	1	1	2	1	3	1											
形制8 1个	07（1）																	
	0708																	
	1																	
形制9 1个	10（1）																	
	1006																	
	1																	
形制10 1个	11（1）																	
	1103																	
	1																	
形制11 2个	11层（2个）																	
	1103	1105																
	1	1																

檐角风铎：171个

形制	分布位置及数量																	
J形制1 28个	02层（7个）					03层（12个）							04层（7个）					06（1）
	0201	0203	0205	0207	0208	0301	0302	0304	0305	0306	0307	0308	0401	0403	0406	0407	0408	0601
	1	2	1	1	2	2	2	1	1	2	2	2	1	1	1	2	2	1
	09（1）																	
	0907																	
	1																	
J形制2 25个	02（1）	03（1）	04层（5个）				05层（2个）		06层（4个）				09（1）	10层（6个）				
	0207	0303	0401	0402	0403	0405	0503	0504	0603	0605	0606	0607	0908	1001	1002	1007	1008	1203
	1	1	1	1	1	2	1	1	1	1	1	1	1	2	1	2	1	1
	12层（5个）																	
	1204	1205	1206															
	1	2	1															
J形制3 93个	04（2）	05层（12个）							06层（6个）					07层（13个）				
	0404	0501	0502	0503	0505	0506	0507	0508	0601	0603	0604	0606	0607	0608	0701	0702	0703	0704
	2	2	1	1	2	2	2	2	1	1	1	1	1	1	2	2	1	2

续表

形制	分布位置及数量																	
J形制3 93个					08层（16个）								09层（6个）					
	0705	0706	0707	0708	0801	0802	0803	0804	0805	0806	0807	0808	0904	0905	0906	0907	0908	1003
	1	2	1	2	2	2	2	2	2	2	2	2	1	1	2	1	1	2
J形制3 93个	10层（7个）			11层（9个）							12层（9个）						13层（13个）	
	1004	1005	1008	1101	1102	1103	1104	1105	1106	1107	1201	1202	1204	1206	1207	1208	1301	1302
	2	2	1	1	1	1	1	1	2	2	2	2	1	1	1	2	2	1
	13层（13个）																	
	1303	1304	1305	1306	1307	1308												
	2	2	2	1	1	2												
J形制4 16个	09层（7个）					10（2）	11层（6个）						12（1）					
	0901	0902	0903	0904	0905	1006	1101	1102	1103	1104	1105	1108	1203					
	2	1	2	1	1	2	1	1	1	1	1	1	1					
J形制5 2个	02（1）	07（1）																
	0204	0707																
	1	1																
J形制6 3个	03（1）	06（1）	07（1）															
	0303	0602	0705															
	1	1	1															
J形制7 3个	04（1）	05（1）	06（1）															
	0406	0504	0601															
	1	1	1															
J形制8 1个	06（1）																	
	0604																	

塔链风铎：47个

形制	分布位置及数量																	
TL形制1 26个	1402	1403	1404	1405	1406	1407	1408											
	5	2	8	2	3	4	2											
TL形制2 11个	1401	1402	1403	1405	1407	1408												
	3	1	1	1	3	2												
TL形制3 4个	1402	1407	1408															
	1	1	2															
TL形制4 1个	1406																	
	1																	
TL形制5 1个	1402																	
	1																	

续表

形制	分布位置及数量																	
TL形制6 1个	1403																	
	1																	
TL形制7 1个	1405																	
	1																	
TL形制8 1个	1406																	
	1																	
TL形制9 1个	1408																	
	1残																	

附表9-2-5　塔檐补配风铎各形制分布及数量统计表

檐面风铎：874个　　　　表格编号：A-FD-03-02

形制	分布位置及数量																	
形制1 512个	02层（110个）								03层（91个）								04（7）	01层
	0201	0202	0203	0204	0205	0206	0207	0208	0301	0302	0303	0304	0305	0306	0307	0308	0402	另计
	13	13	10	11	19	16	17	11	14	13	8	14	12	10	7	13	7	304
形制2 73个	04层（35个）				05层（15个）					06层（5个）		07层（8个）		08层（10个）				
	0403	0405	0406	0408	0503	0504	0505	0506	0508	0601	0602	0702	0707	0804	0805	0806		
	7	11	7	10	4	3	1	6	1	2	3	5	3	4	1	5		
形制3 149个	04层（42个）			05层（18个）			06层（19个）					07层（18个）						
	0401	0404	0407	0501	0502	0507	0603	0604	0605	0606	0607	0701	0703	0704	0705	0706	0708	1801
	12	14	16	6	6	6	5	7	3	3	1	4	1	6	1	3	3	1
	08层（19个）				09层（14个）							10层（19个）						
	0802	0803	0807	0808	0901	0902	0903	0905	0906	0907	0908	1001	1002	1003	1004	1005	1006	1007
	6	8	2	2	3	2	1	3	1	1	3	1	5	2	4	4	1	1
	1008																	
	1																	
形制4 140个	12层（43个）								13层（61个）									
	1201	1202	1203	1204	1205	1206	1207	1208	1301	1302	1303	1304	1305	1306	1307	1308		
	9	7	5	7	4	5	5	1	4	8	9	6	9	8	10	7		
	11层（36个）																	
	1101	1102	1103	1104	1105	1106	1107	1108										
	7	5	6	3	2	5	5	3										

檐角风铎：36个

形制	分布位置及数量																	
J形制1 25个	02层（6个）					03层（2个）		04（1）	01层									
	0201	0202	0204	0205	0206	0304	0305	0402	另计									
	1	1	1	1	2	1	1	1	16									
J形制3 11个	05（1）	06层（3个）			07（1）	09（1）	10（1）	11（1）	12（1）	13层（2个）								
	0502	0602	0605	0608	0703	0902	1002	1108	1207	1302	1306	1307						
	1	1	1	1	1	1	1	1	1	1	1	1						

塔链风铎：29个

形制	分布位置及数量																	
TL形制1 29个	1401	1403	1404	1405	1406	1407	1408											
	7	6	1	4	5	1	5											

附表9-2-6　塔链风铎形制、数量统计表

表格编号：A-FD-04-01

塔链	风铎形制	风铎	数量	各形制数量	
1401	TL形制1	140122（上）	1	TL形制1	28
	TL形制2	140118（上）、140137（下）	2		
1402	TL形制1	140215（下）、140225（上）、1402（5个，其中2个残损不可用）	7	TL形制2	12
	TL形制3	140220（上）	1		
	TL形制5	140211（下）	1	TL形制3	2
1403	TL形制1	140337（下）、1403	2		
	TL形制2	140318（下）	1	TL形制4	2
	TL形制6	1403	1		
1404	TL形制1	140426（上）、140430（下）、140434（下）、140438（下）、1404（2个）	6	TL形制5	1
	TL形制2	140415（下）、140419（下）	2		
1405	TL形制1	1405（2个）	2	TL形制6	1
	TL形制2	140514（上）	1		
	TL形制7	140528（下）、140533（下）	2	TL形制7	2
	TL形制8	140518（下）	1		
1406	TL形制1	140628（上）、140632（下）、140644（下）	3	TL形制8	1
	TL形制4	1406	1		
1407	TL形制1	140733（上）、140737（上）、140740（上）、1407（2个）	5	TL形制9	1
	TL形制2	140711（下）、140725（上）（残损不可用）、1407	3		

续表

塔链	风铎形制	风铎	数量	各形制数量
1407	TL形制3	140716（上）	1	合计：50个（3个不可用）
1408	TL形制1	140845（下）、1408	2	
	TL形制2	140815（下）、140819（上）、140829（上）	3	
	TL形制4	140823（上）	1	
	TL形制9	1408	1	

附表9-2-7　塔链风铎补配方案表

表格编号：A-FD-05-01

塔链号	应有数量	现存数量	残缺数量	链扣序号	11	12	13	14	15	16	17	18	19	20	21	22	23	24	25	26	27	28	29	30	31	32	33	34	35	36	37	38	39	40	41	42	43	44	45	46	47	48
1	10	3	7		上			下				上				上			下					上				上				下			下			下	I			
2	8	7	1	下					上				上					上					上			上				上			上		I							
3	11	4	7	上				上		下			下					下			下				下				上			下				下				下	I	
4	10	8	2		下				下				下				上			上				下				下				下				下					上I	
5	10	6	4	上				上				上				上			上			下					下				上			下				下	I			
6	9	4	5			上				上				上				上				上				下				上				上				上	I			
7	9	8	1		下					上				上					上		下			下				上			上			上		I						
8	11	7	4		下				下				上					上			上		上			上			上			上				上			下			I
共计	78	47	31																																							

说明：

1. 塔链号编号，以面对塔顶正南面右侧塔链为01，东南面右侧塔链为02，以此类推；

2. 链扣序号的编号，取每条塔链中间相同链扣的部分，不计塔链两端大链扣，从上向下数，依次记为01、02、03......由于塔链01～09号链扣均没有风铎，本表未予列出；

3. 表中“上”“下”表示：风铎挂在一个链扣的上端或下端，加粗的表示原有风铎或挂钩，倾斜加粗的表示仅有挂在塔链上的挂钩没有风铎；

4. 表中右侧“I”标记位置表示：每条塔链的链扣总数；

5. 残缺数量的计算：应有数量减去塔链上有的风铎和该塔链下掉落的风铎，掉落风铎参见“辽塔塔顶现存风铎勘察统计表”。

附表9-3-1 密檐部分01层檐下铜镜痕迹勘察表

表格编号：A-TJ-01

单位：毫米

铜镜编号		圆弧痕迹半径				推测直径	位置/毫米	备注
		上	下	左	右			
正南面	010101	80	110	90	/	200	距左倚柱边830	多圈圆弧，下缘有黑线
	010102	/	/	/	/	（240）	距01铜镜850	中间一竖划线
	010103	80	110	90	/	200	距02铜镜800 距右倚柱边860	中间一竖划线
东南面	010201	55	/	/	/	160	距左倚柱边820 （距左阑额出头770）	残存固定铁件，有多圈圆形痕迹，内有一小圈φ40
	010202	/	90	75	/	170	距01铜镜840	
	010203	80	80	/	/	160	距02铜镜830 （距右倚柱边840）	中间一竖划线
正东面	010301	55	55	55	55	110	距左倚柱边830 （距左阑额出头770）	残存固定铁件、镜纽 中间竖划线，多条划痕
	010302	80	150	/	110	230	距01铜镜780	
	010303	60	60	60	/	120	距02铜镜840 （距右倚柱边760）	残存固定铁件、镜纽
东北面	010401	80	90	90	90	170	距左倚柱边880	残存固定铁件
	010402	80	120	/	100	200	距01铜镜840	残存固定铁件 中间一竖划线
	010403	/	/	/	/	（160）	距02铜镜810	距右倚柱边850
正北面	010501	/	/	/	/	（160）	距左倚柱边760	
	010502	70	170	/	120	250	距01铜镜920	
	010503	/	/	/	80	160	距02铜镜820	距右倚柱边800
西北面	010601	80	/	/	/	（160）	距左倚柱边900	
	010602	105	65	/	80	170	距01铜镜775	周围有黑色痕迹，右侧似有墨书，中间竖划线
	010603	70	70	/	70	140	距02铜镜800 （距右倚柱边830）	残存镜纽、固定铁件，镜纽外翻，右侧似有墨书痕迹，中间竖划线
正西面	010701	75	/	/	/	150	距左倚柱边980	残存固定铁件
	010702	/	/	/	/	（240）	距01铜镜670	右侧80有一小圆孔
	010703	80	/	90	/	160	距02铜镜770	距右倚柱边840中划线
西南面	010801	/	90	/	80	170	距左倚柱边870	中间一竖划线
	010802	80	80	90	90	170	距01铜镜815	多圈圆弧，右侧似有墨书，中间竖划线
	010803	65	65	65	65	130	距02铜镜825 （距右倚柱边830）	残存固定铁件，划痕深入砖块，圆弧下缘黑色

注：痕迹半径r，从圆弧量至固定铁条点。伸出阑额的固定铁条在备注中作说明，其他部位均残留铁条，隐藏砖缝中。

附表9-3-2　密檐部分塔檐下铜镜勘察统计表（02～13层）

表格编号：A-TJ-02　　　　单位：毫米

铜镜编号	直径	边缘厚度/样式	背面纹饰	保存情况	镜后	备注
第02层						
0201	220	1.5 / 样式3	无	完好	后实，牢固	
0202	160/痕迹	/	/	残缺	/	残存固定铁件
0203	193	2 / 样式3	有	完好	后空，松动严重	葵形
0204	170	4 / 样式2	有	中部三凹点	后空，稍微松动	
0205	240/痕迹	/	/	残缺	/	残存镜纽、竖向固定铁件
0206	180	5 / 样式1	无	完好	后空，稍微松动	有标记“10”
0207	200/痕迹	/	/	残缺	/	残存固定铁件，插孔较大，旁有另一小孔
0208	180	5 / 样式2	有	完好	后空，稍微松动	
第03层						
0301	150	4 / 样式2	有	完好	后空，稍微松动	
0302	130	3 / 样式2	有	完好	半空，坚固	
0303	130	3 / 样式2	有	完好	后实，坚固	
0304	130/痕迹	/	/	残缺		残留镜纽，铁件水平
0305	130	5 / 样式2	无	完好	后空，松动严重	
0306	130	3 / 样式1	无	中心稍凹裂	后空，松动严重	
0307	145	4 / 样式2	有	上部破损	半空，坚固	
0308	130	7 / 样式2	有	中心略凹	半空，坚固	
第04层						
0401	185	3 / 样式1	无	完好	半空，坚固	
0402	185	3 / 样式1	无	完好	后空，稍微松动	
0403	185	3 / 样式1	无	完好	后空，坚固	
0404	185	3 / 样式1	无	完好	后空，坚固	
0405	185	3 / 样式1	无	中心略凹	后实，松动	似被人为轻微掰弯
0406	185	3 / 样式1	无	完好	后半空，坚固	
0407	185	3 / 样式1	无	完好	后空，坚固	
0408	185	3 / 样式1	无	完好	后半空，稍微松动	
第05层						
0501	185	3 / 样式1	无	完好	后半空，坚固 附纸有字	

续表

铜镜编号	直径	边缘厚度/样式	背面纹饰	保存情况	镜后	备注
0502	185	3 / 样式 1	无	完好	后半空，稍微松动	
0503	185	5 / 样式 2	无	完好	后半空，坚固	
0504	195	3 / 样式 1	有	完好	后半空，坚固	
0505	185	3 / 样式 1	无	完好	后半空，坚固	镜面似有字“人”
0506	185	3 / 样式 1	无	完好	后半空，稍微松动	铜镜旁弹孔痕迹
0507	185	3 / 样式 1	无	完好	后半空，稍微松动	镜面似有字，难辨
0508	185	3 / 样式 1	无	残破两半	附纸无字	应为人为掰断
第06层						
0601	185	3 / 样式 1	无	完好	后空，松动严重	
0602	185	3 / 样式 1	无	完好	后空，松动严重	
0603	185	3 / 样式 1	无	完好	后空，松动严重	
0604	185	3 / 样式 1	无	完好	半空，坚固	
0605	185	3 / 样式 1	无	完好	后空，松动严重	无铜锈
0606	185	3 / 样式 1	无	完好	半空，稍微松动	
0607	190	3 / 样式 1	无	完好	半空，坚固	
0608	185	3 / 样式 1	无	完好	半空，坚固	
第07层						
0701	185	3 / 样式 1	无	完好	后空，松动，塞碎砖	
0702	185	3 / 样式 1	无	完好	后实，松动	
0703	190	3 / 样式 1	无	完好	后实，稍微松动	
0704	190	3 / 样式 1	无	完好	后空，松动	
0705	185	3 / 样式 1	无	完好	后空，松动严重	
0706	185	3 / 样式 1	无	完好	后空，松动严重	
0707	190/痕迹	/	/	残缺	/	铁件孔竖向，近期丢失；安装好铜镜再刷白灰浆
0708	190	3 / 样式 1	无	完好	后空，稍微松动	
第08层						
0801	185	3 / 样式 1	无	完好	后空，坚固	
0802	185	3 / 样式 1	无	完好	后空，坚固	镜面文字“洪”
0803	185	3 / 样式 1	无	完好	后实，坚固	镜面文字
0804	185	3 / 样式 1	无	完好	半空，坚固	镜面文字
0805	187	3 / 样式 1	无	完好	后空，松动严重	镜面文字
0806	185	3 / 样式 1	无	完好	后实，坚固	
0807	185	2 / 样式 3	/	完好	后实，坚固	镜面文字“竟”

续表

铜镜编号	直径	边缘厚度/样式	背面纹饰	保存情况	镜后	备注
0808	185	3 / 样式 1	无	完好	后空，稍微松动	
第 09 层						
0901	185	3 / 样式 1	无	完好	半空，坚固	
0902	185	3 / 样式未知	未知	完好	后实，坚固	
0903	185	3 / 样式 1	无	完好	后实，坚固	
0904	185	3 / 样式 1	无	完好	半空，坚固	
0905	185	3 / 样式 1	无	完好	半空，坚固	
0906	185	3 / 样式 1	无	完好	半空，松动严重 有杂物碎枝叶	
0907	185	3 / 样式未知	未知	完好	后实，坚固	
0908	185	3 / 样式 1	无	完好	后实，坚固	镜面鸟粪较多
第 10 层						
1001	185	3 / 样式 1	无	完好	后实，坚固	
1002	185	3 / 样式 1	无	完好	后半空，坚固 镜后附纸	镜面文字“大”
1003	185	3 / 样式 1	无	完好	半空，坚固	
1004	185	3 / 样式 1	无	完好	后空，稍微松动	
1005	185	3 / 样式 1	无	完好	后空，松动严重	
1006	185	3 / 样式 1	无	完好	后空，坚固	
1007	185	3 / 样式 1	无	完好	后实，坚固	
1008	185	3 / 样式 1	无	完好	半空，坚固	
第 11 层						
1101	185	3 / 样式 1	无	完好	后实，坚固	
1102	185	3 / 样式 1	无	完好	后实，坚固	
1103	185	3 / 样式 1	无	完好	半空，坚固	
1104	185	3 / 样式 1	无	完好	后空，坚固	镜面左侧翘起
1105	185	3 / 形式 1	无	完好	半空，坚固 镜后附纸	
1106	185	3 / 样式 1	无	完好	后实，坚固	
1107	185	3 / 样式 1	无	完好	后空，稍微松动	
1108	185	3 / 样式 1	无	完好	后空，坚固	
第 12 层						
1201	185	3 / 样式 1	无	完好	半空，坚固	
1202	185	3 / 样式 1	无	完好	半空，坚固	

续表

铜镜编号	直径	边缘厚度/样式	背面纹饰	保存情况	镜后	备注
1203	185	3 / 样式 1	无	完好	半空，坚固	
1204	185	3 / 样式 1	无	完好	半空，坚固 附纸无字	
1205	185	3 / 样式 1	无	完好	半空，坚固	
1206	185	3 / 样式 1	无	完好	后实，坚固 附纸	
1207	185	3 / 样式 1	无	完好	半空，坚固	
1208	185	3 / 样式 1	无	完好	半空，坚固	
第 13 层						
1301	185	3 / 样式 1	无	完好	半空，坚固	
1302	185	3 / 样式 1	无	完好	半空，坚固	
1303	185	3 /（样式 1）	无	完好	后实，坚固	
1304	185	2 /（样式 1）	无	完好	后实，坚固	
1305	185	2 /（样式 1）	无	完好	后实，坚固	
1306	185	4 / 样式 1	无	完好	半空，坚固	右上角略凹
1307	185	3 / 样式 1	无	完好	半空，坚固	
1308	185	3 / 样式 1	无	完好	半空，坚固	

附表 9-3-3　塔刹铜镜勘察统计表

表格编号：A-TJ-03

刹座铜镜

铜镜编号	直径	边缘厚度/样式	背面纹饰	保存情况	镜后	备注
1401	/	/	/	残缺	/	
1402	/	/	/	残缺	/	
1403	233	5/样式 1	无	完好	/	
1404	/	/	/	残缺	/	
1405	250	7/样式 1	无	完好	/	镜面略凹
1406	243	4/样式 1	无	残破两半	/	不能继用
1407	234	5/样式 1	无	稍残，镜纽孔被铁锈堵死	/	不能继用
1408	207	6/样式 2	有	稍残，镜面内凹，边缘开裂	/	背面纹饰 缠枝牡丹纹

覆钵铜镜

铜镜编号	直径	边缘厚度/样式	背面纹饰	保存情况	镜纽数	备注
1501	185	3/样式1	无	完好	2	
1502	185	3/样式1	无	稍残	2	弹孔Φ10
1503	187	3/样式1	无	完好	1	镜纽磨损
1504	195	3/样式1	无	完好	2	
1505	193	3/样式1	无	完好	2	
1506	187	3/样式1	无	完好	2	
1507	187	3/样式1	无	完好	2	
1508	188	3/样式1	无	完好	2	
1509	194	3/样式1	无	完好	2	掉落塔顶
1510	185	3/样式1	无	完好	1	镜纽磨损

注：

1. 覆钵2个镜纽的铜镜，镜后有2个细长乳突，使铜镜与覆钵表面间隔开，防止磨损。

2. 塔刹刹座、覆钵铜镜编号，按密檐部分13层铜镜向上继续编号，刹座铜镜为14层，覆钵铜镜为15层。

工程大事记

2012年

10月　设计单位开始对觉山寺塔进行勘察测绘。

2013年

8月26日　国家文物局批复同意觉山寺塔维修工程立项，并提出意见。

9月24日　国家文物局同意觉山寺塔文物保护规划编制立项。

2014年

2月27日　山西省文物局批复同意《灵丘县觉山寺塔修缮工程设计方案》，并提出意见。

3月　工程方案设计工作完成。大同市文物局成立觉山寺塔修缮工程领导小组。

6月17日　觉山寺塔修缮工程招标，确定中标施工单位。

7月20日　施工单位进驻现场，进行施工准备工作。

8月8日　参建四方进行图纸会审。

8月11日　开始搭设脚手架，八边形双排落地式封闭型退台架。

9月5日　开始进行二次勘察，风铎勘察、摘取入库，瓦件残损勘察等。

9月19日　风铎勘察、摘取基本完成。取下塔檐第九层正北面的题记砖，入库保护。

9月21日　瓦件残损勘察基本完成。

9月22日　甲方组织召开参建四方现场会议，针对下一步具体修缮措施进行讨论。

10月14日　二次勘察全部完成，各残损部位形成大体修缮方案。柏木、砖瓦、风铎等材料计划基本明确。

10月15日　开始进行塔顶清理。

10月23日　塔顶清理完成。塔刹相轮、覆钵暂时向上归位。

10月30日　进行淋白灰等材料准备。

11月13日　进入冬季停工阶段。着手进行觉山寺塔塔刹的修复设计工作。

2015年

3月20日　工程复工，塔刹修复方案确定。

3月22日　塔顶瓦面开始解体。

3月30日　塔顶瓦面解体完成。

4月4日　开始进行塔刹铁件维修。

4月7日　11、12层塔檐瓦面开始解体。

4月9日　11、12层塔檐瓦面解体完成。

4月15日　塔刹铁件补修完成。02、03、04、05层塔檐瓦面局部揭瓦。

5月4日　大同市文物局觉山寺塔修缮工程领导小组到施工现场检查。

5月7日　02、03、04、05层塔檐瓦面修缮完成。

5月8日　13层塔檐开始检修加固角梁，更换糟朽椽子、角梁。

5月17日　01层塔檐补修部位局部解体，开始接补角梁、椽飞，补配望板。

5月19日　13层塔檐检修加固角梁，更换糟朽椽子、角梁完成。

5月20日　塔顶开始苫背。

5月23日　塔顶苫背完成。

6月4日　山西省古建筑维修质量监督站到工地进行检查，提出问题和建议。

6月12日　塔刹座异型砖加工磨制。

6月21日　01层塔檐角梁、椽飞接补，补配望板完成。

6月20日　补砌刹座。

6月26日　刹座下半部补砌完成。

6月27日　一层塔身剔补，抿缝。

6月28日　塔刹座异型砖加工完成。

7月3日　基座须弥座下部开始补砌。

7月6日　基座剔补、抿缝。

7月9日　基座须弥座下部补砌完成。心室开始补砌心柱，壁面抹灰，地面剔补。

7月10日　一层塔身剔补，抹缝完成。

7月10日　小塔台开始补砌。

7月12日　心室补砌心柱，壁面抹灰，地面剔补完成。

7月14日　大同市委一行到工地视察。

7月19日　小塔台台帮补砌完成。

7月20日　基座剔补、抿缝完成。

7月29日　02～05层塔檐瓦面补垒瓦条脊。

8月2日　02～05层塔檐瓦面补垒瓦条脊完成。设计单位到现场复查。

8月6日　11、12层塔檐瓦面宼瓦，垒瓦条脊。

8月7日　大同市文物局尉连生局长一行到工地现场检查，提出整改意见。

8月8日　甲方组织参建四方召开现场会议，沟通、协商整改措施。

8月12日　问题整改基本到位，参建四方到现场检查整改情况。

8月13日　大同市文物局刘建勇副局长一行到现场检查整改情况，确认基本整改到位。

8月27日　6～10层塔檐瓦面局部揭瓦。

8月31日　11、12层塔檐瓦面宽瓦，垒瓦条脊完成。

9月17日　6～10层塔檐瓦面局部揭瓦完成。

9月21日　开始对风铎检修、补配、安装。

10月4日　垒砌刹座上半部。

10月8日　刹座上半部垒砌完成。

10月9日　风铎安装完成。塔顶开始宽瓦。

10月12日　塔基座补砌、剔补、抿缝完成。

10月14日　小塔台开始安装压沿石。

10月15日　塔顶瓦面宽瓦完成。

10月16日　小塔台压沿石安装完成。01层塔檐宽瓦。

10月17日　补配安装套兽。塔身局部修补部位刷浆做旧。

10月20日　01层塔檐宽瓦完成。

10月23日　塔体整体清扫。

11月3日　补配套兽完成。补配安装铜镜，至此，工程基本全部完成。

11月5日　工程进行初验，工程质量总体得到肯定，提出局部整改意见。山西省古建筑维修质量监督站到现场进行监督、检查。

11月11日　甲方组织参建各方召开现场会议，针对初验时的问题，制订整改措施。

11月12日　针对存在的问题进行整改。

11月21日　整改完毕。参建四方对整改部位进行复查，确定问题已整改到位。

11月28日　开始拆除脚手架。

12月10日　脚手架拆除完毕。

2016年

4月　铺墁塔台台面。

2017年

11月　觉山寺寺院其他建筑修缮及环境整治、消防、安防工程全部竣工。

2019年

4月18日　灵丘县觉山寺塔修缮工程获得由中国古迹遗址保护协会颁发的“全国优秀古迹遗址保护项目”，获奖评价“研究先行，最小干预”。

图　版

图版 1　历史照片 JSS02

（图片来源　曹安吉、赵达：《雁北古建筑》，东方出版社，1992年）

图版 2　历史照片 JSST01

（图片来源　刘敦桢：《中国古代建筑史》（第二版），中国建筑工业出版社，1984年）

图版 3　历史照片 JSST03

（图片来源　王大斌、张国栋：《山西古塔文化》，北岳文艺出版社，1999年）

图版4 历史照片JSST05

（图片来源 刘敦桢：《中国古代建筑史》（第二版），中国建筑工业出版社，1984年）

图版5 历史照片XMZ01

（图片来源 张驭寰：《古塔实录》，华中科技大学出版社，2011年）

图版6　历史照片XMZ02

（图片来源　王大斌、张国栋：《山西古塔文化》，北岳文艺出版社，1999年）

图版7　历史照片XMZ03

（图片来源　灵丘县文物局）

图版8　历史照片XMZ05

（图片来源　王春波：《山西灵丘觉山寺辽代砖塔》，《文物》1996年第2期）

图版9　历史照片XMZ06

（图片来源　王大斌、张国栋：《山西古塔文化》，北岳文艺出版社，1999年）

图版10　历史照片JSST04

（图片来源　曹安吉、赵达：《雁北古建筑》，东方出版社，1992年）

图版11　觉山寺龙诚法师素描像

图版12　觉山寺续常住持

图版13 觉山寺及塔修缮前

图版14 觉山寺及塔修缮前

图版15　觉山寺塔修缮前（正南面）

图版16　觉山寺塔修缮前（东南面）

图版17　觉山寺塔修缮前（正东面）

图版18　觉山寺塔修缮前（东北面）

图版19　觉山寺塔修缮前（正北面）

图版20　觉山寺塔修缮前（西北面）

图版21　觉山寺塔修缮前（正西面）

图版22　觉山寺塔修缮前（西南面）

图版23　觉山寺塔基座修缮前（正南面）

图版24　觉山寺塔基座修缮前（东南面）

图版25 觉山寺塔基座修缮前（正东面）

图版26 觉山寺塔基座修缮前（东北面）

图版27　觉山寺塔基座修缮前（正北面）

图版28　觉山寺塔基座修缮前（西北面）

图版29　觉山寺塔基座修缮前（正西面）

图版30　觉山寺塔基座修缮前（西南面）

图版31　觉山寺及塔修缮后

图版32　觉山寺及塔修缮后

图版33　觉山寺塔修缮后（正南面）

图版34　觉山寺塔修缮后（东南面）

图版35　觉山寺塔修缮后（正东面）

图版36　觉山寺塔修缮后（东北面）

图版37　觉山寺塔修缮后（正北面）

图版38　觉山寺塔修缮后（西北面）

图版39　觉山寺塔修缮后（正西面）

图版40　觉山寺塔修缮后（西南面）

图版41 觉山寺塔基座修缮后（正南面）

图版42 觉山寺塔基座修缮后（东南面）

图版43　觉山寺塔基座修缮后（正东面）

图版44　觉山寺塔基座修缮后（东北面）

图版45　觉山寺塔基座修缮后（正北面）

图版46　觉山寺塔基座修缮后（西北面）

图版47　觉山寺塔基座修缮后（正西面）

图版48　觉山寺塔基座修缮后（西南面）

实测与设计图

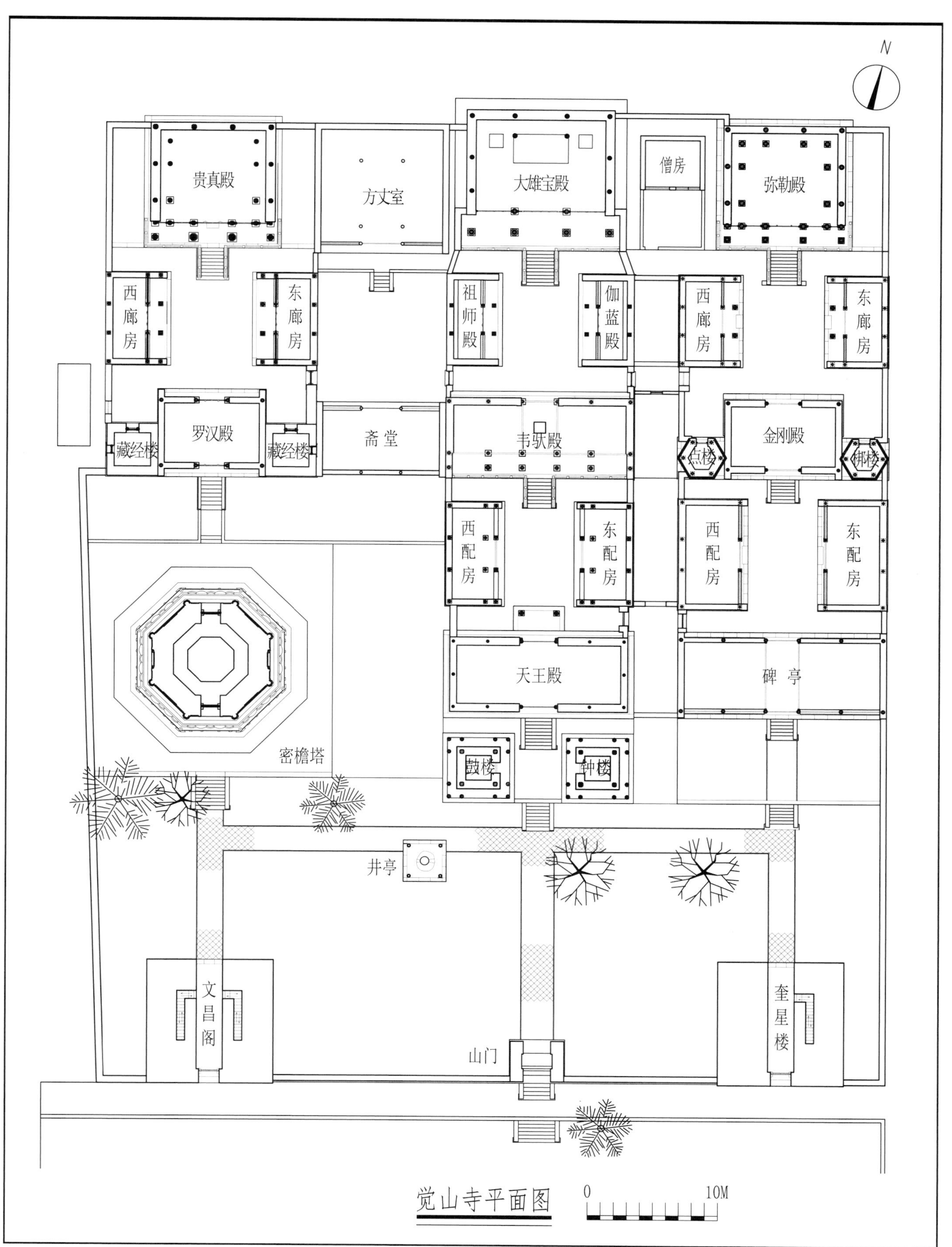

图1　觉山寺平面图

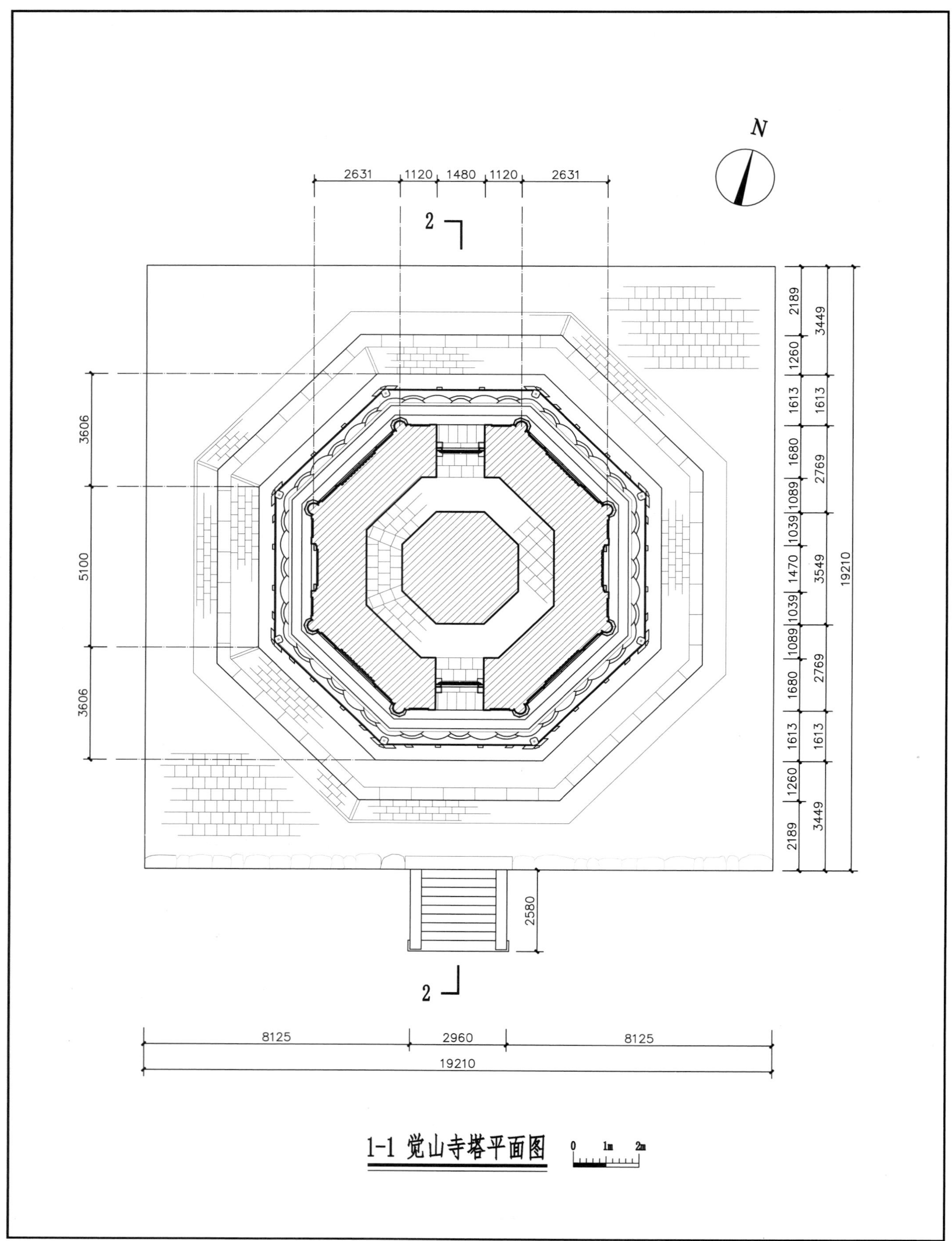
N
2631
1120
1480
1120
2631
2
2189
3449
1260
1613
1613
1680
2769
1089
1039
1470
3549
19210
1039
1089
1680
2769
1613
1613
1260
3449
2189
3606
5100
3606
2580
2
8125
2960
8125
19210
1-1 觉山寺塔平面图
0 1m 2m

图2 觉山寺塔平面图

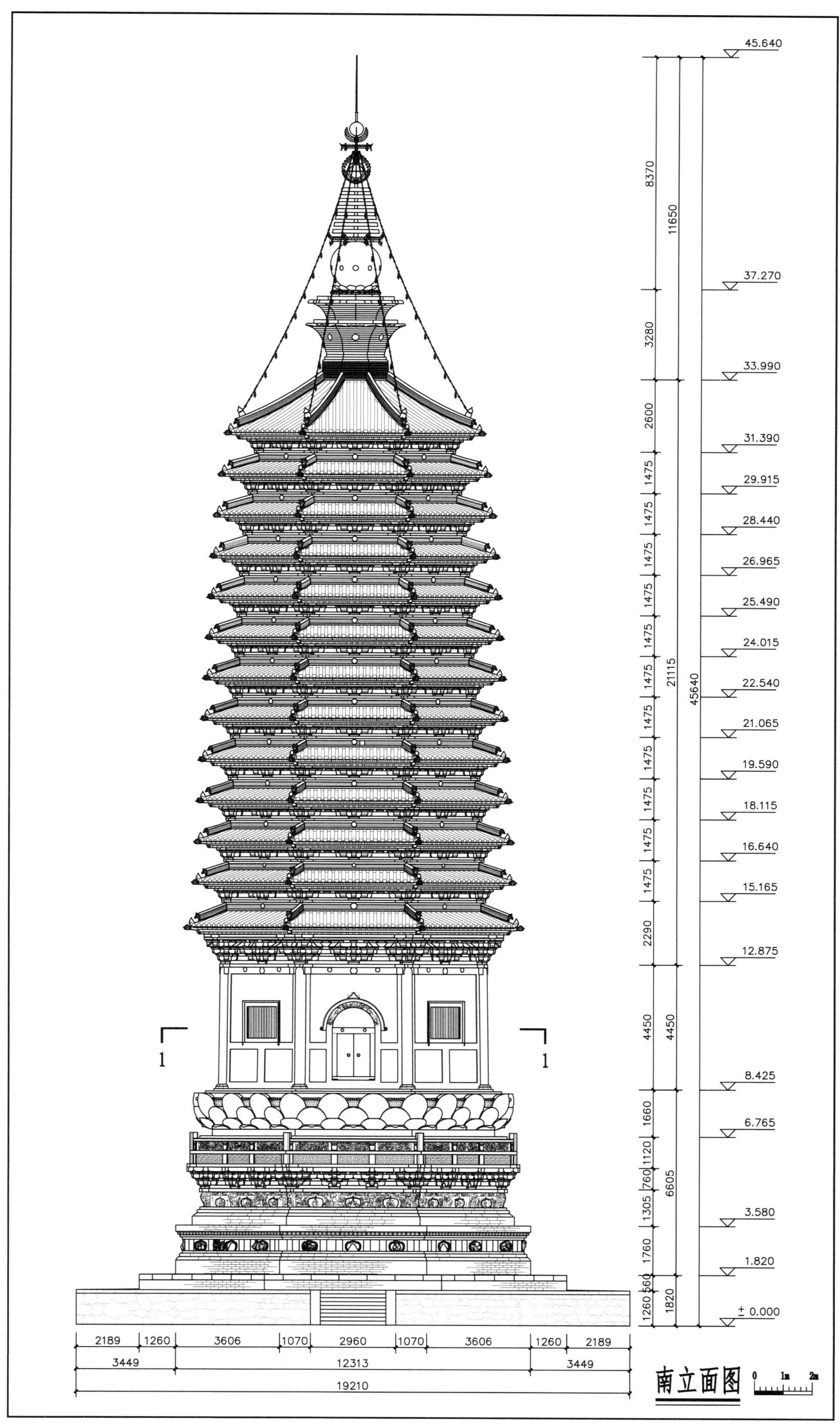
45.640
37.270
33.990
31.390
29.915
28.440
26.965
25.490
24.015
22.540
21.065
19.590
18.115
16.640
15.165
12.875
8.425
6.765
3.580
1.820
± 0.000
8370
3280
2600
1475
2290
4450
1660
1120
760
1305
1760
560
1260
11650
21115
45640
4450
6605
1820
1
1
2189
1260
3606
1070
2960
1070
3606
1260
2189
3449
12313
3449
19210
南立面图
0
1m
2m

图3　觉山寺塔南立面图

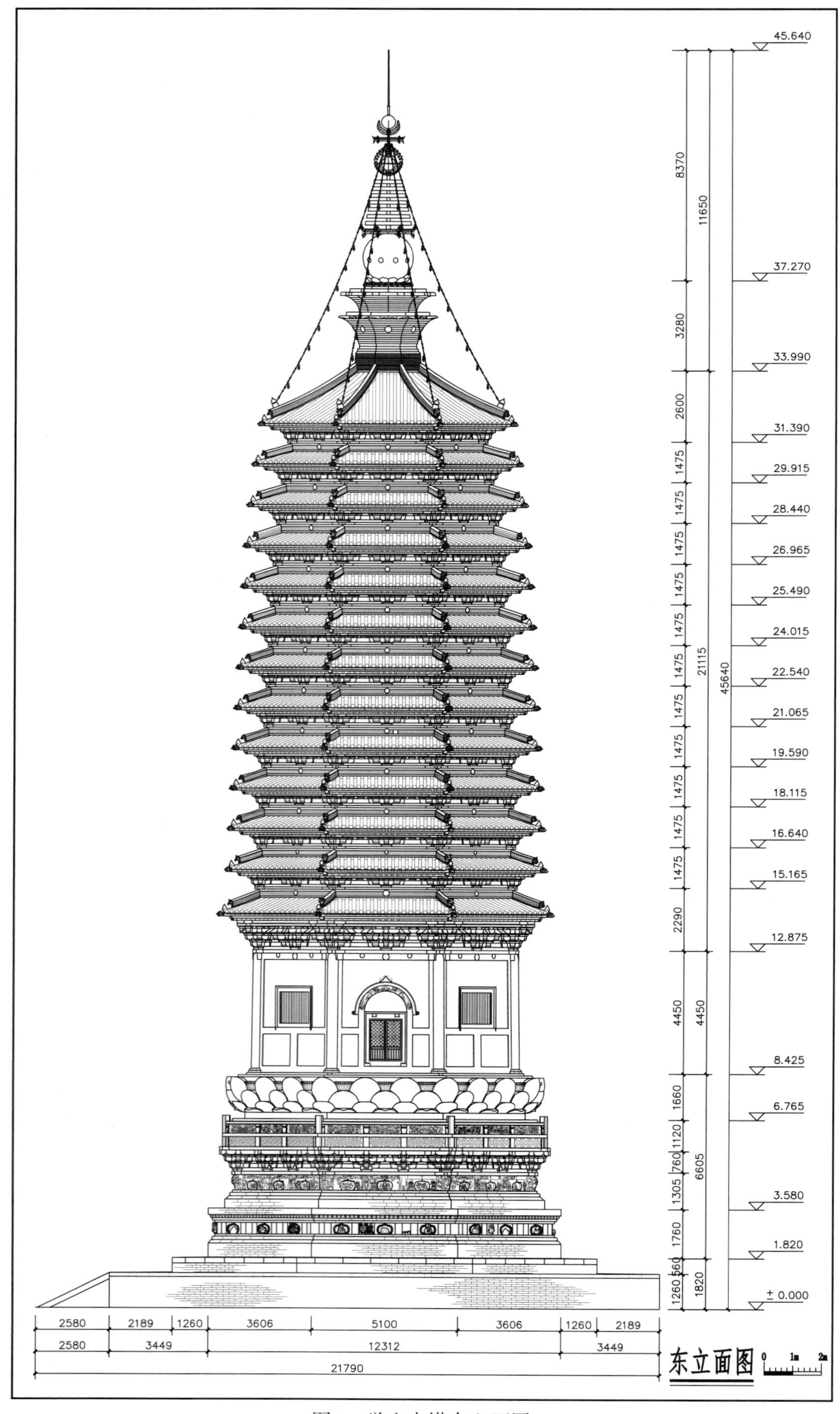
45.640
37.270
33.990
31.390
29.915
28.440
26.965
25.490
24.015
22.540
21.065
19.590
18.115
16.640
15.165
12.875
8.425
6.765
3.580
1.820
± 0.000
8370
3280
2600
1475
1475
1475
1475
1475
1475
1475
1475
1475
1475
1475
2290
4450
1660
1120
760
1305
1760
560
1260
11650
21115
4450
6605
1820
45640
2580
2189
1260
3606
5100
3606
1260
2189
2580
3449
12312
3449
21790
东立面图
0 1m 2m

图4　觉山寺塔东立面图

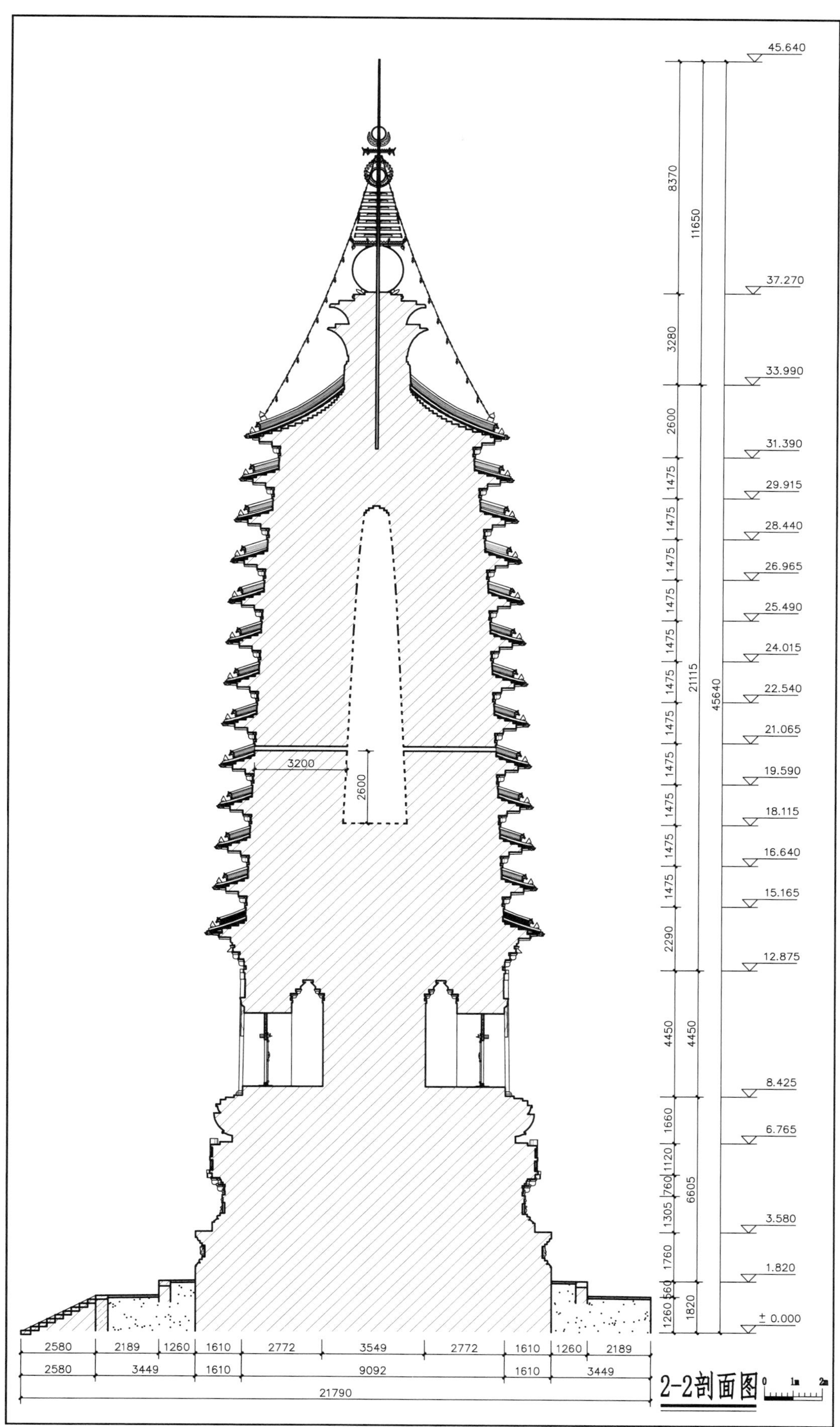

图5　觉山寺塔2–2剖面图

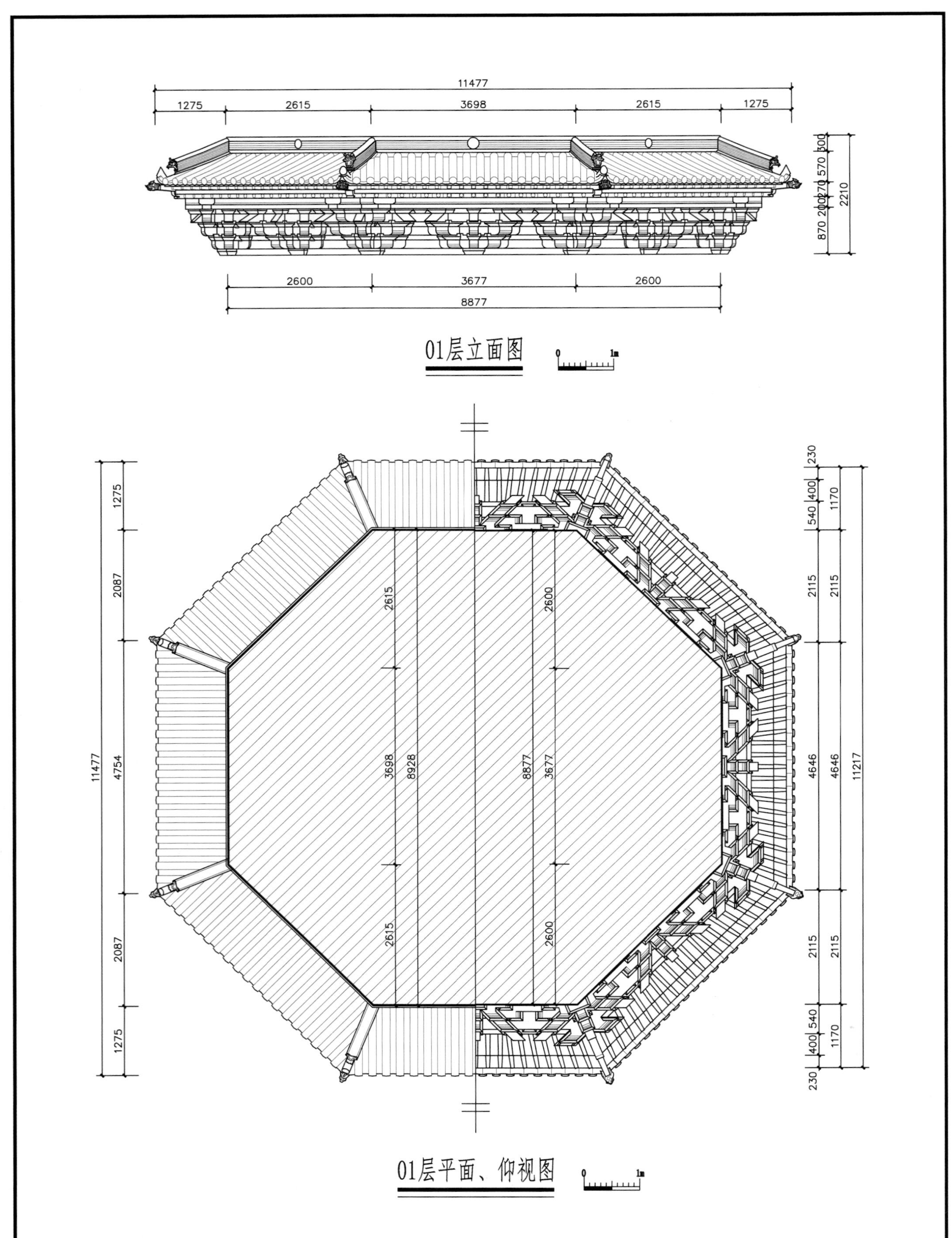

图6　觉山寺塔01层平面、仰视、立面图

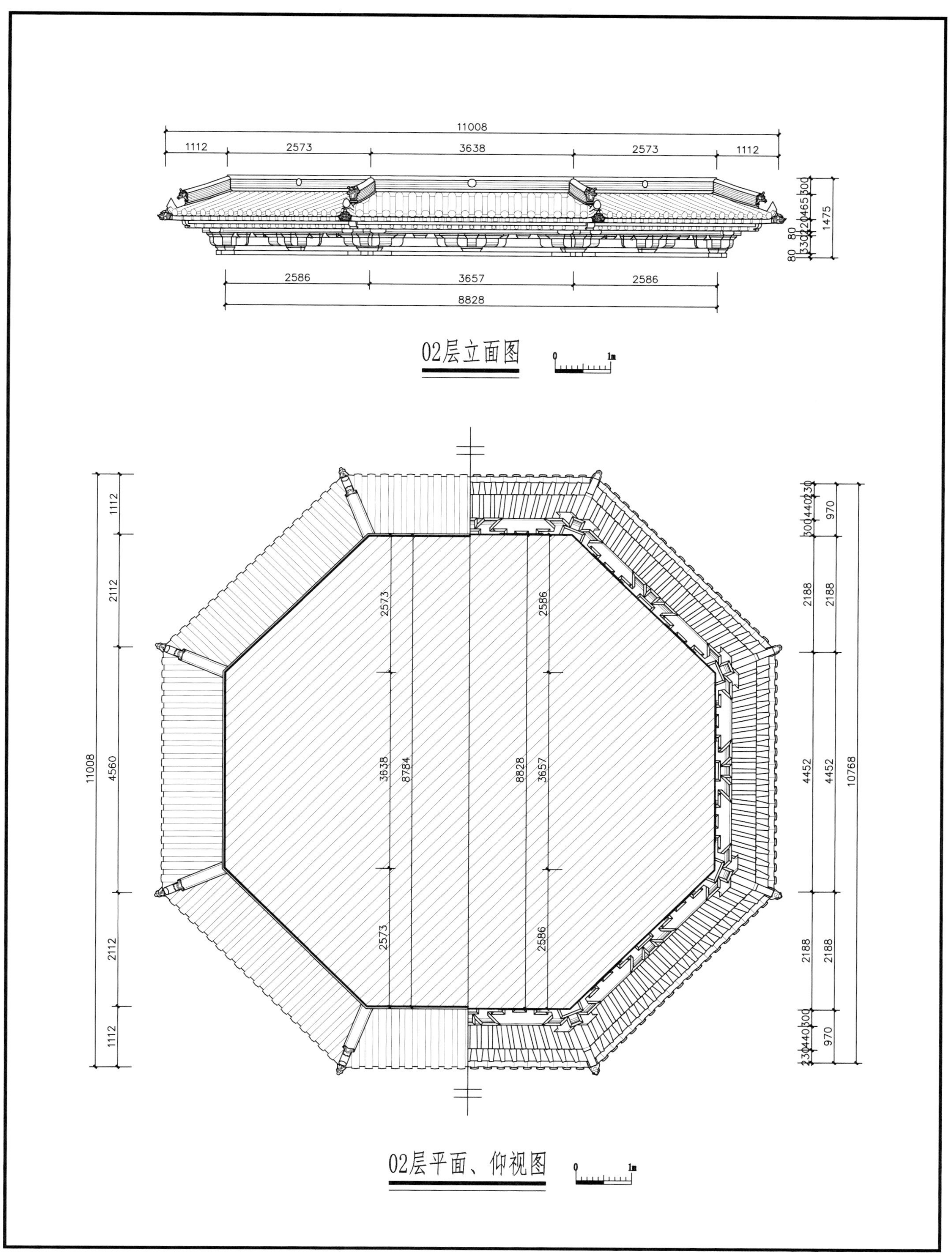

图7　觉山寺塔02层平面、仰视、立面图

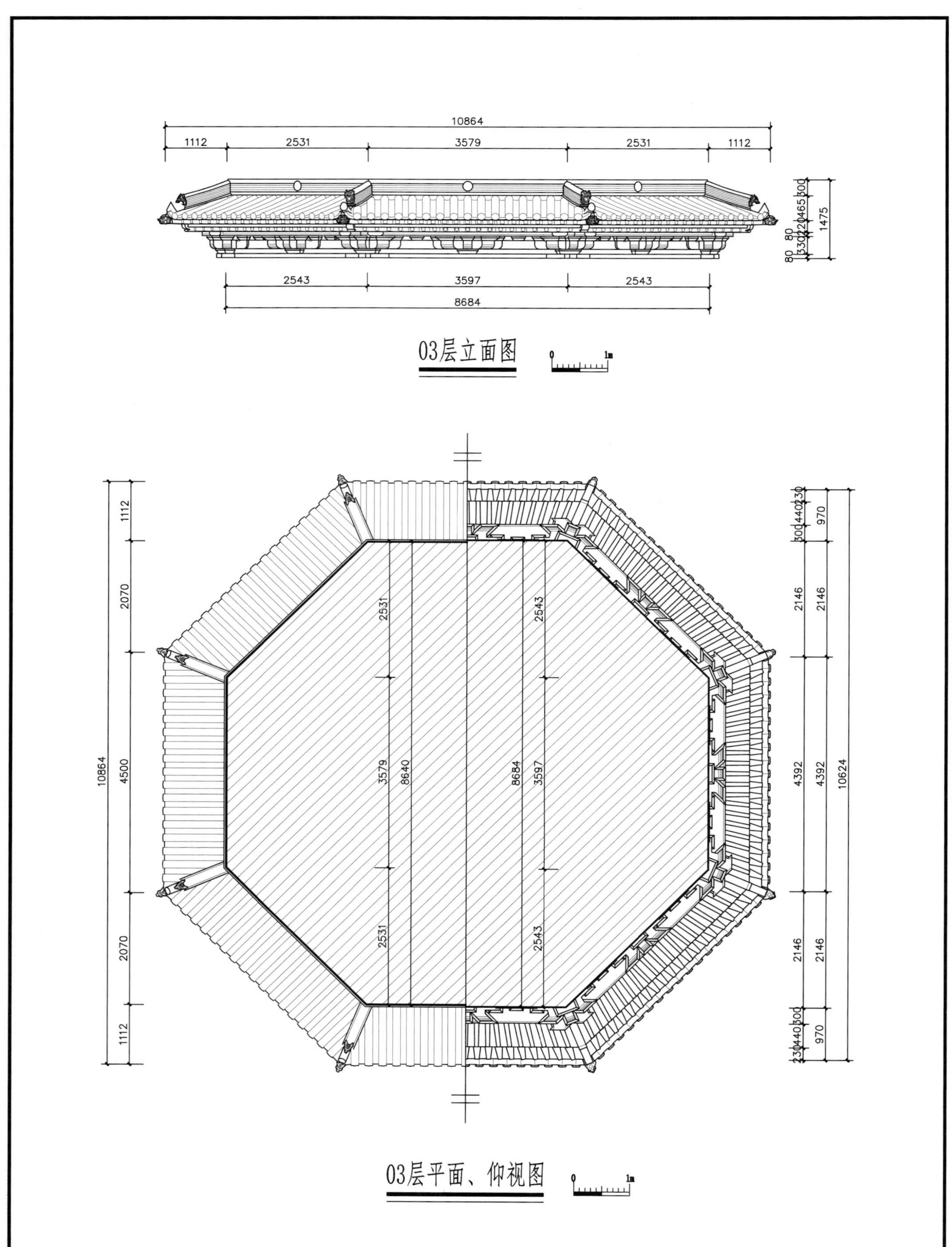

图8 觉山寺塔03层平面、仰视、立面图

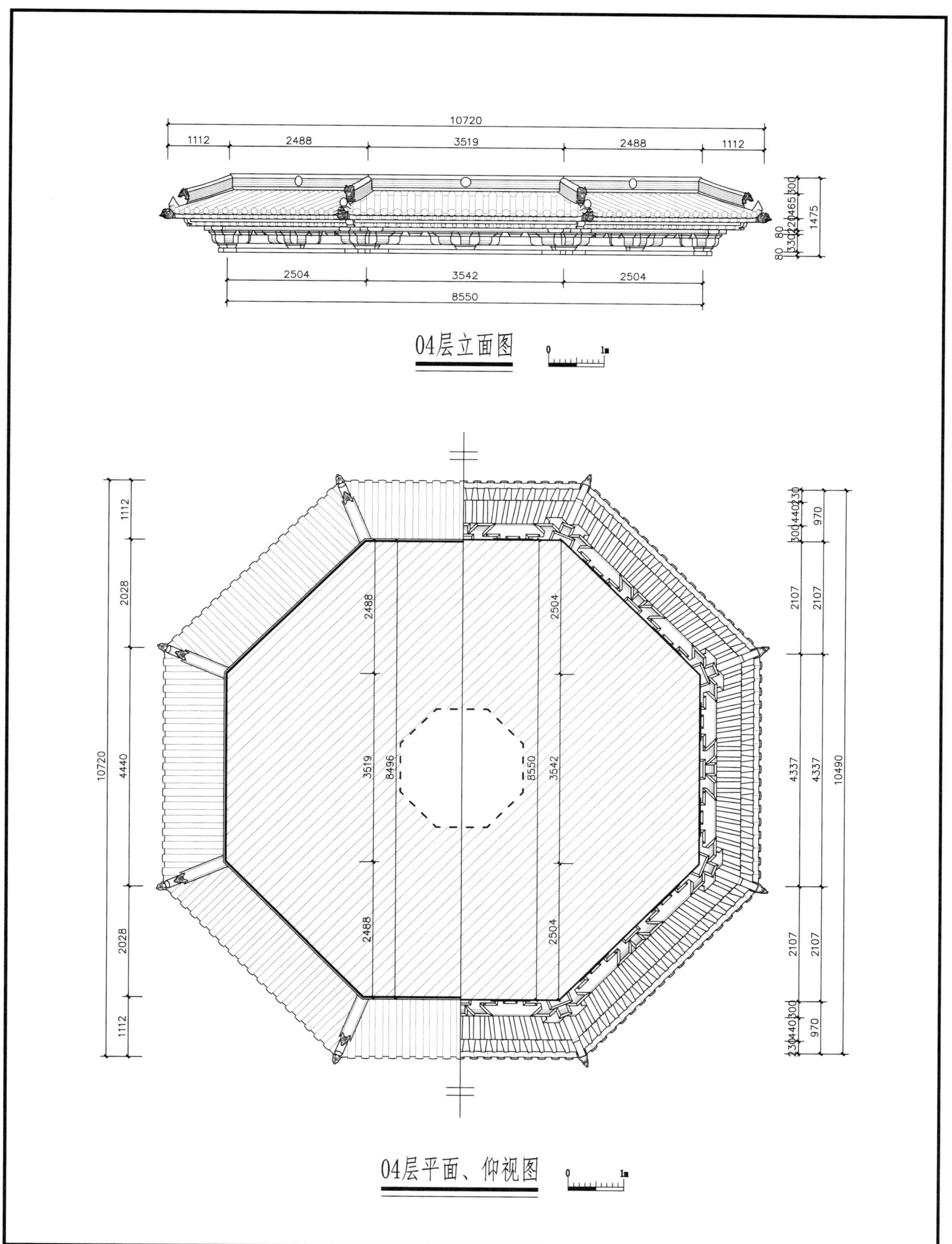

图9　觉山寺塔04层平面、仰视、立面图

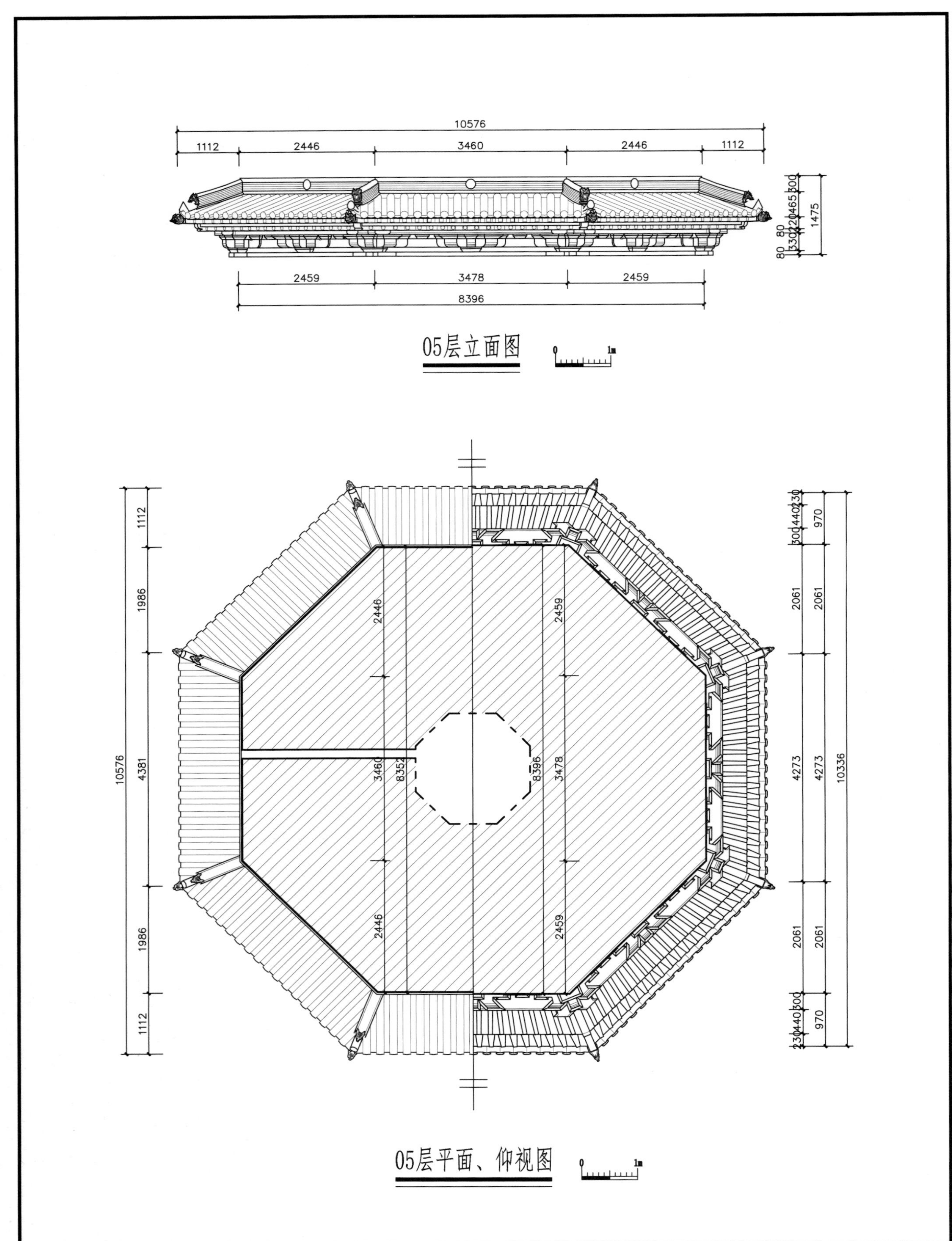

图10 觉山寺塔05层平面、仰视、立面图

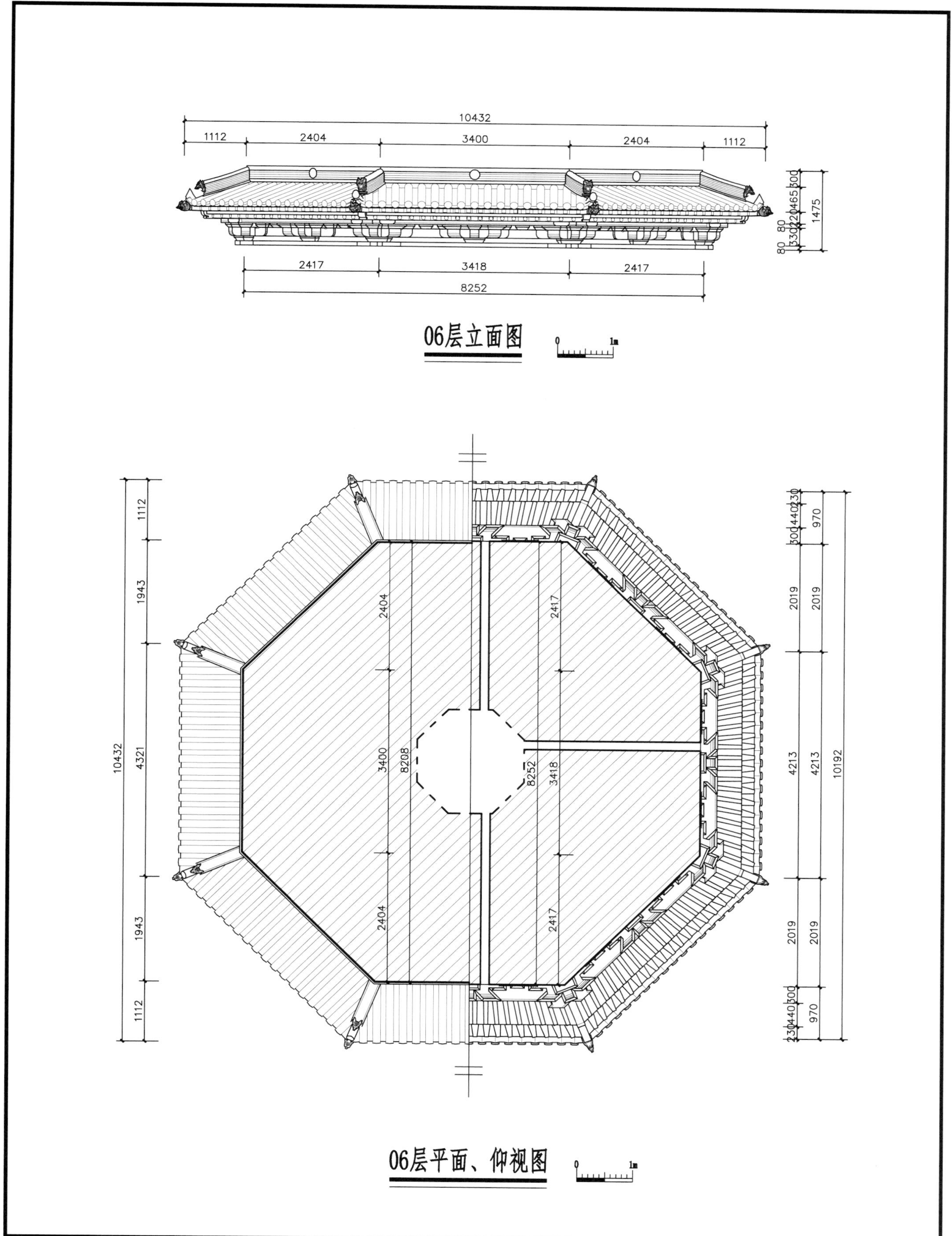

图11　觉山寺塔06层平面、仰视、立面图

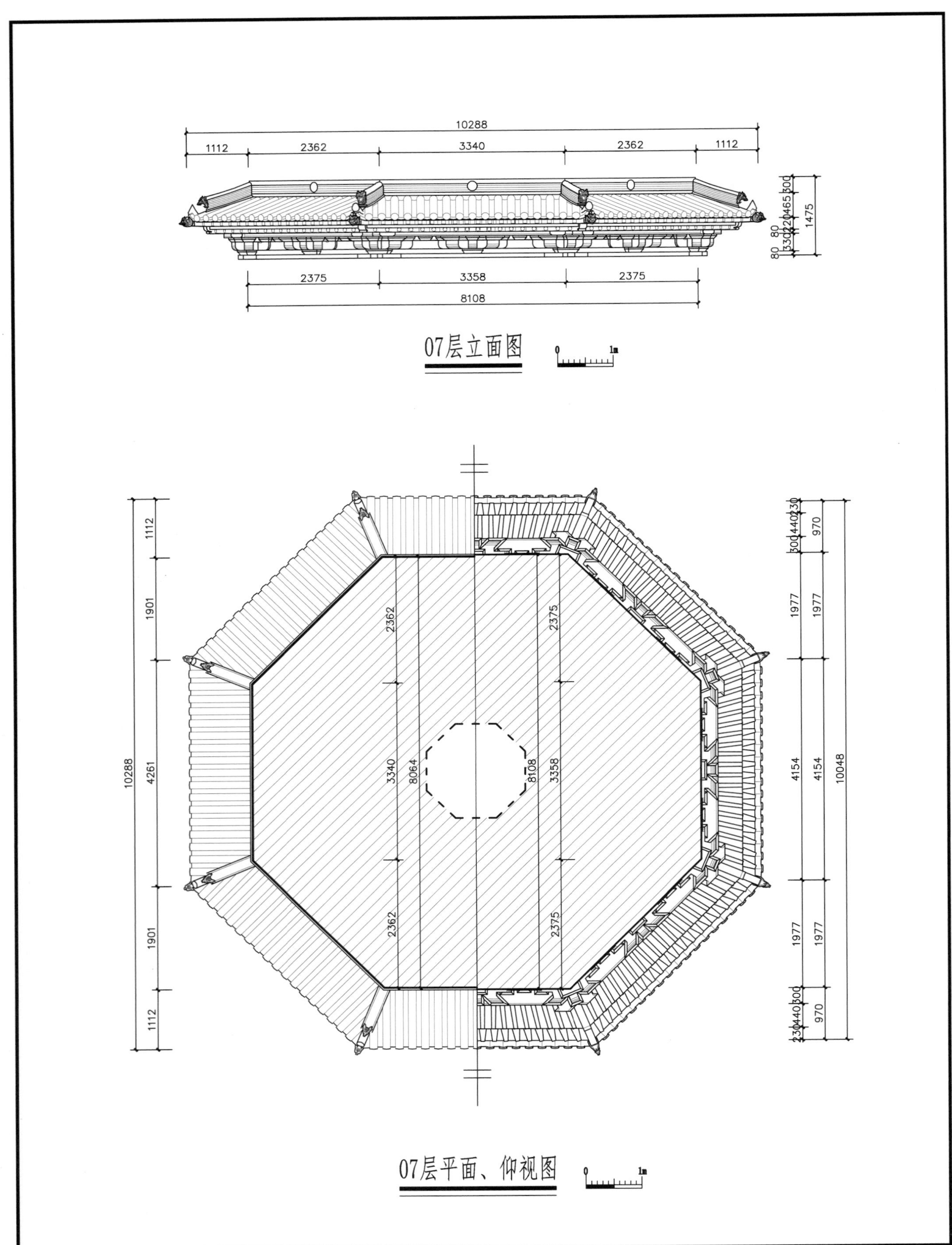

图12　觉山寺塔07层平面、仰视、立面图

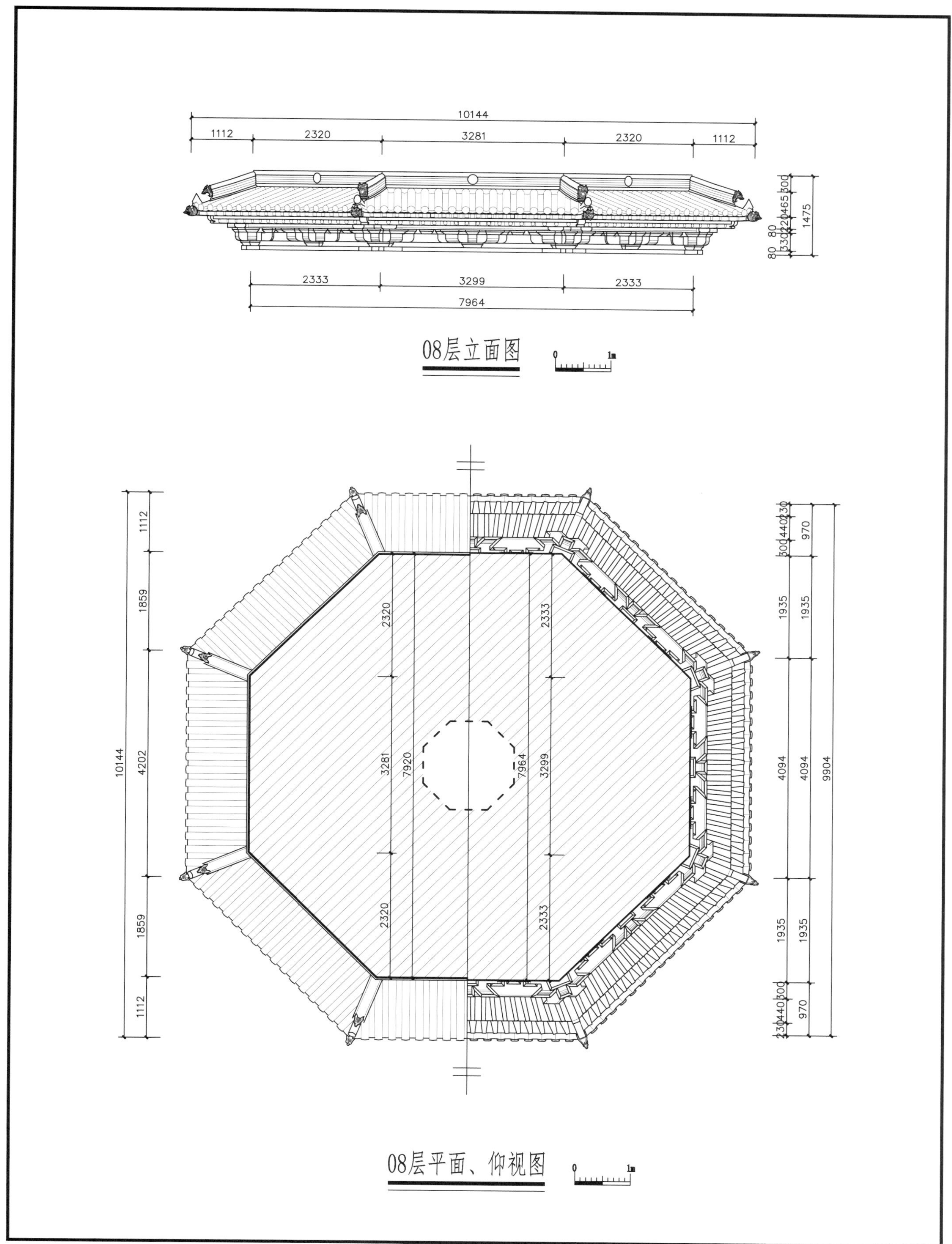

图13　觉山寺塔08层平面、仰视、立面图

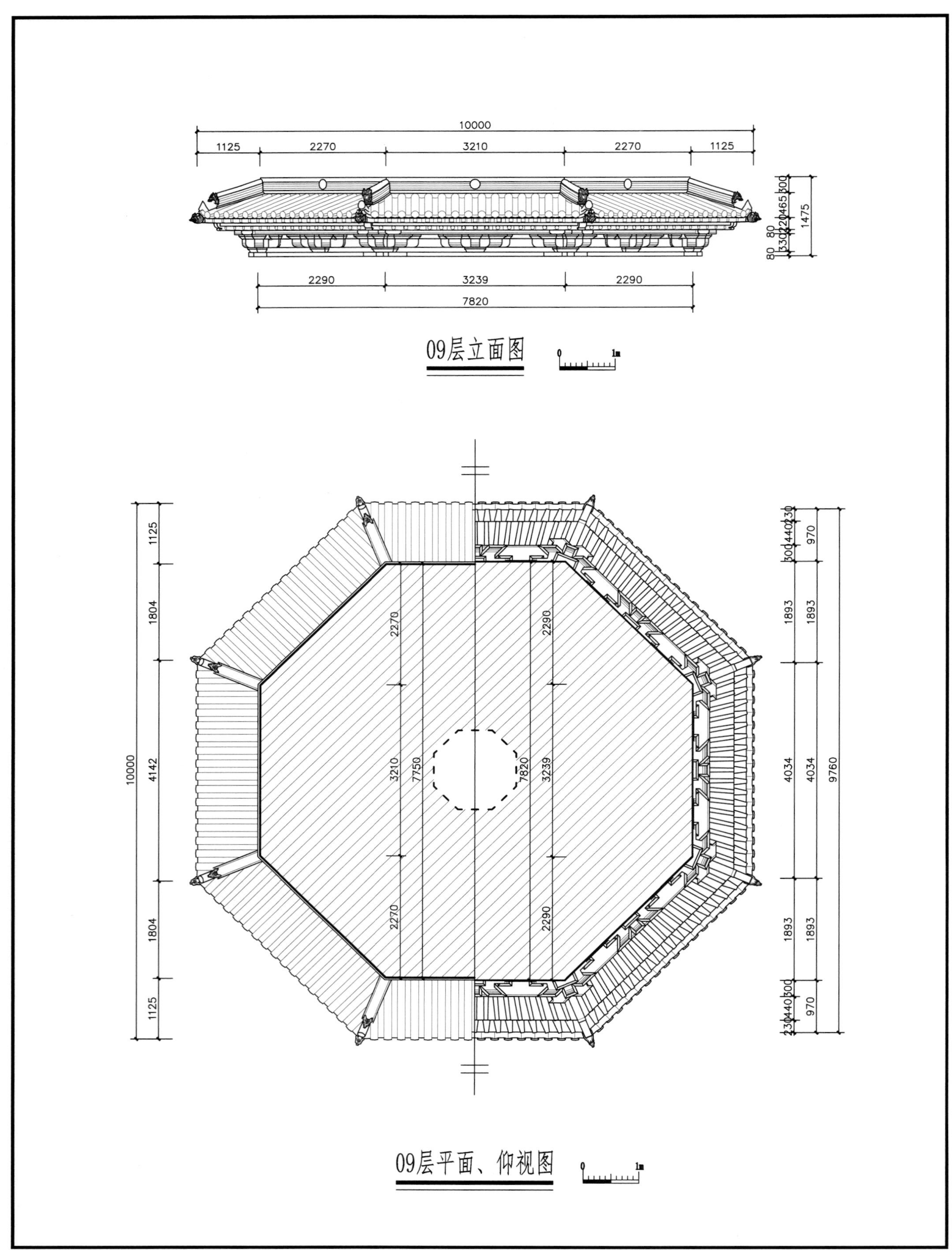

图14 觉山寺塔09层平面、仰视、立面图

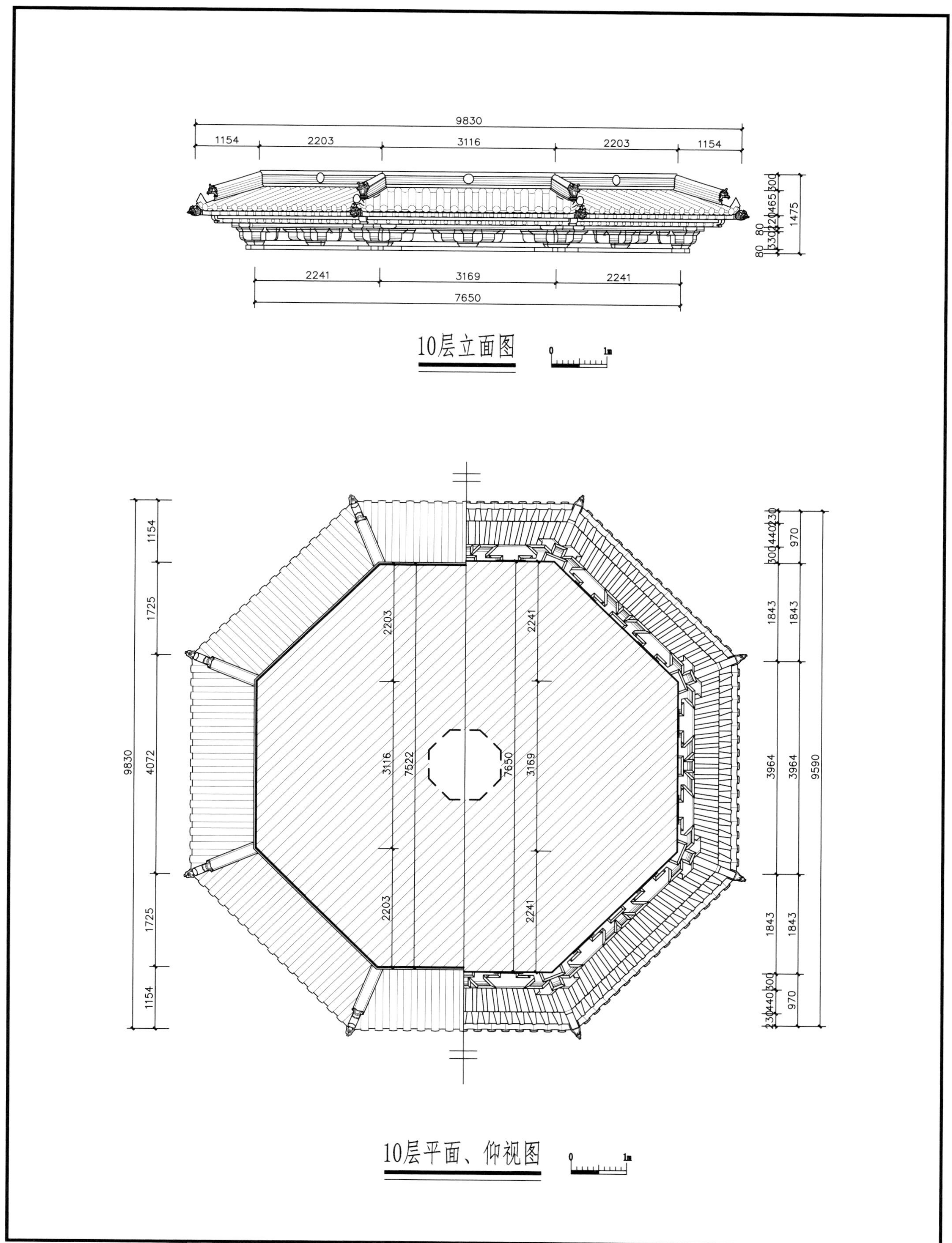

图15 觉山寺塔10层平面、仰视、立面图

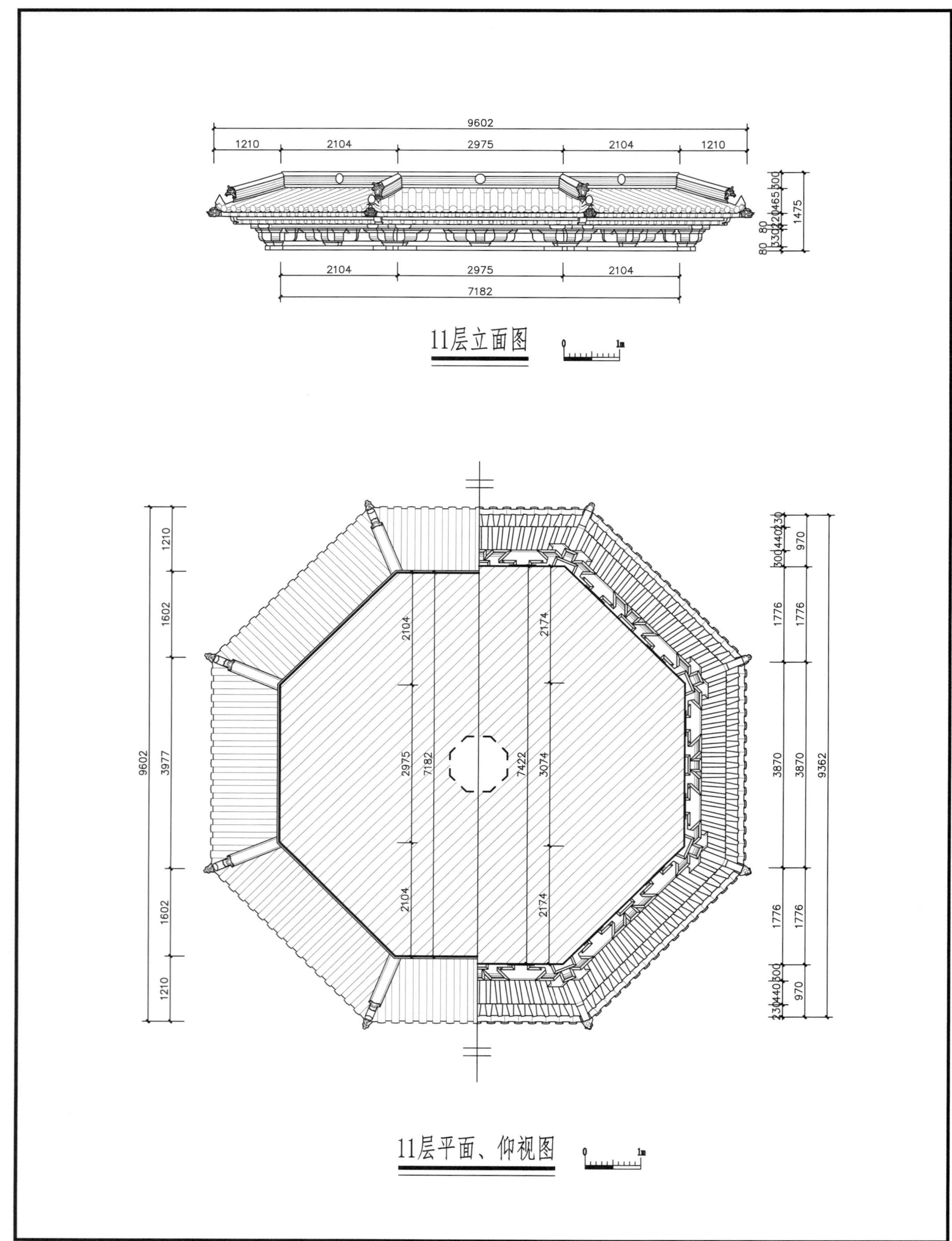

图16　觉山寺塔11层平面、仰视、立面图

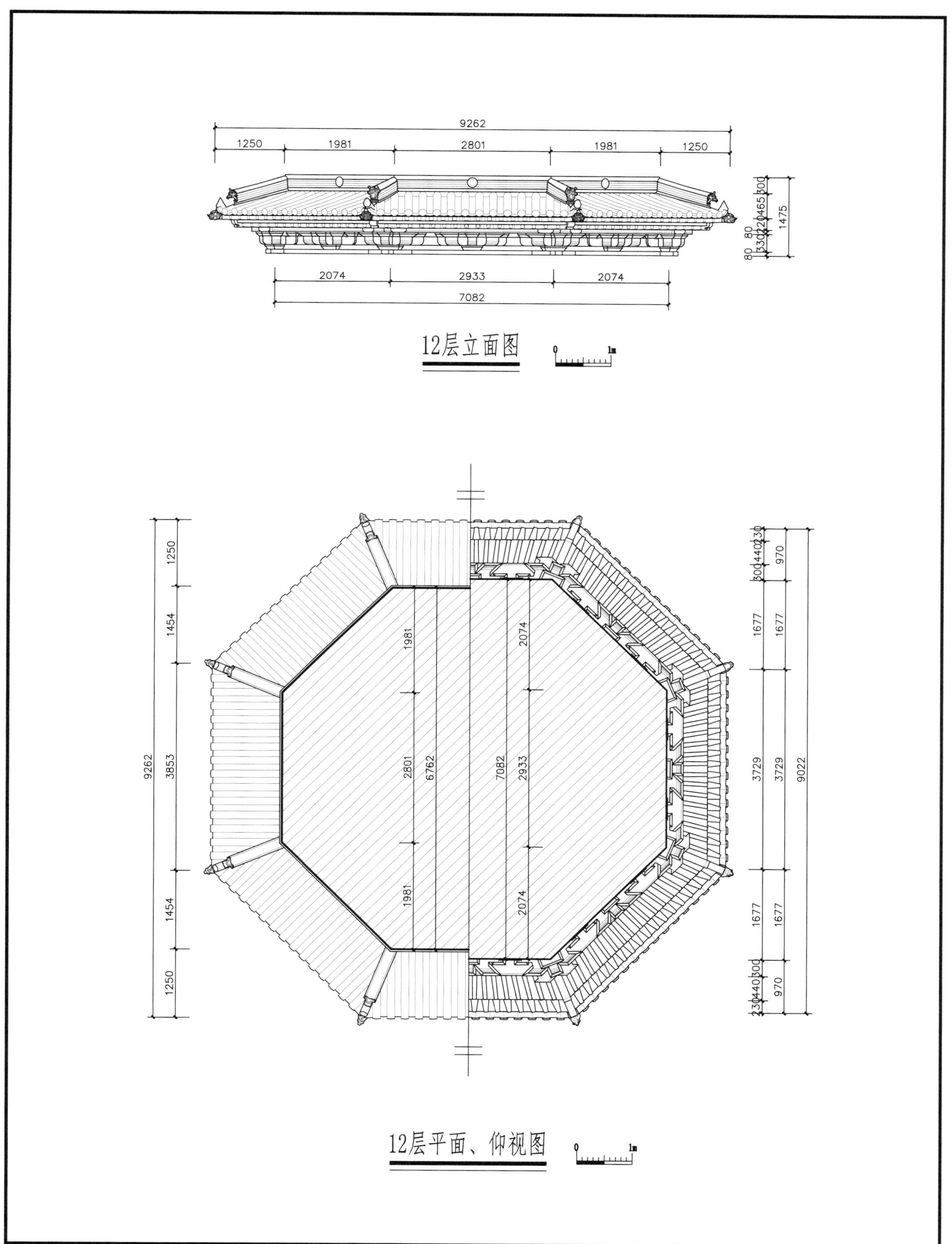

图17 觉山寺塔12层平面、仰视、立面图

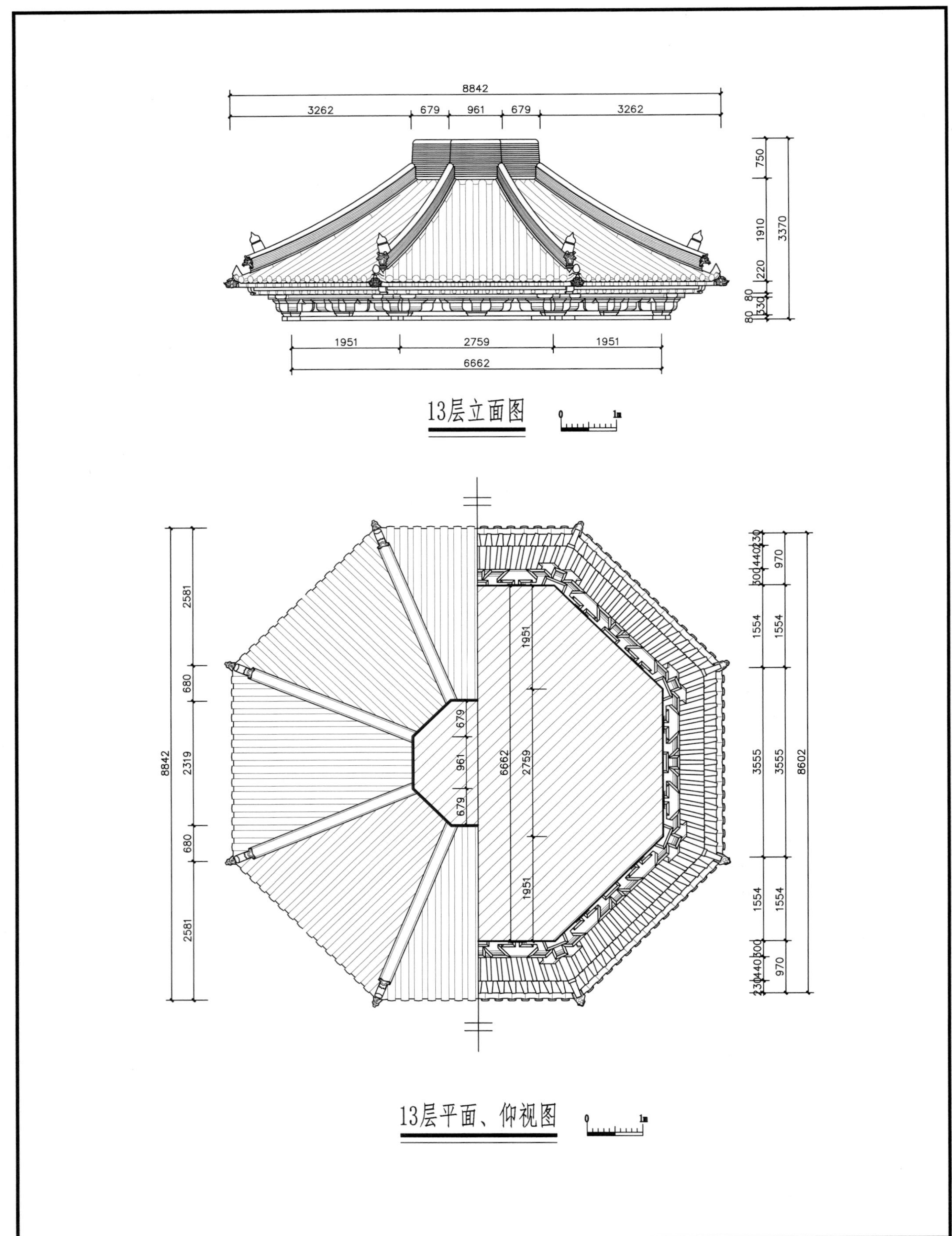

图18　觉山寺塔13层平面、仰视、立面图

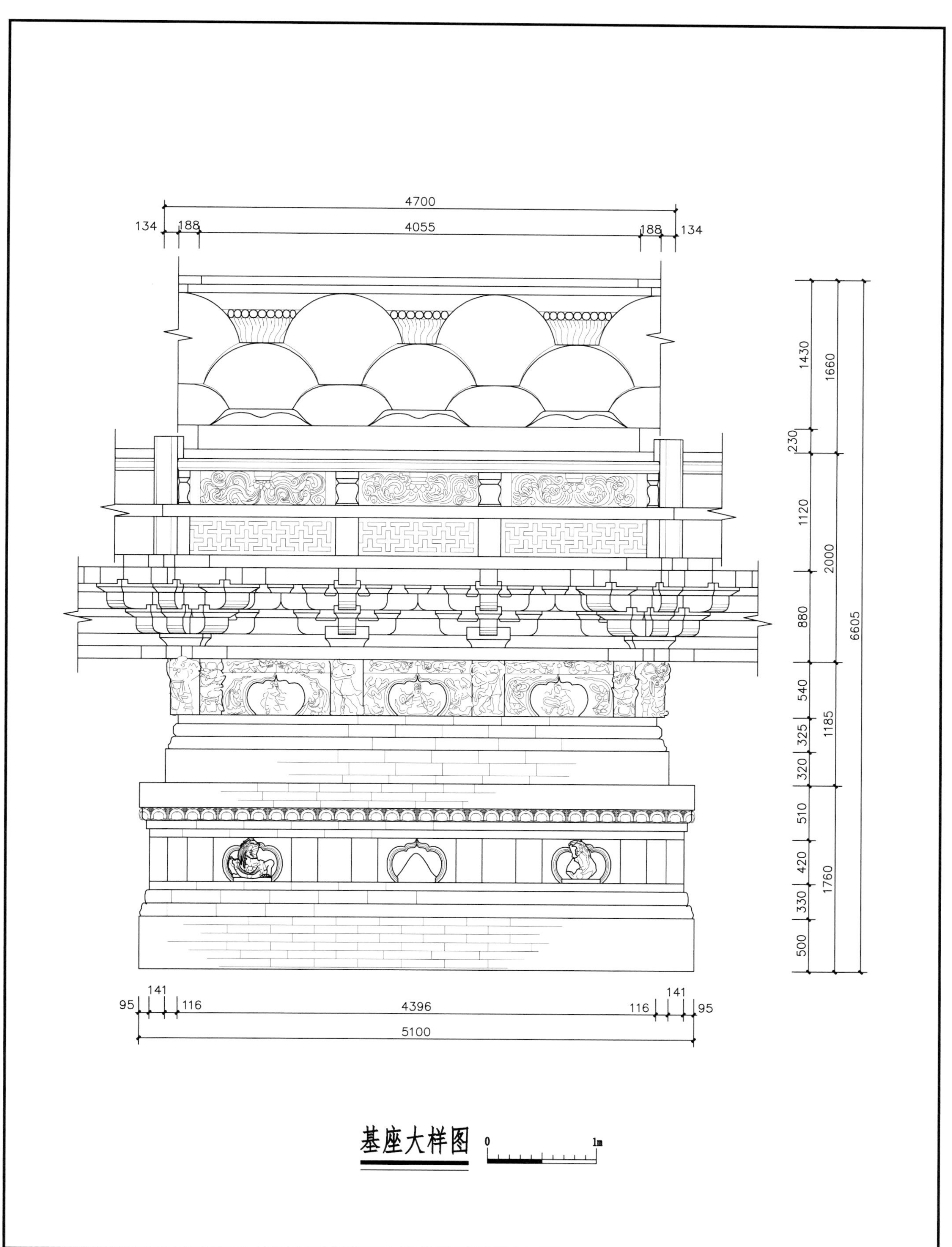

图19 觉山寺塔基座大样图

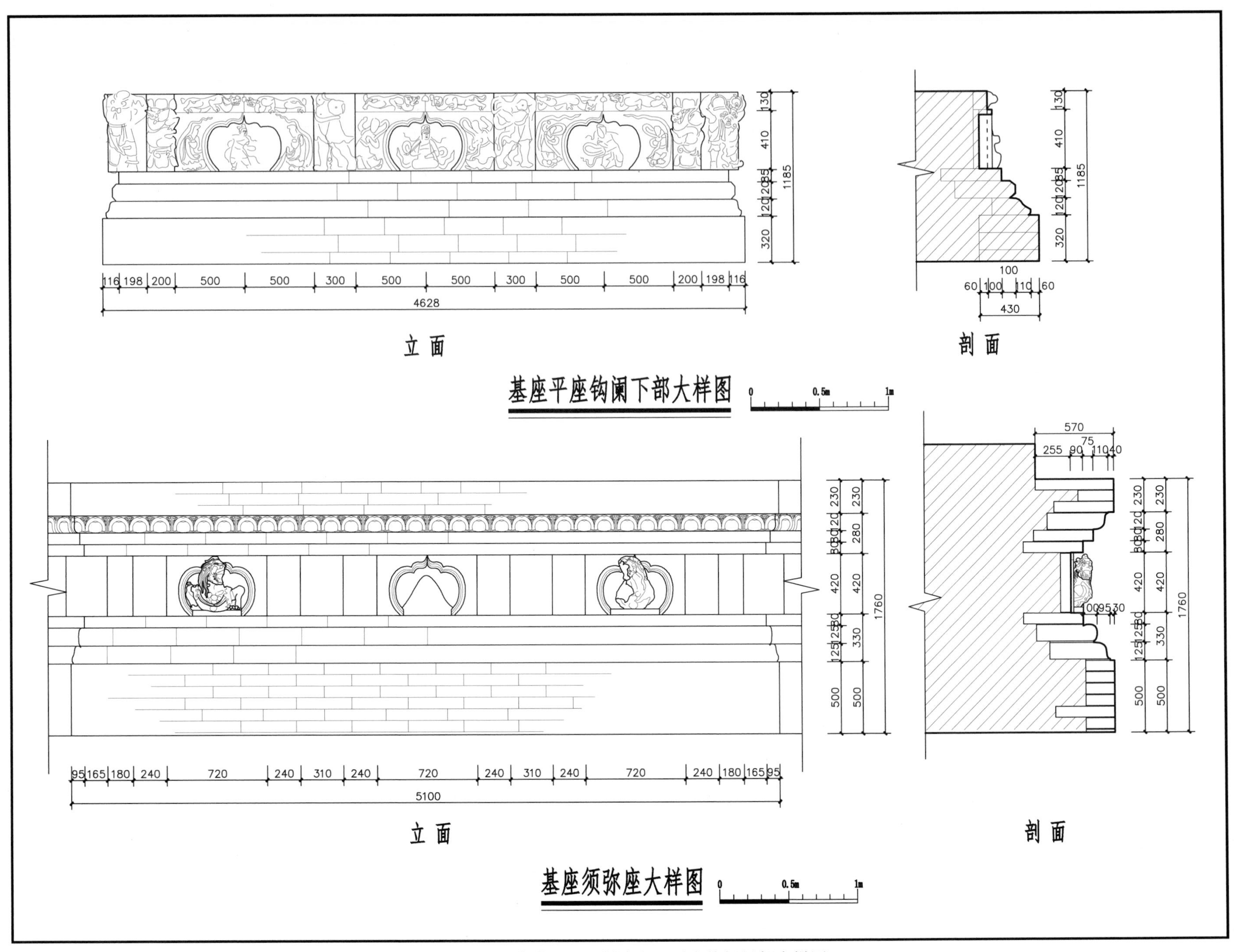

图20 觉山寺塔基座、须弥座、平座钩阑局部大样图

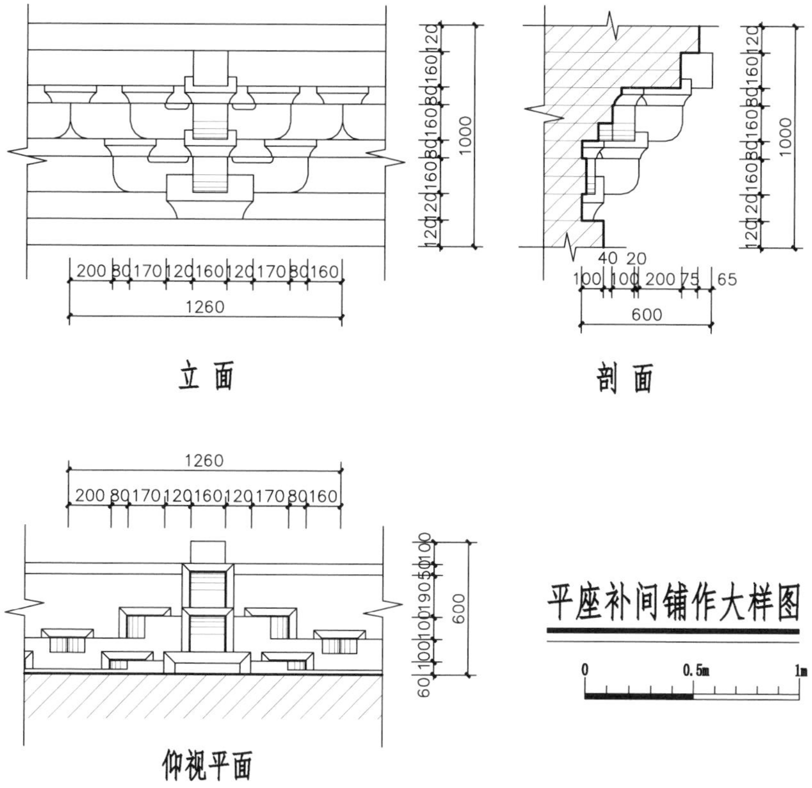

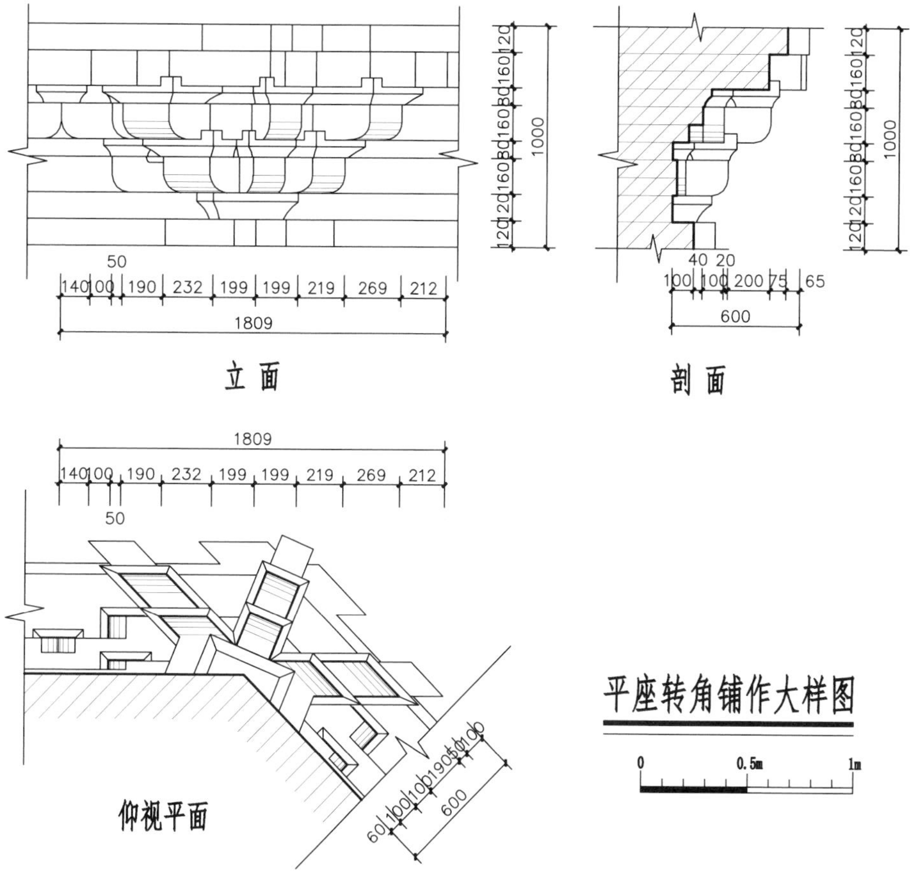

立面

剖面

立面

剖面

仰视平面

平座补间铺作大样图

仰视平面

平座转角铺作大样图

平座铺作尺寸表 单位mm

名称	上宽	下宽	上深	下深	耳	平	欹	总高	䫜
转角栌斗	430	330	200	120	0	40	80	120	9
补间栌斗	400	300	100	50	80	40	80	200	9
交互斗	240	170	240	170	40	30	50	120	7
散斗	240	170	100	65	0	30	50	80	7
45°散斗	330	230	230	160	0	30	50	80	7

名称	长	宽	高	上留	平出	卷瓣	单足材	栱眼(高×深)
泥道栱	900	40	160	80	370	4	单材	20×10
瓜子栱	740	100	160	80	270	4	单材	20×10
交隐慢栱	1260	65	160	80	550	4	单材	/
一跳华栱	200	160	160	80	120	4	单材	/
二跳华栱	220	160	160	80	140	4	单材	/

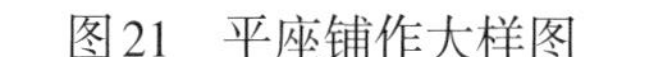
图21 平座铺作大样图

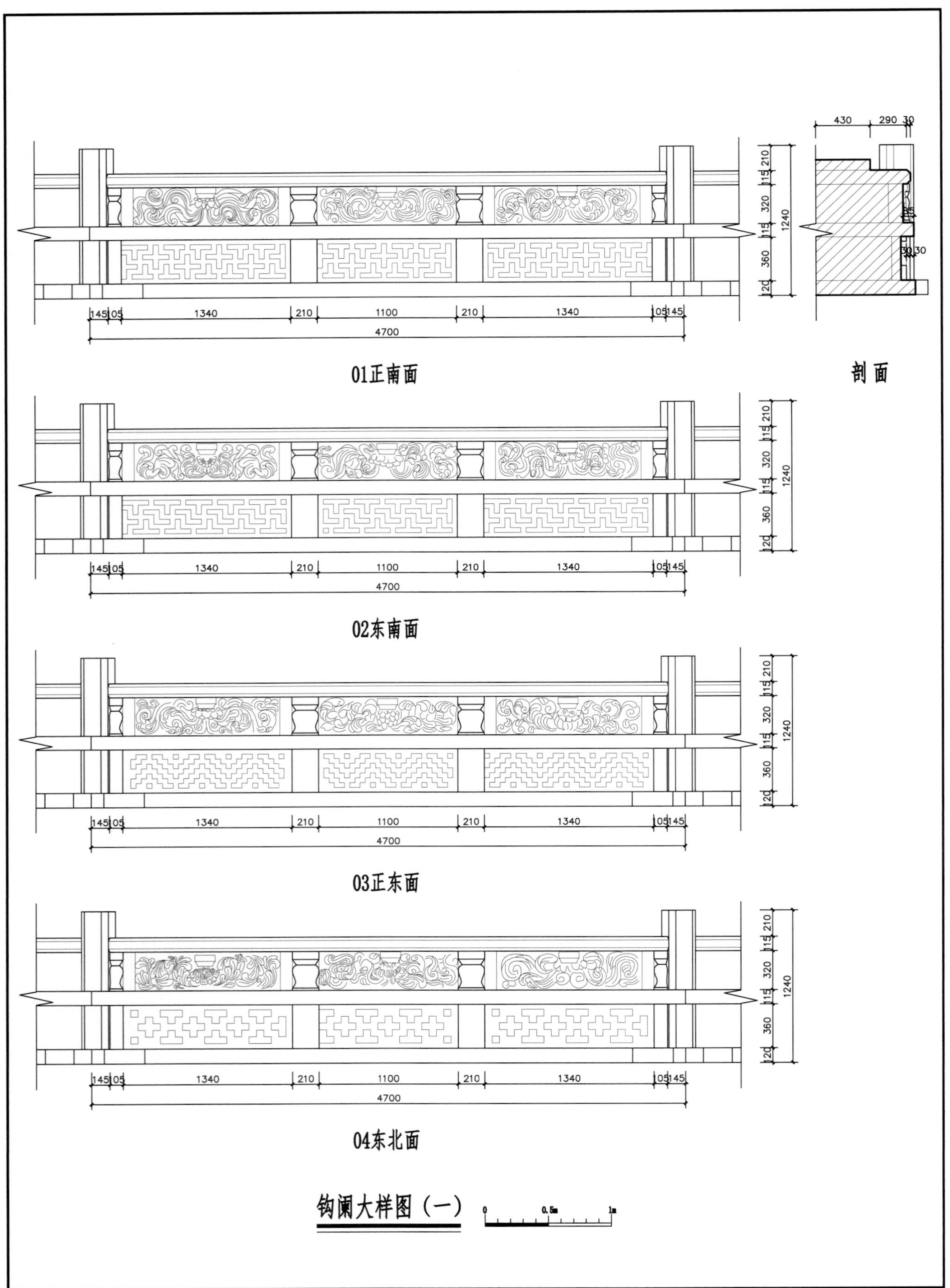

01正南面
剖面
02东南面
03正东面
04东北面
钩阑大样图（一）
145
05
1340
210
1100
4700
210
320
360
20
1240
430
290
30
0
0.5m
1m

图22　钩阑大样图（一）

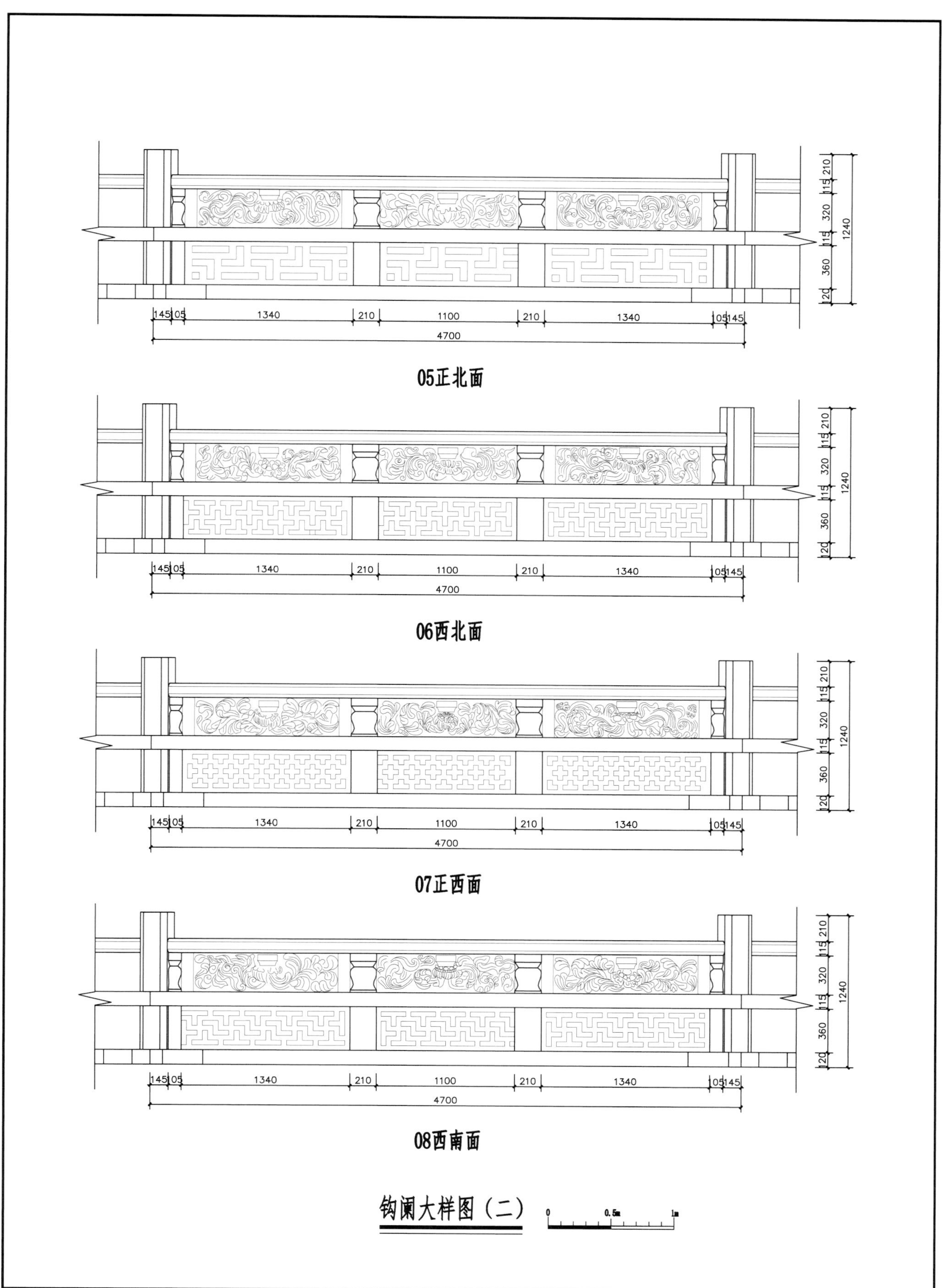
210
115
320
115
360
120
1240
145
105
1340
210
1100
210
1340
105
145
4700
05正北面
06西北面
07正西面
08西南面
钩阑大样图（二）
0
0.5m
1m

图23　钩阑大样图（二）

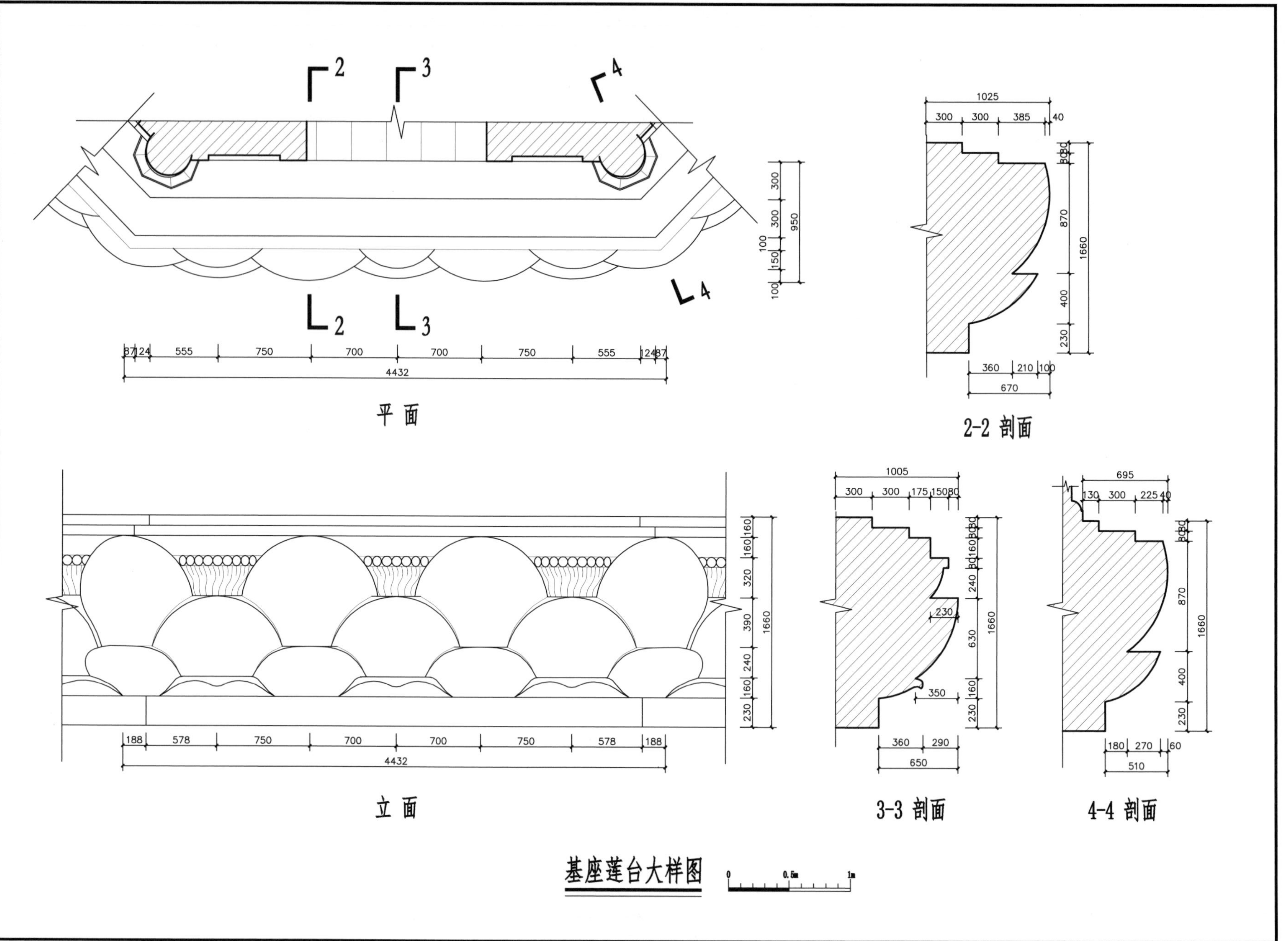

图24 基座莲台大样图

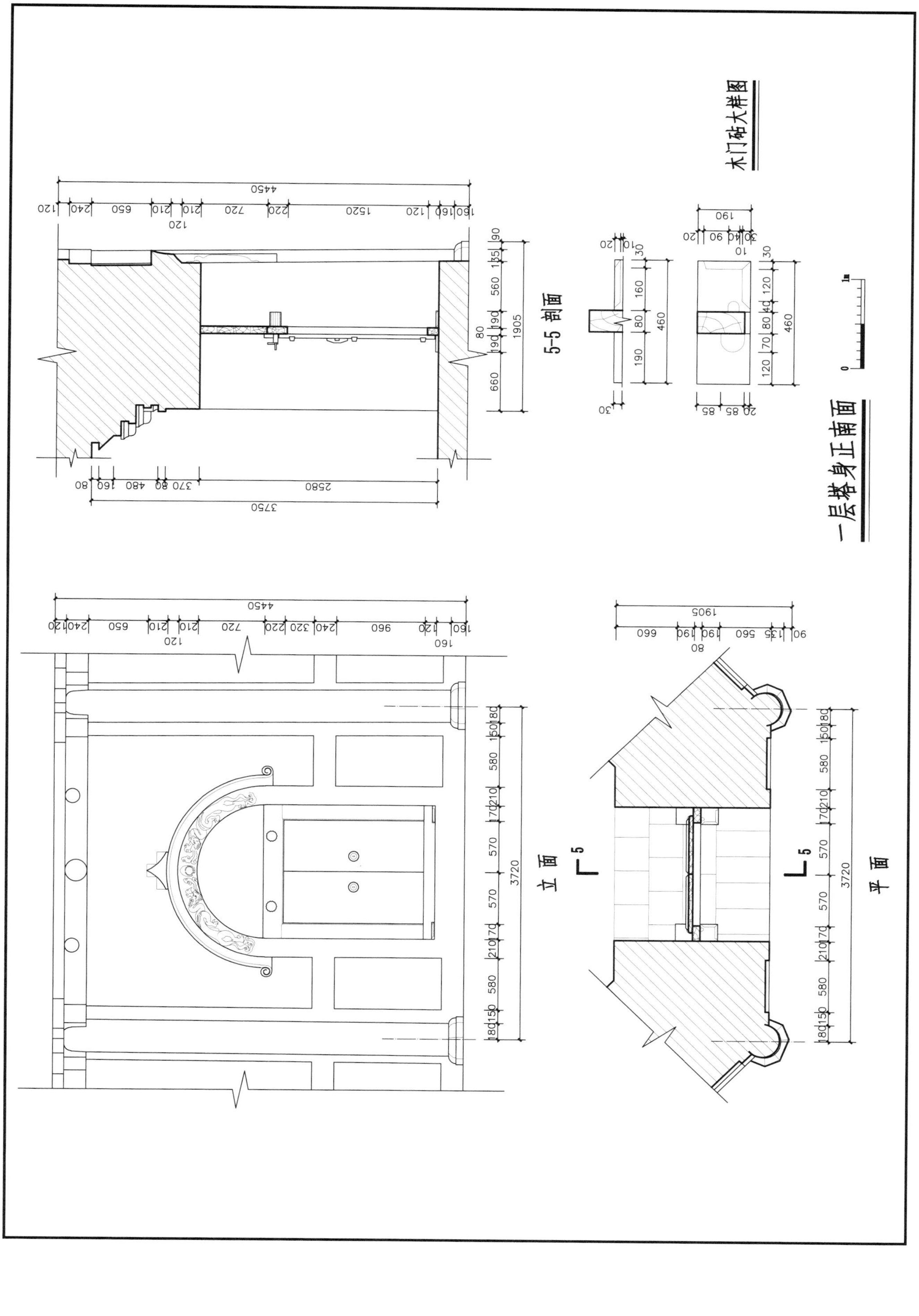

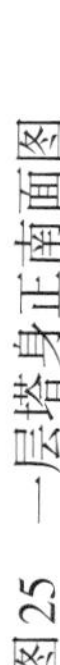

图25　一层塔身正南面图

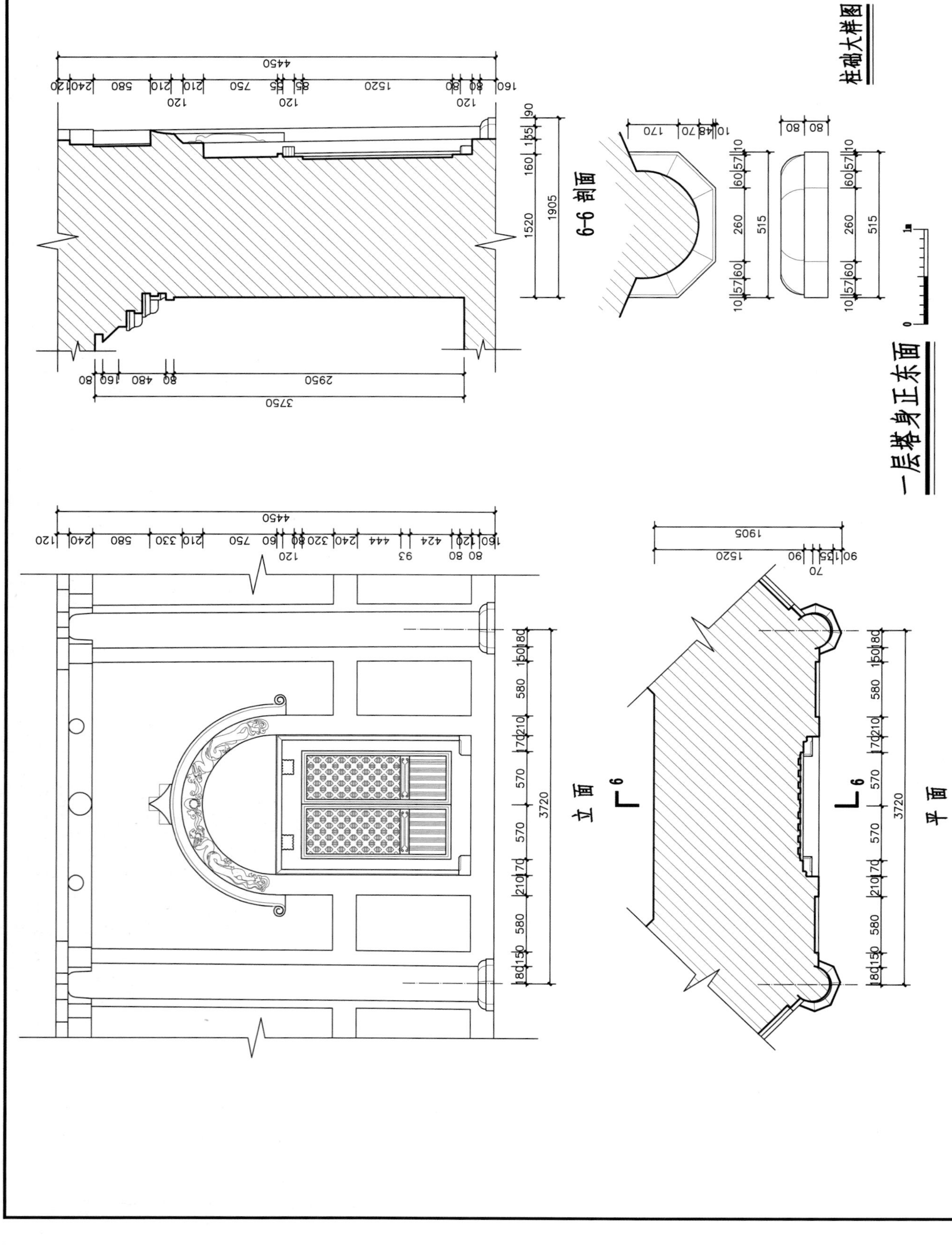

图26 一层塔身正东面图

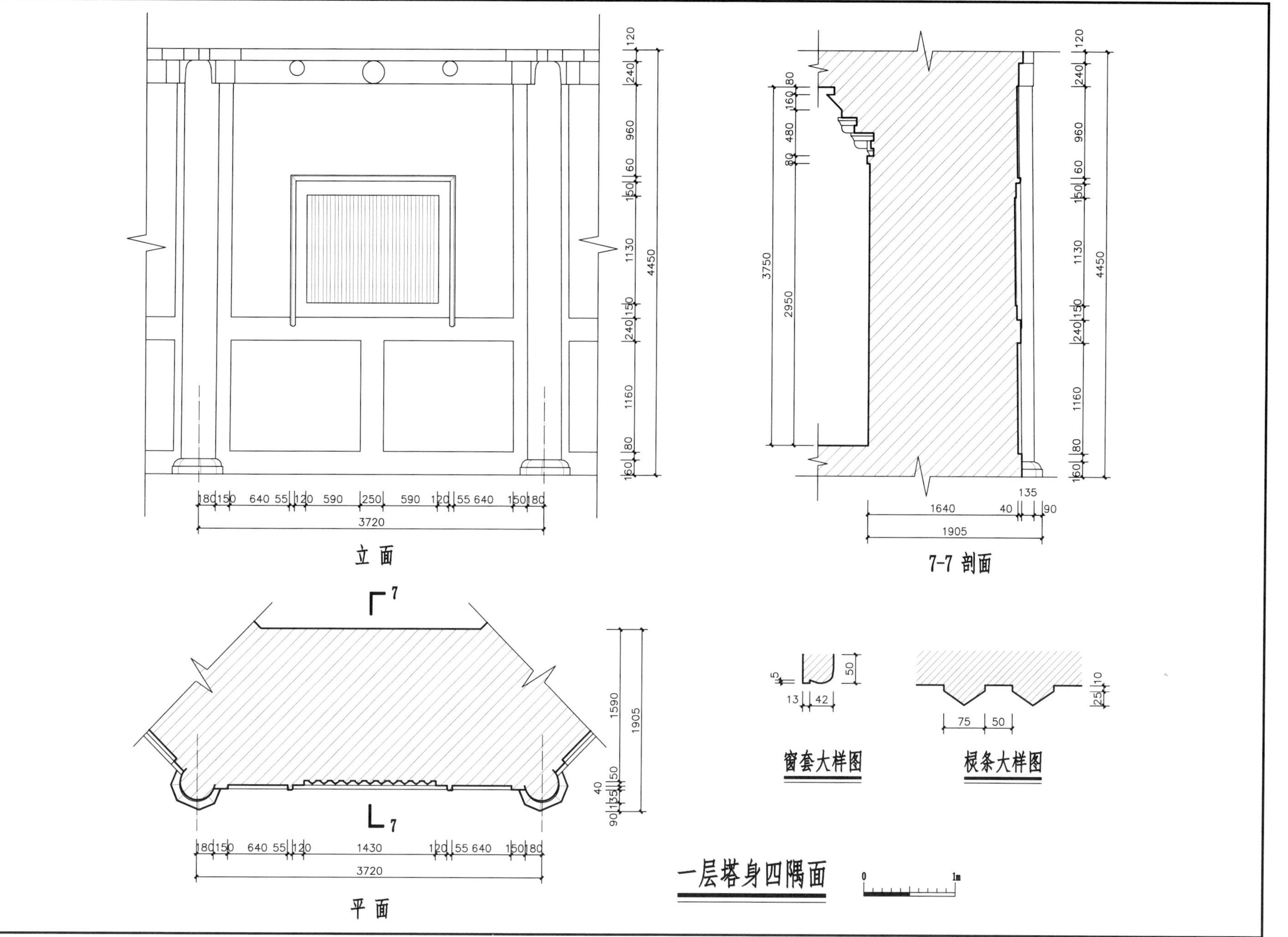

图27　一层塔身四隅面图

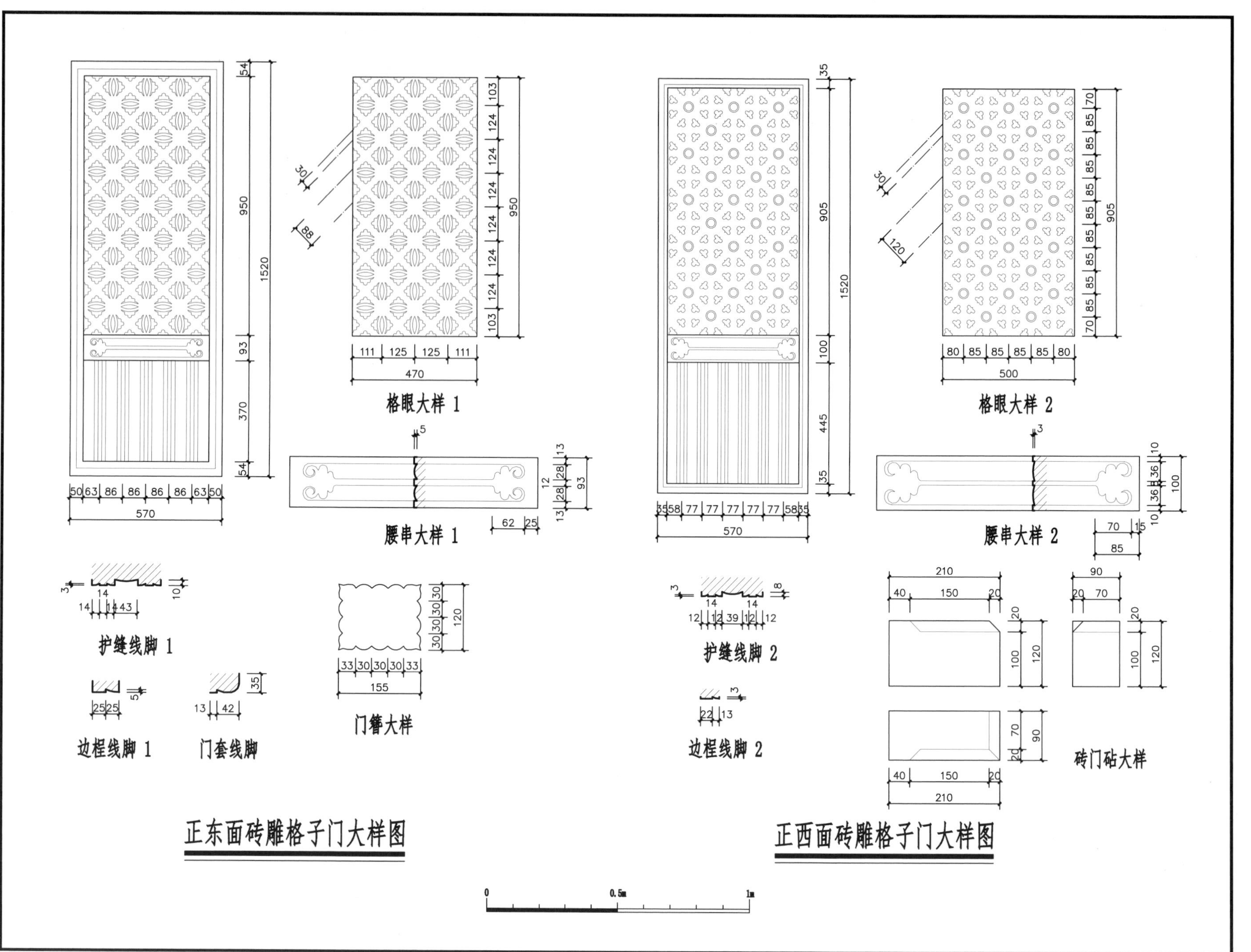

图28 砖雕格子门大样图

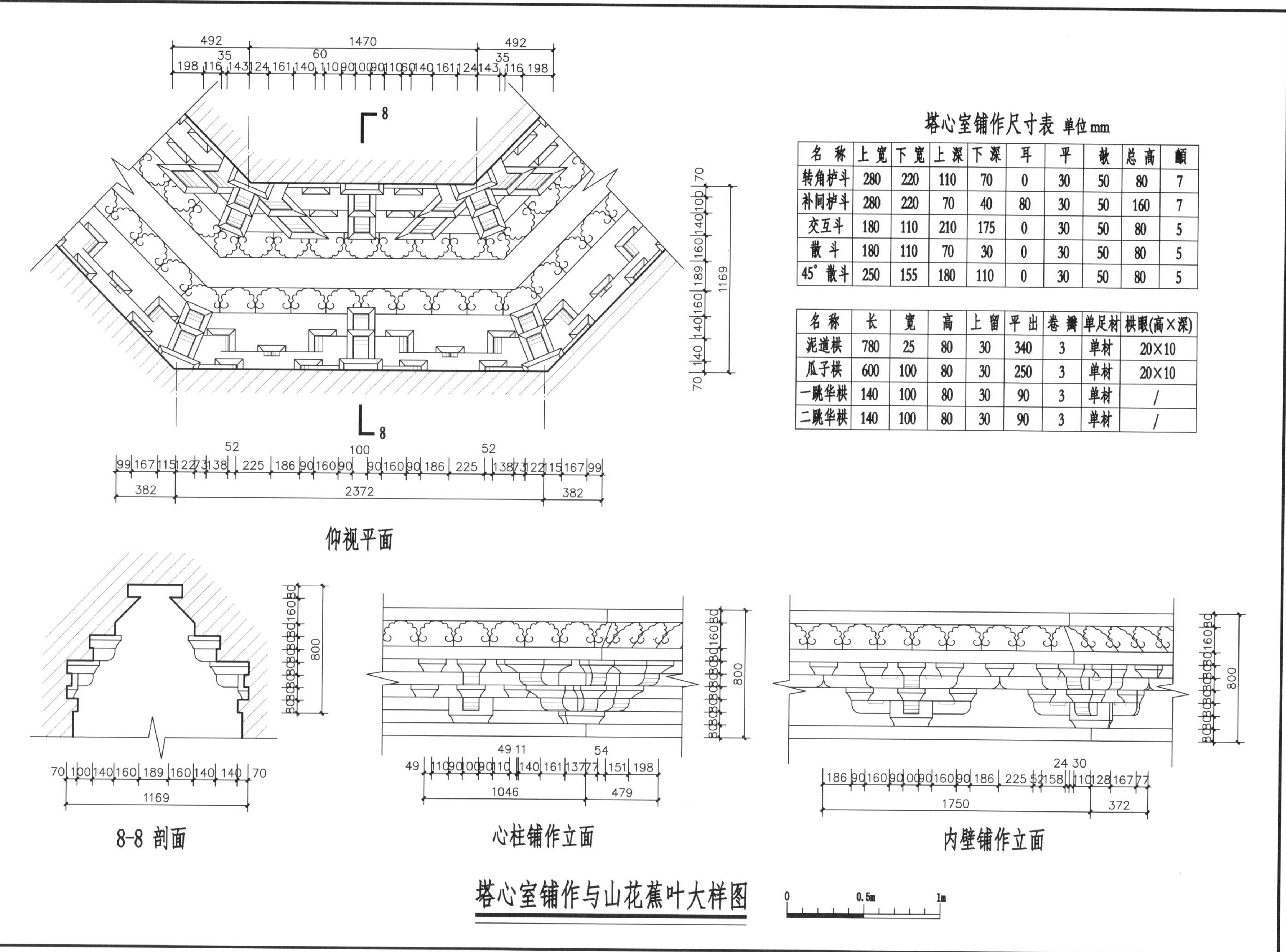

塔心室铺作尺寸表 单位mm

名称	上宽	下宽	上深	下深	耳	平	攲	总高	顱
转角栌斗	280	220	110	70	0	30	50	80	7
补间栌斗	280	220	70	40	80	30	50	160	7
交互斗	180	110	210	175	0	30	50	80	5
散斗	180	110	70	30	0	30	50	80	5
45°散斗	250	155	180	110	0	30	50	80	5

名称	长	宽	高	上留	平出	卷瓣	单足材	栱眼(高×深)
泥道栱	780	25	80	30	340	3	单材	20×10
瓜子栱	600	100	80	30	250	3	单材	20×10
一跳华栱	140	100	80	30	90	3	单材	/
二跳华栱	140	100	80	30	90	3	单材	/

图29 塔心室铺作与山花蕉叶大样图

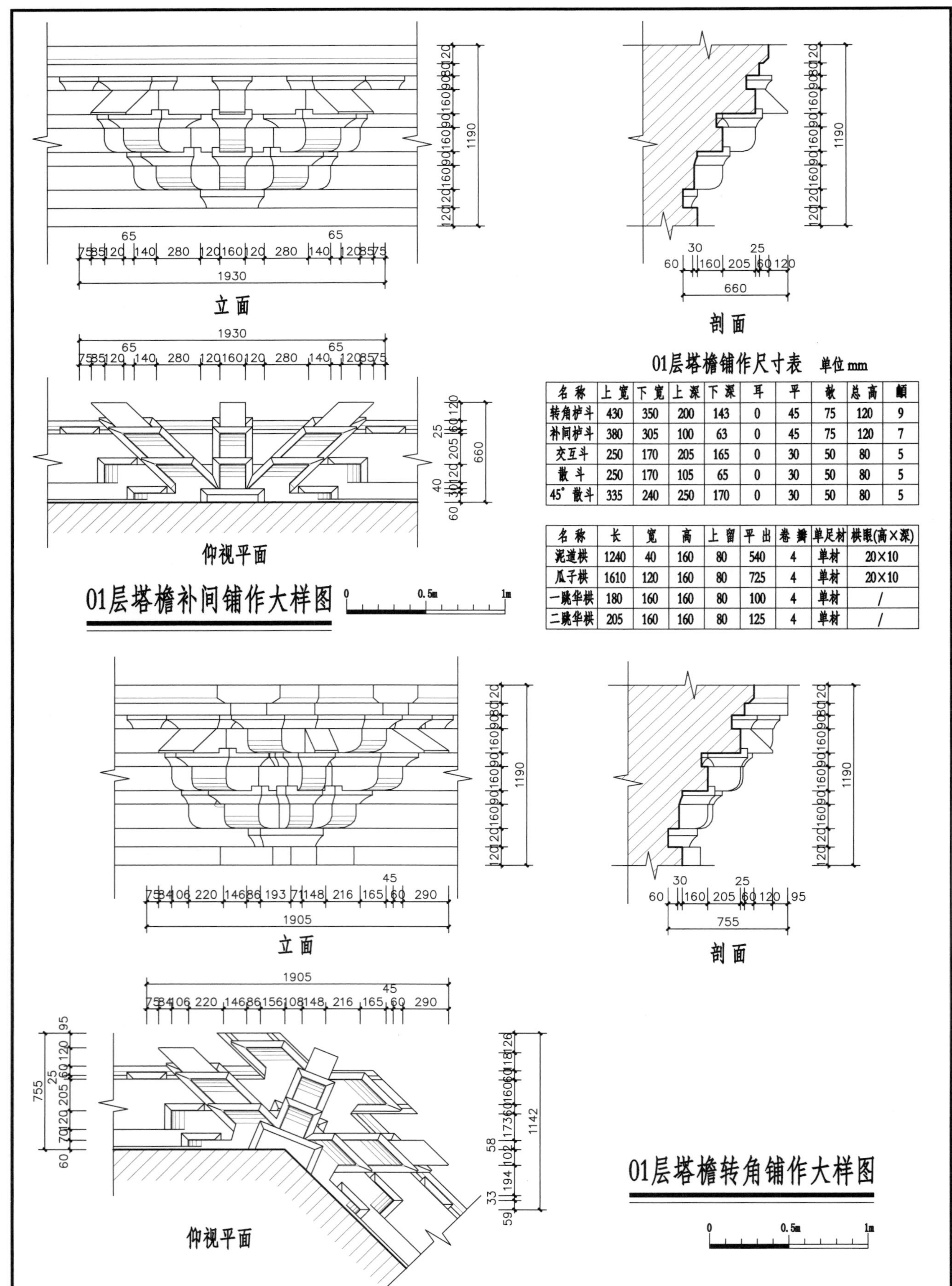

01层塔檐铺作尺寸表 单位mm

名称	上宽	下宽	上深	下深	耳	平	欹	总高	顱
转角栌斗	430	350	200	143	0	45	75	120	9
补间栌斗	380	305	100	63	0	45	75	120	7
交互斗	250	170	205	165	0	30	50	80	5
散斗	250	170	105	65	0	30	50	80	5
45°散斗	335	240	250	170	0	30	50	80	5

名称	长	宽	高	上留	平出	卷瓣	单足材	栱眼(高×深)
泥道栱	1240	40	160	80	540	4	单材	20×10
瓜子栱	1610	120	160	80	725	4	单材	20×10
一跳华栱	180	160	160	80	100	4	单材	/
二跳华栱	205	160	160	80	125	4	单材	/

图30 觉山寺塔01层铺作大样图

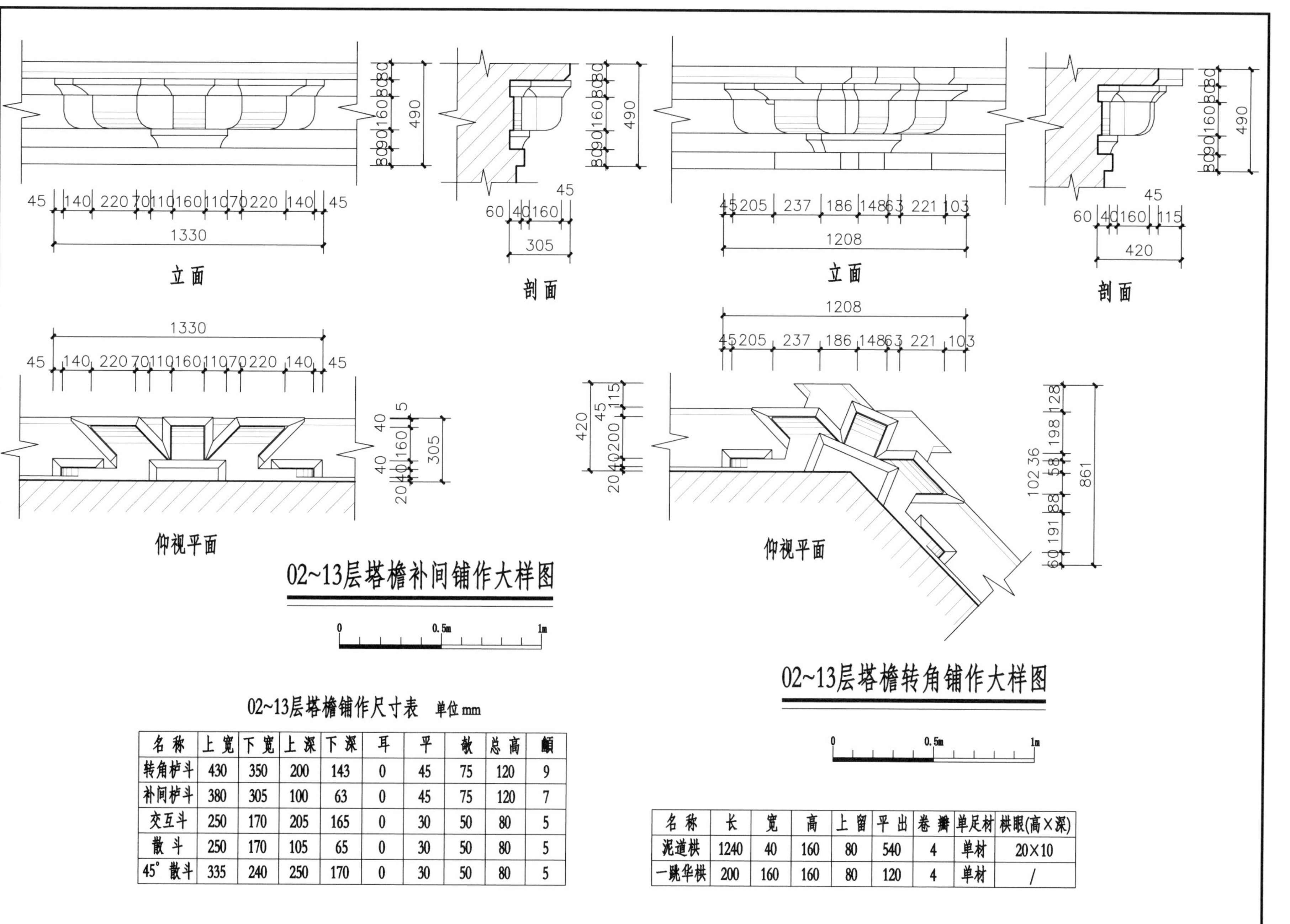

02~13层塔檐铺作尺寸表 单位mm

名称	上宽	下宽	上深	下深	耳	平	欹	总高	颤
转角栌斗	430	350	200	143	0	45	75	120	9
补间栌斗	380	305	100	63	0	45	75	120	7
交互斗	250	170	205	165	0	30	50	80	5
散斗	250	170	105	65	0	30	50	80	5
45°散斗	335	240	250	170	0	30	50	80	5

名称	长	宽	高	上留	平出	卷瓣	单足材	栱眼(高×深)
泥道栱	1240	40	160	80	540	4	单材	20×10
一跳华栱	200	160	160	80	120	4	单材	/

图31　觉山寺塔02～13层塔檐铺作大样图

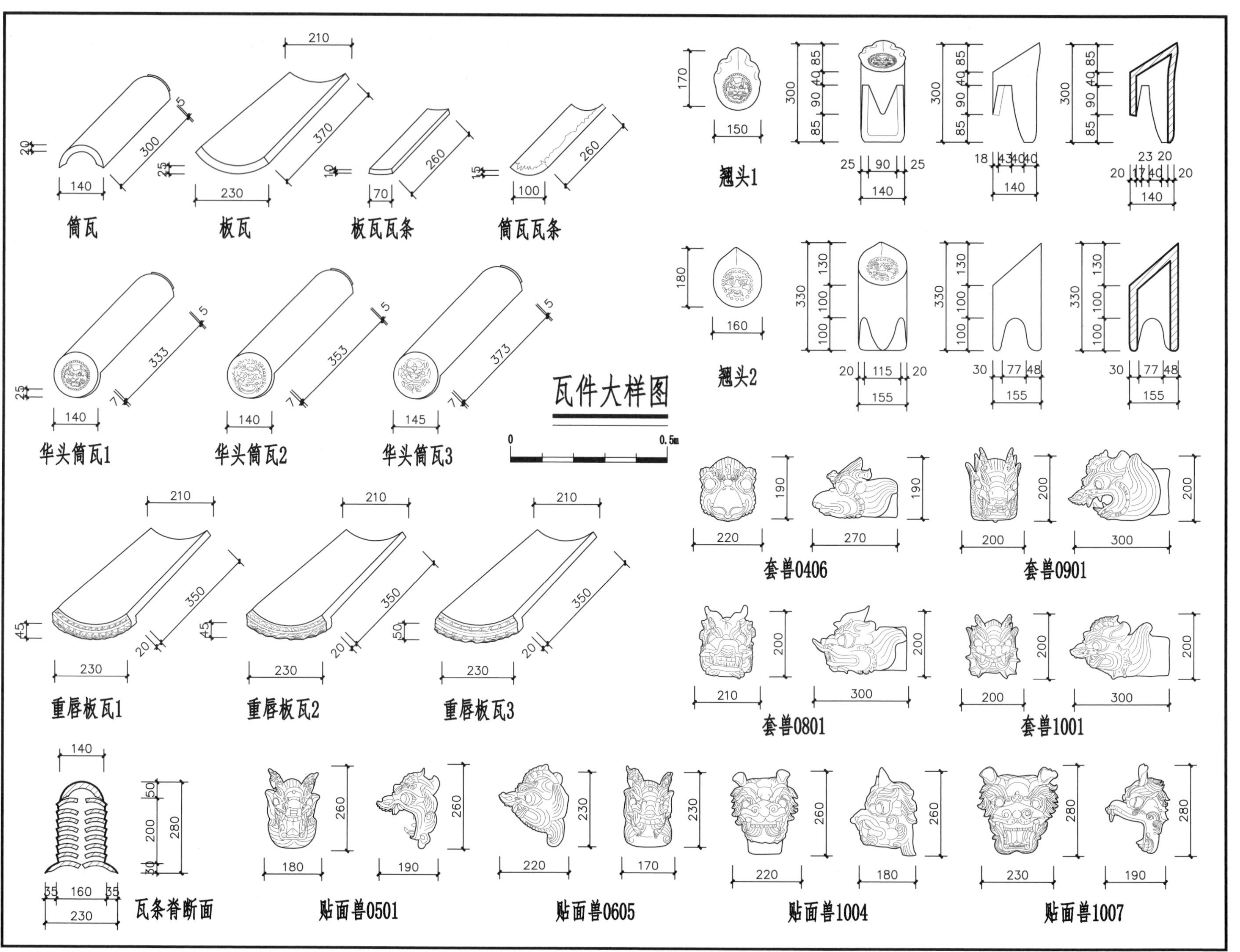
筒瓦
板瓦
板瓦瓦条
筒瓦瓦条
翘头1
翘头2
华头筒瓦1
华头筒瓦2
华头筒瓦3
瓦件大样图
0
0.5m
套兽0406
套兽0901
重唇板瓦1
重唇板瓦2
重唇板瓦3
套兽0801
套兽1001
瓦条脊断面
贴面兽0501
贴面兽0605
贴面兽1004
贴面兽1007

图32 瓦件大样图

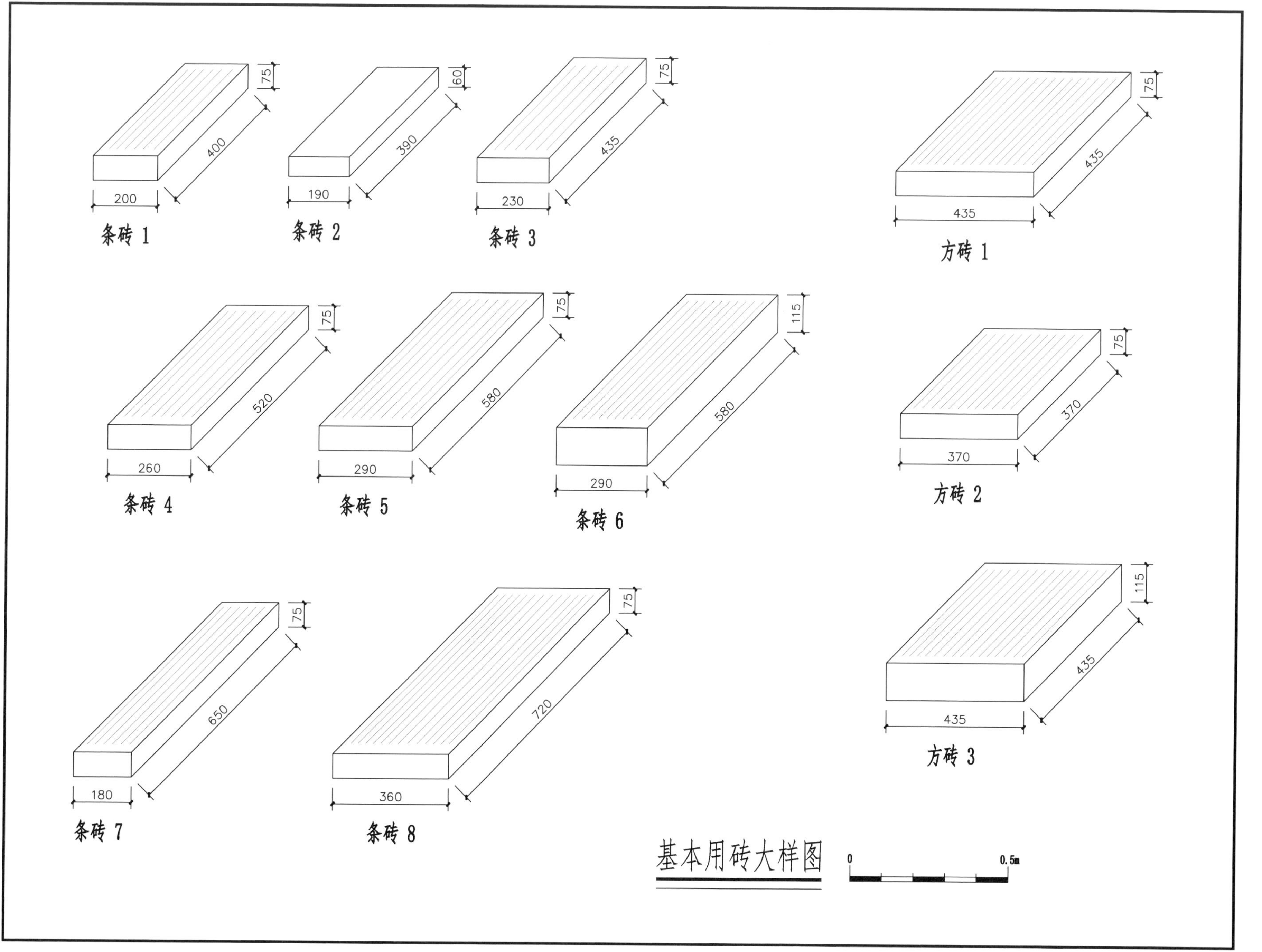

75
400
200
条砖 1
60
390
190
条砖 2
75
435
230
条砖 3
75
435
435
方砖 1
75
520
260
条砖 4
75
580
290
条砖 5
115
580
290
条砖 6
75
370
370
方砖 2
75
650
180
条砖 7
75
720
360
条砖 8
115
435
435
方砖 3
基本用砖大样图
0
0.5m

图33 基本用砖大样图

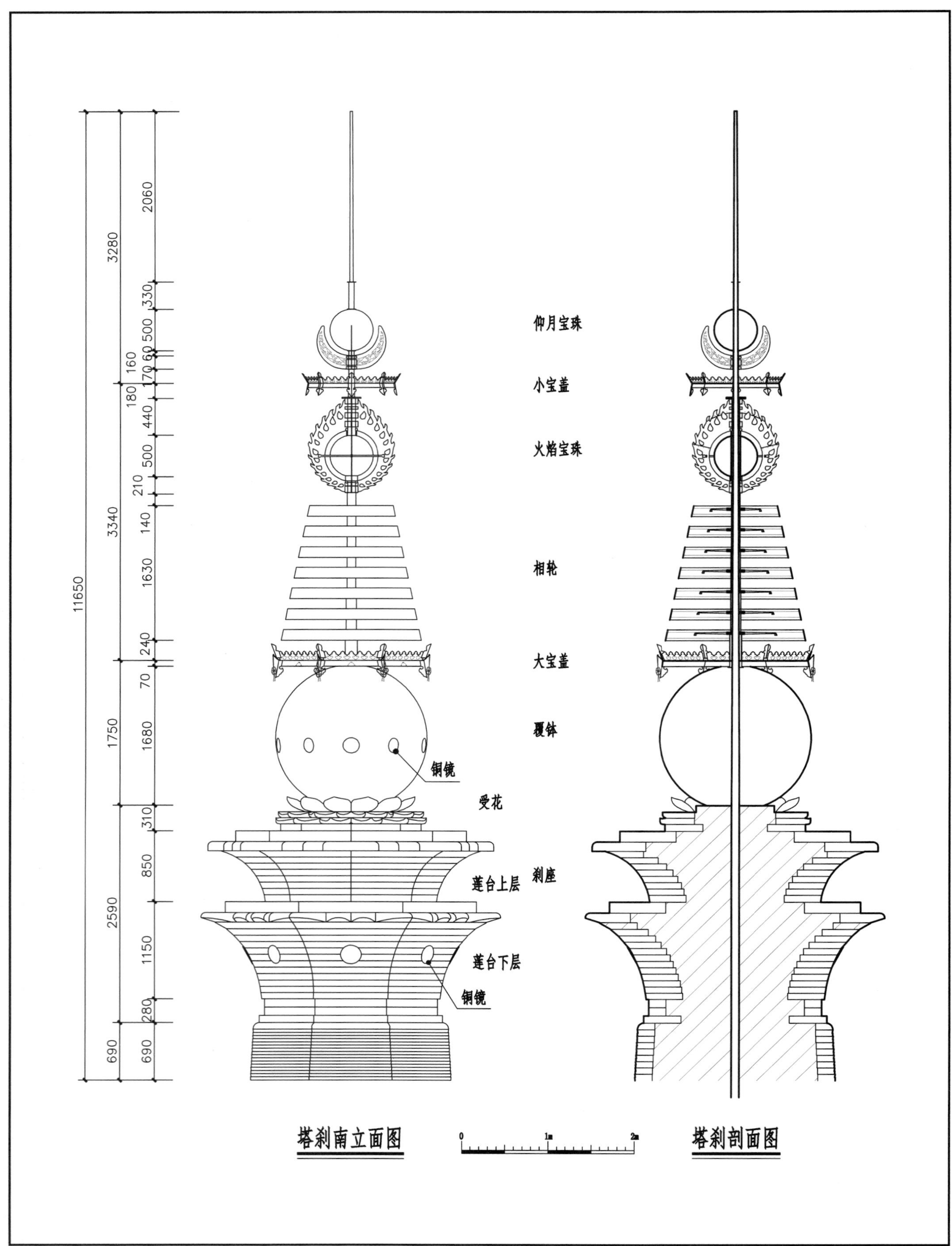

图34　塔刹南立面、剖面图

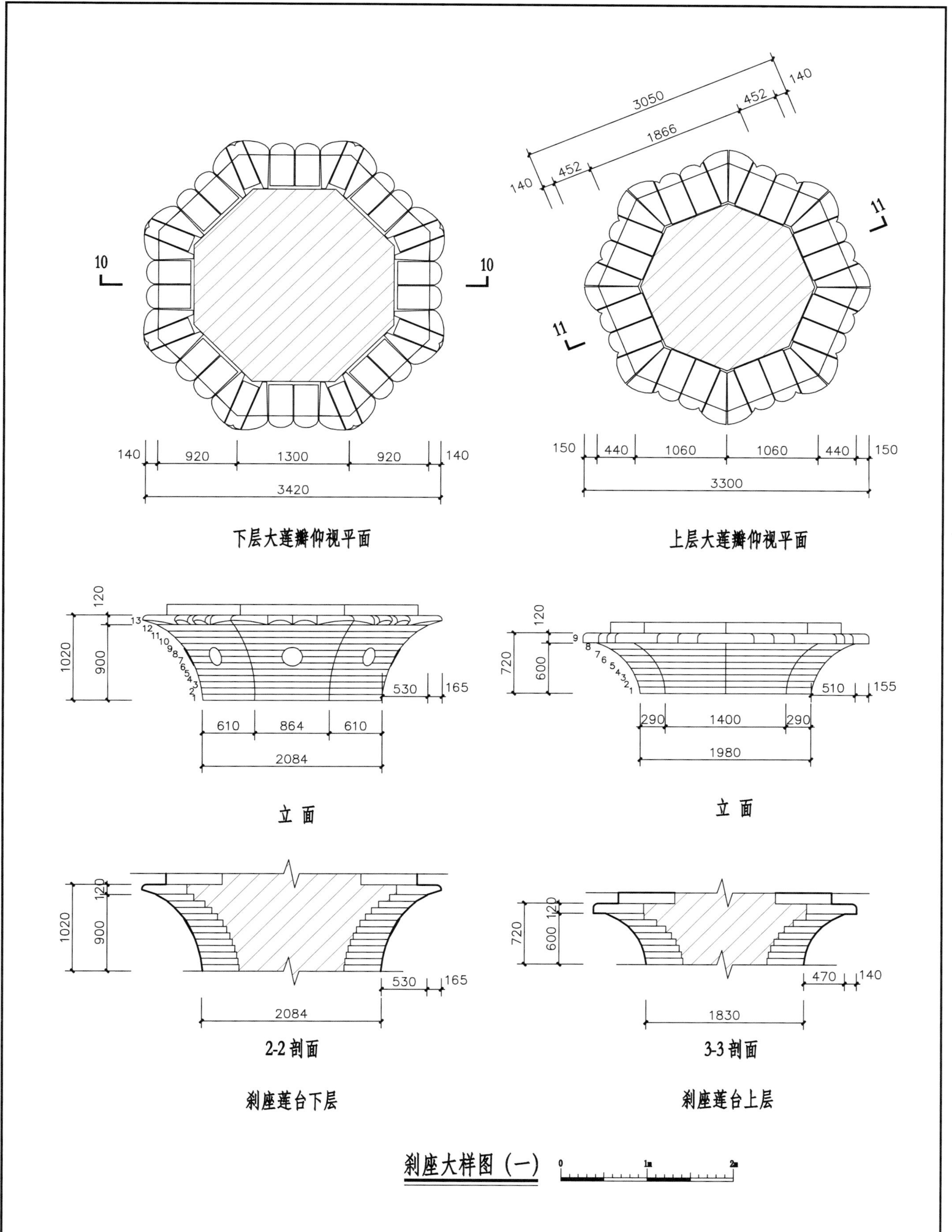

10
10
11
11
140
920
1300
920
140
3420
3050
452
1866
140
452
140
150
440
1060
1060
440
150
3300
下层大莲瓣仰视平面
上层大莲瓣仰视平面
120
1020
900
530
165
610
864
610
2084
120
720
600
510
155
290
1400
290
1980
立 面
立 面
1020
900
120
530
165
2084
720
600
120
470
140
1830
2-2 剖面
3-3 剖面
剎座莲台下层
剎座莲台上层
剎座大样图（一）
0
1m
2m

图35 剎座大样图（一）

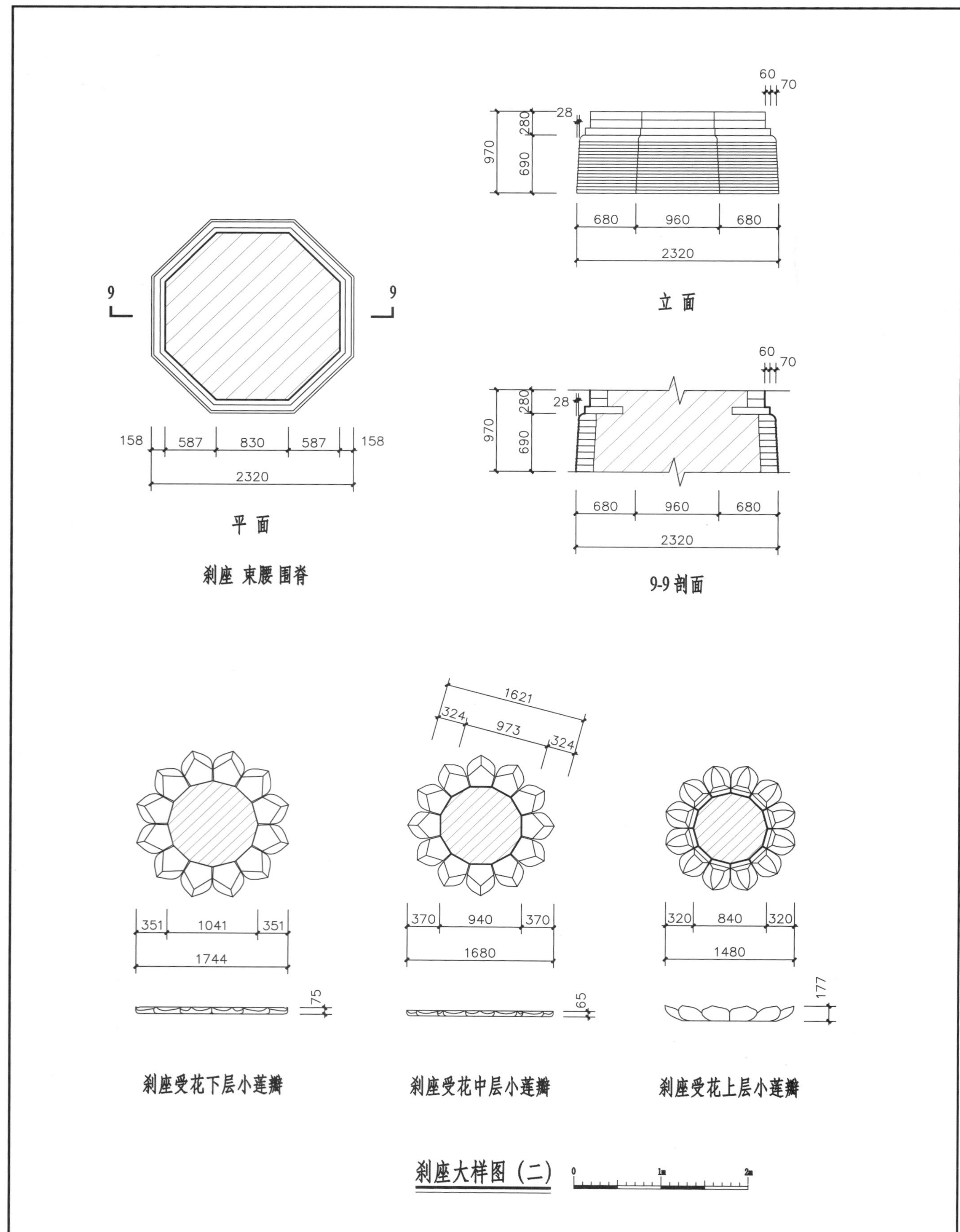

60
70
28
280
970
690
680
960
680
2320
立 面
9
9
158
587
830
587
158
2320
平 面
剎座 束腰 围脊
60
70
280
28
970
690
680
960
680
2320
9-9 剖面
1621
324
973
324
351
1041
351
1744
75
剎座受花下层小莲瓣
370
940
370
1680
65
剎座受花中层小莲瓣
320
840
320
1480
177
剎座受花上层小莲瓣
剎座大样图（二）
0
1m
2m

图36 剎座大样图（二）

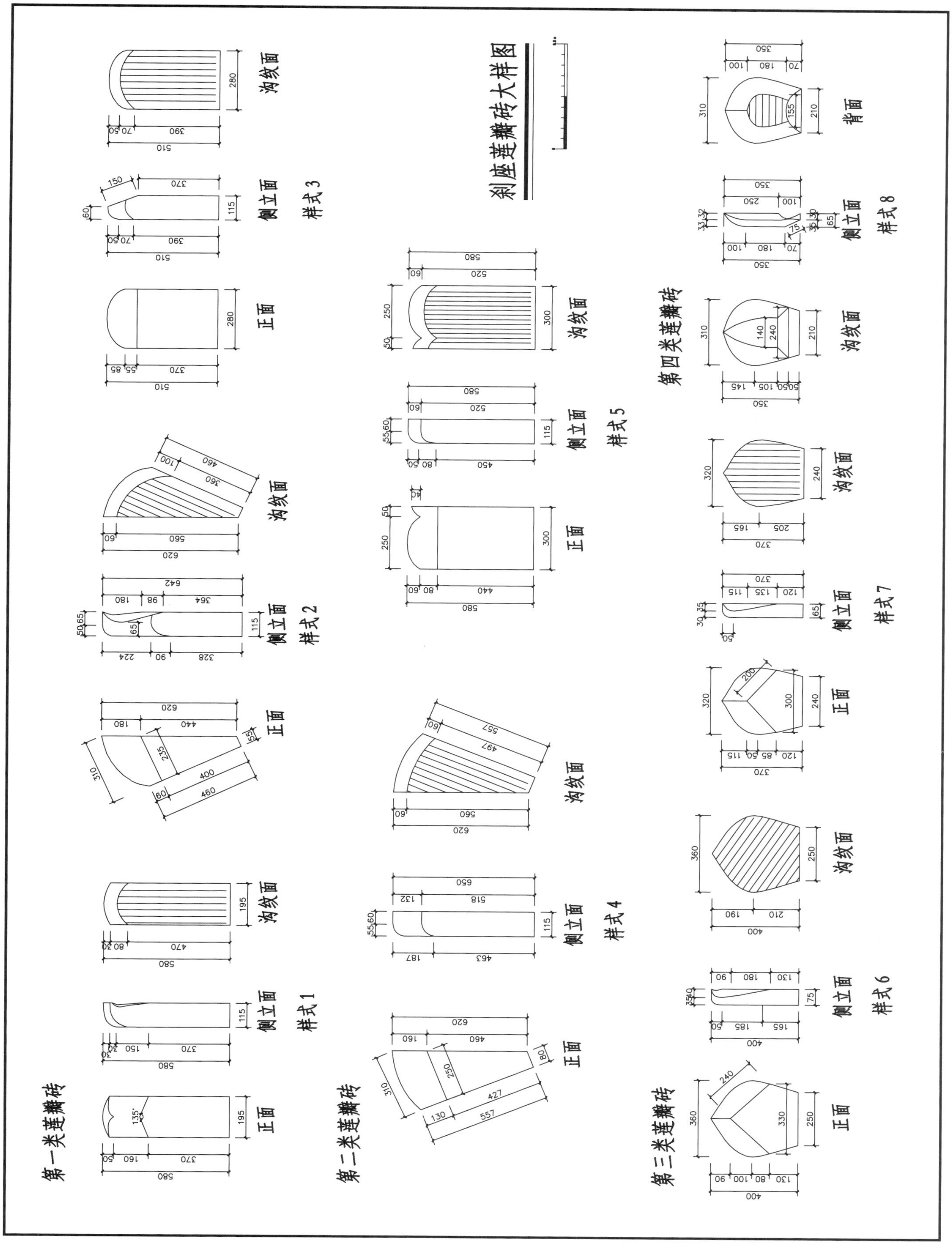

刹座莲瓣砖大样图

第一类莲瓣砖

正面 侧立面 沟纹面

样式1

正面 侧立面 沟纹面

样式2

正面 侧立面 沟纹面

样式3

第二类莲瓣砖

正面 侧立面 沟纹面

样式4

正面 侧立面 沟纹面

样式5

第三类莲瓣砖

正面 侧立面 沟纹面

样式6

正面 侧立面 沟纹面

样式7

第四类莲瓣砖

沟纹面 侧立面 背面

样式8

图37 刹座莲瓣砖大样图

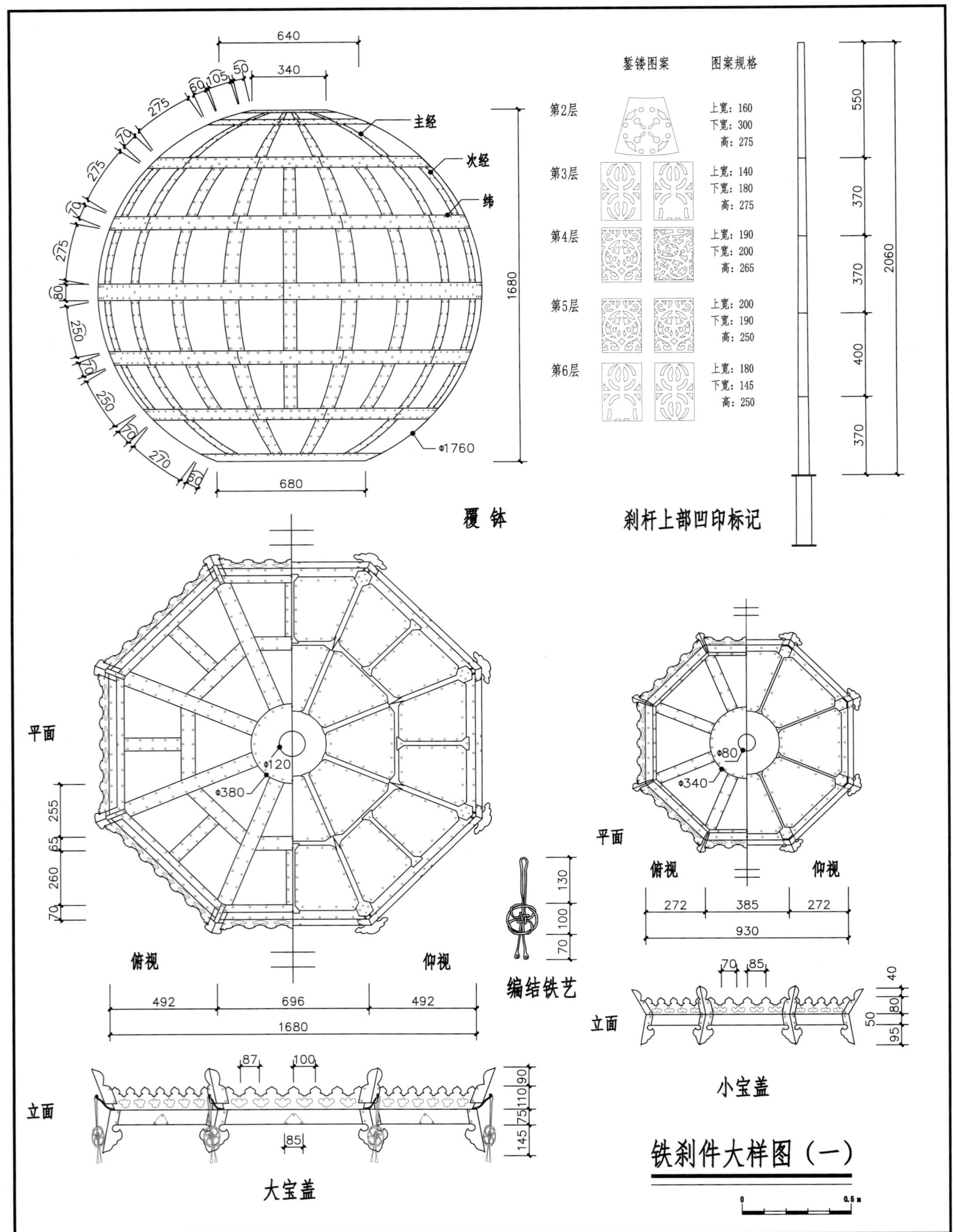
覆 钵
主经
次经
纬
Φ1760
640
340
680
1680
錾镂图案
图案规格
第2层
上宽：160
下宽：300
高：275
第3层
上宽：140
下宽：180
高：275
第4层
上宽：190
下宽：200
高：265
第5层
上宽：200
下宽：190
高：250
第6层
上宽：180
下宽：145
高：250
刹杆上部凹印标记
550
370
370
400
370
2060
平面
俯视
仰视
Φ120
Φ380
492
696
1680
立面
大宝盖
编结铁艺
Φ80
Φ340
272
385
930
小宝盖
铁刹件大样图（一）

图38　铁刹件大样图（一）

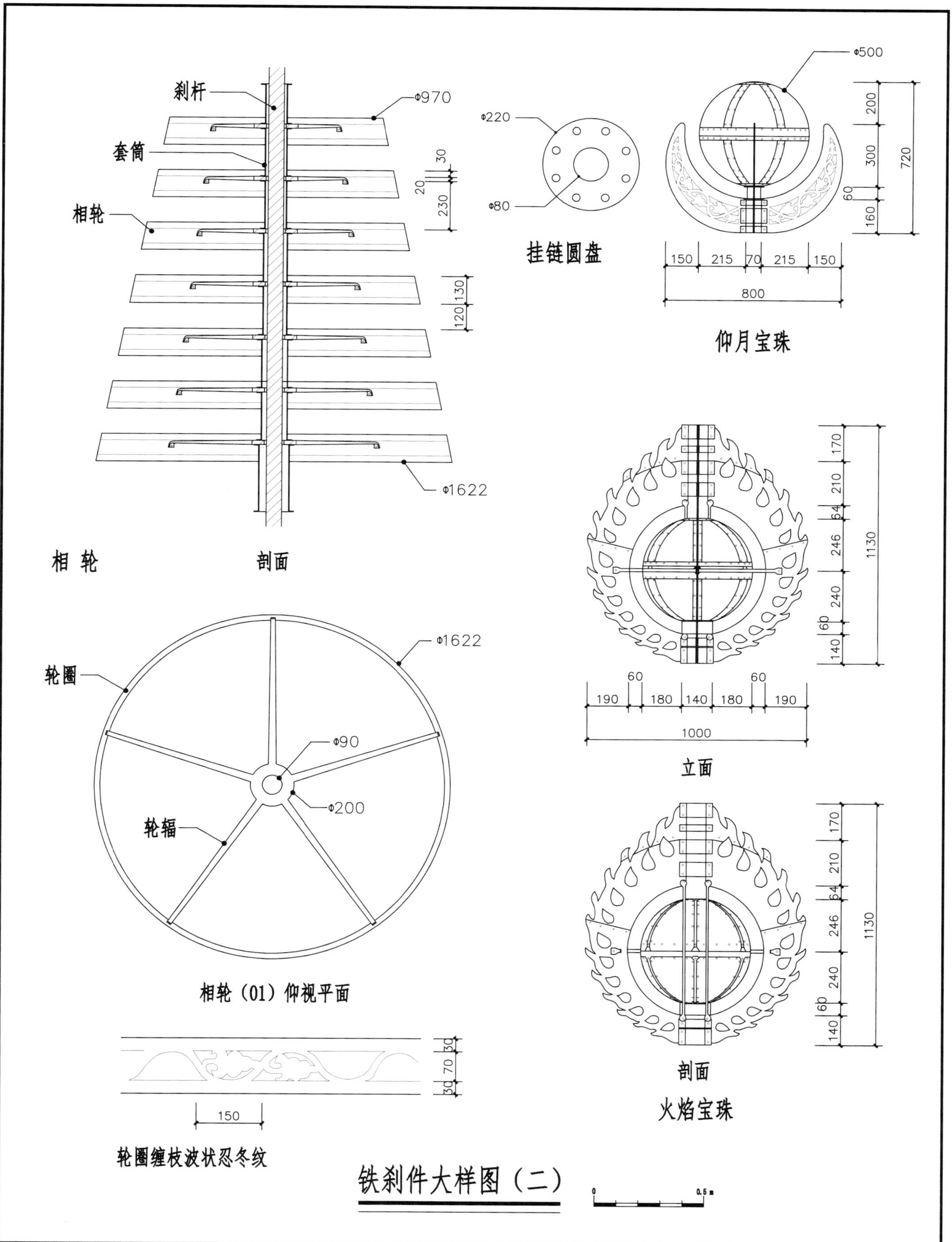
刹杆
套筒
相轮
Φ970
Φ1622
30
20
230
130
120
相 轮
剖面
Φ220
Φ80
挂链圆盘
Φ500
200
300
60
160
720
150
215
70
215
150
800
仰月宝珠
170
210
64
246
240
60
140
1130
190
60
180
140
180
60
190
1000
立面
轮圈
Φ1622
Φ90
Φ200
轮辐
相轮（01）仰视平面
剖面
火焰宝珠
30
70
30
150
轮圈缠枝波状忍冬纹
铁刹件大样图（二）
0
0.5 m

图39　铁刹件大样图（二）

附　录

一　历史照片

附表1　觉山寺寺院及砖塔历史照片整理表

编号	历史照片 缩略图	拍摄时间	照片情况	照片来源	历史照片中的发现	备注
JSS 01		中华民国，早于民国三十四年（1945年）	不够清晰 单色版画 拍摄位置： 寺外东南面	网络 中华民国三十四年（1945年），晋察冀边区银行发行的“伍圆”纸币	山门前有两棵树，西侧一棵树形较小，现已不存； 山门前约有7级台阶； 文昌阁上部有较高的花栏墙； 砖塔塔刹铁件残损基本同现状。 （可见寺院后部翅儿崖观音洞）	实际不是拍摄照片，而是纸币印版印刷，各部分形象略有变形。
JSS 02		约20世纪80年代	比较清晰 彩色 拍摄位置： 寺外西南面凤凰台	曹安吉、赵达：《雁北古建筑》，东方出版社，1992年。	寺院前为田地； 寺东僧房院一进院南厅西侧磨房已拆除，东西厢房仍在，过厅已拆除东侧两间，二进院“文昌宫”仍存； 山门前台阶约有5级，南侧院墙为红色，台阶前有不完整矮墙； 钟鼓楼上层无装修门窗； 梆点楼上层几乎无装修； 魁星楼、文昌阁门洞被封堵； 文昌阁上部无花栏墙，下部包砌毛石； 寺西侧院墙南端拐角至文昌阁西北角； 所有可见建筑屋面状况很差，寺内外多杂树。	

续表

编号	历史照片 缩略图	拍摄时间	照片情况	照片来源	历史照片中的发现	备注
JSS 03		约20世纪80年代（觉山寺20世纪90年代整体大修前）	比较清晰 彩色 拍摄位置：寺外西南面	柴泽俊：《山西寺观壁画》，文物出版社，1997年。	寺西和寺前全部为田地，似连成一片； 寺院西侧院墙全部为毛石砌筑，前端拐角接文昌阁西北角，与现状不同； 鼓楼上层无装修； 文昌阁下部高台包砌毛石，上部无花栏墙； 西藏经楼上层隔扇门残缺，下层窗户下已封堵； 所有可见建筑屋面状况很差；寺院内外杂树较多。	
JSST 01		约20世纪60年代（“文化大革命”前）	不够清晰 黑白 拍摄位置：寺西田地	刘敦桢：《中国古代建筑史》（第二版），中国建筑工业出版社，1984年。	寺院西院墙毛石砌筑，中间局部残缺； 钟楼上层开敞，围以坐凳楣子，上有挂落，钟鼓已无； 可见硬山顶井房； 觉山寺塔铜镜0207仍存在，未残缺。	
JSST 02		约1983年	比较清晰 彩色 拍摄位置：寺后东北方向土坡	网络 http://blog.sina.com.cn/s/blog_418bc36f010177c3.html 1983年山西人民出版社出版的明信片	大雄宝殿还没有得到维修，屋面脊刹、正脊、垂脊几乎全无，杂草很多； 戒堂屋面无正脊，后坡西侧坍塌； 文昌阁上部无花栏墙； 觉山寺塔一层塔身正北面门券二龙戏珠已不存在； 凤凰台小塔一层塔身已经包砌； 所有可见寺院建筑屋面状况较差；	

续表

编号	历史照片 缩略图	拍摄时间	照片情况	照片来源	历史照片中的发现	备注
JSST 03		约20世纪90年代 （觉山寺寺院建筑整体大修中，前部院墙还未整修）	比较清晰 彩色 拍摄位置：砖塔西南面	王大斌、张国栋：《山西古塔文化》，北岳文艺出版社，1999年。	砖塔后建筑已经得到整修； 西侧围墙后段已经水泥抹面，加筒板瓦墙帽；前段围墙仍可见毛石砌筑，墙顶高低略有不同，前部拐角与现在位置不同； 围墙内、塔前杂树较多； 罗汉殿前为石质踏步。	
JSST 04		约20世纪90年代 （觉山寺寺院建筑整体大修中，前部院墙还未整修）	比较清晰 彩色 拍摄位置：砖塔正西方 深秋或冬季拍摄	王大斌、张国栋：《山西古塔文化》，北岳文艺出版社，1999年。	砖塔西侧院墙后半段已整修，呈黄色抹面，前段围墙保持原样，毛石砌筑； 砖塔后建筑基本整修完成； 砖塔南侧杂树间可见古井上的井房，前面隐约可见山门；	
JSST 05		约20世纪60年代 （“文化大革命”前）	不够清晰 黑白 拍摄位置：塔体东南面	刘敦桢：《中国古代建筑史》（第二版），中国建筑工业出版社，1984年。	基座平座钩阑未经“文化大革命”时期打砸，砖雕造像头部等局部保存较完好。	

续表

编号	历史照片 缩略图	拍摄时间	照片情况	照片来源	历史照片中的发现	备注
JSST 06		约20世纪80年代	比较清晰 彩色	曹安吉、赵达:《雁北古建筑》,东方出版社，1992年。	觉山寺塔平座勾栏束腰砖雕转角力士03头部完整，现已不存；	

附表2　觉山寺塔基座须弥座历史照片整理表

位置	编号	历史照片缩略图	拍摄时间	照片情况	照片来源	从历史照片中发现的已残缺砖雕	备注
东南面	XMZ 01		约20世纪80年代	不够清晰，仅能看到砖雕大致轮廓。 黑白	张驭寰:《古塔实录》，华中科技大学出版社，2011年。	兽面0201、0202，壶门020101。	
	XMZ 02		约20世纪90年代	比较清晰，因照片拍摄基座整体，细部砖雕仅能看到大概。 彩色	王大斌、张国栋:《山西古塔文化》，北岳文艺出版社，1999年。	兽面0201、0202（隐约可见正南面转角力士01；又可见正东面兽面0302，胁侍030201，转角力士03）	

续表

位置	编号	历史照片缩略图	拍摄时间	照片情况	照片来源	从历史照片中发现的已残缺砖雕	备注
正东面	XMZ 03		约20世纪90年代	不够清晰，仅能看到砖雕大致轮廓。 彩色	灵丘县文物局	兽面0302，壶门030201，胁侍030201，转角力士03。 （也可见东南面兽面0201、0202）	
	XMZ 04		1994年	较清晰 彩色	王春波：《山西灵丘觉山寺辽代砖塔》，《文物》1996年第2期。	照片中右侧胁侍： 胁侍030201	
西北面	XMZ 05		1994年	不够清晰，仅能看到砖雕大致轮廓。 黑白	王春波：《山西灵丘觉山寺辽代砖塔》，《文物》1996年第2期。	兽面0601、0602，壶门060201、060202，胁侍060102、060202、060301、060302。	可发现现存伏狮0601、0603，壶门060301、060302之外的其他砖雕。
西南面	XMZ 06		约20世纪90年代	比较清晰 彩色	王大斌、张国栋：《山西古塔文化》，北岳文艺出版社，1999年。	壶门080102（已残断），胁侍080102， （正西面）转角力士07。	

续表

位置	编号	历史照片缩略图	拍摄时间	照片情况	照片来源	从历史照片中发现的已残缺砖雕	备注
西南面	XMZ 07		约20世纪80年代	比较清晰 黑白	张驭寰：《古建筑勘察与探究》，江苏古籍出版社，1988年。	照片中左侧胁侍：胁侍080102。	
位置不明。	XMZ 08		约20世纪80年代	比较清晰 黑白	张驭寰：《古塔实录》，华中科技大学出版社，2011年。	兽面位置不明。	
	XMZ 09		约20世纪90年代	较清晰 彩色	灵丘县文物局	兽面位置不明。	似为兽面0202，照片冲印反。

二 题记

觉山寺塔题记综述

本次在觉山寺塔修缮工程实施期间，经过仔细勘察，共发现218条题记。按部位划分，包括基座平座钩阑55条，一层塔身7条，密檐部分20条，心室内136条；按题记书写形式分类，包括刻划126条，墨书88条，朱书3条，炭划1条；按明确的题记年代区分，包括辽代1条，元代5条，明代16条，清代117条，民国3条，现代（较重要的）1条，以上占66%，时间不明的75条。其中价值较高的有辽代天庆八年的墨书题记MY110301，题写金代“泰和”年号的题记砖MY090501（后经分析为元代至元初伪造），刻划题记XSZ0408等，是分析寺史、塔史的关键资料。

基座平座钩阑部位因位置、高度适当，人们容易在此留下题记，数量较多，以正南、东南、正北面分布最多。题记内容多为游记、拜佛，体裁有诗歌、游记，内容相对较丰富。因题记书写在塔体表面灰皮，而灰皮易斑驳脱落，保存状况较差，很多斑驳不清。另加之现代刻划严重，使原本不易保存的题记剥落更多，而古代的墨书或刻划皆轻微。基座须弥座处原也应遗留有题记，因位置较低和残损严重，未发现一条题记。

一层塔身外壁题记主要集中在正南、正北面门券洞内壁，为人们登塔进入心室的必经之处。外壁其他位置因较危险，恐很少有人涉足，不易题留文字。

密檐部分位置较高，平时人们不能触及，只有在对塔体搭脚手架修缮时，人们才会登临至此，因而会在塔体修缮期间留下题记。目前发现的题记明确的年代有辽代和元代，其他年代不明确的，经推测也多为辽代和元代。密檐部位的题记能够反映后世对塔体进行的全面整修。

塔心室为全塔唯一能进入的内部空间，历来为人们登览的热点位置，心室内遗留下大量的题记，占总数62%，分布在门洞壁面、塔壁内壁面、心柱壁面，主要题写在门洞壁面和心柱壁面的下部，以正南、正北面最多，塔壁内壁面很少。目前辨认出的古代题记及价值较大的近现代题记，共计136处，其中明代题记8处，清代114处，民国3处，价值较大的现代题记1处，时间不明的10处。这些题记形式多为刻划和墨书，分别有106处和28处，个别为朱书、炭划；题材多为拜佛游记，偶有短诗；涵盖内容多为闲游观景的游客游记和信士对神佛的恭敬叩拜，也有“祈母寿”“祈雨”的祈愿活动，佛事活动“挂钟板”和对寺院神像、壁画修补的维修记录；涉及地域有灵丘县本县村镇大作村、沙坡村、东关、南水芦村、北水芦村、门头里、三山村、白沙口、下寨村等，当时山西省内地区蔚州、繁峙县任城都后河村、汾州府汾阳县、沱水等，河北省邻近府县：保定府唐县、正定府阜平县、定州城等。

这些跨越明末至现代约350年时间的题记，通过研读其内容，能够补充寺史沿革，尤其是通过观察与壁画的叠加关系，结合题记时间，能够分析壁画重描重绘历史层次。另外对研究当地历史、地理、自然风光、民俗等都有一定价值。

本次工程中在塔体上勘察到如此众多的题记，内容较为丰富，涉及地域较广，可反映出以觉山寺为中心，辐射一定地域的文化交流、佛事活动。对于历史文献记载较匮乏的觉山寺来说，无疑是一笔宝贵的历史资料。

附表3　觉山寺塔基座平座钩阑题记记录表

01正南面

序号	编号	题记形式	题记位置	题记内容	年代	备注
1	PZGL0101	墨书	转角铺作0801与补间铺作0101之间铺板方下表面	（不可辨识）	/	
2	PZGL0102	墨书	补间铺作0101上铺板方下表面	“□洪山」□真竟”	/	
3	PZGL0103	墨书	转角铺作0801与补间铺作0101泥道栱斗之间	“□□游□□」……」……」……」嘉靖……」……」……” （共8行，满行约5字）	明代 嘉靖时期	
4	PZGL0104	刻划	补间铺作0101泥道栱左侧	“嘉庆□□月初一日」同行四人来叩”	清代 嘉庆时期	
5	PZGL0105	墨书	补间铺作0101泥道慢栱右侧	“……□□」□□□……□」□□□……」五□□……」□会武□……」□□……」□□□□□□□” （至少7行，满行7字）	/	
6	PZGL0106	墨书	补间铺作0102泥道栱左侧上部栱眼	“□□□……」□□□□□」□□水□□」……□□……」……拜……」……” （共6行，满行约5字）	/	
7	PZGL0107	墨书	补间铺作0102与转角铺作0101之间铺板方下表面	“□□阳时”	/	
8	PZGL0108	墨书	补间铺作0102与转角铺作0101泥道栱斗间	“□寺」□□」□□」□□」□□」□□」□□」□□” （共8行，满行2字，共16字）	/	
9	PZGL0109	朱书	补间铺作0102与转角铺作0101泥道栱之间	“一坐风□」地」修□□」□□」圣寺年□」□人□” （共6行，满行4字，共17字）	/	

续表

序号	编号	题记形式	题记位置	题记内容	年代	备注
10	PZGL0110	朱书	补间铺作0102与转角铺作0101栌斗之间	“□□□□」□□□□」□」□□□」□□」□□……」……」□□□□」□□」□……”（约10行，满行约4字）	/	
11	PZGL0111	墨书	转角铺作0101令栱右侧	“□□□……」□□□……」□佛……」……”	/	

注：题记内容中符号“」”表示断行；符号“[]”内文字表示字迹模糊，略有推测；符号“□”表示字迹辨识不清。

02东南面

序号	编号	题记形式	题记位置	题记内容	年代	备注
1	PZGL0201	墨书	补间铺作0201鸳鸯交首栱	“歳次甲辰□□」廿有六日□□□」传□□□□”	/	
2	PZGL0202	墨书	补间铺作0201与转角铺作0101泥道栱之间	“……」宣德府……」……」……」月……」大……”	/	
3	PZGL0203	墨书	补间铺作0201	“山西大同府□祖□……」人……」宝塔……”	/	
4	PZGL0204	墨书	补间铺作0201令栱右侧	“江……”	/	
5	PZGL0205	墨书	补间铺作0201与补间铺作0202之间铺板方下表面	“……肯□□」……」……」……插云□」……」……」……」……」……固笔”（共约9行）	/	
6	PZGL0206	墨书	补间铺作0202泥道慢栱右侧	“祖居□峯□□□□」□□珂公□师□□」为澄字……”	/	
7	PZGL0207	墨书	补间铺作0202泥道慢栱右侧	“□岁出家□□□」□五日清师于□□”		
8	PZGL0208	墨书	补间铺作0201与0202泥道栱斗之间	“□□□□」吴□□□」□□□□」□□□□」□□□□」传人□鼎」□□□□」回江□□」乐廿年□」月□日□」……”（至少9行，每行约4字）	/	可能为明永乐二十年（1422年）
9	PZGL0209	墨书	补间铺作0202与转角铺作0201鸳鸯交首栱	“此处名□□□□」□□□□四□」于岩万□佛端□」□塔□□百□”	/	
10	PZGL0210	墨书	补间铺作0202与转角铺作0201泥道栱间	“康熙十年」本城……”	清代康熙十年	（1671年）
11	PZGL0211	墨书	转角铺作泥道栱斗	“直隶凰阳□……」□□州人孙九……」□□府蔚州……”	/	
12	PZGL0212	墨书	转角铺作0201泥道栱右侧	（字迹较多，斑驳不清）	/	

03 正东面

序号	编号	题记形式	题记位置	题记内容	年代	备注
1	PZGL0301	墨书	补间铺作0301与转角铺作0201之间鸳鸯交首栱	（墨迹浅，不可辨识）	/	
2	PZGL0302	墨书	补间铺作0301与转角铺作0201栌斗之间	（斑驳不清，不可辨识）	/	
3	PZGL0303	墨书	补间铺作0301与0302之间鸳鸯交首栱	“□元戊」燕山头」……”	/	
4	PZGL0304	墨书	补间铺作0302与转角铺作0301鸳鸯交首栱	“……」初三日……」绍旗……」……」到此……」……」做……」……”	/	

04 东北面

序号	编号	题记形式	题记位置	题记内容	年代	备注
1	PZGL0401	墨书	转角铺作0301与补间铺作0401鸳鸯交首栱	（斑驳不清，不可辨识）	/	
2	PZGL0402	刻划	补间铺作0401泥道栱右侧	“刘镛来叩”	/	
3	PZGL0403	墨书	补间铺作0402与转角铺作0401鸳鸯交首栱	（斑驳不清，不可辨识）	/	
4	PZGL0404	墨书	补间铺作0402泥道栱右侧	（斑驳不清，不可辨识）	/	
5	PZGL0405	墨书	转角铺作0401泥道栱左侧	（斑驳不清，不可辨识）	/	
6	PZGL0406	墨书	转角铺作0401泥道栱右侧	（斑驳不清，不可辨识）	/	

05 正北面

序号	编号	题记形式	题记位置	题记内容	年代	备注
1	PZGL0501	墨书	转角铺作0401右泥道栱与补间铺作0501左泥道栱之间	（斑驳脱落，不可辨识）	/	
2	PZGL0502	墨书	补间铺作0501与0502鸳鸯交首栱斗	“万历……」□叁……」……”（共8行）	明代万历年间	
3	PZGL0503	墨书	补间铺作0501与0502泥道栱斗之间	（斑驳脱落，不可辨识）	/	
4	PZGL0504	墨书	补间铺作0501与0502泥道栱之间	（斑驳脱落，不可辨识）	/	
5	PZGL0505	墨书	补间铺作0502令栱左侧	（斑驳脱落，不可辨识）	/	
6	PZGL0506	墨书	补间铺作0502泥道慢栱右侧	“……」□是……」……」□寺……」……”（至少6行）	/	
7	PZGL0507	墨书	补间铺作0502与转角铺作0501泥道栱之间	“……」……何……」……玄元□」……」……」……」僧……」……」□今已后……」……”（约10行）	/	
8	PZGL0508	墨书	转角铺作0501泥道栱左侧	“……」……」……天□”	/	

06西北面：

序号	编号	题记形式	题记位置	题记内容	年代	备注
1	PZGL0601	墨书	转角铺作0501与补间铺作0601鸳鸯交首栱右侧	“岁次□□□□」年□□□□□」有三□□□□”（约3行，满行6字）	/	
2	PZGL0602	刻划	补间铺作0602左泥道栱下	“至正……」□□廿三日……」……”	元代至正年间	
3	PZGL0603	墨书	补间铺作0601与0602鸳鸯交首栱	（共7字，斑驳脱落，不可辨识，与题记PZGL0604“远上寒山石径斜”对应）	/	
4	PZGL0604	墨书	补间铺作0602与转角铺作0601鸳鸯交首栱	“远上寒山石径斜”	/	
5	PZGL0605	墨书	转角铺作0605泥道栱左侧	“□□□□□□□」观青□□塔□□」凤凰山……」上有□□……”	/	
6	PZGL0606	墨书	转角铺作0601与补间铺作0602泥道栱间	（斑驳脱落，不可辨识）	/	

07正西面

序号	编号	题记形式	题记位置	题记内容	年代	备注
1	PZGL0701	刻划	转角铺作0601与补间铺作0701泥道栱之间	“山西汾州文同」里木匠□□□」嘉靖叁年叁」月廿三日」到此”	明代嘉靖三年	1524年
2	PZGL0702	墨书	转角铺作0601与补间铺作0701鸳鸯交首栱	“万历……」……”	明代万历年间	
3	PZGL0703	刻划	补间铺作0702泥道慢栱左侧	“大同府……”	/	
4	PZGL0704	刻划	补间铺作0701与0702之间铺板方下表面	“乞□……」□共一十□……”	/	
5	PZGL0705	刻划	补间铺作0702与转角铺作0701栌斗之间	“十四年四月」十九日到此”	/	
6	PZGL0706	墨书	转角铺作0702二跳华栱右侧面	（斑驳脱落，不可辨识）	/	

08西南面

序号	编号	题记形式	题记位置	题记内容	年代	备注
1	PZGL0801	墨书	转角铺作0701与补间铺作0801泥道栱之间	“万历□廿□□月廿八日」……到……”	明代万历年间	
2	PZGL0802	墨书	补间铺作0801泥道慢栱右侧	（斑驳不清，不可辨识）	/	

附表4　觉山寺塔一层塔身题记记录表

01 正南面

序号	编号	题记形式	题记位置	题记内容	年代	备注
1	YCTS0101	刻划	门券洞东壁	“康熙七年五……”	清代 康熙七年	1668年
2	YCTS0102	墨书	门券洞东壁　0101题记覆盖下	“□中□□」□宝……」□三□□□」□□……」……吾……」大明……”	明代	其下抹麻刀灰
3	YCTS0103	刻划	门券洞西壁	“崇祯十五年四月廿六日」万秀」杜仁」李如楮」冯赋」王……”	明代 崇祯十五年	1642年
4	YCTS0104	刻划	门券洞西壁	“……□年七月□日太原府保德□□□□□□□」……瑞郡史□□到此”	/	字下为麻刀灰

05 正北面

序号	编号	题记形式	题记位置	题记内容	年代	备注
1	YCTS0501	墨书	门券洞东壁	“数载英杰志」改恶与□心」常施□□□」传兴□□□” （共4行，每行5字）	/	
2	YCTS0502	墨书	门券洞东壁0501题记覆盖下	“姓次各世举□……」……王□手……」……月十五日……”	/	
3	YCTS0503	墨书	门券洞西壁	“旹大明万历三十□□□□□□」嘉□□□……」本县杰□□□……」□人□□忠□……」富游至登□□……”	明代 万历年间	万历三十年为1601年

附表5　觉山寺塔密檐部分题记记录表

序号	编号	题记形式	题记位置	题记内容	年代	备注
1	MY010101	刻划	0101檐下补间铺作泥道栱左侧	“僧智□”	推测辽代	
2	MY020801	刻划	0208塔檐橑檐榑左侧下表面	“□□□”	推测辽代	不可辨识
3	MY030501	墨书	0305塔檐补间铺作泥道栱左侧至0304转角铺作泥道栱右侧	（字迹较多，模糊不可辨识）	/	
4	MY040801	刻划	0408塔檐补间铺作泥道栱右侧	“□□”	推测辽代	不可辨识
5	MY050301	刻划	0503塔檐左侧鸳鸯交首栱	“□□□”	推测辽代	不可辨识
6	MY050302	墨书	0503塔檐转角铺作华栱左侧面	“……」智随智□……」智□智……”（三行小字）	推测辽代	

续表

序号	编号	题记形式	题记位置	题记内容	年代	备注
7	MY080201	刻划	0802塔檐补间铺作右侧斜泥道栱背面	“庆□郎”	推测辽代	
8	MY080801	刻划	0808塔檐补间铺作泥道栱右侧	“利吉祥”	推测辽代	
9	MY090501	墨书	0905塔檐补间铺作右侧单独放置的一块砖（题记砖）	“大辽国道宗皇帝」敕赐□□□□□」头□漫散□□□」庄背泉□□□□」山林四至东□□□」南至白岔口西□」车□水心北至□」□口泰和□年」□寺善行　记” （共9行字，满行7字） （该砖年代应为辽末至金代，但墨书内容应为元代至元年间伪造。）	金代泰和（实际应为元代至元年间）	题记砖砖规530毫米×280毫米×70毫米，该砖周围有砌筑白灰、灰泥，原可能粘砌在塔檐下。
10	MY100501	墨书	1005塔檐补间铺作左泥道栱至1004塔檐转角铺作右泥道栱	“张□……」孝顺……」常□……」□□□……」……」……」……」……」……” （至少9行字，满行约4字）	/	
11	MY100502	墨书	1005塔檐瓦面上浮搁的一小筒瓦	“大元国……」无□□□……」里也□……」受（如）（来）……” （现存4行字，满行约13字）	元代	筒瓦规格： 长265毫米，Φ115毫米，厚20毫米
12	MY100801	刻划	1008塔檐补间铺作左斜泥道栱	“仝二八”	推测辽代	
13	MY100802	刻划	1008塔檐转角铺作华栱右侧面	“甲申□”	推测辽代	
14	MY100803	刻划	1008塔檐转角铺作右斜泥道栱	“□”	推测辽代	
15	MY110301	墨书	1103塔檐撩檐槫右侧下表面	“天庆八年三月廿三日因风吹［得］塔上□□不正无［虜］觅」有当寺僧智随智［政］智清善禅」四人发菩萨心［缚］独脚棚从东」面」上来［拣］四人中［优］世」上无比寰中第一因上［来］看觑」题此　属」智谞智甫二人　属” （共4行，77字）	辽代 天庆八年 （1118年）	
16	MY110302	刻划	1103塔檐补间铺作左斜泥道栱、华栱、右斜泥道栱及其上斗	“到塔□”“塔”“庆　智”“□」□□」年四月」八日□」智□」来到」塔”	推测辽代	

续表

序号	编号	题记形式	题记位置	题记内容	年代	备注
17	MY110601	墨书	1106塔檐补间铺作泥道栱左侧至1105转角铺作泥道栱右侧及右斜泥道栱	“大方广」花严□」灵丘县竟山寺」正为头弓□□」□王□□□□」式舍伍□□」□浅□□□」至元六□□□」卄一化……」住待僧……」田十” “大竟山寺□弓」行□□□」□心不……」□□不□……」常……」□……」□……”	元代 至元六年 （1269年）	
18	MY120501	墨书	1205塔檐补间铺作右侧	“大竟山□□」王源岁……」……” “南存无□」光舍利宝□」先心不用水□”	推测元代	
19	MY120601	墨书	1206塔檐转角铺作泥道栱右侧至右斜泥道栱背面	“正弓行」王元岁到”“大竟山寺」弓行□□王」元□□」至元二年四月」卄十伍 □”	元代 至元二年 （1265年）	
20	MY130601	墨书	1306塔檐椽上望砖130605下表面	“大□……□” （约9字）	推测元代	字迹较多，灰皮脱落，不可见

注：题记MY020801、MY040801此类题记，皆是在塔体表面白灰皮上刻划，较粗，而灰皮未有崩裂现象，所以，推测其应在建塔之初塔体表面粉刷白灰浆时刻划，年代推测为辽代。

附表6 觉山寺塔心室题记记录表

正南面N01、Z01壁面

序号	编号	题记形式	题记位置	题记内容	年代	备注
1	XSN0101	墨书	文殊菩萨头光	……」……」……」大□……六月初六日穀旦 （字迹较多，在最后一次壁画重描之前所写，部分字迹叠压在重描颜料下面）	/	被擦掉
2	XSN0102	墨书	门洞西壁下	古雕今传（应为心室木雕塑像存在时题写）	/	
3	XSN0103	刻划	门洞东壁	康熙五十五年四月十五」□□」□秀」二人到此闲游奉叩也	清康熙五十五年（1716年）	
4	XSN0104	刻划	门洞东壁	嘉庆二年□十一日□□□	清嘉庆二年（1797年）	
5	XSN0105	墨书	门洞东壁	道光□年五月十五日吉［吞写］	清道光元年至十年 （1821～1830年）	
6	XSN0106	刻划	门洞东壁	乾隆二十一年六月二十一日」……	清乾隆二十一年（1756年）	
7	XSN0107	刻划	门洞西壁	嘉庆三年□□□月十三□□	清嘉庆三年（1798年）	

续表

序号	编号	题记形式	题记位置	题记内容	年代	备注
8	XSN0108	刻划	门洞西壁	咸丰九年四月十九日王家［庄］□□」三山村张绍阳」…五年□	清咸丰九年（1859年）	
9	XSN0109	墨书	门洞西壁	信心弟子祖［福］于民国廿三年六月廿八日叩	民国二十三年（1934年）	
10	XSN0110	刻划	门洞西壁	光绪□年□月十九日」弟子□□□等来叩	清光绪元年~十年（1875~1884年）	
11	XSN0111	墨书	门洞西壁	杨海」郭近永」到此一游□□七月廿一日」□□□□」甲子年仲夏	/	
12	XSZ0101	刻划	心柱左上	道光二十七年八月初七日」刘　琢」李守智」同叩	清道光二十七年（1847年）	
13	XSZ0102	刻划	心柱左上	咸丰元八月廿九日」王瓒叩	清咸丰元年（1851年）	
14	XSZ0103	刻划	心柱左上	道光二十五年七月二十七日南水芦」李渊芳」□□□」李培楫」李世常」……	清道光二十五年（1845年）	部分被擦掉
15	XSZ0104	墨书	心柱左上	噫嘻……」□□□□哉□……」……此仝拜」大清□□元年□□□□□穀旦	/	被擦掉
16	XSZ0105	墨书	心柱左上	大清光绪元年信心弟子丁治孝」张　溱」丁玉衡子」远辰叩」重修各庙神像	清光绪元年（1875年）	
17	XSZ0106	墨书	心柱左上	嘉庆十六年五月初三日」李霞」李鹤龄」李宫	清嘉庆十六年（1811年）	
18	XSZ0107	墨书	心柱上	如来静睡面」向南」迷人一望□」所感」月诵普［理］千」百句」闲看贝叶两」三篇」光绪庚子年□月十五日刘绍廷□□」刘绍廷作书	清光绪二十六年（1900年）	
19	XSZ0108	墨书	心柱上	塔高□□」觉山地」身去十尺」西天佛」西向南睡」□道德」还保我家」千年事」……年一叩	/（不早于1859年）	时间被擦掉
20	XSZ0109	墨书	心柱右	咸丰九年信心丁治孝」补画」佛像金身」闫培基	清咸丰九年（1859年）	
21	XSZ0110	刻划	心柱右	道光二十九年冬月□□」林□居住西□水村	清道光二十九年（1849年）	
22	XSZ0111	刻划	心柱右	咸丰元年八月初三日信心……	清咸丰元年（1851年）	
23	XSZ0112	刻划	心柱右	道光二十五年七月……	清道光二十五年（1845年）	
24	XSZ0113	刻划	心柱右	咸丰［五］年八月［三］十日信心孟怀……	清咸丰五年（1855年）	
25	XSZ0114	墨书	心柱右	乐矣哉觉山之地噫	/	

东南面N02、Z02壁面

序号	编号	题记形式	题记位置	题记内容	年 代	备注
1	XSZ0201	墨书	心柱左	噫嘻塔井山齐觉山寺□□人之北」……」……	/	被擦掉
2	XSZ0202	刻划	心柱左上	崇祯十六年□□□	明崇祯十六年（1643年）	下部被擦掉
3	XSZ0203	刻划	心柱左下	康熙六十年三月十三日廿□	清康熙六十年（1721年）	
4	XSZ0204	刻划	心柱左下	康熙四十九年五月初二日	清康熙四十九年（1710年）	
5	XSZ0205	刻划	心柱左下	道光卅……	清道光三十年（1850年）	
6	XSZ0206	刻划	心柱右下	康熙二十二年八月刘定」万国（刘定国、刘万国）到此叩	清康熙二十二年（1683年）	
7	XSZ0207	刻划	心柱右下	大明……	（应为明崇祯元年以后）	
8	XSZ0208	刻划	心柱右下	康熙四十二年四月廿九日	清康熙四十二年（1703年）	
9	XSZ0209	刻划	心柱下	乾隆十六年后五月」初七日玩景」［家］弟二人宋希舜」王俊」师弟四人师李溥禄」弟」王宾」宋居广」王镇祁」一共六人玩景叩	清乾隆十六年（1751年）	
10	XSZ0210	刻划	心柱下	乾隆十九年」六月初二日」刘钫」刘元清」二人……	清乾隆十九年（1754年）	
11	XSZ0211	刻划	心柱下	乾隆卅九年□□初五日」□□……	清乾隆三十九年（1774年）	
12	XSZ0212	刻划	心柱下	乾隆二十年五月□□」日已□邓宜清到此」玩景叩	清乾隆二十五年（1755年）	

正东面N03、Z03壁面

序号	编号	题记形式	题记位置	题记内容	年代	备注
1	XSZ0301	墨书	心柱左	康熙四十七年四月初四日邓二仟到此	清康熙四十七年（1708年）	
2	XSZ0302	刻划	心柱左	乾隆卅二年六月□日」信仕李海址叩	清乾隆三十二年（1767年）	
3	XSZ0303	刻划	心柱右	道光廿七年……	清道光二十七年（1847年）	
4	XSZ0304	刻划	心柱右	乾隆卅二年七月初一日下寨村信仕李固址」李［涵］址仝叩	清乾隆三十二年（1767年）	
5	XSZ0305	刻划	心柱右	乾隆廿七年四廿五李継高」马乌子」李为奇	清乾隆二十七年（1762年）	
6	XSZ0306	刻划	心柱左下	道光七年四月初八日杨逢时」糜□桐到此	清道光七年（1827年）	
7	XSZ0307	刻划	心柱下	道光十一年五月十［二］日刘兆信□	清道光十一年（1831年）	
8	XSZ0308	刻划	心柱下	道光八年四月」初七日王珍」德业叩	清道光八年（1828年）	
9	XSZ0309	刻划	心柱下	佛爷在此□□六农人叩」□治四年又五月廿日支家□□」婕侄宋希舜	清同治四年（1866年）	因又五月，非清顺治
10	XSZ0310	墨书	心柱左	觉山寺宝塔一座［一］」井一□十三丈正	（应为清同治四年以后）	与XSZ0407同时书

东北面N04、Z04壁面

序号	编号	题记形式	题记位置	题记内容	年代	备注
1	XSZ0401	刻划	心柱右	崇祯十四年二月廿……	明崇祯十四年（1641年）	
2	XSZ0402	刻划	心柱右	顺治十……	清顺治十年至十九年（1653年～1662年）	
3	XSZ0403	墨书	心柱中	光绪拾捌年闰六月廿四日［立］」直隶保定府唐县城西□都□村城□□」信心弟子和继远顿首叩」光绪［十八］年……」正定府阜平□□□□一□」河西村」信心弟子田玉华□□	清光绪十八年（1892年）	
4	XSZ0404	刻划	心柱左	康熙五十［五］年□八日	清康熙五十五年（1716年）	
5	XSZ0405	刻划	心柱左	道光柒年四月□八日李逢春」王海到	清道光七年（1827年）	
6	XSZ0406	刻划	心柱左	康熙二十一年五月初七宋□忠到此	清康熙二十一年（1682年）	
7	XSZ0407	墨书	心柱中	尅山照□禅［不］住	/	
8	XSZ0408	刻划	心柱中	崇祯元年……	明崇祯元年（1628年）	心室年代最早
9	XSZ0409	刻划	心柱右	雍正十一年伍月初伍日李［文挥］到此叩	清雍正十一年（1733年）	
10	XSZ0410	刻划	心柱右	嘉庆二十四年□四月□日卢九龙」王儒二个一同……	清嘉庆二十四年（1819年）	
11	XSZ0411	刻划	心柱中	君子□□缘」地为也［尚有圣］」远圣身起	/	
12	XSZ0412	刻划	心柱下	崇祯三年三月初九日……	明崇祯三年（1630年）	
13	XSZ0413	刻划	心柱下	道光廿八年□月廿七日蔚州陈进财到此	清道光二十八年（1848年）	
14	XSZ0414	刻划	心柱下	乾隆二十八年四月十九日张□□」杜伏□」张元胤三人叩首	清乾隆二十八年（1763年）	
15	XSZ0415	刻划	心柱下	雍正二年六月廿二日高大楠到	清雍正二年（1724年）	
16	XSZ0416	刻划	心柱下	嘉庆十八年五月初四日	清嘉庆十八年（1813年）	
17	XSZ0417	刻划	心柱下	……五十八年四月初九□绪伦［礼］拜	（清乾隆五十八年1793年）（清康熙五十八年1719年）	
18	XSZ0418	刻划	心柱下	乾隆十五年六月十一日沱水郭□主□	清乾隆十五年（1750年）	
19	XSZ0419	刻划	心柱下	雍正九年四月	清雍正九年（1731年）	

正北面N05、Z05壁面

序号	编号	题记形式	题记位置	题记内容	年 代	备注
1	XSN0501	刻划	门洞西	王佑」刘乘道」刘宗哲」李殿隆」录□村四人」乾隆廿九年□五月道	清乾隆二十九年（1764年）	
2	XSN0502	刻划	门洞西	大清道光	清道光元年至三十年（1821～1850年）	

续表

序号	编号	题记形式	题记位置	题记内容	年 代	备注
3	XSN0503	墨书	门洞西壁	繁峙县任城都后河村今见在」灵丘县东关居住信心」陈门贺氏」绘像一尊」男」陈一贵王氏」陈一祥李氏」侄男」陈三杏」陈 □张氏」陈 □」陈梨□」陈黑狗」□熙岁次乙卯年菊月［吉］	清康熙十四年（1675年）	
4	XSN0504	刻划	门洞西壁	王长龄」道光伍年	清道光五年（1825年）	
5	XSN0505	墨书	门洞西壁	□□□□□□五月□五日」上塔」卢焕」道光六年	清道光六年（1826年）	
6	XSN0506	刻划	门洞西壁	乾隆卅年三月」廿三日□□□□」李□培叩	清乾隆三十年（1765年）	
7	XSN0507	刻划	门洞西壁	同治九年五月初七日」信心」李庆	清同治九年（1871年）	
8	XSN0508	刻划	门洞西壁	咸豊捌年八月初□日□香」中山定州城乡内花府人□□［举］乡年十八岁」□灵邱县□□村结□王琚二□七岁	清咸丰八年（1858年）	
9	XSN0509	刻划	门洞西壁	同治四年后五月十八日	清同治四年（1866年）	
10	XSN0510	刻划	门洞西壁	同治十年	清同治十年（1872年）	
11	XSN0511	刻划	门洞西壁	同治十年□月□□	清同治十年（1872年）	
12	XSN0512	朱书	门头板	觉山寺佛像于浙江省苍」南县沪山镇塘下村」黄德厚德欣雕塑」公元一九九五年七月完工」住持续常	现代1995年	
13	XSN0513	碳书	门洞东壁	康熙四十三年五月十九日信□□□」郎尊贵叩	清康熙四十三年（1704年）	
14	XSN0514	墨书	门洞东壁	灵邱县水□□」玉□」马止戈」□□叩	/	
15	XSN0515	墨书	门洞东壁	咸□□□□□□□（大作）」□伦文意自亲」□□□□远归人」□□□□□□□」□□□南日□云	/	
16	XSN0516	刻划	门洞东壁	康熙三十柒年四月□」□□□□」□□□田□□」四人共到此	清康熙三十七年（1698年）	
17	XSN0517	墨书	门洞东壁	康熙癸酉年□月廿六□」马……」……」……」刘文□□丕绪」八人仝到此一游	清康熙三十二年（1693年）	
18	XSN0518	墨书	门洞东壁	同治四年五月□日」大作村马止戈书」□峯路远水清清」□□上塔	清同治四年（1866年）	
19	XSN0519	刻划	门洞东壁	康熙三十年四□□到此一游	清康熙三十年（1695年）	
20	XSN0520	刻划	门洞东壁	乾隆卅年三月」廿一日刘漼□」此	清乾隆三十年（1765年）	
21	XSN0521	刻划	门洞东壁	民国卅□□□八月十九日	（民国三十年～三十八年）（1941年～1949年）	

续表

序号	编号	题记形式	题记位置	题记内容	年 代	备注
22	XSN0522	刻划	门洞东壁	江西□吉□□□□□」乾隆四十六年三月十四日到此叩□	清乾隆四十六年（1781年）	
23	XSN0523	刻划	门洞东壁	大清道光卅年三月十四日到	清道光三十年（1850年）	
24	XSN0524	刻划	门洞东壁	民国三年四月初二日信心□佳叩拜	民国三年（1914年）	
25	XSZ0501	墨书	心柱左上	灵邑」北水芦村门头里又甲人信心」弟子」马怀德□叩」取□笔观日□」大清光绪九年五月初三日看景	清光绪九年（1883年）	
26	XSZ0502	刻划	心柱左	康熙四十二年七月十二日李门□□□	清康熙四十二年（1703年）	
27	XSZ0503	刻划	心柱左	嘉庆廿一年四月廿日	清嘉庆二十一年（1816年）	
28	XSZ0504	刻划	心柱左下	道光拾肆年四月初□日□□	清道光十四年（1834年）	
29	XSZ0505	刻划	心柱左下	康熙三□□年五月十五日城内□□生到此	（清康熙三十一年～三十九年1692年～1700年）	
30	XSZ0506	刻划	心柱左下	康熙□□□□□月六日许□到此吉日立	（清康熙1662年～1722年）	
31	XSZ0507	刻划	心柱左下	康熙……到此	（清康熙1662年～1722年）	
32	XSZ0508	刻划	心柱右下	康熙四十四□四月初□□叩拜	清康熙四十四年（1705年）	
33	XSZ0509	刻划	心柱右上	嘉庆十九年五月初四日」刘堡」刘溥」到此同叩	清嘉庆十九年（1814年）	

西北面N06、Z06壁面

序号	编号	题记形式	题记位置	题记内容	年代	备注
1	XSN0601	墨书	内壁中右	光绪三十一年」五月初一挂钟板	清光绪三十一年（1905年）	
2	XSN0602	墨书	内壁右上	嘉庆式拾四年四月卅日□□□□□□□」启明先生众弟子到此闲游」刘长□王儒」刘□□李　□」□□□刘尊□」侯□」刘　□」卢福□」禄」□□□	清嘉庆二十四年（1819年）	
3	XSZ0601	墨书	心柱左下	□□□」□□□」□」南水芦村」沙坡村□」二人表兄弟在城里三五□信心合家人［等］桐李」王氏」玉张氏」叩拜」光绪元年七月二十七日　穀旦	清光绪元年（1875年）	
4	XSZ0602	刻划	心柱左下	乾隆十二年七月廿九日汾州府」汾阳县□[乔]渊到此	清乾隆十二年（1747年）	
5	XSZ0603	刻划	心柱左下	嘉庆十七年五月初三日三人王□民」王锡侯」□□社」共到此叩	清嘉庆十七年（1812年）	
6	XSZ0604	刻划	心柱下	乾隆二十五年五月初三日灵□□村」书房」李殿英」威」王福中（辅）」李达」尚宗易」□□　到拜	清乾隆二十五年（1760年）	
7	XSZ0605	刻划	心柱下	顺治十三年六月」廿八日李□□到此	清顺治十三年（1656年）	

续表

序号	编号	题记形式	题记位置	题记内容	年代	备注
8	XSZ0606	刻划	心柱下	雍正壬子仲」夏五月十六」日蔺天河□」此遊	清雍正十年（1732年）	
9	XSZ0607	刻划	心柱下	光绪十三年四月」初二日来明□」到此玩□	清光绪十三年（1887年）	
10	XSZ0608	刻划	心柱下	道光三年四月二十二日祈雨白沙口取水	清道光三年（1823年）	
11	XSZ0609	刻划	心柱下	□熙三十［七］年五月二十三日」刘玉刚」□□	康熙三十七年（1698年）	
12	XSZ0610	刻划	心柱中	乾隆四十一年	清乾隆四十一年（1776年）	
13	XSZ0611	刻划	心柱中	康熙五十五年	清康熙五十五年（1716年）	
14	XSZ0612	刻划	心柱中	乾隆六十年信心张裕到此	清乾隆六十年（1595年）	
15	XSZ0613	刻划	心柱中	康熙五十五年四月初三日	清康熙五十五年（1716年）	
16	XSZ0614	刻划	心柱中	崇祯四年赵□到此	明崇祯四年（1631年）	
17	XSZ0615	刻划	心柱中	崇祯五九月卄一日王□相	（明崇祯1628年~1644年）	
18	XSZ0616	刻划	心柱中	雍正元年二月	清雍正元年（1723年）	
19	XSZ0617	墨书	心柱中	绍廷到塔前」祈母寿延年」功名若成就」恭敬来还愿	应清光绪二十六年（1900年）	
20	XSZ0618	刻划	心柱中	康熙二十一年	清康熙二十一年（1682年）	
21	XSZ0619	刻划	心柱中	咸丰四年八月初十日	清咸丰四年（1854年）	
22	XSZ0620	刻划	心柱中	康熙六十一年四月初六日刘□□	清康熙六十一年（1722年）	
23	XSZ0621	刻划	心柱中	崇祯十三年李自金」冯□彦到此	明崇祯十三年（1640年）	
24	XSZ0622	刻划	心柱中	光绪卅三年［小］寨村」李佩衡到重游	清光绪三十三年（1907年）	
25	XSZ0623	刻划	心柱中	康熙四十三年四月十五日张□□」王海□」马□□」三人到此	清康熙四十三年（1704年）	
26	XSZ0624	刻划	心柱中	顺治八年闰二月二十日朝	清顺治八年（1651年）	

正西面N07、Z07壁面：

序号	编号	题记形式	题记位置	题记内容	年 代	备注
1	XSZ0701	墨书	心柱中	乞望我□乞母寿」愚人绍廷［原］回心」生母故父［恭］敬事」祈母节数□□□	应清光绪二十六年（1900年）	
2	XSZ0702	刻划	心柱下	顺治十八年	清顺治十八年（1661年）	
3	XSZ0703	刻划	心柱下	乾隆弍拾捌年肆月初五日刘迎裕至此闲遊	清乾隆二十八年（1763年）	
4	XSZ0704	刻划	心柱中右	乾隆［五］十三年八月十八日□法」□□」□海□」刘□□」□□□	清乾隆五十三年（1788年）	
5	XSZ0705	刻划	心柱中右	乾隆丁亥年」五月五日」马云房□」白瑜」丁勖	清乾隆三十二年（1767年）	
6	XSZ0706	刻划	心柱中右	乾隆卄年伍月年卄二日	清乾隆二十年（1755年）	

西南面N08、Z08壁面：

序号	编号	题记形式	题记位置	题记内容	年 代	备注
1	XSZ0801	刻划	心柱下	康熙六十一年伍月廿□胡景□□到此叩	清康熙六十一年（1722年）	
2	XSZ0802	刻划	心柱下	康熙四十二年七月十四日□□□」□□□」□□□到此	清康熙四十二年（1703年）	
3	XSZ0803	刻划	心柱下	康熙四十三年七月十二日李闰□到此	清康熙四十三年（1704年）	
4	XSZ0804	刻划	心柱下	康熙三十三年闰五月二十□日□□□到此闲游	清康熙三十三年（1694年）	
5	XSZ0805	刻划	心柱下	五处“康熙”	/	暂计为1处

附表7　觉山寺塔题记数量统计表（据位置、年代、形式）

基座 平座钩阑	年代							题记形式				合计/条
	辽代	金代	元代	明代	清代	民国	不明	刻划	墨书	朱书	炭划	
01正南面	0	0	0	1	1	0	9	1	8	2	0	11
02东南面	0	0	0	0	1	0	11	0	12	0	0	12
03正东面	0	0	0	0	0	0	4	0	4	0	0	4
04东北面	0	0	0	0	0	0	6	1	5	0	0	6
05正北面	0	0	0	1	0	0	7	0	8	0	0	8
06西北面	0	0	1	0	0	0	5	1	5	0	0	6
07正西面	0	0	0	2	0	0	4	4	2	0	0	6
08西南面	0	0	0	1	0	0	1	0	2	0	0	2
合 计/处	0	0	1	5	2	0	47	7	46	2	0	55

一层塔身	年代							题记形式				合计/条
	辽代	金代	元代	明代	清代	民国	不明	刻划	墨书	朱书	炭划	
01正南面	0	0	0	2	1	0	1	3	1	0	0	4
05正北面	0	0	0	1	0	0	2	0	3	0	0	3
合计/处	0	0	0	3	1	0	3	3	4	0	0	7

密檐部分	年代							题记形式				合计/条
	辽代	金代	元代	明代	清代	民国	不明	刻划	墨书	朱书	炭划	
01层	0	0	0	0	0	0	1	1	0	0	0	1
02层	0	0	0	0	0	0	1	1	0	0	0	1
03层	0	0	0	0	0	0	1	0	1	0	0	1
04层	0	0	0	0	0	0	1	1	0	0	0	1
05层	0	0	0	0	0	0	2	1	1	0	0	2
06层	0	0	0	0	0	0	0	0	0	0	0	0

续表

密檐部分	年代							题记形式				合计/条
	辽代	金代	元代	明代	清代	民国	不明	刻划	墨书	朱书	炭划	
07层	0	0	0	0	0	0	0	0	0	0	0	0
08层	0	0	0	0	0	0	2	2	0	0	0	2
09层	0	0	1	0	0	0	0	0	1	0	0	1
10层	0	0	1	0	0	0	4	3	2	0	0	5
11层	1	0	1	0	0	0	1	1	2	0	0	3
12层	0	0	1	0	0	0	1	0	2	0	0	2
13层	0	0	0	0	0	0	1	0	1	0	0	1
合计/处	1	0	4	0	0	0	15	10	10	0	0	20

心室	壁面		年代					题记形式				合计/条
	心柱	内壁	明代	清代	民国	现代	不明	刻划	墨书	朱书	炭划	
01正南面	14	11	0	19	1	0	5	14	11	0	0	25
02东南面	12	0	2	9	0	0	1	11	1	0	0	12
03正东面	10	0	0	9	0	0	1	8	2	0	0	10
04东北面	19	0	3	14	0	0	2	17	2	0	0	19
05正北面	24	9	0	29	2	1	1	24	7	1	1	33
06西北面	24	2	3	23	0	0	0	22	4	0	0	26
07正西面	6	0	0	6	0	0	0	5	1	0	0	6
08西南面	5	0	0	5	0	0	0	5	0	0	0	5
合计/处	114	22	8	114	3	1	10	106	28	1	1	136

三　碑铭*

觉山寺碑铭概述

觉山寺现收藏碑刻、墓幢等碑铭共有21通，其中《皇帝南巡之颂》碑（北魏），发掘于寺院东北不远的御射台，《重修栢山禅寺之碑记》（明）从寺南栢山岩处的栢山寺遗址搬运到觉山寺存放，此二碑非觉山寺原有，寺内现存本寺原有碑刻、墓幢共有19通。另井亭西侧倒卧一通碑材，碑面粗糙，未完成加工，未刊刻文字。

这19通石刻碑铭基本收藏于寺内碑亭存放，仅有《重修大士铭》碑（清）仍位于翅儿崖观音洞前，《大经法师贞公塔铭》墓幢（金）从寺西祖茔搬运到寺内后，放置在魁星楼东侧。碑亭内收藏的6通墓幢主要收集自寺西祖茔和寺南寺僧墓冢处，皆金元时物，为本寺珍贵的早期石刻史料。《月山禅师舍利发塔》（明）原位于寺内密檐大塔与文昌阁之间。

这些石刻碑铭中，清光绪至民国时期的碑刻有9通（其中布施碑5通），记录了觉山寺史上最后的辉煌，为一批较为完整翔实的史料。其中《重镌西峰开路碑记》所重刊原碑位于翅儿崖西峰天桥旁，在山岩上雕镌，现仍存小半。《知县李炽题赠龙诚文》在龙诚法师所著《禅宗慧镜》一书中也有收录。另觉山村后学校房屋压沿石有数块残碑，为20世纪70年代将翅儿崖观音洞前石碑砸碎用作压沿石，现学校房屋为村民个人所有，残碑具体数量、内容并不清楚。

清康熙二十三年刊《灵丘县志》中载录有2处觉山寺的碑记，其一为《重修觉山寺碑记》（辽人逸姓氏），原碑为寺内现存《四至山林各庄地土》碑，县志所录内容与原文出入较多。另一为《再修觉山寺记》（明崇祯三年刊），寺内现不存或未发现这一碑刻实物。

这些石刻碑铭对于觉山寺来说无疑是十分宝贵的，正是通过这些石刻史料，可解读出觉山寺的发展脉络和曾经的灿烂篇章，使其厚重的历史文化底蕴能够挖掘出来。

* 碑铭文字按原格式载录，多面的墓幢塔铭中用符号“』”表示面与面之间断隔。

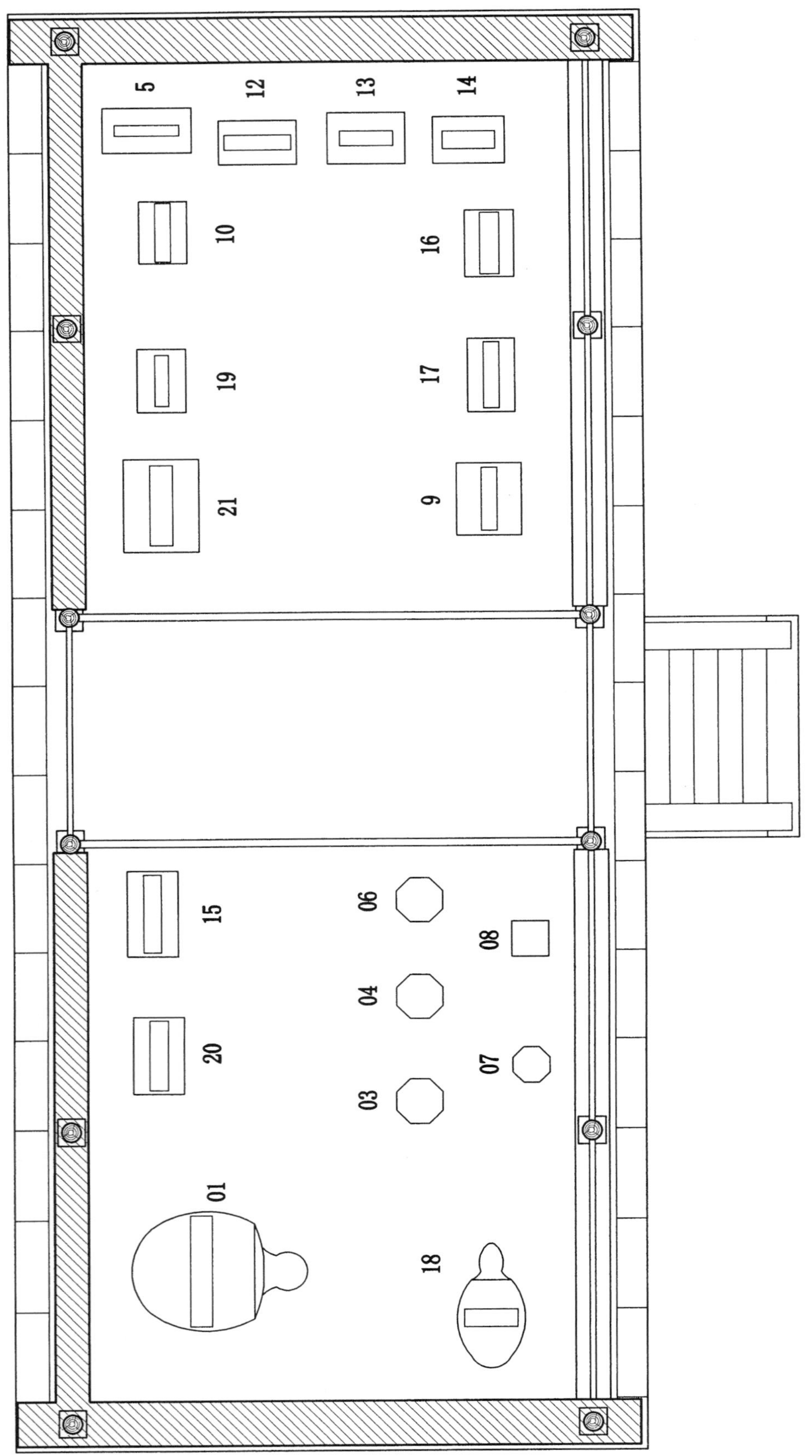

附图 觉山寺碑亭现存碑刻、墓幢位置示意图（按统计表序号排序）

附表8 觉山寺现存碑刻、墓幢统计表（按年代排序）

序号	名称 / 碑额	现存位置	原存位置	年代	石质	性质	（形状）规格（毫米）	保存情况	备注
1	皇帝南巡之颂	碑亭西梢间	御射台	北魏和平二年（461年）	石灰石	记事碑	龟趺驮碑 碑宽1370、厚290、原高约2740 碑额高840、宽1450、厚300 龟趺长2050、宽1370、高530 总高约4110	残损严重，残块用钢筋水泥、胶等粘接加固	
2	大经法师贞公塔铭	奎星楼东侧	寺西僧人墓冢	金大定二十五年（1185年）	石灰石	墓幢	八棱柱形 高500、边长250、对边径600	较完好，局部有磕碰	
3	行公监寺墓志	碑亭西次间	寺西僧人墓冢	金泰和七年（1207年）	砂石	墓幢	八棱柱形 高735、边长190、对边径450	中度残损，局部凹坑	中心Φ110毫米，圆孔，深110毫米
4	宁公禅师塔铭	碑亭西次间	寺西僧人墓冢	金大安三年（1211年）	砂石	墓幢	八棱柱形 高720、边长160、对边径380	中度残损，表面局部残缺	中心Φ100毫米，圆孔，深100毫米
5	四至山林各庄地土	碑亭东梢间	1984年，在寺院建筑墙体中发现	应为元至元初	砂石	地亩碑	长方体 方首 边棱抹棱 高1250、宽700、厚120、上棱490	中度残损，錾凿痕迹较多 碑阳面中上部一圆孔，碑阴面右下部一Φ260毫米凹坑，深约40毫米	伪碑落款为“大辽重熙七年”
6	普济大师塔铭	碑亭西次间	寺南“十亩地”土塄	元至治元年（1321年）	砂石	墓幢	八棱柱形 高590、对边径400	严重残缺，约残缺1/4	中心Φ90毫米，圆孔，深100毫米
7	惠公塔铭	碑亭西次间	寺西僧人墓冢	元至正十六年（1356年）	石灰石	墓幢	八棱柱形 中部略凸 高630/对边径330/中部边长150、两端边长140	断裂2段，断开处略有残缺	中心Φ65毫米，圆孔，深80毫米
8	月山禅师舍利发塔	碑亭西次间	觉山寺塔与文昌阁之间	明永乐二十一年（1423年）	石灰石	墓幢	方形柱抹棱，总高1200/前后面边宽410、侧面边宽370、抹棱宽90	断裂两段，前后面保存较好，侧面、抹棱面粗糙	墓幢其他构件无存，原前有木牌，朽烂

续表

序号	名称 / 碑额	现存位置	原存位置	年代	石质	性质	（形状）规格（毫米）	保存情况	备注
9	重修栢山禅寺之碑记	碑亭东次间	栢山寺	明 天顺三年（1459年）	汉白玉	记事碑	长方体，方首。碑总高1830　碑身高1400、宽710、厚170　碑额高430、宽740、厚170	轻微磕碰，碑阴约3/4字迹漫漶	碑额碑身联做，非觉山寺原有。
10	重修觉山寺碑记	碑亭东梢间	碑亭	清康熙二十七年（1688年）	石灰石	记事碑	长方体，圆首。总高2050　碑身高1550、宽700、厚175　碑额高500、宽700、厚150	较完好，碑额断裂两段	粗糙，部分僧人法名錾掉
11	重修大士铭	翅儿崖观音洞	翅儿崖观音洞前	清康熙二十七年（1688年）	石灰石	记事碑	长方体，圆首方座。碑高1170、宽600、厚150额高240　座高230、长620、宽440	较完好，碑身、碑座连接石榫断	
12	“福缘善庆”“万古流芳”	碑亭东梢间	碑亭	清光绪十二年（1886年）	石灰石	布施碑	长方体，圆首。高1400、宽735、厚155（额字处高220）	较完好，碑阳左上部水蚀，碑阴横向裂纹一条	边缘卷草粗糙
13	“万善同归”“福田广种”	碑亭东梢间	碑亭	清光绪十二年（1886年）	石灰石	布施碑	长方体，圆首。总高1240、宽590、厚170额处高230	较完好，轻微磕碰，碑阴纵向裂纹一条	
14	“万福攸同”“名标百代”	碑亭东梢间	碑亭	清光绪十三年（1887年）	石灰石	布施碑	长方体，圆首。高1300、宽570、厚200额高190	完好	上三碑皆光绪十五年立
15	建修觉山寺记	碑亭西次间	碑亭	清光绪十五年（1889年）	石灰石	记事碑	长方体，高1660、宽880、厚150	碑额残缺，碑身局部轻微残缺	
16	“名标百代”“普寿山河”	碑亭东梢间	碑亭	清光绪十五年（1889年）	石灰石	布施碑	长方体，总高1890，碑身高1230、宽700、厚210、碑额高660、宽720、厚205	较完好，碑阴面一条裂纹	光绪二十年立
17	开头“同心合”	碑亭东次间	碑亭	清光绪二十年（1894年）	石灰石	布施碑	长方体，碑身高1210、宽740、中心厚160、侧边厚140	碑额残缺，碑身较完好，碑身上部呈黑色	
18	王遵文捐廉开功碑	碑亭西梢间	贵真殿前与西廊房之间	清光绪二十一年（1895年）	石灰石	记事碑	龟趺驮碑，总高1990，碑高1630、宽580、厚220，碑额高610、宽620、厚220（龟趺长1390、宽730、高360、头长500）	局部轻微残损，龟趺头部断裂粘接，碑额与碑身水泥粘接	碑额“仁在桑梓”
19	重镌西峰开路碑记	碑亭东次间	碑亭	清光绪二十三年（1897年）	石灰石	记事碑	长方体，圆首。高1250、宽575、厚150额高285	完好	原碑光绪十年刊

续表

序号	名称 / 碑额	现存位置	原存位置	年代	石质	性质	（形状）规格（毫米）	保存情况	备注
20	知县李炽题赠龙诚文	碑亭西次间	碑亭	民国五年（1916年）	石灰石	记事碑 地亩碑	长方体，碑总高2480、宽780、厚200 碑额高780、宽820、厚230	断成两段，下部略残缺，断开处略残缺	碑额碑身联做
21	重修觉山寺记	碑亭东次间	碑亭东次间	现代1998年	黑色大理石	记事碑	长方体，高1910、宽900、厚200	完好	

注：其中一碑刻原位于韦驮殿后檐，后移至碑亭内，现已不清楚是哪一通。

觉山寺大经法师贞公塔铭并序

浑源县柬武故师弟野叟王　偘　撰并书」

故师者俗姓琅琊王氏乃灵丘县孤山」
里人也维天会弌年甲辰歲五月二十」
七日子旹母周氏□生因童稚间唯善」
是念性刚而直体秀而洁丱髻弗留志」
希为释父字世敬从子之诚送觉山寺」
礼宿德监寺智殷师之赐名善贞年十」
有九具比丘戒宗华厳经谈玄为业学」
厤翶师问叅知识首依灵泉桐师持论」
□群次皈灵祇桂公探赜逾众方诣扵」
阳门长讲大经彦师承禀扵杂苍奥旨」
清凉蔬理禁寔弎载始穷一遍寔入室」
获骨英夫乃升堂得髓杰士复谒昭应」
诚公亦长讲师学法门人同先□承精」
通无滞辅长兴经主拣公补蔬灵岩弼」
广利临坛盈师备学开化博览还乡顶」
瞻亲教叱之日汝勤功业吾聆匪视况」
隔堵摇铃衣锦夜行尔焉异哉岂不闻」
雪岭成道光摄迦维题桥志遂荣显故」
里乎繇是父母忻从奉给资贿命筵沙」
门邀饍宾戚传讲备学乡闾助供旹李」
宅太夫人王氏请师主建福院长讲三」
载已立为禅苑招提续于悟寂法藏浑」
源金胜蔚萝福庆聚学传演至大定五」
年七月初本师殷公将逝嘱之云吾愿」
施己钱壹拾万文贮之常住存本息利」
化日作华严斋会起发禅侣之资千古」
恒尔我愿足矣师应诺施讫圆寂师用」
元本营数伍拾万文贮库南庄利供山众」

旹 忠顺军节度使大银青荣禄请师」
提点三学寺仍给付主之控整殷勤恢」
运公谨缁素瞻依常住丰俻辞归本寺」
□而颙遵耆德俯弊幼徒补故于佛宇」
洞堂修完于库庄邸舍运枨营贿无负」
而有余摄护刚柔官庶而谛重示欲居」
尘无缁白玉旹清凉山大花严寺真容」
院请师为讲经宗主学俻□僧作资戒」
阇梨日筵方众有曹州传戒阇梨深和」
尚叅礼文殊访求良友叩师印云真法」
器也传授戒本法衣付讫归寺寂乐林」
泉澄神岩谷友下揄以道话香茶独逍」
遥于清风明月歳还甲辰师施己资命」
门人道昞道朗就禅坊院聚众筵讲作」
预修斋七饭僧济贫已归寺引门人道」
煦施本寺常供钱壹拾万文逐岁化日」
作华严斋会千古荐福至末冬初五师」
之左肩微患疹疾召众读花严经金光」
明经各满百部药师经道场七昼夜饭」
僧五百员与众友持临季冬十一日辰旹」
师俗年六十弍僧腊肆拾七手屈弍指」
端坐而化脸润颊红軆柔顶热旹也僧」
徒号泣信士悲哀山川钟荐弍拾［监］州」
县讲资弍拾寺螺钹布野伞盖鳞山徒」
舁殡搨由善逝举父灵棺体不偃摇若」
释□河边入定送丧七众哭迎黜九流」
□爇香薪而焚质若拨水以荼毗灰烬」
之余门人道昫等收兹遗骨寺西南隅」
坟间建塔罄师衣单悉营佛事花严经」
会歴寺无遮饭设僧尼随院遍供予忆」
师行为纪实德摭之铭曰」
万法缘生 缘终法灭 玉偈朗彰 金口亲说」
异哉吾师 琅琊姓哲 诞母周氏 聪贇俊杰」

厌弃俗尘　忻归释切　世敬父详　兹男慜节」
抚送觉山　负行复挐　礼侍殴师　训之经业」
俱戒称真　良忠猛烈　禀尚华严　清凉疏决」
问求识友　才能智截　长讲驻臣　大经终阅」
论义朋伏　评书傥折　阐讲融李　悬河辩舌」
本寺营修　完补鲜洁　主控三学　缁素咸摄」
讲赴台山　千僧巨列　资戒出家　万人筵啜」
宴息林泉　精勤靡辍　六弌之年　坛施周设」
坐化神移　颜红顶热　丈室空虚　缾鼎闲竭」
舁擒殡迎　身无偃揭　释氏号悲　道俗泣血」
钹擊添哀　钟鸣助切　依式荼毗　香薪焚爇」
拾烬遗骸　素由珂雪　建塔於坟　函葬是穴」
摭署师为　铭坚塔碣」
旹大定二十五年歳次乙巳二月乙卯朔十八日巽」
（接上行）时门人讲经沙门　道煦立」
讲经沙门　道昞　讲经沙门　道明」
习经沙门　道暲　习经沙门　道晖」
浑源县李峪韩　松造刊石□侄韩　初」

觉山寺殁故行公监寺墓志

中都香山大永安寺住持僧传法嗣祖当寺沙门　至玄　撰」

窃闻肇自摩騰入汉大教东流明帝𠛬立于僧居隋」
唐广修于塔寺然法无废兴事有因缘不逢法苑之」
栋梁安得□天成大□□蔚萝之西南有邑曰灵丘」
邑之东南□□□□二十里有山山中有寺寺曰觉」
山昔亡辽重熙七年是寺有监寺上人省文者出己」
囊资罄其所有不顷檀信于邑之东闅外𠛬建佛宇」
额曰宝兴其殿堂圣像壮丽香积廊洞寮舍靡不悉」
备相継有法孙圎觉主之度门人凡五于中秀出者」
惠霜霜［亦］度僧二十五人是寺自霜师之后艰得其」

人纪纲不振日渐凋弊于戏得人者昌失人者亡信」
有之厥有智行者出霜师之门乃二十五数中一也」
□□□［挈］故弊者新之败缺者完之不数岁间阙者」
□□□□□左閞人也姓刑氏髫龀辞俗未久皇统」
□□□□□戒品才冠年飞锡游歷讲学専□清［香］」
□□□□□勤既久迤逦还乡乡人命之开演然非」
□□□□□□挟策无［殚］登陟名山胜迹访道寻师」
□□□□会有　中都仰山宝［和］尚退席道过山寺」
□□□相从□□州之大明休肩于枯木堂寅昏衤」
问积有年矣□东乡中俄有本郡崇福寺通因演秘」
大师命为本□之西大觉院宗主经营八年仓廪充」
实百不阙一师念曰功成不處古之道也又念灵川」
一境善心淳厚崇尚吾门其来久矣然皆律居传达」
磨之真宗提西来之妙旨直截一门曾未之有遂与」
本郡官民缁素作巨疏于朔郡敦请长老安公大阐」
玄风定十三年本县选充为管内都僧纲解职之后」
复往　中都大圣安寺方岁周有本郡故太夫人王」
氏驰书礼勤厚请为功德院主人久之退而闲居宝」
兴捐己衣资前后飰僧数满十千自定十九年山寺」
首座大众状请住寺歳在甲子仲春望日殁于觉山」
寺栖真院之精舍乃泰和四年二月初一日也俗年」
七十六僧腊六十三尊宿知事沙门道贯与师情敦」
淡水义等金兰不忘［文］师之后裔遂葬遗骸于本寺」
西祖坟间建塔冀□不朽宝兴门徒十数经业得度」
者三曰善晖善延善□野人短于文墨但录实迹耳」
　　旹大金泰和七年岁□□□八月甲辰朔十四日知事」
　　（接上行）沙门　道贯　立石」
　　化□讲经沙门　［曲］□习经沙门　道初」
　　讲主讲经沙门　清福　教读习经沙门　道升」
　　山主讲经律论沙门　道明　同立」

宁公禅师塔铭

□□□□□山寺宁公禅师塔铭

灅阳沙门　运彦　撰」

滱水沙门　道琳　书」

东夏西天浮啚之氏出家学佛者多矣其于□』」

道岁寒不易者良亦鲜矣粤有大比丘道宁者」

本祖西漫散措山疃里人也俗姓卢氏父讳资」

成母名牛氏师自诞生之后风仪深稳语常［含］」

［默］父母知其淳厚舍令出家礼本县觉山寺凝」

公首座为师至皇统二年霈恩得度迩后携筇」

北迈直造弘州师禀摩诃杂花为业探赜妙义」

扣击玄门忽于一日掩卷喟然而叹曰欲超生」

死必托禅那遂负钵挑囊云中访道于西京永」

寗阁锡闲居辰昏请教自后［乘］缘来归本寺日」

新道德毗赞山门戒德潜资诸缘暗断香灯佛」

事十五余秋至泰和六年十一月十八日示疾」

而卧顺世［归山］□年七十二僧腊六十五门人」

德遇［怀］□悲伤念先师之恩高仗何缘而报答」

林间十地塔□葬之焚奠勤勤祀之以礼平生」

行履刊石为□□觉山影里　翠柏林垧」

□大比丘　厥号道寗　生居本县」

西漫散村　措山疃里　卢氏之门」

动容庠序　面善语温　出家未久」

皇统□□　迩后辞师　游花严海」

孜孜切切　辰昏匪怠　复造云中」

寻师访道　□擞尘［埃］觅衣中宝」

飞锡东归　息迹［家］山香灯佛事」

静室萧闲　日新道业　十五暄凉」

幻缘既尽　撒手还乡　门人德遇」

追幕哀伤　乃收灵骨　□地西岗」
□□以塔　慈氏岩阳　命予为记」
□□□藏　□大安三年岁次辛未七月庚戌朔□三日门人持诵沙门　德遇　□□」
童行清全　齐□孙　卢伯儿」

（碑额）

四至山林各庄地土

窃闻肇自摩腾入汉大教东流明帝创立于僧居魏唐广修于塔寺普度于僧尼［然］法无废兴事在」
因缘不逢法苑之栋梁安得人天成大利于太和柒年二月二十八日　元魏」
高祖孝文皇帝神光照室和气充庭仁孝绰然歧嶷显著听览政事从善如流［哀矜百姓横思济益］」
以太后忌日哭于陵左绝膳三日哭不辍声想报母恩仍于蔚萝之西南有邑曰［灵丘邑之东南］」
溪行环曲二十里有山山曰觉山希奇之境造寺一所特赐额曰觉山寺硕德高僧四方［云集禅］」
教高流五百余名安止于寺衣粮供给丰足不［阙］六宫侍女皆持年长月六［斋］其精进诵［经者并］」
度出家事无大小务于周给者矣于大安五年八月二十八日有大辽掷国大王因猎到此［山见］」
寺宝塔殿宇崔坏还朝内奏讫奉」
皇帝道宗圣旨敕赐重修革古鼎新赐金十万缗于本县开解库所得利息以充常［用］开演三［学静讲］」
以充僧费又立衙门提点［所］赐朱印一颗尚府平牒行移特赐庄产五处四至山林开［列于后］」
偈［曰］　明帝创立于僧居　文帝广修于塔寺　道宗特赐庄五处　花名开列于碑记」
觉山寺四至东至干河南至白岔口西至车［河］北至雕窝　门头庄建福寺［壹處］周□［计地两顷］」
草堠北窊陆地壹段南北町计地肆拾顷有余东至涧南至官道西至嫂堠墓塔北至□□□［腰］」
觜地一段两顷叁拾亩聚羊［坨］地壹段东西町计地捌顷大涧前陆地壹段南北町记地柒顷道」
北里地壹段东西町计地叁顷半故城东寺壹處地壹段计地叁拾□亩古城东陆地壹段南北」
町计地捌拾亩白道子地壹段南北町计地壹顷捌拾亩古城内麻陆□地壹段［计地］壹顷捌拾」
亩水碾东会麻陆地壹段计地两顷溏河南陆地壹段计地壹顷捌拾亩洛石河北□□［觜］地壹段」
计地拾顷白劳庄觉山墓麻陆地捌顷壹拾伍亩东至白劳口南至两路岭西至□□安北至□」
古埚漫散庄　宝峰寺麻陆地七顷下寨庄观音院麻陆玖顷背泉庄陆地玖顷□□□□□□」
城西大觉寺周围陆地五顷东关□兴寺周围陆地两顷灵园庄开福寺周围陆地拾［伍顷拾亩］」
维大辽重熙七年五月二十五日本寺监寺文省等立石」

（碑阴）

道月」

智行」

惠简」

善□」

当寺住持都僧录大师文公本寺织事」

善信」

道秘」

道贯」

道净」

普济大师塔铭

大［灵］［光］［普］［照］寺住……

公［讳］□□贺□□□□□□□□□□□□□□□□□□□ 都纲演璞 提点演□ 讲主演瑛 副寺演玮」

丈夫□□□□□□□□□□□□□□□□□□□□□□ 都□演瑭 演琏□□ 演玪 演□ 演□」

将命□□□□□□□□□□□□□□□□□□□□□□ 得法门人」

且□□□□□□□□□□□□□□□□□□□□□□□』 讲主□□讲主行余讲主演□讲主演学讲主演□」

人之□□□□□□□□□□□□□□□□□□□□□□ 法侄□□□□讲主演□副寺演稔演利演□演资演□」

众所推□□□□□□□□□□□□□□□□□□□□□ 法孙洪广洪善洪錙洪□洪玉洪□洪□」

爰京师之□□□□□□□□□□□□□□□□□□□□ 古并冀宁路□……」

世祖广寒殿聚诸□□□□□□□□□□□□□□□□ □灵丘县税务……」

称善乃［二］年有四时□□□□□□□□□□□□□□』 五臺山大万圣□国寺□……」

邦惟兹寺基于元魏［迄］□□□□□□□□□□□□□」

元岁月以千隆替经几□□□□□□□□□□□□□」

以寺弊为伤翕然请代先师之位□□□□□□□□□」

况杖者命成己之责忍□之□遂即住持勠力□□□□」

建立为务积功荡弊为实六师之殿设增新净光之佛塔』」

尤美阁以慈氏楼以巨钟祖堂庖廪［间］比以三丈室云居楹」

北以七壮林泉之致为幽栖之胜［槩］至者为之改观□寺城」

南之宝爰西之大觉刱为权有公十及恒产古记方至甚」

广歷时尤久半［隶］编民公极力申理寺仍［旧］贯地□复万」
余亩凡［至］具拏什举无遗便岂有所谓为猎之子炙手之」
权肆非□□□□□挽公之□乎至元二十二年功［德］主荣」
禄大夫平章政事御史中丞领事仪司事崔公嘉乃□□奏」
旨赐扶宗弘教大师元贞二年又奉」
旨敕寺额名大［灵］光普照及加赐公普济之号诗云出自幽谷」
迁于乔木［忻］之谒兴公度弟子五十有余传法者仅半日以菩」
萨戒药师金刚为□□□□□□施罢县除三十余年颠沛□□」
□□如一虽致之以荣□之地□禄之□不屑就也大德十一年三月」
十四日以病而终寿六十有二为僧五十九年矣十八日光彩拂」
空缁素遂从□柩□□一千余人火后奉舍利于祖茔而塔」
焉□□□□□□□□□□□□记□以公之徒珂久学于门聊序」
其为人之大节而文莫能□□峯记」
至治元年六月十二日觉山寺［住持］讲主演□　讲主演珂□立石」
□门资」

蔚州灵丘县大灵光普照觉山寺惠公塔记

详夫生死交谢寒暑迁移其来也电激长空其」
去也波澄大海生缘既尽大限俄迁了诸行」
之无常乃寂灭而为乐」
故师者童稚之间逢僧合掌遇佛瞻礼父从」
其志遂送于觉山寺出家礼拜明公宗主为」
师训讳法名演［惠］其本县东三山里人也俗」
姓［庞］氏父德玘母□氏自尔之后遍访名师」
悉求教典习五□□之经文讲上生般若之」
妙义旦夕匪怠□□本寺県襄补弊有办事」
之勋肩拯困扶［危］□成人之手段自后退隐」
居闲日一药师经□□呪为恒课朝夕不阙」
旦暮焚修性行□□□言简少有本寺大小」
僧众请公为□□□□□有年矣身居冗位」
知身是幻悟□□□□广舍衣钵供佛饭僧」

释迦大圣由□□□□□九夫业缘起能免」
扵生死呜呼感伤时光操切厌世归寂春秋」
七十有父扵至正拾［四］年拾二月拾三日因缘时」
尽无疾而终有徒［边呜］荼毗后收遗骨扵寺」
西祖坟葬讫建窣［堵］波用成不朽乃为记耳」
法弟前住持演泽［前］住持讲经沙门律师演滋」
法侄前［住持］讲主洪□前住持洪金典座洪洚首座讲主洪诏」
□□□□□□洪□洪□洪□□寺讲主洪训洪润」
□□讲主□□□□□□上座［源］安源容源净源湛」
源朗　源塭　源□　源濲　俗妹大姐妹夫刘［仲］恩」
俗弟边信　□［用］侄边［光］外生刘从夆」
刘文夆　刘□夆　刘士夆　女大姐婿罗士林」
俗女二姐婿李四　俗外生□□□□七俔四俔」
俗□政孙　开元　□女□□　□□□」
俗妹张［氏］俗侄张□□□□□□□俗侄女李□」
本寺耆旧清惠妙明大师弟演利」
本寺前住持讲论沙门性德真智妙辩广融大师紫岩书丹」
至正拾六年三月二拾日门徒□□立石妻张氏」
母亲吴氏本县石匠门头刘从义水芦王玘　刊」

月山禅师舍利发塔

（阳）

南无阿弥陀佛」
月山禅师舍利发塔」
　　师原系灵丘三□□□姓田氏投礼」
璧　峯禅师出家［悟］□□□续佛正宗俗寿七十九岁大」
　　限永乐十一年□月二十九日辞世门徒慧晶等当」
　　报法□□之□□备衣资共建舍利发塔一座聊为」
　　记耳　　　　　　　　　　　　　　　　　慧彝」
大明国□永乐二□一年十月十五日建立门徒　慧晶」
　　　　　　　　慧德　　慧净　　慧□　　慧祥」

（阴）

南无地藏王菩萨」

慧□□法□□□…清常清源清□清范清兴清贵…」

僧正［大］良……　荣汉□海宽严秀滋成滋顺泽净泽明」

□□善众　普福……　普□　普益　普红　普英　普愿」

普显　普政　普□　普□　普贵　普善　普峪　普尹」

监住张□升张友　普遇　普□　普□　普金　普忠　普原张普果」

儒学廪膳生祖得春书　普□　普便　五翱　普祥」

石匠秦□中铁匠力…伯祥　普明　普严　普政　普札」

普救」

甄慧源祖全…　普□　普春」

（两侧皆为）

唵　嘛　叭　弥　吽」

（碑额）重修碑记

重修觉山寺碑记

盖闻佛圣人也生扵西方教流东土古先王创寺迎佛岂徒欲游观之计也乎人书两得使愚□猛□［改］□」

善事之当为贤智加勉励精而乐善道之不怠佛法广大佛教宏通历万代而不可磨灭者也自北魏崇佛……」

诸山寺院百有余處惟觉山一寺乃敕建宝刹为诸山之首寺也以其山河风景迥异寻常规模壮麗别是……」

于是掌教僧官印信与大衙堂役使俱设扵此而后世无毁也一至明季嘉靖末年贼寇猖獗掳掠过此錢……」

甚觉山之规制始有变迁矣延及天啓年间地震而后饥馑频仍兵火连绵护寺之地荒芜不耕守寺之［僧］……」

无赖壮者散之扵四方老者乱丧于沟壑以致」

佛殿摧残佛像剥落空悬钟磬断绝香火极胜之地几成极尘之境也幸际邑侯　黄公遊观于此目击心……」

其所由来住持和尚如禄者涕泪陈情公即恻然动念随申各　上台开钱粮垦荒畆布资粟给牛犋不三……」

寺少生色矣至今诵公之德百年犹在慕公之恩没世不忘六十年后又不无当兴之工者住持僧海印意［云］……」

极力募化幸阖县发心喜舍己财共成善业塔后［砉］佛殿一處千佛殿一處山门一座殿后禅堂五间东西……」

四间大井一员寺崖观音殿三處上下相连一槩重修彩画金妆焕然一新非众善之力岂得成功若是之……」

哉兹工程告竣立石表扬再至兴作以俟后之君子云耳」

分镇山西大同灵广浑源等處地方参府苏　侃　中军千揔赵　虎　左右哨把□孙［棂］」

文林郎知灵丘县正堂岳弘誉　捕厅典史周蝰章」

文林郎知灵丘县正堂张元征　　儒学生员王家玮沐手谨撰　护关北丘海　福」
儒学教谕　　　　朱文裔　　法徒照㚫　善　人李　海」
住静和尚明　儒　　照见　　照明」
［调］经比丘□　善　寂凤　照玉　普旺」
住持化僧比丘海　印　法徒寂龙　法孙照文　　重法孙普兴」
助缘化僧妙　化　　寂［鸿］　照□　　　　普□」
祥　照□」
功德主□友张奉成□□［法］［俆］寂瑞　照成」

旹大清岁次戊辰仲春　吉旦」

（碑阴）」

（碑额）碑阴

重修觉山寺住持化僧海印募缘十方施财缁□人等开列于后」

……本寺下院　□涧口双峯寺……固城村关帝庙……化□□□□……北罗寺……□□兴隆寺……」

（接上行）水路观音殿……」

……诸山寺庙施财僧人上寨寺……爨岭寺……上关寺……下关寺……曲回寺……独浴寺……砂岭台寺……」

（接上行）驮水寺……□山寺……高家台庙……城内关帝庙……」

……」

塑匠　王德喜　温现珠　王诱家　画匠　杨茂㚫　季成贵　木匠　节文升　徐佳库　泥匠　郭奉祥　冯登□」

石匠　王　亮男王宏誉　修井土工　刁玉　唐亮　殷根　董成」

（碑额）碑记

重修大士铭

盖谓天下之万有不齐者风尚物色天下之至一无二者性善明德也所以」
菩萨自无始以来因人逐妄迷真本乎性中之固有千百亿化身普度三界救登觉岸虽元会运」
世几多变更生死轮回不胜纪稽但观人间为圣为贤为愚为贱富贵寿夭穷通得丧归乎」
天命信理无差揔之一明德之修不修一性善之全不全故尔书曰楚国无以为宝惟善以」
为宝栽者培之倾者覆之积善者昌积恶者亡明明大道任人往来乌乎善之为义大矣哉」
自天子以及庶人无一可不作善犹难尽人作善如兹覔山初建何人前帝游猎兎诱」
佛体儆」

天子知佛妙化勅修振释跪趾于今为烈复闻野老相传世遂塔僻欲正无策鲁班助作木迹迨」
　　今犹存斯凡圣感通之奥理虽上古犹可证也及大清辛酉岁邻郡持行一僧为爱景地清」
　　幽栖留养德无术适逢先枝李公攻僧禁语三年受付和尚仍供闭关三年奋力重修」
佛像殿宇辉煌輙有李氏讳海者鳏独好善齿积衣食刱修」
出山老像一楹此善行招致之模范即后世亦可征也嗟乎先枝原籍崞县徒寄灵邑戒口黄门」
　　而能捐囊积果既非市井之粉餙新人耳目且异歛募之补葺袭利沽名是以感得金塑二」
　　工喜舍己资外妆绝顶法身致我亲友上尊」
菩萨圣事兼助先枝愿心共勸福地不日告成枝求勒语余虽不能敷陈前代之弘勋亦何敢埋」
　　没当人之德业俚言以志不过启迪后之鉴先海者」
　　　　　　　　　　　　居士邓良翰撰」
　　　　　　　　　　　　生员许骏声书」
旹 龙 飞 康 熙 贰 拾 柒 年 岁 次 戊 辰 叁 月 季 春 壬 辰 日 榖 旦」

建修觉山寺记

觉山邑南胜境也建立梵宫由来久矣考诸往帙刱自北魏孝文帝至辽大安六年镇国大王请帑重修明季邑侯黄」
公守戎谢公阳和大中丞王公捐金再修康熙戊寅邑士李邓诸公修翠峰洞每经修整邑南山水为之一秀距今二」
百余年碑残碣断光绪乙酉龙诚祝发议修吏民翕然从之培胜境也厥后龙诚逮狱议之不绝若发幸张翁宗李翁」
攀桂千钧一线兀自支撑未几狱平龙诚由府旋寺明年丙戌刘翁全王翁峰贾翁统禀吏建修邑人士踊跃争输而」
邻郡若广邑若繁邑若唐邑若阜邑若蔚若宣吏民尚义者亦将伯输助凡三逾年工半竣己丑夏将勒捐助者姓字」
于碣属予作记予恐传及后世不晓然于数翁建修之意则邑南胜境终亦就湮故谨诺而不辞夫灵邑扃钥在隘门」
山峡滱水自浑郡发源蜿蜒百余里汇邑全溜由城东南直注隘门峪口波长而迅势去若箭觉山当隘门之孔道砥」
滱水之下流峰回澜曲水作之玄形若是乎觉山胜境足以塞全邑水口也山中宝塔秀插云霄塔旁古井深三十余」
丈北魏建塔时所凿汲而尝之盎然有翰墨香隔岸一山旧名笔架形类仙掌尖耸而秀丽遥与塔应古志所称三奇」
洵有自来若是乎觉山胜境可以扶一邑文风也至若悬钟岩舍利洞棋子崖诸胜境上下二千余年或为骚人遊览」
或为迁客登临题峰书壁墨迹若林由前之说觉山之胜胜于形由后之说觉山之胜胜于迹邑有胜形听其颓废而」
不修如风水何邑有胜迹坐视湮没销沉而不发思古之念如人心何嗟嗟人心宜厚不宜偷风水可培不可坏数翁」
之建而修之此物此志也观于戊子夏分遣祖翁证李翁浚白翁生瑞于隘门西峰建關圣祠隘门东峰筑文昌阁夹」
滱对峙遥引觉山佳胜辉映邑城则数翁之意晓然可见予固喜是役之兴意在厚人心培风水将有大造于灵也故」
为之记且制之铭铭曰灵邑东南郁佳气兮中有觉山钟灵秀兮累朝建置精神寄兮胜境就湮寻将灭兮金碧辉煌」
忽焕发兮山水菁英乃凝结兮神道设教乡甿肃兮钟毓人文邦家笃兮勒诸贞珉俾无忽兮惆怅后贤厚望属兮」
　　　　本邑举人杜上化撰」

居士范国馨书」

大清光绪十五年七月望日立」

（碑阴）

建修经理人序」

寺在万山丛中道路四崎连年建修需力浩繁自光绪乙酉程工由本邑以迄外郡或佃办钱项或守寺经理或远募布施或运送木料或」

（接上行）随便帮助虽劳逸不同久」

暂互异要皆出力之人不敢没其善念今于寺工半竣谨勒如左」

……」

刑部郎中四川重庆府知府王遵文捐廉开功碑

（碑额）仁在桑梓」

重修觉山开功碑记」

建置以培风水其说近诞而其理则有之要惟仁者不忘其乡乐有以培之培之而成其验与否吾不得而知而居其」

乡勿忘其仁焉觉山之修培风水也襄之者谁吾甿也开之者谁我公也曷言乎我公开之也甿甫议而濒于危议已」

寝矣时公为刑曹郎甿往求恻然捐其廉寄邮函靖物议甿免于危乃始襄其事□使觉山无公吾甿濒于危者几何」

矣其孰能培之余谓我公开之者此也公之授重庆也将之任登觉山浏览形胜欣然谓吾甿曰曩固谓此功落成将」

有大造于灵也览之洵然其勿怠书匾留金而后去既抵任陆续接济殆无虚岁余所谓不忘其乡而乐有以培之者」

其然与其不然与我公居官勤政而恤民炳炳烺烺卓然可传者所在胥□以此区区归功于公于公乎奚荣且恶知」

刑部郎中四川重庆府知府王遵文捐廉开功碑」

公之乐受也甿曰不然甿之襄之也崇建置也公之开之也培风水也甿亦恐居于斯乡莫能修其德以副培之之意将所谓大有造扵」

灵者既疑扵言之不验而我公之功亦遂无过于建置也不然异日钟毓人文鹰扬虎贲之臣凤逸龙蟠之士蔚起挺生公之此功固□炳炳」

烺烺卓然可传者未可以为区区也何不乐受之有余闻甿言而喜喜其念功而不忘也夫余所谓勿忘其仁者亦谓勿忘建置之仁而已如」

甿之言则是念公之仁而思修德以副之能如是则必有所钟毓异日勤政而恤民将遍于海内而皆公有以开之则谓公以仁开功于无尽□□」

曩谓其验与否不得而知者以甿之言证之余知其必有验也甿曰然余乃述其事而为之记记开功也」

光 绪 二 十 一 年 十 一 月 朔 旦　　　　　同 邑 杜 上 化 撰 并 书」

住　持　僧　龙　诚　等　监　勒」
石　匠　谭　允　中　捐　工　鐫」

（碑额）河山并寿

重镌西峰开路碑记

且夫觉山本属名境道路甚为崎岖冬有寒冰之阻夏有雨水之隔往来行人糜不胆战心怯欲兴［寺］」
工必先通其路因」
神佛显法感应董事者愿捐赀财不日间工程告竣虽则通幽之曲径何啻示我以周行也是为序」

李　俊一千一百文」
李　伟二十四百文」
外　王　珍一十千文　马　岩」
修道功德主　乔凤鸣　李［畅］城一万六千一百文　原碑石匠　谭　富」
委　胡　明六千五百文　马负图」
李国华一千一百文」
李国锦」
李国安各施小一千文」

光绪十年十二月十七日　廪　生　白　生　瑞　撰」
此碑原在西峯就崖鐫石［后］因重修石路旧碑损墁兹勒于此云」
廿三年冬季　石匠谭允中镌」

（碑阴　额）崎路流芳」
……」
此光绪卄年南乡各户开修寺南河西石路卅」
十里以便往来久未勒石今因重鐫西峰碑记」
并附于此以为修路者劝」

（原翅儿崖残碑内容）

贵　佛　衔　位」
□禅五道土地神位」
……□□□甚为崎岖冬有寒冰之阻夏有」
……［但］战心怯况且欲兴寺工必」

……□日间而工程告」

（碑阳额）仰之弥高

（知县李炽题赠龙诚文）

觉山寺龙诚仙僧也幼贫苦负炭为业寡言语性慈良天真烂［漫与］物无争年二十　贵佛附体济世活人以故绝意超凡尊奉释教于觉山寺」

落发为僧觉山旧寺在县东南廿里北魏文帝为太子时代［母祈］福敕建宝塔为禅林名寺迄今代远年湮庙宇荒废片瓦残砖败址颓垣一无」

所存独留高塔巍然耸出云霄古井一眼泉深水洌断碑残碣［倒卧］荒崖上有古洞两座旧佛数尊寂寞荒凉惟见蔓艹秋林夕阳石径而已龙」

诚住持此洞替佛教人虔诚救世甘守荒山怡然自得诚佛门［中］坚忍卓绝之弟子较诸附热俗僧奚啻天渊考　贵佛仙语自述北魏人祖籍」

浙江文帝建塔造寺即住持此为僧修真养性仙化而去越今［一］千五百余年矣精灵不灭现身救世遠近乡人问休咎祷疾病无不灵验普留」

神笔书法超俗瞻仰之下令人惊叹岂非观音大士化身大千［亦在］人意表中龙诚以僧人佛常附体非前世有宿因如来能证果者曷克有此」

奇遇佛教日兴远近传闻焚香祈祷接踵而至以故功德善士谋［集］金建庙重修觉山奈灵丘瘠苦布施无多龙诚慨发大愿赤脚摇铃与弟子」

翔敬遊歴湘楚蜀苏间以至京师归绥托钵化缘辛苦数年募化［将］及万金于是鸠工庀材重修觉山寺殿宇巍崇房舍比鳞接连五院落凡客」

堂斋房寮舍戒室钟楼门桥莫不整齐完固端庄宏敞各宝殿神像［金］碧辉煌森严肃静鸟革翚飞美奂美轮遊斯地者惟闻钟磬梵音鸟语虫」

声心静神怡别有洞天仙境迥非人间足以涤荡俗尘万缘俱寂琅［环］福地无逾于此非龙诚僧人二十余年艰苦备尝乌能成此大功德丁未」

春余权篆斯邑仲夏奉命阅团晚［宿］觉山寺与龙诚翔敬二僧人谈及［颠］末得悉梗概察其言词正大举止端方虽少年贫寒未暇读书龙诚［一入］」

空门后与杜孝廉为莫逆交执业请教已能粗通文字念习经典讲求佛法娓娓可听余坐谈终夜乐而忘倦始信佛能附体人自不俗杜工［部有］」

诗云君身自是有仙骨世人那得知其故此二语可为龙诚老僧持赠［吾］非有心过誉龙诚僧人其苦心孤诣超凡绝俗为佛门正宗至其［弟］」

子翔敬翔明颖慧清聪文墨枯嗜武技娴习尤为少年英品皆奉承师教［而］得者也师若弟恪守清规朝夕奉

佛实属禅林佳话诚不负　贵佛」

现身之一番点化也公余之暇走笔略述记其生平实迹后之遊觉山寺□［知］仙僧之有自来也且藉以维持释教使一世之俗僧皆师龙诚［以］」

为法则余表扬龙诚之苦心得以稍酬万一焉龙诚师弟其珍藏之勿遗」

中国自汉唐以来释教休明其间名僧仙佛代不乏人世衰道微佛失正［宗凡］为僧人者皆不恪守清规苦心修养终日淫荡不识佛教为何」

事甚至沾染嗜好无法无规实为名教罪人何得为佛门弟子余遊觉山［寺得］此师弟僧人足以维持清规爰笔表章用以风俗僧而挽正道」

光绪三十三年丁未仲夏署理灵邱县正堂古长安灞陵李　炽题赠」

开山大和尚上龙下诚禅师法鉴

冉树楷」

本邑庠生李　璋敬书　　直隶曲阳县胡书香鐫」

民　国　五　年　七　月　朔　□　立」

（碑阴额）光前裕后

觉山寺殿宇地亩碑记」

大雄宝殿弥勒佛殿贵真佛殿韦驮殿天王殿金刚殿罗汉殿奎星楼文昌［阁］藏经楼梆点楼钟鼓楼方丈院禅堂院戒堂院十方堂司房斋堂」

祖堂院暨各寮舍官廳客堂碑亭山门棋子崖观音殿后洞罗汉殿东北隅［龙］王山神土地庙及周寺房舍约共三百余间下院双峰寺凤凰山」

恒山庙隘门口关帝庙文昌阁雁翅村悪石龙王庙至扵原有施舍地亩照契列□」

原有护寺地照原契承管灵原村孙玉宾舍杜家涧南北畛地十八亩上寨镇李长□□上寨镇东南赶毡梁地十一亩下车沟河村张玉峰舍本寺南山百道战崖下」

河湾地乱段不等荞麦川村刘　李舍北鳌鱼地三十九亩乱段不等下寨村孟祥□□贾家庄村南廿四亩漕地十六亩下院白山院原有全庄一处隘门峪口关帝」

庙原有王　宣/然/便舍护寺地坡平乱段不等又李调元舍雕窝沟地乱段不等余家地□□畛七亩门头村张喜元舍文昌阁坡地乱段不等俱照原契承管」

大同府宝和源舍太那水村山庄一处房地照原契列后　房院五处共房二十□□」

小东背　廿一　东场畔窝地一段　均地沟地尖山背地一顷六十余亩　石嘴滩地…　余　后梁　二段　后彦条　七　乱坟　五」

长嘴　六　老查　廿四　茨蜜花　十　东场畔窝…　寺沟　一段　银洞沟门　十三　蒜沟门　南北　八」

长嘴　四　银洞沟　七十四　芦之沟　十　后地南…　个　杏树园后窝　一段　南艹彦　三段廿五　蒜沟背　南北　九」

尖山背　七　刀条背　四十　芦之沟　二　后地…　芦之沟梁　十二　银洞沟门　二　牛沟梁　南

北 十」

后梁窝 地一 亩 大东背 地乱段四十 亩 芦之沟 地二 亩 又后… 段 亩 长嘴 地 二段四 亩 王家坟 地 四 亩 白杨树沟地东西畛九 亩」

水沟山 十一 雷岭梁 十 老查大彦条 廿二 均地… 廿 营盘涧 二段四 榆树嘴 十 牛沟梁 南北 十」

长嘴 四 下河滩 一段 均地沟 三段五 大彦… 六 老查湾 七 长嘴 二 西沟阳坡 东西 四」

南艹彦 二段十八 下河滩 二 培查沟 三段十四 东背… 银洞沟南 六 后梁 二段一 分水岭安 南北 五」

水沟山 二段十四 凤马台 一 长嘴 四 东背… 南艹彦 十 奶奶庙后 二段四 西岭沟 南北 十六」

少石沟门 十三 赵家沟 八 水沟山 七 银洞… 雷家岭 十二 柳树梁 二段十一」

启 瀛 亨」

最 悟 悦」

修 敬」

翎 照」

明 权」

本 寺 僧 □ 龙 诚 徒 翔 钰 徒 孙 广[函]」

证 荣」

莲 妙」

聚 富」

池 瑞」

重修觉山寺记

觉山寺为佛教寺院。是北魏和辽代的文化瑰宝。始建于北魏太和七年，辽大安五年、明天启六年、清康熙二十七」

年、光绪十一年先后四次维修。纳觉山之灵秀，汲先辈之智慧，成为一座气势雄浑，风格独特的古典建筑艺术杰作。」

其中辽代密檐式砖塔在全国已独一无二，堪称辽代文化的一颗璀璨明珠。一九六五年五月二十四日，山西省人民委员」

会确定其为省重点文物保护单位，进行特殊保护。但 “文化大革命” 时期，砖塔和寺院均遭受严重破坏，再兼日久风雨剥蚀」

寺貌腐朽，寺容衰败，一度荒无生机。一九九〇年以后省文物部门曾间断性投资二十万元，资助寺院修葺，县干部群」

众也自发出钱出力帮助寺院复兴，面貌有所改善，但未能从根本上改观。一九九六年，时任中共灵丘县委书记李田山」

县长王力平同志图谋灵丘发展，协力同心，励精图治，发挥旅游资源优势，调整经济发展战略，并在县委九届五次全」

体（扩大）会议上庄严提出了兴旅游、促开放、求发展的思想，加强文物管理，开发文物景点，觉山寺成为首批开发」

的重点工程之一。由此，觉山寺开始了第五次全面修缮。县委书记李田山对修复作了积极的组织倡导和策划，县委鼎」

力推动，县民大力支持，工程于一九九七年农历三月动工，县委常委、县委办公室主任李建平根据县委、县政府意图」

负责实施了修复工程，四月初见成效，四月四日县委、县政府举办了觉山寺庙会暨首届旅游节，九月竣工。院内正殿、」

配殿和前台东、西阁楼全部装修翻新，陋旧的碑亭拆除新建，失散和断缺的石碑重新组合，集中立放亭内，四周驳剥」

的围墙用水泥加涂料照面，砖瓦盖顶，围墙沿台用花岗石砌边，院前广场垫平拓方，并将沿台和广场全部用水泥方砖」

铺垫，广场下边开拓出一块停车场地，入寺的山路拓宽后，用水泥硬化。春季全县机关干部义务在广场的外沿和周围」

的山上植满了风景树，觉山寺再次增色添辉，重展新容。在修建过程中，全县各行各业，仁人志士，不吝相助，他们」

的名字当和觉山寺文化一样千古流芳。」

灵丘县旅游公司立碑　一九九八年四月」

（碑阴）

修复觉山寺捐资名录

（觉山村后原学校房屋压沿石残碑）较大的两块

（残碑原位于翅儿崖观音洞处）」

第一块

（碑边缘）」
许山［岳］□母□□□□［间］□」
□□□□□□□□□［得］方」
僧安□□□□□□□百余」
□梵□□□□□方之□□」
□景□□□□已□□□」
俸□□□□□□兴」
□门□□□□□□」
良追□□□□□」
□州讴□□□□」
……」

第二块

珉［然］则□□□□」
竣凡□□□□□□」
歳次庚午□□吉旦立」
东巡抚兼督察院□□郎御史」
总督宣大□處地□□□□理□」
［文］林郎知大同县事知县王曾云」
□□□□□［丘］□事□县［兼］□□」
大□□…」
□道□［惠］□□□…」
□巡□……」
（碑边缘）」

四　诗文

《灵丘县志》

（清顺治十七年（1660年）宋起凤撰，康熙二十三年（1684年）岳宏誉增订）

重修觉山寺碑记

辽人逸姓氏

（县志所录该文与原碑文差别较多，原碑记为《四至山林各庄地土》，现存觉山寺碑亭。）

窃闻金人入汉，西教代传，明帝创构梵宫，太宗广修佛塔。沿及后世，普度僧尼，流风益盛。元魏太和七年二月二十八日，孝文帝姿擅岐嶷，性笃仁孝，听览庶务，从善如环；而且哀矜百姓，犹若己溺。值太后升遐日，哭于山陵，绝膳三日不辍声，思答母恩。乃于灵邑之东南，溪行逶迤二十里，有山曰觉山，厳壑幽胜，辟寺一区，赐额曰觉山寺。招集方外禅衲五百余众，栖息于内，衣襍毕具；仍勅六宫侍女，长年持月六斋，其精进内典者，并度为尼，亦一时胜举也。至辽大安五年八月二十八日，适镇国大王行猎经此，见寺宇摧毁，还朝日，奏请皇帝道宗旨，敕下重修，革故鼎新；仍赐钱十万缗，即于本邑开设贾肆，以所入子钱，日饭缁素；复设提点所，颁给印篆，不由府摄，盏重其权也；更赐山田五处，计一百四十余顷，为岁时寺众香火赡养之资。地之兴复，大倍于昔，因勒石纪焉。时大辽重熙七年五月二十五日。

再修觉山寺记

［明］王从仪（山东巡抚，大同人）

云中灵，古成州地也。邑治东南二十里许，山岳拱峙，溏水环绕，中有古刹，曰“觉山”。考诸往帙，刱自北魏孝文帝，太和七年，帝都平城，广建寺塔。时巡行方外，经灵，抵觉山，揽其形胜，遂创立梵宇，飞楼迥出，危塔凭凌，四方缁流，鳞集至五百余。传及辽大安六年，镇国大王因射猎过此，遂请之上发内帑，敕立提点，重辉梵刹，大异旧时，巍峨踞一方之胜。延至明，千有余岁，适值地震，庙貌摧残，钟簾寝废，遗址故墟，杳莫可寻；而山川风景，依稀满目。邑侯黄公邀大同令王公、守戍谢公，共相游赏四顾河山，慨然动革故鼎新之思。公即捐金首倡，土木毕兴，勉成漏因，兼开护寺地粮，不数月而工竣，佛舍、僧居无一不饬。时阳和大中丞王公，抚巡云朔，路经灵邑，观风问俗，咸与落成，则地灵人杰，不更际一时之奇耶！公之治邑，刑清政简，吏畏民怀，更仆未能尽，后之瞻高山而仰止者，当与芾荫之棠俱永矣。公讳榜魁，字占鳌，山左威海人也。奏成日，士民愿立石，以纪其巅末云。时崇祯三年庚午夏孟。

游觉山寺记

[清]宋起凤

春雨新霁，农作方兴，庭闲无一事，适王守戍拉余为觉山游。随屏驺从，携一二小吏，单骑出郊。渡滱水，见湿草芊绵，一碧无际；晴霭流云，时抹林樾。老农负田具驱犊；平桥间泉声与鸟语逸向交荅，两两水鹭惊飞，令人心神怡畅，作濠濮间想。过水陆村，长林幽荫不见日，惟溪流潺湲，凉生衣袂。野犬闻人语突吠；篱落掩映，俨如行蓝田庄，身在辋水鹿砦中也。将次隘门峪口，河声澎湃，激湍飞雪，两山虎踞不相下，惟中容涧道数丈，顺水势飞渡而已。水至是，势方偪仄，急于就下，乃为峰崖所束，排扼逆转，腾跃竖起，轰然犇夺而入。水不逊石，石又中砥，遂觉深谷中彭彭若征鼓甲兵声，众山皆响，过者未有不惊怖蹑蹜，却而反走。又人骑行水石间里许，渐及岩路，路且狭，下临无际。山鸟群集丛木，忘机日久，闻足音拍拍飞举，马时惊逸欲堕。回盼其侧，深窅空洞，不知相去几百寻也。可畏哉！因思凡具游志者，有奇情异胆，而后可与言山行佳事。如向未踵隘门，时田畴、丘陇、水树、山庄，居然一江淮薮泽矣！及进峪口，而奇险幽恶，与蜀道、秦岭不殊，非胜情勃勃，几何不中道顿耶！从人仰指峯头一二塞垣，石子累累，谓皆杨彦朗守三关时遗址。千年壁垒，至今云气过之，尚有生色。越数里，抵觉山寺门。寺居山腰之半。层坂数叠，皆养僧山田。寺门右腋一白浮屠，高三十丈，峭插云表。其前百步许，古井一，邃不可测，封锢日久，僧云深数与塔等；指西峯山岩上，复一小塔，自山麓较之，高亦如焉，即邑人所称塔井三齐者。是寺三层，佛像古朴，栋宇半荒废不治。菓树时花，夹以茂草，与石幢、寝钟委杂墙阴下，不辨何代。独两仆碑卧丛棘间，汲泉洗读，乃知寺创自北魏，时孝文都平城，为今之大同郡。帝偶巡行过灵，揽觉山之胜，颁帑金建广刹，召集方外僧徒至五百余众。而又选掖庭女子精内典者，悉入山度为尼。缘帝感母后恩，借佛力以荅报。故一时创立，极千古之所未有。世代湮遥，中间坐兵火兴革之故，上下千年，寺虽失旧，而塔井则岿然独存焉。再由磴道攀援数里，已造山之巅。忽出一岩，中构精舍数椽，祀大士像，旁侍一冕王者，意当时奉意旨，以孝文并祀故也。僧言山空月明时，岩际尝闻棋子剥琢声与人间笑语，夜分不息。葢山寺幽落，尘趾希履。其地松涛、萝石之次，景与人间异，飞仙往来，或其常耳。邑中诸山，大率土骨有余，岚秀不足。每际春秋，苔藓黄落，边塞气候乃尔。惟寺山秀插如芙蕖出水，亭亭欲扬，松楸榆柳之属，交荫蔽叶。七峯鼓其翼，群岫张其前，寺门一望，全山蔚若凤起，而诸峦俨同螺翠，信为幽胜。地风气极温，暄和早于邑两月。僧椎鲁不事呗诵，斸苓采橡，间治蔬食，以供朝夕而已。庭有苹婆一株，大逾抱，下荫芍药数本，亦多年物。正值花候，余辈席裀杂坐，流连不忍去。爰命僧汲寺门泉，啜拾良久。卧读碑塔遗笔，逡巡者再。众谓："日将晡，可速归骑。否则，山深路窈，隘门之险，不几与天台、石梁迥绝内外耶？"余留一诗，置僧壁，复返旧道。岚光暮霭，紫翠交错，衣上云烟气，袭入肌骨。此中已自桃源，何必更问蓬瀛三千欤？出峪口，月轮东上，数行平田，溪水潆绕如带，野外蛙声，真可当鼓吹两部。归而罢浴，乘月书此，以志此行之一快。

题 咏

游觉山寺

[明]王象干(总督)

盘旋鸟道步山隈，笏立天门如划裁。涧水远从云际落，僧房高自洞中开。
千寻宝塔思皇胄，百丈蛟龙起地雷。铁冠岩前携手处，何年乘兴复重来。

游觉山寺

[清]罗森(邑令大兴人)

芙蓉天外插城阳，鸟道千回选佛场。僧腊几经藤桧老，宦尘聊借洞云凉。
井封疑有元龙伏，刹古犹瞻法象庄。解得原来无缝塔，何须留带觅津梁。

游觉山寺

[清]宋起凤

空山古刹是何年，野老相传北魏前。世远已无栖佛阁，鹤来犹有养僧田。
千年塔韵虚铃铎，万壑雷声怀瀑泉。坐久天风吹欲去，漫将浊酒壮行鞭。

塔井三奇

[清]宋起凤

闲云一片向空流，孤寺还藏云上头。边塞荒龛封白草，莓苔古井嵌丹珠。
林光净抹山前出，塔影高连水底浮。晋魏欲凭何处吊，平沙漠漠使人愁。

觉山井

[清]徐化溥(平城人，贡士)

四面供寒翠，一湫涌地灵。何来僧锡杖，谁止月澄渟。
素石涵秋鉴，碧栏映太青。此山名觉者，一汲悟常惺。

游觉山寺观杏

[清]何士震

大觉名山北魏题，同人逸兴试攀跻。峯回叠嶂岚光合，涧落深岩谷口迷。
旛影静时红杏出，旃香飘处白云齐。千年遗迹堪凭眺，塔井徘徊日已西。

其二

古刹盘桓历废兴，闲寻老衲闻传灯。三千界已归何有，五百僧曾得几能。

（北魏孝文初建，可容五百众）

清磬松涛闻秘密，孤筇花雨见崚嶒。试看烂熳林间树，隔断红尘便上层。

游觉山寺二首

[清]岳宏誉

（寺为北魏孝文帝建，以报母恩。招集禅衲五百余众，仍勅六宫侍女长年持月六斋，其精进内典者，并度为尼）

柳色城南路，青青到觉山。溪明新雨过，峯净宿云还。
古柏留僧腊，繁花驻客颜。寻幽多逸兴，绝顶直跻攀。

其二

刹建由元魏，岿然塔独存。祇园颁内帑，宫掖并承恩。
香火千年熄，烟岚半壁尊。犹余铃铎韵，风送入孤村。

游觉山寺四首

[清]岳焕章（江南武进人，字文中，国学随父任）

万壑飞流绕觉山，遄遄峪口水潺潺。岩前花落禽衔去，石上藤封客到攀。
清磬层霄云际出，孤筇老衲门边还。顿令尘世悠然远，携手盘桓兴未删。

其二

兰若崔嵬结宇奇，山峯拱峙势参差。白衣座上香飘满，红杏花间塔影移。
客尽忘机闲杖履，僧疑太古对农羲。寻幽未遍还登眺，石洞流云归骑迟。

其三

古刹名山何代题，追随且喜共攀跻。风飘祇树香长在，月照空林色不迷。
塔级高悬凌百尺，井泉深浅问三齐。登临恍在崆峒上，遥望成州落日西。

其四

壁立芙蓉积翠回，上方寂寂思悠哉。云封古洞无人语，刹建前朝问劫灰。
坐破蒲团松子落，到看铁冠杏花开。药栏五月红如锦，乘兴还须策骑来。

《光绪灵邱县补志》

（清光绪七年（1881年），知县雷棣荣、严润林、陆泰元　修纂）

塔影三奇

塔井称奇处，成三丈数兼。插天连入地，一坎列双尖。

隅反高深合，才分上下占。沧桑经几代，无损亦无添。

塔影三奇

山跟背井邃，山畔塔相兼。流峙堪量丈，高深宛合尖。

枰心权不爽，鼎足卦同占。三奇天地设，尺寸漫删添。

五　寺僧谱系

附表9　觉山寺历代僧人谱系

时代	当寺僧人	备注
辽重熙	省文	
	/	这一辈不知
	圆觉	下院宝兴寺僧
	惠霜、惠简	下院宝兴寺僧
辽末金初	智［殷］、智行、智随、智［政］、智清、智谓、智甫	智行为宝兴寺僧
	善贞、善凝、善逝、善晖、善延、善［全］、善信、善禅、善行	善晖、善延为宝兴寺僧
金初	道煦、道昞、道明、道暐、道晖、道宁、（道琳）、道月、道秘、道贯、道净	
	德遇	
	清福、清全	
	……	
元初	普济、（普明）	同时期似有“广融”
	演□、演珂、演璞、演□、演瑛、演玮、演瑭、演琏、演玱、演□、演□、演□、演学、演□、演□、演稔、演利、演□、演资、演□、演惠、演泽、演滋、演利	同时期似有“行余”
	洪广、洪善、洪鏑、洪□、洪玉、洪□、洪□、洪□、洪金、洪洚、洪诏、洪□、洪□、洪□、洪训、洪润	
	［源］安、源容、源净、源湛、源朗、源埇、源□、源潔	
	……	
元末明初	月山	同时期似有璧峰禅师
	慧晶、慧彝、慧德、慧净、慧□、慧祥、慧□	
	清常、清源、清□、清范、清兴、清贵	
	（滋成、滋顺、泽净、泽明、泽玉）	不清楚何辈序
	（普福、普□、普益、普红、普英、普愿、普显、普政、普□、普□、普贵、普善、普峪、普尹、普遇、普□、普□、普金、普忠、普原、普果、普□、普便、普祥、普明、普严、普政、普札、普救、普□、普春）	不清楚何辈序
	……	
明末清初	如禄	

续表

时代	当寺僧人	备注
	……	
清康熙	海印	
	寂龙、寂凤、寂［鸿］、寂祥、寂瑞	
	照兴、照见、照文、照玉、照明、照□、照□、照成	
	普兴、普旺、普□	
	……	
	海……	
清光绪至民国	龙诚、龙修、龙最、龙启、龙聚、龙池、龙明	
	翔钰、翔明、翔翎、翔敬、翔悟、翔瀛、翔证、翔莲、翔瑞、翔艮	
	广［函］、广权、广照、广悦、广亨、广荣、广妙、广富、广献、广相、广大、广济、广怀、广超	
现代	续德、续如、续有、续招、续常、续觉	
	昌怀、昌悟、昌慧、昌登、昌兴、昌喜、昌莲、昌妙	现在为这一代僧人
	凤	
	本	
	杰	
	齐	

注：1. 本表主要根据觉山寺现存碑铭史料整理，清光绪以后寺僧，也有向当地村民进行调查得知；

2. 表中同辈寺僧先后顺序多不明确。

附：凤凰台小塔*

各部位编号：

一般部位的编号构成：面号+位置号。稍复杂的密檐部分，在前面加层号，即层号+面号+位置号。各部位编号根据复杂程度，有所不同。

1. 塔体四面编号，以东面为01，顺时针旋转，依次为南面02、西面03、北面04。与觉山寺大塔不同，为另一种尝试。

2. 各面各部位同一类构件具体编号，从左至右依次编为01、02、03……例：须弥座壸门X米Z·K米0201，即南面左数第01个壸门。

3. 密檐部分编号较复杂，在前面增加层号，从下向上各层分别编为01、02、03层，以砖构件编号为例，第三层檐至塔顶共10层砖，03040602表示：第03层北面从下向上数06层砖左数第02块砖。

觉山寺寺院前南偏西方向凤凰台上南端屹立一小砖塔（直线距离约95米），是古代灵丘县九景之一“塔井山齐觉山寺”的重要组成部分，“塔井山齐”（或作“塔井三齐”“塔井三奇”“塔影山齐”）即寺院内密檐大塔高度、古井井深、凤凰台密檐小塔高度三者相同。小塔为方形三级密檐式砖塔，坐西迎东，自下向上由塔台、基座、一层塔身、密檐部分、塔刹等组成，残高5.26米。小塔周围东、南、西三面皆为断崖，唯北面可容人通行，独立于奇险之境，千百年来处之泰然（图1、2）。

一　建造年代

与觉山寺相关的史料、碑铭等几乎没有对小塔进行专门记载，与小塔相关的史料主要是清代《灵丘县志》中几处记录觉山寺“塔井山齐”景观的内容，间接记录到小塔。其中，清康熙二十三年面世的《灵丘县志》（宋起凤原本（顺治十七年，1660年）、岳宏誉增订）中有灵丘知县宋起凤在顺治年间所作诗《塔井三奇》（详见附录 诗文），说明小塔之建造不晚于清顺治。

从小塔自身来看，塔体表砖皆为粗绳纹砖（除一层塔身外为后世包砌条砖），填馅砖无粗绳纹，诸多塔体构造、做法与寺内大塔相同，据此判断建造年代为辽代，具体时间不详。

---

* 为区分觉山寺的这两座密檐砖塔：寺院内大砖塔一般称为觉山寺塔，简称大塔，凤凰台小砖塔简称小塔。

图1　凤凰台小塔及其周围情况

图2　小塔东面

二 建筑性质

这座小塔是为何而建，具有什么作用？

从觉山寺所处总体地理环境、风水形势来看，小塔位于凤凰台前部，宛若凤凰头顶的凤冠，为风水形势中的点睛之笔。

从小塔的规模、造型来看应属佛塔，规模接近僧人墓塔，但僧人墓塔一般不会选址于山巅，并且小塔不位于觉山寺周围主要的几片僧人墓葬区，一层塔身塔龛较深，过去曾供置结跏趺坐于莲台上的释迦牟尼彩塑[1]，塔刹原有铁质刹杆，这些特征与僧人墓塔不符。

所以，小塔粗略来看应为佛塔，一般不属于僧人墓塔，具有风水形势方面的重要作用。

三 朝向

小塔坐西南朝东北，东偏北约38° ，相对寺院建筑角度向东扭转20° ，当地村民介绍小塔略转向寺院，具有回护寺院之意。

小塔基本对向寺院东侧山脉中的磨石窑梁（山坳），2016年夏至日观测到，日出位置在磨石窑梁稍偏南位置，日出时阳光投射进塔龛（非正投），几乎获得夏至日日出时最大的光照投射。小塔朝向是否与辽代契丹族“东向拜日”的习俗有关，以及“东向拜日”与夏至日是否存在联系，仍有待进一步研究（图3）。

图3 夏至日日出位置及日出时塔龛内光照

（为叙述方便，其他部分内容中小塔朝向简略为坐西朝东）

四 塔体各部分

1. 塔台

方形塔台边长2.08米，为整座小塔的基台。根据凤凰台表面岩石的高低错落，塔台各面砌筑高度不同，西面砌筑较高，东面较低。

2. 基座

基座包括下部的须弥座和上部的仰枭（应为仰莲形莲台意，可视作莲台）两部分。须弥座上下形式对称，为三层方涩，上部较下部略内收，中部束腰每面用陡板砖砌筑二壶门。莲台由三层砖组砌，各层形状不同，组合出仰莲外形（图4）。

3. 一层塔身

现一层塔身宽1.55、高1.5米，经勘察发现，外部后世包砌320毫米 ×160毫米 ×60毫米规格条砖（同寺院内清末建筑用砖规格），基本全部顺砖垒砌，上部为避开原有砖构铺作砌作立砖，其内侧填泥，表面抹素白灰封顶（图5）。

东面开辟方形佛龛，龛内顶部横搭过木支撑上部负荷，侧壁白灰抹面，底面抹水泥，杂乱的摆放着观音像、香炉、香烛等物。

4. 密檐部分

密檐部分共有三层塔檐，逐层向上递收，外轮廓基本可连为一条斜线，逐层递收值65毫米，约一砖厚（手法类似大塔）。塔檐皆为叠涩出檐，反叠涩收檐。一层檐下有砖构铺作，二、三层檐下各有一段用立砖砌筑的低矮塔身。塔檐上部无瓦面，檐口平直，无冲出和起翘，仅把檐角抹成弧面，视觉上具有上翘之感（图6）。

图4　塔台 基座

图5　一层塔身西北面

图6　密檐部分

一层檐下西面砖构铺作为辽代原物，其他面铺作多经后世更换。铺作形式为斗口跳，铺作栌斗上置一道柱头枋。补间铺作从栌斗口中间出一跳华栱，上置交互斗。转角铺作自栌斗随转角中线出一跳角华栱，正身柱头枋与角华栱相交后另一面出头正身华栱，正身华栱旁又出一斜45° 华栱，栱头面随塔身加斜。补间铺作与转角铺作之间柱头枋上中间置一散斗。铺作用材高75、厚75毫米，皆为一砖厚，高∶厚＝1∶1，并且材高＝栔高。按材厚十分° 来推算，其分° 值为7.5毫米，折合辽尺2.5寸，接近宋《营造法式》中八等材（图7）。

5. 塔顶

塔顶由七层反叠涩砖组砌，最上二层各为一整块方砖，整体外轮廓线呈略内凹弧线（图8）。

6. 塔刹

现仅余刹座大部，共有5层砖。刹座下部为方形莲台，每面叠涩并雕作四个莲瓣，整体宛如盛开的莲花，刹座上部为二层圆形砌体（图9）。

a. 正东面铺作

b. 正西面铺作

图7　01层檐下铺作

图8　塔顶及塔刹

图9　刹座上面

7. 小塔用砖规格

表1　小塔用砖基本规格统计　　**单位：毫米**

部位	用砖规格
塔台	400 × 200 × 75
	435 × 435 × 75
	520 × 260 × 75
基座	400 × 200 × 75
	435 × 435 × 75
	520 × 260 × 75
一层塔身	320 × 160 × 60（后世包砌）
密檐部分	435 × 435 × 75
	520 × 260 × 75

续表

部位	用砖规格
密檐部分	720 × 360 × 75
塔顶	435 × 435 × 75
	370 × 370 × 60
	450 × 450 × 60
	400 × 200 × 70
	（720 × 360 × 75）
塔刹	400 × 400 × 60
	520 × 260 × 70
	720 × 360 × 75
	（400 × 200 × 70）
填馅砖	370 × 175 × 55
	310 × 150 × 55

小塔基本用砖（不含异形砖）主要规格为：400毫米 × 200毫米 × 75毫米、435毫米 × 435毫米 × 75毫米、520毫米 × 260毫米 × 75毫米、720毫米 × 360毫米 × 75毫米，这些规格的砖在觉山寺大塔上均有使用。小塔表砖带有粗绳纹，使用白灰黏结，填馅砖无粗绳纹，可见的规格有370毫米 × 175毫米 × 55毫米、310毫米 × 150毫米 × 55毫米，使用灰泥黏结，砖砌体砌筑特点、黏结材料均同觉山寺大塔。

五　现状残损情况及原因

1. 现状残损

现状残损情况（图10）详见附表1。

（1）塔台

① 塔台西北角及其上对应基座局部近年遭盗挖破坏，现已用水泥补砌；

② 东面凹凸不平，残损严重；

③ 塔台各面均有勾抹水泥和青灰（白灰、水泥调配）；

④ 塔台表面存在20世纪80年代、90年代的游人涂写刻划。

（2）基座

① 基座南、北面中部皆有一道裂缝，局部轻微残损；

② 莲台东侧中部略鼓凸；

③ 基座各面不同程度勾抹水泥、青灰（白灰、水泥调配）、白灰，并刷深色青浆，与原貌不符，观感欠佳；

④ 20世纪80年代、90年代的游人刻划题写较多。

a. 塔台正东面

b. 基座裂缝及勾抹水泥、青灰等

c. 佛龛上部略有裂缝

d. 01层塔檐北面中部裂缝

e. 02层檐下西面砖块残缺、移位

f. 塔顶裂缝

g. 塔顶松散、砖移位

h. 塔顶上部和刹座连续旋转

图10　小塔残损情况

（3）一层塔身

① 东面塔龛上部砖砌体细小裂缝。

② 外壁局部砖砌体酥碱。

③ 佛龛顶前部过木轻微糟朽，并有土蜂窝，龛内底面抹水泥。

④ 20世纪80年代、90年代游人刻划严重。

（4）密檐部分

① 一层塔檐自中间向东西两侧闪出，南面裂缝最宽处35毫米，北面最宽处130毫米；

② 灰缝白灰脱落较多，局部砖砌体松动、下陷、移位。

③ 局部砖砌体表面酥碱。

④ 砖砌体局部断裂、残缺。

⑤ 塔檐上存有少量人为抛掷的石块。

（5）塔顶

① 裂缝：西面沿砖缝通缝最宽处60毫米，北面通缝最宽35毫米。

② 移位、变形：上部三层砖破碎、扭转，最宽缝隙40毫米；西北角一方砖030405向外移位175毫米；

③ 灰缝白灰脱落，砖砌体松散。

④ 散落少量石块、小莲瓣砖，生长杂草、苔藓、小灌木。

（6）塔刹

① 仅余刹座大部，刹杆及刹座以上构件全部残缺，几个小莲瓣砖散落塔顶。

② 现刹座整体逆时针方向扭转48°，结构松散，局部砖块残缺。

2. 残损原因

（1）地震和自身结构原因

明天启六年闰六月灵丘县发生的七级地震，主要使小塔塔体自基座至密檐二层（南北向）中间裂缝，现可见01层塔檐自中间向东西两侧闪出，北面裂缝最宽处130毫米，东侧檐口残损严重，后世维修重砌，缩短出檐。一层塔身塔壁较薄、结构薄弱，现经后世包砌，地震后应残损严重，有较大裂缝，因而后世的包砌是加固塔体的有效手段。另小塔建在东高西低的岩石上，地震时塔体东西两侧变化不同，应是塔体沿南北向开裂的重要原因。

（2）自然风雨侵蚀

小塔位于凤凰台之巅，易受到较强的风雨侵蚀，造成砖砌体酥碱、砖缝白灰脱落、塔体表面粉刷白灰脱落。

（3）人为盗挖、破坏、刻划

人为盗挖破坏主要是在20世纪80年代，觉山寺下山脚修公路时，有修路工人夜里爬上小塔，将刹杆、覆钵等毁坏偷盗，现存塔顶、刹座方位扭转，结构松散，应为当时人为破坏所致。塔台西北角也应是在约20世纪80年代遭到人为盗挖。密檐02层塔身西面立砖移出、断裂，应是人为撬动所致。人为刻划主要在20世纪80年代、90年代造成，塔台、基座、一层塔身刻划较多，尤以一层塔身刻划最多。

六　后世修补

1. 塔台（图11）

① 东面、南面局部补砌，个别砖使用320毫米×160毫米×60毫米条砖。

② 近年，用水泥补砌塔台西北角，下部垫石片。塔台各面用水泥、青灰（白灰、水泥调配）勾缝。

a. 补砌塔台西北角

b. 一层塔身包砌砌体上部

c. 塔龛内后部过木更换

d. 03层檐下北面酥碱处抹白灰

图11　后世修补

2. 基座

① 须弥座东面上枋部位有补砌。

② 莲台北面中部塞补小砖块。

③ 各面不同程度的勾抹水泥、青灰（白灰、水泥调配）、白灰，并刷深色青浆。

3. 一层塔身

① 一层塔身后世修缮改动较大，在原塔壁外包砌320毫米×160毫米×60毫米规格条砖，上部砌筑立

砖，内侧填泥，表面抹素白灰封顶；包砌外壁酥碱处抹白灰；局部有刷青浆痕迹。

② 佛龛内更换部分过木（红松），内壁抹白灰，底面抹水泥。

4. 密檐部分

① 后世01层檐下铺作维修时更换较多原构件，新制者粗拙，仅正西面保留原有辽代砖构铺作。

② 01层塔檐东面檐口新砌，出檐缩短。

③ 01层塔檐从中间向东西两侧闪出，北面中间产生的空隙较大，塞小砖块填补；对应上部02层檐下的裂缝勾抹灰泥。

④ 03层檐下局部酥碱处抹白灰。

小 结

后世对小塔的修补应主要分为两个时期：明末天启六年地震后至清代和20世纪80年代、90年代。

明末天启六年地震后至清代对小塔的修补主要针对大地震对小塔造成的破坏，应在天启六年之后不久，可能在清代也有一些补修。修补的主要部位是一层塔身和01层塔檐，在一层塔身外包砌条砖进行加固，01层塔檐中部裂缝塞补砖块，东侧檐下铺作砖构件更换新制，并且因檐口残损太严重而重砌东侧檐口，缩短出檐。02层塔檐裂缝进行勾抿，03层檐下局部酥碱的砖块表面抹白灰。这次修缮手法粗拙，但仍是积极有效的，解决了地震后小塔存在的主要安全问题，避免继续毁坏。

20世纪80年代、90年代对小塔的修补是在小塔遭到人为盗挖破坏后进行的，时间约在20世纪80年代末至90年代初。这次修补主要集中在一层塔身及以下部分，塔顶、塔刹虽残损严重，但未修补。这次修缮使用水泥补砌了塔台西北角，塔台、基座局部进行剔补、补砌，并用水泥和青灰（白灰和水泥调配）勾缝，一层塔身更换部分佛龛内的过木，佛龛侧壁重抹白灰，底面抹水泥。维修用的水泥、白灰、青灰、青浆由内向外逐层叠压（现今看到的青灰可能是补抹的白灰外刷青浆形成的，即并没有专门使用青灰），根据四者叠压关系，可将这次维修分为20世纪80年代末和20世纪90年代两个阶段。20世纪80年代末的维修使用了水泥，具有对塔体抢险的性质。20世纪90年代，应在觉山寺整体大修时，对小塔进行整修完善，有使用白灰、青灰、青浆。这两次修缮基本解决了危及塔体安全稳定的问题，但不够完善，修缮中使用水泥砌筑，与文物保护原则不符，未修补的塔顶、塔刹成为现在需重点解决的问题。

小塔虽经后世多次修缮，但明天启六年地震对塔体造成的破坏较严重，目前小塔整体的状态仍是比较脆弱的，一层塔身也仍是结构薄弱的部位。

七 小塔原貌分析

小塔被后世改变或损坏严重的部位主要是一层塔身和塔刹，下面重点对这二部分原貌进行探究，从而使小塔整体原貌清晰。

1. 一层塔身

后世在原一层塔身外包砌一层320毫米 × 160毫米 × 60毫米条砖，顺砖垒砌，包砌厚度约为160毫米，包砌后一层塔身显得粗胖。

一层檐下西、北、南三面仍可见铺作栌斗，测量包砌外壁相对栌斗处的厚度，可推测其相对原一层塔身的厚度，这三面测得包砌厚度略有差异，为160~180毫米，综上基本可认为包砌厚度160毫米。

现一层塔身边长减去包砌厚度，得到原一层塔身边长1.23米。根据原设计基座须弥座底部方形与一层塔身方形的比例关系（详见下文），得到一层塔身的边长1.216米，二个尺寸基本吻合。

原一层塔身平面为方形，四面除去包砌厚度，则原塔壁厚270毫米（佛龛龛门位置亦需内退，说明龛门为后世改变）。参考其他辽代小型砖塔，一层塔身外壁多使用立砖砌筑（立砖大面露明），小塔塔壁270毫米厚度，可推测外侧立置厚70毫米的砖，内侧用宽200毫米（或略小）的条砖顺砌背里，外壁应在某些位置用顺砖或丁砖作拉结砖，于表面形成带状，表现为类似木构腰串的构件，并且较可能设置破子棂假窗。外壁上部铺作下应有象征性的普柏枋（一层顺砖）。另外，小塔表面原通体刷白灰浆（图12）。

2. 塔刹

塔刹原貌的探究是以当地村民对塔刹原来样貌的记忆为线索展开，结合现存刹座和散落的小莲瓣砖进行分析，可以对塔刹做出部分复原。

首先，根据当地村民回忆，原塔刹上部有“铁针”，露出二尺长，并贯穿上下相扣呈椭圆形的二个“洋瓷洗脸盆”，有说深蓝色也有说白色，以深蓝色的说法居多。从这样的描述中可知，“铁针”即铁质刹杆，二个“洋瓷洗脸盆”即覆钵，上下相扣呈椭圆形，概为琉璃制品，但不能确定。另在凤凰台周围的断崖和山坡未发现小塔塔刹可能散落的构件。

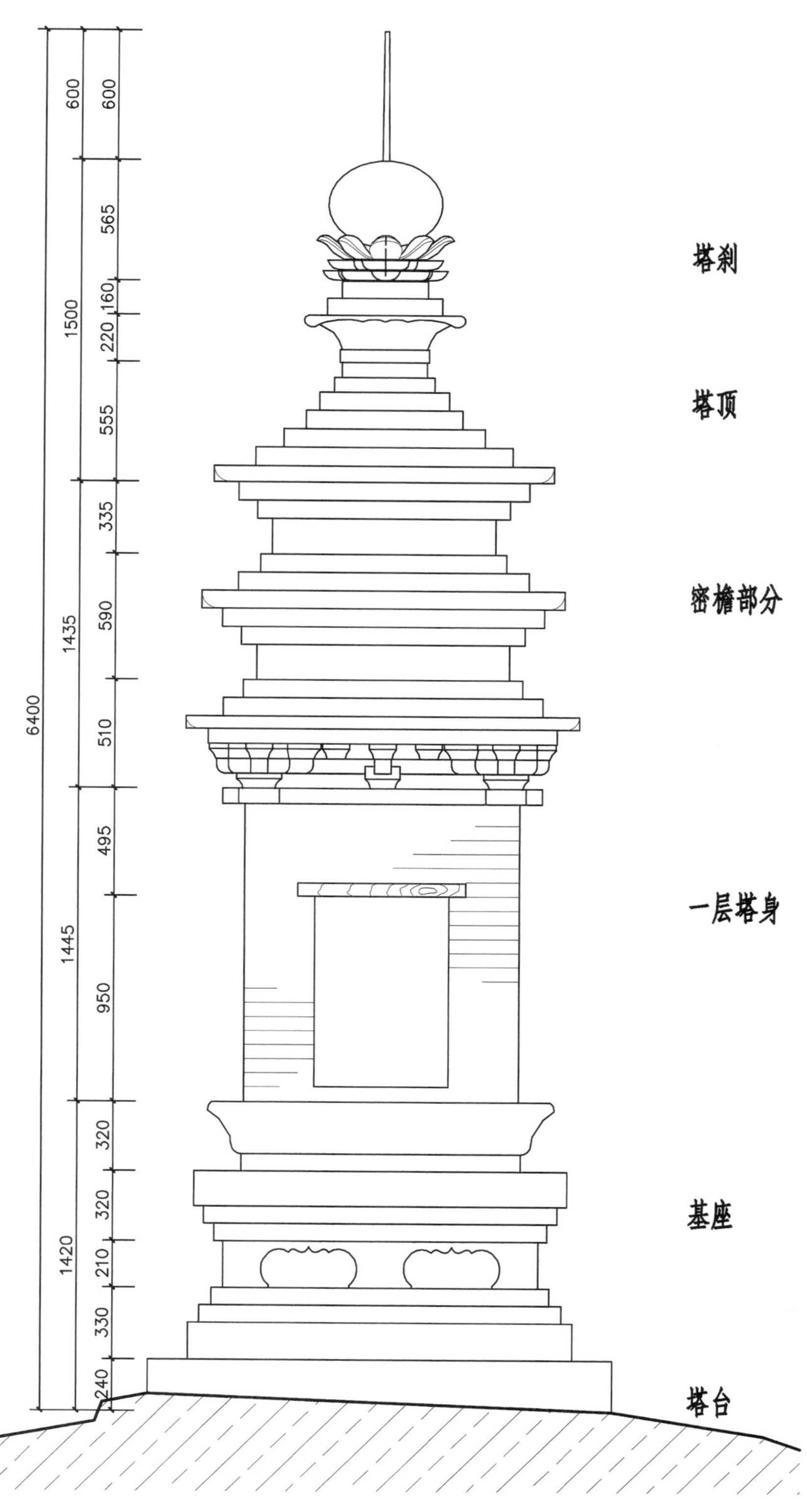

图12　凤凰台小塔原貌分析

参考以上线索，结合现场情况分析：

① 现刹座中心有φ130毫米圆孔，原塔刹中心贯穿铁质刹杆，覆钵以上露出约二尺，下部根据塔顶解体时得知，刹杆下端位于塔顶第五层反叠涩砖位置，所以刹杆总长应约为1.75米。

② 塔顶散落有二种样式的小莲瓣砖，参考觉山寺大塔刹座受花的小莲瓣，这些小莲瓣砖应为刹座上部受花用砖，一般应为三层，现存小莲瓣砖样式2造型仰翘应位于上层，小莲瓣砖样式1应为下部的二层使用。根据小莲瓣砖形状，作图拼合一圈，用12块（图13）。

图13　莲瓣砖样式01、02

③ 根据塔刹设计规律，覆钵直径的圆形应由刹座莲台的方形内多次作内切圆及其内接正方形可得，经作图分析，刹座莲台方形内第二次作内切圆φ510毫米较符合覆钵规格。

④ 刹座现在的角度是经人为破坏旋转后的状态，与塔顶上部旋转的砖砌体具有连续性，刹座原位置角度与密檐、基座等部位相同。

塔刹根据已知线索，可恢复至此，覆钵以上有何构件，完全不清楚，不做过多无依据的推测。恢复至这个状态，已可使塔刹结构稳固。

小　结

复原后的小塔，整体较纤细，造型简洁，无华丽之感。小塔总高6.4米，使用经纬仪测量，小塔刹尖位置相当于觉山寺大塔塔刹火焰内宝珠上皮，与大塔水平高差3.9米，即大塔比小塔高3.9米（约辽尺13尺）。

八　小塔之设计分析

本次对小塔的设计方法进行分析时，分析对象为小塔接近建成之初状态的样貌，即一层塔身外未包砌条砖和塔刹相对完整的状态。

基本尺寸

小塔总高6.4、塔台高0.24、边长2.08米；基座高1.18、须弥座高0.86、底部边长1.72、莲台高0.32、边长1.55米；一层塔身高1.445、边长1.23、塔龛高0.88、宽0.68米；密檐部分高1.99米，01层檐口边长1.76米，02层檐口边长1.625米，02层塔身边长1.13米，塔顶檐口边长1.52米；塔刹高1.545、刹座边长0.72米。

1. 平面

（1）方形塔台外接圆直径2.942米，约辽尺1丈。塔台内连续作内切圆及其内接正方形，可得基座须弥座束腰方形（作图边长1.471、实测1.41米）、一层塔身佛龛宽度为边长的方形（作图边长735、实测680毫米），以上三者边长之比约为$2\sqrt{2}:2:1$（图14 a）。

（2）须弥座底部方形（边长1.72米）作内切圆，再作内接正方形，得到一层塔身平面方形（作图边长1.216、推测边长1.23米）（图14 b）。

（3）小塔平面以辽尺1尺为基本模数，塔龛宽约2尺，一层塔身边长约4尺，基座须弥座边长约6尺，塔台边长约7尺（图14 c）。

（4）小塔平面总宽（实测2.08米）=3倍一层塔身佛龛宽度（实测0.68米），即平面以佛龛宽度为边长的小方格，形成九宫格构图（图14 d）。

2. 立面

（1）设一层塔身高1.445米为H_1，H_1=塔台+基座高=一层塔身高=密檐部分高（不含塔顶）=塔顶至塔刹覆钵高≈塔刹高，即塔台至塔刹覆钵高为$4H_1$，小塔总高约为4.5 H_1，以上各部分与塔总高比值皆为1∶4.5（图15 a）。

（2）一层塔身高1.445米约为辽尺5尺，以上各部分高度又符合辽尺整数尺，立面以辽尺5尺为基本模数。

（3）设密檐部分中间层02层檐下塔身宽度1.13米为A_1（约辽尺4尺），塔台至塔刹覆钵顶部高为$5A_1$，小塔总高约为$5.5A_1$。

3. 局部

（1）密檐三层塔檐外轮廓连线为一斜线，两侧斜线向上延长形成的夹角为12°，约为正方形每边中心角的1/8。

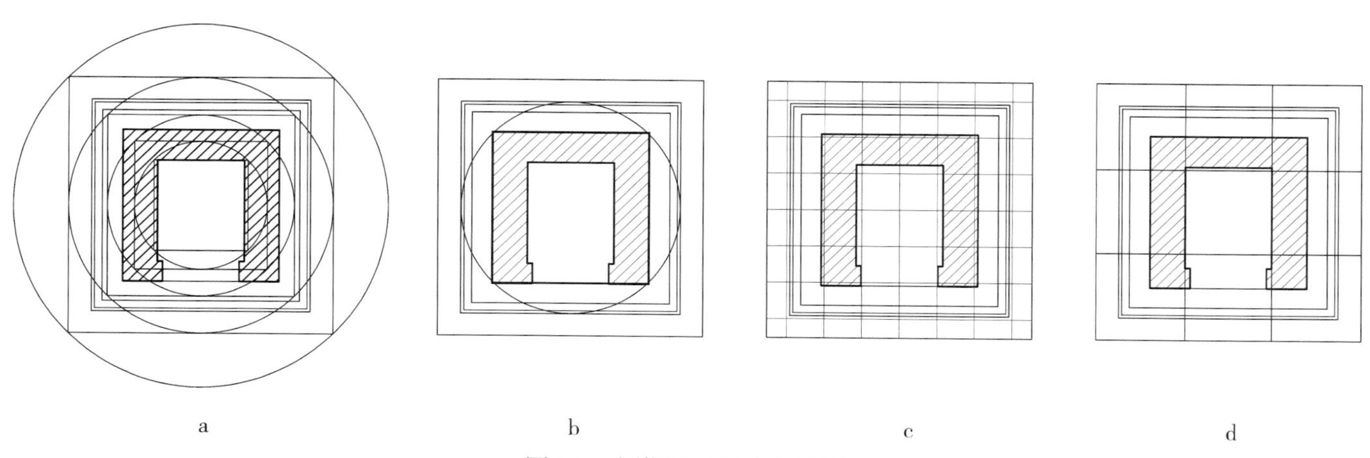

图14 小塔平面设计分析图

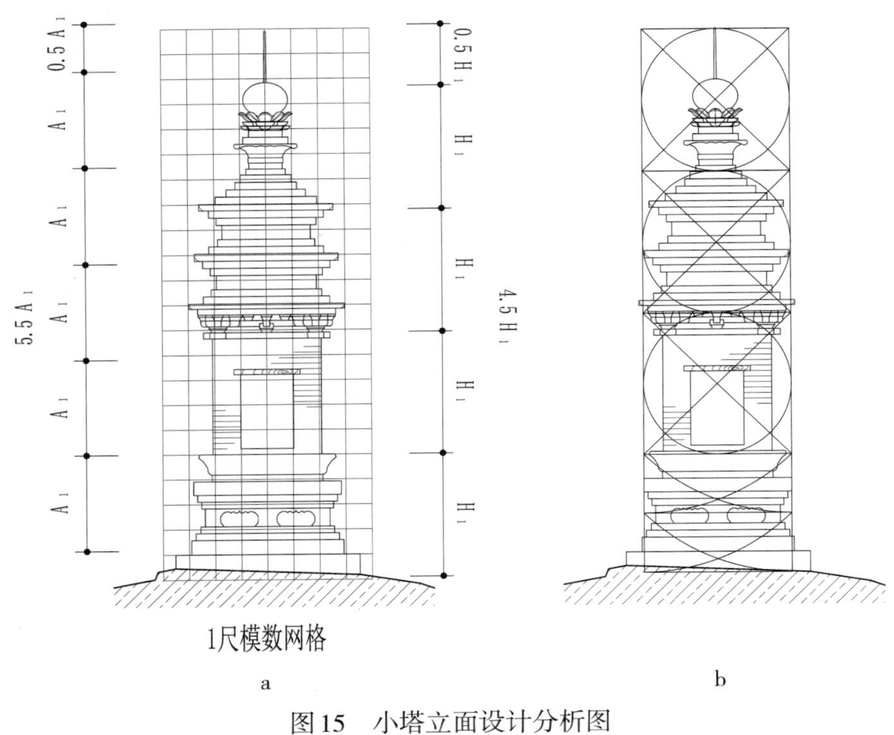

图15　小塔立面设计分析图

（2）01层塔檐宽（1.76米）约同基座须弥座底部宽（1.72米），塔顶檐口宽（1.52米）约同基座莲台宽（1.55米）。

（3）塔顶檐口边长1.52米的方形内连续作内切圆及其内接正方形4次，得到塔顶最上一层反叠涩砖方形（作图边长380、实测380毫米）。

（4）塔刹

a．由塔台正方形（边长2.08米）内连续作内切圆及其内接正方形3次，可得到塔刹刹座莲台方形（作图边长735、实测720毫米）。

b．刹座方形莲台及其上各部位亦符合方圆作图比例关系，如图16。

c．塔刹立面上，将刹座莲台与覆钵外缘连线并向上延长相交，形成的夹角为23°，约为正方形每边中心角的1/4。

4. 塔高与围径

（1）塔台方形内切圆周长（6.53米）约为全塔总高。

（2）基座须弥座底部边长（1.72米）:塔总高（6.4米）=1∶$2+\sqrt{3}$（吻合度99.7%）

（3）基座须弥座上部边长（1.67米）:塔总高（6.4米）=1∶$1+2\sqrt{2}$（吻合度100%）（图15 b）

（4）一层塔身内切圆周长（3.86米）:塔总高（6.4米）=3∶5

（5）一层塔身塔龛（视作边长680毫米的方形）内切圆周长（2.14米）:塔总高（6.4米）=1∶3

（6）密檐02层塔身周长（4.52米）:塔总高（6.4米）=1∶$\sqrt{2}$（吻合度99.9%）

（7）塔刹刹座方形外接圆周长（3.2米）:塔总高（6.4米）=1∶2

5. 小结

小塔的设计中，平面存在基于方圆作图的比例关系和九宫格构图。平、立面均运用整数尺为基本模数，立面又以一层塔身高和密檐中间层塔身宽为扩大模数。局部塔顶、塔刹亦存在方圆作图比例关系。全塔总高与不同部位边长、塔围周长、内切圆周长等存在简洁比例关系，可控制全塔高宽比。

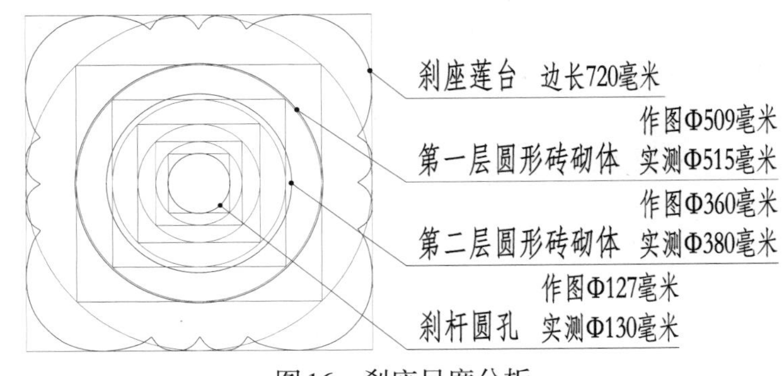

图16　刹座尺度分析

九　现状修整

凤凰台小塔现状整体相对稳定，未有明显残损发展，主要是局部塔刹、塔顶残损严重，需进行修整加固，重点解决塔刹、塔顶存在的问题。修缮性质——现状修整。

（一）修缮内容

塔顶、塔刹解体重砌并补配缺失的刹杆、覆钵，密檐部分剔残补损、勾缝，一层塔身勾缝，基座、塔台勾缝。

施工工序：架子支搭—刹座、塔顶解体—塔刹、塔顶重砌并补配刹杆、覆钵—密檐部分剔补、勾缝—一层塔身、基座、塔台勾缝—做旧、清扫—拆除脚手架

（二）修整技术措施

1. 刹座、塔顶解体

解体前，首先对刹座、塔顶残存现状进行记录、拍照，将需解体的砖进行编号。解体从上向下依次进行，包括刹座、塔顶反叠涩砖，将拆解下的砖按编号有序放到周围架板上，把砖上残留的白灰剔除干净，注意保存好断开脱落的碎砖块。边解体边对砌体垒砌工艺、结构，进行拍照、勘察、记录。解体过程中发现，刹座上部圆台中心有圆孔 Φ130毫米，莲台中心为方孔100毫米 ×100毫米，束腰及其上下一层砖（简易须弥座，共三层砖）为圆孔，从上至下三层砖圆孔径为 ϕ100毫米、ϕ100毫米、ϕ150毫米，塔顶第五层反叠涩砖中心为方孔130 × 170毫米。由此可知，塔刹中心原贯穿刹杆，其下端至塔顶第五层反叠涩砖（图17）。

a　b　c　d　e　f

图17　刹座、塔顶解体

2. 重砌塔顶、塔刹

塔刹中心贯穿铁质刹杆，刹座上部两层圆形砖砌体上置三层小仰莲瓣，承托覆钵，本次恢复的覆钵仅用砖磨制椭圆形砌体。覆钵以上构件由于无任何现存实际依据，不做过多修复，塔刹仅恢复至接近当地村民记忆中的状态。

需补配的刹杆、小莲瓣砖、覆钵等构件制作好后，逐层垒砌塔顶反叠涩砖和塔刹构件。中心有方孔或圆孔的砖构件垒砌时，需在孔内灌满灰泥。垒砌刹座小莲瓣砖时，需注意采取防倾覆措施，尤其是最上层仰翘的莲瓣砖，其后端需用背里砖压住。刹座垒砌完成后，插入铁刹杆，刹座以上砖构件层层套到刹杆上（图18）。

3. 剔补

剔补主要针对密檐部分局部残损处进行，例：塔檐檐角、二层塔身西侧立砖等少量局部。

4. 勾缝

塔体灰缝白灰脱落较多，需勾缝的部位较多。局部轻微酥碱的砖砌体表面，可用麻刀灰补抹（图19）。

a　b　c

d　e　f

g　h　i

图18　重砌塔顶、塔刹

a

b

c

图19　塔体其他部位的修整

（三）总结

凤凰台小塔虽处于寺外，却是“塔井三齐觉山寺”的重要组成部分，为保护这一历史景观的完整性，并传承给后人，对其进行保护性修缮是非常有必要的。

本次对凤凰台小塔实施现状修整，重点对塔顶、塔刹进行加固维修，在依据较为充足的前提下补配刹杆、覆钵等构件，利于塔刹整体结构稳固，使塔刹相对较完整，且恢复部分占全塔比例很小，未改变文物原状。覆钵以上残缺部分没有任何残存的实物依据和其他依据，未做过多修复。塔顶以下部位主要进行了剔残补损，勾抹白灰，干预很小（图20）。

a. 小塔修缮前

b. 小塔修缮后

图20　小塔修缮前后对比

注　释

1. 崔正森：《塞外古刹觉山寺》，《五台山研究》，1994年第2期。

表2 觉山寺凤凰台小塔残损情况勘察表

部位 \ 面		01东面	02南面	03西面	04北面
塔台		勾抹水泥 凹凸不平 残损严重	有抹水泥和青灰（白灰+水泥）	西北角后补砌，水泥砌筑，右侧下部抹水泥，上部抹青灰（白灰+水泥）。	东侧勾抹水泥，西侧水泥砌筑，下部垫石片。
基座		勾抹青灰（白灰+水泥）； 须弥座上枋有剔补过； 莲台：中部稍鼓凸；	须弥座、莲台：中部裂缝至下枋； 刻划较多，仰视可见下表面有刷深色青浆。 整体残损轻微。	须弥座：左侧下部转角水泥补砌，个别砖裂纹，少量抹青灰。 刻划较多，仰视可见下表面有刷深色青浆。 整体保存较好。	中部裂缝，已用青灰（白灰+水泥）勾抹，仰视可见下表面有刷深色青浆。 须弥座：壶门01左下稍残缺，刻划较多。 莲台：中部补塞小砖块。
一层塔身		佛龛内有2小尊菩萨像和杂物；内部地面抹水泥，三侧壁新抹白灰，有细小裂缝，刻划严重，上部顶面过木，前侧较旧，后侧4块有机制痕迹，有土蜂窝，内部整体较新；外侧过木以上砖砌体有细小裂缝。	整体较新，刻划严重，平面与一层塔檐明显不平行。	整体较新，下部刻划较多，平面与一层塔檐明显不平行。	整体较新，刻划严重，最上层立砖。上部铺作下一层塔身包砌墙体签尖内填黄泥，上抹素白灰。檐下刷过青浆。
密檐部分	01层	残损严重 0104层后剔补条砖，出檐缩短；0105层右侧闪出，下垫石块，左侧也有移位，灰缝白灰脱落；铺作全部更换新砌，制作拙劣。	残损严重 0202、0203层中部开缝宽35毫米，0203层右侧略下沉，0204层右侧补条砖，右侧转角铺作新制，铺作栱下垫砖石片。檐上人为抛掷石块。	残损严重 0304、0305、0306、02层01向外闪出，0304层左侧下沉，0306层左侧内进，似后修补。檐下可见深色青浆。	残损严重 中部开裂较大，最宽处130毫米，后世填塞小砖块，抹灰泥。西侧向西闪出，似重砌过，内侧下陷10毫米，檐中部下面支顶砖块，补间铺作斗、栱错位。
密檐部分	02层	残损轻微 0101、0106层灰缝白灰脱落，砖略松动。	残损轻微 0201层左侧有孔，右侧白灰脱落，上部完好。	残损严重 0301层立砖左侧残缺长度230毫米，右侧向外倾闪出约60毫米，上部基本完好。	轻微残损 0401层立砖断裂，补抹灰泥，0405层中部塞砖块。（檐下原刷白灰仍在）
密檐部分	03层	残损轻微 0101、0102层左侧灰缝白灰脱落，砖酥碱。	较完好 左侧竖向砖缝白灰脱落。	中度残损 0301层左侧稍下陷，0304层左侧断残，灰缝白灰稍脱落。	中度残损 左侧残损较严重，砖酥碱（有后世抹白灰），灰缝白灰脱落，似雨水渗透所致。

续表

面 部位	01东面	02南面	03西面	04北面
塔顶	残损严重 0108、0109、0110层砖破碎严重，扭转，最宽裂缝40毫米。 散落少量碎砖块，2个小莲瓣砖，生长杂草。	残损轻微 0209、0210层砖破碎严重，向东扭转； 灰缝白灰多脱落，下部完好。	残损严重 0305层左角方砖向外移位175毫米，应为人为破坏，中部沿砖缝通缝，最宽处60毫米，0306层中部凸出25毫米，0307层中部凸出20毫米，0309、0310层相对转动轻微，散落几块砖石块，2个小莲瓣砖，长杂草。整体缝大松散。	残损严重 中部一条通缝，最宽35毫米，0408、0409、0410层砖均有断裂，由下至上，严重程度增加，灰缝白灰脱落，0408层转动痕迹明显。生长杂草、苔藓，有散落石块。
塔刹	仅存刹座大部，刹座现存5层砖，整体顺时针旋转48°。 2、3层：东面基本完好（有白灰脱落）；南面一凹坑，宽180毫米，深60毫米；北面松散，白灰脱落。3层西面角断残最严重。 第4层：4块砖（1大2小1更小）组成，西面塞砖。 第5层：至少3块砖拼成，至边缘都有白灰，现松散残缺，孔径Φ130毫米。			

附图：凤凰台小塔工程图

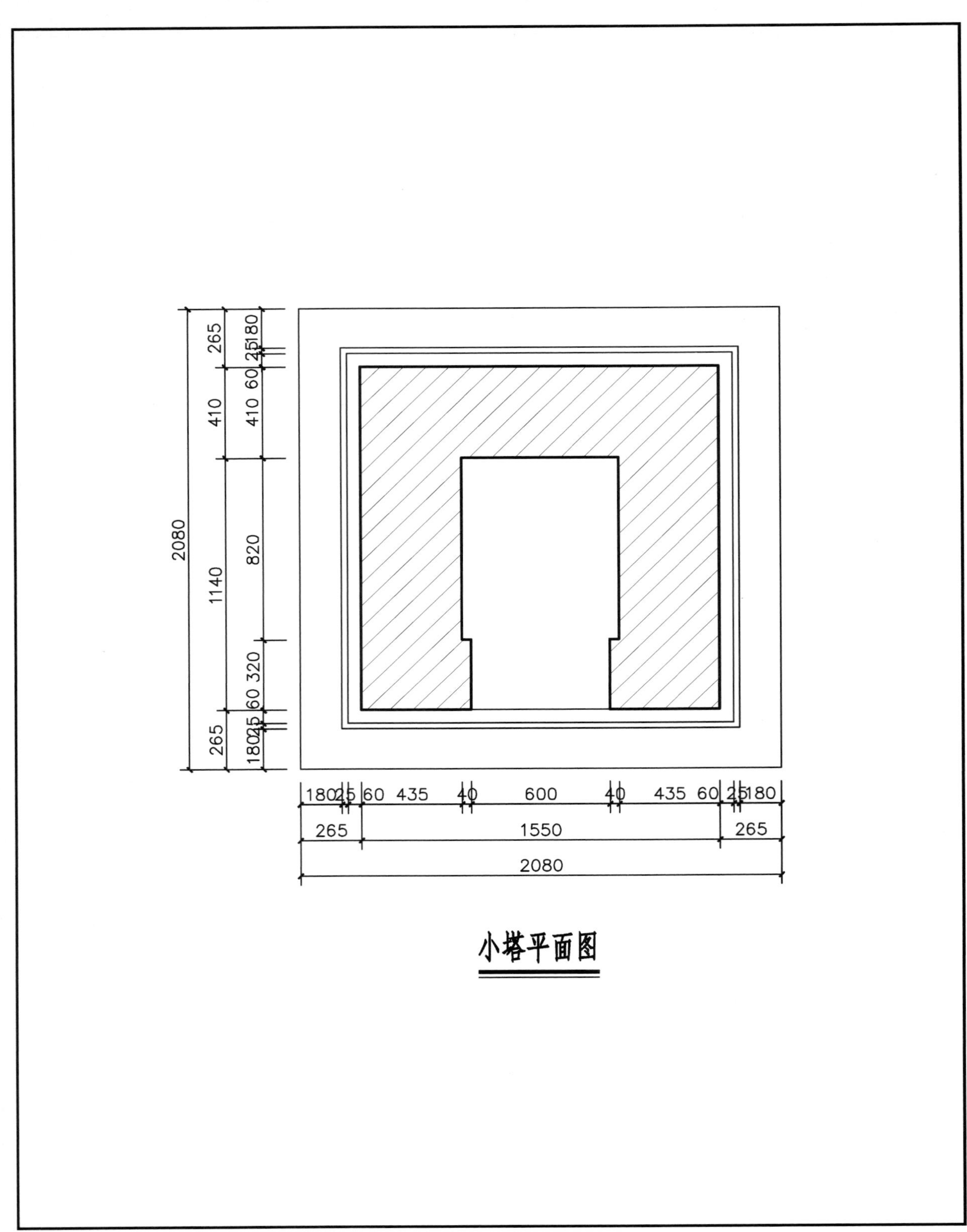

附图一　凤凰台小塔平面图

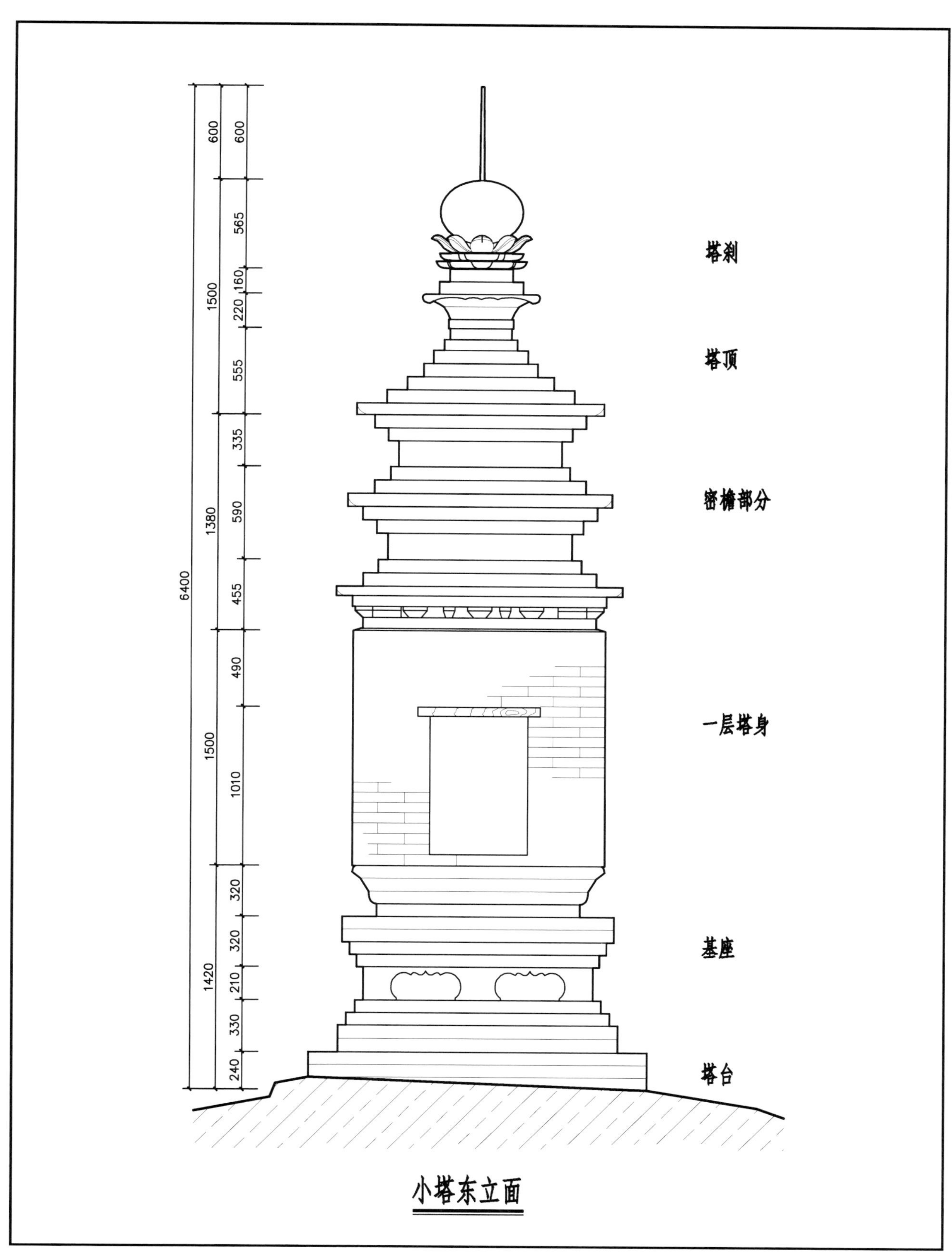

附图二 凤凰台小塔东立面图

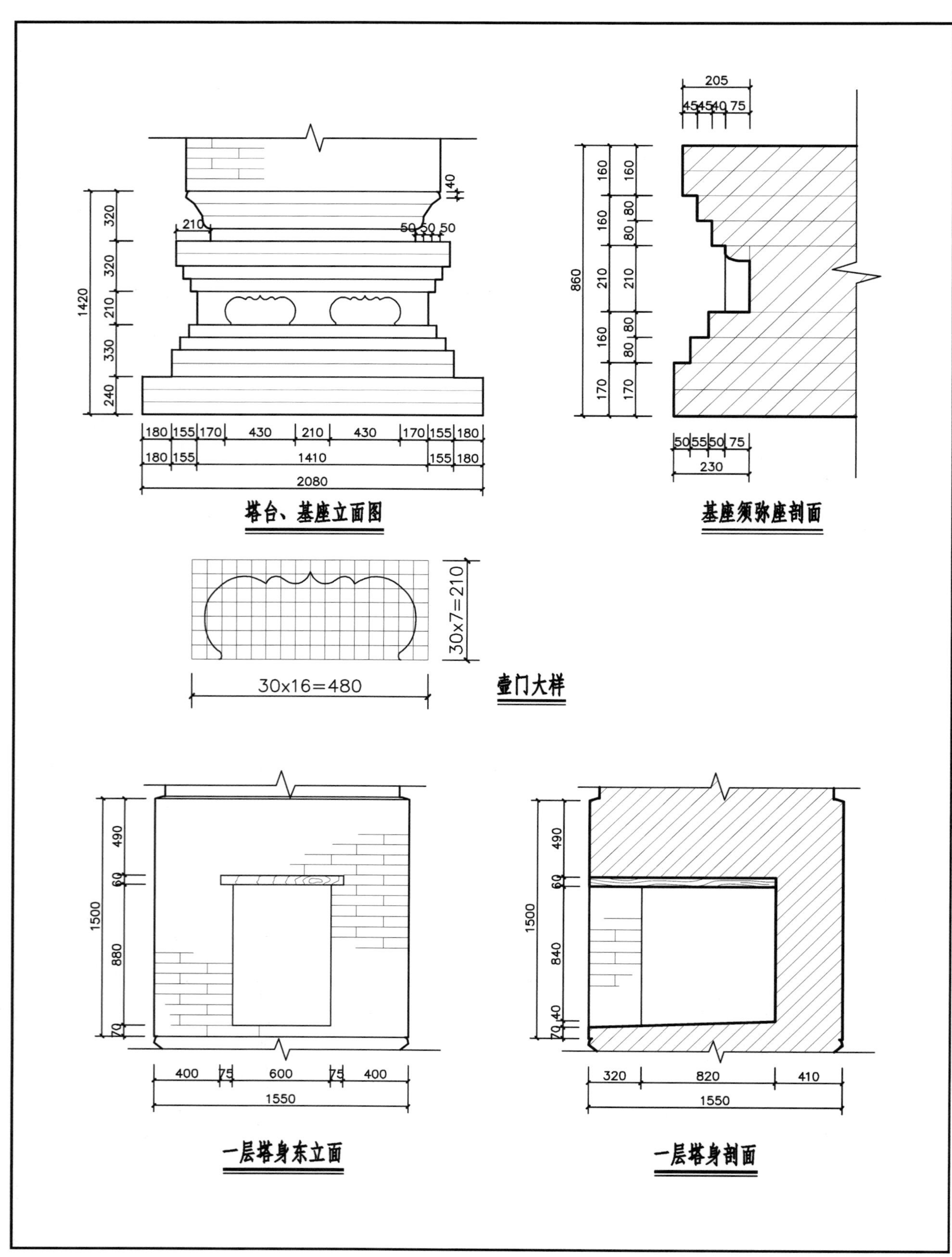

附图三　凤凰台小塔塔台、基座立剖面图，一层塔身立、剖面图及壶门大样图

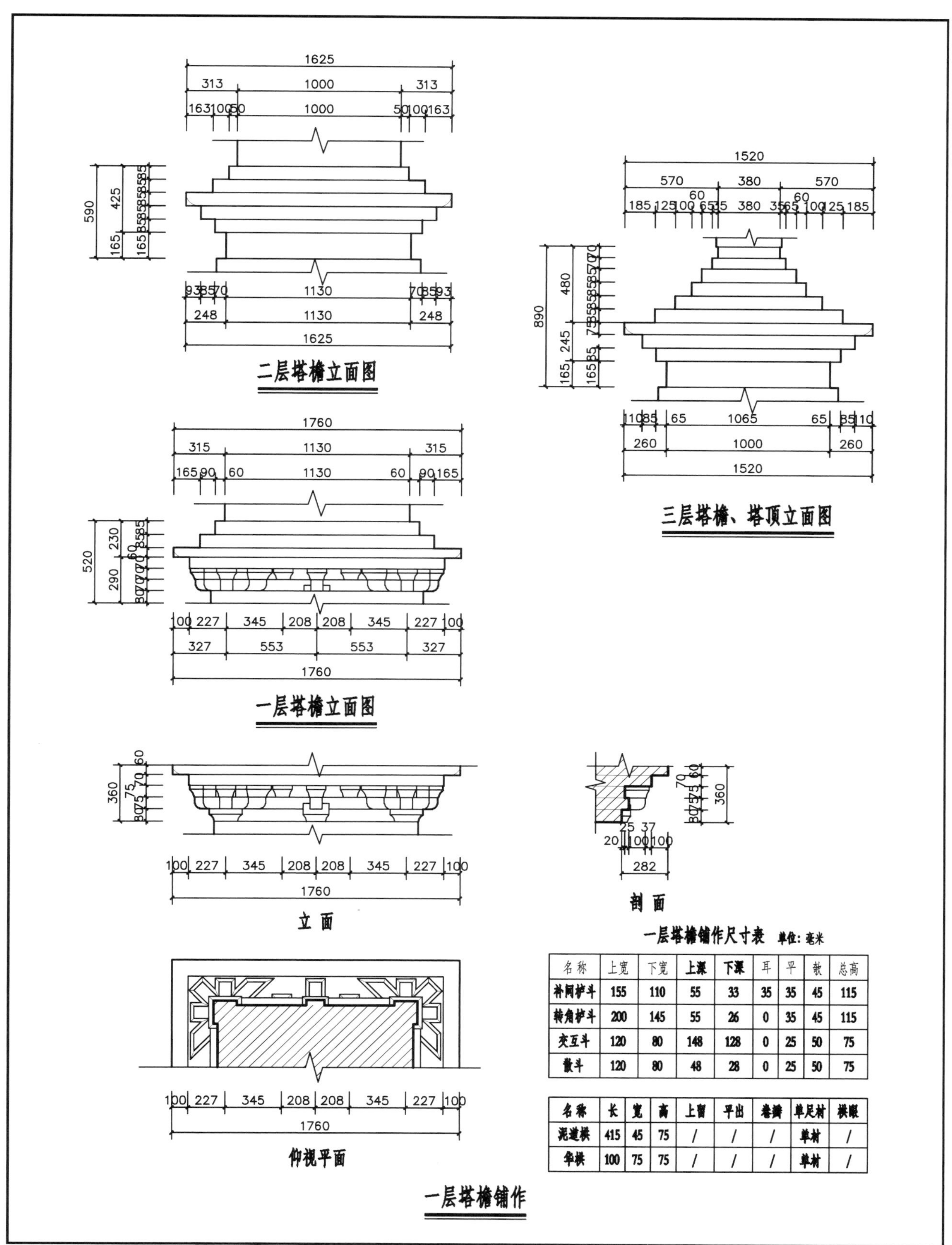

一层塔檐铺作尺寸表 单位：毫米

名称	上宽	下宽	上深	下深	耳	平	欹	总高
补间栌斗	155	110	55	33	35	35	45	115
转角栌斗	200	145	55	26	0	35	45	115
交互斗	120	80	148	128	0	25	50	75
散斗	120	80	48	28	0	25	50	75

名称	长	宽	高	上留	平出	卷瓣	单足材	栱眼
泥道栱	415	45	75	/	/	/	单材	/
华栱	100	75	75	/	/	/	单材	/

附图四　凤凰台小塔塔檐图

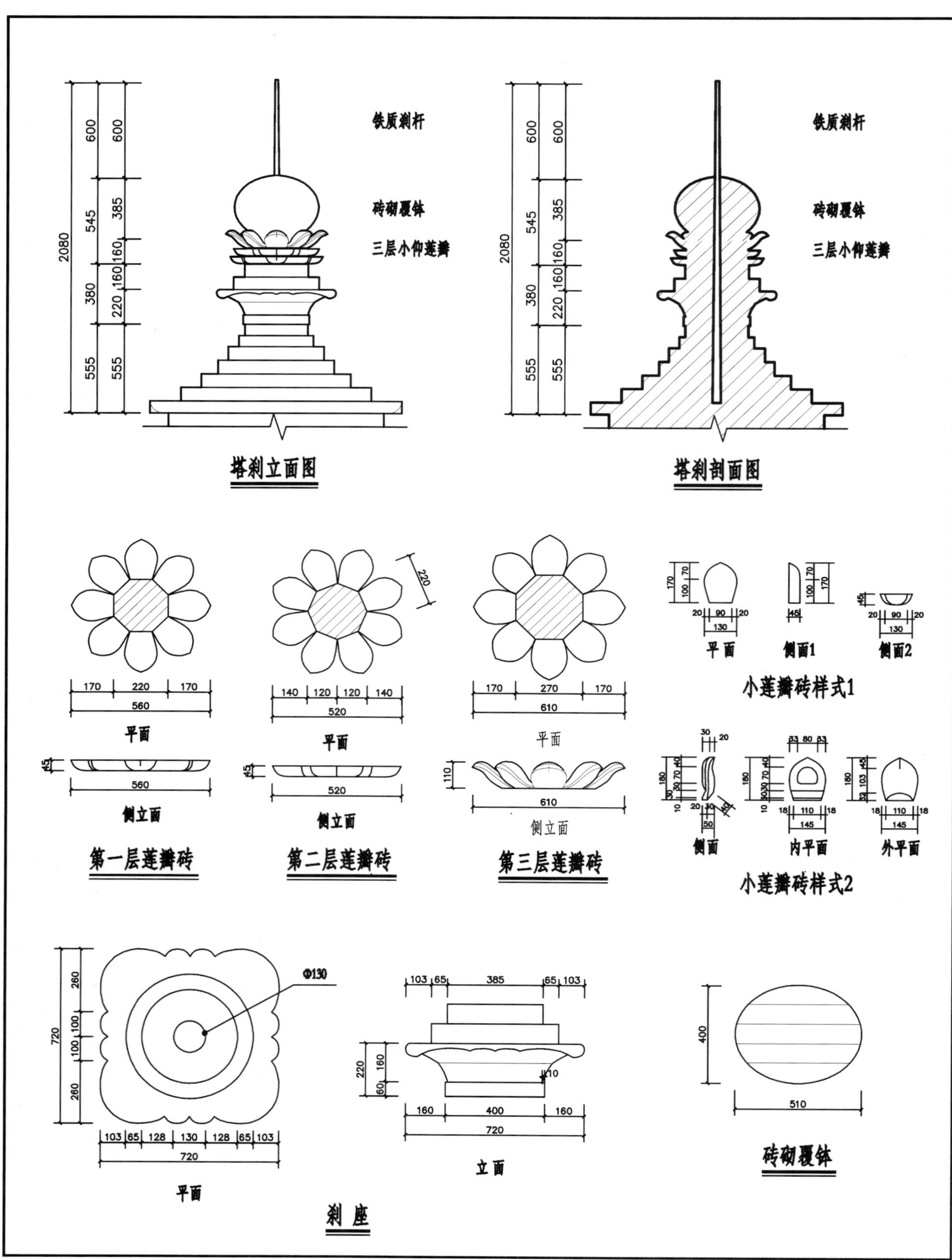

附图五　凤凰台小塔塔刹、刹座图

后 记

记录档案是文物价值的载体之一，真实、详细的记录档案在传递历史信息方面与实物遗存具有同等重要的地位。山西省灵丘县觉山寺塔修缮工程注重对工程资料档案的记录收集，主要包括两方面：塔体本体历史信息的勘察记录和工程实施过程相关资料的收集整理。在熟悉并掌握这些资料信息后，进行了一定的基础性分析研究。

灵丘觉山寺塔为典型的辽代八角形十三级密檐式砖塔，是中国建筑史中重要的密檐塔实例，且真实性、完整性较高，蕴含丰富的历史文化信息。本次工程对觉山寺塔文物本体历史信息的勘察、收集、记录、整理与分析研究贯穿工程始终，工程中尽最大可能收集文物本体的全部历史信息，并进行真实、完整的记录。保护工程是对文物本体最彻底的干预，是发现文物建筑历史信息的最佳时机，所以对只有在塔体修缮时才可以发现或便于发现的历史信息进行重点记录，又修缮时有搭设坚固脚手架的便利，对其他历史信息亦进行全面记录，并进行较为精细的传统手工测绘，测绘时可直接感触文物本体，测量过程也是对塔体各部位尺寸等认识熟悉累积的过程。

同时，工程中建立了完善的资料档案体系，记录修缮工程实施的全过程。其中工序记录一项尤为符合文物保护工程记录档案的需要，可以记录文物本体在修缮前、中、后的状态和干预过程中的技术方法、施作程序，以及大量的文物历史信息。

工程中一线技术人员修缮过程全程跟踪工程，长期与文物本体接触，利于发现并收集文物本体的历史信息，在收集并熟悉大量信息后，易于产生理解感悟和相互关联，进行一定程度的基础性分析研究。

本次工程的基础性分析研究工作大致可分为工程实施中和工程实施后两个阶段。

工程实施中的分析研究主要针对修缮方法、修缮部位原形制、材料、结构等直接影响保护工程施作的相关问题，服务于修缮工程，包括：塔刹原貌的探究、塔檐残短木构件修缮方法的选择、补配瓦件等构件形式规律的分析、残损情况与原因分析等。而由于时间、精力有限，很多分析研究是在工程结束后进行的。

工程实施后的分析研究，主要是对塔体各部分构造、形制、材料等分析，并与宋《营造法式》相关记载和同类实例进行比较，包括砖雕艺术特征、倚柱侧脚和柱头卷杀、砖仿木铺作尺度规律、密檐塔体轮廓、砖瓦和木构件制作加工原工艺、砖砌体组砌与结构等。并根据发现的后世修缮痕迹和相关历史信息推断后世对塔体的修缮情况，改制的版门和现已不存的华带牌等原貌、建修塔体时的脚手架搭设情况等。在对塔体本体进行全面分析后，为觉山寺及塔历史沿革、格局变迁、设计方法等相关问题研究积累了良好的基础，可进一步展开研究，具体包括工程中新发现的题记、铭文、塔体各历史时期的维修痕迹与现有的碑铭史料综合分析，梳理觉山寺塔及寺院的历史沿革；以觉山寺塔为切入点，对寺院辽代大安五年、清代光绪时期格局进行分析；觉山寺塔设计方法探析；砖石密檐塔仿木构问题探究。

以上内容汇编整理为工程报告时，谨按常见文物保护工程报告的体例主要分为研究篇和修缮篇二篇，以及附表、附录内容。分析研究性内容集中放到前面研究篇，包括很多工程实施中进行的研究和实施后的全面研究内容，利于叙述完整、融会贯通、全面解读觉山寺塔。修缮篇主要记录工程从现状勘察、方案设计、工程实施到竣工验收的全过程。

工程报告第一章对觉山寺与塔的历史、地域背景与概况进行简要介绍，并进行价值评估，然后研究篇从寺院整体到塔体局部展开分析研究，第二章梳理了寺史沿革，第三章重点对辽代大安五年和清代光绪时期的寺院格局进行分析，第四章对觉山寺塔设计方法和砖石密檐塔仿木构问题进行探析，第五到八章对塔体塔台、基座、一层塔身、密檐、塔刹各部分进行详细介绍，而塔体用砖、风铎、铜镜、脚手架体系等内容不能归结到塔体某一部分，所以单独整合成第九章。修缮篇第十章为工程勘察与方案设计，第十一至十四章记录工程实施过程，重点记录了修缮技术措施。

附表、附录内容包括工程中较为重要的部分资料表格、工程大事记、塔体修缮前后的对比照片、完整的全套图纸和收集整理的觉山寺及塔历史照片、塔体发现的218条题记、寺内石刻碑铭史料、县志中相关诗文、梳理的寺僧谱系。最后因凤凰台小塔是一座辽代方形三级小型密檐塔，亦为“塔井山齐觉山寺”的重要组成部分，本次工程中对其进行了现状整修，亦收录到本报告中。

本工程报告是对觉山寺塔修缮工程的总结提炼，但仍有很多不足之处，谨以此为文物保护事业提供借鉴，尽一分企业社会责任。

山西省灵丘县觉山寺塔修缮工程实施近两年，期间得到各级领导的高度重视和部分业界专家、学者的关注，同时各参建方一线工作人员付出了艰辛的汗水，最终获得较为良好的工程效果，在此一并表示感谢。感谢山西省、大同市、灵丘县三级文物管理部门各级领导对本工程的高度重视。

本工程报告由于时间、精力、水平、资金有限，仍有很多疏漏之处，恳请相关专家学者、业界同仁批评指正。

山西省古建筑集团有限公司
2021年10月8日